高寒地区深厚覆盖层高面板砂砾石坝施工技术

吴高见　赵云飞　姚　强　主编

四川大学出版社
SICHUAN UNIVERSITY PRESS

图书在版编目（CIP）数据

高寒地区深厚覆盖层高面板砂砾石坝施工技术 / 吴高见，赵云飞，姚强主编. -- 成都 : 四川大学出版社，2025.3

ISBN 978-7-5690-5974-8

Ⅰ. ①高… Ⅱ. ①吴… ②赵… ③姚… Ⅲ. ①寒冷地区－堆石坝－工程施工 Ⅳ. ① TV641.4

中国国家版本馆 CIP 数据核字（2023）第 017892 号

书　　名：高寒地区深厚覆盖层高面板砂砾石坝施工技术
Gaohan Diqu Shenhou Fugaiceng Gaomianban Shali Shiba Shigong Jishu
主　　编：吴高见　赵云飞　姚　强

选题策划：蒋　玙
责任编辑：蒋　玙
责任校对：周维彬
装帧设计：墨创文化
责任印制：李金兰

出版发行：四川大学出版社有限责任公司
地址：成都市一环路南一段 24 号（610065）
电话：（028）85408311（发行部）、85400276（总编室）
电子邮箱：scupress@vip.163.com
网址：https://press.scu.edu.cn
印前制作：四川胜翔数码印务设计有限公司
印刷装订：成都金龙印务有限责任公司

成品尺寸：210mm×285mm
印　　张：23.5
字　　数：626 千字

版　　次：2025 年 3 月 第 1 版
印　　次：2025 年 3 月 第 1 次印刷
定　　价：98.00 元

本社图书如有印装质量问题，请联系发行部调换

扫码获取数字资源

四川大学出版社
微信公众号

序

高峡出平湖，昆仑山下筑明珠。

新疆阿尔塔什水利枢纽工程位于新疆喀什地区莎车县霍什拉甫乡和克孜勒苏克尔克孜自治州阿克陶县的库斯拉甫乡交界处阿尔塔什村叶尔羌河段，是叶尔羌河干流山区下游河段的控制性水利枢纽工程，是叶尔羌河干流梯级规划中“两库十四级”的第十一个梯级，在保证塔里木河生态供水条件下，发挥防洪、灌溉、发电等综合功能。工程是国务院推进的172项重大节水供水工程之一，是“十三五”期间100个重大项目之一，也是新疆已建的最大水利枢纽工程，被业内专家称为“新疆的三峡工程”，工程惠及新疆南部的克州、喀什地区及和田地区。

水电站拦河大坝工程为混凝土面板砂砾石－堆石坝，坝高164.8m，坝基覆盖层深94m，基岩以上变形体总高度达258.8m，是深厚覆盖层上建设的世界最高混凝土面板堆石坝。工程地处高地震烈度区和高寒干燥地区，面临大温差、高蒸发、多风沙和低温河水等“冷热风干凉”复杂环境，坝体碾压密实性、变形协调性和防渗可靠性面临极大挑战。中国水利水电第五工程局作为土石坝建造领域的老牌劲旅，作为阿尔塔什水利枢纽大坝工程的建设者，秉承“建好阿尔塔什工程、安居富民新疆人民”的初心使命，针对工程所面临的世界性技术难题，历经近10年产学研用协同攻关，全面创新了面板堆石坝施工技术，形成了深厚覆盖层高面板砂砾石堆石坝智能建设成套技术。

（1）创建了堆石坝智能建设技术体系。发明了无人驾驶推土机装备，研制了无人驾驶重型振动碾，研发了坝面无人驾驶铺筑、碾压机群协同智能作业系统，首创摊碾经济运行模式和效率运行模式，形成了能效匹配、动态调控的坝体智能铺碾联合作业技术，变革了坝面传统施工方式，提高了堆石体填筑碾压密实性，有效控制了坝体变形。

（2）发明了垫层料摊压护一体机与技术。建立了振动夯板－垫层料动力学模型，提出了振频固动共谐、振幅冲压适宜的垫层料压实控制方法，研制了垫层料连续成型、柔性防护的摊压护一体机，形成了混凝土面板低约束支撑和坝面变形预留的垫层体摊压护配套施工工艺，实现了垫层料一体成型机械化作业，突破了传统方法垫层料碾压不密实、表面不平整和对面板约束大的技术瓶颈。

（3）研发了混凝土面板施工成套装备及技术。研制了面板钢筋网片工厂化加工、模块化运输和机械化安装设备，研发了穿心式液压滑模、坡面电动旋摆式水平布料、滚轴式抹面和圆盘式压光等施工装备，创建了混凝土面板全流程机械化施工技术体系，保证了混凝土及止水系统施工质量；研发了智能养护系统，实现养护水温度、流量自动调节；研发了双层气垫膜＋土工膜覆被保湿隔温方法，保证了“冷热风干凉”恶劣环境混凝土面板防裂。

（4）提出了深覆盖高面板坝时空全域变形协调控制技术。揭示了填筑加载过程覆盖层、坝体、基础防渗和面板应力变形演化规律，创新了坝前单防渗墙＋双连接板＋趾板固基的基础防渗结构，提出了坝体填筑分区施工程序、面板分期施工坝体超填沉降控制指标及连接板封闭施工时机，实现了深厚覆盖层高堆石坝坝基－坝体－面板的协调变形。

研究成果成功应用于阿尔塔什水电站大坝工程，并在安徽绩溪、河南五岳抽水蓄能电站等工程推广应用，社会经济和生态环境效益显著，推广应用前景广阔。

从“人力治水”到“工程治水”的关键核心就是科技创新。党中央多次提出，坚持创新在我国现代化建设全局中的核心地位，把科技自立自强作为国家发展的战略支撑。中国水电之所以成为一张亮丽的“国家名片”，是一代代水电人不断探索创新的结果。中国水电五局作为水电工程施工领域的佼佼者，在高土石坝领域具有突出的科技优势和雄厚的技术积累，这在阿尔塔什水电站大坝工程建设中得到了集中体现。

《高寒地区深厚覆盖层高面板砂砾石坝施工技术》一书是水电五局工程建设者和科研团队精心撰写的土石坝施工专著，系统总结了阿尔塔什水利枢纽面板堆石坝工程建设过程中的科技创新与实践，具有很强的系统性和先进性，能在高面板堆石坝施工建造领域为广大工程技术人员提供助益和工程案例。

目　　录

第1章　概述

混凝土面板堆石坝是用堆石或砂砾石分层碾压填筑成坝体，并用混凝土面板作防渗体的坝的统称，因其使用当地材料筑坝，具有有效降低工程造价、对坝基地质要求不高、坝体稳定性好等特点，近年来，被广泛应用于水利水电工程挡水建筑物。截至2015年底，我国已建坝高30m以上的混凝土面板堆石坝约270座，在建工程约60座。我国混凝土面板堆石坝数量已占全球同类坝型数量的一半以上。在土石坝的各种坝型中，混凝土面板堆石坝占有很大比例，我国部分已建100m以上混凝土面板堆石坝见表1－1。

表1－1　我国部分已建100m以上混凝土面板堆石坝

工程名称	所在河流	最大坝高（m）	坝顶高程（m）	装机容量（MW）
水布垭	清江	233.0	409.00	1600
猴子岩	大渡河	223.5	1848.50	1700
江坪河	溇水	219.0	476.00	450
三板溪	清水江	185.5	482.50	1000
洪家渡	乌江	179.0	1147.50	600
天生桥一级	红水河	178.0	787.30	1200
紫坪铺	岷江	156.0	884.00	760

我国幅员辽阔，陆地面积达960万平方千米。我国西高东低的地形走势和降水分布，使全国蕴藏着丰富的水力资源。在我国水能资源分布比较集中的西南地区山高谷深，黏土分布较少，砾石土料分布广泛，储量巨大，模量较高，变形较小，价格低廉，为修建砂砾石堆石坝提供了丰富的资源。在我国西部水电电源点建设和南水北调西线的规划中，超高坝坝型中的高心墙堆石坝和面板堆石坝占有重要地位。随着筑坝技术的发展及大型施工机械的应用，砂砾石堆石坝在综合经济指标上体现出很好的优势。尤其在水电开发逐步走向河流上游的边远地区、深山峡谷，由于经济发展制约、道路运输限制、筑坝材料分布、区域大地构造及工程地质条件复杂、地震和泥石流等地质灾害频发，当地材料坝具有更明显的社会经济效益。此外，随着我国筑坝技术的发展，深厚覆盖层上建设高坝的关键技术被逐步攻克，避免了对深厚覆盖层的大量清挖，对减少工程量、降低成本和缩短工期有不可忽视的作用。我国部分已建、在建的深厚覆盖层上混凝土面板堆石坝见表1－2。

表1－2　国内部分已建、在建的深厚覆盖层上混凝土面板堆石坝

工程名称	所在河流	最大坝高（m）	覆盖层厚度（m）	建设情况
阿尔塔什	叶尔羌河	164.8	94.0	已建
九甸峡	洮河	133.0	56.0	已建
那兰	藤条江	108.7	24.3	已建
察汗乌苏	开都河	107.6	47.6	已建

续表

工程名称	所在河流	最大坝高（m）	覆盖层厚度（m）	建设情况
茨哈峡	黄河	257.5	—	在建
古水	澜沧江	240.0	—	在建

国内外混凝土面板堆石坝大多表现出良好的运行状态，但相当数量的大坝，特别是一些高坝出现了面板结构损伤、破坏、大坝渗漏量大等问题，不得不进行加固修复处理。国外的肯柏诺沃大坝和巴拉格兰德大坝、国内的株树桥和白云面板堆石坝等也曾因面板破损而发生较大渗漏，造成了一定程度的损失。随着需求的提升和科技的发展，我国建坝数量持续增加，坝高不断突破，筑坝环境越发复杂，提高坝体变形的协调性及防渗体系的可靠性已成为高坝、特高坝建设成功的关键。

中国水利水电第五工程局有限公司长期致力于土石坝施工技术的研发与应用，先后承建了十三陵抽水蓄能电站、天荒坪抽水蓄能电站、大桥水库等混凝土面板堆石坝工程；近年来，依托阿尔塔什水利枢纽混凝土面板砂砾石—堆石坝工程，结合以上工程实践，系统开展了高寒地区深厚覆盖层高面板砂砾石坝施工关键技术研究与应用。

阿尔塔什水利枢纽混凝土面板砂砾石—堆石坝最大坝高 164.8m，覆盖层深度 94m，地震设防烈度 9 度，大坝采用保留覆盖层基础、防渗墙通过连接板与趾板相连的设计形式，复合高度达 258.8m，坝高和覆盖层深度均超过了已建的察汗乌苏面板堆石坝和那兰面板堆石坝。其具有高边坡、高面板坝、高地震带、深覆盖层“三高一深”的特点，坝体与坝基的变形协调、坝体与岸坡连接部位的周边缝变形协调、混凝土裂缝控制等，给大坝变形协调及防渗体系安全可靠带来极大挑战。工程采用了较为严格的设计指标，施工质量要求高，且坝高、填筑量大、工期长、强度高；施工准备工作繁多，工程量大，工期紧；工程所在地气温年变化较大，空气极端干燥，昼夜温差大，蒸发强烈，混凝土面板裂缝控制难度大；右岸重机道和危岩体处理、趾板开挖与上游围堰、大坝基础防渗工程施工存在上下同时施工、相互干扰的问题，施工安全隐患大。各种不利条件的聚集，使阿尔塔什水利枢纽工程成为开展高寒地区深厚覆盖层高面板堆石坝施工技术研究的理想试验基地。通过一系列研究，系统建立了深厚覆盖层高面板砂砾石—堆石坝施工技术方法和标准体系，实现了面板堆石坝精细化施工的重大创新，有力地推动了行业科技进步，为将来超高混凝土面板堆石坝的建设奠定了基础。

1.1 工程概况

1.1.1 工程简介

阿尔塔什水利枢纽工程是叶尔羌河干流山区下游河段的控制性水利枢纽工程，是叶尔羌河干流梯级规划中“两库十四级”的第十一个梯级，工程区位于新疆维吾尔自治区喀什地区莎车县霍什拉甫乡和克孜勒苏柯尔克孜自治州阿克陶县库斯拉甫乡的交界处，距喀什地区莎车县约 120km，距叶城县约 128km，距下游卡群水电站 55km，距喀什约 310km。坝址至莎车县、卡群乡目前有简易公路相通，交通条件一般。

阿尔塔什水利枢纽工程是塔里木河主要源流之一的叶尔羌河流域内最大的控制性山区水库工程，在保证向塔里木河生态供水 3.3 亿立方米的前提下，承担防洪、灌溉、发电等综合利用任务。水库总库容 22.49 亿立方米，正常蓄水位 1820m，最大坝高 164.8m，电站装机容量 755MW，为大（1）型Ⅰ等工程。挡水建筑物、泄洪洞及发电洞进水口为 1 级建筑物，发电引水隧洞、电站厂房为 2 级建筑物，生态基流引水洞及其厂房、过鱼建筑物为3级建筑物，临时建筑物为4级建筑物。大坝两岸边坡的级别为1级，泄水、引水建筑物进出口边坡的级别为2级，电站厂房边坡的级别为3级。阿尔塔什水利枢纽大坝全貌如图1-1所示。

图1-1　阿尔塔什水利枢纽大坝全貌

枢纽由拦河大坝、1#和2#表孔溢洪洞、中孔泄洪洞、1#和2#深孔放空排沙洞及发电引水洞、发电厂房、生态基流引水洞及其厂房、过鱼设施等建筑物组成。

拦河大坝为混凝土面板砂砾石-堆石坝，坝顶高程1825.80m，最大坝高164.8m，建于深94m的覆盖层上，复合高度达258.8m，为目前在建或已建面板坝中覆盖层最深的坝。坝顶长度795.0m，坝顶宽度12.0m。坝顶采用混凝土路面，面层厚度0.2m。坝顶向下游单向倾斜，坡度2%。坝顶上游侧设防浪墙，墙顶高出坝面1.2m。坝顶下游侧设混凝土路缘石，横断面尺寸0.15m×0.5m，高出坝顶面0.20m，路缘石每隔5m设一通向下游的排水孔。在坝顶上游侧设置高5.2m的“L”形C25钢筋混凝土防浪墙。上游主堆石区采用砂砾石料，坝坡坡度1∶1.7。下游坝坡坡度1∶1.6，在下游坡设宽15m、纵坡8%的“之”字形上坝公路，最大断面处下游平均坝坡坡度1∶1.89。

大坝基础只清除表层的松散体，采用保留覆盖层的设计，使用“嵌入式防渗墙+固结、帷幕灌浆”结构，坝体从上游向下游布置为“趾板、连接板+面板—垫层料区—过渡料区—砂砾石主堆石区—爆破料次堆石区”。基岩、基础防渗、嵌入式防渗墙、趾板、连接板、面板和表止水共同构成防渗体系的第一道完整挡水隔渗防线，而坝体作为主要挡水结构物，为了实现挡水和坝体内排水通畅的双重功能，在坝体结构设计上进行了合理分区布料，形成梯度渗透系统，以确保各层间不产生渗透破坏。大坝剖面分区如图1-2所示。

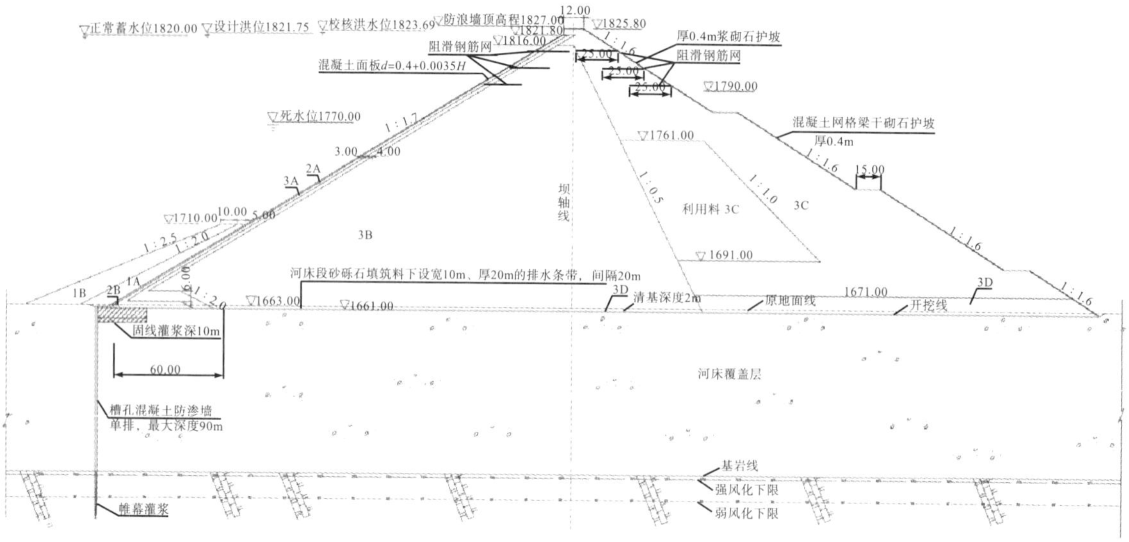

图1—2　阿尔塔什水利枢纽大坝剖面分区图

1.1.2　水文气象

1.1.2.1　流域概况

叶尔羌河长1289km，源于克什米尔北部喀喇昆仑山脉的喀喇昆仑山口，流经喀什地区、克孜勒苏柯尔克孜自治州、和田地区和阿克苏地区，流域面积8.577万平方千米。叶尔羌河是塔里木河四源之一，在阿克苏绿洲南部汇集喀什噶尔河、阿克苏河及和田河，形成塔里木河。

阿尔塔什水利枢纽工程是叶尔羌河干流梯级规划中"两库十四级"的第十一个梯级，枢纽坝址位于叶尔羌河干流山区下游河段，距喀什地区的莎车县约120km，距叶城县约128km，距下游卡群水电站约55km，距喀什约310km，枢纽控制流域面积4.64万平方千米，是叶尔羌河流域规划推荐的近期工程。

1.1.2.2　气候特性

叶尔羌河流域位于新疆塔里木盆地西部，地处欧亚大陆腹地，因远离海洋，周围又有高山阻隔，加上大沙漠的影响，流域内呈典型大陆性气候，主要特点是气温年变化较大，日温差大，空气干燥，日照长，蒸发强烈，降水量稀少。

叶尔羌河流域的降水受到地形的影响，主要特点是：山区降水较大，而平原降水较小；迎风地段降水较多，而背风地段降水较少；整个地区东面降水较多，而西面降水较少。流域降水量主要集中在5—8月，可以占全年降水量的70%以上。

阿尔塔什水利枢纽工程坝址区无气象站，工程气象资料中气温、降水量、蒸发量主要参考卡群水文站和莎车县气象站的观测资料。

根据莎车气象站统计资料，多年平均气温11.7℃，一月份平均气温−5.8℃，七月份平均气温25.3℃，极端最高气温39.8℃，极端最低气温−23.5℃，多年平均降水量54.4mm，多年平均蒸发量1767.0mm，最大风速22m/s，全年平均风速1.6m/s，多年平均最大风速16m/s，最大冻土深98cm，最大积雪厚度14cm。大风日数平均7.4天，最多24天，多发生在4—6月；沙尘暴日数平均14.6天，最多33天，最少2天，多发生在4—6月。

1.1.2.3 径流

叶尔羌河径流组成除包括少部分泉水和低山区季节性积雪、降雨补给外，冰川消融是其主要补给源，它对径流的年际、年内变化起着调节作用。叶尔羌河洪水以极高的起涨速率、异常的高洪峰值而闻名全世界。叶尔羌河径流年际变化不大，但洪峰变化甚大，时常发生一种难以预测的不定期的突发性洪水。经分析，叶尔羌河并存五种不同类型的洪水，即冰川积雪消融型洪水、暴雨型洪水、消融与暴雨混合型洪水、冰川突发型洪水（“溃坝型”洪水）、消融与冰川突发混合型洪水。

叶尔羌河独特的补给特性造成其径流年内变化十分剧烈，根据卡群水文站实测资料分析可知，叶尔羌河6—8月水量占全年水量的60%以上，这是由于该流域主要补给源是冰雪消融，而这三个月又是全年气温最高的时期，因此，年径流量多集中在这三个月。如卡群水文站1984年8月的径流量达$33.3\times10^8m^2$，占全年水量的51%以上，故叶尔羌河径流年内分配较为不均。叶尔羌河卡群水文站多年平均径流及年内分配见表1-3。

表1-3 叶尔羌河卡群水文站多年平均径流年内分配表

项目	月平均					
	一月	二月	三月	四月	五月	六月
月均流量（m^3/s）	50.6	50.6	49.2	50.8	80.4	257.5
径流量（10^8m^3）	1.36	1.23	1.32	1.32	2.15	6.67
百分比（%）	2.04	1.86	1.98	1.98	3.24	10.03
项目	月平均					
	七月	八月	九月	十月	十一月	十二月
月均流量（m^3/s）	672.1	768.7	295.1	101.0	73.6	60.7
径流量（10^8m^3）	18.00	20.59	7.65	2.71	1.91	1.63
百分比（%）	27.06	30.94	11.5	4.07	2.87	2.44
全年统计	月均流量$209.2m^3/s$，径流量$66.54\times10^8m^3$					

1.1.3 工程地质

1.1.3.1 地形地貌

阿尔塔什水利枢纽工程位于西昆仑山区叶尔羌河的中游，坝址区地貌可分为高山区、中山区和低山区。该区域西昆仑山海拔2300～4500m。叶尔羌河南北两侧的克孜勒达坂和特给乃奇克达坂海拔高程4302.00m、4668.00m。在西昆仑山与塔里木盆地交界地方，西昆仑山体的高度降到约2000m。在阿尔塔什水利枢纽工程坝址区，叶尔羌河近EW走向分布，海拔高程1660.00m，两岸冲沟较发育，阶地也很发育。

上坝址河道走向NWW，3#冲沟口至下坝址处河道转为NNE走向，坝址区相对高差400～600m，现代河床宽260～450m。坝址区左岸发育有2#冲沟；右岸发育有1#、3#和5#冲沟，冲沟延伸长2～4.5km，沟底宽50～170m，顶宽500～1600m，最大切割深度80～500m。坝址左岸受近NNE走向2#冲沟及左岸下游NE走向河谷的切割，呈NNE走向长条形基岩山梁，梁顶山峰高程2100.00～2200.00m，当正常蓄水位1820m时，山梁宽度477～990m，基岩山体相对较窄；右岸受NNW走向1#、3#、5#大冲沟的切割，形成沟梁相间地形，其中，上坝址右坝肩布置于3#和5#冲沟之间NNW走向基岩山梁，梁顶山峰高程2530.00～2720.00m，当正常蓄水位1820m

时，山梁宽度1100～2100m，山体宽厚。上坝址两坝肩在平面上呈“八”字形的长条形基岩山体。坝址区发育有Ⅰ～Ⅳ级阶地，其中Ⅰ级阶地为堆积阶地，分布于2＃冲沟口上游，分布较连续，河拔高1.5～2.0m，阶面宽200～220m，表部为冲洪积物覆盖；Ⅱ级阶地为基座阶地，在坝址左岸分布连续，基座高程1680.00～1684.00m，河拔高17～20m，阶面多为洪积、坡积物覆盖，砂卵砾石层厚4～7m；Ⅲ、Ⅳ级阶地零星分布于2＃冲沟口上游，阶地面覆盖洪积和坡积层。坝址区河谷呈宽“U”形，两岸基岩裸露，为横向谷，河谷底宽260～450m，正常蓄水位1820m时谷宽695m，两岸地形不对称，右岸边坡高陡，自然坡度55°～80°，局部近直立，最大坡高610m，坡顶高程2280.00m；左岸自然坡度35°～40°，发育有河拔高17～20m、阶面宽约134m的Ⅱ级基座阶地，最大坡高426m，坡顶高程2095.00m，由于岩层走向现河谷正交，坡面顺层向小冲沟较发育，冲沟切深一般5～20m，个别切深达43m，使坡面地形较凌乱。

1.1.3.2 地层岩性

（1）基岩。

坝区左岸出露岩体为石炭系沉积岩类，其中，坝基（肩）及上游岩性以上石炭统塔合奇组C3t的巨厚层状白云质灰岩、灰岩和白云岩为主，夹少量泥质粉晶灰岩和页岩；下游岩性以中石炭统阿孜干组C2a的薄层灰岩、巨厚层白云质灰岩为主，夹泥质粉晶灰岩和石英砂岩。

右岸基岩岩性为中石炭统阿孜干组C2a的薄层灰岩、巨厚层白云质灰岩、泥灰岩、石英砂岩、泥页岩，上石炭统塔合奇组C3t的灰/灰白色巨厚层状白云质灰岩、灰岩、少量白云岩、少量泥灰岩和泥页岩。

左岸趾板沿线基岩裸露，自然边坡30°～40°，桩号0+327m之前段岩性为厚层白云质灰岩与灰岩互层；之后段岩性为中厚层灰岩与薄层灰岩、泥灰岩、泥页岩与灰岩互层。

右岸趾板沿线基岩裸露，自然坡度50°～70°，局部近直立。基岩为上石炭统塔合奇组下段C3t1－2和C3t1－1的巨厚层白云质灰岩，灰岩互层状。

（2）覆盖层。

覆盖层主要由单一成因的冲积砂卵砾石层组成，局部夹砂层透镜体，据物探测试和钻孔揭露，坝址区河床覆盖层厚度50～94m，河床深槽位于河床中部偏右侧。河床覆盖层总体划分为两大层：上层Ⅰ岩组含漂石砂卵砾石层（Q4al），厚度4.7～17.0m；下层Ⅱ岩组冲积砂卵砾石层（Q2al），厚度36～87.4m。其分界面以河床普遍分布的一层似砾岩的砂卵砾石胶结层为标志。

Ⅰ岩组：分布于现代河床覆盖层上部，为全新统冲积含漂石砂卵砾石层（Q4al），厚度4.7～17.0m，漂石含量约占8.8％，直径一般20～40cm，个别达60cm；卵石含量约占29.7％；砾石含量41.3％，平均含砂率17.96％，以中细砂为主，不均匀系数C_u=335.3，平均有效粒径0.20mm，曲率系数C_c=19.7，天然干密度平均值2.24g/cm^2，相对密度平均值0.85，呈密实状态。该层局部夹砂层透镜体。

Ⅱ岩组：分布于现代河床覆盖层下部，为中更新统冲积砂卵砾石层（Q2al），漂石含量约占1.2％，卵石含量约占26.3％；砾石含量51％，平均含砂率20.47％，以中细砂为主，不均匀系数C_u=368.0，平均有效粒径0.13mm，曲率系数C_c=35.7，表明颗粒级配不连续，属不良级配。该层底部局部夹杂崩坡积块石、孤石和砂层透镜体。

1.1.3.3 地质构造

坝区横跨西昆仑褶皱带和塔里木台地西南构造带两大构造单元。坝址区在塔里木地台南西构造带西南边缘次一级构造单元铁克里克断隆上，断隆西侧以米亚断裂为界，并与西昆仑褶皱带相邻，米亚断裂距坝址上游直线距离约12km；坝址东侧以阿尔塔什断裂为界，且与莎车凹陷相邻，阿尔塔什断裂距坝址下游2.5km（图1—3）。阿尔塔什断裂为一推覆断裂构造，晚更新世以来无活动迹象，不具备发生7.0级地震的构造条件；位于坝址上游12km的米亚断裂为一活动性断层，在库区附近活动相对较弱，近百年内无中强地震记载，在库坝区以北英吉沙西的历史最大地震影响到坝区的烈度小于Ⅷ度；近场区范围内没有中强震震源分布，在未来百年内工程区处于外围地震波及区，历史上库坝区外围的地震对库坝区影响的最大烈度为Ⅶ度，库坝区50km范围内未发生过4.0级以上地震，80km范围内未发生过6.0级以上地震，坝址选择在铁克里克断块上，具备建坝条件；水库有诱发地震的可能，最大震级不超过5.0级，发震地点可能在米亚断裂带附近，对坝址区的影响烈度小于基本烈度。

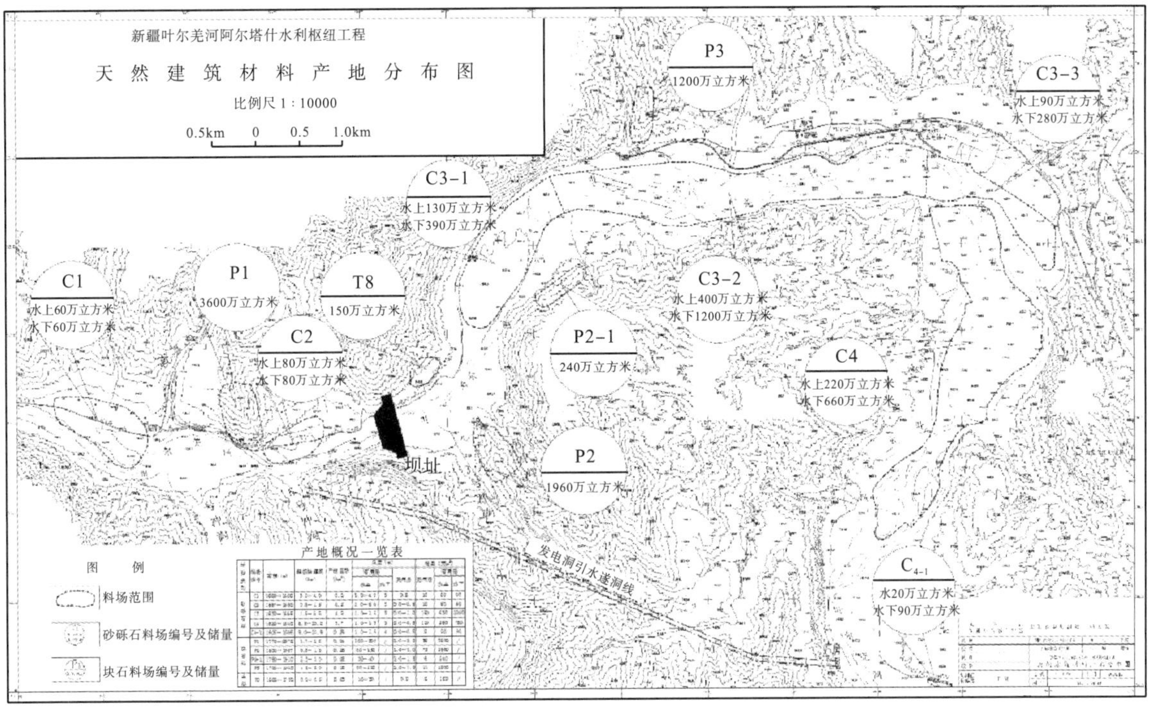

图1—3　阿尔塔什水利枢纽工程料源分布

据《中国地震动参数区划图》和《新疆阿尔塔什水利枢纽工程场地地震安全性评价报告》，坝址区地震基本烈度为Ⅷ度。依据《水工建筑物抗震设计规范》，工程抗震设防类别为甲类，大坝抗震设计烈度为9度，设防按100年超越概率2%，基岩峰值加速度320.6Gal。

1.1.4　料源分布

阿尔塔什水利枢纽工程设计填筑方量2494.5万立方米，其中砂砾料填筑方量1227万立方米。工程规划有C1、C2、C3和C4四个砂砾石料场，P1、P2、P2—1、P3四个块石料场，T8一个土料场，料源情况见表1—4，料源分布如图1—3所示。

表1—4　阿尔塔什水利枢纽工程料源情况

序号	料场	位置	储量（万立方米）	距离坝址（km）	备注
1	C1料场	坝址上游左岸	120	3.0～4.0	砂砾石料场
2	C2料场	坝址上游左岸	140	0.8～1.5	砂砾石料场
3	C3料场	坝址至阿尔塔什水电站河床、河漫滩及Ⅰ级阶地	2520	1.5～7.8	砂砾石料场

续表

序号	料场	位置	储量（万立方米）	距离坝址（km）	备注
4	C4 料场	阿尔塔什小水电站至克孜拉孜村两岸河滩及Ⅰ级阶地	1450	7.8～15.0	砂砾石料场
5	P1 爆破料场	上坝址上游左岸	3600	1.7～2.5	块石料场
6	P2 爆破料场	上坝址下游右岸 1♯和 3♯冲沟之间	1960	0.8～1.6	块石料场
7	P2－1 爆破料场	坝址下游右岸坡	240	2.3～3.0	弱风化层可用作筑坝块石料
8	P3 爆破料场	下坝址下游左岸	1200	4.5～5.0	弱风化层可用作筑坝块石料
9	T8 土料场	坝址下游左岸泄洪建筑物出口	150	0.5～1.0	第四系全新统风坡积含碎石低液限粉土层

1.1.5 对外交通

工程枢纽至莎车县有约 120km 县乡级道路，经莎车县沿 315 国道可至喀什市，公路里程约 310km，沿 215 省道、314 国道和 312 国道可至乌鲁木齐市，路线长 1544km。乌鲁木齐市到喀什市有南疆铁路相连，运输线路由乌鲁木齐市火车站经库尔勒市火车站（600km）至喀什市火车站（1589km），再由 G315 国道至莎车县，经 X504 县道、X395 至工程区。此外，乌鲁木齐市到喀什市有疆内定期航班直达，也可与 G315 国道、X504 县道和 X395 县道构成一条通往工程区的交通线。

1.2 工程施工主要技术创新

阿尔塔什水利枢纽工程采用混凝土面板砂砾石－堆石坝，坝顶高程 1825.80m，最大坝高 164.8m，建于深 94m 的覆盖层上，复合高度达 258.8m，为目前在建或已建面板坝中覆盖层最深的坝，被称为新疆的“三峡”工程。工程区具有“三高一深”（高边坡、高面板堆石坝、高地震带、深覆盖层）的工程特点，需要保证坝体与坝基的变形协调、砂砾主堆石区与下游次堆石区的变形协调、坝体与岸坡连接部位的周边缝变形协调，使工程面临坝体变形协调关键技术难题。加之阿尔塔什水利枢纽工程所在地气温年变化较大，昼夜温差大，蒸发强烈，空气极端干燥，在这样的特殊环境下进行大面积混凝土施工，干燥收缩和温降收缩比一般条件下大得多，混凝土的干缩开裂和面板、趾板约束开裂风险也随之增大，如何控制面板混凝土裂缝的产生和发展成为工程施工中的另一个关键技术难题。

针对新疆阿尔塔什面板坝“三高一深”的工程特点和系列关键技术难题，为保证深厚覆盖层上面板砂砾石坝变形协调和面板裂缝控制，对大坝填筑标准与现场填筑质量控制技术、深厚覆盖层面板坝趾板基础处理、大范围不均匀砂砾石料综合利用、水位变动区砂砾石料高强度开采技术、高寒干燥环境面板防裂控制技术等关键技术开展研究，形成以下创新成果。

1.2.1 深厚覆盖层面板坝变形协调控制技术

从坝料特性、分期方案、冬季施工、质量检测等多方面研究，提出坝体变形协调控制的系统性措施。

（1）砂砾石料压实控制指标及填筑施工技术。

通过系统的筑坝材料级配特性和原型级配法压实试验研究，确定砂砾石料压实控制指标，分析坝体水平分层渗透特性，研究采取后退法铺料、粗细料集中区域挖除换填、加大检测频次等方法，保证填筑坝体满足水力梯度要求。

（2）坝体分期分区填筑规划。

基于FLAC3D软件进行邓肯张E－B本构模型的二次开发，开展面板坝施工期应力变形分析，揭示不同分期分区方案和填筑高差下的大坝应力变形特征及筑坝材料参数的敏感性影响。分析坝体施工期应力变形特征与竣工期面板应力和挠度分布情况，并进一步开展与实测结果的对比分析，获得较为可靠的深厚覆盖层上施工期面板砂砾石坝应力变形规律。根据系统计算分析，提出下游堆石区超前、高差控制30m的总体分期填筑规划，优选度汛临时填筑断面填筑方案，确定合理的面板浇筑时机，有利于深厚覆盖层面板坝不平衡施工条件下的变形协调控制。

（3）季节性水位变化河道砂砾石高强度开采技术。

通过料场复勘及储量评价研究，提出季节性水位变化河道“分区分期、疏导降水、洪枯分策、连续高强”的综合开采规划，研究采取“自河床向岸坡、自下游向上游、分段分层开采”顺序，合理利用天然河道坡降、先锋槽、鱼刺形降水槽和强排降水，解决河滩地砂砾石料场水下开采细料流失难题，满足高峰期连续施工开采需求，创下171.5万立方米大坝单月填筑量的全国纪录。

（4）爆破料开采和填筑质量控制技术。

研究碎裂岩体爆破料开采级配控制技术，开展爆破料现场原型级配试验，提出爆破料压实的双指标控制参数，坝体坝顶1/5坝高区域采取对孔隙率和相对密度进行双控。

（5）寒冷地区砂砾石料冬季填筑施工技术。

根据冬季昼夜温差变化规律，通过试验研究，揭示负温环境下不同含水率和受冻时间的砂砾石冻结特性，建立环境温度与砂砾石冻层厚度的关系模型，提出冬季开采砂砾石料的含水率界限值，研发基于微波湿度法的含水率快速检测方法和装置，形成寒冷地区面板砂砾石坝冬季填筑施工成套技术。

（6）坝料施工质量检测和控制方法。

结合理论分析和系统室内试验，提出砂类土的虚拟比重法，非黏性和黏性土料含水率的微波湿度检测法，构建碾压机－土体三自由度动力学和应力波传播分析模型，提出堆石料加速度振动峰值因数压实质量检测指标，建立基于土体反力测试的坝料压实检测方法，为坝料施工质量检测评价提供新途径。

1.2.2　坝体智能化填筑施工装备与新技术

工程研发无人驾驶推土机、振动碾及垫层料摊碾护一体机，形成面板坝坝体智能化填筑施工装备与新技术。

（1）无人驾驶推土机。

推土机作为大坝填筑中应用最广泛的摊铺设备，主要采用人工操作，施工质量受人员素质、操作水平及状态等不可控因素的影响较大，研发推土机无人驾驶作业技术，不仅能大幅改善操作工人作业环境，而且对改善施工质量、降低人工劳动强度等方面均有显著效益。无人驾驶推土机的应用实现了路径规划、推填平衡和安全预判。结合油缸行程测试和车控系统分析计算，实时补偿调整铲刀高度与倾角、推进动力、行驶速度等参数，实现了自主摊铺和自主平整，保证摊铺作业厚度和平整度的精确控制。

（2）无人驾驶振动碾拓展研究与应用。

在长河坝工程的研究基础上，开展无人驾驶振动碾的持续深化研究与应用，实现了32T无人驾驶振动碾机群作业及冷启动、断点作业、转速自调节、手自切换等功能，适应现场作业环境和要求，提高无人驾驶振动碾的工程适用性。

(3) 垫层料摊压护一体机研制与工程应用。

研制集连续输料、预设成型、熨平预压、强夯振实和坡面砂浆摊铺成型压实功能于一体的垫层料摊压护一体机，形成成套工艺工法，降低垫层料的施工工艺复杂程度，提高工作效率，实现了面板坝垫层料和保护砂浆一体成型机械化施工。

(4) 基于BIM的虚拟建造技术。

开展基于BIM的虚拟建造技术研究，拓展对施工工艺规划和工艺管理的深度和细度，并对仿真模拟过程形成可视化分析。

(5) 基于北斗定位的数字化碾压实时监控系统。

针对高面板堆石坝填筑时碾压存在的诸多问题及面临的各种安全风险，通过建立北斗数字化碾压实时监控系统，确定铺料厚度、碾压设备振动参数、碾压次数、大坝坝料压实状态等重要控制参数及控制方法，确保坝料的碾压质量和工程安全。

(6) 施工信息化管理技术。

针对阿尔塔什水利枢纽项目深覆盖层高面板堆石坝、右岸600m级高陡边坡开挖及支护等施工与管理方面的难题，组织建立、应用、研发高清视频监控系统、定位安全帽系统、大坝碾压实时监控系统、防作弊灌浆系统、成本管控系统等管理系统，采用信息化数字技术，对施工作业过程中的安全、质量、进度等现场信息进行统一收集、分析、管控，进而提升工程质量，避免施工作业面广、点多等管理不细致带来的安全风险；通过数据统一管理分析，有效避免施工过程中由施工信息不畅通、施工管理不到位导致的施工成本过度浪费和消耗，提高施工效率，为施工过程分析提供数据支撑。

1.2.3 面板混凝土机械化施工装备与新技术

工程系统研究了面板混凝土施工全工艺流程，形成了面板混凝土机械化施工装备与新技术。

(1) 面板钢筋机械化加工、运输装备和施工新技术。

研制面板双层钢筋网片自动化加工制作装备和钢筋网片整体运输安装台车，形成网片工厂化预制、分段整体拼装的新工艺，实现斜坡仓号钢筋安全、精准、快速全机械化作业。

(2) 铜止水一次成型、焊接装置。

研发铜止水成型填充、接头熔焊和表止水挤压成型的机械化施工技术，有效提升大坝接缝止水系统施工质量和效率。

(3) 穿心式千斤顶滑模提升新方法。

提出穿心式千斤顶滑模提升新方法，研发电动丝杆升降装置，解决了卷扬机提升滑模时提升距离难以准确控制、滑模浮模、混凝土错台等问题，改善了面板混凝土外观质量，减少了混凝土抹面工序工作量。

(4) 混凝土水平布料、自动抹面机械化装备。

研制坡面电动水平布料机，采取电动溜槽替代传统铁皮溜槽，有效提升了混凝土布料的均匀性。研发滚轴式抹平机和圆盘式抹光机等施工装备，实现了表面平整度的精确控制。

1.2.4 高寒地区面板堆石坝面板防裂技术

通过计算及分析多因素下混凝土面板裂缝成因机理，提出系统的面板防裂工程措施，形成高寒地区面板堆石坝面板防裂技术。

（1）基于温－湿－力耦合的混凝土面板裂缝成因机理分析。

基于 LUSAS 软件开展温－湿－力耦合数值模拟分析，揭示水泥种类、粉煤灰掺量、外加剂、PVA 含量、入仓温度、养护温度和湿度等因素对混凝土面板开裂的影响规律和作用机理，结合阿尔塔什水利枢纽工程，提出降低入仓温度、河水加热流水养护和延长养护时间等裂缝防控措施建议。

（2）基于混凝土面板裂缝成因机理的配合比研发设计与试验。

提出"低热水泥、低水泥用量、掺粉煤灰、低水胶比和掺纤维"的设计理念，根据混凝土性能试验结果，分析纤维、抗裂防水剂和硅粉对混凝土性能的影响，提出适用于新疆地区混凝土面板堆石坝抗裂性能的最佳施工配合比。

（3）基于面板约束型式优化的混凝土温控防裂措施。

根据约束条件下新疆地区面板裂缝分布规律，系统性开展面板分序浇筑方式、乳化沥青隔离保护层特性研究，采取减小面板约束、合理提高面板施工平台与分期面板顶部高程、适当增加预沉降期等方法，形成基于面板约束型式优化的混凝土温控防裂措施。

（4）研发面板混凝土智能养护系统。

研发面板混凝土智能养护新技术，自动调节养护水温、养护流量，确保混凝土内外温差在可控范围内，克服冰冷河水的不利影响，实现对面板混凝土的智能养护。

（5）面板高效环保养护技术。

采用 PE 管主溜槽斜坡溜送系统，减少坍落度损失；采取双层气泡膜作为混凝土面板保温、保湿养护材料，减少早期干缩裂缝；采用喷雾装置营造混凝土浇筑仓面小气候，降低高温、高蒸发环境的不利影响。

1.2.5 应用效果

创新成果在阿尔塔什水利枢纽工程中的成功应用，保证了高寒地区深厚覆盖层高面板砂砾石－堆石坝的工程质量和进度，大坝填筑及面板浇筑所有节点均按期或提前完成。经监测，坝体及覆盖层坝基最大沉降共 782.1mm，坝体上游堆石区最大沉降 241mm，占坝高 164.8m 的 0.14%，坝体最大沉降 413.6mm，位于下游堆石区，占坝高 164.8m 的 0.25%。与同等类型工程类比，本工程沉降量控制良好。砂砾料填筑检测 4912 组，平均干密度 $2.379g/cm^2$，相对密度 0.93，高于 0.90（设计指标）；爆破料填筑检测 213 组，平均干密度 $2.227g/cm^2$，孔隙率 17.8%，高于 19%（设计指标）。对面板及挤压边墙进行物探检测，未发现脱空现象，面板无明显错动变形。工程于 2019 年 11 月下闸蓄水，蓄水至今，坝体性状良好，运行正常，没有结构性裂缝、挤压破坏，各项监测数据无异常。

工程于 2016 年开始发挥防洪功用，每年可减少约 1000 万人次的防洪投入，使灌区农民、群众告别了千年水患和沉重的防洪负担，改善了塔里木河流域生态环境，惠及叶尔羌河流域 400 多万人，对促进南疆地区的经济社会发展，维护民族团结、社会和谐稳定和国家安全有极其重要的意义。电站年均发电量 22.6 亿千瓦时，可为南疆提供清洁能源，缓解南疆克孜勒苏柯尔克孜自治州、喀什地区及和田地区三地州电力短缺状况，可节省标准煤 81 万吨，减少二氧化碳排放 225 万吨，对助力国家早日实现"双碳"目标具有重要意义，经济、社会效益显著。

项目技术成果获发明专利 20 项、实用新型专利 72 项、软件著作权 3 项，主编行业标准 1 部，取得省部级工法 51 项，出版专著 2 部，发表论文 114 篇。有力地推动了行业科技进步，为今后类似工程的建设提供参考和重要技术支撑。

第 2 章　施工规划

阿尔塔什水利枢纽工程坝体填筑具有“三高一深”（高边坡、高面板堆石坝、高地震带、深覆盖层）的工程特点，相应带来了工程规模大、施工强度高、质量要求高、工期长、施工布置困难等施工难点，此外，工程所在地高温差、高蒸发的环境特点为混凝土面板的防裂施工带来了极大困难。因此，统筹规划大坝填筑的施工布局，合理调控大坝填筑的施工节奏，并有序安排基础和边坡的处理、大坝填筑、混凝土面板浇筑等的施工步骤，是确保工程整体协调推进、安全快速施工的关键。

2.1　总体要求

对工程现场情况进行深入了解，结合工程规模、特点、施工环境及施工条件，拟定施工布置原则：

（1）施工总布置规划遵循因地制宜、因时制宜、有利生产、方便生活、节约用地、经济合理的总原则。

（2）所有的生产临建设施、施工辅助企业及施工道路均按要求及现场条件在指定的场地范围内进行规划布置。

（3）临建设施的规模和容量按施工总进度及施工强度的需要进行规划设计，现场布置力求紧凑、合理、方便使用，规模精简，管理集中、调度灵活、运行方便、节约用地及安全可靠，以期降低工程造价。

（4）尽量避免与其他工程施工相互干扰和影响。

（5）在临时设施布置上综合考虑施工程序、施工强度、施工交通、均衡施工强度等因素。

（6）施工场地及营区均按要求配置足够的环保设施及消防设施，根据绿色环保施工的需要进行场地规划，所有生产、生活设施的布置均体现安全生产、文明施工。

（7）满足防洪、防汛、防泥石流等要求。

（8）避免施工对公众利益和少数民族的损害。

2.2　施工总布置

2.2.1　场内施工道路

2.2.1.1　对外交通条件

公路运输条件：工程枢纽至莎车县有约 120km 的县乡级道路，其中莎车县—恰木萨勒村为

75km沥青混凝土道路，后段（X504）为砂砾石路面。枢纽经莎车县沿315国道可至喀什市，公路里程约310km，沿215省道、314和312国道可至乌鲁木齐市，路线长1544km。

铁路运输条件：乌鲁木齐市到喀什市有南疆铁路相连，运输线路由乌鲁木齐市火车站经库尔勒市火车站（600km）至喀什市火车站（1589km），再由G315国道至莎车县，经X504县道、X395至工程所在地。

航空运输条件：乌鲁木齐市到喀什市有疆内定期航班直达。

2.2.1.2 新修场内交通

根据已有的对外交通和场内交通情况、现场地形条件和工程施工需要，新修7条场内临时便道及1座钢桥，总长3.67km，场内新修便道布置如图2-1所示。

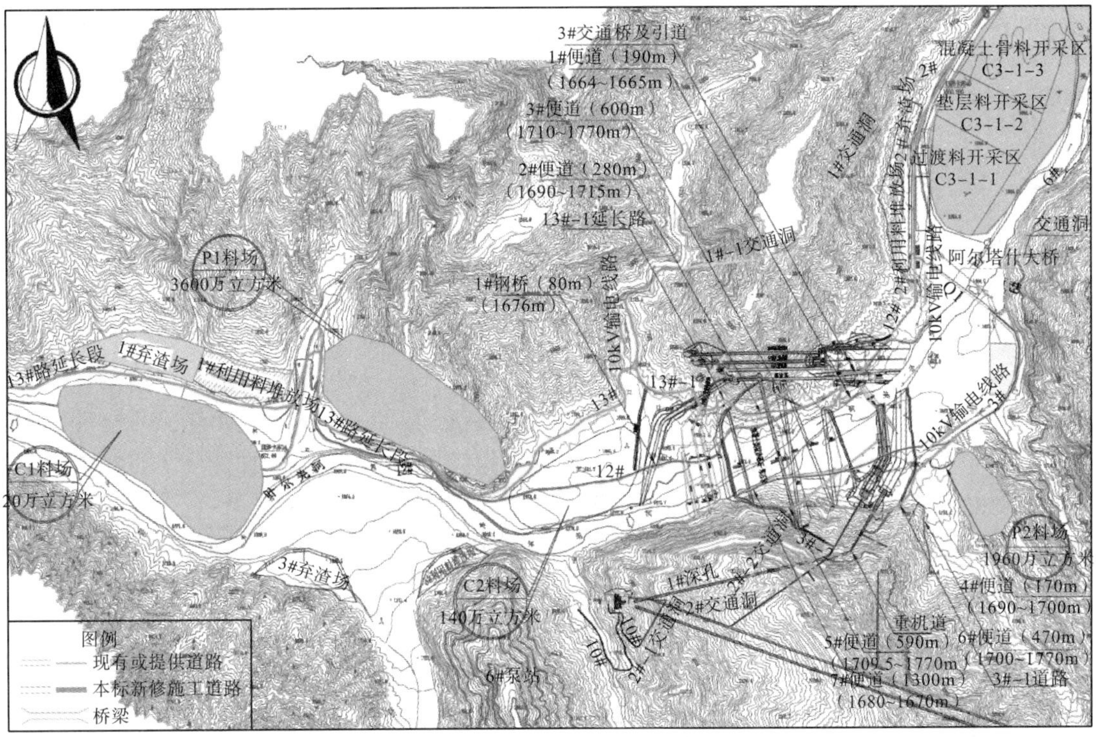

图2-1 场内新修便道布置图

（1）1#便道（至下游围堰道路）。

自3#交通桥及引道高程1664.00m向下游方向修1条双车道施工便道至下游围堰高程1665.00m；1#便道长190m，路面宽9.0m，采用砾石路面。

（2）2#便道（至左岸坝内高程1715.00m）。

自X395县道高程1690.00m向上游方向修1条双车道施工便道接至13#-1延长路终点高程1715.00m；2#便道长280m，路面宽9.0m，采用砾石路面。

（3）3#便道（至左岸坝坡高程1770.00m）。

自2#便道高程1710.00m修1条双车道施工便道接至左岸坝坡高程1770.00m；3#便道长600m，路面宽7.0m，采用砾石路面。

（4）4#便道（至P2料场）。

自3#路高程1690.00m向上游方向修1条双车道施工便道至P2料场高程1700.00m；4#便道长170m，路面宽9.0m，采用砾石路面。

（5）5＃便道（至右岸坝坡高程1770.00m）。

自3＃－1路高程1709.50m向上游方向修1条双车道施工便道至右岸坝坡高程1770.00m；5＃便道长590m，路面宽7.0m，采用砾石路面。

（6）6＃便道（至重机道）。

自3＃路高程1700.00m修1条机械道至重机道起点高程1770.00m；6＃便道长470m，路面宽4.0m，采用砾石路面。

（7）7＃便道（至右岸坝坡高程1670.00m）。

自3＃路高程1680.00m修1条双车道至右岸坝坡高程1670.00m；7＃便道长1300m，路面宽7.0m，采用砾石路面。

（8）1＃钢桥。

在X354县道跨导流洞进口明渠（导－438.153）处修1＃钢桥，桥梁全长70m，采用HB200型单层双排贝雷桥，桥跨结构为2－30m，设计荷载汽－60级，桥面宽度7.0m。

2.2.2 料场及存弃场

2.2.2.1 料场

阿尔塔工程规划有C1、C2、C3三个砂砾石料场，P1、P2、P2－1、P3四个石料场，T8一个土料场，四个利用料堆放场和两个弃料场。

C1、C3、C4料场是围堰和坝体砂砾石料的主要料源。C1料场位于上坝址上游左岸，距上坝址3～4km，为叶尔羌河流河漫滩和Ⅰ级阶地，呈长条状分布；C3料场为砂砾石主料场，位于坝址至阿尔塔什水电站河床、河漫滩及Ⅰ级阶地，距坝址1.5～7.8km，料场沿叶尔羌河呈弯曲的条带状分布，其中C3－1－1料场区和C3－1－2料场区承担垫层料、过渡料的供应；C4料场位于阿尔塔什小水电站至克孜拉孜村两岸河滩及Ⅰ级阶地，距上坝址7.8～15.0km。

C2料场位于坝址上游左岸0.8～1.5km处，为叶尔羌河流河漫滩和Ⅰ级阶地，作为筹建准备期施工工程的混凝土骨料场。

P1、P2、P2－1、P3为爆破料场，岩性为薄层灰岩，是坝体堆石料和排水料的主要料源。

T8为土料场，位于坝址下游左岸泄洪建筑物出口，距坝址0.5～1.0km，为第四系全新统风坡积含碎石低液限粉土。该料场是大坝上游铺盖区填筑的土料料源，先将T8料场的土料运至1＃利用料堆放场堆存，再由1＃利用料堆放场转运上坝填筑。

2.2.2.2 利用料堆放场

利用料堆放场有4个，分别为1＃、2＃、3＃、4＃。

1＃利用料堆放场位于坝址上游约3km的左岸阶地上，容量115万立方米，占地11万平方米，为左岸泄水建筑物和大坝施工使用。

2＃利用料堆放场位于坝址下游约2km的左岸，容量45万立方米，占地3万平方米，为施工导流前期施工使用。

3＃利用料堆放场位于坝址上游约2km的右岸滩地上，容量50万立方米，占地3.5万平方米，为右岸建筑物施工使用。

4＃利用料堆放场位于坝址下游约4.5km的左岸阶地上，容量175万立方米，占地5.5万平方米，为大坝、右岸建筑物和发电洞施工使用。

2.2.2.3 弃料场

弃料场有2个，分别为1＃和4＃。1＃弃料场位于坝址上游3km的左岸阶地上，容量98万立方米，占地15万平方米，为左岸泄水建筑物和大坝施工弃料使用；4#弃料场位于坝址下游3.5km的右岸阶地上，容量275万立方米，占地34万平方米，为大坝、右岸建筑物和发电洞施工弃料使用。

2.2.3　生产系统及设施

2.2.3.1　垫层料、过渡料加工系统

大坝垫层料、过渡料加工系统主要为大坝及围堰填筑生产垫层料（2A）50.53万立方米、特殊垫层料（2B）0.63万立方米、过渡料（3A）59.16万立方米以及道路用级配碎石1.07万立方米，总计生产111.39万立方米。根据施工进度计划，2A料月填筑高峰强度6.34万立方米，3A料月填筑高峰强度6.06万立方米，2B料月填筑高峰强度为0.04万立方米。2B料为粒径小于20mm的连续级配物料，道路用级配碎石为小于40mm的连续级配物料。

垫层料、过渡料加工系统的加工原料为C3－1－1和C3－1－2两块砂砾石料场开挖的天然砂砾石料，其中C3－1－1砂砾石料场探明的储量为110万立方米，C3－1－2砂砾石料场探明的储量为90万立方米。经分析，天然砂砾料直接筛分弃除不合格物料后的级配曲线与大坝填筑物2A料、3A料的成品级配曲线吻合，可以满足成品级配曲线要求，即原料弃除60mm以上的物料后满足2A料级配曲线，原料弃除150mm以上的物料后满足3A料级配曲线。因此，2A料和3A料可采用筛分弃料的方式进行生产。

（1）系统规模。

垫层料、过渡料加工系统由毛料受料车间、成品料堆放场、供电系统及附属设施组成，布置于指定的砂石加工系统场地内，总占地面积约1.0万平方米，系统场地原地面高程约1663.00m，地势较低，在前期场平时需填高至高程1665.00m，以减少洪水的影响。系统场地高程除卸料平台高出7.5m外，其余均为大面高程1665.00m。

2A料系统设计成品生产能力180t/h，毛料处理能力350t/h。3A料系统设计成品生产能力200t/h，毛料处理能力270t/h。

（2）工艺流程。

系统的主要工艺为筛分弃除超径料，以获得成品2A料和3A料。生产工艺过程：在指定的C3－1－1和C3－1－2砂砾石料场用1.8m^3液压反铲挖掘机挖料并装20t自卸车，拉至筛分系统卸料平台卸入受料坑，受料坑上设有自制的篦条筛（2A料受料坑上的篦条间距60mm，3A料受料坑上的篦条间距150mm），篦条筛篦除超径料后，剩余的物料经过受料坑下部设置的振动给料机给到胶带机上输送至各自的成品料堆堆存或直接上坝。蓖出的超径料运至坝后作护坡块石使用或运回采挖区回填。垫层料、过渡料加工系统工艺流程如图2－2所示。

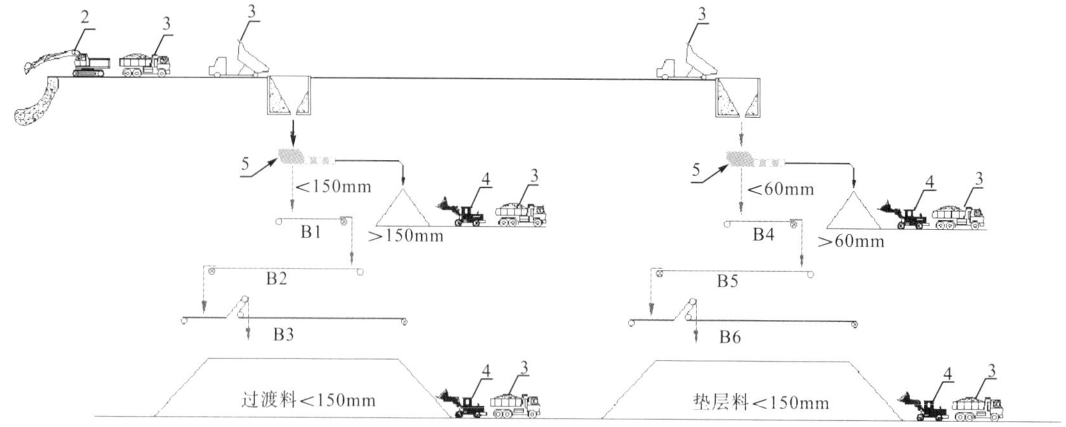

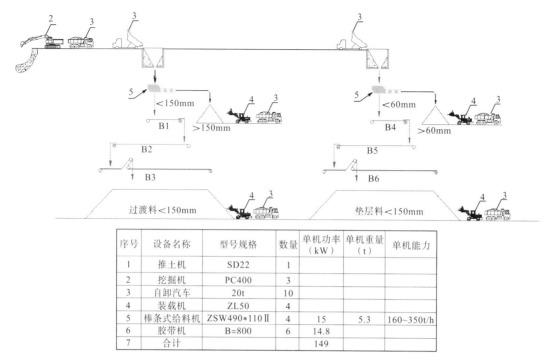

序号	设备名称	型号规格	数量	单机功率（kW）	单机重量（t）	单机能力
1	推土机	SD22	1			
2	挖掘机	PC400	3			
3	自卸汽车	20t	10			
4	装载机	ZL50	4			
5	棒条式给料机	ZSW490*110Ⅱ	4	15	5.3	160~350t/h
6	胶带机	B=800	6	14.8		
7	合计			149		

图 2—2　垫层料、过渡料加工系统工艺流程

2.2.3.2　混凝土生产系统

大坝混凝土生产系统主要提供各类混凝土 25.3 万立方米，根据施工进度计划，混凝土月浇筑高峰期需满足约 2.6518 万立方米。

（1）系统规模。

混凝土生产系统由主站、骨料暂存场、骨料配料仓、胶凝材料储存罐、外加剂仓库、供水、供电等设施组成，布置在施工营地上游端，占地面积约 $10000m^2$。混凝土生产系统设计生产规模 $113m^2/h$，考虑实际施工中混凝土浇筑高峰期发生在大坝混凝土面板的施工时段，面板的混凝土施工特性是一旦开始就不能停止，以避免产生层间裂缝导致漏水。因此，混凝土生产系统选用 2 套 HZ−2F1500 型生产站，单机铭牌生产能力 $90m^2/h$，双机可达 $180m^2/h$。

（2）工艺流程。

混凝土生产工艺流程包括骨料输送、粉料输送、外加剂输送、水输送、搅拌机拌制、混凝土生产料输出等，如图 2−3 所示。

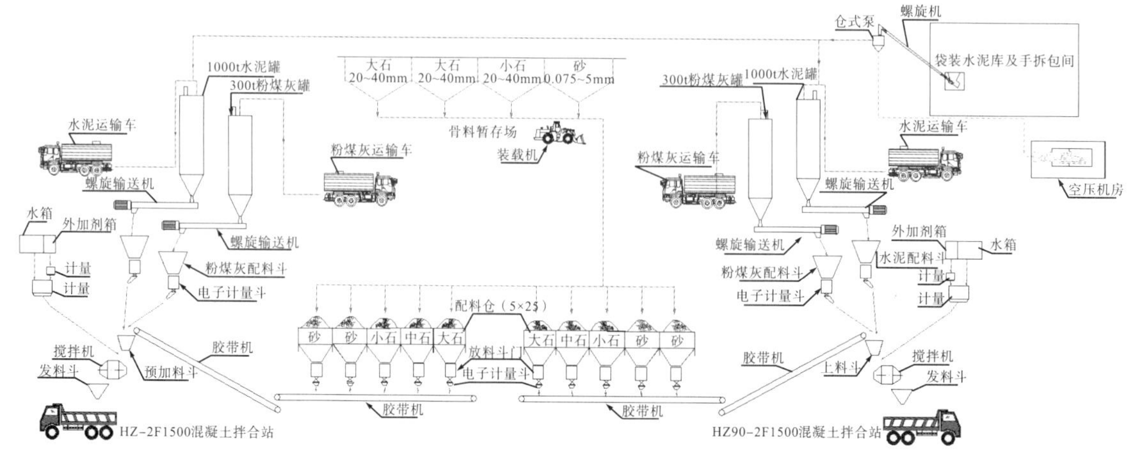

图 2−3　混凝土生产系统工艺流程

①骨料输送。混凝土骨料供给点距设置的混凝土生产系统约 2.7km，距离较远，故在混凝土生产系统设置容量均为 750m^2 的大石、中石、小石三个粗骨料仓及容量为 1000m^2 的细骨料仓，总计可堆存约 3250m^2，满足混凝土生产系统高峰期 2 天的使用量。骨料仓底部为 C15 素混凝土，顶部设置钢结构遮雨遮阳棚，以保证骨料的含水率及温度在要求范围内。装载机从骨料暂存场取料，送至拌合站配料仓，经配料系统计量，通过胶带机运送至拌合站预加料斗，然后进入搅拌机拌制流程。

②粉料输送。水泥由水泥运输车运输至拌合站水泥罐，再通过拌合站螺旋输送机送至拌合站水泥称量系统，然后进入搅拌机拌制流程。粉煤灰由粉煤灰运输车运输至粉煤灰罐，再通过拌合站螺旋输送机送至拌合站计量斗，然后进入搅拌机拌制流程。

③外加剂输送。外加剂通过拌合站外加剂箱，经计量后进入搅拌机拌制流程。

④水输送。水泵将河水抽至水池，经计量后进入搅拌机拌制流程。

⑤搅拌机拌制。计量后的水泥、粉煤灰、骨料、外加剂和水进入搅拌机，搅拌合格后进入混凝土预存斗，最后由混凝土运输车运输至浇筑仓面。

2.2.3.3　施工供电

根据工程施工总布置、总进度、机械选择及用电负荷分布情况，施工供电主要为生活区、砂石骨料加工系统、大坝、临时生产区、料场、2＃－2 交通洞供电，采取从指定的 10kV 线路就近接箱式变压器的方式供电，共设 8 座变压器，总供电容量 5880kW。

同时，将配备总计 800kW 的事故备用电源，备足够容量的无功功率补偿装置，同时应按国家（或有关部门）现行标准、规程、规范做好防雷接地，保证用电安全。

施工供电系统布置情况见表 2－1。

表 2－1　施工供电系统布置情况

序号	变压器名称	型号	数量	布置位置	供电范围
1	1＃变压器	ZGS9－800/10	1	大坝生活区	办公、生活营地用电
2	2＃变压器	ZGS9－300/10	1	砂石骨料加工系统内	砂石骨料系统生产用电
3	3＃变压器	ZGS9－1250/10	1	大坝左坝肩	大坝左岸、13＃－1 道路、3＃交通桥、移动式空压机
4	4＃变压器	ZGS9－315/10	1	P1 料场	P1 料场、1＃空压机
5	5＃变压器	ZGS9－800/10	1	大坝临时生产区	施工附属企业生产、混凝土拌合系统、3＃－1 道路
6	6＃变压器	ZGS9－315/10	1	P2 料场	P2 料场、2＃空压机
7	7＃变压器	ZGS9－1600/100	1	大坝右坝肩	大坝右岸、3＃－1 道路、移动式空压机
8	8＃变压器	ZGS9－500/10	1	2＃－1 交通洞与 2＃交通洞交叉口	2＃－1 交通洞、3＃空压机
9	柴油发电机	100kW	1	大坝生活区	备用电源
10	柴油发电机	100kW	2	大坝工区	备用电源
11	柴油发电机	100kW	1	大坝临时生产区	备用电源
12	柴油发电机	100kW	2	P1/P2 料场	备用电源
13	柴油发电机	100kW	1	右岸高边坡处理	备用电源
14	柴油发电机	20kW	5		施工排水、照明等备用电源

续表

序号	变压器名称	型号	数量	布置位置	供电范围
15	10kV线	10kV线	3.2km		
16	低压动力线	400V	2.8km		

2.2.3.4 施工供水

工程施工用水从叶尔羌河取水，生活用水经净化处理后使用。

供水系统根据用水部分分为生活区供水、砂石骨料加工系统供水、大坝供水（左、右岸）、临时生产区供水；P1、P2料场施工用水采取就近自水池接至水箱供水，右岸高边坡处理、道路施工用水采用水罐车拉运供给。

供水管网主要采用树枝状布置，重要部位采用环状管网。配水管网的干管线路应通过两侧用水量较大的地区，并以最短的距离向最大用户或高位水池送水。供水干管和支管采用焊接钢管，根据水量要求主要选用DN300、DN250、DN150和DN100四种管径。根据工艺需要设置管道阀门、消防栓、配水栓、排气阀等附件。考虑项目所处位置冬季寒冷的因素，供水管线考虑冬季采用岩棉保温材料进行包裹。施工供水系统布置情况见表2−2。

表2−2 施工供水系统布置情况表

水源			水池			供水范围
水源	编号	水泵型号	编号	容量（m^3）	布置位置	
叶尔羌河	1#	IS125−100−200	1#水池	200	大坝生活区	生活、消防用水
	2#	200D_1−43	2#水池	300	左坝肩高程1825.00m	大坝工区、13#−1延长路、3#交通桥等开挖、支护、填筑、混凝土浇筑及养护、灌浆施工用水
	3#	IS125−100−200	3#水池	200	大坝生产区内	生产辅助企业、混凝土拌合系统、3#−1道路、2#−2交通洞开挖、支护、填筑、混凝土浇筑及养护、灌浆施工用水
	4#	4GC5×5	4#水池	50	右坝肩高程1825.00m	大坝工区、右岸高边坡处理、2#−2交通洞、重机道开挖及支护、混凝土浇筑及养护、灌浆施工用水
水罐车拉运供给			1#水箱	20	P1料场内	P1料场开采及支护用水
水罐车拉运供给			2#水箱	20	P2料场内	P2料场开采及支护用水
水罐车拉运供给						右岸高边坡处理、重机道、2#−2交通洞、场内便道及其他零星施工用水

2.2.3.5 施工供风

工程施工用风项目多，各工作面分散，拟采用分片设置空压站和配置移动空压机联合的供风方式。根据用风量大小，从各空压站或空压机接相应管径的风管至各用风工作面。

在P1、P2料场设置空压机供给料场开采及其边坡支护用风，右岸高边坡锚索施工、大坝施工区开挖及支护、钻孔灌浆和施工道路等临时设施修建等采用移动式电动空压机供风，具体布置情况见表2−3。

表2-3　施工供风系统布置情况

序号	编号	容量（m^2/min）	设备数量及型号	布置位置	供风范围
1	1#空压站	30	1台VW-30/8	P1料场	P1料场开采及支护用风
2	2#空压站	30	1台VW-30/8	P2料场	P2料场开采及支护用风
3	3#空压站	40	2台VW-20/8	2#-1交通洞与2#交通洞交叉口	2#-2交通洞开挖及支护用风
4	移动空压机	280	7台VW-30/8 3台VW-20/8	施工现场	大坝开挖、基础处理、右岸高边坡处理、道路开挖及支护用风
		21.2	1台EPQ750HH	施工现场	锚索施工用风
合计		391.2			

2.2.3.6　施工通信

移动网络已覆盖整个工程区，可优先利用，并在工程开工前与当地邮电部门申请解决通向施工现场的通信线路和现场的邮电服务设施，在办公及生活营地、施工附属加工厂设施区申请设置2部固定电话和1部传真机；在生产调度值班室装1部固定电话，其他则大部分利用手机，实现较畅通的通信联络。

2.2.3.7　施工排水

阿尔塔什水利枢纽工程大坝施工主要为地面工程，施工排水分基坑初期排水和经常性排水，基坑初期排水主要排除截流后留存在基坑内的河水和渗水，经常性排水主要排除降水、渗水和施工废水，需根据各时段的排水强度制定相应的排水方案。生活营地和其他附属厂区周边设置排水沟和沉淀池，处理达标后再行排放或回收利用。

2.3　坝体填筑分期及总进度规划

2.3.1　坝体填筑分期

阿尔塔什水利枢纽工程坝体总填筑量2494.13万立方米，施工时段为2016年2月1日—2020年2月29日，共49个月，平均填筑强度为50.9万立方米/月。按照总进度要求，在预定工期内完成大坝填筑形象面貌，为大坝面板混凝土浇筑、下闸蓄水创造条件。关键节点及工作面移交施工控制工期要求如下：

（1）2017年11月底坝体临时断面填筑高程不低于1730.00m，2018年5月31日前Ⅰ期面板浇筑高程不低于1729.00m，以满足度汛要求。

（2）2019年4月底坝体临时断面填筑高程不低于1777.00m，2019年7月31日前Ⅱ期面板浇筑高程不低于1776.00m，以满足下闸蓄水要求。

（3）2021年5月底工程全部完工。

坝体填筑分期规划如图2-4所示，控制进度见表2-4。

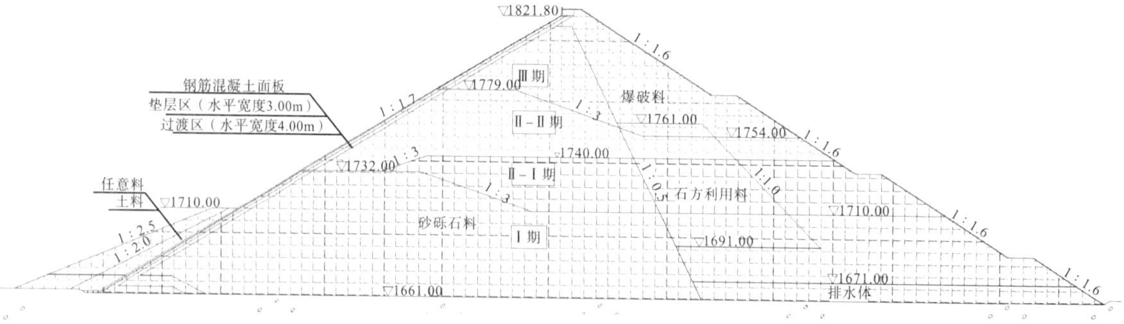

图 2－4　坝体填筑分期规划图

表 2－4　坝体填筑分期规划控制进度

填筑分期	工程量（万立方米）	填筑时段	工期（月）	平均月强度（万立方米/月）	高峰强度（万立方米/月）
Ⅰ期	1123.36	2016 年 2 月 1 日—2017 年 10 月 31 日	21	53.49	73.07
Ⅱ－Ⅰ期	374.10	2017 年 11 月 1 日—2018 年 5 月 31 日	7	53.44	73.95
Ⅱ－Ⅱ期	430.10	2018 年 6 月 1 日—2018 年 12 月 31 日	7	63.30	72.48
Ⅲ期	553.58	2019 年 1 月 1 日—2020 年 2 月 29 日	14	39.54	51.46
合计	2494.13	2016 年 2 月 1 日—2020 年 2 月 29 日	49	50.90	73.95

2.3.2　总体施工程序

根据项目的施工特点和地形、地貌，以及控制点工期等因素，阿尔塔什水利枢纽工程分三个施工阶段进行。

第一施工阶段为自进场之日起至 2016 年 3 月 31 日，主要为施工道路、生产/生活营地、风/水/电/混凝土拌合系统、砂石加工系统等临时设施的修建，以及右岸重机道、右岸高边坡处理、上下游围堰及河床砂砾石灌浆等项目的施工，2016 年 3 月 31 日以前完成左、右坝肩的开挖与支护及大坝基坑开挖，此时大坝工程主体项目已具备施工条件，可进入第二施工阶段。

第二施工阶段为 2016 年 4 月—2020 年 12 月 31 日，主要为坝体土石方填筑、混凝土面板、灌浆洞开挖与支护及固结、帷幕灌浆施工。

趾板混凝土从坝体的中部向两侧扩展，以满足坝体填筑需要的工作场面。坝体填筑根据坝体分区、坝面大小等条件，将填筑面划分成 2～4 个面积大致相等的填筑作业区，各作业区之间应做出明显的标志。填筑作业区内按填筑工序平行流水作业，并按各种料的填筑次序，规划填筑行车路线、来料分类和进料速度、现场施工机械，各种填筑料的运输汽车、推土机、洒水车、碾压机、液压振动板、反铲挖掘机、装载机等良好匹配，使坝体填筑施工处于优质、均衡、有序、高速状态。

截至 2019 年 7 月 31 日，Ⅱ期面板浇筑至高程 1776.00m，满足下闸蓄水要求，本阶段施工完成，可进入第三施工阶段。

第三施工阶段为 2021 年 1 月 1 日—2021 年 5 月 31 日，主要为坝顶道路施工、防浪墙施工、场地清竣、工程资料整理。至此，本工程施工完成。

2.3.3　施工关键线路

阿尔塔什水利枢纽工程的关键是混凝土面板砂砾石－堆石坝施工，故以大坝填筑施工为中心，兼顾其他部位工程施工。

施工关键线路为：施工队伍进场→测量控制网建立及施工测量→高边坡处理及重机道开挖施工→右岸高边坡处理开挖施工→大坝坝基开挖施工→Ⅰ期坝体填筑→Ⅰ期面板混凝土→Ⅱ期坝体填筑→Ⅱ期面板混凝土→Ⅲ期坝体填筑→Ⅲ期面板混凝土→施工期沉降→Ⅲ期面板混凝土→防浪墙挡墙混凝土→坝后混凝土→坝顶道路→坝顶结构混凝土→工程竣工。

阿尔塔什水利枢纽工程于2015年6月1日开工，2021年5月31日完工，总工期72个月。主要施工项目工期安排统计见表2－5。

表2－5 主要施工项目工期安排统计

序号	工程部位	开始时间	完成时间
1	右岸高边坡工程	2015年6月6日	2016年2月29日
2	重机道路工程	2015年6月6日	2016年4月30日
3	上游围堰工程	2015年8月16日	2016年5月31日
4	河床截流	2015年9月11日	2015年9月25日
5	下游围堰工程	2016年3月1日	2016年5月31日
6	坝基及趾板开挖	2015年8月1日	2016年5月31日
7	河床坝段固结灌浆	2016年1月1日	2016年6月30日
8	趾板混凝土浇筑	2016年3月16日	2016年10月31日
9	坝体Ⅰ期填筑	2016年2月1日	2017年10月31日
10	Ⅰ期面板混凝土浇筑	2018年4月1日	2018年5月31日
11	坝体Ⅱ期填筑	2017年11月1日	2018年12月31日
12	Ⅱ期面板混凝土浇筑	2019年6月1日	2019年7月31日
13	坝体Ⅲ期填筑	2019年1月1日	2020年2月29日
14	坝体沉降期	2020年3月1日	2020年9月1日
15	Ⅲ期面板混凝土浇筑	2020年9月1日	2020年10月31日
16	坝顶结构、场地清竣	2021年1月1日	2021年5月31日

2.4 料源规划及资源配置

阿尔塔什水利枢纽工程为混凝土面板砂砾石－堆石坝，坝体填筑料主要为砂砾石料、堆石料和土料，做好料源规划及资源配置是确保坝体按时、按量、按质填筑的关键。

2.4.1 坝体结构及坝料设计指标

2.4.1.1 坝体结构分区

挡水坝为混凝土面板砂砾石－堆石坝，坝顶宽度12m，坝长795m。上游主堆石区采用砂砾石料，坝坡坡度1∶1.7，下游坝坡坡度1∶1.6，在下游坝坡设宽15m、纵坡为8%的“之”字形上坝公路，最大断面处下游平均坝坡坡度1∶1.89。

坝体填筑分区由上游至下游分别为上游铺盖区1A、上游盖重区1B、混凝土面板/垫层料区2A、特殊垫层区2B、过渡料区3A、砂砾料区3B、爆破料区3C、水平排水料区3D。

2.4.1.2 坝料设计指标

1A 区：位于面板上游，顶高程 1710.00m，顶宽 5m，上游坡度 1∶2，料源为泄水建筑物出口开挖的低液限粉土。

1B 区：位于上游铺盖区上游，顶高程 1710.00m，顶宽 10m，上游坡度 1∶2.5，作用是稳定上游铺盖区边坡。可采用开挖弃渣等任意粗粒材料。

2A 区：水平宽度 3m，要求 d_{max}≤60mm，小于 5mm 的含量为 30%～45%，小于 0.075mm 的含量少于 8%，渗透系数控制在 10^{-4}～10^{-3}cm/s，设计相对紧密度 D_r≥0.9。采用 C3 料场筛分料。

2B 区：采用 C3 料场小于 20mm 的筛分料。碾压层厚 0.2m，以小机械人工碾压，填筑标准要求相对紧密度 D_r≥0.9。

3A 区：位于 2A 区与 3B 区之间，水平宽度 4m，料源同垫层料，过渡料采用 C3 料场筛除 150mm 以上颗粒的砂砾石料，级配连续。填筑标准要求相对紧密度大于 0.9。

3B 区：选用砂砾石料筑料，位于 3A 区下游。砂砾石料由 C3、C4 砂砾石料场开采上坝填筑。填筑标准要求相对紧密度大于 0.9。

3C 区：位于 3B 区下游，由 P1、P2 石料场爆破开采或采用枢纽开挖利用料，要求最大粒径 d_{max}≤600mm。设计孔隙率取 n≤19%。

3D 区：采用 P1 料场的爆破堆石料，要求 5mm 以下的含量小于 15%，0.1mm 以下的含量小于 5%。在 3B 区砂砾石料下部与河床砂砾石结合部位，铺设排水条带，排水条带宽 10m、厚 2m，间隔 20m 设置一条；在 3C 区的下部设置厚 10m 排水条带，满河床铺设。

2.4.2 料源复查

料源复查是土石坝工程施工阶段非常重要的一项工作，其目的是对设计阶段的料源详查成果进行复查，进一步详细了解料源的储量、质量、分布状况和开采难易程度，以避免因地质重大缺陷出现料源开采经济性差、有效储量不足甚至变更料场的现象，也为做好料源规划奠定基础。阿尔塔什水利枢纽工程重点对砂砾石料场 C1、C3，爆破块石料场 P1、P2 以及利用料堆存场进行了复查，复查方案依据《水电水利工程天然建筑材料勘察规程》(SL 251—2000) 的要求。

2.4.2.1 砂砾石料场复查

(1) 料场复查方案。

根据工程所需砂砾石料的使用要求，对 C1、C3 料场进行复勘核查，具体方案如下：

①覆盖层或剥离层厚度、料层的地质变化及夹层的分布情况。

②砂砾石料场开采、开采及运输条件。

③砂砾石料场的工程地质、水文地质条件及与汛期水位的关系。

④根据料场的施工场面、地下水位、地质情况、施工方法及施工机械可能开采的深度等因素，复查料场的开采范围、占地面积、弃料数量以及可用料层厚度和有效储量。

⑤进行必要的室内和现场试验，核实砂砾石料的物理力学性质及压实特性。

(2) 复查成果。

C1 砂砾石料场测量复测复堪面积 53.69 万平方米，根据现场探槽情况，测量实际有效可开采面积 32.0533 万平方米，料场北侧上部为洪积含土碎石覆盖，为不可开采利用区，面积 21.6367 万平方米。

可利用区无用层厚度 0～1m，平均 0.61m，覆盖层储量 7.7 万立方米；平枯水期水上有用层厚度 3～4m，平均 3.72m，按平行断面法计算储量 119.2383 万立方米；水下按开采 2m 计算的有用层储量64.1万立方米，汛期水下部分不具有开采条件；料场北侧上部洪积含土碎石覆盖层平均厚度3.98m，为无用料不可利用区。

C3砂砾石料场测量复测复堪面积365.41万平方米，根据现场探槽情况，测量实际有效可开采面积327.70万平方米。根据复勘取样砂砾石颗粒级配分析试验结果，C3砂砾石料场过渡料、垫层料、砂砾石料均基本满足相应级配要求。

C3－1－1过渡料场及C3－1－4料场因料区被侵占，总开采面积减少99624m^2，C3－1－1水上砂砾石料厚度约1.63m，无用层厚度0.58m，可开采有用料424756m^3，储量587290m^3，无用层储量62846m^3；C3－1－2水上砂砾石厚度1.62m，无用层厚度0.57m，可开采有用料542992m^3，储量750241m^3，无用层储量78755m^3；C3－1－4水上砂砾石厚度1.43m，无用层厚度0.69m，可开采有用料387831m^3，储量540521m^3，无用层储量70237m^3。C3－1区总开采面积34831m^2，按开采深度4.5m计算，开采有用料1355579m^3，无用料211838m^3，根据设计要求在C3－1区开采有用料150万立方米，实际可开采量1355579m^3。

C3－2区有一区域开挖3m后泥沙太多，为无用料，该区域面积460980m^2，可开采有用料6066979m^3，储量8609010m^3，无用层储量1559112m^3。

C3－3水上砂砾石厚度0.24m，无用层厚度0.92m，可开采有用料2767243m^3，储量3926703m^3，无用层储量711135m^3。

C3料场可开采总面积3276955m^2，水上开采砂砾石料总量1197990m^3，无用料2694136m^3，总砂砾石料储量15584654m^3。C3料场储量与大坝砂砾石填筑工程量比值仅为1.27∶1，储量较小。

复勘期间，C3料场河流覆盖料场面积771453m^2，河流覆盖区域无法进行复勘，且该区域地势情况不清楚，砂砾石料开采条件及开采量情况存在未知变化。

C3料场表层有植被生长面积740526m^2，砂砾石料开采过程中必然要对植被进行清理，清理厚度0.2～0.4m，清理量148105～296210m^3。

根据复勘过程中对水下开挖料探索，叶河坝址区附近河床地下水位高，采取一定措施能开挖部分水下料，但是根据复勘探坑开挖情况，4.5m以下几乎无法开挖，进一步影响了C3料场储量。

2.4.2.2 土料场及利用料堆放场复查

（1）复查方案。

土料、任意料料场复勘主要根据现场地形条件及施工道路布置，在料场开采区域设置复勘网点，对覆盖层厚度、储量情况进行勘察。

复勘点采用液压反铲开挖、现场人工筛分的方式进行质量检测。根据监理工程师提供的控制点，先进行料场施工控制网布设，然后采用全站仪进行地形复测，最后根据复测数据进行料场储量计算。

（2）复查成果。

原计划转运至1＃利用料堆放场的土料调整为堆存于P1料场坡脚区域。根据施工现场实际情况查勘，目前土料料源主要有大坝上游料场及下游料场。大坝上游料场主要有1＃利用料堆放场（上游围堰内侧区域）、2＃利用料堆放场（围堰上游P1料场坡脚区域）、3＃利用料堆放场（上游围堰外侧及其附近区域任意料料场）。

1＃利用料堆放场距土料填筑面距离0.6km，料场面积0.53万平方米，土料厚度4～5m，土料储量2.5万立方米，上游围堰内侧土料用作大坝铺盖料填筑，各项指标满足技术要求。

2＃利用料堆放场距土料填筑面距离2.5km，料场面积3.18万平方米，土料厚度3～4m，土料储量12.4万立方米，P1料场坡脚土料用作大坝铺盖料填筑，各项指标满足技术要求。

3＃利用料堆放场距土料填筑面距离1.5km，料场面积1.21万平方米，土料厚度10～11m，任意料储量13.20万立方米，上游围堰外侧渣料用作大坝任意料填筑，各项指标满足技术要求。

大坝土料填筑总量约30.50万立方米，任意料填筑总量约47.20万立方米，大坝上游区域有土料14.9万立方米，任意料13.2万立方米，不足部分均从大坝下游区域开采运输。根据现料场储量计算，土料开采量不满足填筑要求，需增加土料开采约15.6万立方米，需要协调明确大坝下游土料场位置及开采范围；大坝任意料填筑总量47.2万立方米，现上游任意料场可开采量13.2万立方米，不足部分约34.0万立方米，建议进行上游围堰部分区域拆除，以确保任意料填筑料源需求；现土料堆放区域上部存在覆盖层及部分弃渣，已污染土料质量，需进行表层清理。

2.4.2.3 爆破料场复查

（1）复查方案。

依据《水利水电工程天然建筑材料勘察规范》（SL 251—2015），确定P1料场为Ⅰ类，P2料场为Ⅱ类，采用1∶1000地形图进行地质测绘，查明料场地层岩性、地质构造、岩溶、水文地质条件、岩体风化及覆盖情况。

P1料场地质剖面间距40m，为查明表部覆盖层及风化层厚度，在2－2′剖面山顶覆盖层处布置钻孔1个，孔深30m。结合前期勘探平硐（硐深32.5m），以及在平硐内取样进行6组各类物理力学性试验。

P2料场地质剖面间距70m，为查明无用层及风化层厚度，在7＃、9＃和12＃勘探剖面各布置垂直层面的倾斜钻孔1个，孔深90～122m。在前期试验工作的基础上，本次在钻孔取样进行了6组各类物理力学性试验。

（2）复查成果。

P1料场储量丰富，有用层均位于地下水位以上，可开采区总面积大于130000m^2，根据平行断面法计算，有用层储量大于1600万立方米，满足设计需用量2倍以上，料场范围内无民居和耕地等分布，有用层储量与前期勘察结论基本一致。

P1料场基岩裸露，岩性为白云质灰岩，岩石中硬～坚硬，岩体裂隙较发育，块度多小于30cm，弱风化－新鲜岩体各项试验指标均可满足块石料质量指标。料场质量与前期勘察结论基本一致。料场有13＃公路与坝址相连，运距2.0～2.5km，与前期勘探结论一致。料场山顶局部分布厚3～15m的碎石土层及强风化层，为无用层，需清除。

P2料场储量基本满足设计用量，有用层均位于地下水位以上，有用层储量大于760万立方米，相应的无用层储量301.5万立方米，剥采比约39.3%。料场范围内无民居和耕地等分布。

P2料场基岩裸露，有用层岩性为灰岩，中硬～坚硬，岩体呈薄层状，加之裂隙较发育，块度多小于30cm，灰岩弱风化～新鲜岩体各项试验指标均可满足块石料质量指标，岩体有微岩溶现象，料场质量与前期勘察结论基本一致，对开采可能有一定影响。料场运距0.8～1.6km，需修建通往坝址施工道路约1.2km。料场两侧冲沟暴雨时有泥石流，对施工有一定干扰。

2.4.3 料源规划

根据比例分摊，通过折算系数考虑损耗率，得出各料场的开采量见表2－6。

表2-6　各料场开采量

序号	料别	填筑量（万立方米）	折算系数	损耗率（%）	开采量（万立方米）	备注
1	土料	22.70	0.98	6	24.5	1＃利用料堆放场
2	围堰填筑	107.50	1.01	6	115	C1料场
3	砂砾石料	1152.00	1.01	6	1233	C3料场
4	过渡料	59.34			80.20	C3－1－1料场
5	垫层料	50.83			100.01	C3－1－2料场
6	爆破料	350.00	1.2	3	300	P1料场（包括排水料）
7	爆破料	578.00	1.1	3	541	P2料场

2.4.3.1　大坝上游铺盖料和围堰填筑料

大坝上游铺盖区土料填筑工程量22.7万立方米，原计划由T8料场的土料运至1＃利用料堆放场堆存，再从1＃利用料堆放场转运上坝填筑，经料源复查后，原计划转运至1＃利用料堆放场的土料调整为堆存于P1料场坡脚区域，料场由13＃公路与坝址相连，运距2.0～2.5km，交通方便。

围堰填筑料共计107.4万立方米，由C1料场开采，C1料场位于上坝址上游左岸，距上坝址3～4km，临近13＃延长道路，交通方便。

2.4.3.2　大坝砂砾石料

大坝砂砾石料填筑共计1227万立方米，其中直接利用大坝河床砂砾石开挖料15万立方米，有用料堆存料60万立方米，其余1152万立方米由C3料场开采。C3料场为砂砾石主料场，划分为C3－1、C3－2、C3－3三个料场，位于坝址至阿尔塔什水电站河床、河漫滩及Ⅰ级阶地，距坝址1.5～7.8km，临近1＃道路，交通方便。料场沿叶尔羌河呈弯曲的条带状分布，地面高程1630.00～1665.00m，长7400m，宽230～550m，面积4.8km^2，岩性为第四系全新统冲积砂卵砾石。该料场大部分位于河漫滩，地下潜水位埋深浅，并受河水涨落影响，平枯水期地下水埋深1～4m，7—8月洪水期均位于水下。

2.4.3.3　垫层料、过渡料

大坝和围堰的垫层料50.83万立方米（压实方），过渡料59.34万立方米（压实方），选择由基本不受洪水影响、运距近的C3－1－1、C3－1－2料场开采。

2.4.3.4　爆破料

根据大坝填筑分区和分期，大坝上游左岸13＃－1延伸段路的填筑控制高程1715.00m。高程1715.00m以下的石料填筑量503万立方米，其中排水料80万立方米，石方利用料66万立方米，需要开采的爆破料和排水料共计437万立方米，按照前期道路规划及分区情况，P1、P2料场分别承担80%（约350万立方米）、20%（约87万立方米）爆破填筑工程量，P1料场的底部有12＃和13＃路延长段通过，P2料场底部有3＃路通过，交通方便。

高程1715.00m以上剩余爆破料填筑量491万立方米，按照前期道路规划及分区情况，全部由P2料场开采，由P2料场提供的爆破料填筑量为578万立方米。

2.4.4 土石方平衡

阿尔塔什水利枢纽工程为混凝土面板砂砾石一堆石坝，填筑坝料包括垫层料、过渡料、砂砾石料、爆破料、排水料、上游铺盖料和盖重料等。本工程土石方填筑总量2630.18万立方米（压实方），其中大坝土石方填筑总量2501.41万立方米（压实方），上、下游围堰土石方填筑总量126.54万立方米（压实方），其他工程填筑总量2.23万立方米（压实方）。大坝填筑包括砂砾石料1227万立方米、过渡料59.0万立方米、垫层料36万立方米、爆破堆石料1033万立方米及其他填筑料若干。

根据料源规划，砂砾石料由河床砂砾石开挖、C3料场提供和利用料场转运，过渡料和垫层料由C3料场提供，爆破料由P1、P2料场提供和利用料场转运。各料场质量、数量在合理的开采和必要的加工后满足大坝填筑要求。

2.4.4.1 土石方平衡规划原则

在满足规定的关键施工进度和建筑物开挖工期的条件下，结合大坝填筑工期要求，尽量提高建筑物开挖利用料直接上坝率，减少中转上坝和开挖利用料的损失，提高建筑物和石料场开挖利用率，控制料场开采量，降低对环境的影响，促进施工效率的提高。具体原则如下：

（1）料源满足坝体填筑技术指标要求。

（2）工程料场开挖工期安排与大坝填筑进度和对料源开挖要求相适应，以最大限度地利用建筑物开挖料直接上坝，降低中转上坝填筑量。

（3）在对建筑物开挖料进行规划利用的前提下，尽早确定土石料场开采规模，满足大坝填筑施工强度。

（4）土石料场开挖施工中，依据坝料技术指标的不同，有选择地进行爆破和挖装，减少利用料的损失。

（5）工程建筑物和料场开挖工期安排与场地回填要求相适应，确保场地回填节点工期要求。

2.4.4.2 土石方平衡规划

（1）大坝填筑主要工程量。由大坝设计剖面计算所得，其主要工程量见表2-7。

表2-7 阿尔塔什水利枢纽工程填筑主要工程量表

项目名称	计量单位	工程量	上坝方式	加工厂	中转利用料场	原料来源
垫层料填筑	m^3	360000	加工厂上坝	砂石加工系统		C3-1-2
过渡料填筑	m^3	590000	加工厂上坝	砂石加工系统		C3-1-1
砂砾石料填筑（直接利用）	m^3	150000	直接上坝			河床砂砾石开挖料
砂砾石料填筑（二次倒运）	m^3	285523	中转上坝		2#利用料堆放场	
	m^3	314477	中转上坝		4#利用料堆放场	
砂砾石料填筑（料场开采）	m^3	1275023	直接上坝			C3-1-4
	m^3	10244977	直接上坝			C3-2
排水料填筑	m^3	800000	直接上坝			P1
垫层小区料填筑	m^3	6331	加工厂上坝	砂石加工系统		砼骨料系统购买

续表

项目名称	计量单位	工程量	上坝方式	加工厂	中转利用料场	原料来源
爆破料填筑（二次倒运）	m^3	362754	中转上坝		2♯利用料堆放场	
	m^3	1390512	中转上坝		1♯利用料堆放场	
	m^3	96734	中转上坝		4♯利用料堆放场	
爆破料填筑（料场开采）	m^3	2700000	直接上坝			P1
	m^3	5780000	直接上坝			P2
上游土料填筑	m^3	227000	中转上坝		1♯利用料堆放场	
上游任意料填筑	m^3	220755	中转上坝		1♯利用料堆放场	
	m^3	129245	中转上坝		1♯利用料堆放场	河床砂砾石开挖料
路面级配砾石基层	m^3	7997	加工厂上坝	砂石加工系统		砼骨料系统购买
浆砌石	m^3	20862	加工厂上坝	砂石加工系统		砂石加工系统筛余弃料
干砌石	m^3	51875	加工厂上坝	砂石加工系统		

（2）坝料利用折算系数。根据工程地质特性、建筑物开挖及料场开挖施工方法，结合以往施工经验，确定坝料折算系数，见表2-8。

表2-8　坝料折算系数表

坝料名称	堆积方/压实方	压实方/自然方	备注
上游铺盖料	1.47	0.98	不含施工损耗
上游盖重料（砂砾石料）	1.20	1.00	
上游盖重料（石渣料）	1.23	1.10	
垫层料	1.20	1.01	
特殊垫层料	1.20	1.01	
过渡料	1.20	1.01	
砂砾石料	1.20	1.01	
爆破料	1.23	1.10～1.25	
水平排水料	1.23	1.25	

（3）土石方供求平衡成果。考虑大坝施工工程量及填筑进度，土石方供求平衡见表2-9。

表2-9　土石方供求平衡表

用料名称	用料方式	填筑量压实方（m^3）	料源供应	开采量自然方（m^3）		综合运距（km）	施工时段
				石方	土方		
上游盖重	中转利用	220755	大坝基坑→1♯利用料堆放场→大坝上游盖重	206707		10.41	2018.2—2019.6
		129245	大坝基坑→1♯利用料堆放场→大坝上游盖重		137000	10.41	

续表

用料名称	用料方式	填筑量压实方（m³）	料源供应	开采量自然方（m³）		综合运距（km）	施工时段
				石方	土方		
上游铺盖	中转利用	227000	1＃利用料堆放场→大坝上游铺盖		245531	4.92	2018.2—2019.6
垫层小区料	加工利用	6331	砼骨料加工系统→砂石加工厂→大坝垫层		7317	6.24	2016.4—2019.11
垫层料	加工利用	360000	C3－1－2→砂石加工厂→大坝垫层		416078	6.24	2016.4—2019.11
过渡料	加工利用	590000	C3－1－1→砂石加工厂→大坝过渡		681905	6.57	2016.4—2019.11
砂砾石料	直接利用	150000	大坝基坑→大坝砂砾石		159000	1.00	2016.4—2019.11
	导流洞有用料中转利用	293840	2＃利用料堆放场→大坝砂砾石		308738	2.52	
	右岸建筑物有用料中转利用	306160	4＃利用料堆放场→大坝砂砾石		321683	5.25	
	料场直接利用	1275023	C3－1－4→大坝砂砾石	1339669		5.52	
		10244977	C3－2→大坝砂砾石	10764415		6.71	
爆破料	导流洞有用料中转利用	362754	2＃利用料堆放场→大坝爆破料	300000		2.13	2016.4—2020.3
	左岸建筑物有用料中转利用	660000	1＃利用料堆放场→坝前→大坝爆破料	545825		5.82	2016.3—2020.3
	右岸建筑物有用料中转利用	730512	1＃利用料堆放场→坝前→大坝爆破料	604139		12.08	
	料场直接利用	96734	4＃利用料堆放场→大坝爆破料	80000		5.25	
		5780000	P2→大坝爆破料	5412182		4.24	
		2700000	P1→大坝爆破料	2317500		5.83	
		800000		686667		6.21	2016.2—2019.3
路面级配碎石	加工利用	7997	砼骨料系统购买→砂石加工厂→坝顶道路	8823		6.69	2020.2
护坡块石	砂石骨料加工系统弃料直接利用	72737	砂石加工系统→大坝护坡	64251		4.24	2019.5—2021.5

（4）大坝填筑分期。阿尔塔什水利枢纽工程填筑分为三期。根据总体分期规划，第Ⅰ期进行高程1661.00～1732.00m的临时断面填筑，施工时间21个月，填筑总量1123.36万立方米，平均填筑强度53.49万立方米/月；第Ⅱ－Ⅰ期进行高程1710.00～1740.00m的下游坝壳料临时断面填筑，施工时间7个月，填筑总量约374.10万立方米，平均填筑强度53.44万立方米/月；第Ⅱ－Ⅱ期进行高程1732.00～1779.00m的临时断面填筑，施工时间7个月，填筑总量443.10万立方米，平均填筑强度63.30万立方米/月；第Ⅲ期进行1754.00m～坝顶剩余料填筑，施工时间14个月，填筑总量553.58万立方米，平均填筑强度约39.54万立方米/月。坝体各种坝料填筑工程量、施工时段及填筑强度分期见表2－10。

表2—10　各种坝料填筑工程量、施工时段及填筑强度分期

大坝填筑分期	填筑料种类	工程量（万立方米）	填筑时段	工期（月）	平均填筑强度（万立方米/月）	高峰强度（万立方米/月）
第Ⅰ期	垫层小区料	0.63	2016年2月1日—2017年10月31日	1		
	垫层料	12.15		16	0.76	6.06
	过渡料	25.58		16	1.60	1.56
	爆破料	381.79		19	20.09	28.79
	砂砾石料	623.19		17	36.66	44.07
	排水料	80.00		7	11.43	18.16
	合计	1123.36		21	53.49	73.95
第Ⅱ—Ⅰ期	爆破料	201.09	2017年11月1日—2018年5月31日	7	28.73	30.78
	砂砾石料	173.01		4	43.25	43.98
	合计	374.10		7	53.44	73.95
第Ⅱ—Ⅱ期	垫层料	11.21	2018年6月1日—2018年12月31日	6	1.87	2.10
	过渡料	15.71		6	2.62	2.94
	爆破料	135.77		7	19.40	20.60
	砂砾石料	269.00		6	44.83	47.75
	盖重料	11.41		1	11.41	11.41
	合计	443.10		7	63.30	72.48
第Ⅲ期	垫层料	12.64	2019年7月1日—2020年2月28日	5	2.53	2.56
	过渡料	17.70		5	3.54	3.58
	爆破料	314.35		14	22.45	28.31
	砂砾石料	126.60		9	18.07	21.65
	盖重料	46.29		6	7.71	10.88
	合计	553.58		14	39.54	51.46

第3章　施工期水流控制

水利水电工程施工过程中的水流控制（简称施工水流控制，又称施工导流）在广义上可以概括为：采取“导、截、拦、蓄、泄”等工程措施，解决施工过程中水流蓄泄之间的矛盾，控制水流对于水工建筑物施工的不利影响，把水流全部或部分导向下游或拦蓄起来，以保证水工建筑物的干地施工，在施工期内不影响或尽可能少影响水资源的综合利用，工程在施工期的水流控制对于工程总体规划和施工进度有着直接的影响。阿尔塔什水利枢纽工程位于新疆喀什地区，叶尔羌河干流山区下游河段，径流主要受冰川消融补，年内变化剧烈，冬季气候寒冷，坝址区域河谷陡峭，河床覆盖层深厚，地形地质条件复杂，同时施工期导流截流受到整体工期因素等条件影响，显得尤为重要，这使得阿尔塔什高面板砂砾石堆石坝工程建设中存在河道截流、围堰施工、度汛排水等方面的诸多难题，针对这些问题，因地制宜地采取科学有效的施工期水流控制技术方案和措施，形成高寒地区深厚覆盖从面板堆石板施工导流技术。

3.1　施工导流规划

根据阿尔塔什水利枢纽工程坝址区地形地貌特征、地质条件、河道水文特性、枢纽水工建筑物布置型式和特点、施工进度安排和施工场地布置等综合因素，采用河床一次断流、全段围堰、导流洞泄流、主体工程全年施工的导流方式，施工导流分为初期、中期和后期，工程施工导流及水流控制主要包括河道截流、上下游围堰填筑、上下游围堰基础防渗墙施工、施工期枢纽区安全度汛和防护工程、河床基坑排水、水库蓄水、围堰拆除等内容。

阿尔塔什水利枢纽工程初期导流洞布置于左岸，断面尺寸为等断面设计，过水净断面 11m×13.5m（宽×高），进口底板高程 1666.00m，隧洞底坡 $i=0.002$，出口底板高程 1660.154m，全长约 1042.486m（不含导流洞进出口明渠）。初期导流设计标准为50年一遇洪水标准，上游围堰堰顶高程 1704.00m，最大堰高 40m，堰顶宽 10m，下游围堰堰顶高程 1668.00m，最大堰高 7m，堰顶宽 8m。

施工导流时段规划为 2015 年 9 月—2020 年 12 月。其中，2015 年 9 月—2017 年 9 月为初期导流时段，2017 年 10 月—2019 年 7 月为中期导流时段，2019 年 8 月—2020 年 12 月为后期导流时段。

初期导流时段：2015 年 9 月—2017 年 9 月。2015 年 9 月下旬河道截流，截流标准为 10 年重现期，9 月下旬旬平均洪水截流设计流量 275.4m^3/s，截流前水位 1672.39m，截流堤顶高程 1674.00m，戗堤高度 15.0m，截流成功后导流洞泄流。2015 年 10 月下旬至 2017 年 9 月，围堰挡水，左岸导流洞过流，导流标准为 20 年洪水重现期，设计流量 5590m^3/s，上游围堰相应水位 1702.42m，围堰堰顶高程 1704.00m。

中期导流时段：2017 年 10 月—2019 年 7 月。大坝坝体临时断面挡水，左岸导流洞过流，大坝导流度汛标准为 100 年重现期，设计流量 8786m^3/s，坝前水位 1713.77m，大坝在 2017 年 10 月填筑至高程1715.00m。

后期导流时段：2019年8月—2020年12月。2019年7月底，左岸导流洞下闸，根据初期蓄水计划要求，工程开始蓄水，大坝坝体临时断面挡水，2019年7月底大坝填筑至高程1775.00m。2019年8—9月，由1号、2号深孔放空排沙洞和中孔泄洪洞联合泄流，导流设计标准为200年重现期，设计流量10201m^3/s，坝前水位1769.65m，导流校核标准为500年重现期，校核流量12094m^3/s，坝前水位1773.27m，大坝坝顶高程1775.00m。2019年10月—2020年5月，由1号深孔放空排沙洞和中孔泄洪洞联合泄流，导流设计标准为200年重现期，设计流量1604.4m^3/s，坝前水位1758.42m，导流校核标准为500年重现期，校核流量1889m^3/s，坝前水位1759.36m，大坝坝顶高程1775.00m。2020年6—12月，采用1号、2号深孔放空排沙洞和中孔泄洪洞联合泄流的导流方式，导流设计标准为200年重现期，设计流量10201m^3/s，坝前水位1769.65m；导流校核标准为500年重现期，校核流量12094m^3/s，坝前水位1773.27m；大坝坝顶高程1785.00m。阿尔塔什水利枢纽工程大坝导流施工进度见表3-1，截流时段旬平均流量见表3-2。

表3-1　阿尔塔什水利枢纽工程大坝导流施工进度表

导流时段		导流及度汛标准（%）	洪峰流量（m^3/s）	挡水建筑物				泄水建筑物
				型式	水位（m）	拦蓄库容（10^8m^3）	高程（m）	型式
截流	2015年9月下旬	10.0（旬平均）	275.4	戗堤	1672.39		1674.00	导流洞
初期导流	2015年9月—2017年9月	5.0	5590	围堰	1702.42	0.81	1704.00	导流洞
中期导流	2017年10月—2019年7月	1.0	8786	坝体临时断面	1713.77	1.45	1715.00	导流洞
后期导流	2019年8月—9月（设计）	0.5	10201	坝体临时断面	1769.65	8.62	1775.00	中孔泄洪洞 1号深孔 2号深孔
	2019年8月—9月（校核）	0.2	12094	坝体临时断面	1773.27	9.36	1775.00	中孔泄洪洞 1号深孔 2号深孔
	2019年10月—2020年5月（设计）	0.5	1604.4	坝体临时断面	1758.42	6.18	1775.00	中孔泄洪洞 1号深孔
	2019年10月—2020年5月（校核）	0.2	1889	坝体临时断面	1759.36	6.38	1775.00	中孔泄洪洞 1号深孔
	2020年6—12月（设计）	0.5	10201	坝体临时断面	1769.65	10.05	1785.00	中孔泄洪洞 1号深孔 2号深孔
	2020年10—12月（校核）	0.2	12094	坝体临时断面	1773.27	10.42	1785.00	中孔泄洪洞 1号深孔 2号深孔

表3-2　阿尔塔什水利枢纽工程截流时段旬平均流量表

月份	设计频率	平均流量（m^3/s）		
		上旬	中旬	下旬
9月	10%	661.5	395.2	275.4
	20%	547.7	332.5	196.9

续表

月份	设计频率	平均流量（m^3/s）		
		上旬	中旬	下旬
10月	10%	152.7	111.4	105.1
	20%	136.7	104.9	95.2

3.2 截流

在施工导流中，只有截断原河床水流，才能把河水引向导流建筑物下泄，从而实现在河床中全面开展主体建筑物的施工，截流在施工导流中占有重要的地位，是影响施工进度的一个重要控制项目。截流在技术和施工组织上都具有相当的艰巨性和复杂性，是施工进度中的重要节点。如果截流不能按时完成，则会延误整个河床部分建筑物开工的日期；如果截流失败，失去了以水文年计算的良好截流时机，则可能拖延工期达一年。阿尔塔什水利枢纽工程位于叶尔羌河干流山区下游河段，工程区河谷陡峭，河床覆盖层深厚，坝址区内地质条件较差，叶尔羌河流域位于欧亚大陆腹地，径流主要受冰川消融补，年内变化剧烈，河道截流施工具有高流速、大落差、河床覆盖层深厚、地质条件及气候条件复杂等特点，需要因地制宜地采取科学有效的截流方案和措施。

3.2.1 截流方案

3.2.1.1 总体方案

阿尔塔什水利枢纽工程位于叶尔羌河干流山区下游河段，工程区河谷呈不对称宽“U”形，两岸基岩裸露，工程区长约2.0km的河段为横向谷，现代河床宽260～450m，河床地形平缓，河床覆盖层主要由单一成因的冲积砂卵砾石层组成，局部夹砂层透镜体，坝址区河床覆盖层厚度50～94m，河床深槽位于河床中部偏右侧。河床覆盖层为两大层：上层Ⅰ岩组含漂石砂卵砾石层（Q_4al），厚度4.7～17.0m；下层Ⅱ岩组冲积砂卵砾石层（Q_2al），厚度36～87.4m，两层分界面为砂卵砾石胶结层，河床覆盖层深厚，渗透性强，抗渗稳定性较差。

阿尔塔什水利枢纽工程截流施工方案根据实际截流时段下对应的河道流量和河道地形地质条件综合确定，截流施工计划在2015年10月下旬进行，戗堤非龙口段进占施工于2015年8月下旬至2010年10月中旬进行，根据工程区的地形和施工条件，结合截流时期流量小等特点，大江截流采用单戗堤立堵截流，截流标准为9月下旬10年重现期旬平均流量，截流流量275.4m^3/s。

截流工程区主河床位于右岸，左岸地势较高，覆盖层深厚，且左岸岸坡覆盖层较厚，岸坡抗冲能力差，右岸边坡覆盖层较薄，局部基岩裸露，右岸岸坡的抗冲能力较强，截流时只需对龙口处进行相应的护底保护即可满足施工要求。因此，截流主龙口布置在右岸，工程截流时从左岸向右岸单向进占，龙口位于右岸主河床靠岸边处，截流流量275.4m^3/s。

3.2.1.2 施工总布置

阿尔塔什水利枢纽工程截流场地较为狭窄，工程设备多，截流施工时，秉承设备运行、运输方便，因地制宜和经济实用的原则进行总体规划和布置，工程截流平面按照单戗单向截流方案进行布置，施工道路、备料场等施工设施布置情况如下。

（1）施工道路布置：截流施工道路布置考虑与围堰填筑施工道路结合，尽量利用场内现有施工道路，因截流施工运输车辆数量多，车流量大，故要求主要截流道路路基坚固，路面平整，宽度满足车流量要求。施工道路利用左岸场内已有的12＃施工道路，截流材料临时堆放场布置在戗堤左侧堤头上游侧。

（2）截流备料场布置：备料场布置主要考虑块石料的来源、使用部位、场地平整和临时施工道路的工作量、块石串等因素。尽量将戗堤龙口段抛投的块石、块石串等堆放在距截流戗堤较近的场地，以缩短合龙时抛投车辆的运距、提高堤头进占抛投强度。针对本工程坝址两岸地形和交通条件，根据场地规划，截流备料场布置在戗堤轴线上游左侧，主要是截流龙口所需的大块石料、块石串等的堆场。

（3）风、水、电布置：风、水、电布置按就近接线原则。

（4）其他临时设施布置：截流施工期间的主要临时设施有前方截流指挥中心和停车场。指挥中心布置在截流备料场附近，停车场布置在上游戗堤左堤头下游侧。

截流设计流量 275.4m^3/s，截流戗体前水位 1672.39m，截流堤顶高程 1674.00m，戗堤高度 15.0m，顶宽 15.0m，上游坡度 1∶3，下游坡度 1∶1.5。截流主要施工道路布置如图 3-1 所示。

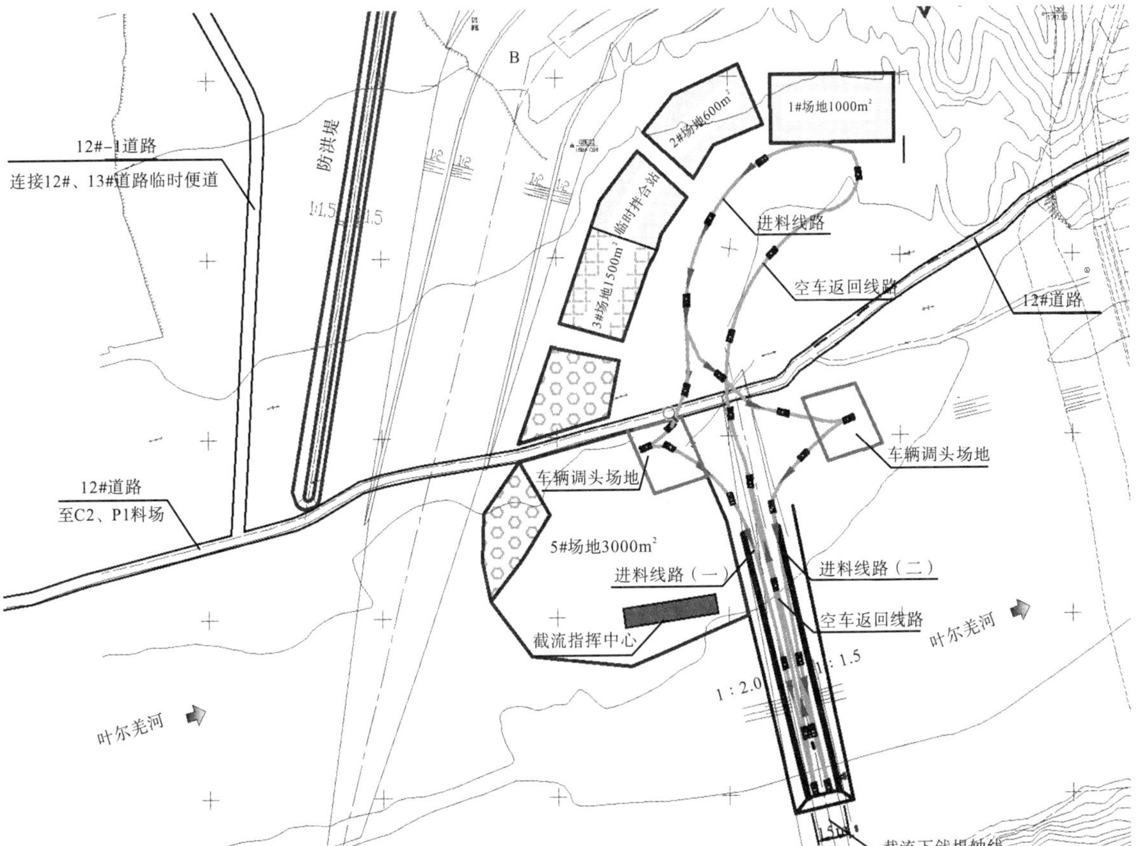

图 3-1　截流主要施工道路布置图

3.2.1.3　截流水力学计算

按照龙口为梯形或三角形过水断面的宽顶堰进行截流龙口水力学计算，用简化宽顶堰公式计算龙口泄流量。计算水位时，根据已有资料，假设龙口上游水位与导流洞进口水位相差 2.5m，其总泄流量为截流设计流量 275.40m^3/s，以此上游水位求出截流龙口泄流量及导流洞分流量，龙口水力学计算公式为：

$$Q_{龙}=mB(2g)^{1/2}H_0{}^{2/3}$$

式中，$Q_{龙}$ 为龙口泄流量，m^3/s；B 为龙口平均过水宽度，m；m 为流量系数，取 0.35；H_0 为龙口上游水头，m。

假设龙口的口门宽度，取不同水位计算出龙口的下泄流量，并绘制龙口泄水曲线、导流洞泄流曲线，将龙口泄水曲线和导流洞泄流曲线组合为联合泄流曲线，按截流设计流量，求出不同龙口宽度的泄流量及相应的上游水位，再由上游龙口分流量及上游水位计算龙口水力学指标。

阿尔塔什水利枢纽工程截流龙口水力特性指标见表 3-3。

表 3-3　阿尔塔什水利枢纽工程截流龙口水力特性指标表（截流设计流量 $Q=275.4m^3/s$）

龙口宽度（m）	龙口流量（m^3/s）	上游水位（m）	下游水位（m）	导流洞过流量（m^3/s）	龙口落差（m）	平均流速（m）	单宽能量（t·m)/(s·m）	最大块石粒径（m）
60	263.86	1667.05	1666.61	11.66	0.44	2.51	3.96	0.31
55	263.11	1667.08	1666.61	12.34	0.47	2.58	4.32	0.32
50	262.19	1667.12	1666.61	13.26	0.51	2.68	4.82	0.35
45	261.27	1667.17	1666.61	14.59	0.56	2.81	5.55	0.38
40	259.16	1667.24	1666.61	16.52	0.63	2.98	6.63	0.43
35	256.00	1667.34	1666.61	19.52	0.73	3.22	8.35	0.50
30	250.83	1667.50	1666.61	24.52	0.89	3.56	11.27	0.61
25	242.33	1667.77	1666.61	33.62	1.16	4.06	16.78	0.80
20	224.55	1668.24	1666.61	50.93	1.63	4.80	27.70	1.12
15	189.16	1669.07	1666.61	86.32	2.46	5.90	51.42	1.28
10	133.80	1671.51	1666.61	209.65	4.90	3.14	10.98	0.47
5	0.00	1672.50	1666.61	264.25	5.89	2.55	1.94	0.32
0	0.00	1672.70	1666.61	275.50	6.09	0.00	0.00	0.00

3.2.1.4　戗堤布置

截流设计标准确定为 9 月下旬 10 年重现期旬平均流量，截流设计流量 $275.4m^3/s$，截流戗体前水位 1672.39m，截流堤顶高程 1674.00m，戗堤高度 15.0m，顶宽 15.0m，上游坡度 1∶3，下游坡度 1∶1.5，截流戗堤采用 C1 料场材料填筑。截流戗堤典型断面如图 3-2 所示。

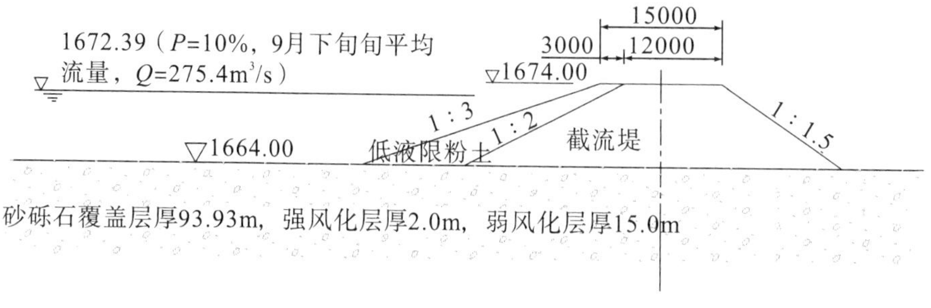

图 3-2　截流戗堤典型断面图

截流戗堤布置在导流洞进口下游，呈直线布置，堤顶轴线全长约 380m，该轴线位于上游土石围堰轴线上游侧并与之平行，两轴线相距约 80.0m。当戗堤龙口进占到宽为 100m 时，导流洞参与泄流，根据现场考察情况，若龙口布置在左岸，因主河床位于右岸，左岸地势较高，覆盖层深厚，且左岸岸坡覆盖层较厚，岸坡抗冲能力差，截流前需对左岸龙口岸坡进行裹头保护，龙口进行护底保护。若龙口布置在右岸主河床侧，此岸为主河床处，覆盖层深厚且右岸边坡覆盖较薄，局部基岩裸露，右岸岸坡抗冲能力较强。因此，龙口设在河道中部靠右侧，左岸部分为戗堤预进占区，龙口最大宽度60m，从左岸至右岸分为龙Ⅰ区、龙Ⅱ区、龙Ⅲ区。截流戗堤进占分区如图3-3所示。

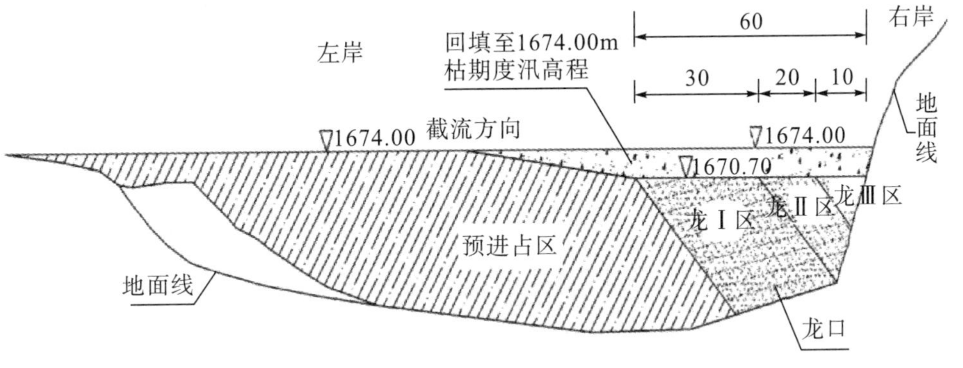

图3-3　截流戗堤进占分区示意图

河床截流后，该戗堤结构将成为上游土石围堰堰体的一部分，围堰混凝土防渗墙位于戗堤下游侧。工程C1料场为上游围堰填筑料源，工程区内12#施工道路横穿C1料场和上游围堰，具备较好的截流施工交通运输条件。

3.2.1.5　截流材料及料源规划

截流戗堤抛投料种类包括主要砂砾石料（粒径<0.4m）、中石（粒径0.4～0.7m）、大石（粒径0.7～1.2m）等，为确保进占过程中的高强度抛投，需提前进行备料，影响备料数量的主要因素有戗堤实际抛投断面、抛投流失量、覆盖层冲刷量及备料堆存和运输损耗量等，根据实际情况，截流备料系数取1.2～1.5，其中预进占段备料系数取1.2，龙口段Ⅰ～Ⅲ区备料系数取1.5。截流戗堤材料备料及需求量见表3-4。

表3-4　截流戗堤材料备料及需求量表

区段		口门宽度（m）	进占长度（m）	抛投材料量（m^2）					
				砂砾石	中石	大石	备用系数	抛投总量	备用总量
预进占段			260	61360			1.20	61360	73632
龙口段	龙Ⅰ区	35～60	25		5900		1.30	5900	7670
	龙Ⅱ区	15～35	20			3835	1.50	3835	5753
	龙Ⅲ区	0～15	15	852	1582		1.30	2434	3164
	块石串								500
合计			88	62212	7482	3835		73529	90218

工程区砂砾石料备料量62212m^2，中石备料量7482m^2，大石备料量3853m^2，规划备料总量为90218m^2，为计划抛投总量的73529m^2的122%。为应对截流过程中龙口段的突发情况以及发生超标洪水的情况，在备料场备用500串块石串、21块四面体形状混凝土及200m^3钢筋石笼。同时，为保证截流顺利进行，截流前需在基坑内合适位置将开挖料石渣料和施工区内选取的块石分区堆存备料，根据现场实际的地形条件，在左岸初步规划5处中石、大石、砂砾石、钢筋石笼、块石串备

料场地。截流备料场情况见表3－5。

表3－5　截流备料场情况汇总表

序号	截流场地	占地面积（m^2）	主要材料	存料数量（m^3）	备注
1	1号场地	1050	中石	7482	
2	2号场地	600	大石	3853	
3	3号场地	1500	砂砾石	10000	备用料
4	4号场地	300	钢筋石笼	60块	
5	5号场地	3000	块石串	500	兼作备用设备区

3.2.1.6　截流施工强度

截流进占施工强度从以下三个方面进行计划分析。

（1）堤头抛投强度。

截流时龙口合龙总抛投量12169m^3（含流失量），计划30h合龙，抛投日最大强度405m^3/h，设备配置系数1.2，戗堤最小抛投强度487m^3/h。龙口抛投强度与戗堤前沿能同时布置的抛投点成正比：$S=mnVp$。戗堤设计顶宽均为15～20m，设计为3车道通行，中间车道设计为空车回车道，两边车道为进占抛投车道。因此，堤头可同时存在2个抛投施工面，堤头进占抛投为循环作业，单车卸车时间控制为2min，即堤头抛投强度可达1车/min，戗堤堤头抛投强度可达540m^3/h，满足堤头抛投强度要求。

（2）道路运输强度分析。

截流进占时，各抛投材料均从备料场转运至堤头，运距均小于1km。截流专用道路设计为3车道，宽15m，通行速度重车按15km/h、空车按30km/h进行考虑，可容纳50部汽车运输强度。

（3）备料场装车强度分析。

截流主要抛投材料为大石、块石串。中石及小石的装车强度对截流影响不大，装一车大石需用约5min，保持堤头1车/min的抛投强度，装车强度可达到1车/min，装车设备要求5台即可满足装车强度要求。

3.2.1.7　施工设备

龙口段施工机械主要利用本标围堰填筑设备，并考虑与土石方开挖及坝体填筑设备结合。为满足截流高强度施工的要求，在设备选型上优先选用大容量、高效率、机动性好的设备。截流施工设备与开挖、填筑设备统一配置，开挖、填筑设备可以满足截流要求。

（1）设备选型。

挖装设备：中石、小石抛投材料主要选用1.4m^3、1.8m^3反铲挖掘机负责装车；大石选用1.6m^3反铲挖掘机负责装车。

运输设备：中石、小石主要选用20t自卸车负责运输，大石、块石串选用卸掉后挡板的20t自卸车负责运输。

推运设备：主要选用大马力（>200kW）推土机。

（2）设备数量。

挖装设备：中石、小石抛投材料选用3台1.4m^3、1.8m^3反铲挖掘机负责装车；大石选用2台1.6m^3反铲挖掘机负责装车。

运输设备：中石、小石主要选用20辆20t自卸车负责运输；大石、块石串选用1辆卸掉后挡板的 20t 自卸车负责运输。

推运设备：主要选用大马力（>200kW）推土机。

截流施工主要施工机械设备配置见表 3－6。

表 3－6　截流施工主要施工机械设备配置

设备名称		规格型号	单位	数量	分布位置
挖装机械	液压挖掘机	PC400	台	5	
吊车	汽车吊	16t	辆	1	四面体及块石串备料场
	汽车吊	25t	辆	1	四面体及块石串备料场
装载机	装载机	ZL50	台	2	备用料补充设备
推土机	推土机	TY320	台	2	
	推土机	TY220	台	1	
自卸车	自卸车	20t	辆	40	备用 10 辆
其他设备	对讲机		对	20	
	电焊机		台	5	
设备合计				77	

3.2.2　截流施工

阿尔塔什水利枢纽工程截流施工过程为：在河床左岸向河床中填筑截流戗堤，进行戗堤非龙口段进占，然后依次进行龙Ⅰ区、龙Ⅱ区、龙Ⅲ区的进占，截流戗堤龙口段合龙，戗堤闭气。截流施工在开始前完成截流材料准备、截流道路修建、水情资料收集分析，截流完成后立即开始基坑及围堰施工等工序。

3.2.2.1　截流施工水文预报与监测

河道截流期间，水文预报和监测具有重要作用，加强水文预报和监测有利于截流合龙时机的选择、截流水力学参数的确定与复核、抛投料物规格和数量的确定等，为截流指挥提供可靠依据。在截流之前，进行短期（3～7d）和中长期（7～30d）水文预报工作。龙口流速分布是截流施工选择抛投料级配、抛填角度及戗堤防冲的重要水力依据，一般龙口开始进占后，其水流逐渐成为束窄河道水流。在两岸戗堤头部作用下，形成带有旋涡的分离线，把龙口水域分为回流区、紊流区和主流区。龙口测速采用以“哨兵”型 ADCP 法为主，流速仪法和浮标法为辅的方案。截流期间水文预报与监测由专业水文测量队伍完成。

3.2.2.2　截流施工方法

截流戗堤填筑施工分为两个阶段进行。

第一阶段为非龙口段预进占施工。

左岸截流戗堤非龙口段预进占施工于 2015 年 9 月 8 日—9 月 25 日进行。预进占抛投料为中石料和砂砾石料，材料以围堰、大坝右岸开挖石渣料和导流洞开挖洞渣为主，C1 料场开采砂砾石料为辅。当左岸截流戗堤预进占到预留龙口宽 60m 时，戗堤非龙口段进占结束。

非龙口段预进占施工填筑料采用 20t 自卸车运输，戗堤前沿流速较小，以齐头并进的方式进行抛投，最多允许 3 辆车同时卸车，采用全断面端进法抛填，使大部分抛投料直接抛入江中，推土机在堤头配合施工；在深水区进占时，为确保安全，部分采用堤头集料，推土机赶料抛投。非龙口段进占一般用砂砾石料全断面抛投施工，进占过程中，发现堤头抛投料有流失现象，在堤头进占前沿的上游先抛投一部分块石形成挑角，在其保护下，再将石渣抛填在戗堤轴线的下游侧。抛填至龙口左岸前采用防冲裹头保护，以抛投块石或钢筋笼块石进行裹头保护，防冲裹头上游侧及进占方向顶部宽均为6m。

第二阶段为戗堤龙口段进占施工。

左岸戗堤预进占完毕，达到截流合龙要求，施工机械全面检查之后，等待正式合龙施工的到来，预留龙口宽60m，截流龙口合龙施工，戗堤总抛填量12169m^3，抛投日最大强度487m^3/h。施工过程中定时测量龙口上下游水位、龙口流速、龙口开口宽度和水面宽度，计算龙口流量和分流量，以指导截流施工。

（1）戗堤堤头车辆行驶路线布置。龙口截流戗堤按三车道布置，宽20m，在戗堤堤头分成三路纵队。堤头线路布置共分为三个区：抛投区、编队区和回车区。为满足强度要求，在上游戗堤堤头布置三个卸料点。为确保堤头车辆安全，汽车轮缘距戗堤边缘2.5～3.5m，并安排专人布置标识。不同材料车队分别配以不同颜色、数码标志，堤头指挥人员以相应颜色的旗帜分区段按要求指挥编队和卸料。

（2）截流戗堤龙口段抛填。截流戗堤龙口段主要采用全断面推进和凸出上游挑角法两种进占方式。全断面推进在戗堤最后合龙阶段水流流速较小时使用，三个卸料点进占不分先后，齐头并进。凸出上游挑角法是在堤头上游侧与戗堤轴线成30°～45°的方向，用大块石和块石串抛填形成一个防冲矶头，在防冲矶头下游侧形成回流区，中石、小石、石料混合料尾随进占，主要在龙口进占时采用，此时龙口水流流速和单宽流量均较大，用一般渣料抛投易流失，上挑角用单个块石和块石串抛投，将其稳定在堤头上游坡角，挑开水流，下游侧堤头抛投快速跟进，直至最终合龙。

进占Ⅰ区：高程1668.80m以下用中石料上挑角进占，中后部石渣料跟进，戗堤进占至20m；高程1669.00m以下用中石料上挑角进占，中后部石渣料跟进，戗堤进占至25m；高程1669.31m以下用大石料上挑角进占，中后部中石料跟进，戗堤进占至30m，此时对应龙口宽度30m。

进占Ⅱ区：高程1669.31m起用大石料上挑角进占，中后部中石料跟进，高程1669.31m以上用石渣料进占，戗堤进占至35m；高程1670.20m以下用大石料全断面进占，高程1670.60m以上用石渣料填铺，戗堤进占至45m，此时对应龙口宽度15m。

进占Ⅲ区：高程1672.95m以下用大石料全断面抛投进占合龙，高程1672.95m以上用石渣料填铺，戗堤进占至55m，对应龙口宽度5m，此时基本合龙，龙口各项水力学指标均较小，采用石渣料将龙口填至高程1674.00m。

3.2.2.3 截流施工主要保证措施

（1）采用防护性进占。

①堤头挑流和堰体尾随抛投。利用戗堤和堰体的设计特点，在戗堤进占时，向上游角或同时向上、下游角凸出进占，挑开急流，形成戗端缓流区，以保护堤头抛填进占，同时戗堤两侧的堰体跟进尾随抛填，以防护进占戗堤侧面坍塌。

②高强度进占抛投。一种防护性措施，在截流进占水力学条件最不利的情况下，加大抛填强度，突击进占，从而顺利合龙。

③变换堤头抛填方法抛投。根据截流龙口的宽度、水深、流量、流速及填料特性等，采取相应的防止或躲避堤头坍塌的灵活抛投方法。戗堤已经形成稳定边坡时，采取自卸车直接卸料抛投的方法，随着抛投的推进，堤头边坡逐渐变陡，改用汽车堤头集料、推土机赶料抛投的方法。随着堤头边坡的进一步变陡，改用汽车载大块石或特大石冲砸抛投的方法。

（2）诱导坍塌。

当戗堤堤头坡度陡于填料的自然稳定坡度并接近临界坡度时，即实施诱导坍塌措施。采用机械扰动辅助措施来诱导坍塌，用大块石或特大石抛投卸料冲砸，从而避免自然坍塌可能造成的机毁人亡安全事故。

3.2.2.4 截流施工进占历时

通过对水力学计算下进占情况进行分析，结合其他工程截流的施工经验，抛投流失量较小，为了确保截流成功，按抛投流失量25%，抛投强度控制在487m^3/h以内进行校核，施工阶段理论计算截流历时约30h。戗堤截流进占料抛投时间见表3-7。

表3-7 戗堤截流进占料抛投时间

戗堤	分区	进占长度（m）	抛投量（m^3）	抛投强度（m^3/h）	抛投时间（h）
上游	Ⅰ区	30	5900	487	12.1
	Ⅱ区	15	3835	487	8.0
	Ⅲ区	15	2402	487	4.9
	合计		12169		25.0

3.2.2.5 截流施工实际情况

通过以上截流施工设计，对截流施工方案、施工布置、截流材料、施工设备等进行了规划，同时对截流进占各区段水力条件进行论证，提出各区段水力学指标、抛投方式、抛投料尺寸及数量，为截流工程备料设计提供依据，工程于2015年11月19日成功截流。截流现场情况和施工现场如图3-4、图3-5所示。

图3-4 截流现场情况

图 3—5　截流施工现场

3.3　围堰施工（土工膜斜墙）

阿尔塔什水利枢纽工程上游围堰为复合土工膜斜墙砂砾石结构，围堰堰顶高程 1704.00m，堰顶轴线长 544.5m，最大堰高约 40m，堰顶宽 10m，迎水面边坡 1∶2.25，背水面边坡 1∶1.5，土工膜铺设高程 1703.00m。堰基采用悬挂式混凝土防渗墙防渗，防渗墙顶高程 1669.375m，最大深度 25m，厚度 0.6m。堰体采用复合土工膜斜墙防渗，上游围堰典型剖面图如图 3—6 所示。上游围堰在 2016 年 5 月底需要填筑到高程 1704.00m，各种填筑料共计约 124 万立方米，填筑量较大，围堰防渗墙为悬挂式，围堰直接建在覆盖层上，河床覆盖层厚 93.93m，且属强透水层，抗渗稳定性差，地质条件复杂，安全隐患多，施工具有一定困难。

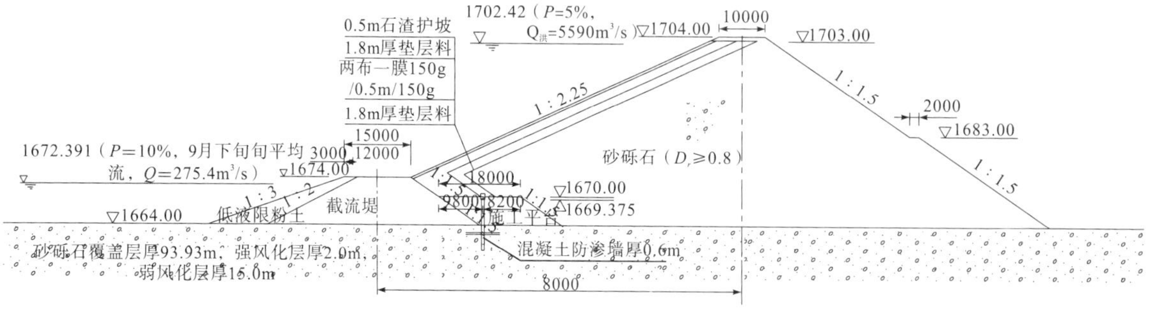

图 3—6　上游围堰典型剖面图

下游围堰为土质心墙围堰，堰顶高程 1668.00m，最大堰高 7m，堰顶宽 8m，迎水面边坡 1∶3.0，背水面边坡 1∶1.5。下游围堰基础条件较好，堰基不进行防渗处理，堰体采用土质心墙防渗。下游围堰典型剖面图如图 3—7 所示。

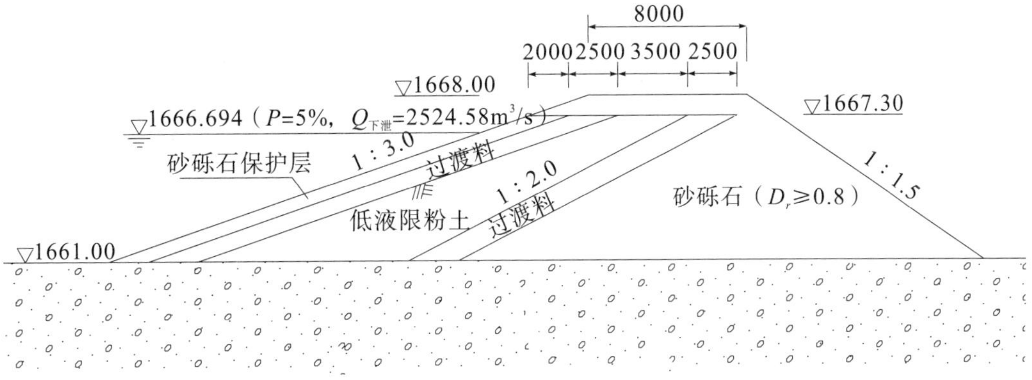

图3-7　下游围堰典型剖面图

3.3.1　施工方案

3.3.1.1　围堰施工分期

(1) 2015年7月10日—2015年9月10日进行上游围堰工程土石方开挖，9月10日开挖施工完成。

(2) 2015年9月11日—2015年9月24日进行截流戗堤预进占施工，同时进行堰体防渗墙平台石渣填筑，跟进混凝土防渗墙施工。2015年9月25日主河床截流，河水由左岸导流隧洞过水。

(3) 2015年9月26日—2015年9月30日戗堤合龙后，进行戗堤防渗土斜墙填筑施工，2015年9月30日戗堤防渗土斜墙填筑施工完成。

(4) 2015年7月20日—2016年1月29日进行围堰堰体基础混凝土防渗墙施工，2016年1月29日堰体基础防渗墙施工结束。

(5) 2016年2月1日—2016年2月15日进行防渗墙盖帽混凝土施工。

(6) 2015年10月—2016年5月进行上、下游围堰体填筑施工。2016年5月31日上游堰体填筑加高至设计高程1704.00m，具备抵挡20年一遇洪水（$P=5\%$，$Q=5590m^3/s$），2016年7月14日下游围堰施工完成。

(7) 2016年6月—2019年12月利用上、下游围堰挡水，左岸导流隧洞过流，大坝全年全线展开施工。

(8) 为满足坝体挡水度汛要求，2017年11月30日坝体填筑高程必须达到1732.00m以上，2019年4月31日坝体填筑高程必须达到高程1779.00m。

(9) 2019年8月1日—2019年9月30日拆除下游围堰。

围堰施工分期情况见表3-8。

表3-8　围堰施工分期情况表

序号	时间	施工内容
1	2015年7月10日—2015年9月10日	上游围堰工程土石方开挖
2	2015年9月11日—2015年9月24日	截流戗堤预进占施工，堰体防渗墙平台石渣填筑，混凝土防渗墙施工
3	2015年9月26日—2015年9月30日	戗堤防渗土斜墙填筑施工
4	2015年7月20日—2016年1月29日	围堰堰体基础混凝土防渗墙施工
5	2016年2月1日—2016年2月15日	防渗墙盖帽混凝土施工

续表

序号	时间	施工内容
6	2015年10月—2016年5月	上、下游围堰体填筑施工
7	2016年6月—2019年12月	上、下游围堰挡水，左岸导流隧洞过流，大坝全年全线展开施工
8	2019年8月1日—2019年9月30日	拆除下游围堰

3.3.1.2 施工布置

围堰填筑料全部来自上游，堰体填筑施工道路均布置在左岸上游侧，堰外和堰内施工道路布置简单，采取堰外上堰路与堰内后坡“之”字路相结合的道路布置方式，堰内“之”字路布置最大高差15～25m，道路布置在堆石区靠堰坡外侧部位，道路接通后及时填筑，保证堰面的整体均衡上升，所留边坡应尽量与坝坡保持一致，堆石区料的最小坡度不应陡于1∶1.4。

围堰施工的道路如下：上游围堰高程1674.00m以下利用12＃公路直接上堰填筑，高程1674.00m以上利用12＃公路→13＃公路→13－1＃公路→2＃便道→12＃公路→上游围堰。下游围堰利用12＃公路→13＃公路→13－1＃公路→2＃便道→12＃公路→3＃交通桥引道→1＃便道→下游围堰。

围堰施工物料来源及运输线路布置情况见表3－9。

表3－9 围堰施工物料来源及运输线路布置情况表

工程部位		项目名称	数量（m^3）	运输方向	料场或渣场名称	平均运距（km）	运输线路
上游围堰	填筑	填筑料	1059823	←	C1料场	7.61	C1料场→12＃公路→13＃公路→13－1＃公路→2＃便道→12＃公路→上游围堰
		垫层料	141939	←	砂石骨料加工系统	4.69	砂石骨料加工系统→12＃公路→上游围堰
		石渣料	41877	←	大坝基坑开挖料	2.05	基坑开挖面→12＃公路→上游围堰
下游围堰	拆除	围堰拆除	19035	→	4＃弃渣场	5.48	下游围堰→1＃便道→3＃交通桥引道→12＃公路→4＃弃渣场
	填筑	填筑料	12428	←	C1料场	5.38	C1料场→12＃公路→13＃公路→13－1＃公路→2＃便道→12＃公路→3＃交通桥引道→1＃便道→下游围堰
		砂砾石	1576	←	砂石骨料加工系统	3.53	砂石骨料加工系统→12＃公路→3＃交通桥引道→1＃便道→下游围堰
		过渡料	3366	←	砂石骨料加工系统	3.23	砂石骨料加工系统→12＃公路→3＃交通桥引道→1＃便道→下游围堰
		黏土料	4420	←	1＃利用料堆放场	5.41	1＃利用料堆放场→12＃公路→13＃公路→13－1＃公路→2＃便道→12＃公路→3＃交通桥引道→1＃便道→下游围堰

3.3.2 围堰施工

为满足围堰工程2016年度汛要求，上游围堰填筑最高月强度需要达到14万立方米，工程强度较高，上游围堰土工膜斜墙最大长度80m，复合土工膜总铺设面积5万平方米，坝区河床覆盖层深厚，稳定性较差，围堰施工难度较高，主要解决的施工关键技术为围堰土石方开挖与填筑、复合土工膜斜墙施工、混凝土防渗墙施工等。

3.3.2.1　围堰土石方开挖与填筑

（1）围堰土石方开挖。

围堰土石方开挖主要位于土工膜斜墙与岸坡交接部位。覆盖层土石方开挖利用 PC200（0.8m^2）反铲挖掘机开挖，石方开挖采用 Y28 手风钻人工钻爆，人工辅助开挖，开挖渣料左岸利用 20t 自卸车运至弃渣场。右岸为石方开挖，因地势较陡，施工道路布置较困难，右岸开挖的少量石渣堆在左岸河床岸边，截流后在基坑开挖时再清理运输至弃渣场。

（2）上游围堰堰体施工。

上游围堰填筑施工安排在 2015 年 9 月 26 日开始进行，戗堤合龙后立即在截流戗堤的迎水面依次填筑黏土料，并在截流戗堤背水侧填筑砂砾石料形成防渗墙施工平台，砂砾石料取自 C1 料场开采料，防渗墙施工平台形成后，进行堰基剩余混凝土防渗墙施工，同时进行围堰堰体填筑施工。

上游围堰堆石填筑采用进占法施工，填筑料直接来自 C1 料场，水上部位用 20t 自卸车运料至施工工作面，SD22 推土机摊铺，26t 振动平碾分层碾压密实，碾压 6～8 次。围堰堰体填筑施工流程为：填筑料→垫层料→复合土工膜→垫层料→石渣护坡料。

①水下部分填料的填筑沿预进占时已填筑部分从左岸向右岸抛填，采用 20t 自卸车运输端抛，SD22 推土机平料，在填筑过程中控制堰面高出水面 1.0m 左右，采用 26t 自行式振动碾碾压密实。

②填筑料用 20t 自卸车运输卸料，推土机散料，进占法填筑，推土机平仓以后，进行自来水管洒水。采用 26t 自行式振动碾碾压，采用进退错距法，平行堰轴线方向低速行驶，铺料层厚 100cm（压实），碾压 8 次，铺筑需层次分明，做到平起平升，以防碾压时漏振、欠振。

③垫层砂砾料铺料厚度 50cm，砂砾料用 10t 自卸车运输。垫层滞后于堰体填筑，即堰体每升高 1m，在斜坡面进行一次垫层铺筑，垫层料利用 16t 自行式振动碾碾压。堰体每上升 5m 进行一次垫层料斜坡碾压。垫层料在坡顶向下卸料，用 SD22 推土机顺坡铺料，并配合人工修坡。

④斜坡碾压在坡面修整后进行，利用反铲挖掘机或推土机作地锚，并安装滑轮，推土机牵引 10t 斜坡振动碾进行施工，碾压方式为错距法，碾压结束后用方格网测量复查，根据复查结果继续削盈后重新碾压。

（3）下游围堰堰体施工。

下游围堰所有填筑料均采取堰体整体平行流水作业、整体上升的方法进行填筑。堰体、黏土料和过渡料填筑采用 20t 自卸车取自 C1 料场开采料上坝，填筑采用进占法铺料，SD22 推土机散料，平地机平料，26t 自行式振动碾顺着坝轴线方向碾压，与过渡料接合部位骑缝碾压，和岸坡接坡部位垂直坝轴线方向碾压，HS22000 型机载液压振动夯板夯实。

3.3.2.2　复合土工膜斜墙施工

围堰堰体防渗土工膜斜墙上游固定在混凝土防渗墙上，下游固定在河床岸坡趾板上。采用 PE 复合土工膜，为二布一膜形式。复合土工膜技术要求见表 3－10。

表 3－10　复合土工膜基本技术要求

项目	技术要求
标称断裂强度（kN/m）	20
纵横向断裂强度（kN/m）	≥20
纵横向标准强度对应伸长率（%）	50

续表

项目	技术要求
CBR 顶破强力（kN）	≥3.2
耐静水压力（MPa）	1.8
剥离强度（N/cm）	>6
垂直渗透系数（cm/s）	10～11
幅宽偏差（%）	−1

（1）施工方法。

上游围堰复合土工膜铺设在迎水面垫层料上，周边锚固在混凝土底座内，顶部埋于锚固沟中，采用垂直坝轴线方向铺设（横铺）方式，有效减少了接缝数量，确定土工膜铺设与最大拉应力方向平行的方式，解决了接头多、沉降大带来的土工膜漏水等问题。

土工膜铺设前，先将堰体分段、编号，考虑分段宽度、伸缩节长度及分段斜面长，计算每个分段的宽和长，然后分别将相邻 2～3 条土工膜在临时场地拼接成一幅，沿纵向成卷送至施工现场，机械人工铺设，土工膜卷材水平运输采用载重汽车，在斜坡面的垂直运输采用牵引式运料台车。

（2）复合土工膜铺设。

复合土工膜采用机械辅助人工进行铺设。铺设前，按照铺设顺序将裁剪好的土工膜轴卷运输至将要铺设的坡面顶部，平行于坡面边缘放置。铺设时，采用利用绳索由人工进行自上而下的慢速放设，土工膜应自然松弛与下垫层料紧贴，防止褶皱、悬空，预留约 1.5%余幅，随铺随压。铺膜顺序：先铺第一幅土工膜，再铺第二幅土工膜，搭接宽度≥10cm。铺设完成后，对相邻的两幅复合土工膜进行微调整，确保搭接横平、竖直、平整；再将需要焊接的复合土工膜向两侧反叠 20cm，对局部光膜不齐的部位进行修剪，对有褶皱处进行展平。

（3）土工膜焊接和缝合。

土工膜焊接采用 RFT−501 型土工膜焊接机，土工布缝合采用 CKR−2 型手提缝纫机，“丁”字形接头及缺陷处理采用 THRF1600 型热风枪，土工膜焊接质量检测设备采用土工膜气压测试针。土工膜焊接形式采用双缝热合焊接，相邻两幅光膜搭接宽 10cm。焊缝利用 RFT−501 型土工膜焊接机的两块电烙铁进行滚压塑模，焊成两条粗 10mm 的焊线，两焊线净距 12cm。横向焊缝间错位尺寸应大于 500mm，土工膜之间形成的结点应为“T”字形，不能做成“十”字形，并且对“T”字形结点处采用 300mm×300mm（长×宽）的母材进行补疤，疤的直角应修圆。对于实在无法避开的“十”字形接缝或安装中发现的孔洞，需在接缝处增加一块 300mm×300mm（长×宽）切角方形补丁或 D=300mm 的圆形补丁。

初步焊接时，将 RFT−501 型土工膜焊接机的温度调节至最佳工作状态进行试焊，并随焊随观察，经现场撕拉实验合格后，用已调节好工作状态的 RFT−501 型土工膜焊接机逐幅进行正式焊接。然后采用 CKR−2 型手提缝纫机用高强维涤纶丝线进行上层土工布缝合。缝合时，针距控制在 6mm 左右，连接面要求松紧适度、自然平顺，确保土工膜与土工布联合受力。

（4）伸缩节优化。

对于土工膜的变形余量，传统设计方案通常采用褶皱形式的伸缩节，施工难度较大，褶皱部位内置的氯丁棒容易沿坡面下滑，偏离折叠部位。因此，为了保证复合土工膜能有效适应围堰堰体变形及物理性能参数不受外界影响，将土工膜褶皱式伸缩节优化为预留沉降槽（图 3−8），适应堰体变形。

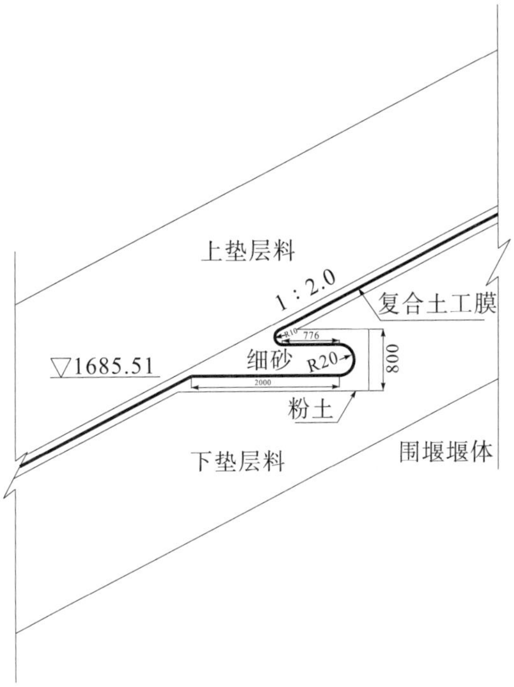

图3－8　土工膜预留沉降槽示意图

（5）局部损坏修复。

对土工膜施工期发现问题的处理方法：对材料上直径小于5mm的孔洞及局部焊缝的修补，主要采用挤压熔焊机进行点焊；对大的孔洞、刺破处、膜面严重损伤处、取样处、十字缝交叉处及其他各种因素造成的缺损部位，均采用加盖补丁的方法进行修补。

土工膜投入使用后对发现的问题的处理办法：对土工膜发现漏水区域，采用德克281钣金胶聚氨酯汽车挡风玻璃胶，以加盖不定方法进行修补。将土工膜局部破损区域剪掉，按照破损的形状裁剪一块面积比破损面积大15%的土工膜补片，再用胶枪将胶水直接挤出到黏接基面上，再用刮刀刮平，在搭接面内平行涂（刮）2道宽5cm、厚2～3mm的黏胶，用力合上，同时使用胶枪在搭接边沿涂刷封口以保证效果，最后及时埋入垫层料，5h后修复处将自然凝固。

3.3.2.3　混凝土防渗墙施工

上游围堰采用悬挂式混凝土防渗墙防渗，施工工期为2015年10月1日—2016年2月29日，防渗墙工程量8550m^2，混凝土防渗墙厚0.6m，防渗墙最大深度约25m，防渗墙顶部用混凝土基座连接。混凝土防渗墙采用“钻劈法”成槽，防渗墙按划分槽段分两期施工。

（1）槽段划分和造孔。

上游围堰混凝土防渗墙轴线总长594.38m，将上游围堰混凝土防渗墙划分为88个槽段，其中Ⅰ期槽段44个，Ⅱ期槽段44个。先施工Ⅰ期，后施工Ⅱ期。采用CZ－22型冲击钻机钻孔成槽，在Ⅰ期槽段施工结束后，利用接头管法与Ⅱ期槽段连接成墙。同一槽段遵循“先主孔钻进，后劈打副孔成槽”的原则。当防渗墙处于岸坡段时，采用分台阶区段施工方式。

（2）清孔。

采用泵吸法，即用泥浆泵将孔底钻屑清除干净，再用新鲜优质泥浆置换孔内原固壁造孔泥浆，清孔换浆结束后1h，孔底淤积厚度≤10cm，泥浆密度≤1.3g/cm^2，马氏漏斗黏度≤30s，含砂量≤10%。Ⅱ期槽段的接头孔采用钢丝刷钻头上下刷洗混凝土孔壁，直至钢丝刷钻头不带泥屑，孔底淤积厚度不再增加为合格。

（3）混凝土墙体的浇筑。

由混凝土搅拌车运送混凝土到槽口储料槽，再由分料斗进导管入槽孔。采用直升导管法浇筑水下混凝土。浇筑开仓时，先在导管内下设隔离球，将导管下至距孔底≤10cm，待导管及分料斗储满料后，将导管上提适当距离，让混凝土一举将导管底端封住，避免混浆。在浇筑过程中，控制各料斗均匀下料，并根据混凝土上升速度起拔导管。混凝土供应强度满足混凝土上升速度不小于2m/h的要求。混凝土浇筑顶面应高于设计墙顶线50cm。导管埋入混凝土深度控制在1~6m。

（4）槽段搭接。

墙段连接采用“接头管法”，Ⅰ期槽孔清孔换浆结束后，在槽孔端头下设接头管，根据槽内混凝土初凝情况逐渐起拔接头管，在Ⅰ期槽孔端头形成接头孔。当Ⅱ期槽孔浇筑混凝土时，接头孔靠近一期槽孔的侧壁形成圆弧形接头，墙段形成有效连接。

在阿尔塔什水利枢纽工程中，通过对高填筑量土工膜斜墙围堰施工关键技术和复合土工膜斜墙施工工艺的研究和应用，大幅度提高了施工速度，保证了围堰土工膜斜墙的施工质量，围堰填筑较计划提前10天完成，确保工程在2016年安全度汛。

3.4 度汛与排水

3.4.1 度汛方案

叶尔羌河径流年际变化不大，但洪峰变化较大，会发生难以预测的不定期的突发性洪水。阿尔塔什水利枢纽工程在施工期内共经历5个汛期，施工期防洪度汛是大坝工程建设中的重点。主要防洪度汛范围为基坑施工区、施工附属企业、生活营区等，度汛是需要防洪水、防坍塌、防雷击、保证排水及其他设施正常运行。

（1）施工期安全度汛。

阿尔塔什水利枢纽工程大坝施工期为2015年8月—2020年12月，度汛方案如下：

2016年和2017年汛期由上、下游围堰挡水，导流洞泄洪，挡水标准为$P=5\%$，$Q=5590m^3/s$，相应水库水位1702.42m，围堰堰顶高程1704.00m。

2018年和2019年汛期开始由大坝临时断面挡水，导流洞泄洪，挡水标准为$P=1\%$，$Q=8876m^3/s$，相应水库水位1713.77m。2017年9月30日坝体填筑高程达1715.00m。

2020年汛期由大坝临时断面挡水，1＃、2＃深孔放空排沙洞和中孔泄洪洞联合泄流，挡水标准为$P=0.2\%$，$Q=12094m^3/s$，坝前水位1773.27m。2019年7月31日坝体填筑高程达1775.00m。

（2）超标洪水预案。

阿尔塔什水利枢纽工程基坑施工时间长。施工期间，基坑安全对整个工程的顺利进行至关重要。因此，每年汛前根据当年洪水水情，提早制定抵御超标洪水应急预案。

2016年和2017年汛期，当超标洪水的来流量超过围堰设计挡水标准时，围堰堰体基本可以抵御，对围堰进行加高、加固，保证汛期围堰不过水。汛后进行基坑恢复生产，配备一定数量的抽水机、污水泵、挖掘机、运输机械等清淤设备，以保证洪水退去后能迅速排干基坑内积水，完成清淤工作，在最短时间内恢复施工。此外，加强对围堰的运行监测，在原设计防冲护底、护坡的基础上，备部分铅丝石笼或大块石，加大护底和护坡的范围和标准，确保堰体和基础不发生结构失稳。

2018—2020年汛期，首先保证坝体的上升速度，加强水文预报，如果遇到超标洪水，采取加大填筑强度的措施，突击加高上游坝体挡水高程，力争在超标洪水到来之前将大坝填筑到高程 1775.00m。

(3) 防凌汛方案。

阿尔塔什水利枢纽工程的冰情与气温关系密切，叶尔羌河的结冰日期一般为 12 月中旬，河流结冰期约 3 个月，在开河期，上游解冻的大量冰凌沿程汇集下泄，极易卡冰结坝，冰凌壅高，为保证工程和安全，采取如下措施：加强冰凌观测预报工作，当河槽出现结冰、流冰时，应采取观测措施，出现封冻或卡冰壅水时，应启动应急预案；河道出现封冻卡冰壅水时，根据凌情发展情况，若需要炸冰、破冰时，进行炸冰、破冰操作，防止凌汛威胁工程安全。

3.4.2　基坑抽排水

3.4.2.1　排水流量计算

(1) 基坑初期排水。

基坑初期排水是排除上、下游围堰封闭后基坑内积水、围堰渗水、坡面汇水及降雨积水等。基坑初期排水开始于 2016 年 2 月 1 日，结束于 2016 年 2 月 5 日，历时 5 天，基坑水位下降速度不大于 1.0m/d。根据基坑实际情况，估算基坑内积水约 418000m^2，考虑上、下游围堰渗水及降雨等因素，5 天内基坑总排水量 570000m^2，初期排水强度 114000m^2/天，小时排水强度 4750m^2/h。

(2) 基坑经常性排水。

基坑经常性排水主要包括围堰与地基渗水、冰川积雪消融、降雨汇水、施工废水等。堰基绕渗及围堰内渗水量以渗透压最大时进行计算，河床覆盖层具强透水性，基坑涌水量较大，采用单宽渗流法进行理论计算，结合相关工程经验进行修正，最大渗水量约 3000m^2/h。冰川积雪消融和降雨汇水根据时段中气象资料情况推算，以可能出现的最大降雨强度计算降雨量。叶尔羌河流域多年平均降水量 54.4mm，施工期可不考虑降雨对施工的影响。由于其独特的补给特性，施工期考虑部分冰川积雪消融造成的山体渗水，估算山体最大渗水强度约 80m^2/h。施工废水根据实际生产强度确定，高峰期施工废水排水强度 50～100m^2/h。

基坑经常性排水与基坑内施工阶段相关，包括大坝基坑开挖施工期排水、大坝河床趾板施工期排水、大坝填筑施工期排水、大坝混凝土面板施工期排水、大坝上游铺盖施工期排水。排水时段和排水强度见表 3－11。

表 3－11　排水时段与排水强度

排水时段		时间	排水历时 (d)	计算最大排水强度 (m^2/h)
基坑初期排水	围堰封闭后排水	2016 年 2 月 1 日—2016 年 2 月 5 日	5	4750
基坑经常性排水	大坝基坑开挖施工期排水	2016 年 2 月 6 日—2016 年 3 月 10 日	35	2923
	大坝河床趾板施工期排水	2016 年 3 月 16 日—2016 年 5 月 31 日	77	3000
	大坝填筑施工期排水	2016 年 3 月 6 日—2016 年 5 月 31	86	2943
	大坝混凝土面板施工期排水	2018 年 3 月 16 日—2018 年 5 月 31 日	61	2950
	大坝上游铺盖施工期排水	2019 年 1 月 1 日—2019 年 11 月 23 日	326	3000

3.4.2.2　基坑排水布置

基坑初期排水：基坑内初期积水由以废旧油桶制作的简易浮船上搭设的排水泵通过下游围堰抽出。积水排出后，基坑内渗水通过布置在大坝上、下游围堰的堰后的集水坑抽排至堰外的主河道内。

大坝基坑开挖施工期排水：基坑最大排水强度 2923m^2/h，集水坑布置在大坝上、下游围堰堰后深挖部位，集水坑随开挖施工逐层下降，集水坑内水位比开挖层面低 1.50m，通过排水泵将基坑内渗水抽排至堰外的主河道内。

大坝河床趾板施工期排水：河床趾板施工时需要进行基坑排水，趾板施工期渗水通过布置在大坝上、下游围堰堰后集水坑抽排至堰外的主河道内。

大坝填筑施工期排水：利用开挖期布置在大坝上、下游围堰堰后深挖部位的集水坑排水，基坑内渗水通过排水泵抽排至堰外的主河道内。

大坝混凝土面板施工期排水：Ⅰ期混凝土面板施工期渗水主要通过布置在大坝上、下游围堰堰后的集水坑抽排至堰外的主河道内。

大坝上游铺盖施工期排水：基坑内渗水通过布置在大坝上游围堰堰后的集水坑抽排至堰外的主河道内。

3.4.2.3 排水泵站及管路布置

根据基坑地形资料，为减少排水扬程，初期排水泵房布置以下游为主，并兼顾后期经常性排水需要。下游基坑底部高程约 1661.00m，上游基坑底部高程大面约 1664.00m，下游围堰较低，水泵扬程低，好控制，且地势较平坦，水深约 2.5m，利用搭设脚手架平台可满足排水泵布置要求，泵站平台靠近下游围堰布置，泵站设计排水能力 4750m^2/h。

初期排水设备选型时，尽量结合后期经常性排水需要进行综合考虑。排水扬程应考虑抽水管路的沿程损失及局部水头损失，且计入一定富裕度。型号不同，排水泵的排水效率也有差异，尽量选择排水效率较高的泵型。基坑初期排水设备特性及布置见表 3－12。基坑初期排水选用直径 350mm 的钢管作为主排水管，各排水泵出水管口直接接入主排水管上，排水管总长 400m。

表 3－12　基坑初期排水设备特性及布置表

排水设备布置位置	排水设备特性							
	所需扬程（m）	型号	抽水能力（m^2/h）	电机功率（kW）	工作数量（台）	设备扬程（m）	功率合计（kW）	排水能力（m^2/h）
下游浮船	9.0	350S16	1260	75	2	16	150	2520
		300S12	790	37	2	12	74	1580
		250S14A	432	18.5	2	11	37	864
潜水泵		200QJ63－36/3	63	11	3	36	33	189

初期排水结束后，在大坝上、下游围堰背水侧堰脚部位各布置一个集水坑，集水坑直径不小于 3.0m，分别承担上、下游两个工作面施工期经常性排水任务。经常性排水泵站分别布置在上、下游围堰堰后，各由一个集水坑组成。泵站集水坑底水位按不超过 1659.0m 控制，上游排水净高差 45.0m（至堰顶 1704.0m），下游排水净高差 9.0m（至堰顶 1668.0m）。从集水井至堰外设一根总排水管，根据高峰期排水强度选用离心泵，排水设备按照大小搭配原则选取。因上、下游围堰高差较大，故上游泵站主要选取流量较小、扬程较高的水泵；下游反之，选取流量较大、扬程较低的水泵，并考虑利用初期排水泵。施工期基坑排水设备特性及布置见表 3－13。施工期经常性排水选用直径 350mm 的钢管作为主排水管，各排水泵出水管口直接接入主排水管上，排水管总长 1300m。

表 3-13　施工期基坑性排水设备特性及布置表

序号	水泵布置位置	水泵名称	水泵型号	水泵流量 (m^2/h)	扬程 (m)	单台水泵功率 (kW)
1	上游集水坑	S 型单级双吸清水泵	150S78A	144	62	45
2		S 型单级双吸清水泵	200S63	280	63	75
3		S 型单级双吸清水泵	250S65A	468	54	110
4	下游集水坑	S 型单级双吸清水泵	250S14A	432	11	18.5
5		S 型单级双吸清水泵	300S12	790	12	37
6		S 型单级双吸清水泵	150S50B	133	36	22
7	趾板开挖基坑	潜水泵	200QJ63-36/3	63	36	11

3.4.2.4　地表水截排措施

基坑开挖开口线以上设置截水沟拦截基坑外水流，基坑内随开挖边线每隔 10～20m 设一道排水沟，要求排水沟水流自流出基坑。

在大坝施工区轮廓线外侧设置临时挡水坝，然后根据实际情况设置排水沟，将水排至基坑外的上、下游河道内，以确保施工期安全，减少基坑经常性排水量。

除在施工道路旁设置排水沟将水引出基坑施工区外，施工期主要在施工道路旁设置断面面积不小于 1.0m^2 的排水沟，将顺着边坡流入上、下游围堰区间基坑的水截住，沿施工道路从上、下游围堰排出施工区。

在基坑前期排水过程中，要密切观测上、下游围堰坡脚渗漏水情况，防止施工期基坑抽排水造成细料流失，形成管涌破坏，对沿围堰内边坡设置的排水沟内侧面平铺一层透水土工布，以保证细料不被排水带走，保证围堰安全，土工布利用编织袋压脚。

3.5　下闸封堵

3.5.1　导流洞下闸

在施工后期，坝体填筑到拦洪高程以上，可以发挥挡水作用时，其他工程项目也都检查合格，根据发电、灌溉等综合要求，开始有计划地进行导流临时泄水建筑物封堵和水库蓄水工作。阿尔塔什水利枢纽工程计划于 2019 年 7 月进行下闸封堵施工，导流洞布置在大坝左岸，为无压隧洞，封堵闸门井采用岸塔式进水口，闸井底板高程 1666.00m 布置一道封堵闸门，导流洞为单孔闸门，孔口尺寸 11.0m×13.5m（宽×高），启闭机平台高程 1718.00m 封堵闸门后为城门洞型洞身，洞身段长 805m。导流洞封堵闸门下闸后，采用“龙抬头”方式与永久性的 2＃深孔放空排沙洞结合。

3.5.1.1　下闸形象要求

在导流洞下闸时，大坝坝体应具备拦挡 500 年一遇校核洪水（Q＝12094m^2/s）的条件，并达到下闸水头（18.1m）要求，大坝坝体填筑及挤压边墙施工达到高程 1791.00m，面板混凝土浇筑至高程 1776.00m，趾板施工完成，高边坡 F9 断层处理完成，大坝各项灌浆全部完成并通过验收；1＃和 2＃深孔泄洪洞土建工程全部完成且通过验收，施工支洞封堵完成，金属结构安装调试完成；

1＃和2＃引水发电洞施工完成，1＃和2＃深孔排沙防空洞施工完成并通过验收，金属结构安装和调试完成；坝区供电、通信、闸门控制等设施完善并通过验收。

综上所述，考虑大坝填筑、帷幕灌浆和金属结构等施工形象进度以及导流洞下闸施工要求，阿尔塔什水利枢纽工程计划于2019年7月进行下闸封堵施工，此时大坝填筑已达到设计高程要求，其余工程均已完成并通过验收，可以满足工程初期下闸蓄水要求。

3.5.1.2 导流洞下闸施工

（1）导流洞下闸施工程序。

导流洞下闸工作主要有下闸前施工布置、导流洞闸门启闭系统检查、导流洞下闸、下闸后安排人员撤离与设备断电。

（2）施工布置。

施工道路：导流洞下闸时，场内有一条道路可到达导流洞启闭机平台，导流洞下闸前先对上述道路进行检查，确保道路畅通，保障物资、人员、设备能快速准确地进入现场，并顺利完成人员撤离。初期导流洞下闸后，水位上升，为防止人员进入导流洞启闭机平台后原计划施工撤离道路出现其他意外情况，在导流洞启闭机平台搭设简易爬梯，连接至泄洪洞平台，爬梯采用钢架搭设，满足人员通行。

施工供电：导流洞施工运行期间已提前布置1台380kVA变压器，布置于导流洞启闭机平台，在下闸前对变压器和输电线路进行检查，确认变压器和输电线路正常运行，为防止坝区意外停电，在施工前配置1台300kW柴油发电机，确保下闸施工期用电安全。

（3）闸门及启闭系统检查和调试。

导流洞闸门采用Q345C低合金结构钢，闸门门叶沿高度方向分五节制造，每节门叶均为箱型梁焊接结构，主梁后翼缘和纵梁腹板上均开有进人孔，进人孔四周设置加筋板，闸门的节间连接采用螺栓连接，门槽体型选用矩形门槽，尺寸3200mm×1700mm（宽×深）。度汛期门槽处最高流速约20m/s。闸门主轨埋件采用ZG310－570，副轨、反轨和底板采用Q235B。闸门平时锁锭于闸井内检修平台上。闸门由容量为2×10000kN－35m固定卷扬式启闭机操作。启闭机安装在闸井顶高程1718.00m平台上，下闸封堵后，受闸井高程的限制，闸门不再回收，启闭机及时拆除回收。QP2×10000kN－35m固定卷扬式启闭机整套机构包括机架、电动机、制动器、联轴器、减速器、卷筒、滑轮组、钢丝绳等零部件和电气控制系统。机架主要受力构件选用Q345C，采用三相交流380V±15％、50Hz±2Hz电源。启闭机起升机构设有高度指示装置，可显示闸门所处位置，控制上、下限位和开度预置，当闸门上、下限和预置开度到位时，发出声光报警信号，并有相应控制触点输出，控制起升机构停止运行。还设有荷载限制器，具备过载保护功能。控制柜就地布置在启闭机旁。

在下闸前，需要对闸门及启闭机系统进行检查、维护和调试。主要内容有钢丝绳黄油涂刷，检查启闭系统电源、钢丝绳、滑轮组，以及卷扬机的离合器、制动器、保险轮、动滑轮、监测系统等部件的完好性，并完成调试，确保各部件运行正常。

（4）导流洞下闸。

在施工道路布置完善、闸门及启闭器检查调试正常的情况下，根据导流洞下闸时间要求施工。下闸前完成现场检查准备工作，人员进场，闸门下放通过QP2×10000kN－35m固定卷扬式启闭机进行，当闸门一次下闸不成功时，及时提起闸门，避免水位上升后水压过大导致起吊困难，并检修闸门和门槽后重新下闸，下闸后立即完成进口闭气。

（5）下闸后撤离。

施工完成后，立即组织人员撤离，并切断现场施工电源，然后进行安全检查。确认下闸成功后，开启生态基流放水洞向下游供水。导流洞下闸水位 1684.10m，其封堵闸门动水启门水头 31.0m，启闭机平台高程定为 1718.00m。封堵闸门下闸后，启闭机及时拆除回收。生态放水洞下泄生态基流，待 2＃深孔排沙放空洞可以放生态基流后，关闭生态放水洞闸门，回收其泵站和油箱。

3.5.2　导流洞封堵

3.5.2.1　导流洞施工支洞封堵

导流洞施工支洞布置在导流洞右侧、2 号深孔放空排沙洞龙抬头结合段之后，与导流洞正交，交点桩号导 0+431.453m，全长 173.23m，施工支洞净空 7.0m×6.5m（宽×高）。导流洞施工支洞身岩性以巨厚层白云岩、白云质灰岩为主，其次为层状～薄层状灰岩及灰岩、石英砂岩、泥页岩互层，局部夹炭质页岩及辉绿岩岩脉，岩石类别以Ⅲ类围岩为主。

根据导流洞下闸封堵施工计划，导流洞施工支洞封堵在导流洞封堵之前完成，施工支洞进口段堵头长 5m，桩号 Z0＋000.000m～Z0＋005.000m，采用实体混凝土封堵；施工支洞与导流洞交叉段堵头长 12m，堵头采用 C20、W6 混凝土重力式结构，内设城门洞型灌浆廊道，长 7.0m，宽 2.5m，高 2.5m。

导流洞施工支洞堵头主要施工方法为：底板、边墙混凝土凿毛；铜止水安装；混凝土浇筑，混凝土水泥采用普通硅酸盐水泥；粉煤灰选用Ⅰ级粉煤灰（需水量比≤95％、细度≤12％、烧失量≤5％，SO_3≤3％）；回填灌浆，采用纯水泥浆液灌浆，水泥标号不低于 32.5，回填灌浆通过廊道进行。回填灌浆范围为顶拱中心角 90°以内，孔距 2.5m，排距 2.0m。

3.5.2.2　导流洞封堵

封堵体布置在导流洞桩号导 0+166.957m～导 0+206.957m 段，为楔形体，重力式结构，城门洞型，长 40m，宽 11.0～14.0m，高 14.0～15.5m。该段为Ⅲ类围岩，导流洞为钢筋混凝土衬砌结构，衬厚 0.6m。为方便灌浆施工及观测使用，封堵体内设置灌浆廊道，灌浆廊道布置在桩号导 0+171.957m～导 0+206.957m 段，长度 35m，城门洞型，断面尺寸 3.0m×3.0m（宽×高），顶拱 120°。导流洞封堵主要施工情况如下。

（1）施工主要建筑材料。

混凝土：封堵体混凝土、排水阀井和排水钢管回填混凝土、阻滑墩混凝土，强度等级 C30，抗冻等级 F50，抗渗等级 W10；临时围堰和踏步混凝土，强度等级 C20。

水泥：封堵体混凝土、排水阀井和排水钢管回填混凝土、阻滑墩混凝土、临时围堰和踏步混凝土采用强度等级 42.5 普通硅酸盐水泥。

粉煤灰：混凝土骨料具有碱活性，要求掺不小于 20％的Ⅰ级粉煤灰。

灌浆浆液：采用普通硅酸盐水泥纯水泥浆液，固结灌浆、回填灌浆及接缝灌浆所用水泥强度等级不低于 42.5。接缝灌浆所用水泥细度为通过 80μm 方孔筛的筛余量不大于 5％。

膨胀剂：封堵体混凝土制备中掺膨胀剂，膨胀剂及其掺量通过试验确定。膨胀剂限制膨胀率应满足以下要求：水中 14d，限制膨胀率≥0.015％；水中 14d 转空气中 28d，限制膨胀率≥－0.030％。

（2）混凝土浇筑。

导流洞封堵浇筑用混凝土由 120 拌合站及 120 拌合楼拌制，8m^3 罐车运输至洞内，堵头首仓采用反铲浇筑，其余仓面采用车载混凝土泵泵送混凝土浇筑。

（3）混凝土施工温控。

混凝土浇筑块平均最高温度（T_m）34.644℃，大于 T_{max}（33.7℃），高于温度控制要求，考虑接触及接缝灌浆温度的要求，在有效时段内将混凝土内部降低到11.7℃左右，在混凝土浇筑块内埋设冷却水管，使混凝土浇筑块内部温度在短期内达到接触及接缝灌浆温度的要求。封堵体混凝土采用冷却水管降温，冷却用水为当地河水，冷却水管呈蛇形布置，层间距2.5m，每层相邻管间距1.0m。封堵体混凝土温度与冷却水之间的温差不超过25℃，并对封堵体混凝土内的温度进行监测，当混凝土内温度降到11.7℃后进行接触及接缝灌浆。冷却水管采用ϕ32 PE管，管中水流速0.6~0.7m/s，水流方向每24h调换1次，降温要均匀，降温速度不能过快，日降温不超过1℃。利用设置闸阀调节管中流量及控制水流方向，冷却水管与水表、闸阀采用丝扣连接。冷却水管安装好后，先进行通水试验，然后浇筑混凝土，冷却水管在使用完毕后回填水泥浆进行封堵。

（4）锚筋施工。

封堵体段底板和边墙设25锚筋，锚筋长度4.5m，梅花形布置，间排距2.0m，锚筋深入岩体长度2.9m，深入封堵体混凝土1.0m，单根锚杆锚固力不小于100kN。

（5）施工排水。

导流洞封堵闸门下闸后，为排出闸门后的渗漏水，确保导流洞封堵体施工的顺利进行，施工期采用钢管排水。排水钢管布置在洞中心距底板30cm高处，共布置1根，管身材质选用Q235B螺旋焊钢管，管径325mm。排水钢管必须从上游侧向下游侧安装，封堵体廊道起始位置后1m设置1个阀井，内设排水阀，阀井尺寸1.5m×1.5m。排水阀共1套（含成对法兰），采用手动偏心球阀，阀门规格选用DN 300mm，压力PN 2.5MPa。

（6）施工安全监测。

导流洞封堵体内共布置3处监测断面，分别位于桩号导0+171.957m、导0+186.957m、导0+196.957m处。在封堵体顶部、边墙及底板与洞衬混凝土结合位置埋设渗压计，共12个，设计测量范围0~1000kPa，分辨力≤0.05%F.S；在封堵体顶部及边墙与洞衬混凝土结合位置埋设单向测缝计，共9个，设计量程0~20mm，分辨力≤0.05%F.S；在封堵体混凝土内部均匀埋设温度计，共10个，间距5.0m，设计量程−20℃~80℃，分辨力≤0.1℃。各监测仪器在施工期间开始监测，并做好记录和资料分析，渗压计与单向测缝计为永久监测设备，温度计为临时监测设备，直到水库蓄水至正常水位后一定时间，即结束温度计监测。

3.5.3 导流洞灌浆

（1）灌浆廊道设计。

为保证封堵体的灌浆质量，在封堵体内设置灌浆廊道，实体段灌浆系统提前预埋引至灌浆廊道内。灌浆廊道断面采用2.5m×2.5m城门洞型。

（2）回填灌浆。

封堵体顶拱回填灌浆要在混凝土浇筑完毕并达到设计强度的70%后进行。回填灌浆范围为顶拱中心角120°以内，每排布置5个孔，孔排距2.5m，预埋接缝灌浆管间排距2.5m。预埋回填灌浆管及接缝灌浆管选用PVC管，进、回浆管管径DN 38mm，升浆管、支管管径DN 25mm；封堵体廊道段回填灌浆通过在预埋导向管中钻孔的方式进行，每排布置5个孔，排距2.5m，导向管选用PVC管，钻孔孔径38mm。施工前需拆除原喷护混凝土和底板面层，清除洞壁松动块体并冲洗干净。对可能漏浆的洞壁岩层裂隙，采用C30混凝土塞填预处理。回填灌浆在灌浆廊道内进行，采用预埋管法施灌，回填灌浆管布置在顶拱中心角90°范围内，灌浆排距2.5m。

（3）接缝灌浆。

封堵体顶拱同时要进行接缝灌浆，两侧边墙也需要进行接缝灌浆。接触灌浆在灌浆廊道内进行，采用预埋管法施灌。接触灌浆管布置在顶拱中心角180°范围内，灌浆排距2.5～3.0m，接触灌浆压力0.3～0.5 MPa。回填灌浆管和接触灌浆管错断面布置，断面间距1.5m。

（4）固结灌浆。

封堵体施工前需对该段范围内原导流洞顶拱、边墙和底板进行固结灌浆，孔间排距2.5m，梅花形布置，深入围岩4.0m，灌浆廊道内进行，灌浆压力0.5MPa。

（5）温度控制。

为降低混凝土水化热温升，封堵体混凝土采用水冷却降温。冷却水管采用A32 PE管，水流方向每24h调换1次。待封堵体混凝土温度降至15℃时停止通水，冷却水管在使用完毕后应及时用水泥浆（标号同灌浆浆液）进行压浆封堵。

第 4 章　高陡边坡开挖处理和趾板施工

水利水电工程建设往往需要进行边坡开挖处理，高山峡谷地区高土石坝坝肩边坡一般具有高、陡、薄的特点，边坡岩体卸荷深度深，开挖支护难度较大。阿尔塔什水利枢纽工程坝址两岸大部分基岩裸露，边坡陡峻。大坝右岸坝肩高程范围内，边坡坡度 50°～70°，坝顶以上边坡坡度 75°～80°，局部陡立，坝顶以上坡高约 406m。大坝右岸边坡内发育有控制性的断层和卸荷裂隙，造成右岸边坡上下交错分布有 30 多个危岩体及浅层卸荷体，总方量达到 75 万立方米，工程右岸高陡边坡危岩体群施工治理面临着严峻的挑战。

阿尔塔什水利枢纽工程为面板堆石坝，趾板开挖及浇筑的施工质量控制是面板堆石坝质量控制重点。面板堆石坝趾板开挖需要避免基岩面出现爆破裂隙，避免岩体产生不应有的恶化，对趾板体型进行严格控制，尽量减少欠挖和杜绝超挖，根据岸坡趾板的地质情况特点，采取分区开挖施工、建基面预裂爆破或光面爆破施工等处理方式，保证岸坡趾板基础精准成型开挖；趾板基础位于深厚覆盖层上，基础条件较差，对此采用固结灌浆方式进行处理；大坝趾板横跨大坝左右岸，地质情况复杂，对此趾板混凝土施工采用分区分段的方式进行，保证趾板混凝土浇筑的施工质量。

4.1　高陡边坡危岩体群治理

4.1.1　边坡施工通道布置

高陡边坡施工布置的核心是解决施工设备和施工材料运输通道问题，在进行高陡边坡危岩体群治理之前，要先布置好施工相关通道，保证后续施工的顺利进行。阿尔塔什大坝右岸边坡高陡，开挖面狭窄，机械、人员在其上部施工时存在整体滑塌风险，施工采取沿山脊顶部自上而下分区分层开挖清除及支护。开挖过程中采用索道群进行材料及小型设备转运，人行栈道进行零星材料运输及人员通行，通过索道集料及栈道全面覆盖完成材料转运。

4.1.1.1　*右岸施工索道布置*

右岸边坡施工中，施工人员交通主要利用布置在右岸下游侧的安全检查通道及边坡上随施工进展搭设的平行通道进行，主要施工设备和支护材料通过施工索道运输。右岸边坡施工索道下锚点设置在左岸坝轴线附近范围，结合左岸天然地形特点，下锚点和卷扬机设置在高程 1686.00m 平台，卷扬机上料平台布置于左岸河滩部位高程约 1670.00m，采取河滩料填筑一块宽 15m、高 2m 的平台作为上料平台。索道上端锚点主要布置在需要吊装的危岩体上部边坡，采取布置锚索等结构对上锚点进行加固，确保上锚点的拉应力满足需求。工程共布置了 8 条索道，1 号索道承重 10t，2～8 号索道承重 2t，10t 承重的重型索道除担负材料运输任务外，还担负 PC80 小型液压挖掘机运输至作业面，加快该部位施工进度。边坡右岸施工索道布置如图 4－1 所示。

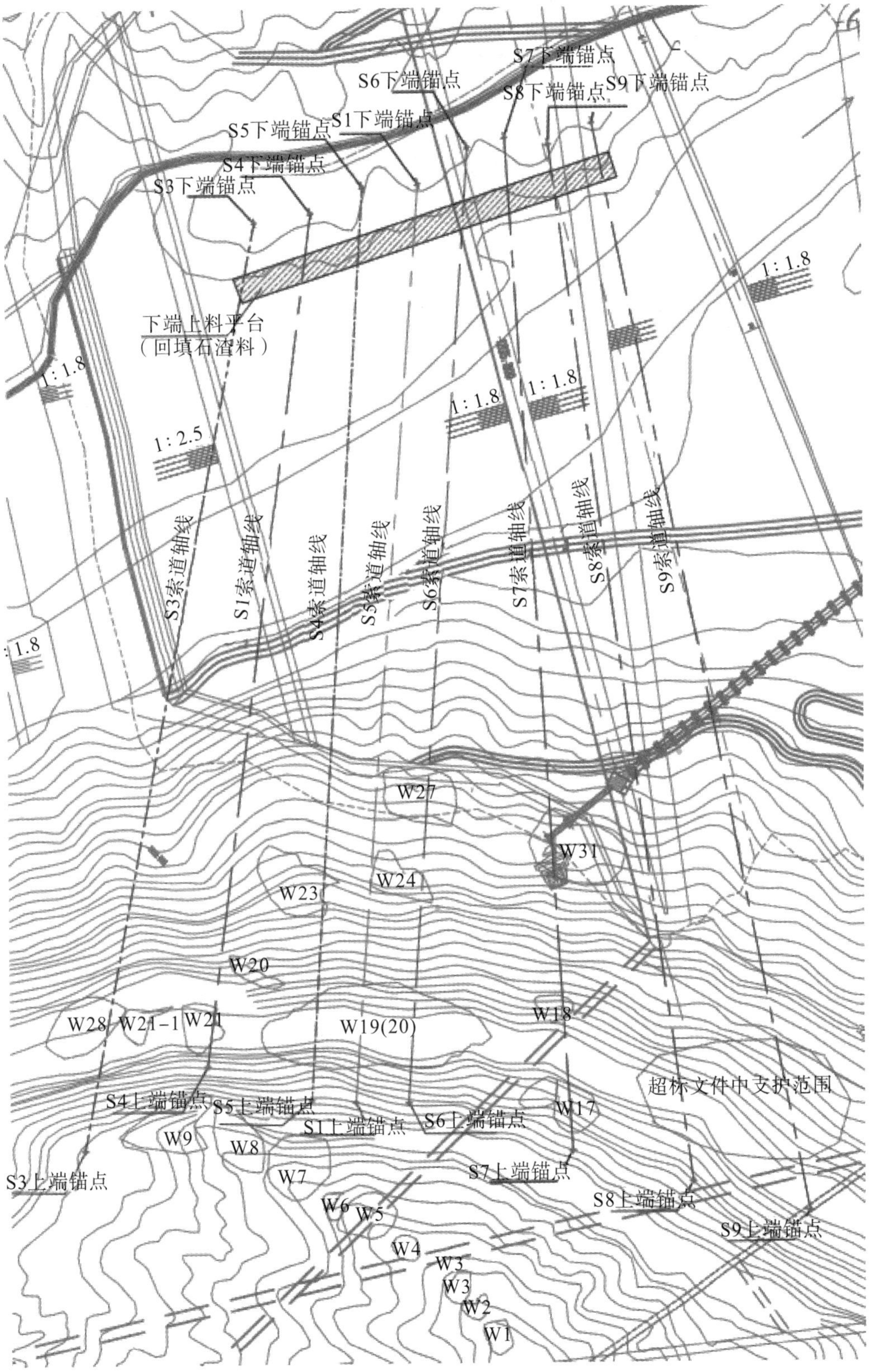

图 4－1　边坡右岸施工索道布置图

4.1.1.2　边坡施工栈道布置

边坡施工栈道主要满足人员通行及零星材料的运输，并将索道集料平台处的材料、小型设备等转运至各施工面，以“货运索道点集中，人行栈道面覆盖”的方式解决边坡材料运输困难的难题。

边坡施工栈道主要由主干道及 4 条支道组成，各通道用途如下：

（1）栈道主干道人行爬梯沿右岸山脊布置，长度 1300m，至 W1～W9 危岩体施工面，用于 W1～W9 危岩体开挖支护。

（2）第一条人行栈道以安全通道起点，修至重机道设计线路 H 点，沿重机道 Z1 线路修筑至重机道线形拐点 G，主线长 401.91m，用于 W19（20）危岩体开挖支护。

（3）第二条人行栈道以安全通道高程 F（2075.76m）为起点，经过重机道设计线路 F 点、G 点，至危岩体 W19（20）上方，主线长 720.46m，用于 W17、W18 危岩体支护。

（4）第三条人行栈道以安全通道高程 2007.47m（D）为起点，修至重机道线形拐点 D，再根据地形修至危岩体 W19，沿途经过危岩体 W17，主线长 669.15m，用于 W17、W18 危岩体支护材料运输。

（5）第四条人行栈道从重机道位置开始，修至危岩体 W18 上方，再继续修建本条人行栈道至危岩体 W23、W24 上方，主线设计长度 716.10m。

在主要施工栈道的基础上，每条人行栈道会根据实际施工和现场需要修建多条支道，用于下部危岩体开挖支护材料运输。施工水平栈桥通道宽度设计为 2m，主要支撑结构采用 12♯槽钢焊接制作，设置水平和斜向插筋与槽钢结构焊接，斜向槽钢与水平面的夹角大于 60°；插筋选用 ϕ 25 钢筋，入岩石 1m，外露 0.5m，外露部分与主要受力槽钢焊接；在水平受力槽钢上部铺设8♯槽钢和厚 3cm 木板，木板采用铁丝与受力槽钢绑扎牢固。在栈道外侧设置防护栏杆，栏杆采用 ϕ 48×3 钢管焊接制作，高度不低于 1.2m，挂设安全网对栏杆进行封闭，栏杆下部设置踢脚板。施工栈道布置如图 4－2 所示。

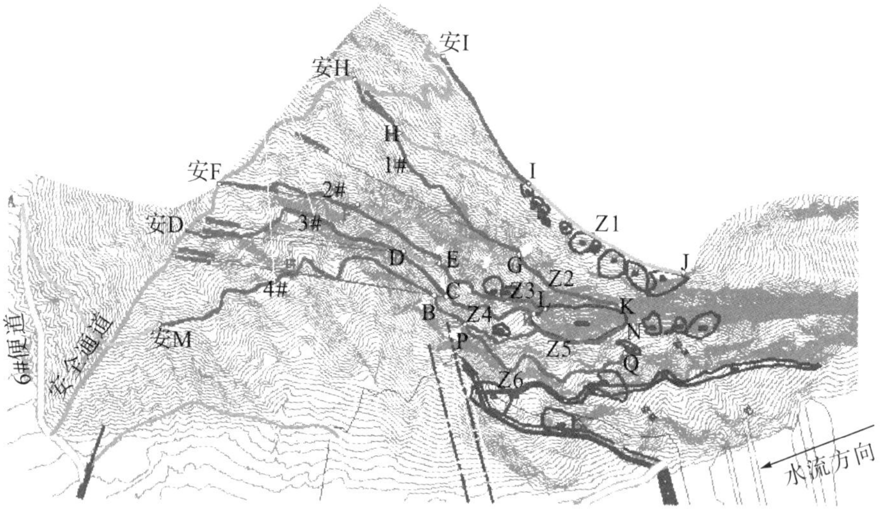

图 4－2 施工栈道布置示意图

4.1.2 边坡危岩体群治理

4.1.2.1 危岩体分区

对阿尔塔什水利枢纽工程中水工建筑物的布置与危岩体的分布、失稳后造成的危害进行综合对比，将危岩体群进行分区与分类，结合水利枢纽运行等综合信息，将右岸高边坡中存在的潜在不稳定体分为 A 区、B1 区、B2 区、C 区四个区。

A 区：主要从面板坝坝轴线开始往下游，危岩体失稳垮落后，主要影响水利枢纽右岸布置的深孔泄洪洞与发电洞洞口。

B1 区：主要是大坝轴线到面板边坡趾板线起点，且在正常蓄水位以上部分，该区危岩体失稳垮落后，由于距离面板位置较高，垮落的块体将对大坝面板造成严重危害。

B2 区：主要位于面板坝趾板线以上到水库正常蓄水位之间的边坡上，该区危岩体失稳后对大坝造成的危害较 B1 区小。

C 区：从面板坝上游坝坡坡脚向上游边坡范围内，该区危岩体失稳后，不会对水利枢纽中主要建筑物造成太大影响，掉落的块体主要在水库中，规模较大的危岩体失稳可能会引起水库涌浪事故。

阿尔塔什水利枢纽工程大坝右岸高边坡危岩体分布如图 4－3 所示，右岸高边坡潜在不稳定分区如图 4－4 所示。

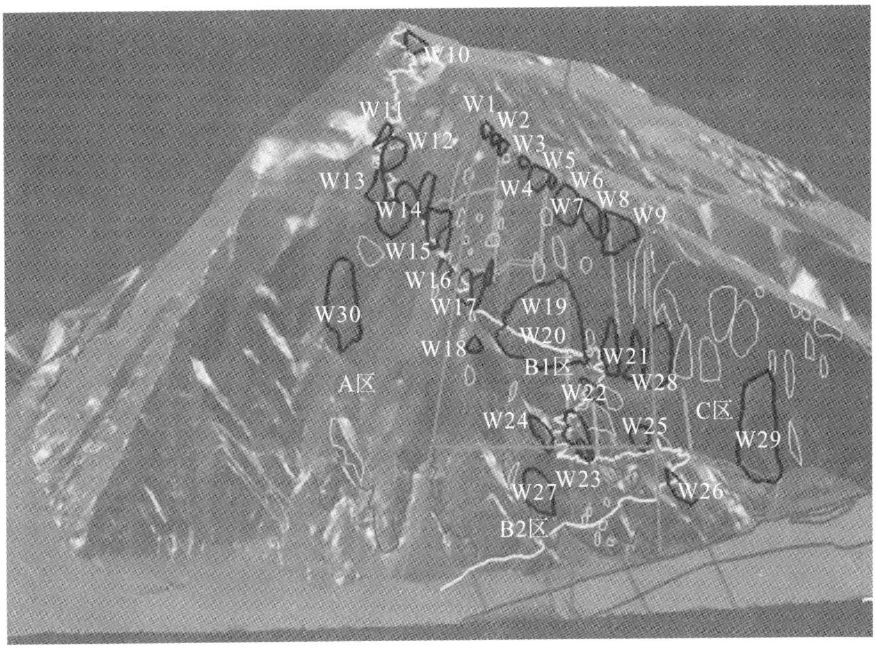

图 4－3　阿尔塔什水利枢纽工程大坝右岸高边坡危岩体分布示意图

注：黑色和白色圈代表危岩体。黑色为体积较大，需重点考虑的区域；白色为表层卸荷体，体积较小。

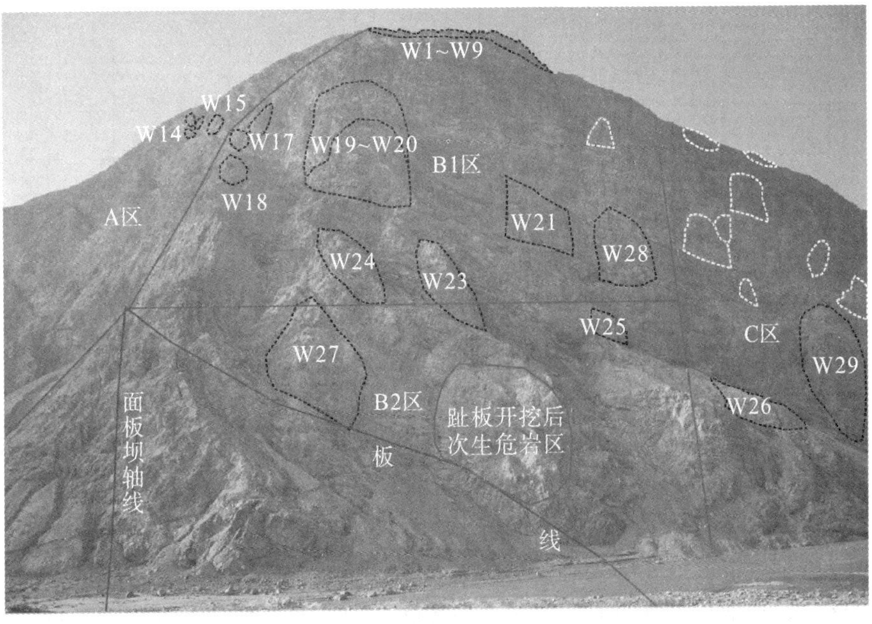

图 4－4　阿尔塔什水利枢纽右岸高边坡潜在不稳定分区示意图

4.1.2.2 危岩体分区治理施工

根据危岩体的分布情况及是否在同一施工条件下进行施工，将危岩体开挖治理施工分为四期：第一期为W1～W9危岩体，第二期为W17和W18危岩体，第三期为W19（20）、W21、W21－1危岩体，第四期为W22、W23、W24、W27和W31危岩体。其余危岩体W10～W16、W25～W26、W28～W30由于方量较小，以表面堆积物和风化碎石为主，没有位于坝体的正上方，滑落后对坝体和库区不构成危害，加之进行开挖需要花费的成本较大，故不对其进行处理。危岩体分期处理方量为23.61万立方米。危岩体分期分区开挖处理情况见表4－1。

表4－1 危岩体分期分区开挖处理情况表

施工分期	危岩体编号	出露高程（m）	垂直高差（m）	出露面积（m^2）	厚度范围（m）	平均厚度（m）	危岩体方量（万立方米）	处理方量（万立方米）
一期施工	W1	2278.00～2298.00	20	1140	0.5～6.37	3.45	0.17	0.17
	W2	2275.00～2291.00	16	702	1～6.55	3.75	0.20	0.20
	W3	2260.00～2285.00	25	1199	0.5～4.66	2.58	0.12	0.12
	W4	2255.00～2269.00	14	843	1～4.7	2.85	0.14	0.14
	W5	2255.00～2259.00	4	3149	1.5～17	8.25	1.10	1.10
	W6	2229.00～2244.00	15	584	1～14	7.50	0.13	0.13
	W7	2174.00～2232.00	49	4995	1～14.55	7.775	1.25	1.25
	W8	2155.00～2216.00	61	3658	2～17.86	9.93	1.86	1.86
	W9	2130.00～2197.00	67	5018	2～11.07	6.535	2.47	2.47
二期施工	W17	2032.00～2094.00	62	3867	2～17	9.50	1.30	1.30
	W18	1979.00～2002.00	23	1140	0.2～2.1	1.15	0.08	0.08
三期施工	W19（20）	1931.00～2105.00	174	22320	4～34	19.00	25.30	7.00
	W21、W21－1	1890.00～2015.00	125	3655	3～16	9.50	2.30	0.70
四期施工	W22	1875.00～1920.00	45	1412	0.5～4.8	2.65	0.22	0.22
	W23	1805.00～1885.00	80	5359	5～24.5	14.75	3.40	0.84
	W24	1832.00～1891.00	59	2876	2.7～10	6.35	0.95	0.54
	W27	1733.00～1812.00	79	3342	3.8～9.4	6.60	1.74	1.74
	W31	1793.00～1850.00	57	3860	3～15	9.00	2.40	2.40
	随机危岩体							1.35
	合计					23.61		

4.1.2.3 危岩体爆破开挖

右岸边坡石方开挖主要分为两种：第一种为大块石、孤石解爆，需全部清除，该部分施工区域主要为W1～W9、W17、18、W22；第二种为不稳定体进行表层清理和部分挖除，该部分施工区域主要为W19（20）、W21（W21－1）、W23、W24、W27和W31。

右岸边坡爆破主要采取浅孔爆破和深孔爆破的方式。浅孔爆破主要用于W1～W9及其他危岩体的开口部位施工，特别是W1～W9，位于右岸危岩体边坡的顶部，距离坡脚超过660m。深孔爆破主要针对以W19（20）为代表的开挖方量大并要避免开挖带来次生危岩体，控制飞石的区域。

危岩体浅孔爆破和深孔爆破参数见表 4－2。

表 4－2 危岩体浅孔爆破和深孔爆破参数表

<table>
<tr><th>爆破方式</th><th>炮孔类型</th><th>炮孔深度（m）</th><th>炮孔直径（mm）</th><th>底盘最小抵抗线（m）</th><th>超钻深度（m）</th><th>同排炮孔间距（m）</th><th>炮孔排距（m）</th><th>单位用药量</th><th>前排炮孔用药量（kg）</th><th>后排炮孔单孔用药量（kg）</th><th>堵塞长度（m）</th></tr>
<tr><td rowspan="2">浅孔爆破</td><td>主爆孔</td><td>3.0</td><td>42</td><td>1.5</td><td>0.3</td><td>1.8</td><td>1.6</td><td>0.45kg/m²</td><td>3.6</td><td>3.9</td><td>1.0</td></tr>
<tr><td>预裂孔</td><td>3.7</td><td>42</td><td>1.5</td><td>0.3</td><td>0.6</td><td>—</td><td>线密度 0.18kg/m</td><td colspan="2">单孔装药量 Q=0.67</td><td>1.1</td></tr>
<tr><td rowspan="2">深孔爆破</td><td>主爆孔</td><td>6.0</td><td>80</td><td>2.5</td><td>1</td><td>2.9</td><td>2.5</td><td>0.45kg/m²</td><td>12.24</td><td>12.66</td><td>2.5</td></tr>
<tr><td>预裂孔</td><td>6.7</td><td>80</td><td>2.5</td><td>1</td><td>1.0</td><td>—</td><td>线密度 0.34kg/m</td><td colspan="2">单孔装药量 Q=2.28</td><td>2.8</td></tr>
</table>

危岩体爆破起爆采用并联网络方式，非电毫秒延时起爆，电雷管引爆，导爆索传爆，爆破时先起爆预裂孔，后主爆孔，严格按照设计控制最大装药量，控制预裂面平整度大于 15cm。同时，针对零星危岩体或随机危岩体中的小孤石采取解小爆破方式，针对 W18 根部采取表面爆破方式，局部采取定向爆破的控制爆破方式。由于危岩体分布零散，需要处理的 18 块危岩体及其他零星危岩体分布在宽超过 400m、高差超过 660m 的边坡上，且各危岩体相对应的受影响对象也不相同，因此，每块危岩体都需要合适的设计参数。即使是同一块危岩体［如 W19（20）］，也需要边爆破边不断调整参数，以达到最优、最安全的施工标准。

4.1.3 边坡支护施工

4.1.3.1 边坡支护施工程序

边坡支护主要施工包括趾板浅层锚喷、深层锚索、主动网、1000kN 锚索、2000kN 锚索。整体施工规划为：施工准备→右岸高边坡浮石（渣）清理→测量放样→被动防护网施工→右岸趾板成品混凝土保护→右岸高边坡高程 1910.00m 以上主动网施工→F9 断层处理→脚手架搭设及验收→深层（浅层）支护及验收→脚手架拆除→场地清理。右岸边坡支护情况见表 4－3。

表 4－3 右岸边坡支护情况表

序号	项目名称	单位	工程量	备 注
1	锚索	束	509	200t，35m，间排距 5×5
2	锚索	束	658	100t，40m，间排距 8×8、5×5
3	喷混凝土	m²	91217	C30 混凝土，厚度 100mm
4	排水孔	m	18476	ϕ 100mm，长 3.5m，4×4 间距
5	ϕ 25 预应力锚杆	根	1356	锚杆间距 6×6m，锚杆长 10m
6	挂网钢筋	t	344	ϕ 8@200mm×200mm
7	钢筋（锚梁及锚墩）	t	421	
8	砂浆锚杆	根	51740	4.5m 长砂浆锚杆，ϕ 25

按支护部位及对面板浇筑、下闸蓄水等节点目标的影响，将边坡支护分为两期并进行分梯段支护。一期主要进行边坡被动防护网、高程 1910.00m 以上主动网、趾板边坡锚喷及锚索支护、F9 断层处理、高程 1910.00m 以下锚喷及锚索支护；二期主要进行高程 1935.00～2075.00m［危岩体 W19（20）］1000kN 锚索及锚喷支护。边坡支护部位施工如图 4－5 所示。

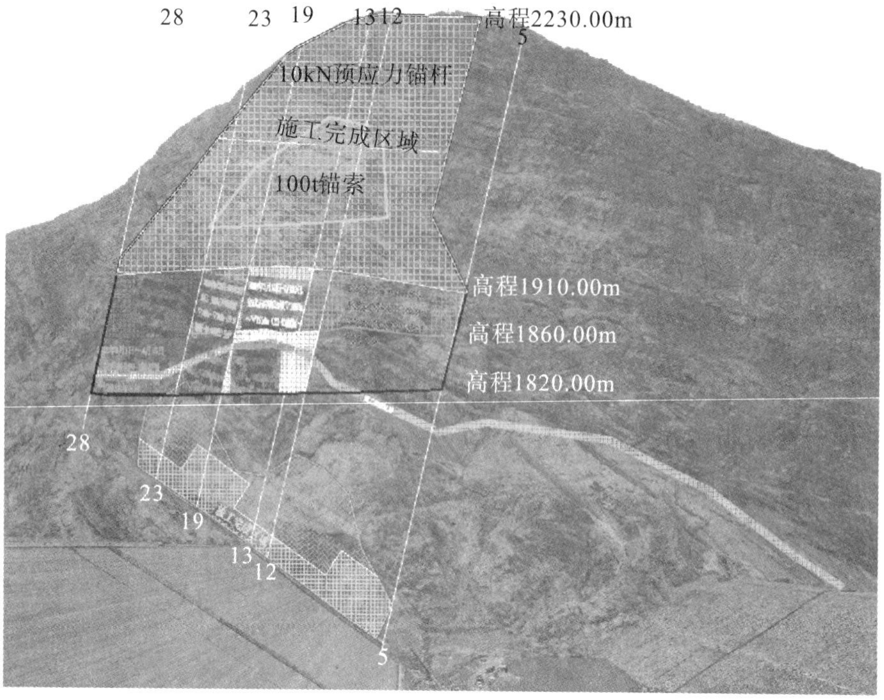

图 4-5 边坡支护部位施工示意图

4.1.3.2 边坡脚手架搭设

右岸边坡高陡，开挖之后无马道，后期支护过程中施工难度大，针对此问题，采取有针对性的开挖脚手架搭设平台施工，并进行加固处理，保证搭设的脚手架的下部基础稳定，再以平台为基础，搭设一定高度后在边坡岩体上钻设锚杆，由支撑锚杆和落地杆来承受荷载。

（1）边坡脚手架结构。

边坡脚手架钢管选用直径 48mm、厚度 3.5mm 的 Q235 焊接钢管，使用前除锈、去污；钢管连接用扣件的标准值为 65N·m；通道及层间防护采用竹夹板，选用 3 年以上老竹制作、剥削均匀、螺杆捆扎紧密的合格品，规格 3.0m×0.25m×0.05m（长×宽×厚）；连墙件采用 ϕ 25 螺纹钢筋作为插筋锚杆，ϕ 10～ϕ 12 圆钢作为拉筋。

（2）边坡脚手架搭设施工布置。

右岸高边坡前期脚手架材料运输路线为：场内 1＃公路→2＃公路隧道→2－2＃隧道出口集料平台→人工通过施工便道运至工作面。后期脚手架材料运输路线为：场内 1＃公路→2＃公路隧道→2－2＃隧道出口集料平台→临时转运平台→人工通过施工便（栈）道运至工作面。

（3）边坡脚手架搭设。

①连墙件插筋布置。三排脚手架连墙件按照 2 步 3 跨进行布置，有柔性和刚性两类形式。

②剪刀撑设置。剪刀撑沿纵向连续布置，剪刀撑设置可能与规则的排架有出入，根据现场具体情况进行调整，水平和横向都采用间隔 6m 布置。

③排架整体加固锚杆设置。排架加固利用工程设计的锚杆作为连墙件，在保证安全的前提下，以减少相应费用。

④脚手架与基岩接触处理。采用自下而上的分段搭设方法，在每个立柱的地方布插筋，插筋长 1.5m，入岩 0.8m，钢管立柱套在插筋上，确保脚手架稳定，不发生滑移，如图 4-6 所示。

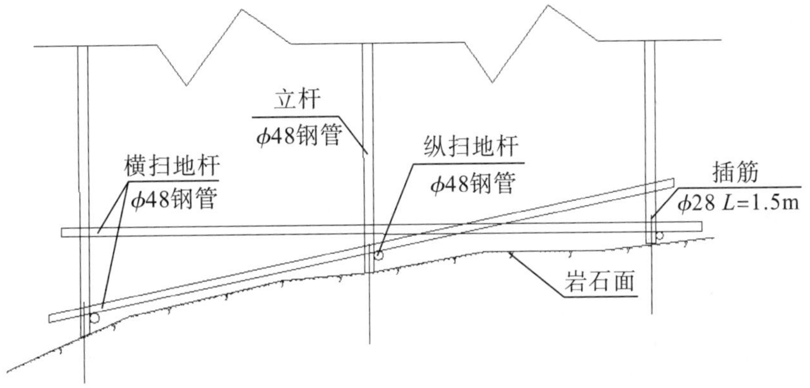

图4－6　边坡脚手架基础处理剖面图

⑤脚手架整体结构搭设。整个脚手架立柱和大横杆直接采用长6m钢架管，小横杆采用长3m钢架管，具体搭设范围可根据山势走向而定，为增加安全性，在排架全高采用柔性拉锚系统分段向上斜拉，斜拉方向上倾45°，确保高排架整体安全稳定。脚手架整体结构如图4－7所示。

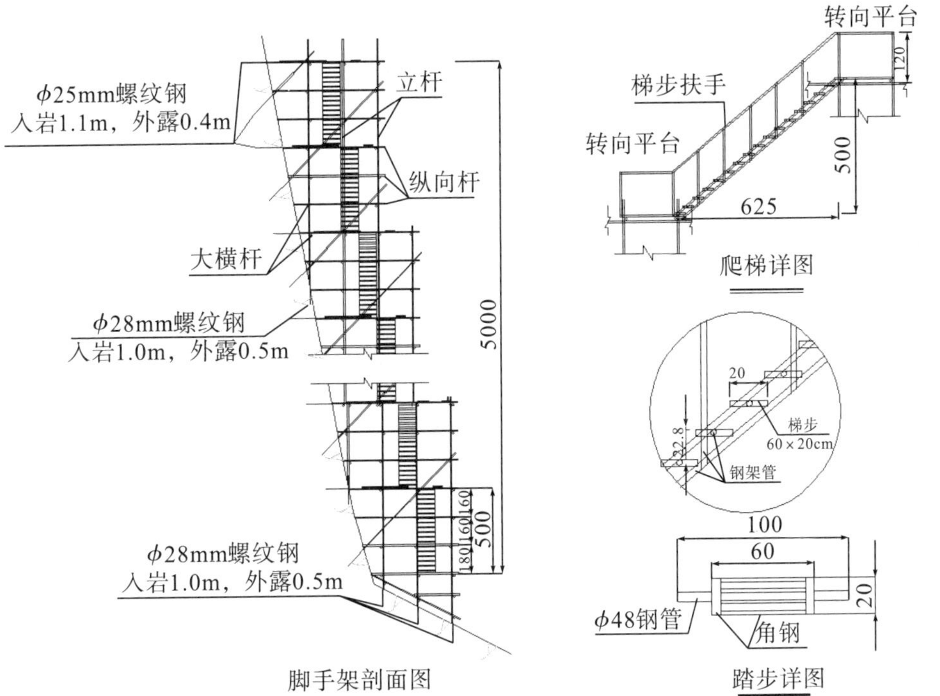

图4－7　脚手架整体结构图（单位：cm）

（4）施工安全措施。

高边坡脚手架搭设基础面上存在大量脱落的风化石渣，且机械无法到达该平台，因此，在脚手架搭设前人工清除平台及边坡上的堆积物、不稳定岩石，对下部施工有干扰和安全隐患时，将较小块体装袋后顺坡面倒运至可以装车的通道位置，较大块体原则上就地处理，直至把所有松散物和不稳定岩石清理干净，以防岩石塌方脱落危及施工安全。

4.1.3.3　防护网施工

结合边坡危岩体群开挖施工方案，边坡落石防治施工为：以主动防护为主，主被动防护相结合；开挖清除表面的孤石及危险性较高的岩体，对只开挖表层的危岩体进行加固，坡顶到高程

1910.00m 范围主要以主动网支护为主；高程 1910.00～1860.00m 和坝趾处开挖形成的次生危岩体处，加固支护措施以锚索和锚杆支护为主，对于坡面上还未查明的小型危岩或由结构面切割形成的随机块体，采用被动防护措施进行支护。右岸边坡落石防治防护网加固处理如图 4－8 所示。

图 4－8　右岸边坡落石防治防护网加固处理示意图

（1）主动防护网。

主动防护网以钢丝绳网为主，有覆盖包裹作用，可以限制边坡岩石的风化速度，控制边坡上岩石的运动范围，能很好地防止小体积岩块掉落。

在本工程的主动网防护系统施工中，采取“自上而下”的方式，先组织人员对施工区域危石、浮渣等进行清理，再进行钻孔、铺网等施工作业，严格控制锚杆孔破碎部位钻孔进尺，充分排渣，遵循“稳中求快”的原则。对趾板混凝土成品的保护，采取沿趾板混凝土表面上铺苯板＋柏木板，苯板在下，柏木板在上，以免边坡落石直接砸击趾板混凝土。主动防护网搭设如图 4－9 所示，现场施工效果如图 4－10 所示。

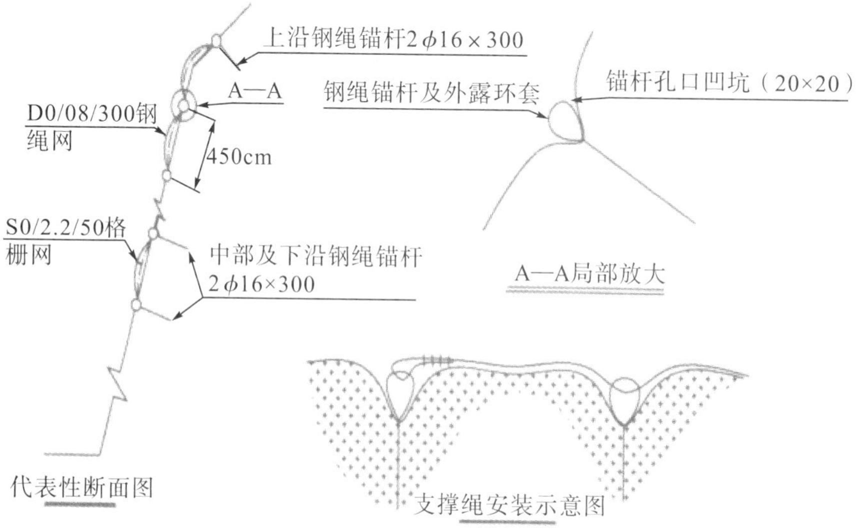

图 4－9　主动防护网搭设示意图

图 4－10　主动防护网现场施工效果图

(2) 被动防护网。

被动防护网的组成有环形网、固定系统、减压环和钢柱四个部分，组合成一个整体后，将形成面区域防护，右岸边坡被动防护网工程量约 2720m^2，总重约 32t，安全栈道坡度较大，宽度较窄，转运材料困难且较多，同时被动防护系统工序多，施工难度大，且高空作业工程安全风险高。被动防护网施工同样采取“自上而下”的方式进行，布置根据需求进行必要调整，定期组织人员对危岩进行排查，加强安全观察和监控，增加材料转运作业人员，保证施工质量。现场被动防护网防护效果如图 4－11 所示。

图 4－11　现场被动防护网防护效果图

4.1.3.4　锚索施工

锚索施工按锚束组装、钻机就位、锚索安装的步骤进行。预应力锚索施工流程图如图 4－12 所示。

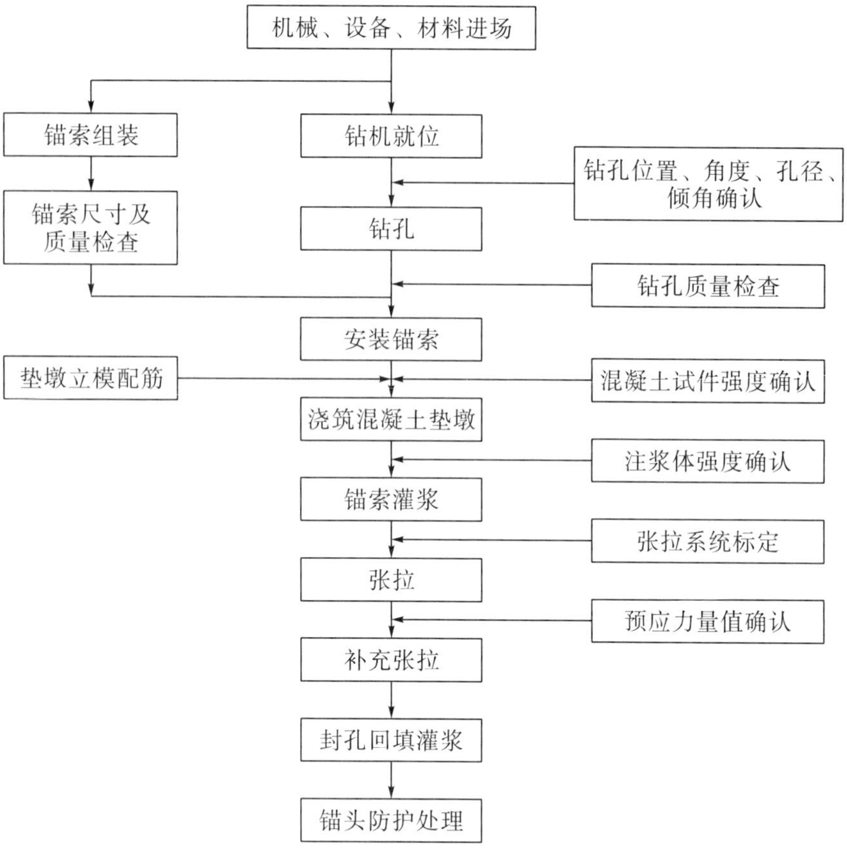

图 4-12　预应力锚索施工流程图

由于边坡岩层破碎，且与F9断层存在交叉，在钻孔过程中遭遇断层破碎带，出现塌孔、掉块及渗水量大等情况时，采取以下措施进行处理：

(1) 立即停止钻进，采取固结灌浆等措施处理，以提高在破碎带内造孔孔壁的稳定性及钻孔工效。

(2) 采取先钻导孔的方式，对导孔进行固结灌浆，待凝后进行同轴扩孔钻进。

(3) 采用跟管钻进的方式钻孔。

4.1.3.5　断层处理

大坝右岸高边坡F9断层对于边坡稳定极为不利，在边坡施工中进行处理，施工措施如下：

(1) 对F9断层影响带一定范围内的碎裂岩体进行灌浆处理，并对断层核部混凝土洞塞进行置换。对断层进行置换前，对破碎带范围进行灌浆处理，提高断层影响带内岩体整体性与变形模量。由于F9断层核部较宽，且为糜棱岩，极易风化，因此对坝轴线上游至趾板处出露的F9断层，在出露面采用C25混凝土塞封闭。F9断层灌浆处理、核部置换如图4-13所示。

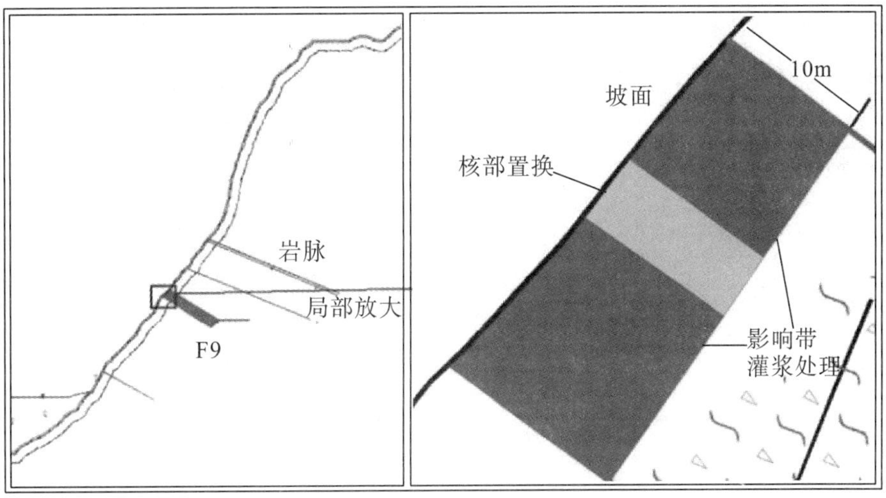

图4－13　F9断层灌浆处理、核部置换示意图

(2) 对卸荷裂隙进行加固处理。为保证F9断层上方的卸荷岩体稳定性，对F9断层及影响带进行处理后，进一步对边坡表层卸荷岩体进行系统锚索支护处理，保证边坡卸荷岩体的稳定性。在右岸高边坡辉绿岩脉以上50m（高程1930.00～1980.00m，从坝轴线至上游延伸200m）的岩体中增加预应力锚索，锚索间排距5m×5m，锚索长度35m，下伏15°，锚索预应力2000kN。

4.2　岸坡趾板基础精确成型开挖

4.2.1　岸坡趾板地质情况

岸坡趾板按其结构分为左岸坝坡段、右岸坝坡段和河床段，趾板各段地质情况如下：

(1) 左岸坝坡段。

左岸坝坡走向近NEE，顺河向坡长约900m，分布有宽阔的河流Ⅱ级基座阶地，阶面宽60～120m，零星堆积冲积砂卵砾石层，阶面高程约1685.00m，阶地前缘为河拔高度20m的陡立基岩河坎，阶地后缘堆积崩坡积物，其后为相对高差407m的基岩斜坡，自然坡度33°～35°，坡面被顺层发育的顺坡向小冲沟切割，地形较凌乱。左坝肩趾板桩号0+327m之前段岩性为厚层白云质灰岩与灰岩互层；之后段岩性为中厚层灰岩与薄层灰岩、泥灰岩、泥页岩灰岩互层。左岸趾板岩层产状345°～355°SW∠70°～85°，走向与河谷基本正交，根据坝基岩体质量分类，弱风化岩体为BⅢ1～BⅢ2类岩体。

(2) 右岸坝坡段。

右岸基岩山体宽厚，岸坡走向近EW，基岩裸露，坡高565～610m，岸坡自然坡度高程1960.00m以下为50°～55°，高程1960.00m以上为75°～80°，局部陡立，自然边坡整体稳定。根据坝基岩体质量分类，弱风化岩体为BⅢ1～BⅢ2类岩体。右岸趾板斜切高达200m的高边坡中下部，沿线基岩裸露，自然坡度50°～70°，局部近直立。基岩为上石炭统塔哈奇组下段C3t1－2和C3t1－1的巨厚层白云质灰岩，灰岩互层状，岩石坚硬，强风化层厚5m左右，弱风化层厚10～16m。

(3) 河床段。

河床趾板沿线覆盖层深槽位于中部偏右岸，深槽宽20～40m，覆盖层最大深度94m，向两侧覆盖层厚度逐渐减小，一般厚20～76m。覆盖层上部为全新统漂卵砾石层，结构密实；下部中更新统砂砾石层，结构密实，大部分具微胶结现象，底部局部夹孤石，河床覆盖层属强透水层，渗透破坏形式为管涌。

4.2.2 岸坡趾板分区开挖施工

4.2.2.1 左坝肩趾板开挖施工

左坝肩趾板施工道路：13＃－1道路延长线及2＃便道→3＃便道→左坝肩JL－1＃临时机械道→左坝肩开挖。左坝肩趾板自上而下分层开挖，边坡覆盖层随趾板开挖一同下卧，施工道路部位及部分不便开挖部位在大坝填筑到相应部位时清除。

左坝肩趾板部位主要为石方开挖，采用ROC－D7液压钻机钻主爆孔梯段爆破，边坡采用100Y潜孔钻钻孔预裂爆破，边角部位、大块石解爆钻孔采用YT28手风钻钻孔爆破，建基面采用手风钻光面爆破。左坝肩高程1770.00m以上基岩裸露、边坡较陡，采用1.0m^3反铲挖掘机向下翻渣，在高程1770.00m设置集渣平台，1.8m^3反铲挖掘机挖装，20t自卸车运输出渣，爆破前从开挖面向上、下游修建小段临时道路，开挖设备撤出避炮，高程1770.00m以下在开挖面内修建临时道路，在开挖面出渣。

4.2.2.2 右坝肩趾板开挖施工

右坝肩趾板开挖施工需要避免与重机道和危岩体处理同时施工，应在重机道和危岩体开挖施工结束后进行。

右坝肩趾板部位主要为石方开挖，施工方案同左坝肩趾板石方开挖。高程1770.00m以上趾板开挖面狭窄，主爆孔和预裂孔均采用100Y潜孔钻，高程1770.00m开挖施工方法同左岸趾板，采用液压钻机加100Y潜孔钻的设备配置方式。右坝肩坡度均较陡，高程1750.00m以上基岩裸露，均采用1.0m^3反铲挖掘机向下翻渣，分别在高程1770.00m和1670.00m设置集渣平台，1.8m^3反铲挖掘机挖装，20t自卸车运输出渣。当趾板边坡高度≥15.0m时，按平行于马道15m分层开挖；趾板边坡高度＜15.0m时，一次性开挖成形。此外，为防止爆破作业对趾板建基面造成扰动，开挖时在底部预留2.5m保护层，待大面开挖完成后，采用气腿式手风钻钻孔，二次小药量爆破，辅助液压破碎锤开挖。趾板开挖分层如图4－14所示。

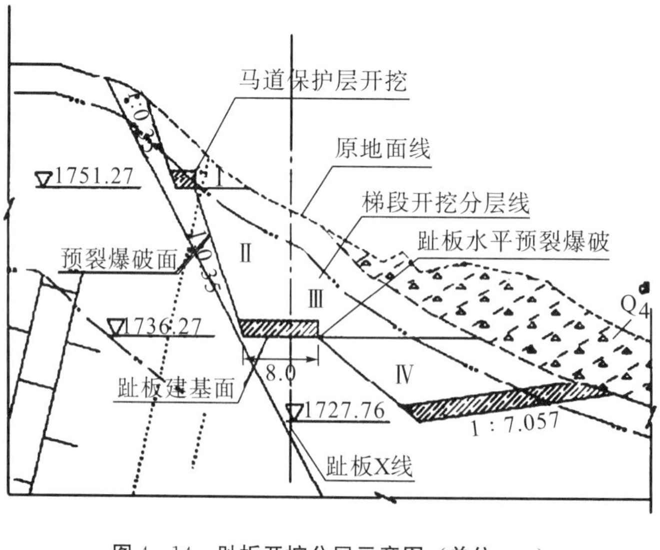

图4－14 趾板开挖分层示意图（单位：m）

主爆孔采用宣化CM－351高风压潜孔钻机钻孔，炮孔间排距设计2.5～3.5m，梅花形布置，趾板基础面开挖主爆孔以垂直孔为主。边坡预裂孔采用宣化CM－351高风压潜孔钻机和YT－28

气腿式手风钻钻孔，预裂孔孔距 0.8～1.0m，炮孔倾斜度与设计边坡一致。趾板石方爆破后，采用液压反铲挖掘机利用爆破渣料平整出一块满足机械设备操作的施工平台，随后自上而下分层开挖，由内向外甩料，保证趾板基础面范围的松散渣料全部清除。此外，对甩料过程中的挂渣部分，在每一段趾板开挖完成后，采用液压反铲挖掘机自上而下逐层倒运至可装卸区域，采用自卸车运输至弃渣场。

4.2.2.3 河床段趾板开挖施工

河床段趾板开挖施工开始于大坝截流后，河床基坑坝轴线下游部位及河床中部受坝肩开挖翻渣影响较小的部位先行开挖，以后随着坝肩及趾板开挖高程下降，影响越来越小，河床基坑砂卵石开挖逐渐向上游岸坡方向施工。

河床基坑开挖分六区三期开挖，趾板上部开挖施工期间，河床左右岸受开挖翻渣影响，先开挖坝轴线下游中部 J－1 区，趾板开挖下卧到一定高程后，再开挖坝轴线上游河床中部 J－2 区。趾板开挖下卧到一定高程后，坝轴线下游靠岸坡部位基坑 J－3 区逐渐开挖。坝轴线上游靠岸坡河床基坑 J－4 区随趾板开挖下卧，逐步向上游开挖。

4.2.3 开挖爆破施工

趾板开挖爆破施工采用预裂爆破、光面爆破和梯段爆破结合的形式。

（1）孔网参数选择。

边坡预裂爆孔采用 KSZ－100Y 潜孔钻造孔，预裂孔孔距 0.8m。梯段孔采用 ROC－D7 液压钻和 KSZ－100Y 潜孔钻造孔，ROC－D7 液压钻机造孔间距设计为 2.0～2.5m，排距 1.8～2.0m。KSZ－100Y 潜孔钻造孔间距设计为 2.3～3.0m，排距 2.0～2.5m，梅花形布置，爆破孔倾斜度与坡面保持平行。

（2）爆破参数。

边坡预裂孔采用 KSZ－100Y 潜孔钻造孔，预裂深度 6.5m，孔径 80mm。工程开挖区岩性主要为泥岩及砂岩，爆破开挖施工参数为：炮孔间距 0.6～0.8m，炮孔超深 0.5m，即预裂孔钻孔深度 6.5m；不耦合系数 2～5；线装药密度 450g/m，选用 400～500g/m；底部加强装药 2～3 倍。预裂爆破施工参数见表 4－4。

表 4－4 预裂爆破施工参数表

炮孔类型	钻孔机械	孔径（mm）	孔深（m）	间距（m）	排距（m）	装药量
预裂孔	潜孔钻	100	6～10	0.6～0.8		400～500g/m
缓冲孔	液压钻	80		2.0	1.5	500～600g/m
	潜孔钻	100		2.0	1.5	500～600g/m
光爆孔	手风钻	42		0.5～0.6		200～300g/m
梯段孔	潜孔钻	100		2.5～3.0	2.0～2.5	0.45～0.65kg/m^3
	液压钻	80		2.0～2.5	1.8～2.0	0.45～0.65kg/m^3

梯段孔采用 KSZ－100Y 潜孔钻和 ROC－D7 液压钻机造孔，ROC－D7 液压钻机孔径 80mm，梯段高度 6m。爆破开挖施工参数为：最小抵抗线 1.5～1.8m，超钻深度 0.9m，钻孔深度 6.9m，炮孔间距 2.52m，炮孔排距 2.2m，装药量 8.03～10.7kg。梯段爆破开挖参数见表 4－5。

表4－5　梯段爆破开挖参数表

岩石类别	爆破类型	钻孔机械	梯段高度（m）	孔径（mm）	药卷直径（mm）	间距（m）	排距（m）	孔深（m）	耗药量
灰岩、白云质灰岩	预裂孔	KSZ－110Y	6	100	32	0.8		6.5	400～500g/m
	主爆孔	ROC－D7	6	80	60	2.0～2.5	1.8～2.2	6.9	0.40～0.65kg/m³
	缓冲孔	ROC－D7	6	80	40	2.0～2.5	1.8～2.2	6.9	

（3）装药结构及参数的选择。

预裂孔采用间隔装药，药卷直径32mm，采用2＃岩石乳化炸药。预裂线装药密度400～500g/m，孔口堵塞长度1.0～1.5m。

梯段爆破高度6.0m，在梯段爆破中，为控制有用料的粒径和级配，主要采用微差挤压爆破，梯段爆破孔装药不分段，装药长度5.4～5.9m，堵塞长度1.0～1.5m，采用2＃岩石乳化炸药，药卷直径60mm。强风化岩石梯段爆破，炸药单耗0.45～0.55kg/m²；弱风化和新鲜岩石梯段爆破，炸药单耗0.55～0.65kg/m²。

（4）起爆网络。

根据工程爆破区域地质条件和地层岩性，为减少爆破冲击对底部岩石和边坡面的震动破坏，控制飞石距离，每序起爆的排水控制在10排以内，最大一段起爆单响药量不大于300kg，逐渐递减至邻近设计边坡缓冲孔爆破时，单响药量不大于100kg。采用梅花形布孔排间微差爆破方式。起爆采用非电毫秒延期，导爆索传爆，火雷管引爆方式连接。对于段数过多，可能出现“串段”或“重段”现象，采用孔外延期接力传爆，保证最大段单响药量控制在300kg范围内。爆破时，按照“先起爆预裂孔，再起爆主爆孔，最后起爆缓冲孔”的起爆顺序，严格控制最大单响药量，使爆破后的地表缝宽不小于1cm，预裂面不平整度不大于15cm，孔壁表层不产生严重的爆破裂隙。梯段爆破网络如图4－15所示。

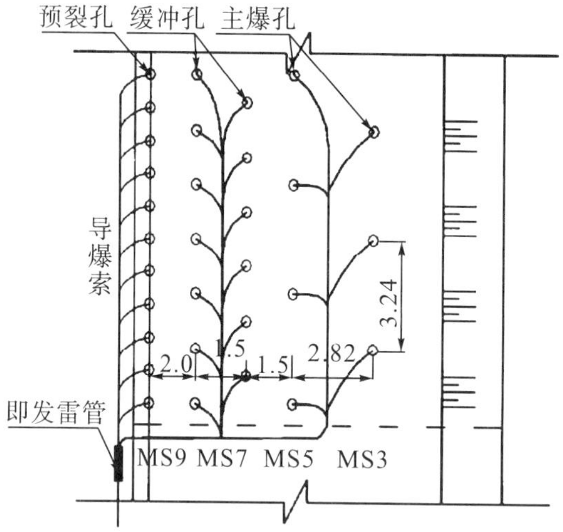

图4－15　梯段爆破网络图

4.3　岸坡趾板基础处理

4.3.1　趾板基础固结灌浆规划

岸坡趾板位于基础覆盖层上，岸坡趾板开挖完成后，开始进行河床砂砾石层固结灌浆，施工期为2016年8月24日—2016年11月30日，帷幕灌浆工程量15350m。

固结灌浆造孔资源配置为3台高风压钻机造孔，8台灌浆泵注浆，设备配置强度能达到4800m/月，根据计划安排，最大灌浆强度发生在2016年9月，为3470m，资源设备满足灌浆强度需求。

河床砂砾石层固结灌浆，在表层砂砾石清基前进行，表层砂砾石碾压密实后作为灌浆时盖重，厚度约2m。钻孔采用XY－2型地质钻机配金刚石钻头钻进，水作为冲洗介质。钻进覆盖层2m后镶筑孔口管，待孔口管满足强度要求后，采用“孔口封闭、自上而下、孔内循环法”灌浆，其射浆管距孔底不大于0.5m，灌浆分段长度2m、4m、4m。灌浆按先周围边排、后中排分序加密的原则进行，分二序进行施工。灌浆采用3SNS型灌浆泵，由灌浆自动记录仪进行记录。

河床段砂砾石层固结灌浆一般要求如下：

（1）河床段砂砾石层固结灌浆应在表层砂砾石清基前进行，表层砂砾石作为盖重灌浆时保留，表层砂砾石层应先碾压密实后再灌浆。

（2）灌浆可以采用沉管灌浆法、孔口封闭灌浆法或其他灌浆法。

（3）施工时应先灌注周边孔，再灌注中间孔，各排孔按排按孔分序加密施工。

（4）在已完成或正在灌浆的地区，其附近30m以内不得进行爆破作业。

4.3.2　趾板基础固结灌浆施工

河床段砂砾石层固结灌浆钻孔采用XY－2型地质回转钻机配金刚石钻头清水为冲洗介质回转钻进，固结灌浆孔的钻孔孔径不得小于56mm，灌浆采用3SNS型中压灌浆泵，采用孔口封闭灌浆法，上面2.0m为盖重，接触段长2.0m，其余段长4.0m，其射浆管距孔底不大于0.5m。河床段砂砾石层固结灌浆采用自上而下孔口封闭灌浆，施工高程1663.00m，覆盖层盖重厚度约2m。固结灌浆施工流程如图4－16。

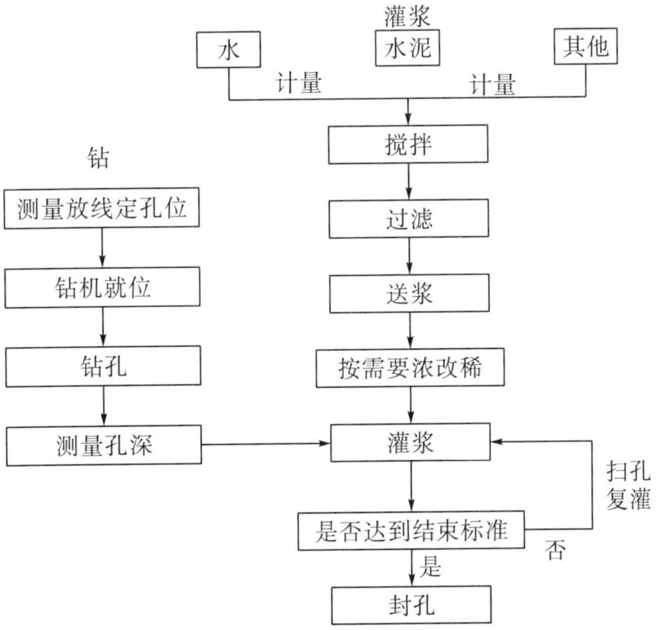

图4－16　固结灌浆施工流程图

（1）钻孔。

①孔位布置。河床段砂砾石层固结灌浆孔间排距均为2.0m，孔距3.0m。施工前经测量放线后，固结灌浆孔的开孔孔位按施工图纸要求布置，偏差不大于10cm。

②开孔方向。河床段砂砾石层固结灌浆孔孔向均为垂直。钻机就位后，采用罗盘、水平尺等工具进行孔向校核。

③孔径。固结灌浆孔盖重段钻孔孔径 110mm，灌浆段孔径 76mm，检查孔孔径 76mm。

④孔深。本标砂砾石层固结灌浆设计孔深 10m，即高程 1661.00～1651.00m 为灌浆长度。

⑤孔斜控制。在钻孔过程中，进行孔斜测量，并采取措施控制孔斜，固结灌浆孔孔斜不超过孔深的 1/40。

（2）镶铸孔口管。

钻孔采用 XY−2 型地质钻机配 ϕ 110mm 钻具钻进，钻至设计孔深后，下入 ϕ 89mm 已预加工的钢管直至孔底，然后将灌浆塞卡在孔口管的孔口，向孔内注入 0.5∶1 的浓浆，待浆液从孔口管外侧返出地面后，停止注浆，这样加固孔口管周围地层的强度，保证孔口管的质量。注浆结束后，卸下灌浆塞，并导正孔口管。孔口管上端口高出地面 0.10m。待凝 48h 以上即可进行扫孔，扫孔结束后采用压水的方法检查孔口管镶铸质量，若孔口管稳固，则可进行灌浆段钻灌；否则进行处理或重新镶铸。

（3）钻孔冲洗。

钻孔结束后，将水管导入孔底，通入大量水流，从孔底向孔外冲洗。

（4）灌浆。

主要采用 3SNS 型灌浆泵，使用成都翰砂科技 GJY−6 型灌浆自动记录仪及孔口封闭器进行。

① 灌浆分段。河床段砂砾石层固结灌浆孔深 12m，上面 2.0m 为盖重，接触段长 2.0m，其余段长 4.0m。

② 灌浆方法。河床段砂砾石层固结灌浆采用孔口封闭、孔内循环灌浆，配以灌浆自动记录仪。采取一泵灌注一孔，当相互串浆时，采用群孔并联灌注，但并联孔数不多于 2 个，并控制灌浆压力。

③ 灌浆压力。砂砾石固结灌浆压力见表 4−6。灌浆压力以安装在回浆管上的压力表中值为准，灌浆泵压宜控制在 1.5 倍灌浆压力内。灌浆压力以尽快达到设计值为原则，但吸浆量大时，分级升压。

表 4−6　砂砾石固结灌浆压力

段次		第一段	第二段	第三段
灌浆压力（MPa）	Ⅰ序孔	0.10	0.15	0.15
	Ⅱ序孔	0.15	0.20	0.20

④ 浆液比级。选用 3∶1、2∶1、1∶1、0.8∶1、0.6∶1、0.5∶1 六级水灰比。

⑤ 浆液变换。浆液比级由稀至浓变换，变换原则为：当灌浆压力保持不变，注入率持续减小时，或当注入率不变而压力持续升高时，不得改变水灰比；当某级浆液灌入量达到 1000～1500L 或灌注时间已达 30min，而灌浆压力和注入率均无改变或改变不显著时，应变浓一级；当注入率大于 30L/min 时，可变浓一级。

⑥ 灌浆结束标准。在最大设计压力下，注入率不大于 2L/min，延续灌注 30min 结束。

⑦ 灌浆记录。采用成都翰砂科技 GJY−6 型灌浆自动记录仪记录，个别孔段在灌浆自动记录仪出现故障时，为使灌浆不中断，改做手工记录。

（5）封孔。

全孔灌浆工作完成后，经测量孔深无误，采用最浓一级浆液封孔。

4.3.3　基础处理质量控制

（1）钻孔过程中，若出现灌浆塌孔、空洞、漏浆或掉块难以钻进时，先进行灌浆处理，再钻进。

（2）灌浆施工中发现灌浆中断、串浆、冒浆、漏浆、灌注量大而难以结束等情况时，按照以下要求进行处理：

① 发现冒浆、漏浆等现象时，视具体情况采用表面封堵、低压、浓浆、限流、限量、间歇、待凝等方法进行处理。灌浆过程中发现地面抬动时，立即降低压力或停止灌浆，进行处理。

② 发生串浆时，应塞住串浆孔，待灌浆孔灌浆结束后，再对串浆孔进行扫孔、冲洗，之后继续钻进或灌浆。当串浆孔具备灌浆条件，且注入率较小时，可以同时进行灌浆，一泵灌一孔。

（3）灌浆工作必须连续进行，若因故中断，按以下原则处理：

① 尽可能缩短中断时间，及早恢复灌浆。若无条件在短时间内恢复灌浆，应立即冲洗钻孔，再恢复灌浆；若无法冲洗或冲洗无效，则应进行扫孔，再恢复灌浆。

② 恢复灌浆时，使用开灌比级的水泥浆进行灌注。若注入率与中断前相近，即可改用中断前比级的浆液继续灌注；若注入率较中断前减少较多，则采用浆液逐级加浓继续灌注。

③ 恢复灌浆后，当注入率较中断前减少很多，且在短时间内停止吸浆时，及时采取补救措施。

（4）灌浆过程中，若回浆变浓，可适当加大灌浆压力或换用较稀的新浆灌注。

（5）灌浆段注入量大而难以结束时，可采用低压、浓浆、限流、限量、间歇灌浆，灌注速凝浆液，灌注混合浆液或膏状浆液等措施处理。

（6）为提高覆盖层的灌浆质量，可采用加密浅层灌浆孔、浅表层先行灌浆、自上而下灌浆、增加浆液中水泥含量、适当待凝等措施。

4.4　趾板混凝土施工

大坝趾板设计总长度1154.447m，其中岸坡趾板占趾板总长度的73.8%，趾板宽度自下而上依次为10m、8m、6m，趾板建基面沿 X 线方向最小坡比32°，最大坡比45°，趾板内边坡为1∶0.35的陡坡，外边坡为1∶1.03的反向边坡，趾板浇筑主要材料（钢筋、混凝土、周转材料）运输难度较大，运输过程中的安全风险较高。当趾板基础开挖完成并验收合格后，先进行河床段趾板混凝土施工，再进行岸坡段趾板混凝土施工，趾板混凝土强度满足要求后进行相应部位的填筑。趾板混凝土施工时段为2016年1月1日—2016年12月31日。

4.4.1　施工规划和施工道路布置

4.4.1.1　趾板结构及布置形式

大坝趾板按照所处位置划分为河床趾板和岸坡趾板。其中，河床趾板坐落于河床砂砾石层，通过底部加强固结灌浆进行处理，岸坡趾板坐落于左、右岸边坡坚硬且不冲蚀和可灌性好的弱风化新鲜基岩上。为了减少趾板开挖量过大的现象，左、右岸趾板沿 X 线方向共计设置11个拐点，相邻拐点之间的最大趾板坡比20°，为达到趾板自身稳定和趾板灌浆盖重作用，面板滑模施工起始工作面，趾板结构型式均采用较简单的平趾板，趾板宽度8～10m，厚度0.6～1m。趾板典型结构断面如图4－17所示。

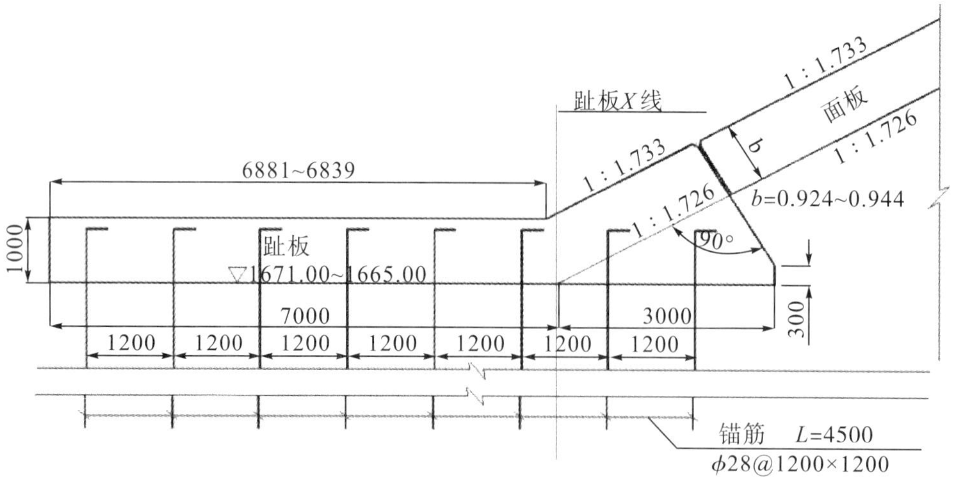

图 4-17 趾板典型结构断面图（单位：mm）

4.4.1.2 施工规划

趾板混凝土采用集中拌制，以保证混凝土质量。混凝土运输采用 20t 自卸车或 6m² 混凝土罐车运输，反铲挖掘机及布料机入仓的工程部位采用自卸车运输，混凝土泵车及溜槽入仓的工程部位采用 6m² 混凝土罐车运输。趾板下变模区采用反铲入仓，趾板河床段采用以 TB110G 布料机为主的方式入仓，面板采用溜槽入仓，趾板岸坡段采用溜槽配合 HBT60 泵入仓，防浪墙压脚部分采用以 TB110G 布料机为主的方式入仓，二、三层浇筑采用 8t 吊车吊 1m² 吊罐入仓。趾板混凝土施工规划见表 4-7。

表 4-7 趾板混凝土施工规划表

工程部位	运输方案	主要入仓方式	模板方案
趾板下变模区	20t 自卸车	反铲挖掘机	—
趾板河床段	20t 自卸车	TB110G 布料机	钢木组合
趾板岸坡段	6m² 混凝土罐车	溜槽/HBT60 泵	钢木组合

4.4.1.3 施工道路

靠近右岸河床段趾板混凝土浇筑线路：混凝土拌合系统→3＃道路→阿尔塔什大桥→12＃道路→3＃交通桥及引道→1＃便道→下游围堰→场内新修开挖道路→河床段趾板浇筑面（布料机入仓浇筑）。平均运距 3.8km。

靠近左岸河床段趾板混凝土浇筑线路：混凝土拌合系统→3＃道路→阿尔塔什大桥→12＃道路→3＃交通桥及引道→场内新修开挖道路→河床段趾板浇筑面（布料机入仓浇筑）。平均运距 2.5km。

右岸岸坡段趾板（高程 1770.00m 以下）混凝土浇筑线路：混凝土拌合系统→3＃道路→3＃－1 道路→6＃便道→趾板浇筑面（溜槽入仓浇筑）。平均运距 1.9km。混凝土拌合系统→3＃道路→阿尔塔什大桥→12＃道路→3＃交通桥及引道→1＃便道→下游围堰→场内新修开挖道路→趾板浇筑面（HBT60 泵入仓浇筑）。平均运距 3.8km。

右岸岸坡段趾板（高程 1770.00～1821.80m）混凝土浇筑线路：混凝土拌合系统→3＃道路→3＃－1 道路→6＃便道→趾板浇筑面（HBT60 泵入仓浇筑）。平均运距 1.9km。

左岸岸坡段趾板（高程 1715.00m 以下）混凝土浇筑线路：混凝土拌合系统→3＃道路→阿尔

塔什大桥→12#道路→3#交通桥及引道→场内新修趾板开挖道路→趾板浇筑面（HBT60泵入仓浇筑）。平均运距2.5km。混凝土拌合系统→3#道路→阿尔塔什大桥→12#道路→3#交通桥及引道→12道路→2#施工便道→趾板浇筑面（溜槽入仓浇筑）。平均运距3.5km。

左岸岸坡段趾板（高程1715.00～1770.00m）混凝土浇筑线路：混凝土拌合系统→3#道路→阿尔塔什大桥→12#道路→3#交通桥及引道→12道路→2#施工便道→趾板浇筑面（HBT60泵入仓浇筑）。平均运距3.5km。混凝土拌合系统→3#道路→阿尔塔什大桥→12#道路→3#交通桥及引道→12道路→2#施工便道→3#施工便道→趾板浇筑面（溜槽入仓浇筑）。平均运距4.0km。

左岸岸坡段趾板（高程1770.00～1821.80m）混凝土浇筑线路：混凝土拌合系统→3#道路→阿尔塔什大桥→12#道路→3#交通桥及引道→12道路→2#施工便道→3#施工便道→趾板浇筑面（HBT60泵入仓浇筑）。平均运距4.0km。

4.4.2　趾板混凝土施工

4.4.2.1　趾板设计

趾板混凝土强度标号为C30、抗渗标号为W12、抗冻标号为F300。

趾板型式采用水平趾板。趾板宽度：高程1711.80m以下为10m，高程1711.80～1771.80m为8m，高程1771.80m以上为6m。趾板厚度分别为1.0m、0.8m、0.6m。基岩上趾板内部设单层双向钢筋，含钢率控制在0.3%以上，趾板底部设置锚筋为HRB400钢筋，趾板设计分为三段：趾0+000.000m～趾0+386.207m为趾板左岸段，趾0+386.207m～趾0+688.575m为趾板河床段，趾0+688.575m～趾1+052.000m为趾板右岸段。

在河床段趾0+386.207m～趾0+688.575m（坝0+237.872m～坝0+540.009m）段，坝基采用砼防渗墙防渗，在防渗墙与趾板之间采用柔性连接。河床段趾板宽4m，通过2块宽度为3m的连接板与防渗墙相连，形成4m+3m+3m的布置，连接板厚度1m。连接板中间分缝位置与面板垂直缝连通，两端通过永久缝与坐落于基岩上的连接墙相连。连接板混凝土与趾板混凝土要求相同，河床砂砾石上趾板内部采用顶、底为双层、双向配筋，含钢率控制在0.4%以上。为了加强混凝土连接板的防渗性能，在连接板表面设置2层两布一膜长纤维土工膜（400g/1.0mm/400g），上游固定在混凝土防渗墙上，下游固定在河床趾板上8mm，将趾板锚固在基岩上。

4.4.2.2　趾板混凝土浇筑

趾板采用分块浇筑的方式进行，趾板分块长度不仅对趾板浇筑进度起着至关重要的作用，而且还是防止趾板出现温度和干缩裂缝的主要措施之一，依据水平趾板结构分缝部位和岸坡趾板宽度突变处进行趾板浇筑仓位划分，水平趾板采用“分段、跳仓方式”进行浇筑，分仓长度依据水平趾板结构缝位置进行设置，岸坡趾板采用“逐块方式”自下而上浇筑，分仓长度控制在9～15m。趾板混凝土浇筑秩序总体上是由河床向两岸坡，由低向高逐块（段）跳仓进行施工。

混凝土拌制及入仓。趾板混凝土由HZS120拌合站集中拌制，采用10m^{3}混凝土搅拌罐车运输至各工作面。混凝土入仓结合现场实际地形条件、施工道路情况、混凝土拌制运输能力、浇筑进度以及施工成本进行综合考虑，选用三种方式。第一种方式，液压反铲直接入仓或混凝土搅拌罐车配合短溜槽直接入仓，主要用于河床水平段趾板（趾0+380.241m～趾0+688.575m）混凝土浇筑。第二种方式，采用HBT80卧泵自下而上泵送入仓，主要用于左岸趾板（趾0+380.241m～趾0+000.000m）和右岸趾板（趾0+688.575m～趾0+931.248m）混凝土浇筑。第三种方式，采用混凝土搅拌罐车配合长溜槽入仓，主要用于右岸趾板（趾0+931.248m～趾1+082.288m）混凝土浇筑。

混凝土平仓及振捣。混凝土入仓前，在仓面浇筑段提前铺设同标号水泥砂浆，混凝土达到仓面后，按照“分层铺料，均匀上升”的原则进行连续浇筑，浇筑过程中采用直径 50mm、70mm 软轴振捣棒振捣，振捣棒移动间距宜为 400mm 左右，止水附近采用直径 30mm 振捣棒振捣，振捣棒移动间距不小于 30cm，每层振捣深入下层 5cm 左右。振捣过程中，做到层次分明，振捣有序，避免出现漏振和过振现象。对于预留孔洞、预埋件和钢筋太密的部位，振捣时应经常观察，直至振捣部位无气泡泛出、混凝土不再下沉为止。当发现混凝土有不密实等现象，应立即采取措施予以纠正，在振捣过程中，振捣棒不得紧贴模板内侧。止水部位振捣时，需派专人负责，并随时注意止水片（带）附近混凝土的密实情况，避免止水片（带）出现变形和变位。

（1）河床段施工。

趾板混凝土采取跳仓浇筑的施工方法，模板类型选用以组合钢模板为主，木模板为辅。混凝土由拌合系统集中拌制，统一提供。河床趾板混凝土采用以 TB110G 布料机为主的方式入仓，20t 自卸车运输。河床段趾板混凝土浇筑施工如图 4－18 所示。

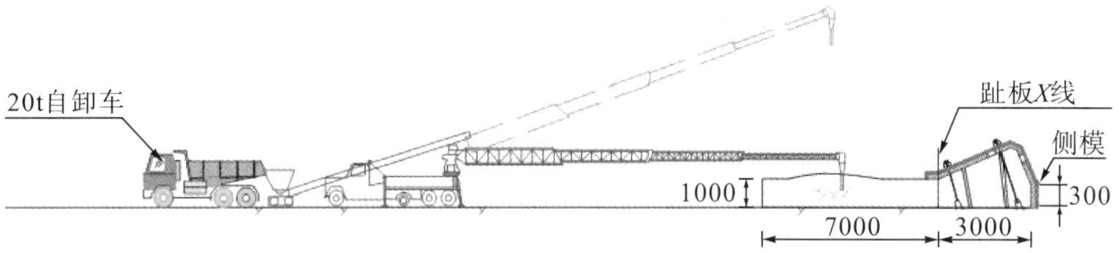

图 4－18　河床段趾板混凝土浇筑施工示意图

（2）岸坡段施工。

两岸趾板混凝土采用自下而上的施工顺序，根据实际地形条件，左岸岸坡段趾板（高程 1770.00m 以上）和右岸岸坡段趾板（高程 1770.00m 以上）采用 HBT60 泵泵送混凝土入仓浇筑，左岸岸坡段趾板（高程 1770.00m 以下）和右岸岸坡段趾板（高程 1770.00m 以下）采用溜槽配合 HBT60 泵入仓。两岸趾板混凝土的入仓形式如图 4－19～图 4－21 所示。

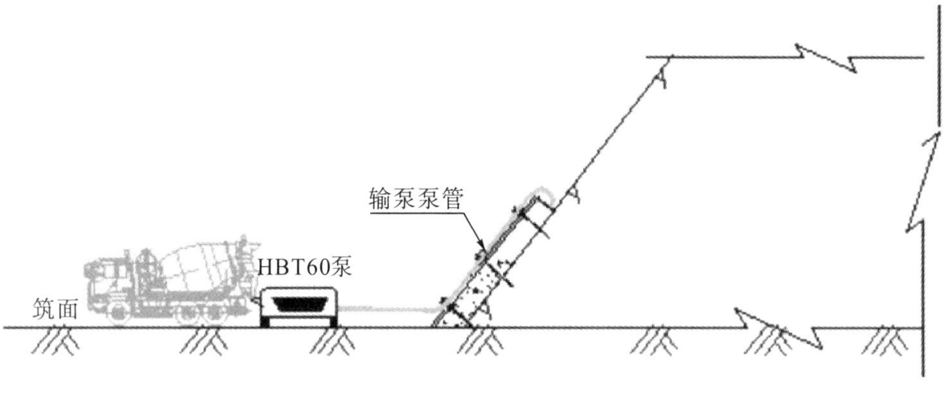

图 4－19　岸坡段趾板混凝土泵车入仓浇筑示意图

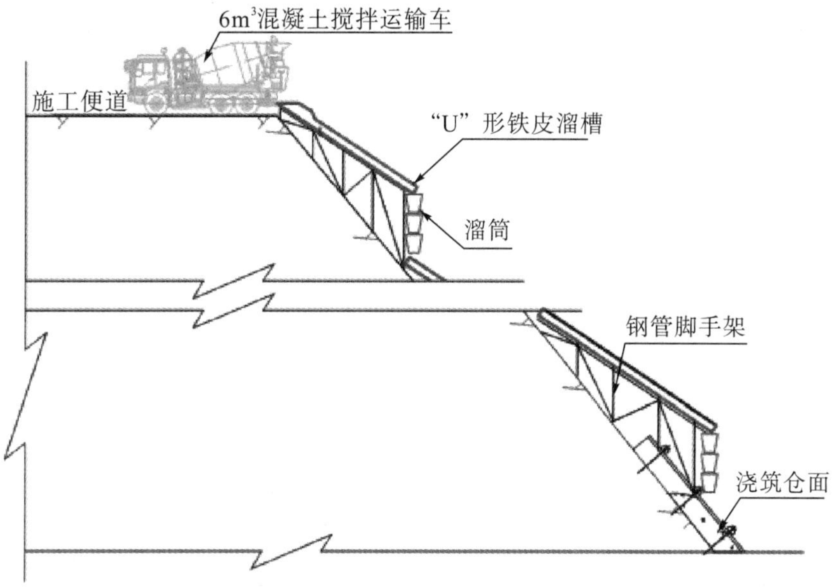

图4-20 岸坡段趾板混凝土溜槽入仓浇筑示意图

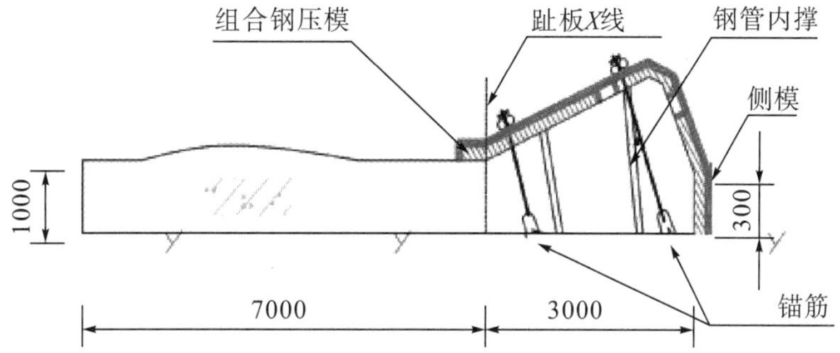

图4-21 趾板斜坡段模板支撑示意图

趾板基础面清理由人工配以高压风水枪来完成，用手风钻进行趾板锚筋钻孔，用注浆机将插筋孔内注满微膨胀水泥砂浆后，插入锚筋，砂浆标号不低于25MPa。

模板支立主要采用组合钢模板，在趾板安装止水片和某些异形部位（如拐点等），采用木模板。当趾板顶面坡度大于1∶4时，顶面采用压模进行混凝土浇筑。在支立模板时，在模板顶面预留适当的浇筑孔，用以加强混凝土浇筑时的振捣。浇筑孔在浇筑到位前进行封堵。

钢筋在钢筋加工厂加工，运至仓面进行现场绑扎焊接。

铜止水由止水成型机根据分仓长度加工成型，在施工现场进行接头焊接。

混凝土浇筑时，用ϕ50mm插入式振捣器振捣密实，振捣时特别注意对周边缝与面板相接的止水进行保护，混凝土浇筑完成后，要及时进行洒水养护，温度较低时，喷养护剂进行养护，并在表面覆盖一层棉毡和一层土工膜保温。

在趾板混凝土浇筑完成后的28天内，附近20m范围内不得进行爆破作业，以免对混凝土产生震动破坏。

4.4.3 趾板混凝土质量保证措施

根据莎车气象站统计资料，工程区内多年平均气温11.7℃，1月平均气温－5.8℃，7月平均气温25.3℃，极端最高气温39.8℃，极端最低气温－23.5℃，由于冬季（12月、1月、2月）气温太低，停止混凝土施工。11月平均气温3.38℃，低于5℃。低温季节在混凝土的配合比设计时，掺高效减水剂、引气剂、抗冻剂，尽量降低水灰比，使含气量达4%～6%。在混凝土运输过程中，尽量缩短混凝土运输过程，采取混凝土罐车运输，并对混凝土罐车用保温材料包裹保温。低温季节混凝土浇筑结束后，立即在混凝土表面覆盖一层棉毡和一层土工膜保温，防止混凝土受冻破坏。

7月平均气温23.91℃，8月平均气温22.64℃，均高于20℃，施工中温控措施主要是控制混凝土的入仓温度和最高温度。面板混凝土施工时段较短，尽量安排在气候温和的季节施工，其他部位混凝土在高温季节施工时的具体温控措施如下：

（1）降低出机口混凝土温度。①优化混凝土配合比，减少胶材用量。②降低混凝土拌合物温度。一方面在料堆顶部设置遮阳棚，并利用装载机将骨料堆高，降低砂石料自身温度；另一方面在白昼高温时经常向骨料洒水降温，并在蓄水池中加冰以降低拌合用水温度。③高温季节可加冷水拌合混凝土。

（2）降低混凝土运输温升。加强施工组织协调，科学安排施工生产，减少混凝土转运次数，避免和减少运输中的干扰与停滞，缩短运输时间。运输设备设置遮阳、保温、隔热设施。

（3）采取合理的浇筑方式。①采取合理的分层、分段及间歇期。为利于混凝土浇筑块的散热，基础约束区部位和老混凝土约束区部位浇筑层高1～2m，基础约束区以外最大浇筑高度控制在3m以内，上、下层浇筑间歇时间5～7d。②仓面实施喷雾措施，降低仓面的环境温度，混凝土尽可能安排在早晚和夜间施工。③将浇筑块尺寸较大、温控较严的部位尽量安排在低温季节施工。

第 5 章　深厚覆盖层基础处理

随着水电开发的条件越来越恶劣，工程受地形地貌、水文地质条件等诸多因素限制，对深覆盖层的大坝基础进行基础灌浆处理正在被广泛应用。阿尔塔什大坝工程河床砂砾石层颗粒粗大、渗透系数高，灌浆处理过程中存在灌浆质量不易保证，以及灌浆压力和范围不易控制，从而导致工程施工成本增加的问题，特别是河床覆盖层灌浆直接关系到工程节点目标的实现。本章重点介绍阿尔塔什大坝工程深厚覆盖层坝基压实处理、砂砾石地基固结灌浆以及深覆盖层地基防渗处理等技术难点及解决方案。

5.1　覆盖层地质条件和工程性质

阿尔塔什面板堆石坝工程河床宽 260～450m，地形平缓，河床覆盖层主要由单一成因的冲积砂卵砾石层组成，局部夹砂层透镜体，据物探测试和钻孔揭露，坝址区河床覆盖层厚度 50～94m，河床深槽位于河床中部偏右侧。

河床覆盖层总体划分为二大层：上层Ⅰ岩组含漂石砂卵砾石层厚度 4.7～17.0m，下层Ⅱ岩组冲积砂卵砾石层厚度 36.0～87.4m。其分界面以河床普遍分布的一层似砾岩的砂卵砾石胶结层为标志。

坝基河床覆盖层Ⅰ岩组为含漂石砂卵砾石层，颗粒粗大，渗透系数 0.29cm/s，Ⅱ岩组为砂卵砾石层夹有多层缺细粒充填卵砾石（强渗层），砂卵砾石层渗透系数 0.35cm/s，缺细粒充填卵砾石层渗透系数 5.0cm/s，均属强透水层。

5.2　深厚覆盖层坝基压实处理

5.2.1　坝基开挖

坝基主要持力层Ⅰ岩组含漂石砂卵砾石层厚度 4.7～17.0m，允许承载力 0.60～0.70MPa，变形模量 50～55MPa，其承载力和变形指标基本满足堆石坝要求，据探坑及钻孔揭露，坝基左岸漫滩表层分布厚度 1～3m 的砂层和洪积层，分布面积约 13500m^2，其允许承载力和变形模量较低，建议清除；下部Ⅱ岩组具弱～微胶结，允许承载力 0.70～0.80MPa，变形模量 60～70MPa，该岩组夹多层缺细粒充填的卵砾石层，局部含砂层透镜体。覆盖层物理力学指标地质建议见表 5－1。

表 5-1　坝址区河床覆盖层物理力学指标地质建议表

岩组	地层岩性	密度		承载及变形指标		抗剪强度		渗透及渗透变形指标	
		天然干密度 ρ_d(g/cm^3)	相对密度 D_r	允许承载力 R(MPa)	变形模量 E_0(MPa)	凝聚力 C(MPa)	内摩擦角 φ(°)	允许比降 J	渗透系数 K(cm/s)
Ⅰ岩组	含漂石砂卵砾石层	2.22~2.23	0.80~0.85	0.60~0.70	50~55	0	37.0~38.0	0.10~0.15	8.0×10^{-2}
Ⅱ岩组	砂卵砾石	2.18~2.20	0.84~0.90	0.70~0.80	60~70	0	37.5~38.5	0.12~0.15	3.5×10^{-1}
	缺细粒充填卵砾石层	2.08~2.10	—	0.50~0.60	40~50	0	36.0~37.0	0.08~0.10	5.0
砂层	砂层透镜体	1.45~1.50	0.30~0.55	0.15~0.18	10~15	0	25.0~27.0	0.05~0.08	4.6×10^{-3}

首先按照设计要求对坝基进行测量放线，确定坝轴线及坝基范围，河床清基在上游围堰形成后进行施工。先在基坑下游及上游开挖排水沟，排除河床渗水。挖除河床冲积物及崩坡积物等。孤石开挖尽量采用液压破碎锤破碎后进行挖除。在整个施工过程中，严格按照设计文件、施工图纸及相关规范要求组织施工，对每一道工序进行有效控制。

坝基按设计要求（砂砾石层应清除草皮、树根、蛮石、垃圾及其他废料及表层 2m 左右的松散体）开挖完成后，局部存在砂层透镜体，厚 1~3m，对于河床清基时出露的砂层透镜体进行开挖处理，砂层透镜体厚度以 2.5m 为界，厚度小于 2.5m 的部位全部挖除，厚度大于 2.5m 的砂层透镜体开挖深度 2.5m。开挖后回填坝体砂砾石，填筑要求相对密度同坝体一致（$D_r\geqslant0.90$），满足设计要求。

5.2.2　坝基碾压处理

（1）坝基碾压技术要求。

根据设计图纸要求坝体底部保留的砂砾石层，表层深 1m 内相对密度 $D_r\geqslant0.90$，根据砂砾料碾压试验成果确定的碾压参数进行碾压施工。

（2）碾压方法。

①振动碾行走方向：与坝轴线平行；靠近岸坡处，顺岸行走。

②振动碾行走速度及碾压次数：≤2.0km/h，碾压 8 次。

③碾压方法：错距法。

④分段之间的碾迹重叠：在分区的交接带，重叠宽度不小于 1m；在各区之内，重叠宽度不小于 1m。

⑤ 碾压过程中检查振动碾的各项特性，防止欠压。

5.3　砂砾石地基固结灌浆

5.3.1　概述

河床砂砾石层固结灌浆，在表层砂砾石清基前进行，表层砂砾石碾压密实后作为灌浆时盖重，厚度约 2m。钻孔采用 XY－2 型地质钻机配合金钻头钻进，水作为冲洗介质。

钻进覆盖层 2m 后镶筑孔口管，待孔口管满足强度要求后，采用“孔口封闭、自上而下、孔内循环法”灌浆，其射浆管距孔底不大于 0.5m，灌浆分段长度为 2m、4m、4m。灌浆按先周围边排、后中排分序加密的原则进行，分二序进行施工。灌浆采用 3SNS 型灌浆泵灌浆，灌浆自动记录仪进行灌浆记录。

河床砂砾石固结灌浆一般要求如下：

（1）河床段砂砾石层的固结灌浆应在表层砂砾石清基前进行，表层砂砾石作为盖重灌浆时保留。表层砂砾石层应先进行碾压密实后再进行灌浆。

（2）灌浆方法可以采用沉管灌浆法、孔口封闭灌浆法或其他灌浆法。

（3）施工时应先灌注周边孔，再灌注中间孔，各排孔按排按孔分序加密施工。

（4）在已完成或正在灌浆的地区，其附近 30m 以内不得进行爆破作业。

5.3.2　河床砂砾石地基固结灌浆

河床段砂砾石层固结灌浆钻孔采用 XY－2 地质回转钻机配金刚石钻头清水为冲洗介质回转钻进，固结灌浆孔孔钻孔孔径不得小于 56mm。灌浆采用 3SNS 型中压灌浆泵，灌浆方式采用“孔口封闭法”进行施灌，上面 2.0m 为盖重，接触段段长 2.0m，其余段长 4.0m，其射浆管距孔底不大于 0.5m。

河床段砂砾石层固结灌浆采用自上而下孔口封闭灌浆，灌浆施工高程 1663.00m，覆盖层盖重厚度约 2m，其施工流程如图 5－1 所示。

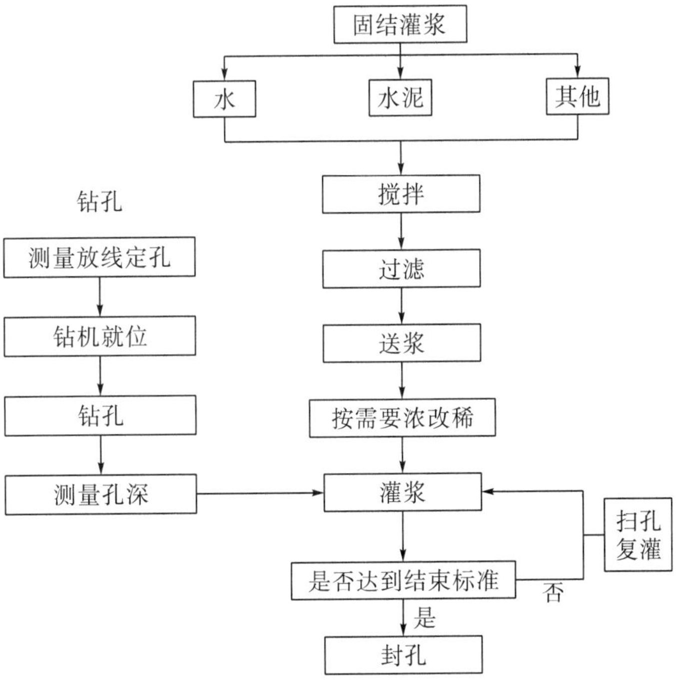

图 5－1　河床段砂砾石层固结灌浆施工流程

5.3.2.1　钻孔

（1）孔位布置。河床段砂砾石层固结灌浆孔间排距均为 2.0m，孔距 3.0 m。施工前经测量放线后，固结灌浆孔的开孔孔位按施工图纸要求进行布置，偏差不大于 10cm，需变更孔位时征得监理工程师同意，并记录实际孔位。

(2) 开孔方向。河床段砂砾石层固结灌浆孔孔向均为垂直孔。钻机就位后，采用罗盘、水平尺等工具进行孔向校核。

(3) 孔径。灌浆孔盖重段钻孔孔径 110mm，灌浆段孔径 76mm，检查孔孔径 76mm。

(4) 孔深。砂砾石层固结灌浆设计孔深为 10m，即高程 1661.00～1651.00m 为灌浆长度。

(5) 孔斜控制。在钻孔过程中，进行孔斜测量，并采取措施控制孔斜，固结灌浆孔孔斜不超过孔深的 1/40。

(6) 钻孔结束，会同监理工程师进行检查验收，检查合格，并经监理工程师签认后，方可进行下一步操作。

钻孔采用 XY－2 地质钻机配 ϕ 110mm 钻具钻进，钻至设计孔深后，下入 ϕ 89mm 已预加工的钢管直至孔底，然后将灌浆塞卡在孔口管孔口，向孔内注入 0.5∶1 的浓浆，待浆液从孔口管外侧返出地面后，停止注浆，这样可加固孔口管周围地层的强度，保证孔口管的质量。注浆结束后，卸下灌浆塞，并导正孔口管。孔口管上端口高出地面 0.10m。待凝 48h 以上即可进行扫孔，扫孔结束后采用压水的方法检查孔口管镶铸质量，若孔口管稳固即可进行灌浆段钻灌；否则，进行处理或重新镶铸。

钻孔结束后，将水管导入孔底，通入大流量水流，从孔底向孔外进行冲洗。

5.3.2.2 灌浆

灌浆主要利用 3SNS 型灌浆泵，成都翰砂科技 GJY－6 型灌浆自动记录仪及孔口封闭器。

(1) 灌浆分段。河床砂砾石固结灌浆钻孔深 12m，上面 2.0m 为盖重，接触段段长 2.0m，其余段长 4.0m。

(2) 灌浆方法。河床砂砾石固结灌浆采用孔口封闭、孔内循环灌浆，配以灌浆自动记录仪进行。固结灌浆采取一泵灌注一孔，当相互串浆时，采用群孔并联灌注，但并联孔数不多于 2 个，并控制灌浆压力。

(3) 灌浆压力。灌浆压力按图纸要求控制，见表 5－1。灌浆压力以安装在回浆管上的压力表中的值为准，灌浆泵压宜控制在 1.5 倍灌浆压力内。灌浆压力以尽快达到设计值为原则，但当吸浆量大时，分级升压。

表 5－2　砂砾石固结灌浆压力值

段次		第一段	第二段	第三段
灌浆压力 (MPa)	Ⅰ序孔	0.10	0.15	0.15
	Ⅱ序孔	0.15	0.20	0.20

(4) 浆液比级。选用 3∶1、2∶1、1∶1、0.8∶1、0.6∶1、0.5∶1 六级水灰比。

(5) 浆液变换。浆液比级由稀至浓变换，原则为：①当灌浆压力保持不变，注入率持续减小时，或当注入率不变，压力持续升高时，不得改变水灰比。②当某级浆液灌入量达到 1000～1500L 或灌注时间已达 30min，而灌浆压力和注入率均无改变或改变不显著时，应变浓一级。③当注入率大于 30L/min 时，可变浓一级。

(6) 灌浆结束标准。在最大设计压力下，注入率不大于 2L/min，延续灌注 30min 结束。

(7) 灌浆记录。采用成都翰砂科技 GJY－6 型灌浆自动记录仪进行记录，当个别孔段在灌浆自动记录仪出现故障时，为了不中断灌浆，进行手工记录。

全孔灌浆工作完成后，经测量孔深无误，封孔采用最浓一级的浆液进行封孔。封孔结束后，需对灌浆进行质量检查。

（1）在灌浆施工过程中，应做好各道工序的质量控制和检查，以过程质量保证工程质量，采用弹性波测试方法进行检测。

（2）在灌浆施工结束 28 天后，河床砂砾石灌浆后波速提高应大于 15%以上，最终以实验确定。固结灌浆的检查孔应布置在灌浆地质条件较差、灌浆过程异常和浆液扩散的结合部位。检查孔数不少于灌浆总孔数的 5%，检测点的合格率不小于 85%，检测平均值不小于设计值且不合格检测点的分布不集中，灌浆质量可评定为合格。

（3）检查工作结束后，应按技术要求进行封孔，当检查孔封孔灌浆注入量较大时，应分析原因，根据监理工程师的指示进行补灌。

5.3.2.3　特殊情况处理

（1）钻孔过程中，若出现灌浆塌孔、空洞、漏浆或掉块而难以钻进时，先进行灌浆处理，再钻进。

（2）灌浆施工中，当发现灌浆中断、串浆、冒浆、漏浆、灌注量大而难以结束等情况时，按照以下要求进行处理，并将处理方案报监理工程师审批。

①发现冒浆、漏浆等现象时，视具体情况采用表面封堵、低压、浓浆、限流、限量、间歇、待凝等方法进行处理。灌浆过程中，当发现地面抬动时，应立即降低压力或停止灌浆，进行处理。

②发生串浆时，应塞住串浆孔，待灌浆孔灌浆结束后，再对串浆孔进行扫孔、冲洗，之后继续钻进或灌浆。当串浆孔具备灌浆条件且注入率较小时，可以同时进行灌浆，一泵灌一孔。

（3）灌浆工作必须连续进行，若因故中断，按以下原则处理：

①尽可能缩短中断时间，及早恢复灌浆。若无条件在短时间内恢复灌浆，应立即冲洗钻孔，再恢复灌浆。若无法冲洗或冲洗无效，应进行扫孔，再恢复灌浆。

②恢复灌浆时，使用开灌比级的水泥浆进行灌注。若注入率与中断前的相近，即可改用中断前比级的浆液继续灌注；若注入率较中断前的减少较多，则采用浆液逐级加浓继续灌注。

③恢复灌浆后，当注入率较中断前的减少很多，且在短时间内停止吸浆时，及时采取补救措施。

（4）灌浆过程中，若回浆变浓，可适当加大灌浆压力或换用较稀的新浆灌注，若效果不明显，研究采用其他灌浆材料或施工工艺。

（5）灌浆段注入量大而难以结束时，可采用低压、浓浆、限流、限量、间歇灌浆，灌注速凝浆液，灌注混合浆液或膏状浆液等措施进行处理。

（6）为提高覆盖层的灌浆质量，可采用加密浅层灌浆孔、浅表层先行灌浆、自上而下灌浆、增加浆液中水泥含量、适当待凝等措施。

5.4　深覆盖层地基防渗处理

基于阿尔塔什面板砂砾石－堆石坝坝区地质情况，结合工程挡水指标，地基防渗体系要能够满足变形和强度要求。阿尔塔什面板砂砾石－堆石坝基础采用“嵌入式防渗墙+固结、帷幕灌浆”结构，坝体上游布置趾板、连接板。经过严密组织，各项防渗工序相互衔接，防渗体系效果满足设计要求，对类似工程具有一定的参考价值。阿尔塔什混凝土面板砂砾石－堆石坝典型剖面图如图 5－2 所示。

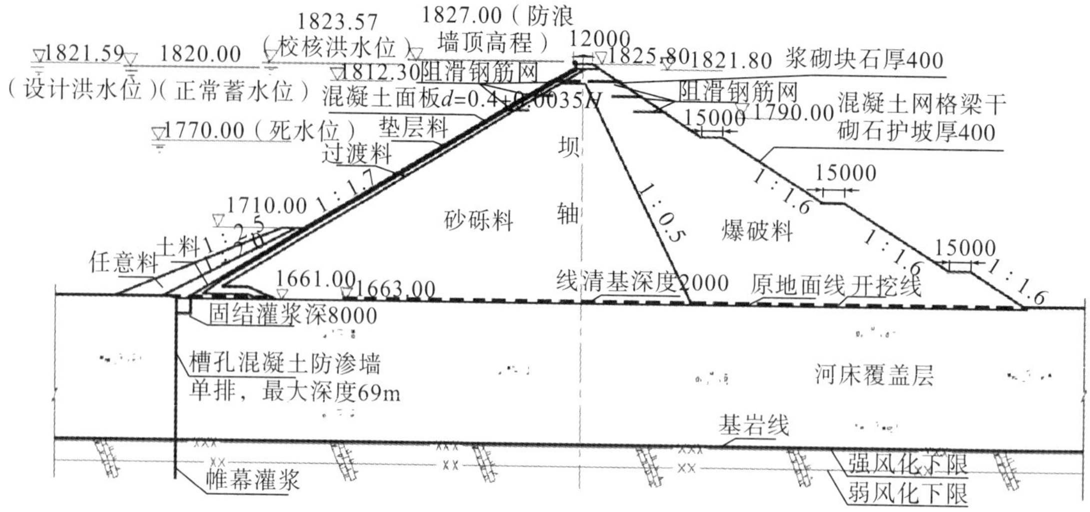

图5-2 阿尔塔什混凝土面板砂砾石—堆石坝典型剖面图

5.4.1 嵌入式防渗墙

5.4.1.1 防渗墙布置

在河床深覆盖层段采用一道混凝土防渗墙防渗，防渗墙顶高程1662.00m，主要截断河槽中的砂卵砾石的渗漏，墙底深入基岩内0.5m，最大墙深94m，墙体宽1.2m，槽段长7.2m。防渗墙采用C30混凝土，混凝土抗渗等级采用W12。混凝土防渗墙下设1排帷幕灌浆，孔距2m，帷幕灌浆最大深度为墙下69m。由于上部变形较大，防渗墙上部10m采用钢筋混凝土防渗墙。防渗墙钢筋设置为双层单向钢筋，竖直方向的受力筋采用25，水平方向的分布筋采用16，间距200mm。

5.4.1.2 防渗墙施工

针对砂砾石的地质情况，防渗墙孔施工工艺主要采取“钻劈法”，冲击钻机钻孔成槽，为了避免塌孔现象，采用正电胶复合泥浆进行泥浆固壁，具有携带岩屑率大、防露失效果明显的特点，固壁效果较好。墙体连接部位采用“接头管法”，能够保证施工进度，节约墙体材料，使接头部位具有较大的镶嵌强度，有利于墙体抗渗。墙体混凝土连续浇筑，槽孔内混凝土上升速度不得小于2m/h，连续浇筑上升至墙顶高程不小于0.5m。

5.4.2 帷幕灌浆

5.4.2.1 帷幕灌浆布置

左、右岸坝基帷幕防渗深度按坝基透水率小于5Lu控制，左岸趾板下帷幕深度52～85m，右岸趾板下帷幕深度42～84m，双排，帷幕孔的孔、排距2m。两坝肩灌浆在坝顶高程处设置灌浆廊道，左坝肩廊道长15m，帷幕深度34～65m，右坝肩廊道长45m，帷幕深度30～43m，设置单排帷幕。

5.4.2.2 帷幕灌浆施工

帷幕灌浆采用“孔口封闭”灌浆法，孔口管深入基岩2m。由两排孔组成的帷幕先进行下游排孔的灌浆，然后进行上游排孔的灌浆；灌浆严格按分序加密的原则进行。每排按分序、分段施工。帷幕灌浆孔口段钻孔孔径110mm，以下孔径76mm；灌浆压力0.3～0.5MPa，下部最大压力采用2～2.5MPa。

第 6 章　大坝施工期变形协调分析和填筑规划

阿尔塔什面板堆石坝高 164.8m，对于高面板堆石坝，如何优化坝体填筑的分期分区规划，减小坝体在各种工况条件下的变形，确保大坝变形协调和面板受力安全，已成为面板堆石坝设计施工中的一个关键问题。本章针对阿尔塔什水利枢纽工程的特点，采用统计分析、数值模拟相结合的方法，对不同分期填筑方案下坝体变形特征进行对比分析，获得深厚覆盖层上面板砂砾石坝施工期应力变形特征，研究不同分期分区填筑型式对面板堆石坝变形的影响，并为施工期变形协调控制方法和工程技术措施决策提供依据和参考，不仅对于保证依托工程的施工安全和质量具有重要意义，而且对于在建和拟建的复杂地质条件下高面板砂砾石－堆石坝工程具有一定借鉴意义。

6.1　深厚覆盖层面板砂砾石坝施工期应力变形分析

6.1.1　坝体应力变形特征分析

根据三维数值计算模型剖取代表性横断面进行应力变形分析，坝址区河谷地形条件具有较好的对称性，为了便于与施工期实测数据进行对比分析，结合大坝监测资料，坝体应力变形分析选取坝 0+160m、坝 0+475m 两个具有代表性的剖面，其分别是偏向左岸的断面和靠近中心河床位置的横断面，由坝体沉降变形监测布设可知，剖面下均有布置水管式沉降仪。坝 0+160m、坝 0+475m 剖面竣工期应力变形结果如图 6－1、图 6－2 所示。

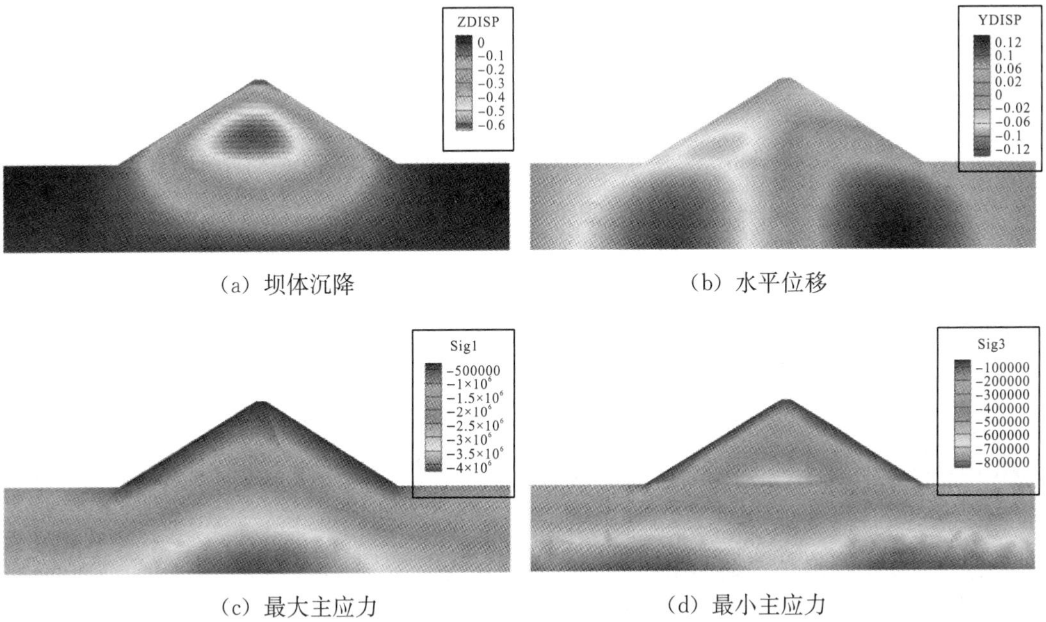

(a) 坝体沉降　(b) 水平位移

(c) 最大主应力　(d) 最小主应力

图 6－1　坝 0+160m 剖面竣工期应力变形结果（单位：变形，m；应力，Pa）

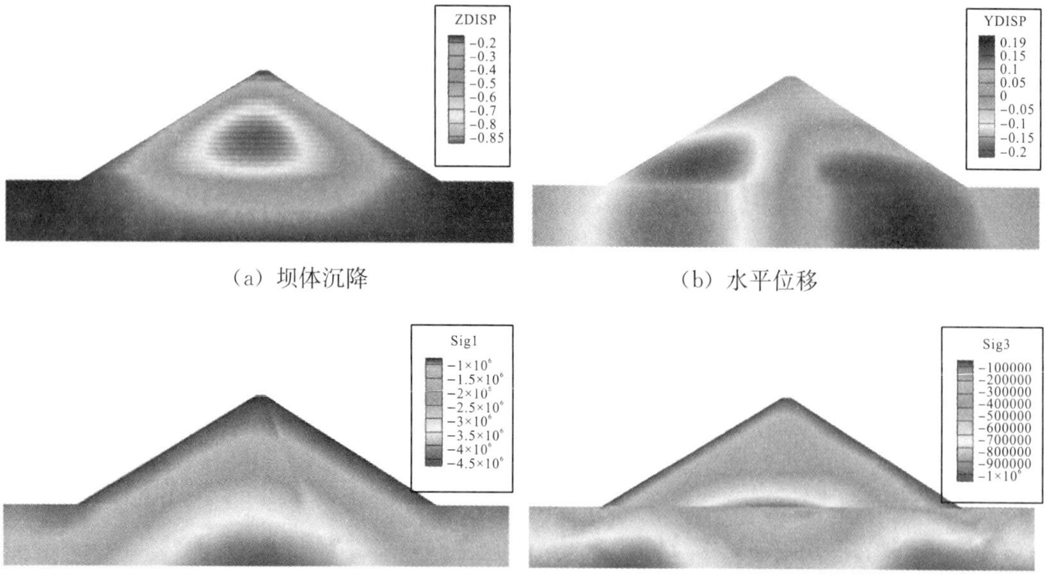

（a）坝体沉降　　（b）水平位移

（c）最大主应力　　（d）最小主应力

图 6－2　坝 0+475m 剖面竣工期应力变形结果（单位：变形，m；应力，Pa）

根据坝 0+160m、坝 0+475m 两个剖面的应力变形云图分布特征，获得阿尔塔什深厚覆盖层上面板砂砾石－堆石坝施工期应力变形的规律如下：

（1）沉降变形和水平位移。

两个剖面的坝体变形分布规律比较一致，主要表现不同剖面的量值不同。从竣工期坝体沉降变形云图可以看出，坝内最大沉降发生在 $1/3H\sim1/2H$ 坝高位置，沉降变形整体呈较好的对称性。与建于岩基的堆石坝不同，由于覆盖层地基具有一定压缩性，施工期地基均存在不同的沉降变形，且越靠近坝轴线，地基沉降越大。从水平位移云图可以看出，靠近上游侧的坝体和覆盖层地基变形朝向上游，下游侧的变形朝向下游，且水平位移由覆盖层底部发展。

坝 0+160m 剖面：坝体内最大沉降变形 60cm，约发生在 $1/3H$ 位置，占最大坝高的 0.36%。该剖面建基面以下 50m 范围内覆盖层地基变形量 15～25cm；覆盖层水平位移最大值 12cm，水平位移表现为从坝坡坡脚向坝体内部发展，靠近坝坡坡脚变形最大。坝体上游侧水平位移最大值 6cm，下游侧水平位移最大值 5cm。

坝 0+475m 剖面：坝体内最大沉降变形 85cm，约发生在 $1/3H$ 位置，占最大坝高的 0.52%。该剖面建基面以下 50m 范围内覆盖层地基变形量 20～30cm；覆盖层水平位移最大值 20cm，水平位移表现为从坝坡坡脚处向坝体内部发展，靠近坝坡坡脚变形最大。坝体上游侧水平位移最大值 14cm，下游侧水平位移最大值 13cm。

（2）最大主应力 σ_1 和最小主应力 σ_3。

不同剖面的主应力分布特征较相同，主要表现不同剖面的量值不同。最大主应力分布主要受重力作用的影响，与竖直向应力分布特点较接近。从竣工期坝体最大主应力云图可以看出，由大坝表面至覆盖层地基底部竖直方向往下不断变大，沿竖直方向呈现一定规律性。同时，在填筑分区位置（上游砂砾石料与下游爆破料分界线）出现一条不太明显的错位现象，说明在分界面存在应力突变和剪切作用，施工时要注意关注分区部位的施工质量，保证填筑碾压水平。从竣工期坝体最小主应力云图可以看出，最小主应力整体分布较杂乱，由隔离地基和坝体可以明显看出，从大坝表面到大坝底部以及地基建基面到地基底面呈递增趋势。

坝 0+160m 剖面：最大主应力最大值在地基底面为压应力，约 4.0MPa，坝内最大值 2.6MPa，最小主应力坝内最大值 0.65MPa，覆盖层地基最大值 0.8MPa。

坝0+475m剖面：最大主应力最大值在地基底面为压应力，约4.5MPa，坝内最大值3.1MPa，最小主应力坝内最大值0.85MPa，覆盖层地基最大值1.0MPa。阿尔塔什水利枢纽工程混凝土面板堆石坝方案中坝体及坝基覆盖层的总体应力变形分布规律符合深覆盖层上面板砂砾石坝的一般规律，坝体和坝基整体应力水平不大，无剪切破坏区，坝体结构稳定。

6.1.2　面板应力与挠度分析

面板分三期浇筑：①Ⅰ期面板高程1661.00～1715.00m；②Ⅱ期面板高程1715.00～1776.00m；③Ⅲ期面板高程1776.00～1821.80m。图6－3和图6－4给出了竣工期面板应力水平和法向位移。拉应力 σ_t 为正，压应力 σ_c 为负。

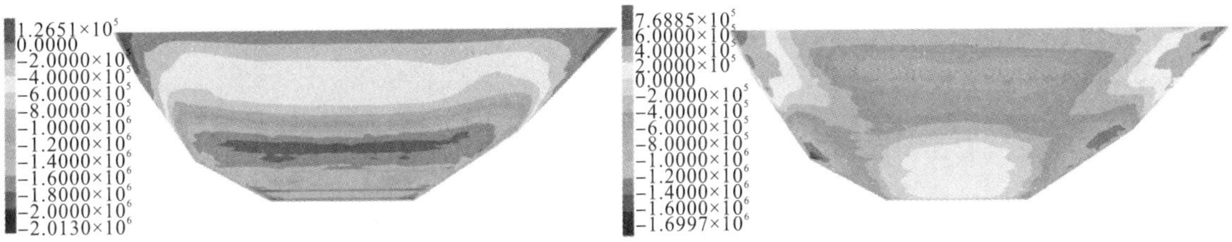

(a) 顺河向　　　　(b) 坝轴向

图6－3　竣工期面板应力水平（单位：Pa）

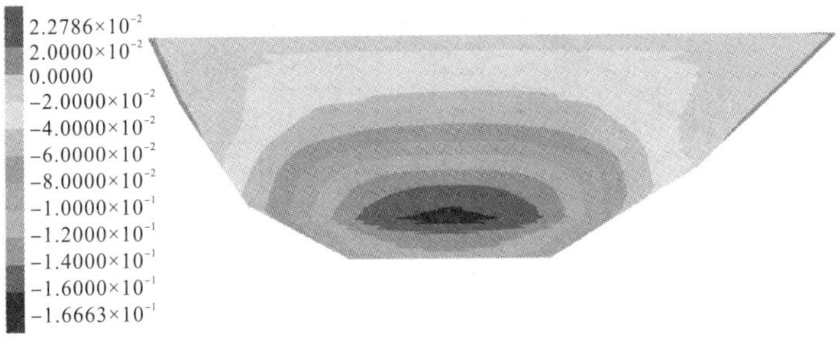

图6－4　竣工期面板法向位移（单位：m）

（1）由竣工期面板顺河向应力分布可以看出，受面板分期施工影响，面板应力分布呈明显分层特征，且最先施工的Ⅰ期面板应力水平最大，施工期应重点关注堆石体后续填筑对已浇筑完成的分期面板的影响。Ⅰ期面板承受顺河向挤压作用，σ_c 最大值约－2.0MPa。Ⅱ期、Ⅲ期面板浇筑较晚，竣工期变形不大，相应的面板应力也较小，Ⅱ期面板压应力水平－1.0～0.5MPa。

（2）由于施工期堆石体随后续填筑过程发生变形，在堆石体发生侧向水平位移的作用下，混凝土面板结构会产生偏向上游侧凸出变形，使得面板周围承受一定的拉应力，面板在坝顶及与两侧岸坡接触部位受到张拉作用，但应力水平较低，Ⅱ期面板与岸坡周边拉应力 σ_t 约0.1MPa，σ_{tmax} 发生在靠近坝顶位置，约0.15MPa。

（3）由于坝体产生由两岸坝坡指向河谷中央的轴向变形，面板受到河谷约束作用承受压力，且越往高处，面板受到挤压效应越明显，但由于河谷呈宽“U”形，较为开阔，约束作用小，主要分布在面板中下部，位于下部的Ⅰ期面板压应力最大，σ_{cmax}＝－1.6MPa，Ⅱ期面板压应力水平较低，σ_c＝－0.5MPa。而Ⅲ期面板与岸坡接触部位表现为拉应力，σ_{tmax} 约0.7MPa。

（4）由竣工期面板法向位移分布可以看出，施工期面板的变形主要取决于相邻堆石体的变形，堆石体向上游侧的侧向位移使得施工期面板出现鼓出现象，面板底部即Ⅰ期面板位置的鼓出变形最大，为16.6cm，约占坝高的0.1%，可知，竣工期面板挠度控制在小于或等于0.1%H（H 坝高）范围内，变形控制良好。Ⅱ期面板受堆石体侧向位移作用较小，变形量为3～7cm。与Ⅰ期、Ⅱ期面板不同的是，受自重和靠近坝顶坝体沉降变形的影响大，Ⅲ期面板变形朝向下游侧，变形量约

2cm。若与坝体变形协调不一致，靠近坝顶处容易产生“脱空”。

施工期面板的变形主要依赖相邻堆石体的变形，覆盖层上的大坝面板挠度一般较大。施工时，应注意设置预沉降周期，尽量减少三期面板支撑堆石体的后期变形。Ⅰ期、Ⅱ期面板的变形主要是坝体继续填筑产生的附加沉降，因此需要同时采用加大临时坝顶超高的措施。

6.2 填筑形式及填筑高差控制

6.2.1 不同分期填筑形式计算结果对比分析

6.2.1.1 平起填筑形式

A 型填筑形式可看作平起填筑，坝体加地基的材料类型共有 8 种，为了便于模拟复杂分区形式下的面板堆石坝分期填筑施工，将坝体分为 10 个区域，其中，区域④～⑦为上游砂砾石料，区域⑧为利用料，区域⑨为爆破料。A 型填筑形式分期填筑方案和分区示意图如图 6-5、图 6-6 所示。

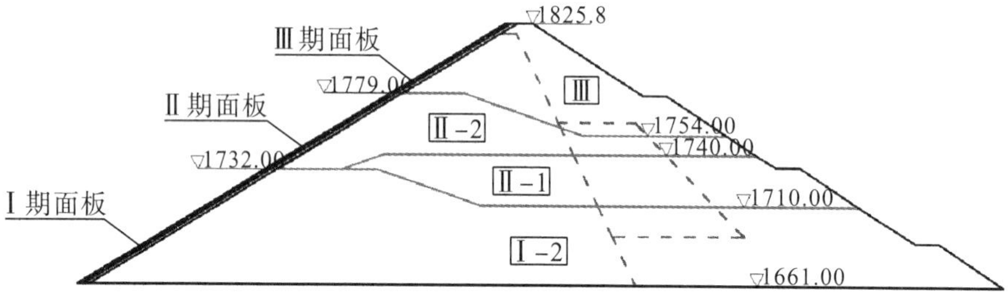

图 6-5　A 型填筑形式分期填筑方案示意图

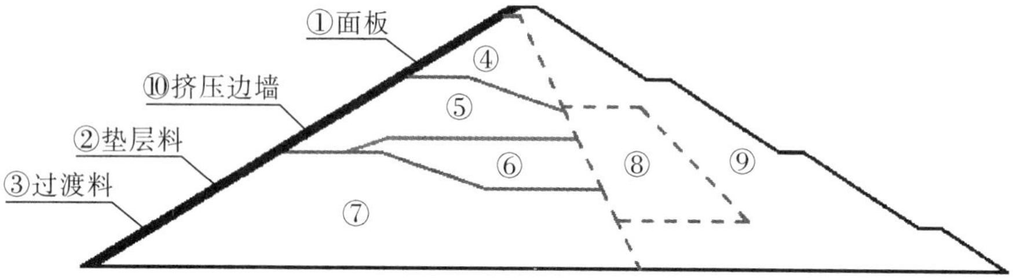

图 6-6　A 型填筑形式分区示意图

6.2.1.2 前高后低填筑形式

B 型填筑形式可看作前高后低填筑形式，将坝体分为 16 个区域，其中，区域④～⑬为上游砂砾石料，区域⑭为利用料，区域⑮为爆破料。B 型填筑形式分期填筑方案和分区示意图如图 6-7、图 6-8 所示。

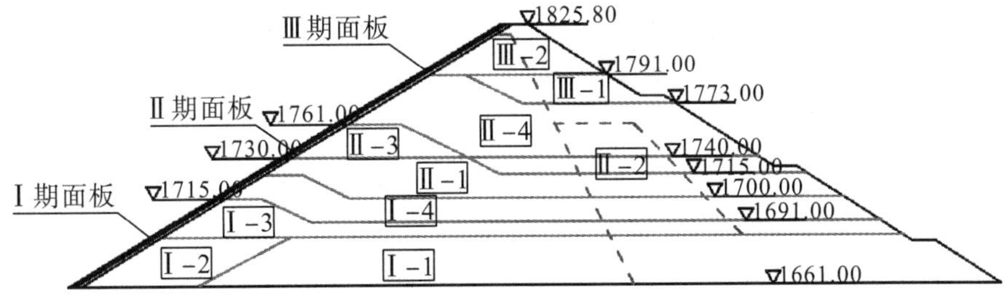

图 6-7　B 型填筑形式分期填筑方案示意图

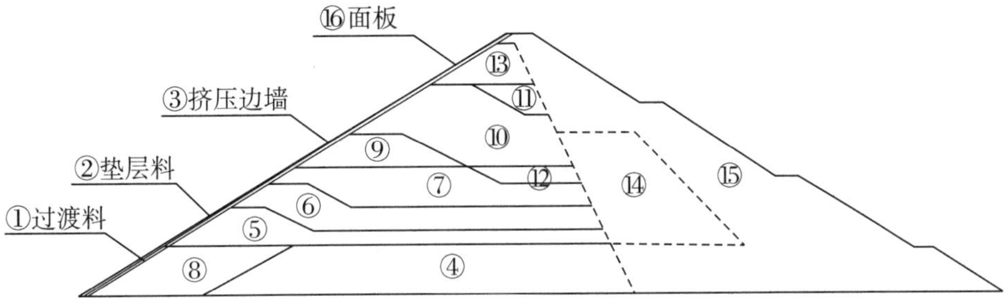

图 6-8　B 型填筑形式分区示意图

6.2.1.3　前低后高填筑形式

C 型填筑形式可看作前低后高填筑形式，将坝体分为 15 个区域，其中，区域④～⑧和区域⑪～⑭为上游砂砾石料，区域⑨为利用料，区域⑩为爆破料。C 型填筑形式分期填筑方案和分区示意图如图 6-9、图 6-10 所示。

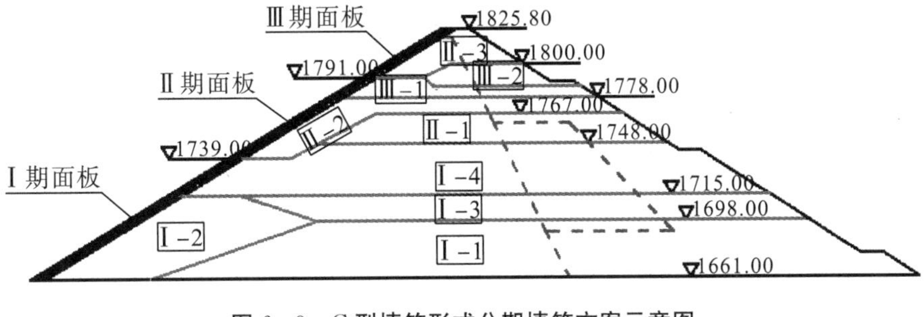

图 6-9　C 型填筑形式分期填筑方案示意图

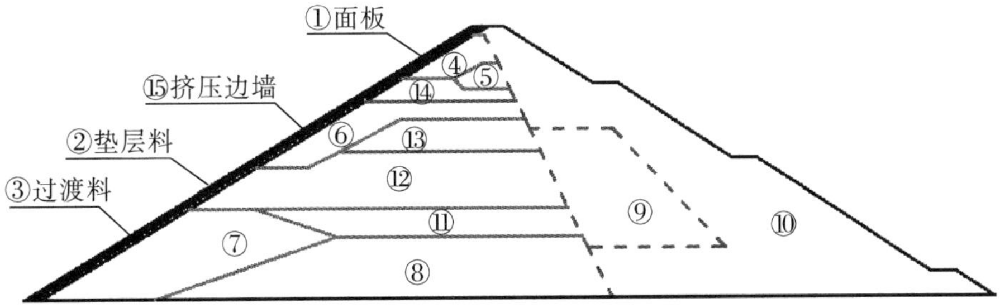

图 6-10　C 型填筑形式分区示意图

6.2.1.4　计算结果对比分析

各填筑形式大坝堆石体竣工期位移及应力见表 6-4。

表 6-4 各填筑形式大坝堆石体竣工期位移及应力

填筑形式	竖直位移（cm）	上游侧水平位移（cm）	下游侧水平位移（cm）	大主应力（MPa）	小主应力（MPa）
A 型	87.6	9.17	26.3	2.93	1.09
B 型	89.2	15.4	27.7	2.92	1.09
C 型	88.7	10.3	30.1	2.92	1.09

各填筑形式施工期沉降等值线分布呈一定对称性，在大坝施工过程中，最大横断面的最大沉降值随着填筑施工的进行而增加，并在该面板堆石坝填筑到坝顶时，最大沉降值约为大坝高度的0.5%。此外，断面最大沉降值发生的位置也随着填筑高度的增加而上升，坝体填筑完成以后保持不变，最大沉降值发生在1/3~1/2坝体高度位置处。但由于上游砂砾石料的压缩模量较高，变形模量较大，而下游石方爆破料较软，使得上游侧变形量较下游侧变形量小，沉降位移峰值区域偏向下游。在上游砂砾石料和下游石方爆破料以及利用料的分区界面位置处，等值线出现了尖角，此处较大的临时剖面也导致了较为复杂的变形。在填筑临时剖面存在坡比为1∶3的斜坡位置处，产生了填筑高差，由于新填堆石体变形较大，使新、老填筑体交界面附近产生较大的沉降，沉降等值线较密。三种填筑形式下坝体沉降最大值分别为87.6cm、89.2cm和88.7cm，平起填筑形式和前低后高填筑形式下坝体最大沉降值相对较小。

各填筑形式施工期水平位移等值线分布呈一定对称性，坝体上游的堆石体倾向于向上游变形，坝体下游的堆石体倾向于向下游变形。由于上游砂砾石料的压缩模量较高，变形模量较大，而下游石方爆破料较软，使得上、下游材料分界位置处水平位移等值线不太平滑，出现了一些等值线往外凸出的部位。从水平位移分布图可以明显看出，由于存在前高后低施工临时坡面，施工后期坝体下游侧填筑速度较快，加之上、下游材料强度不同，下游坝体填筑材料较软，由此造成的不均匀沉降会使下游新填筑的坝体对上游坝体产生“拖曳”效应，导致靠近上游侧的坝体产生向下游方向的水平位移，这一现象在坝体中部尤为显著，还会造成更严重的后果，如垫层区开裂和面板拉应力增加等。可以看到，三种填筑形式下，靠近上游侧的坝体产生向下游方向的水平位移，分别为4.14cm、3.73cm和0.259cm，前低后高填筑形式对于水平位移控制最有利。

各填筑形式施工期大主应力和小主应力都相差不大，说明不同分期分区填筑形式对坝体应力状态的影响不大。在上、下游坝体材料分界线位置，可以看到上、下游的大主应力等值线和小主应力等值线都出现了明显的错位现象，这是主、次堆石区填筑材料不同导致在材料分界线位置出现应力突变和剪切作用。竣工期坝体的主要应力是由自重引起的，自重效应明显。

对于高面板堆石坝，坝体填筑时往往需要分期填筑，设置不同的临时施工断面，并不适用全断面平起施工方式，A型填筑形式的可行性较低。B型填筑形式采用前高后低填筑，坝体变形协调性较差，难以保证施工质量和大坝运行安全，可行性也较低。C型填筑形式采用前低后高填筑，能够较好地协调上、下游堆石区界面及临时斜坡位置处的变形，也可改善后续浇筑混凝土面板的受力条件。

综上所述，高面板堆石坝的施工临时断面采用C型填筑形式研究分期分区填筑临时断面上、下游高差对坝体运行状态的影响。

6.2.2 填筑高差对大坝应力变形的影响

不同填筑高差大坝堆石体竣工期应力及位移见表6-5。

表 6－5　不同填筑高差大坝堆石体竣工期应力及位移

填筑方案	高差（m）	竖直位移（m）	上游侧水平位移（m）	下游侧水平位移（m）	大主应力（MPa）	小主应力（MPa）
方案 1	5	0.775	0.100	0.274	2.76	1.080
方案 2	10	0.776	0.103	0.275	3.15	0.984
方案 3	15	0.803	0.101	0.274	2.90	0.994
方案 4	20	0.886	0.104	0.302	2.79	0.956
方案 5	24	0.886	0.102	0.300	2.91	1.040

从上述结果可看出，一期坝体分区填筑高差不同，坝体竖直位移和水平位移分布规律基本相同，在具体的位移数值上有差异。从计算结果可以看出，在一定高差范围内，坝体位移在数值上相差不大，填筑高差为 5m 和 10m 时的位移数值几乎一样，填筑高差为 20m 和 24m 时的位移数值几乎一样。从整体来看，随着填筑高差的增加，坝体沉降和水平位移都呈现增长的趋势，坝内最大沉降极大值是极小值的 1.143 倍，上游侧水平位移极大值是极小值的 1.04 倍，下游侧水平位移极大值是极小值的 1.10 倍。由此可知，较大的高差对坝体竣工期变形不利。不同填筑高差下，主应力的变化幅度较大，大、小主应力的极大值分别是极小值的 1.14 倍、1.13 倍。

6.2.2.1　施工过程中坝体应力变形分析

（1）数值模拟计算结果与变形监测数据对比分析。

高寒地区或复杂地质条件，对高面板堆石坝的建设十分不利，因此，在这种复杂条件下，建设高面板堆石坝更应注重施工填筑过程中的变形协调与安全监测，需要实时监测大坝的应力变形，通过查看监测数据可以了解坝体实时应力变形状况，也可以和数值模拟结果进行对比，作为判断数值计算结果准确与否的标尺。阿尔塔什大坝是建立在深厚覆盖层上的高面板堆石坝，根据大坝安全监测设计资料可知，用于监测坝体变形的水管式沉降仪主要设置在坝 0+160m、坝 0+305m、坝 0+475m 和坝 0+590m 四个横剖面上。选取靠近主河床位置的坝 0+475m 横剖面，高程 1671.00m 处 7 个沉降监测点和高程 1711.00m 处 6 个沉降监测点的坝体位移实测值进行分析，如图 6－11 所示。沉降监测仪器编号从左往右依次为 TC1－1、TC1－2、TC1－3、TC1－4、TC1－5、TC1－6 和 TC1－7，分别位于坝上 0+260m、坝上 0+192m、坝上 0+125m、坝上 0+056m、坝下 0－010m、坝下 0－081m 和坝下 0－152m；水平位移监测仪器编号从左往右依次为 ID1－1、ID1－2、ID1－3、ID1－4、ID1－5 和 ID1－6，分别位于坝上 0+181m、坝上 0+125m、坝上 0+056m、坝下 0－010m、坝下 0－081m 和坝下 0－152m，此剖面覆盖层较厚，为最大剖面，具有代表性。各方案最终沉降计算结果与监测值、最终水平位移计算结果与监测值见表 6－6、表 6－7，各方案最终沉降监测曲线如图 6－12 所示。

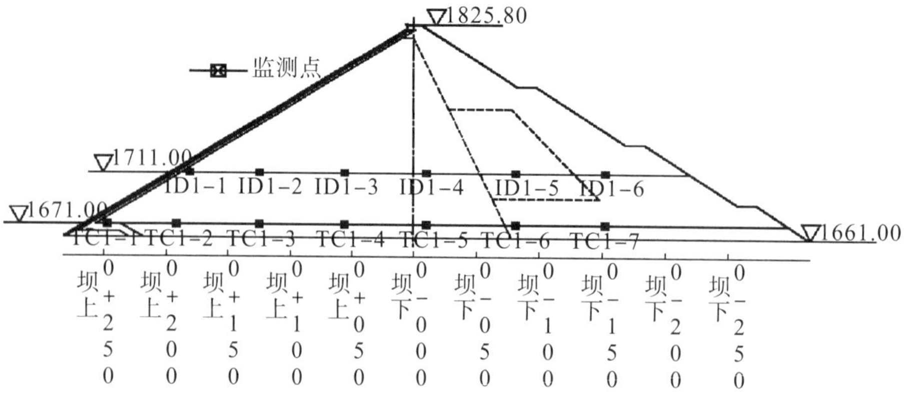

图 6—11　监测仪器布置图

表 6—6　各方案最终沉降计算结果与监测值（单位：mm）

监测点	实测值	高差 5m	高差 10m	高差 15m	高差 20m	高差 24m
TC1—1	−154.5	−249.9	−177.8	−222.4	−220.1	−198.4
TC1—2	−208.5	−299.3	−223.1	−267.3	−253.3	−235.3
TC1—3	−313.5	−407.8	−341.1	−379.4	−368.9	−357.8
TC1—4	−437.5	−524.9	−453.4	−514.6	−498.4	−484.5
TC1—5	−494.5	−564.5	−513.8	−553.4	−544.5	−538.7
TC1—6	−489.5	−562.2	−498.3	−547.8	−527.7	−512.3
TC1—7	−337.3	−443.9	−376.3	−426.1	−409.3	−387.8

表 6—7　各方案最终水平位移计算结果与监测值（单位：mm）

监测点	实测值	高差 5m	高差 10m	高差 15m	高差 20m	高差 24m
ID1—1	−40.6	−159	−156	−157	−154	−153
ID1—2	−0.9	−91	−89	−91	−92	−91
ID1—3	4.9	39	46	39	43	42
ID1—4	8.9	94	102	96	79	82
ID1—5	29.9	293	299	296	290	280
ID1—6	24.4	270	279	293	288	292

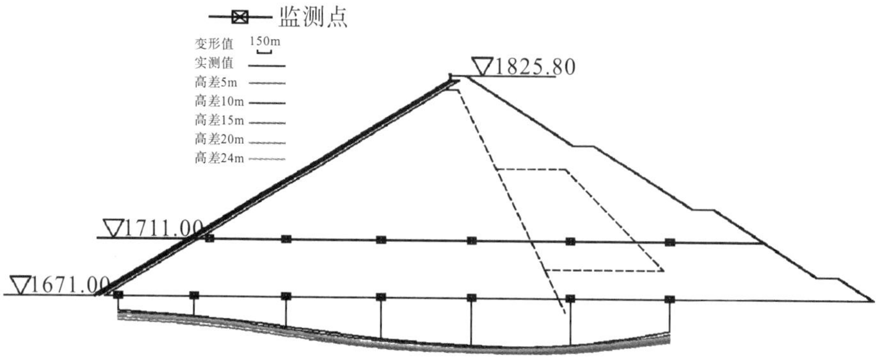

图 6—12　各方案最终沉降监测曲线

数值模拟计算的施工期沉降变形和水平位移结果都比实测值大。各方案施工期沉降值与监测值存在一定偏差，但偏差都在 10cm 范围内。各方案水平位移计算结果与监测值存在一定误差，这是因为坝体水平位移变化十分缓慢，监测仪器测得的结果滞后于实际变形结果。

(2) 不同填筑高差监测点变形发展过程。

各方案上、下游填筑高差的不同体现在Ⅰ－4 坝体填筑上，所以重点关注坝体在一期坝体填筑后的坝体应力变形，结果如图 6－13 所示。

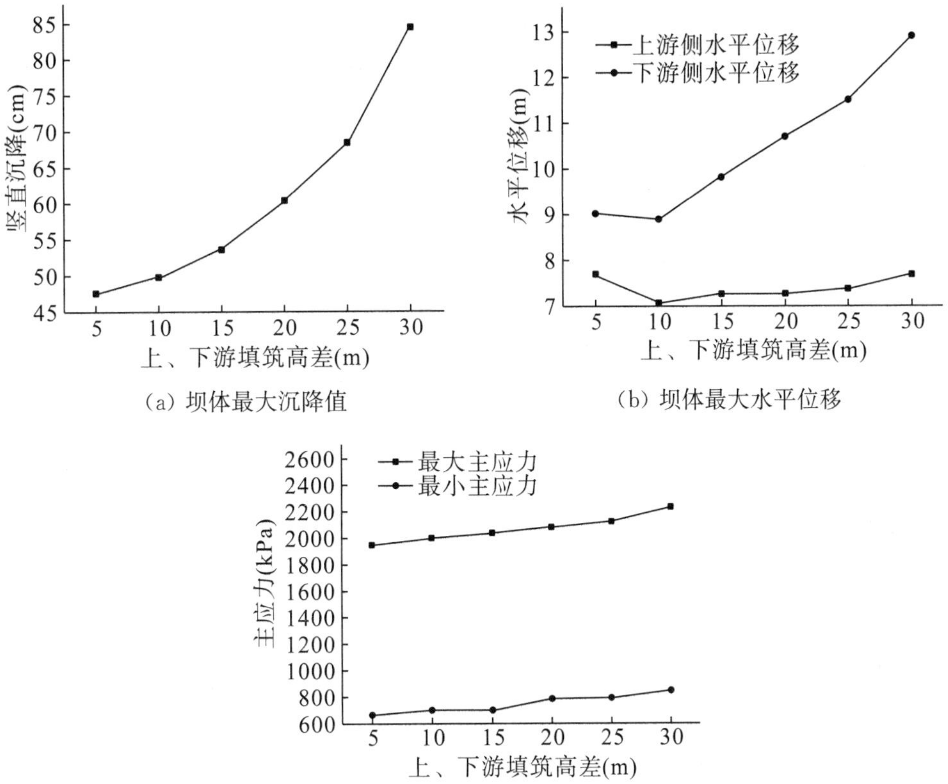

(a) 坝体最大沉降值　(b) 坝体最大水平位移

(c) 坝体主应力

图 6－13　一期坝体填筑后坝体应力变形图

由图 6－13 (a) 可知，一期坝体填筑完成后，随着上、下游填筑高差增大，竖直沉降呈指数型增长，尤其明显的是当上、下游填筑高差达到 30m 时，坝体竖直沉降最大值达到 84.8cm，是填筑高差为 5m 时坝体最大沉降值 (47.6cm) 的 1.78 倍。

由图 6－13 (b) 可知，随着上、下游填筑高差增大，上、下游水平位移先减小再增大，当填筑高差为 10m 时同步出现拐点，当填筑高差大于 10m 时，下游侧水平位移急剧增长，上游侧水平位移变化不大，因此，上、下游水平位移差也显著增大。

由图 6－13 (c) 可知，坝体最大主应力和最小主应力随填筑高差的增大而呈增加趋势。当上、下游填筑高差为 30m 时，坝体最大主应力最大值达到 2.23MPa，是填筑高差为 5m 时坝体最大主应力的最大值 (1.95MPa) 的 1.14 倍。

由不同填筑形式可知，填筑高差越大，一期坝体填筑方量越大，根据计算结果可知，填筑高差大会造成较大应力变形，使上、下游材料分区部位存在更大的概率向下游座落变形，可能产生不利的剪切变形，使Ⅰ期面板浇筑后发生面板脱空的概率增加，对面板的稳定不利。

6.2.2.2　同一高程处上、下游各特征点沉降结果分析

为了进一步分析填筑高差对坝体沉降变形的影响，如图 6－14 所示，在高程 1739.00m 处选取

10个特征点，沿顺坡向从上游到下游依次分布，特征点1～5位于坝体上游侧，特征点5和6之间为坝体上、下游材料分界线，特征点6～10位于坝体下游侧，特征点1～3大致位于临时斜坡的坡底、坡中和坡顶位置在高程1739.00m水平面上的投影点。高程1739.00m处顺河向各特征点位置沉降结果如图6－15所示。

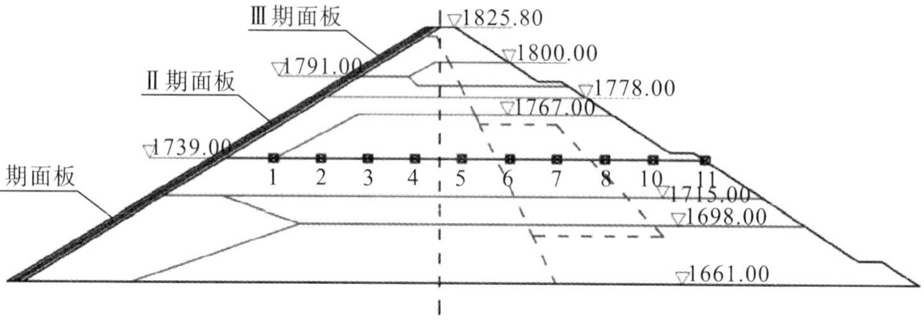

图6－14　高程1739.00m处特征点位置

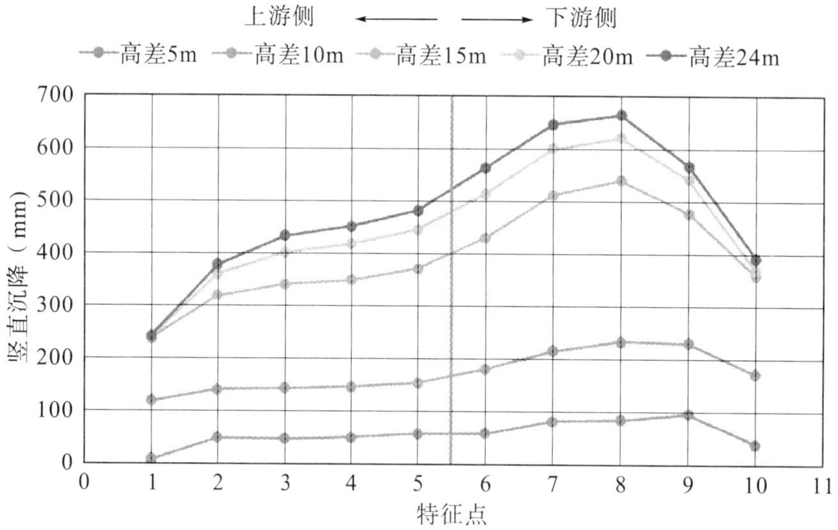

图6－15　高程1739.00m处顺河向各特征点位置沉降结果

由图6－15可以看出，不同填筑方案各特征点沉降分布规律大致相同：从整体来看，坝体下游比上游变形坡率较大；从局部来看，临时斜坡位置和上、下游材料分界线处沉降变形坡率较大。在沉降变形坡率较大的地方，同一水平面上相邻两点的沉降差较大，导致此位置产生对坝体十分不利的剪切变形。相同位置处，各特征点变形坡率随着填筑高差增大呈现递增趋势，当上、下游填筑高差大于等于15m时，变形坡率增加尤为显著，由此可知，较大的填筑高差会导致坝体内部相邻位置产生较大沉降差，从而发展为有害的剪切变形，危及坝体甚至面板安全。

6.2.2.3　后续填筑对Ⅰ期面板应力变形的影响分析

在反抬高下游的填筑形式下，一期坝体填筑结束后浇筑Ⅰ期面板，由实际工程施工经验可知，在后续坝体填筑影响下，由于二期、三期坝体仍有大方量堆石需要填筑，坝体变形及应力分布会继续发展。因Ⅰ期面板的主要支撑结构就是一期坝体，后期填筑造成的坝体变形增长对于已经浇筑完成的Ⅰ期面板是不利的，因此，需要进一步关注后期填筑过程中Ⅰ期面板的应力变形分布情况，在此基础上进一步对比分析不同填筑高差下的面板受力状况。

Ⅰ期面板顶部浇筑高程1715.00m，数值模拟计算中追踪此高程处的应力变形随后续填筑施工过程的增长特点，如图 6—16 所示。

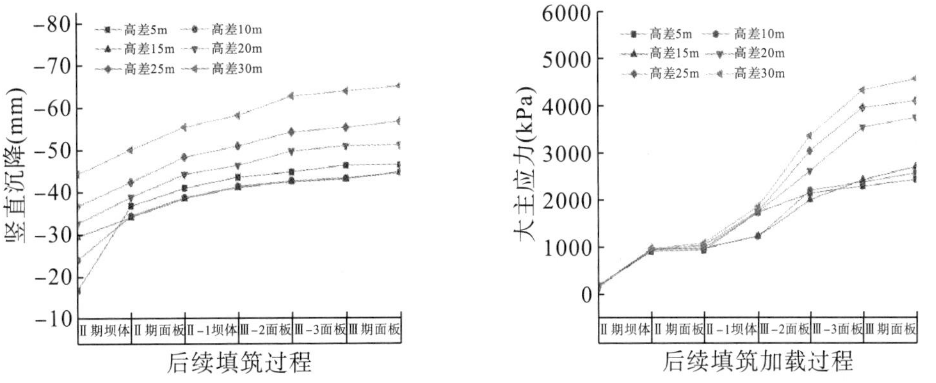

（a）竖直沉降变化　　（b）应力变化

图 6—16　Ⅰ期面板后续填筑过程应力变形变化图

由图 6—16（a）可知，各填筑形式下面板变形的变化规律大致相同：①Ⅰ期面板随后续填筑高差增大，面板变形变大。②当二期坝体填筑时，面板变形增长较快，而当三期坝体填筑时，面板变形增长速度较慢。③当填筑高差大于 10m 时，填筑高差越大，竣工期面板变形越大。当填筑高差达到 30m 时，面板变形最大值达到 65.09mm。④当上、下游填筑高差为 5m 时，二期坝体填筑对面板变形的影响较显著，二期坝体填筑完成后达到高程 1778.00m，面板变形增加了 19.9mm。由填筑分期方案可知，上、下游填筑高差越小，二期坝体填筑方量越大，且该部分坝体高程较高，而填筑剖面相对较小，使得坝体往上游侧挤压面板的效应更加明显。由此可知，并不是上、下游填筑高差越小对坝体及面板越有利。

由图 6—16（b）可知，各填筑形式下面板应力变化规律大致相同：①Ⅰ期面板随后续填筑高差增大，面板应力变大。②Ⅱ期面板和Ⅲ期面板浇筑对Ⅰ期面板应力的影响不大，而三期坝体填筑对面板应力的影响较明显。③填筑高差不同，竣工期面板应力不同，整体表现为应力随填筑高差增大呈现递增趋势。④填筑高差不同，面板应力变化速率不同。当上、下游填筑高差为 30m 时，三期坝体填筑过程中面板应力变化幅度最大，增加了 3246.79kPa，约为填筑高差 5m 时面板应力增加值的 2.4 倍。

6.3　坝体填筑变形协调特征与临时剖面优化

6.3.1　坝体填筑变形协调特征分析

堆石坝填筑是分层填筑、分层碾压并逐层上升的动态过程，已填筑土体在新填筑土体重力或其他荷载等作用下会产生变形，且随填筑过程不断累积。土体颗粒在自重、碾压、含水及颗粒破碎等综合作用下逐渐达到密实，宏观上表现为坝体产生一定的沉降变形和水平位移。但已填坝体的变形随后续填筑过程如何变化、变化速度如何及何时收敛需要被重点关注，尤其是关于深厚覆盖层上面板砂砾石坝沉降变形如何发展需要进一步探讨。对深厚覆盖层上坝体施工期变形协调特征做进一步探讨与分析对实现施工期坝体变形协调控制具有重要意义，同时，坝体施工变形协调特征分析可以为施工期分期填筑提供一定参考。

坝 0+475m 剖面在高程 1671.00m 下，编号为 TC1—1～ TC1—7 水管式沉降仪监测点分别对应该剖面的坝上 0＋260m、坝上 0＋192m、坝上 0＋125m、坝上 0＋056m、坝下 0－010m、坝下 0－081m、坝下 0－152m 位置。在 $FLAC^{3D}$ 三维数值模型中，利用 hist 追踪记录数值模型中坝 0＋

475m 剖面在高程 1671.00m 下对应监测点位置，得到监测点位置的坝体沉降变形随时间的变化曲线，即坝体沉降变形发展过程。基于数值模型记录坝 0+475m 剖面在高程 1671.00m 下指定点位的沉降变形值，分析后续坝体填筑过程对其沉降变形变化的影响。

数值计算模拟施工分层填筑过程采用分层加载求解，在 FLAC3D 中，每完成一次求解可进行相应求解结果的保存和调用，分层求解结果以“.sav”文件格式保存，通过 Restore 命令可以调用每次分层计算结果，从而得到坝体分层填筑过程中变形变化的过程。利用 hist 跟踪监测坝 0+475m 剖面在高程 1671.00m 下对应监测点的沉降值，分析后续坝体填筑过程对其沉降变形变化的影响。根据数值计算结果提取模型在坝 0+475m 剖面对应监测点的沉降变形值，得到坝 0+475m 剖面在高程 1671.00m 对应监测点的坝体沉降变形随后续填筑过程变化曲线，如图 6-17 所示。

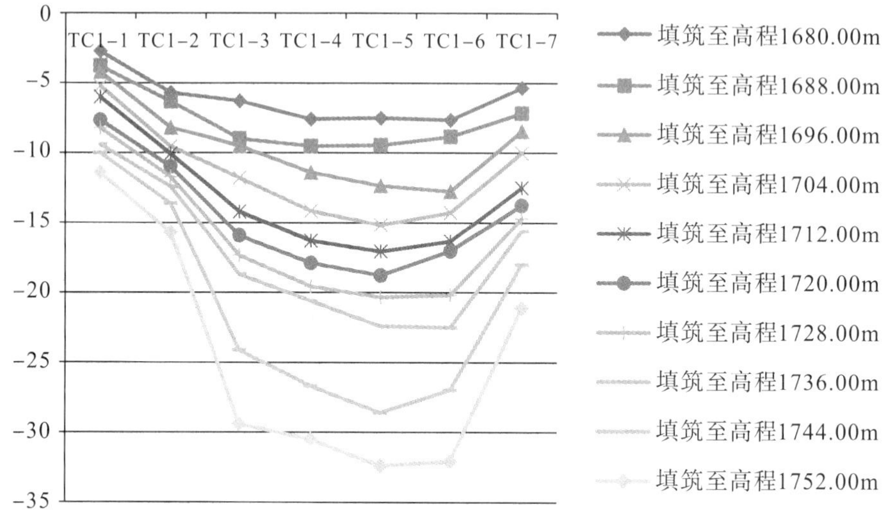

(a) 填筑至高程 1752.00m 过程中沉降动态变化（单位：cm）

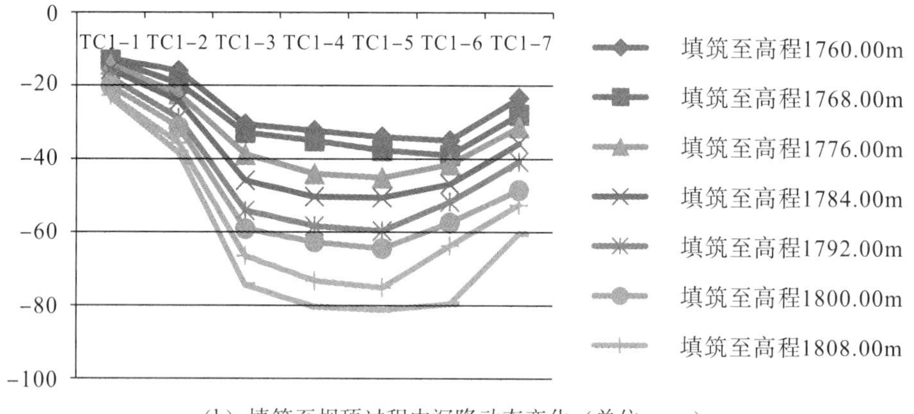

(b) 填筑至坝顶过程中沉降动态变化（单位：cm）

图 6-17　坝 0+475m 剖面在高程 1671.00m 下坝体随大坝填筑过程沉降变形曲线

TC1-1、TC1-2 位于坝体上游砂砾石料区，大坝每填筑 8m，TC1-1 处沉降变化约增加 1cm，记沉降速度 1cm/8m。TC1-2 处沉降变化约增加 1.5cm。当填筑到高程 1768.00m 时，沉降增加幅度开始变大，沉降速度变大，TC1-1 沉降变形速度逐渐增加到 2cm/8m，TC1-2 沉降速度增加到 3cm/8m。整体靠近上游侧的沉降变形随后续填筑过程的增加幅度较小，均小于靠近下游侧的 TC1-7 位置的沉降速度。由沉降变形曲线的变化特征可知，上游砂砾石料区是面板结构的主要支承堆石体，靠近上游侧变形得到一定控制，有利于改善面板的受力状态，较小的变形对面板结构是有利的。但是要关注大坝填筑至高程 1760.00m 以上，填筑较高，变形增加速度较快，施工期要平衡填筑进度与坝体变形协调控制的矛盾。

TC1－6 位于下游侧靠近坝轴线位置，TC1－5 处于坝轴线上，由沉降变形曲线可知，TC1－5、TC1－6 位置的沉降变化幅度较大，表明随后续填筑过程靠近坝轴线，坝体沉降变形发展较快。坝体填筑到高程 1680.00～1736.00m 过程中，其沉降变化较为均匀，沉降速度约（2～3）cm/8m。当填筑到高程 1736.00m 时，沉降最大值发生在 TC1－6 处，偏向下游侧，最大值为 22cm。坝体填筑到高程 1736.00～1752.00m 过程中，坝体沉降增加幅度较大，沉降速度达（5～6）cm/8m。此时，应综合考虑工期影响，适当放慢施工进度，有利于变形控制，对分期面板浇筑应适当预留一定沉降期。

由图 6－17（b）看出，坝体填筑到高程 1760.00～1825.00m 过程中，沉降速度显著增加。其中，TC1－4、TC1－5、TC1－6 沉降变形随后续填筑发展最快，约（8～10）cm/8m。其主要有两个方面的原因：①高程 1671.00m 位于坝体底部，该处承受上部堆石体自重较大，后续上部坝料填筑碾压的影响持续累积作用；②地基深厚覆盖层的沉降变形累积效应影响显著，坝与地基联合作用于协调变形。

6.3.2　施工临时剖面优化

6.3.2.1　分期填筑方案

一般地，由于前期施工度汛要求，高坝分期填筑施工临时断面的上游往往高于下游，但分期面板浇筑时会占用上游坝面，又使得上游堆石体填筑受到制约，容易造成分期填筑施工过程中临时边坡，上、下游填筑面的高差不易控制。分期填筑方案要综合考虑多种要求，需要确定合理施工分期填筑方案，优化坝体填筑分期，并尽量减小填筑面高差，在满足度汛等要求下减小坝体变形，实现坝体分区和临时填筑分区相应位置的变形协调。

针对高面板砂砾石坝分期填筑施工优化问题，要综合考虑安全度汛、变形协调控制、施工进度及填筑强度等多方面因素。依托阿尔塔什面板砂砾石坝工程，结合实际施工过程的分期填筑方案，以大坝标准剖面为计算模型，分别对三种填筑形式进行坝体变形协调特征分析。其中，分期填筑方案 1、方案 2、方案 3 分别对应数值模型中的 A 型加载、B 型加载、C 型加载，如图 6－18 所示。

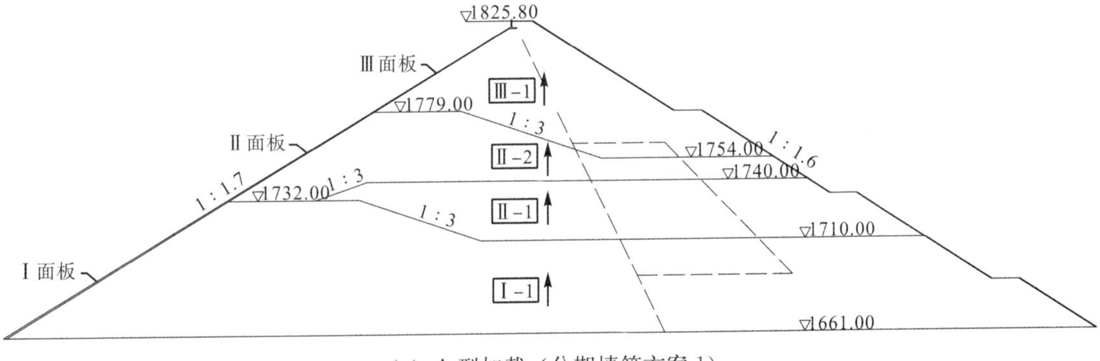

（a）A 型加载（分期填筑方案 1）

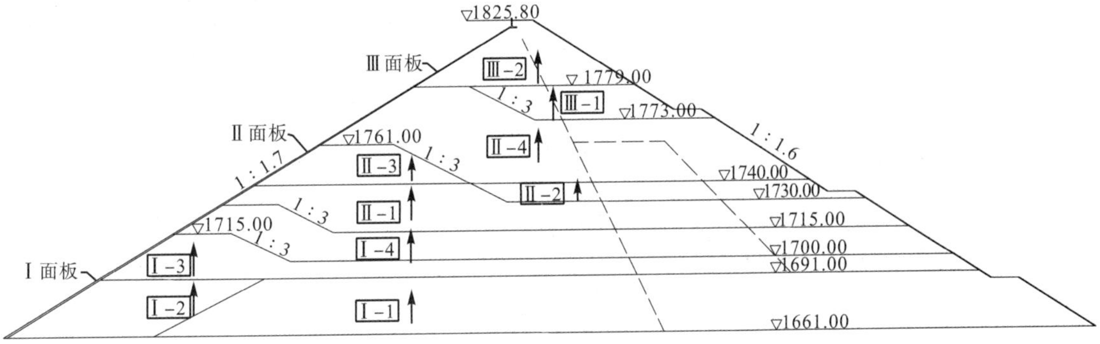

（b）B 型加载（分期填筑方案 2）

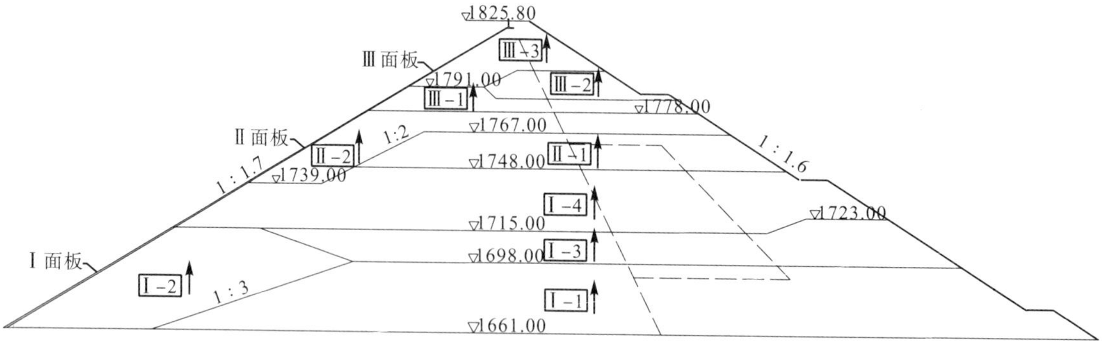

（c）C型加载（分期填筑方案3）

图6－18　数值模型中的三种加载方式

由三种分期填筑方案可看出，A型加载可近似看作堆石体为全断面平起填筑，B型加载、C型加载都考虑到填筑初期受上游侧固结灌浆施工影响，先安排下游侧砂砾石料和爆破料的填筑，B型加载和C型加载考虑了施工进度、填筑强度、防洪度汛等实际因素影响，较符合实际要求。若考虑到度汛要求，需要保持填筑临时断面“上高下低”，故B型加载度汛能力较强。若考虑到下游爆破料的变形模量小、后期沉降较大等问题，要保持填筑临时断面“上低下高”，以解决因上、下游堆石体模量差和时间差导致的不均匀变形对面板性状的影响，故C型加载对坝体变形协调控制可能较好。同时，受上游面分期面板施工的影响，坝体填筑会向整个坝体中下游位置偏移，上、下游变形不协调导致面板“脱空”。因此，需对坝体进行相应的变形协调分析，以论证分期填筑对坝体不均匀沉降的影响。三种分期填筑方案加载顺序见表6－19。

表6－19　三种分期填筑方案加载顺序

阶段	A型加载		B型加载		C型加载	
	加载方式	加载步	加载方式	加载步	加载方式	加载步
第一阶段	Ⅰ－1	1～13	Ⅰ－1	1～6	Ⅰ－1	1～7
			Ⅰ－2	7～11	Ⅰ－2	8～15
			Ⅰ－3	12～15	Ⅰ－3	16～17
	Ⅰ期面板	14	Ⅰ－4	16～20	Ⅰ－4	18～20
			Ⅰ期面板	21	Ⅰ期面板	21
第二阶段	Ⅱ－1	15～18	Ⅱ－1	22～25	Ⅱ－1	22～25
			Ⅱ－2	26		
	Ⅱ－2	19～24	Ⅱ－3	27～29	Ⅱ－2	26～30
			Ⅱ－4	30～36		
	Ⅱ期面板	25	Ⅱ期面板	37	Ⅱ期面板	31
第三阶段	Ⅲ－1	26～35	Ⅲ－1	38～40	Ⅲ－1	32～33
			Ⅲ－2	41～42	Ⅲ－2	34～35
	Ⅲ期面板	36	Ⅲ期面板	43	Ⅲ－3	36～38
					Ⅲ期面板	39
第四阶段	蓄水	37	蓄水	44	蓄水	40

三种分期填筑方案将堆石体的填筑过程分为Ⅰ期、Ⅱ期、Ⅲ期三个阶段，每个阶段包含若干小期，面板分Ⅰ期、Ⅱ期、Ⅲ期面板共三期浇筑，每一阶段都是先进行堆石体填筑，再进行对应分期面板的浇筑，待Ⅲ期面板浇筑完成后蓄水，进入第四阶段。

为满足度汛要求和延长面板施工前坝体沉降期，阿尔塔什水利枢纽工程要求 2017 年汛期坝体临时断面填筑不低于高程 1715.00m，2017 年 8 月底坝体临时断面填筑不低于高程 1730.00m，2018 年 8 月底坝体临时断面填筑不低于高程 1791.00m。分期填筑方案 2 为阿尔塔什水利枢纽工程分期施工临时剖面方案，Ⅰ期填筑在 2016 年 4 月 1 日—2017 年 8 月 31 日，坝前临时断面达到高程 1730.00m，下游堆石区达到高程 1715.00m；Ⅱ期填筑在 2017 年 9 月 1 日—2018 年 8 月 31 日，坝前临时断面达到高程 1791.00m，下游堆石区达到高程 1773.00m；Ⅲ期填筑在 2018 年 9 月 1 日—2019 年 4 月 30 日，坝体填筑至坝顶高程。

6.3.2.2　变形结果对比分析

在三种分期填筑方案下，数值计算模拟采用如图 6－18 所示的三种加载方式，坝与地基整体的沉降变形和水平变形数值结果如图 6－19～图 6－21 所示。其中，沉降变形向上为正方向，水平变形向右为正方向。

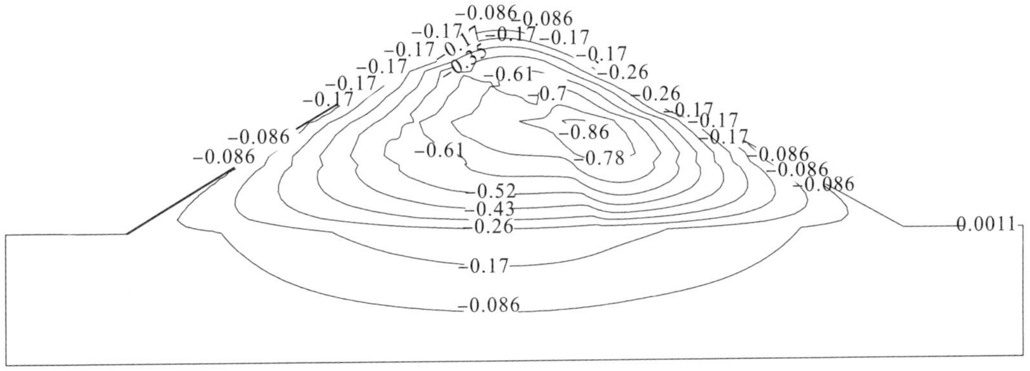

(a) 竖直沉降

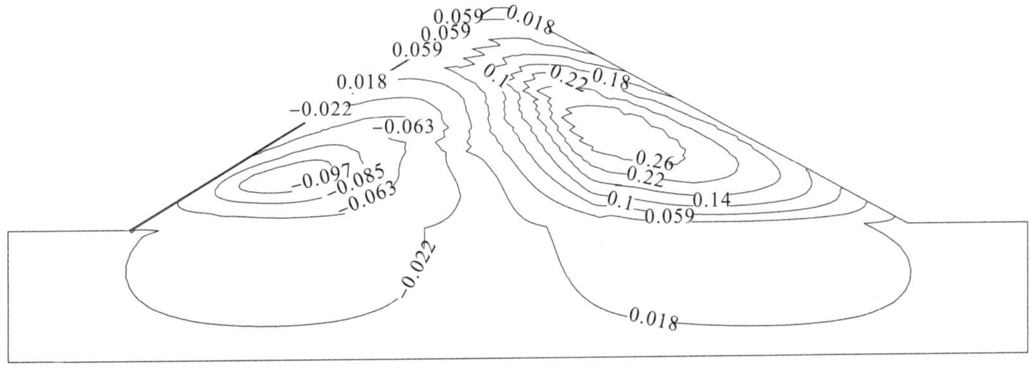

(b) 水平位移

图 6－19　A 型加载竣工期位移等值线（单位：m）

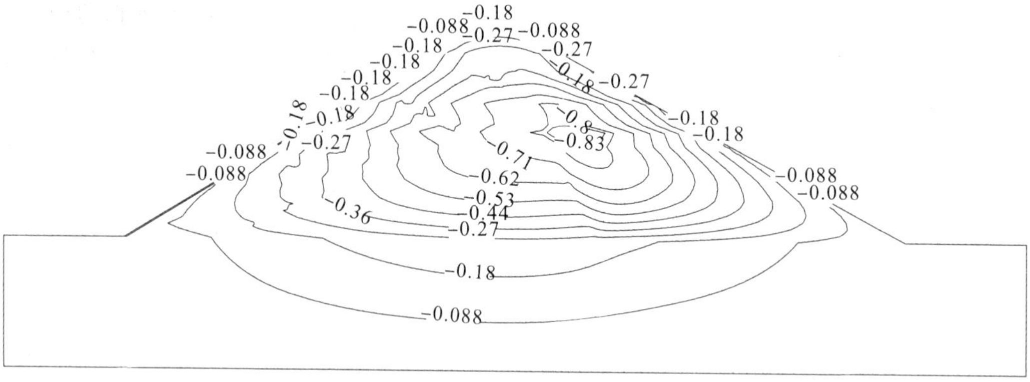

(a) 竖直沉降

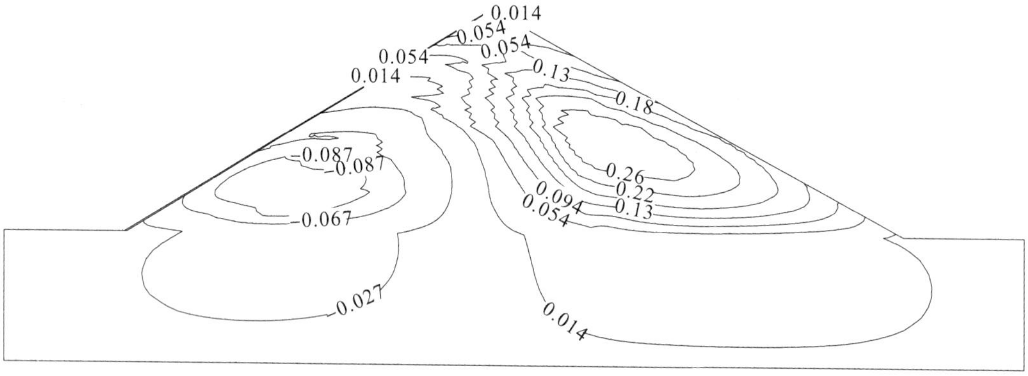

(b) 水平位移

图 6-20　B 型加载竣工期位移等值线（单位：m）

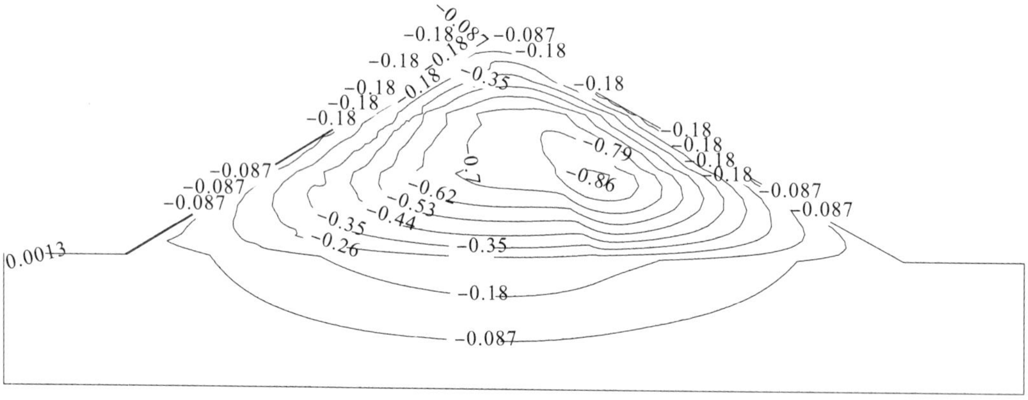

(a) 竖直沉降

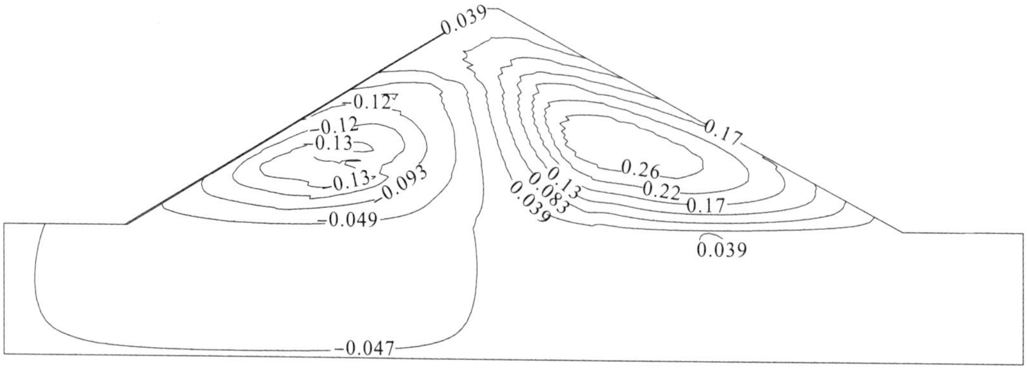

(b) 水平位移

图 6-21　C 型加载竣工期位移等值线（单位：m）

由图6-19～图6-21可知，A型加载、B型加载、C型加载三种方式下坝体变形量差别较小。竣工期坝体沉降变形最大值约86cm，出现在1/3H（坝高）处，因砂砾石料压缩模量高，变形模量较大，而下游爆破堆石料相对较软，故相比于坝体下游，上游侧沉降变形量较小，即沉降变形峰值偏向至下游侧。水平位移分布整体表现为上、下游堆石体分别朝上、下游侧变形，与均质坝不同，面板砂砾石-堆石坝的水平位移分布不具备对称性，上游侧水平位移最大值9～13cm，下游侧水平位移约26cm。与A型加载和B型加载相比，C型加载上游侧水平变形偏大，下游侧水平变形偏小，坝体水平位移的差异变形较小。不同分期填筑方案坝体变形协调特征存在以下明显差异：

（1）A型加载下，除了沉降变形最大值区域，坝体沉降变形协调良好，呈较好的对称性。一定范围的沉降变形等值线出现了较大的密集区。沉降变形最大值86cm，在砂砾石料与爆破料分区界面的78cm的位移等值线出现尖角。A型加载在Ⅱ-2～Ⅲ-1加载过渡存在通过1∶3的斜坡的填筑高差，使过渡界面处的变形更加复杂，主要是新填堆石体变形较大，导致新、老填筑体交界面附近产生过大的位移增量，这种变形差在上、下游面存在填筑高差时更加突出。A型加载地基沉降等值线较深。

（2）B型加载下，沉降变形较均匀，但是沉降等值线局部仍存在不可忽视的扭曲错位现象。同时，在局部很小范围还出现沉降变形不连续的现象，这主要与B型加载设置较大临时剖面有关，使变形较为复杂。根据分期填筑方案特点，B型加载为保证防洪度汛，保持上游填筑高程较高，下游填筑高程较低且爆破料相对变形模量较低，则使下游坝体的后期变形较大，故下游等值线较密集。在靠近顶部仍采用纵横内部坡比为1∶3的施工临时剖面，因上游侧存在法向偏向下游侧的1∶3的临时斜坡，故上游侧一定范围内出现朝向下游侧的水平变形，且该位置的变形比较复杂，水平位移等值线出现较密集的不光滑毛刺。

（3）相较于A型加载和B型加载，C型加载下，坝体沉降变形和水平位移整体等值线表现出较好的变形协调特征，变形等值线较光滑、平顺、均匀，水平位移沿坝轴线呈一定的对称性。考虑到砂砾石料碾压后具有较大的变形模量，不同变形模量的砂砾石料和下游堆石料必然导致上、下游坝体变形不协调。尤其两者分区结合部位存在朝向下游座落变形的趋势，可能产生不利的剪切应力，C型加载采用反抬下游填筑高程的方式，保证了上、下游堆石料分区结合部位的变形协调，很好地解决了因上、下游堆石模量差导致的差异变形问题，进而起到改善面板不利应力变形状态的目的。但C型加载往往受到填筑强度和填筑方量的制约。

综上所述，坝体分期填筑应与预沉降期控制和导流度汛等要求结合起来，在满足综合施工要求的前提下，做到让下游面适当超高填筑（反抬下游填筑高程），以保证上、下游堆石区的交界面及分台阶结合部位的变形协调。

6.3.2.3 蓄水后坝体位移增量变化

面板变形主要依赖于相邻堆石体的变形，对于深厚覆盖层上或堆石强度较低的面板坝，蓄水后面板挠度相对较大。不同分期填筑方案下，蓄水后堆石体变形的发展、堆石体的差异变形对面板变形影响不容忽视，若面板下的支承堆石体变形过大，则会使混凝土面板支承条件恶化。因此，需要进一步分析不同分期填筑方案堆石体蓄水后位移增量变化情况。三种分期填筑方案蓄水后坝体位移增量分布如图6-22～图6-24所示。

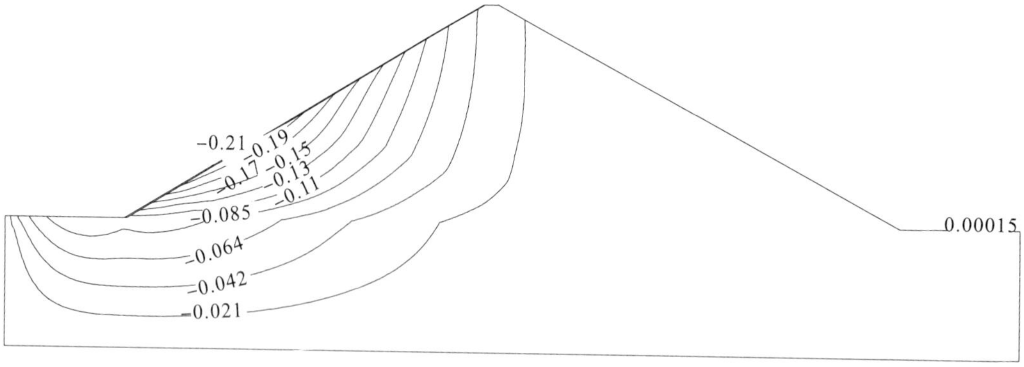

（a）竖直沉降

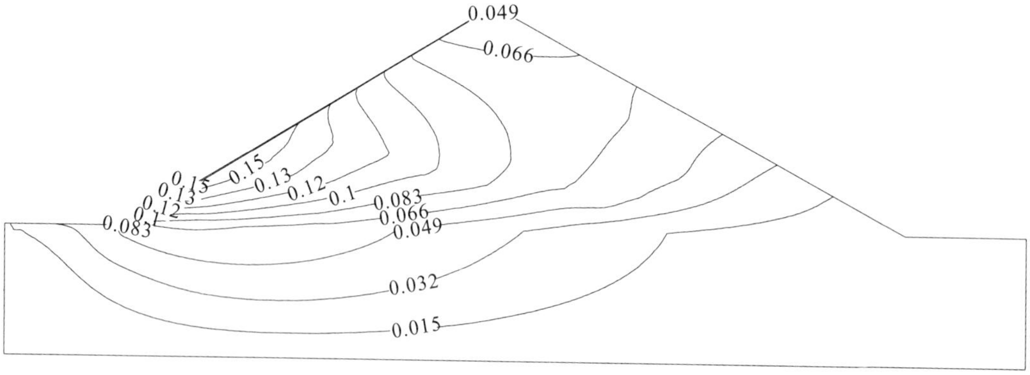

（b）水平位移

图 6—22　A **型加载蓄水后坝体位移增量分布**（**单位**：m）

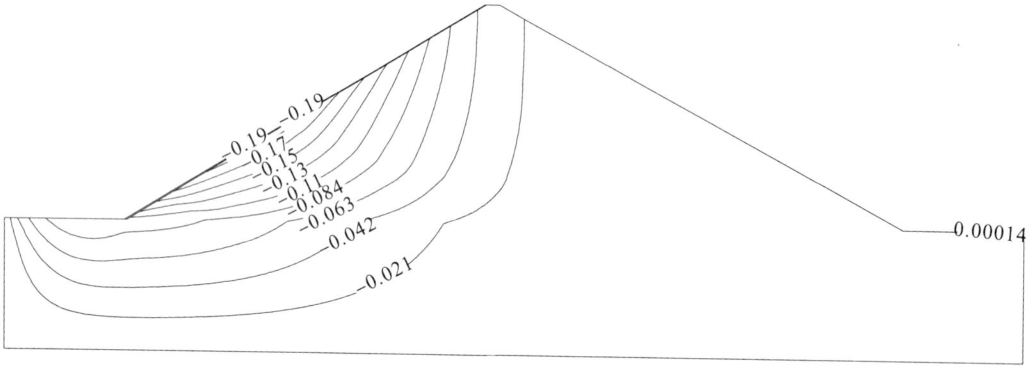

（a）竖直沉降

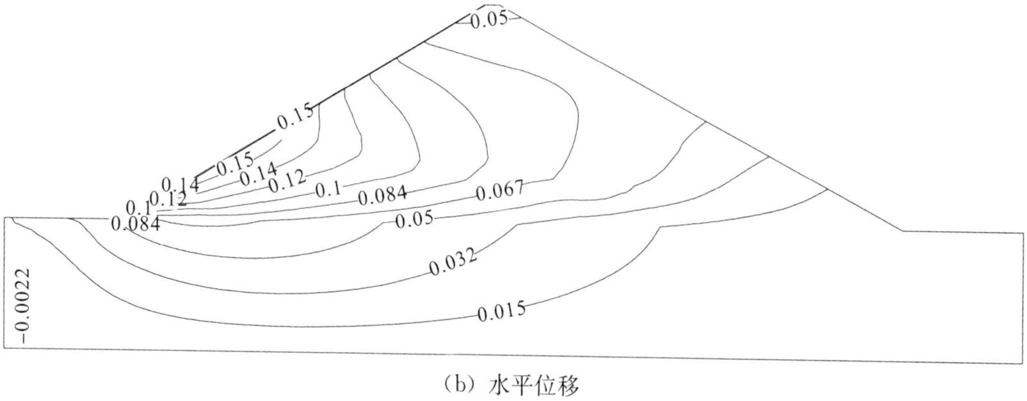

（b）水平位移

图 6—23　B **型加载蓄水后坝体位移增量分布**（**单位**：m）

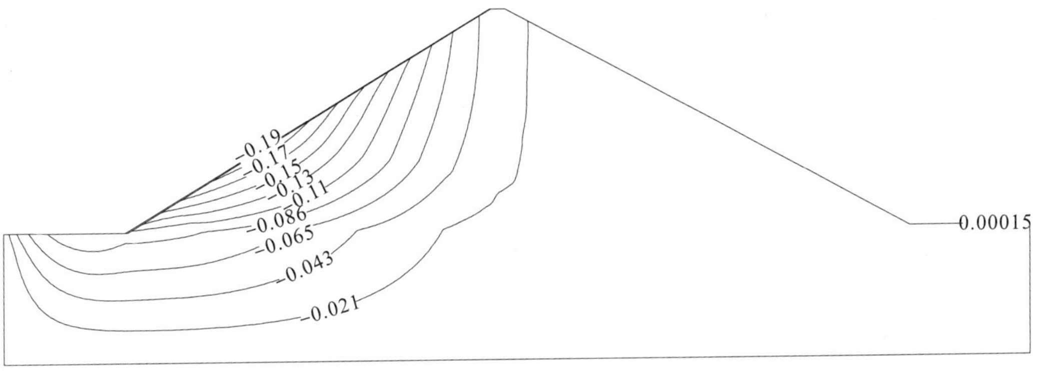

(a) 竖直沉降

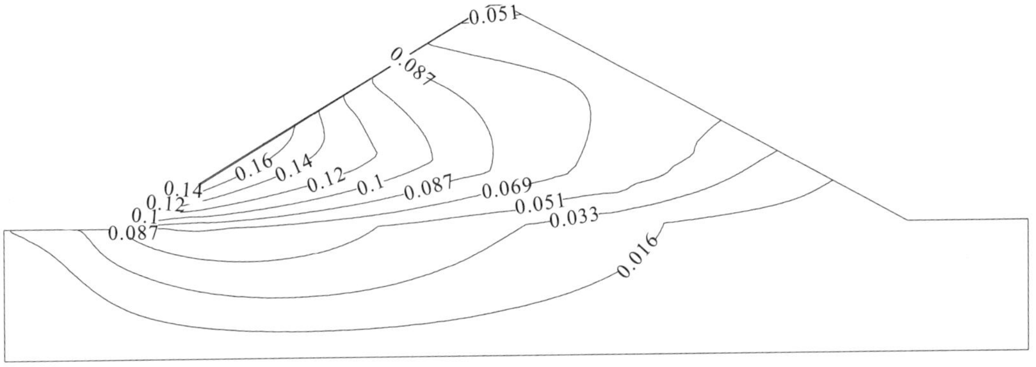

(b) 水平位移

图 6－24　C 型加载蓄水后坝体位移增量分布（单位：m）

由图 6－22～图 6－24 可知，蓄水后，三种分期填筑方案的沉降变形和水平位移增量分布大致相同。沉降变形从面板逐步向下游发展，在坝轴线略靠下游变形趋于稳定，此时增量值收敛到 2cm 左右。与沉降变形不同，水平位移增量一直延伸到下游爆破料区域，但等值线较稀疏。可见上游较高变形模量的砂砾石料的抵抗变形能力较强，吸纳了大部分水压力荷载，使下游爆破料区变形量得到了很好的控制，下游侧变形增量 1.5～6.0cm，整体增量水平较小。由水压力分布规律可知，压力合力作用在 $1/3H$（坝高）处，方向垂直于上游面坝坡，故位移增量最大值出现在 $1/3H$（坝高）处，水平位移增量最大值约 16cm，竖直沉降增量最大值约 18cm。三者量值相差不大，但水平位移等值线分布存在以下差异：

（1）沉降位移增量上，三者分布特征较接近，量值上存在差异，但差异不大。A 型加载在水压力合力作用点的位移增量最大，达到 21cm，如果蓄水导致上游侧的位移增量变化较大，会恶化面板的支承条件，对面板应力应变状态不利。B 型加载、C 型加载下，堆石体变形相对较小，对面板有利，有效防止面板“脱空”。

（2）水平位移增量上，三者分布特征和量值均存在一定差异。相比于 B 型加载、C 型加载，A 型加载水平位移增量 6.9cm 这条等值线延伸到下游高程 1768.00m 附近，且靠近坝体顶部等值线较为密集，蓄水后，A 型加载水平变形协调性较差。相比于 A 型加载、B 型加载，蓄水后，C 型加载下水平位移增量水平较大，同一位置的位移增量高 0.2～1.0cm。这主要是因为 C 型加载在三期坝体填筑过程中，为了保证工期，解决施工争位的矛盾，Ⅰ期面板施工时，占用上游堆石体位置作为施工平台，下游堆石不受面板施工干扰，填筑继续施工。相比于先填的堆石体，时间的滞后性使得上游堆石体变形较大。

由不同分期填筑方案施工临时剖面变形特征分析可知，C 型加载减弱或消除了不协调变形对面板性状的影响，推荐。但 C 型加载不仅需要保证大坝上游填筑较高高程，以保障度汛安全，而且需要确保下游面高于上游填筑面，对填筑强度要求更高。对于高坝工程，坝体填筑时往往要设置不同施工临时剖面，采用全断面平起施工的A型加载不适用，不利于施工组织设计，从施工可行性和经济适用性角度考量都不可取。B型加载采取“上高下低”填筑，但只要上、下游高差得到科学合理的控制，能够满足坝体变形协调控制及施工期沉降变形控制要求，考虑到因上、下游堆石体的模量差和沉降时间差导致坝体不均匀的问题，针对施工期坝体变形协调相对较差的不足，需要对B型加载下施工填筑过程对分期面板的影响作进一步探讨，确定分期面板最佳浇筑时机，减小因施工期堆石体变形对面板产生的不利影响，保证防渗面板的安全可靠，最终实现施工临时填筑断面的优化。

6.4 基于变形协调特征的上游坝面施工测量放样

6.4.1 挤压边墙工程特性

6.4.1.1 挤压边墙结构特征

作为大坝坡面固坡施工新技术，挤压边墙外表面挨着防渗面板，内表面与垫层料直接接触，断面形式呈梯形（忽略尺寸影响，也可视为三角形），挤压边墙位置和典型断面如图6－25所示。与其直接接触的垫层料（土石料）和面板结构（钢筋混凝土）不同，挤压边墙是一种低强度、低弹模、速凝、允许发生塑性破坏的半透水性混凝土小墙，刚度介于两者之间。

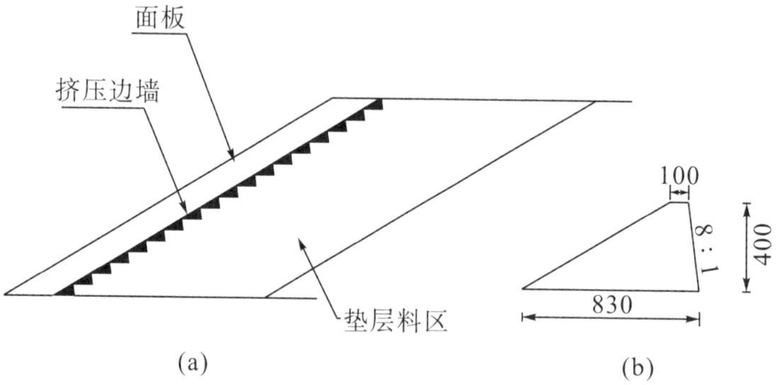

图6－25 挤压边墙位置和典型断面（单位：mm）

6.4.1.2 挤压边墙的材料特性

挤压边墙配合比应匹配其具有的低强度、低弹模、速凝、半透水等特性，满足技术、工艺、经济等要求。挤压边墙设计指标及配合比见表6－20，通过试验确定合理速凝剂掺量，均匀、连续、稳定地掺加速凝剂是确保成墙后短时间可以进行垫层料铺筑及碾压的重要环节。

表6－20 挤压边墙参数

（a）设计指标

设计参数	干密度（t/m^3）	渗透系数（cm/s）	28d弹性模量（MPa）	28d抗压强度（MPa）
指标值	≥2.15	10^{-4}～10^{-3}	3000～5000	3～5

（b）配合比

设计强度（MPa）	水灰比	砂率（%）	水泥用量（%）	速凝剂（%）	每方混凝土材料用量（kg/m^3）					水泥等级
					水	水泥	砂	小石	速凝剂	
3～5	1.14	50.0	5.0	6.0	123	108	1021	1021	6.48	32.5R

6.4.2　挤压边墙施工放样参数

6.4.2.1　变形计算结果

与整个堆石体相比，挤压边墙的断面形状较不规整，且尺寸很小。数值计算分析时，若按挤压边墙的实际形状建模和网格剖分，数值计算不易收敛。因此，从满足工程计算实用性出发，根据工程中挤压边墙的结构和施工特性，将实际挤压边墙按断面横截面面积相等的原则简化为平板，即挤压边墙概化模型，简化模型的板厚 23cm。简化模型如图 6－26 所示。

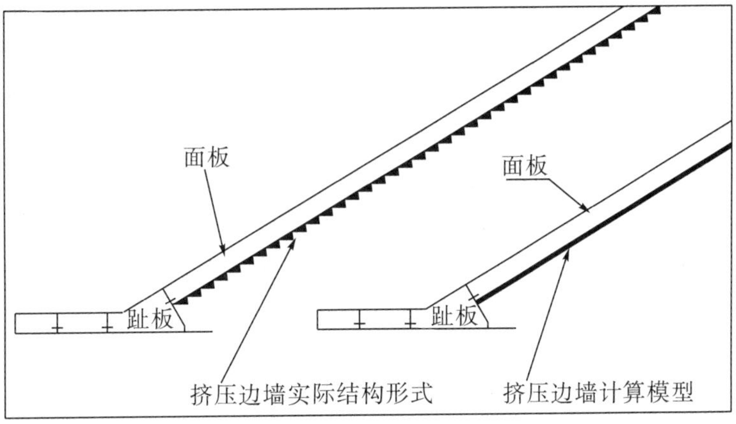

图 6－26　挤压边墙数值简化模型

挤压边墙变形及分布特征如图 6－27 所示，图 6－27（a）～（d）分别表示挤压边墙沿坝轴线方向、沿顺河流方向、沿竖直方向及组合变形的大小和变形分布规律。位移符号约定指向右岸、下游、竖直向上为正。

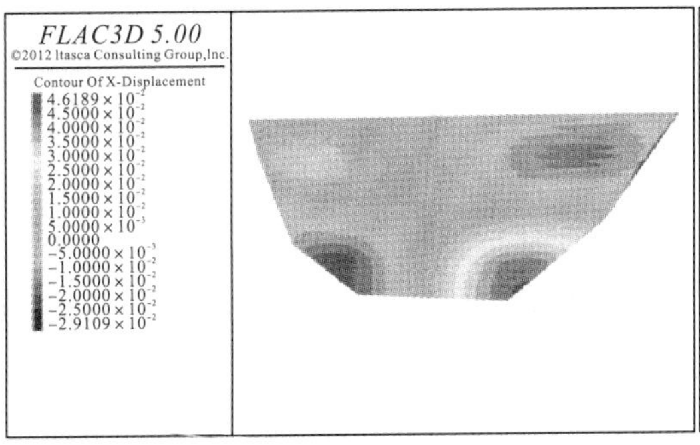

（a）沿坝轴线方向

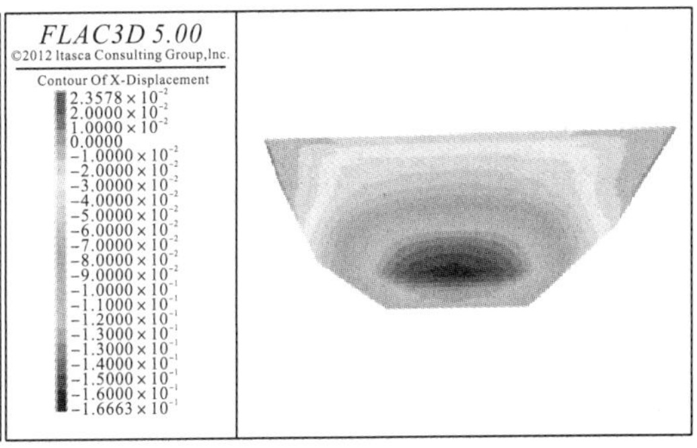

（b）沿顺河流方向

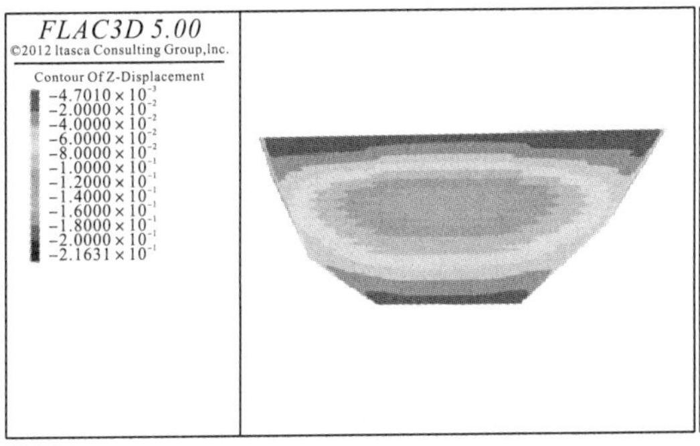

（c）沿竖直方向

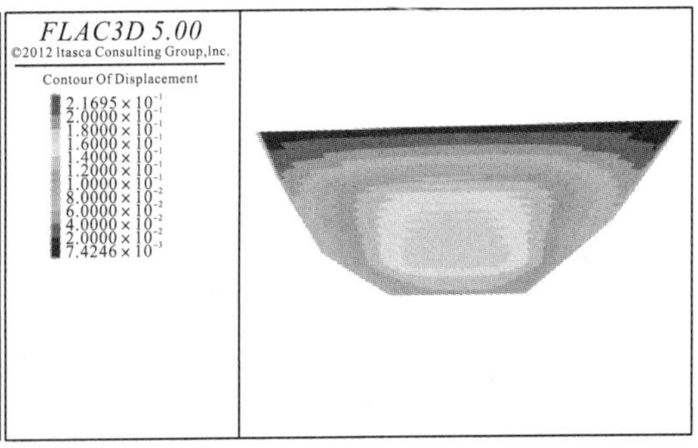

（d）组合变形

图 6－27　挤压边墙变形及分布特征（单位：m）

由挤压边墙变形计算结果可知：

(1) 沿坝轴线方向，从建基面至 0.5H 坝高范围，受河谷地形影响，挤压边墙左岸（右岸）变形分别朝向左岸（右岸），越靠近建基面，变形值最大，左岸变形量最大值达到－2.9cm，右岸变形量最大值 4.6cm；从 0.5H 至坝顶高程范围内，变形规律与下半部恰好相反，靠近右岸（左岸）的挤压边墙产生朝向左岸（右岸）的变形，这主要是因为越往上，上部堆石体变形越小，两侧河谷对挤压边墙的反向约束力占主导地位，使变形偏离岸坡，但上部变形量较小，左岸变形量最大值达到 1.5cm，右岸变形量最大值达到 1.0cm。

(2) 沿顺河流方向，施工期堆石体分层填筑碾压施工作用引起坝体侧向变形，导致挤压边墙产生偏向上游的鼓出变形，且变形随着坝体填筑上升不断累积。在位于主河道中心约 0.25H 坝高处，挤压边墙变形量最大值达到 16.6cm，对应图 6－27（b）中范围不大的蓝色区域，变形量－16.6～－12.0cm。该区域往外呈椭圆分布，范围较大，变形量－10.0～－4.0cm，约占 0.6S（S 表示整个挤压边墙上游面的表面积，下同），对应图 6－27（b）中的绿色区域。在靠近坝顶高程的主河道一定范围内，挤压边墙变形量较小，约－1.5cm，而在左、右岸坡一定范围内，挤压变形量几乎为 0.0cm，局部甚至产生朝向下游的变形，变形量极小。

③沿竖直方向，挤压边墙与其后紧贴的垫层料同步分层施工，施工期堆石体沉降直接导致挤压边墙同步沉降变形。由云图分布特征可以看出，挤压边墙中部约占 0.7S 区域沉降变形－14.0～－8.0cm，对应图中绿色、浅绿色区域。而靠近挤压边墙左侧、右侧、底部因约束作用以及顶部一定范围内的沉降变形较小，变形量－4.0～－2.0cm。

④由图 6－27（d）可知，挤压边墙变形整体表现为在靠近主河道中心且分布在 0.2H～0.5H 坝高处，变形量最大值约达到 17.0cm，且位移以该区域为中心向周边以 14.0cm、12.0cm、10.0cm、8.0cm 的趋势逐渐降低，对应云图中浅绿色、绿色、浅蓝色区域，约占 0.5S，在靠近坝顶高程时挤压边墙组合变形最小（1.0～3.0cm）。

6.4.2.2 挤压边墙放样参数

根据图 6－27 挤压边墙计算结果，结合挤压边墙现场监测数据反馈分析，通过参数敏感性研究计算获得挤压边墙施工期变形量，实现后续填筑过程边墙变形的预测，并给出挤压边墙的合理布置方案和实际施工放样参数。图 6－28（a）～（l）分别表示坝体不同横剖面挤压边墙变形特征和放样参数。基于数值计算实现挤压边墙施工期变形特征和变形量的预测，施工期变形如图中虚线所示，根据不同坝体横剖面下的变形量，挤压边墙施工测量放样时往下游收放相应位置的变形量，以实现挤压边墙变形侵占面板结构界限的矛盾。

由图 6－28 可知，同一坝体横剖面下，挤压边墙变形量在 0.2H～0.3H 处达到最大，越往上靠近坝顶高程，挤压边墙变形量越小。不同坝体横剖面下，挤压边墙变形量沿着坝轴线方向由左、右岸两侧向主河床逐渐变大，靠近左、右岸两侧的挤压边墙变形量较小，位于主河床的坝体横剖面变形量最大。

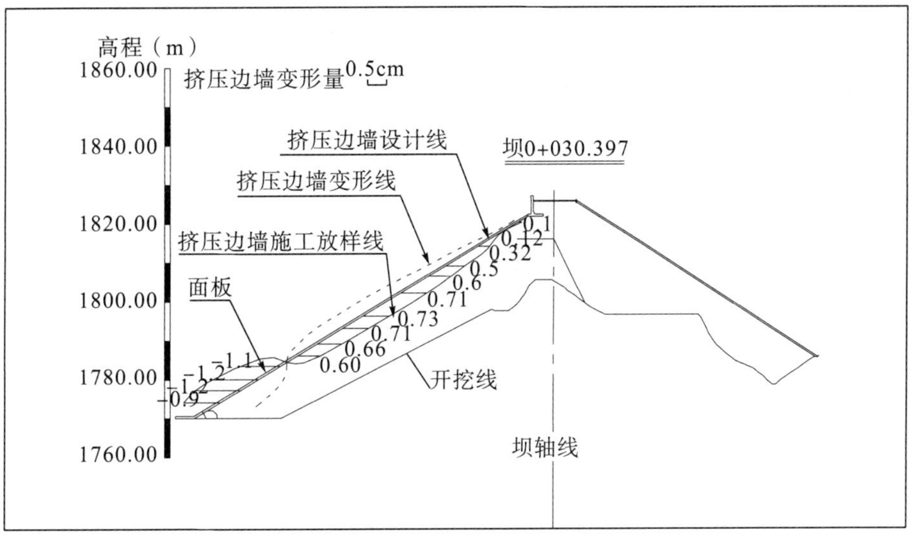

(a) 坝 0+030.397m 剖面

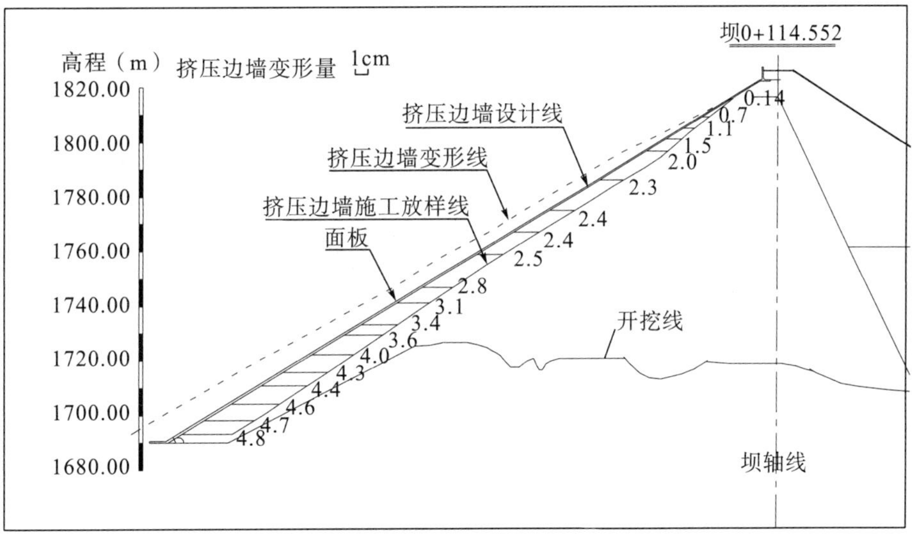

(b) 坝 0+114.552m 剖面

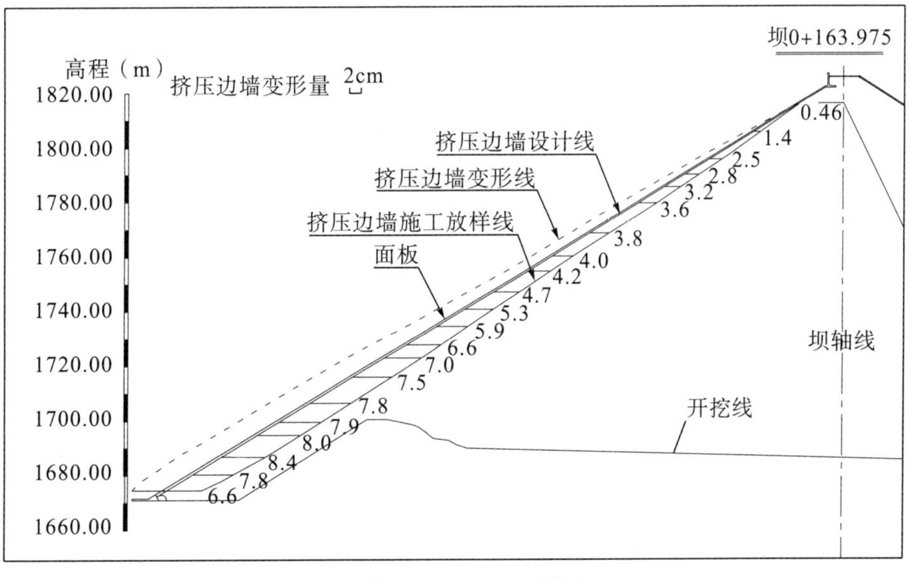

(c) 坝 0+163.975m 剖面

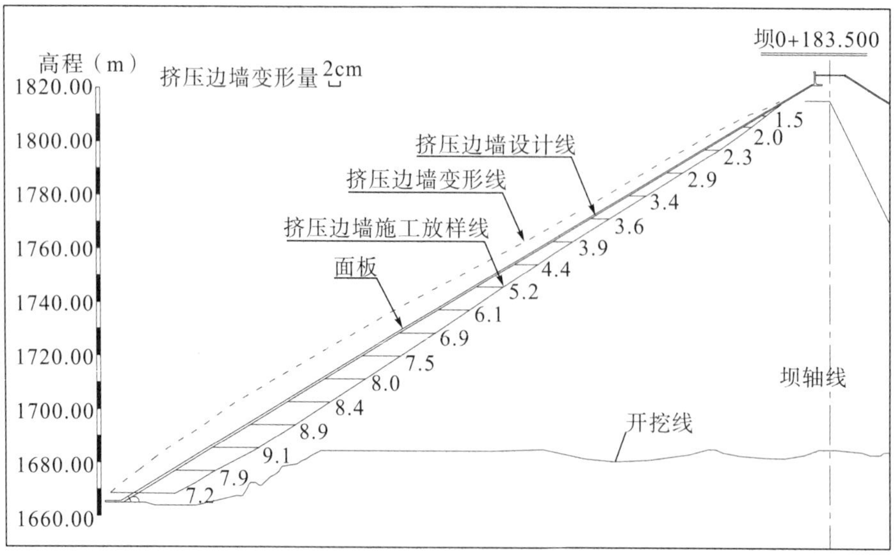

（d）坝 0+183.500m 剖面

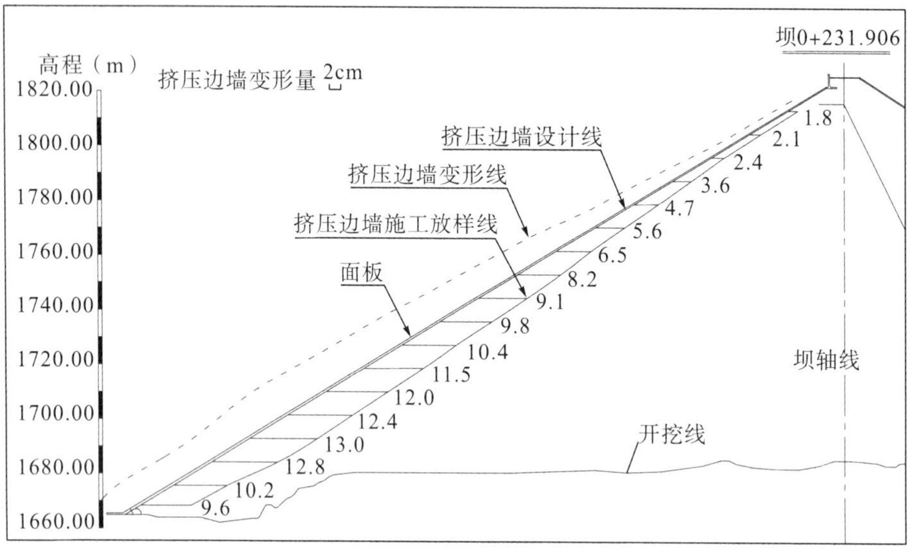

（e）坝 0+231.906m 剖面

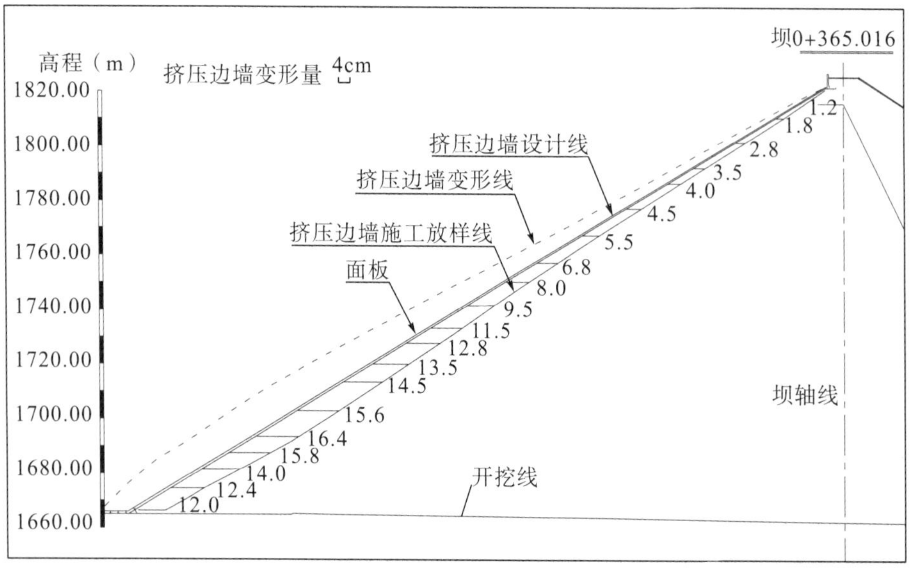

（f）坝 0+365.016m 剖面

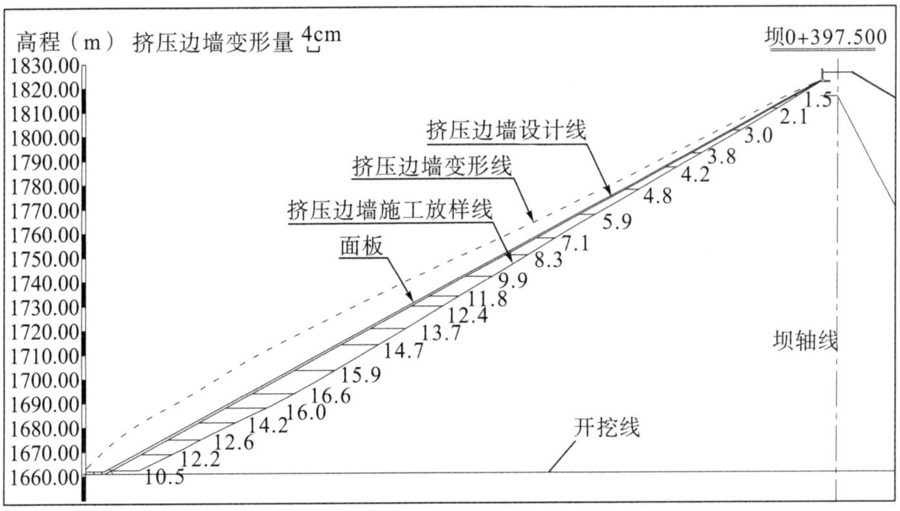

(g) 坝 0+397.500m 剖面

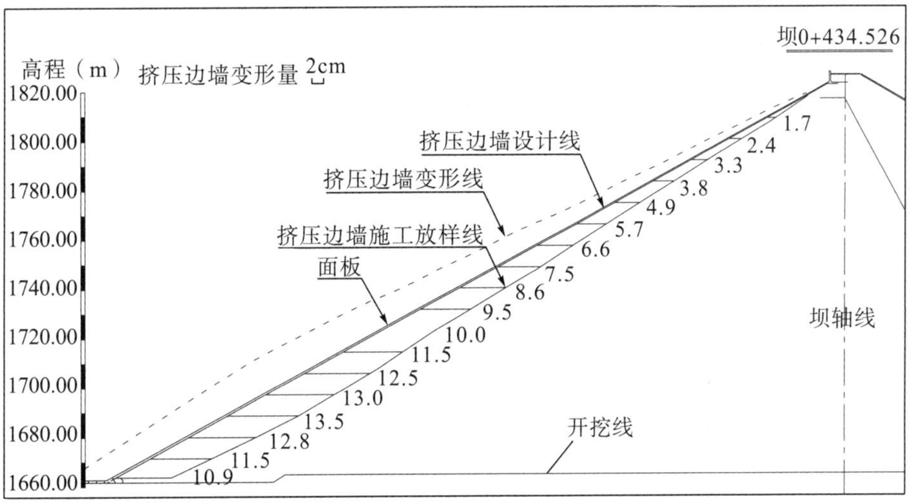

(h) 坝 0+434.526m 剖面

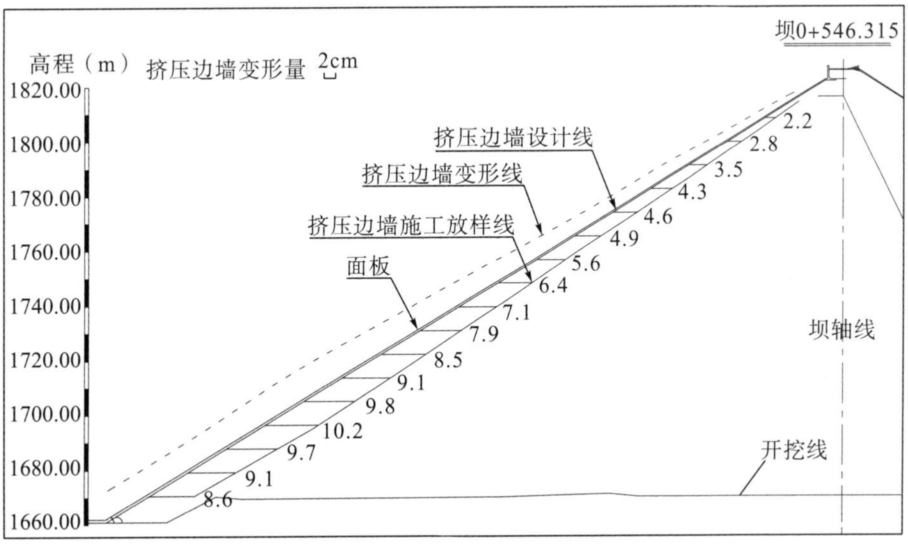

(i) 坝 0+546.315m 剖面

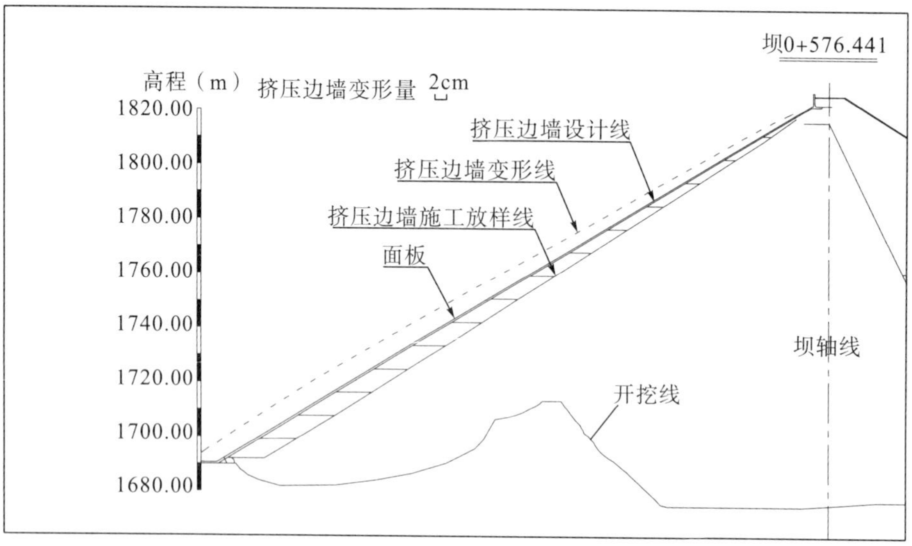

(j) 坝 0+576.441m 剖面

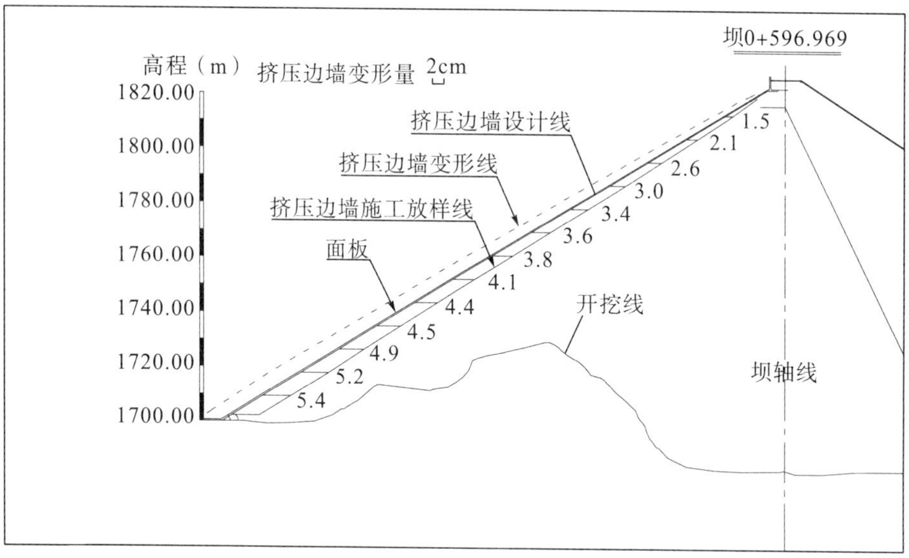

(k) 坝 0+596.969m 剖面

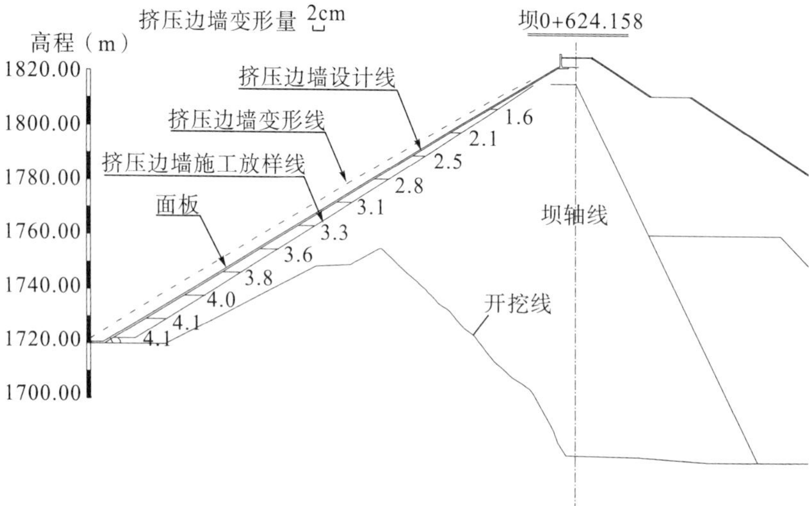

(l) 坝 0+624.158m 剖面

图 6－28　坝体不同横剖面挤压边墙变形特征和放样参数（单位：cm）

如图 6－28（a）和图 6－28（l）所示，最靠近左岸坝 0＋030.397m 剖面和最靠近右岸坝 0＋624.158m 剖面的变形量较小。其中，坝 0＋030.397m 剖面在靠近左岸河谷一定范围内出现朝向下游侧的变形，变形量不大（约 1.2cm），可直接按照设计线进行测量放样。由挤压边墙变形计算分析可知，靠近岸坡局部很小区域存在朝向内侧变形，变形量较小（1～2cm），可不进行放样参数的调整，按照原设计线进行放样。坝 0＋624.158m 剖面靠近右岸，挤压边墙从高程 1720.00m 到坝顶高程，变形量由 4.1cm 减小至 1.6cm。挤压边墙变形线为图中虚线，放样参数为在原设计线的基础上再往下游收放相应的变形量，图中实线包含了该剖面下各高程的放样参数。如图 6－28（f）（g）所示，坝 0＋365.016m 和坝 0＋397.500m 剖面靠近主河床位置，挤压边墙的变形量较大，变形规律大致相同。由图 6－28（g）可知，在高程 1690.00m 下挤压边墙变形量最大值达到 16.6cm，沿高程方向往上逐渐减小，至靠近坝顶高程，变形量仅 1.5cm。

同时，为了准确、全面地得到挤压边墙实际布置和具体放样参数，除了给出不同横剖面的实际布置方案，还需要确定挤压边墙具体施工坝面的放样参数，即给出挤压边墙在不同高程下沿坝轴线的实际放样参数。图 6－29 表示不同高程下挤压边墙变形和放样参数。竖直方向表示具体放样参数和变形量的相对大小，单位为 cm；水平方向表示不同高程下的坝轴线方向。

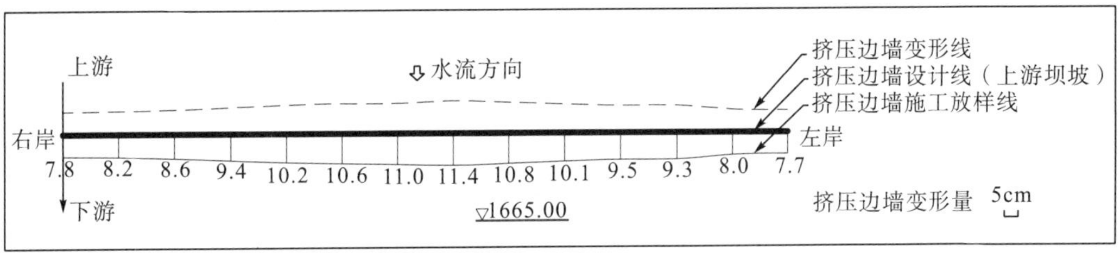

（a）高程 1665.00m

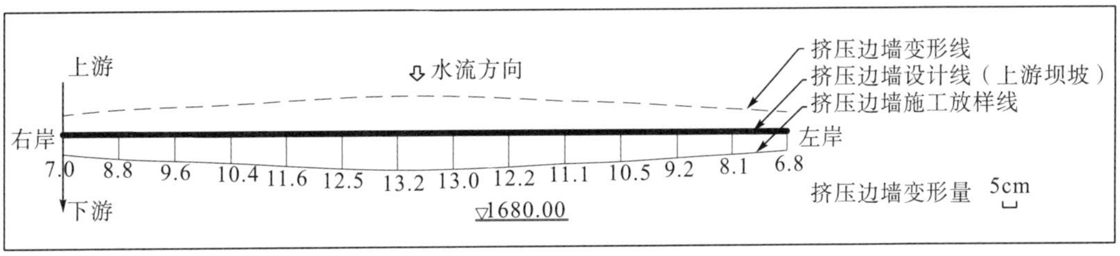

（b）高程 1680.00m

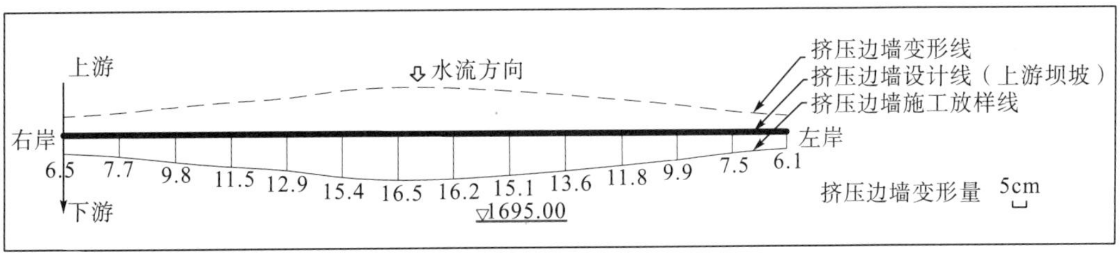

（c）高程 1695.00m

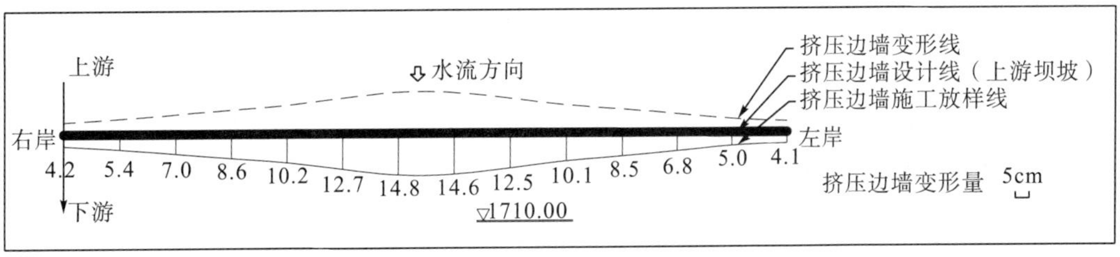

（d）高程 1710.00m

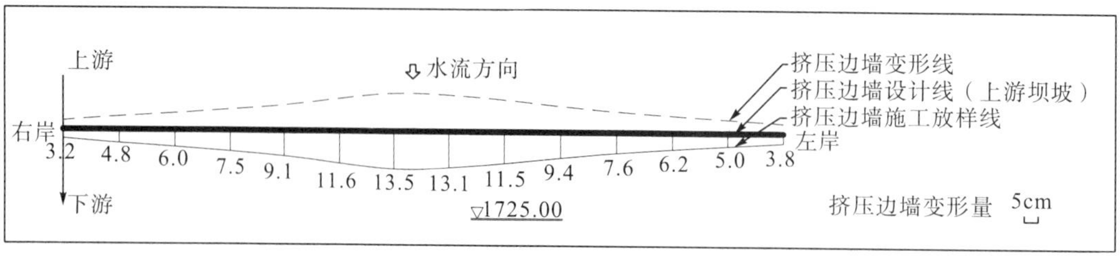

(e) 高程 1725.00m

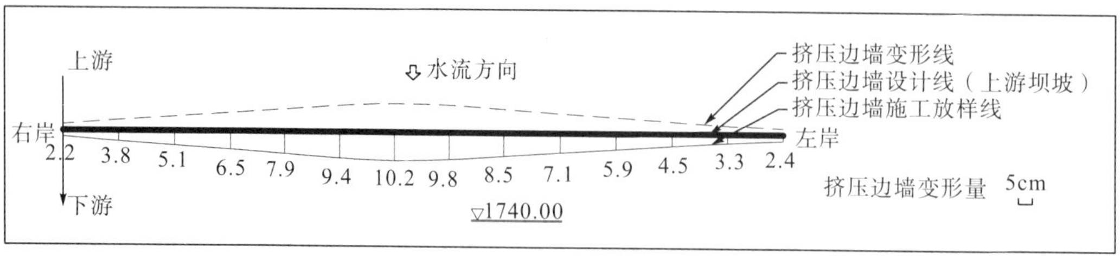

(f) 高程 1740.00m

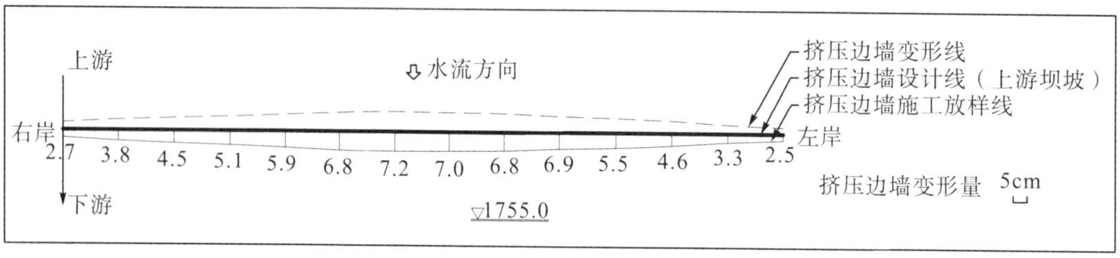

(g) 高程 1755.00m

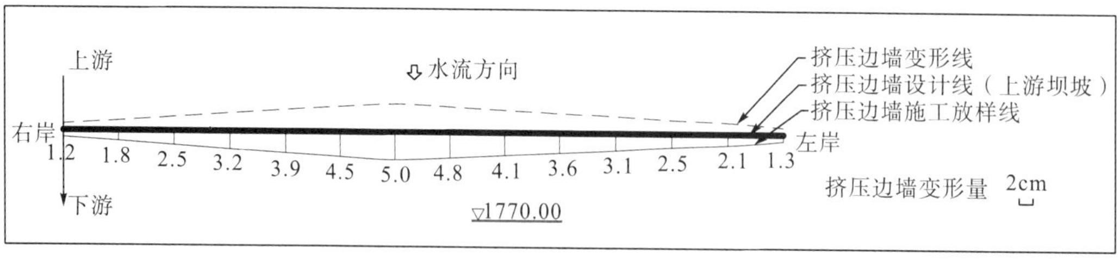

(h) 高程 1770.00m

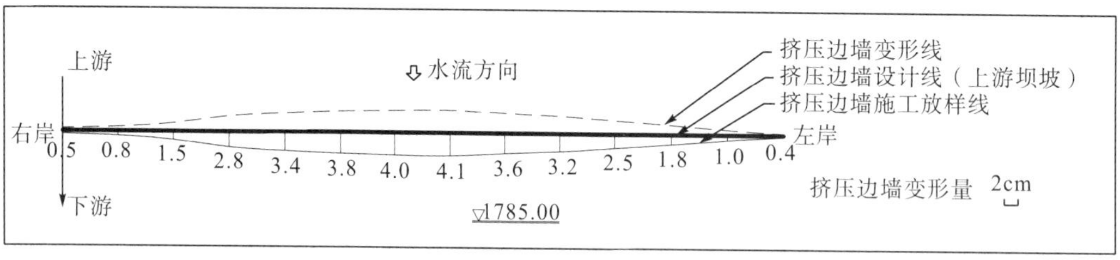

(i) 高程 1785.00m

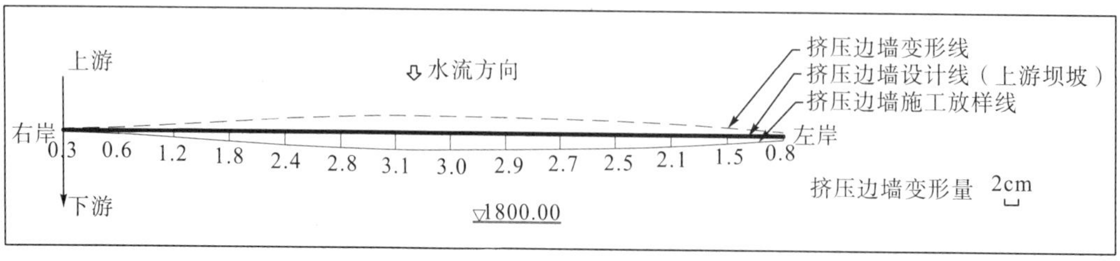

(j) 高程 1800.00m

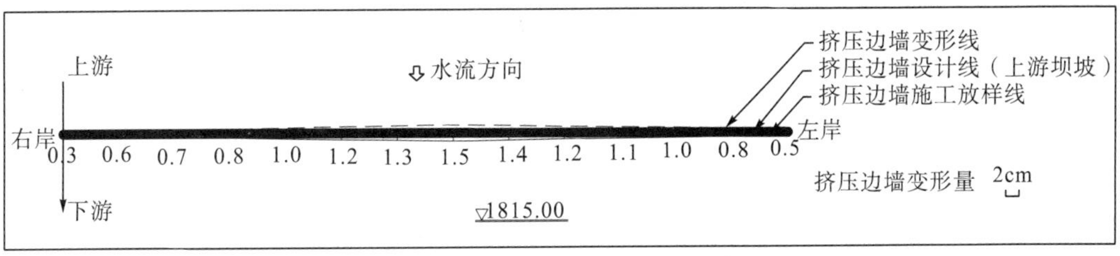

（k）高程 1815.00m

图 6－29　不同高程下挤压边墙变形和放样参数（单位：cm）

由图 6－29 可知，同一高程下，挤压边墙变形量整体表现为沿着坝轴线方向由左、右岸两侧向主河床逐渐变大，靠近左、右岸两侧的挤压边墙变形量较小，位于主河床的坝横剖面变形量最大，即“中间大，两头小”。不同高程下，挤压边墙变形量差异较大，图中粗实线表示挤压边墙设计线（上游坝坡），结合挤压边墙变形计算结果，施工期产生向上游的鼓出变形，虚线表示挤压边墙实际变形量，基于施工期变形特征给出挤压边墙的施工放样参数，在原设计线位置的基础上往下游收放相应的变形值，得到挤压边墙施工放样线。

对比不同高程下挤压边墙的变形量发现，越靠近坝顶高程，变形量越小。例如，高程 1800.00m 和 1815.00m 最大变形量仅 3.0cm、1.5cm；另外，越靠近坝顶高程，这两个高程下的挤压边墙左、右岸附近的变形几乎可以忽略不计，左岸变形量 0.3～0.6cm，右岸附近变形量 0.5～0.8cm。由图 6－29（a）可知，挤压边墙在高程 1665.00m 附近的变形量约 10.0cm，由于靠近建基面受河谷约束作用小，挤压边墙变形量从左岸到右岸沿坝轴线方向变化幅度不大。由图 6－29（c）～（e）可知，受河谷约束作用，左、右岸附近变形量较小，靠近主河床的变形量较大，同一高程下中间和两侧的差值较明显。其中，在高程 1695.00m 和 1710.00m（占 0.2H～0.3H）下，挤压边墙变形量较大。

基于数值计算实现挤压边墙施工期变形特征和变形值的预测（实际变形图中虚线），根据不同高程下的变形量，挤压边墙施工测量放样时往下游收放相应位置的变形量，以实现挤压边墙变形侵占面板结构界限的矛盾。

以上为坝体不同剖面和不同高程下挤压边墙的实际布置方案，即具体施工放样参数，实际工程按照该方法可以得到任意剖面和高程下的挤压边墙变形量。提前预留挤压边墙变形量，还可以结合挤压边墙凿断或涂喷乳化沥青等施工工艺，以减轻对面板刚性约束的影响，甚至可以实现减少或避免对挤压边墙的二次处理工作，该技术手段有效、简单易用，已在实际工程中得到广泛应用。

6.4.2.3　挤压边墙测量放样与施工

每填筑一层垫层料之前，将下层已填筑的垫层料碾压整平，通过测量放样定线后，用边墙挤压机按照事先定位好的轨迹线挤压出一条混凝土小墙。挤压边墙施工如图 6－30、图 6－31 所示，施工流程可分为三个部分：挤压边墙测量放样、挤压边墙机施工、垫层料铺筑与碾压。

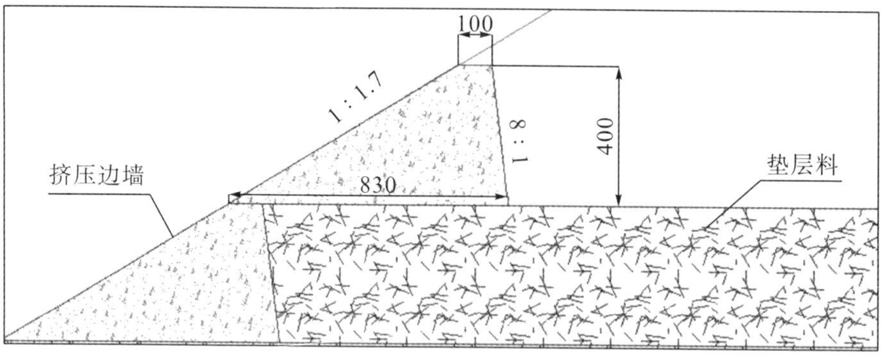

图 6－30　挤压边墙施工示意图

图 6－31　挤压边墙施工现场

（1）挤压边墙测量放样。挤压边墙施工之前，先确定挤压边墙机行走轨迹，即挤压边墙放样参数。由于堆石体分层填筑碾压施工作用引起坝体水平变形，坝体上游位移朝向上游面，导致挤压边墙产生偏向上游面的鼓出变形，且随着坝体填筑上升不断累积。同时，如果挤压边墙按照以原有结构尺寸确定的设计放线参数进行施工，就有可能造成挤压边墙某些部位侵占上游面板结构界线，影响面板的质量和安全。所以通过优化数值计算获得挤压边墙的变形规律，在施工阶段，提前确定挤压边墙实际合理的测量放样参数进行放样，以消除或减轻挤压边墙变形带来的不利影响。

（2）挤压边墙机施工。按照设计要求利用挤压边墙机制作出标准断面形式的混凝土挤压边墙，挤压边墙机吊装就位，按照测量放样线施工挤压边墙，待每层挤压边墙施工完成后，吊离挤压边墙机。

（3）垫层料铺筑与碾压。为了实现挤压边墙固坡目的，设计挤压边墙的高度应与垫层料填筑厚度保持一致，在每层挤压边墙施工完成后，考虑到垫层料铺筑和碾压可能造成挤压边墙的破坏，施工注意把握铺筑和碾压的时机，一般在挤压边墙成型 3h 后且抗压强度不低于 1MPa 时，可进行垫层料碾压。靠近挤压边墙部位以及岸坡处采用与小型机具和人工碾压相结合的方式。按设计要求进行垫层料的铺填，用水平碾压取代传统工艺中的斜坡面碾压，待垫层料碾压合格后重复以上工序。挤压边墙施工流程如图 6－32 所示。

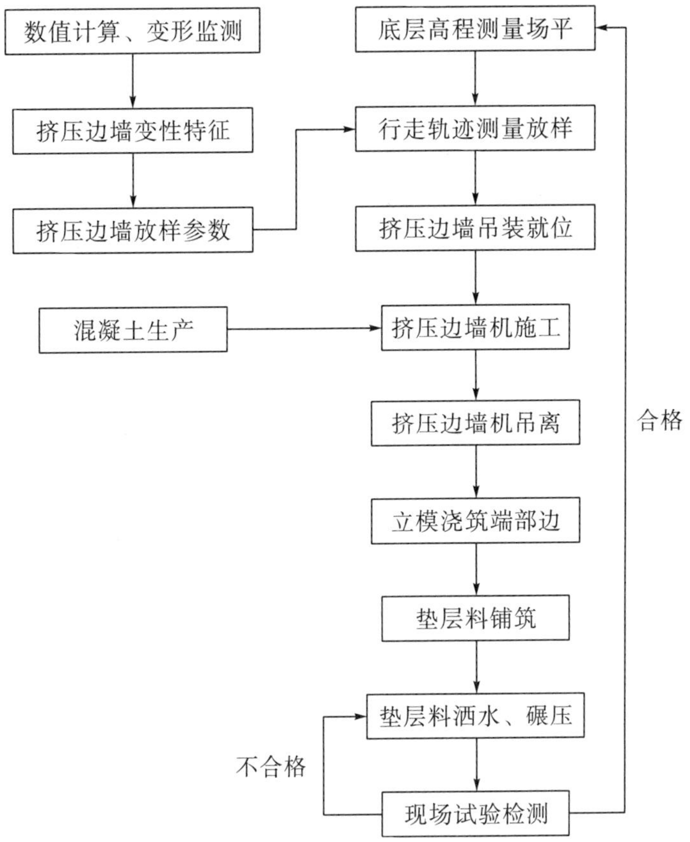

图 6—32　挤压边墙施工流程

随着坝体的填筑上升，施工期挤压边墙会产生朝向上游的鼓出变形，不断累积的变形会导致挤压边墙侵占上游面板结构界线。同时，与垫层料相比，挤压边墙对面板产生较大的刚性约束，若两者变形不协调，也会影响面板的质量和安全。针对这一问题，依托阿尔塔什面板砂砾石坝工程，通过数值计算预测挤压边墙施工期变形特征，给出施工期挤压边墙实际放样参数。

(1) 由挤压边墙施工期变形计算结果可知：①沿坝轴线方向，$0H \sim 0.5H$ 坝高范围内靠近左岸（右岸）挤压边墙变形分别向左岸（右岸）偏移，左岸变形量最大值−2.9cm，右岸变形量最大值 4.6cm；而 $0.5H \sim 1.0H$ 坝高范围变形规律相反，靠近右岸（左岸）挤压边墙产生朝向左岸（右岸）的变形。②沿顺河流方向，位于主河道中心约 $0.25H$ 坝高处挤压边墙变形量最大值达到 16.6cm，以该区域往外呈椭圆分布较大范围，变形量−10.0～−4.0cm，约占 $0.6S$。在左、右岸坡靠近坝顶高程一定范围内挤压边墙变形量较小，为−1.5～0cm，甚至局部产生朝向下游的变形。③沿竖直方向，施工期堆石体的沉降直接导致挤压边墙的同步沉降变形。挤压边墙中部约占 $0.7S$ 区域沉降变形量分布在−14.0～−8.0cm，而靠近挤压边墙左侧、右侧、底部由于约束作用以及顶部一定范围内的沉降变形量较小，为−4～−2cm。

(2) 由施工放样参数可知，同一坝体横剖面下挤压边墙变形量表现为在 $0.2H \sim 0.3H$ 处达到最大值，越往上靠近坝顶高程，挤压边墙变形量越小。不同剖面下，最靠近左岸的坝 0+030.397m 剖面和最靠近右岸的坝 0+624.158 剖面的变形量最小，挤压边墙在靠近岸坡局部很小区域会产生朝向内侧的变形，变形量较小，为 1.0～2.0cm，可不进行放样参数的调整。由于坝 0+365.061m 和坝 0+397.500m 剖面靠近主河床位置，挤压边墙变形特征大致相同，变形量较大。其中，坝 0+397.500m 剖面在高程 1690.00m 变形量达到 16.6cm，沿高程方向往上逐渐减小至靠近坝顶处变形量仅 1.5cm。

(3) 同一高程下，挤压边墙变形整体表现为沿着坝轴线方向由左、右两侧向主河床逐渐变大，靠近左、右岸两侧的挤压边墙变形量较小，位于主河道的坝体横剖面变形量最大，即“中间大，两头小”。对比不同高程下挤压边墙的变形量发现，越靠近坝顶高程，变形量越小，如高程1800.00m和1815.00m下最大变形量仅为3.0cm、1.5cm，而左、右岸附近的变形几乎可以忽略不计，左岸附近变形量0.3～0.6cm，右岸附近变形量0.5～0.8cm。

通过数值计算实现挤压边墙施工期变形特征和变形量预测，根据不同坝体横剖面和不同高程下的变形量，给出一种挤压边墙施工期放样参数确定方法。在挤压边墙施工测量放样时，在挤压边墙原设计线的基础上再往下游收放该位置的相应变形量，避免施工期挤压边墙变形侵占面板结构界限。

6.5 级配离散砂砾石料填筑质量控制指标和方法

6.5.1 坝料最大、最小干密度研究

开展混凝土面板堆石坝筑坝砂砾料现场和室内相对密度试验，根据试验结果合理确定筑坝全级配料对应的最大、最小干密度，为下一步碾压参数的确定提供基础参数，从而确保大坝压实质量达到设计要求。现场试验使用原级配料，最大粒径600mm；室内试验使用等量替代法制备的模型级配料，最大粒径300mm。最小干密度采用松填法，最大干密度现场采用振动碾压法，室内采用表面振动法。通过对不同原型级配料和模型级配料的最大干密度及最小干密度的对比分析，揭示粗砾含量、替代量与现场和室内试验的最大、最小干密度的特性关系。

6.5.1.1 主堆石区砂砾料

1. 原级配现场相对密度试验

（1）试验方案。

试验采用料场风干砂砾料，按级配人工配料，分别对设计平均线级配、上包线级配、下包线级配、上平均线级配、下平均线级配的5个不同砾石含量进行原级配现场相对密度试验。试验时，可增加其他不同砾石含量和料场颗粒级配变化较大的实际颗分线砾石含量级配进行对比试验。最后对试验确定的最优砾石含量进行校核试验。

（2）主要试验设备。

分别采用2组密度桶：带底无盖钢桶，直径1.2m，高0.8m；带底无盖钢桶，直径1.8m，高1m。现场密度桶安放如图6-33所示。

图 6－33　现场密度桶安放

（3）最小干密度试验。

原型级配试验时，先进行最小干密度试验，再振动碾压至最大干密度。最小干密度试验采用人工松填法进行。

①按试验级配和用料总量称量各粒组的土，将称量的各粒组的土摊铺在试验场地旁彩条布上拌合均匀。

②将拌匀的砂砾料称重后均匀松填于密度桶中，装填时，将试样轻轻放入桶内，防止冲击和振动。

③填至桶顶后，用一平直工具对桶顶面找平。根据装填的总土重量和密度桶体积计算最小干密度。

（4）最大干密度试验。

最大干密度试验在最小干密度试验完成后进行，步骤如下：

①将中心点位置对应标识在试验场外，将余下的土料装填并高出桶顶 20cm 左右，用类型和级配大致相同的砂砾料铺填于密度桶四周，高度与试验料平齐。

②将选定的振动碾在场外按预定转速、振幅与频率起动，行驶速度 2～3km/h，振动碾压 26 次后，在每个密度桶范围内微动，进退振动碾压 15min。在碾压过程中，根据试验料及周边料的沉降情况，及时补充料源，使振动碾不与密度桶直接接触。振动碾碾压现场如图 6－34 所示。

图 6－34　振动碾碾压现场

③将桶顶以上多余的土料去除，桶顶找平。

④将桶内试料全部挖出，称量密度桶内砂砾料质量，并进行颗粒分析。根据装填总土重量和密度桶体积计算最大干密度。

（5）试验主要成果。

①1.2m 密度桶试验成果。最大干密度、最小干密度根据砂砾料原级配现场相对密度试验进行，采用设计上包线级配、上平均线级配、平均线级配、下平均线级配、下包线级配 5 个不同砾石含量配料。根据设计级配选择砾石含量 75.0%、78.0%、81.0%、84.0%、87.0%作为相对密度试验级配。另外，增加砾石含量为 69.0%、71.0%两组级配进行一组试验。在原型级配相对密度试验中，不同砾石含量对应的最大干密度、最小干密度见表 6—21。

表 6—21　不同砾石含量所对应的最大干密度、最小干密度

砾石含量（%）	69.0	71.0	75.0	78.0	81.0	84.0	87.0
最大干密度（g/cm^3）	2.350	2.362	2.421	2.425	2.397	2.368	2.339
最小干密度（g/cm^3）	1.958	1.977	2.033	2.057	2.018	1.976	1.945

②1.8m 密度桶试验成果。最大干密度、最小干密度根据砂砾料原级配现场相对密度试验进行，采用设计上包线级配、上平均线级配、平均线级配、下平均线级配、下包线级配 5 个不同砾石含量配料。根据设计级配选择砾石含量 75.0%、78.0%、81.0%、84.0%、87.0%作为相对密度试验级配。另外，增加砾石含量为 69.0%、71.0%两组级配进行一组试验。在原型级配相对密度试验中，不同砾石含量对应的最大干密度、最小干密度见表 6—22。

表 6—22　不同砾石含量所对应的最小干密度、最大干密度

砾石含量（%）	69.0	71.0	75.0	78.0	81.0	84.0	87.0
最大干密度（g/cm^3）	2.353	2.383	2.424	2.433	2.403	2.374	2.343
最小干密度（g/cm^3）	1.962	2.008	2.054	2.078	2.061	2.017	1.978

③1.0m 密度桶试验成果。对主堆石区砂砾料补充进行一组直径 1.0m 密度桶室内大型相对密度试验，试验料级配接近原级配。考虑到大坝施工过程中，上坝土料的不均匀性，分别进行设计上包线级配、平均线级配、下包线级配、上平均线级配和下平均线级配的相对密度试验，并对砂砾石料上包上扩的一组级配进行相对密度试验。室内大型相对密度砂砾石料试验结果见表 6—23，试验级配曲线如图 6—35 所示。

表 6—23　室内大型相对密度砂砾石料试验结果

P5 含量（%）	70.0	71.0	75.0	77.8	80.7	83.6	86.5
最大干密度（g/cm^3）	2.355	2.351	2.415	2.406	2.383	2.344	2.312
最小干密度（g/cm^3）	1.983	1.964	2.051	2.043	2.014	1.986	1.952
D_r=0.90 对应干密度（g/cm^3）	2.312	2.306	2.373	2.364	2.340	2.302	6.570

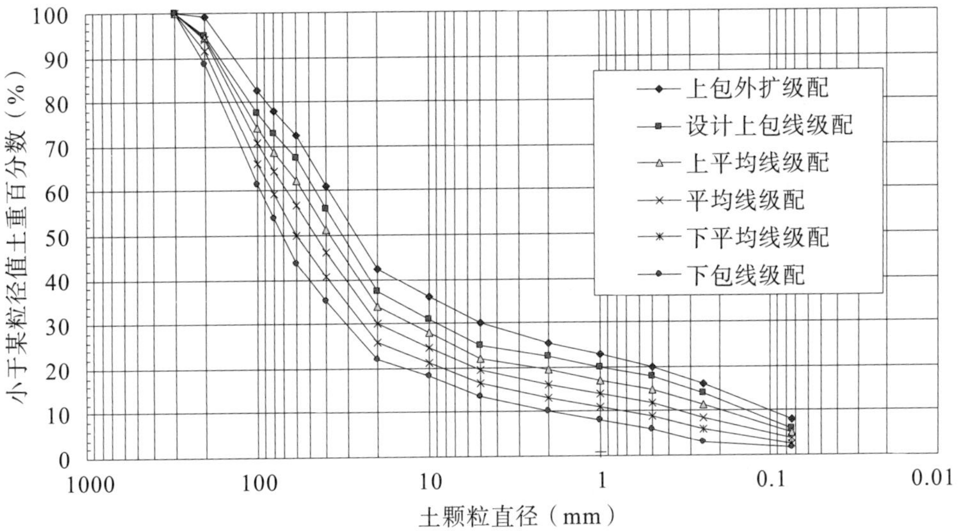

图 6-35　室内大型相对密度砂砾石料试验级配曲线

2. 室内振动台法最大、最小干密度

根据《土工试验规程》(SL237—1999）试验规程，采用与现场填筑同一料场的同一种砂砾石料分级筛分，将 100mm 以上的剔除，采用等质量替换法按比例缩尺处理，按比例配料，人工掺合后松填入试验桶内，测得最小干密度，再放在震动台上加配重振动 8～10min，直至体积不再变化为止，测得最大干密度。因存在缩尺效应，这种试验方法得到的最大干密度并不接近真实值。

砂砾石料共进行了 6 组最大干密度、最小干密度试验，结果见表 6-24。其中，最大干密度最大值 2.33，最小值 6.57，平均值 6.59；最小干密度最大值 2.00，最小值 1.96，平均值 1.98。按设计指标 $D_r \geqslant 0.90$ 计算，达到设计要求的填筑干密度应大于等于 6.55。

按下式计算相对密度：

$$D_r = \frac{\rho_{d\max}(\rho_{d0} - \rho_{d\min})}{\rho_{d0}(\rho_{d\max} - \rho_{d\min})}$$

或

$$D_r = \frac{e_{\max} - e_0}{e_{\max} - e_{\min}}$$

式中，D_r 为相对密度；ρ_{d0} 为天然状态下或人工填筑的干密度，g/cm^3；$\rho_{d\max}$ 为最大干密度，g/cm^3；$\rho_{d\min}$ 为最小干密度，g/cm^3。

表 6-24　砂砾石料试验参数

砾石含量（%）	77.1	77.6	80.8	81.0	82.0	82.3	82.6	82.9	83.9
D_r=0.90 对应干密度（g/cm^3）	2.30	6.59	6.57	6.56	6.56	6.56	6.55	6.54	6.53
最大干密度（g/cm^3）	2.33	2.32	2.30	6.59	6.59	6.59	6.58	6.57	6.56
最小干密度（g/cm^3）	2.00	1.99	1.99	1.98	1.98	1.97	1.97	1.96	1.94

6.5.1.2　过渡料

按照《土石筑坝材料碾压试验规程》(NB/T 35016—2013）中砂砾料原级配现场相对密度试验进行最大干密度、最小干密度试验。采用密度桶为带底无盖钢桶，直径 1.0m，高 0.5m，壁厚12m。

最大干密度、最小干密度根据过渡料原级配现场相对密度试验进行，采用设计上包线级配、上平均线级配、平均线级配、下平均线级配、下包线级配5个不同砾石含量配料。根据设计级配选择砾石含量66.0%、69.7%、73.5%、77.2%、81.0%作为相对密度试验级配。砂砾石过渡料现场相对密度试验原型级配曲线如图6-36所示。

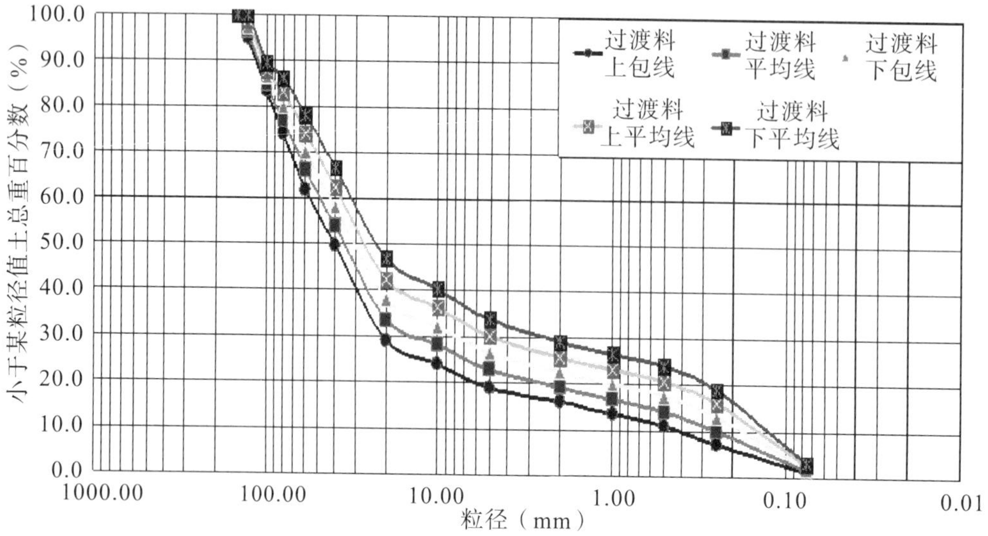

图6-36　砂砾石过渡料现场相对密度试验原型级配曲线

过渡料相对密度试验不同砾石含量所对应的最大干密度、最小干密度见表6-25，关系曲线如图6-37所示。

表6-25　过渡料相对密度试验不同砾石含量所对应的最小干密度、最大干密度

砾石含量（%）	66.0	69.7	73.5	77.2	81.0
最大干密度（g/cm^3）	2.34	2.41	2.44	2.42	2.39
最小干密度（g/cm^3）	1.93	2.04	2.07	2.05	1.99

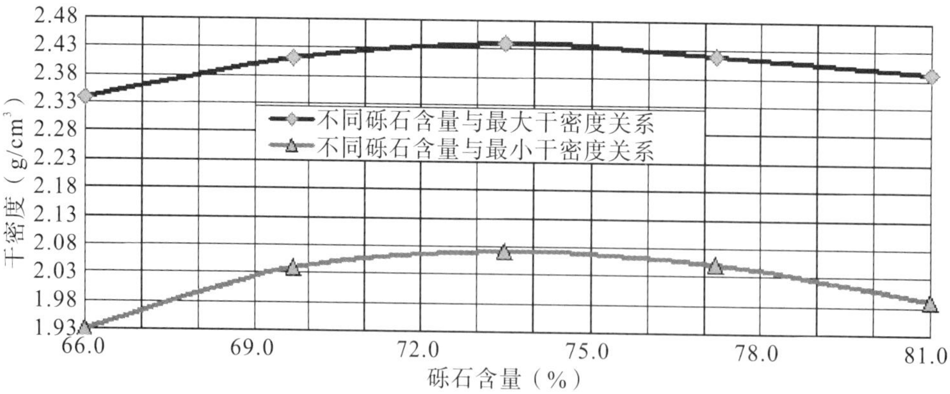

图6-37　过渡料相对密度试验不同砾石含量对应的最大干密度、最小干密度关系曲线

由表6-25可知，最大干密度为2.34~2.44g/cm^3。当砾石含量为73.5%时，最大干密度、最小干密度有最大值，分别为2.44g/cm^3和2.07g/cm^3，

6.5.1.3 垫层料

按照《土石筑坝材料碾压试验规程》(NB/T 35016—2013)中砂砾料原级配现场相对密度试验进行最大干密度、最小干密度试验。采用密度桶为带底无盖钢桶,直径1.0m,高0.5m,壁厚12m。

最大干密度、最小干密度根据垫层料原级配现场相对密度试验进行,采用设计上包线级配、上平均线级配、平均线级配、下平均线级配、下包线级配5个不同砾石含量配料。根据设计级配选择砾石含量55.0%、58.7%、62.5%、66.2%、70.0%作为相对密度试验级配。砂砾石垫层料相对密度试验配料级配曲线如图6-38所示。

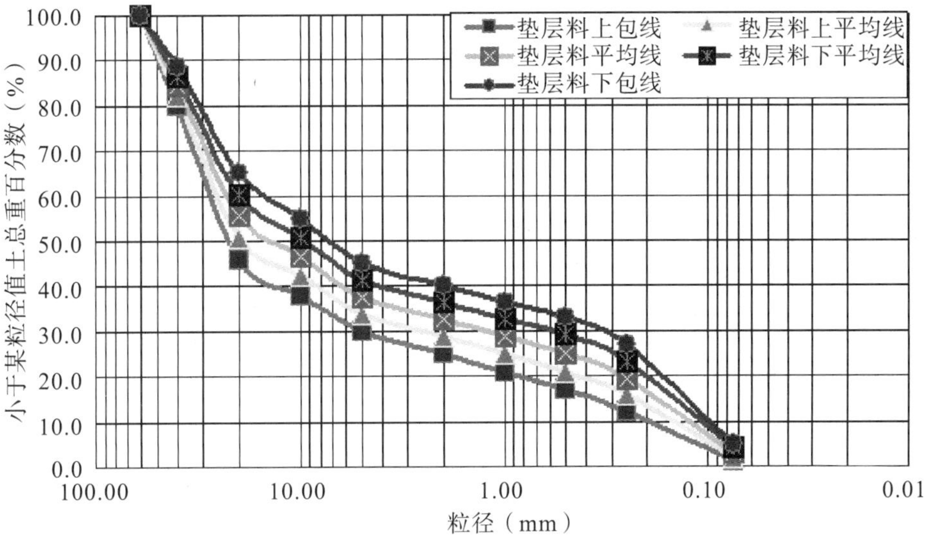

图6-38 砂砾石垫层料相对密度试验配料级配曲线

垫层料相对密度试验不同砾石含量对应的最大干密度、最小干密度见表6-26,关系曲线如图6-39所示。

表6-26 垫层料相对密度试验不同砾石含量对应的最小干密度、最大干密度

砾石含量(%)	55.0	58.7	62.5	66.2	70.0
最大干密度(g/cm^3)	2.36	2.38	2.39	2.40	2.42
最小干密度(g/cm^3)	1.96	1.98	1.99	2.00	2.02

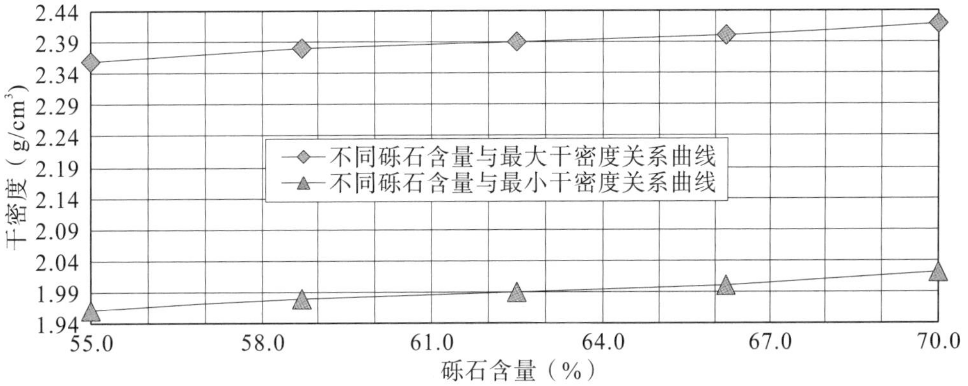

图6-39 垫层料相对密度试验不同砾石含量对应的最大干密度、最小干密度关系曲线

由表 6－26 可知，最大干密度为 2.36～2.42g/cm³。当砾石含量为 70.0％时，最大干密度、最小干密度有最大值，分别为 2.42g/cm³ 和 2.02g/cm³。

6.5.1.4 试验结果

1. 密度桶直径对干密度的影响

（1）对最大干密度的影响。不同密度桶的最大干密度见表 6－27，对比如图 6－40 所示。

表 6－27 不同密度桶的最大干密度

砾石含量（％）	69.0	71.0	75.0	78.0	81.0	84.0	87.0
1.0m 密度桶	2.348		2.415	2.406	2.383	2.344	2.312
1.2m 密度桶	2.350	2.362	2.421	2.425	2.397	2.368	2.339
1.8m 密度桶	2.353	2.383	2.424	2.433	2.403	2.374	2.343

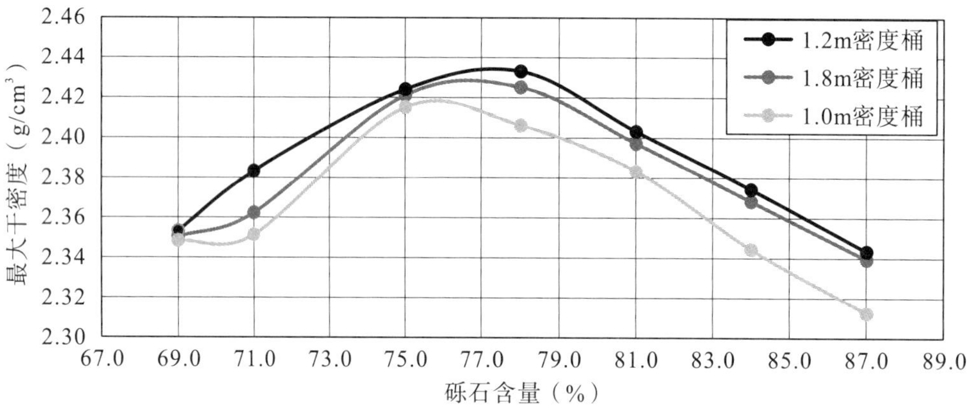

图 6－40 不同密度桶的最大干密度对比

从主堆石区砂砾料不同密度桶的最大干密度统计表和对比图可以看出，密度桶直径约束对砂砾料最大干密度试验结果的影响较大，采用 1.0m 密度桶进行室内试验的偏差较大，一方面是受室内击实条件限制，另一方面是受密度桶直径限制。砾石含量在 75.0％以下时偏差较小，砾石含量在 75％～87％时偏差较大。密度桶直径越大，最大干密度越接近真实值。

（2）对最小干密度的影响。不同密度桶的最小干密度见表 6－28，对比如图 6－41 所示。

表 6－28 不同密度桶的最小干密度

砾石含量（％）	69.0	71.0	75.0	78.0	81.0	84.0	87.0
1.0m 密度桶	1.953	1.964	2.051	2.043	2.014	1.986	1.952
1.2m 密度桶	1.958	1.977	2.033	2.057	2.018	1.976	1.945
1.8m 密度桶	1.962	2.008	2.054	2.078	2.061	2.017	1.978

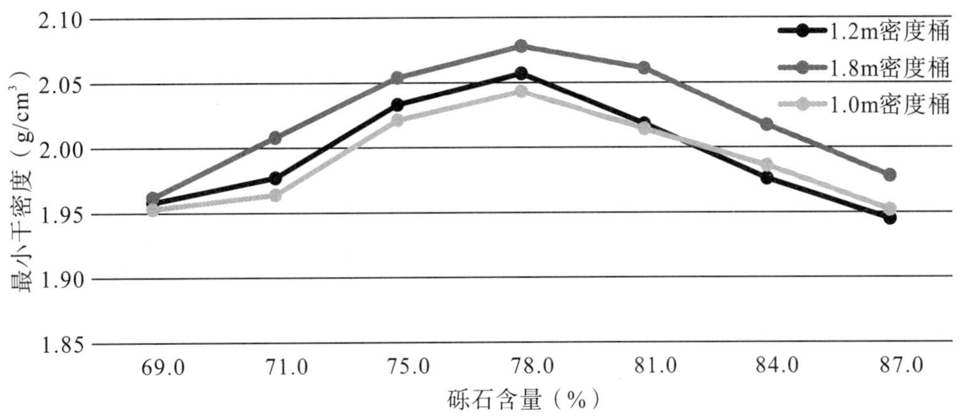

图 6－41　不同密度桶的最小干密度对比

从主堆石区砂砾料不同密度桶最小干密度试验统计表和对比图可以看出，1.0m 密度桶室内最小干密度试验总体趋势在三种密度桶中最小。说明密度桶直径越大，得出的最小干密度越接近真实值。

（3）最大干密度、最小干密度偏差对比。不同密度桶最大干密度、最小干密度偏差见表6－29、表 6－30，对比如图 6－42、图 6－43 所示。

表 6－29　1.8m 与 1.2m 密度桶最大干密度偏差、最小干密度偏差

砾石含量（%）	69.0	71.0	75.0	78.0	81.0	84.0	87.0
最小干密度偏差	0.004	0.031	0.021	0.021	0.043	0.041	0.033
最大干密度偏差	0.003	0.021	0.003	0.008	0.006	0.006	0.004
偏差	0.001	0.010	0.018	0.013	0.037	0.035	0.029

表 6－30　1.8m 与 1.0m 密度桶最大干密度偏差、最小干密度偏差

砾石含量（%）	69	71	75	78	81	84	87
最小干密度偏差	0.005	0.032	0.009	0.027	0.02	0.03	0.031
最大干密度偏差	0.009	0.044	0.033	0.035	0.047	0.031	0.026

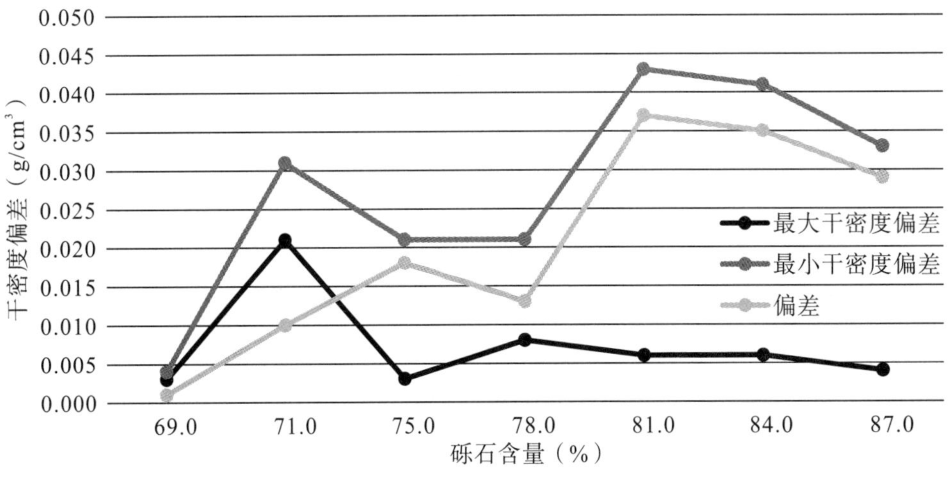

图 6－42　1.8m 与 1.2m 密度桶最大干密度偏差、最小干密度偏差对比

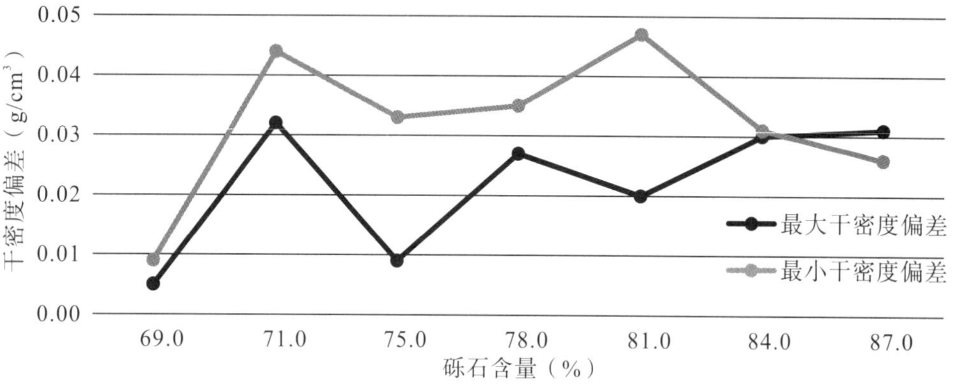

图 6-43　1.8m 与 1.0m 密度桶最大干密度偏差、最小干密度偏差对比

从最大干密度、最小干密度偏差统计及对比图可知，最小干密度偏差比最大干密度偏差大-0.005~0.037，说明密度桶直径对最小干密度的影响比对最大干密度的影响大，即砂砾料松散状态比密实状态更易受约束影响。

（4）小结。

对主堆石区砂砾料分别采用 1.0m、1.2m 和 1.8m 密度桶进行原级配现场相对密度试验，结果表明：①不同直径密度桶对主堆石区砂砾料相对密度试验（包括最大干密度试验和最小干密度试验）结果存在影响，密度桶直径越大，对应的最大干密度、最小干密度越大，试验结果越接近现场真实值；②不同直径密度桶对最大干密度、最小干密度试验结果的影响程度不一，试验表明，密度桶直径对最小干密度试验结果的影响要大于对最大干密度试验结果的影响，即砂砾料松散状态比密实状态更易受约束影响。

2. 砾石含量对干密度的影响

（1）主堆石区砂砾料。在主堆石区砂砾料设计级配包线范围内及其附近，砾石含量对最大干密度有显著影响，当砾石含量约为 78.0%时达到最优，最大干密度 2.43g/cm³，最小干密度 2.08g/cm³。对最优级配，相对密度 0.90 对应干密度 2.39g/cm³。不同密度桶相对密度试验结果如图 6-44、图 6-45 所示。

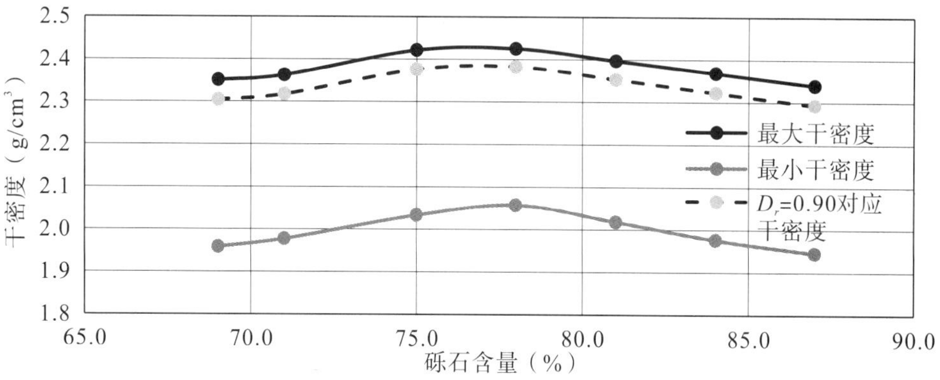

图 6-44　1.2m 密度桶相对密度试验结果

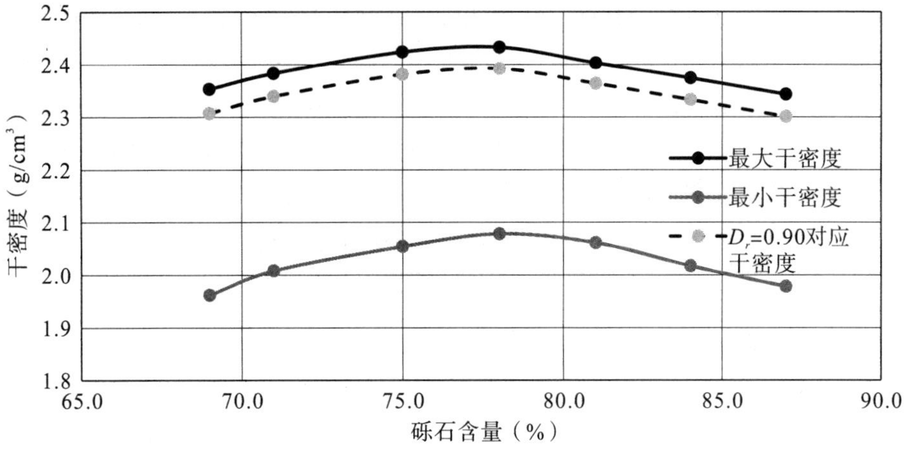

图6—45 1.8m密度桶相对密度试验结果

（2）过渡料。在过渡料设计级配包线范围内及其附近，砾石含量对最大干密度有显著影响，当砾石含量约为73.5%时达到最优，最大干密度2.44g/cm³，最小干密度2.07g/cm³。对最优级配，相对密度0.90对应干密度2.40g/cm³。过渡料相对密度试验结果如图6—46所示。

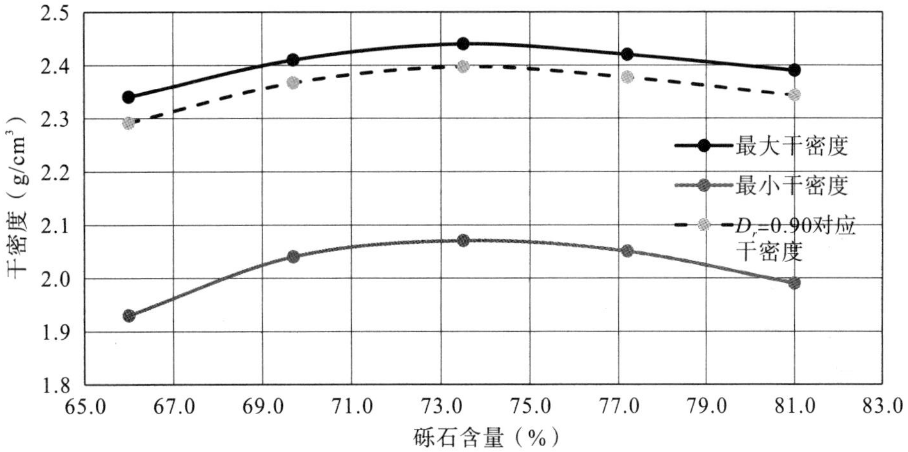

图6—46 过渡料相对密度试验结果

（3）垫层料。在垫层料设计级配包线范围内及其附近，砾石含量对最大干密度有显著影响，当砾石含量约为70.0%时达到最优，最大干密度2.42g/cm³，最小干密度2.02g/cm³。对最优级配，相对密度0.90对应干密度2.37g/cm³。垫层料相对密度试验结果如图6—47所示。

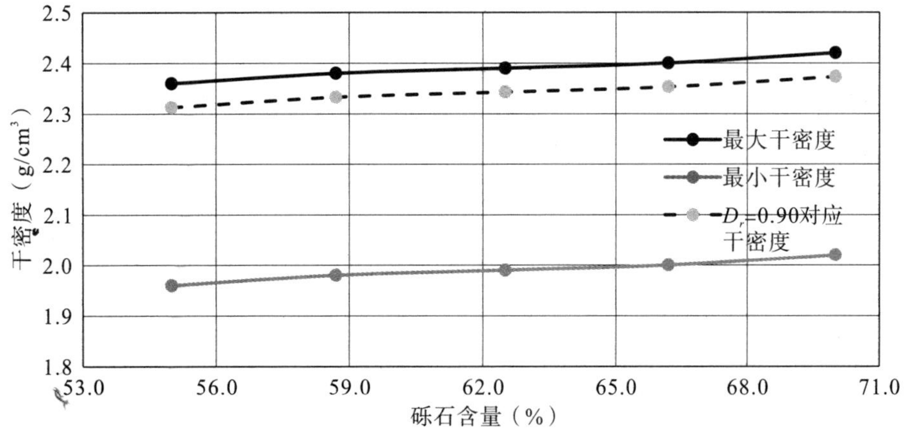

图6—47 垫层料相对密度试验结果

（4）小结。综上可得，不同坝料试验结果均受砾石含量的影响较大。综合分析发现，当坝料砾石含量低于73.0%时，最大干密度、最小干密度随砾石含量的增加而增大；当砾石含量高于78.0%时，坝料最大干密度、最小干密度随砾石含量的增加而减小；除垫层料外，过渡料、砂砾料的最优砾石含量集中在73.0%～78.0%。原级配现场相对密度试验结果见表6－31，各区坝料最大干密度、最小干密度试验结果如图6－48、图6－49所示。

表6－31　原级配现场相对密度试验结果

1.2m密度桶	砾石含量（%）	69.0	71.0	75.0	78.0	81.0	84.0	87.0
	最大干密度（g/cm^3）	2.350	2.362	2.421	2.425	2.397	2.368	2.339
	最小干密度（g/cm^3）	1.958	1.977	2.033	2.057	2.018	1.976	1.945
1.8m密度桶	砾石含量（%）	69.0	71.0	75.0	78.0	81.0	84.0	87.0
	最大干密度（g/cm^3）	2.353	2.383	2.424	2.433	2.403	2.374	2.343
	最小干密度（g/cm^3）	1.962	2.008	2.054	2.078	2.061	2.017	1.978
砾石含量（%）		66.0	69.7	73.5	77.2	81.0	备注	
过渡料最大干密度（g/cm^3）		2.34	2.41	2.44	2.42	2.39	1.0m密度桶	
过渡料最小干密度（g/cm^3）		1.93	2.04	2.07	2.05	1.99		
砾石含量（%）		55.0	58.7	62.5	66.2	70.0	1.0m密度桶	
垫层料最大干密度（g/cm^3）		2.36	2.38	2.39	2.40	2.42		
垫层料最小干密度（g/cm^3）		1.96	1.98	1.99	2.00	2.02		

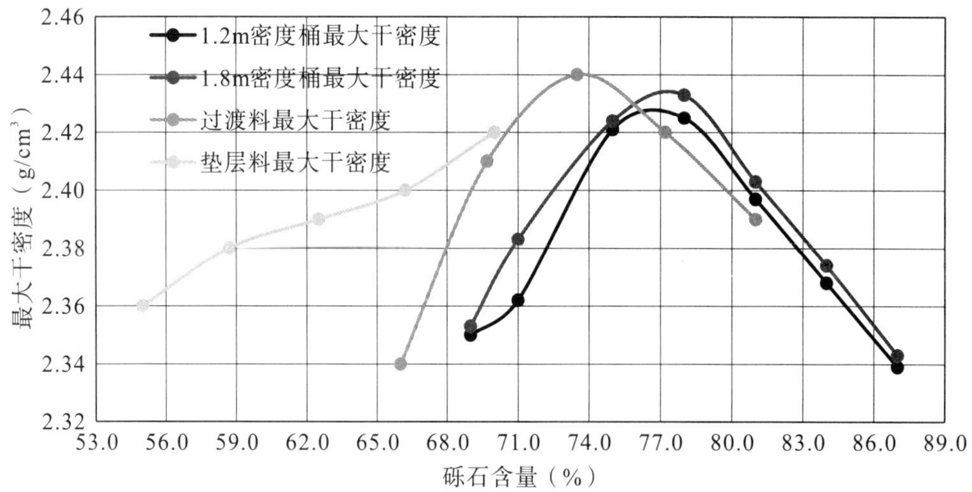

图6－48　各区坝料最大干密度试验结果

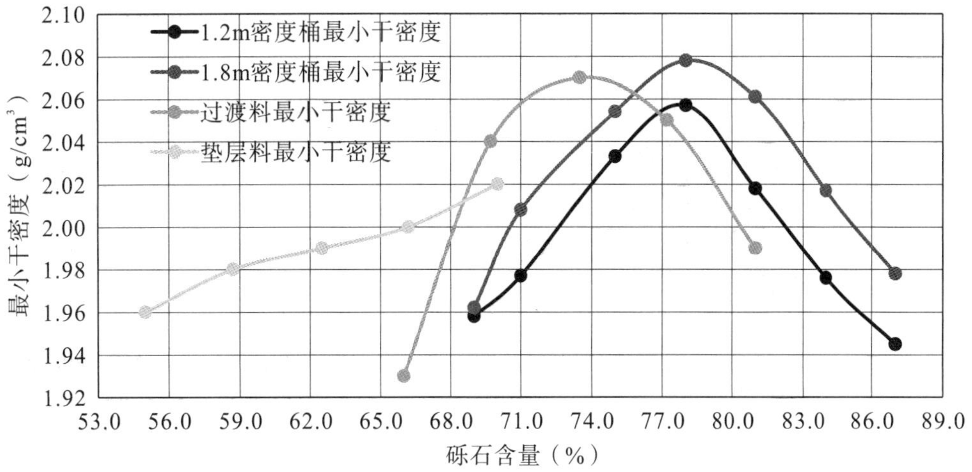

图 6-49　各区坝料最小干密度试验结果

3. 最大粒径对干密度影响

为对比最大粒径对砂砾料相对密度试验结果的影响，分别对 1.0m 密度桶砾石含量 69.0%～70.0%的砂砾料、过渡料、垫层料，砾石含量 66.0%～66.2%的过渡料、垫层料的试验结果进行对比，试验对比见表 6-32、表 6-33，柱状图如图 6-50、图 6-51 所示。

表 6-32　砾石含量 69.0%～70.0%坝料干密度对比

项目	砂砾料	过渡料	垫层料
最大粒径（mm）	300	150	60
最大干密度（g/cm³）	2.355	2.41	2.42
最小干密度（g/cm³）	1.983	2.04	2.02

表 6-33　砾石含量 66.0%～66.2%坝料干密度对比

项目	过渡料	垫层料
最大粒径（mm）	150	60
最大干密度（g/cm³）	2.34	2.4
最小干密度（g/cm³）	1.93	2.0

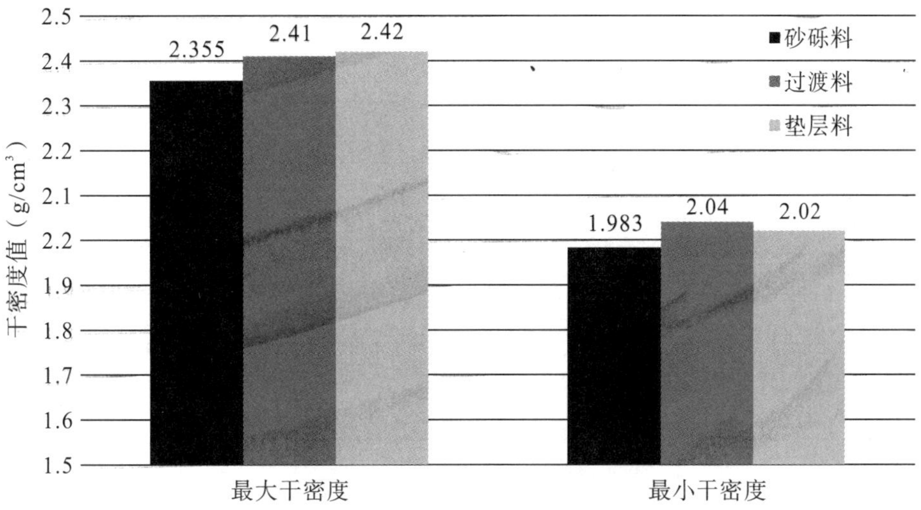

图 6-50　砾石含量 69.0%～70.0%坝料干密度对比柱状图

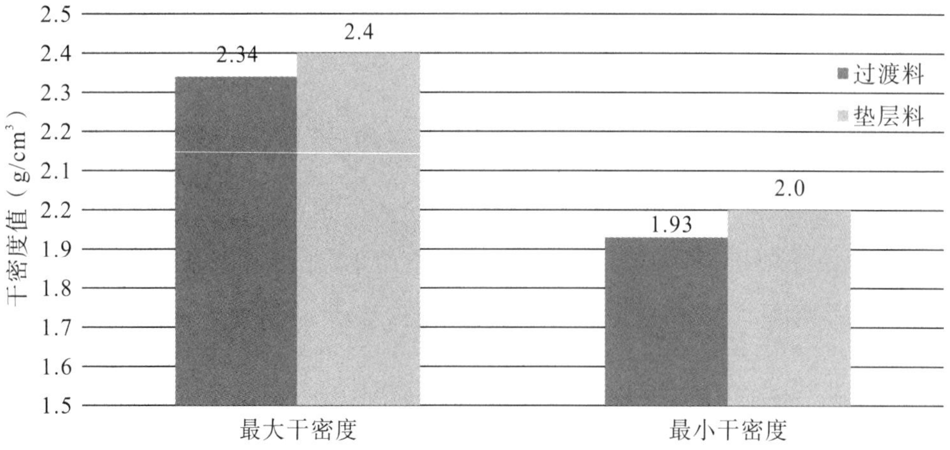

图 6-51　砾石含量 66.0%～66.2%坝料干密度对比柱状图

通过对比发现，相同试验方法、砾石含量的情况下，最大粒径不同的砂砾料的最大干密度、最小干密度存在一定差别。在相同试验方法、砾石含量的情况下，最大干密度为：垫层料>过渡料>砂砾料，即最大粒径越小，最大干密度越大。当砾石含量为 69.0%～70.0%时，过渡料的最小干密度比垫层料大，当砾石含量为 66.0%～66.2%时，垫层料的最小干密度比过渡料大，未发现明显规律。

6.5.2　现场碾压试验

6.5.2.1　碾压次数对压实度影响

采用不同振动碾，在其他参数相同的情况下，对 26T、32T 振动碾碾压砂砾料不同次数的压实度的影响进行分析。得出不同碾压次数对压实度的影响。

（1）26T 振动碾砂砾料碾压试验。

分别采用洒水 5%、10%及 60cm、80cm 两种不同铺料厚度对砂砾料进行现场碾压试验，26T 振动碾砂砾料试验相对密度成果见表 6-34，26T 振动碾砂砾料试验碾压次数与相对密度关系如图 6-52 所示，26T 振动碾砂砾料试验碾压次数与相对密度偏差关系如图 6-53 所示。

表 6-34　26T 振动碾砂砾料试验相对密度成果

铺料厚度	碾压次数					
	6 次	8 次	10 次	12 次	14 次	16 次
80cm（洒水 5%）	0.77	0.83	0.87	0.9	0.93	0.95
碾压 2 次偏差		0.06	0.04	0.03	0.03	0.02
80cm（洒水 10%）	0.79	0.85	0.89	0.93	0.96	0.97
碾压 2 次偏差		0.06	0.04	0.04	0.03	0.01
60cm（洒水 5%）	0.8	0.86	0.9	0.93	0.96	0.98
碾压 2 次偏差		0.06	0.04	0.03	0.03	0.02
60cm（洒水 10%）	0.84	0.89	0.93	0.96	0.98	0.99
碾压 2 次偏差		0.05	0.04	0.03	0.02	0.01

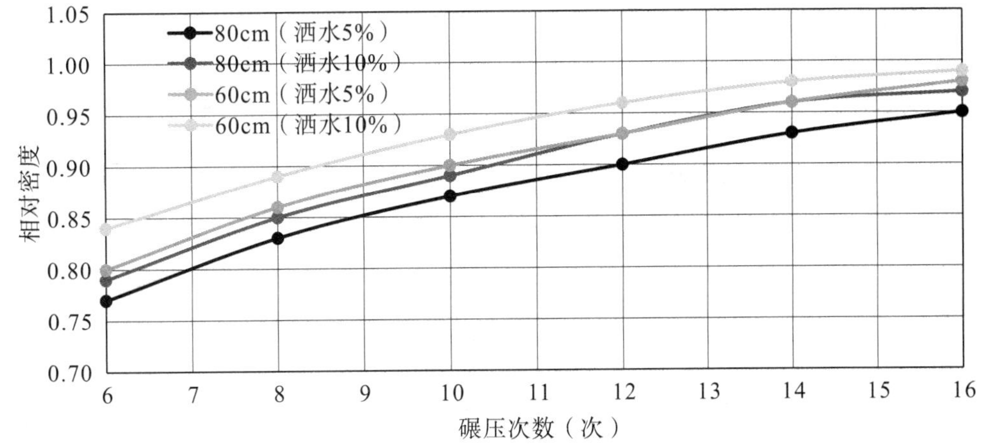

图 6-52　26T 振动碾砂砾料试验碾压次数与相对密度关系

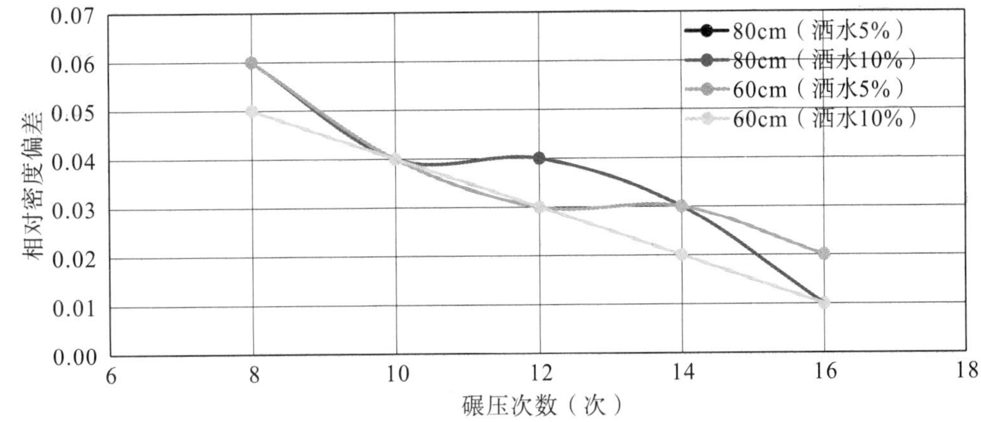

图 6-53　26T 振动碾砂砾料试验碾压次数与相对密度偏差关系

砂砾料相对密度总体趋势伴随碾压次数的增加而增大，但随着碾压密实度增加，压实效率逐渐降低。碾压 6 次至碾压 8 次时相对密度平均增大 0.06，碾压 8 次至碾压 10 次时相对密度平均增大 0.04，碾压 10 次至碾压 12 次时相对密度平均增大 0.03，碾压 12 次至碾压 14 次时相对密度平均增大 0.03，碾压 14 次至碾压 16 次时相对密度平均增大 0.02。

（2）32T 振动碾砂砾料试验。

32T 振动碾砂砾料试验相对密度成果见表 6-35，32T 振动碾砂砾料试验碾压次数与相对密度关系如图 6-54 所示，32T 振动碾砂砾料试验碾压次数与相对密度偏差关系如图 6-55 所示。

表 6-35　32T 振动碾砂砾料试验相对密度成果

铺料厚度	碾压次数			
	6 次	8 次	10 次	12 次
80cm（洒水 10%，行驶速度 2.0km/h）	0.86	0.92	0.95	0.97
碾压 2 次偏差		0.06	0.03	0.02
80cm（洒水 10%，行驶速度 3.0km/h）	0.82	0.88	0.92	0.94
碾压 2 次偏差		0.06	0.04	0.02

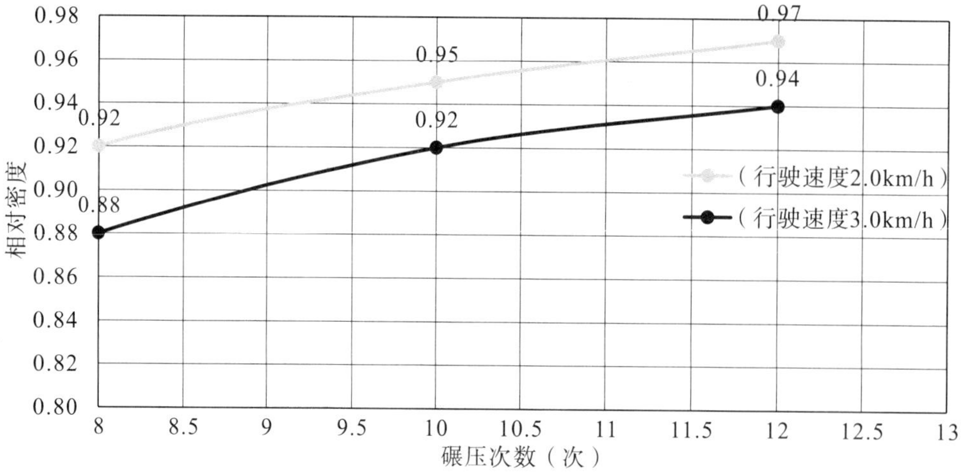

图 6—54　32T 振动碾砂砾料试验碾压次数与相对密度关系

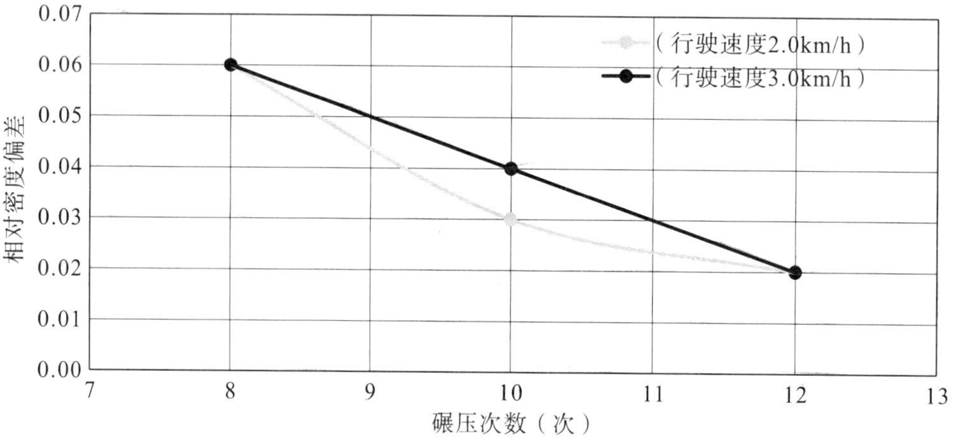

图 6—55　32T 振动碾砂砾料试验碾压次数与相对密度偏差关系

砂砾料相对密度总体趋势伴随碾压次数的增加而增大，但随着碾压密实度的增加，压实效率逐渐降低。碾压 6 次至碾压 8 次时相对密度平均增大 0.06，碾压 8 次至碾压 10 次时相对密度平均增大 0.04，碾压 10 次至碾压 12 次时相对密度平均增大 0.02。

（3）26T 振动碾垫层料试验。

26T 振动碾垫层料试验相对密度成果见表 6—36，26T 振动碾垫层料试验碾压次数与相对密度关系如图 6—56 所示。

表 6—36　26T 振动碾垫层料试验相对密度成果

铺料厚度	碾压次数			
	4 次	6 次	8 次	10 次
40cm（行驶速度 2.0km/h）	0.79	0.88	0.93	0.95
碾压 2 次偏差		0.09	0.05	0.02

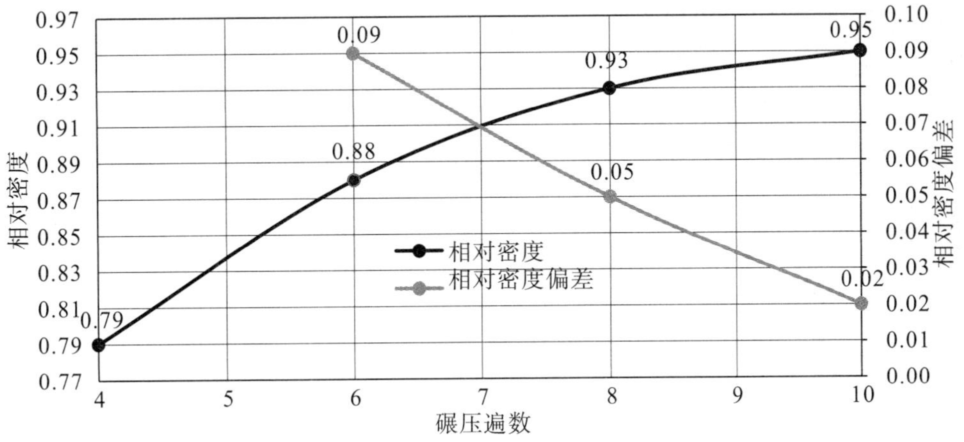

图 6－56　26T 振动碾垫层料试验碾压次数与相对密度关系

垫层料相对密度总体趋势随着碾压次数的增加而增大，但随着碾压密实度的增加，压实效率逐渐降低。碾压 4 次至碾压 6 次时相对密度平均增大 0.09，碾压 6 次至碾压 8 次时相对密度平均增大 0.05，碾压 8 次至碾压 10 次时相对密度平均增大 0.02。

（4）26T 振动碾过渡料碾压试验。

26T 振动碾过渡料试验相对密度成果见表 6－37，26T 振动碾过渡料试验碾压次数与相对密度关系如图 6－57 所示。

表 6－37　26T 振动碾过渡料碾压试验相对密度成果

铺料厚度	碾压次数			
	4 次	6 次	8 次	10 次
40cm（行驶速度 2.0km/h）	0.78	0.86	0.92	0.95
碾压 2 次偏差		0.09	0.05	0.02

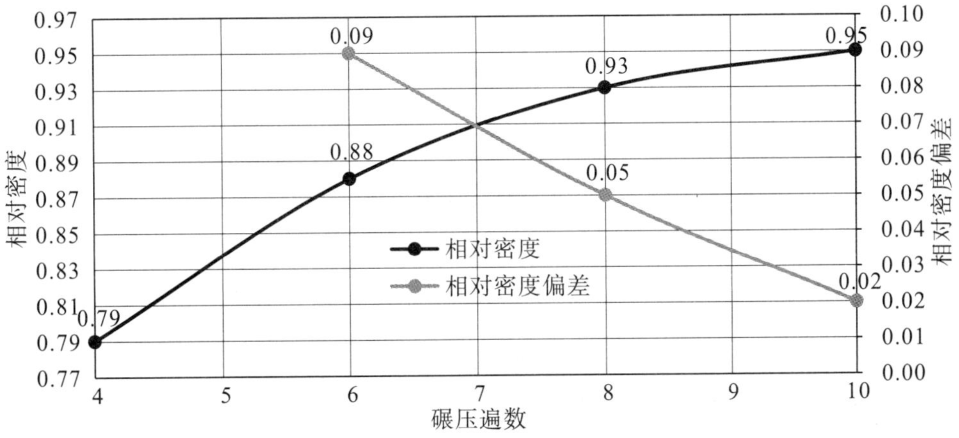

图 6－57　26T 振动碾过渡料试验碾压次数与相对密度关系

过渡料碾压相对密度变化趋势与垫层料相同，呈现相同的相对密度和变化幅度。

（5）小结。

砂砾料碾压相对密度总体趋势随着碾压次数的增加而增大，通过对不同碾压机具、铺料厚度、加水量、行走速度等参数不同试验结果的对比发现，砂砾料碾压 6 次后，相对密度变化幅度受不同碾压机具、铺料厚度、加水量、行驶速度参数的影响较小，其相对密度呈规律性变化，即砂砾料碾压6次后随着碾压密实度的增加，压实效率逐渐降低。碾压6次至碾压8次时相对密度增大0.05～0.06，碾压8次至碾压10次时相对密度平均增大0.03～0.04，碾压10次至碾压12次时相对密度增大0.02～0.04，碾压12次至碾压14次时相对密度增大0.02～0.03，碾压14次至碾压16次时相对密度增大0.01～0.02。砂砾料碾压次数与相对密度变化关系如图6-58所示。

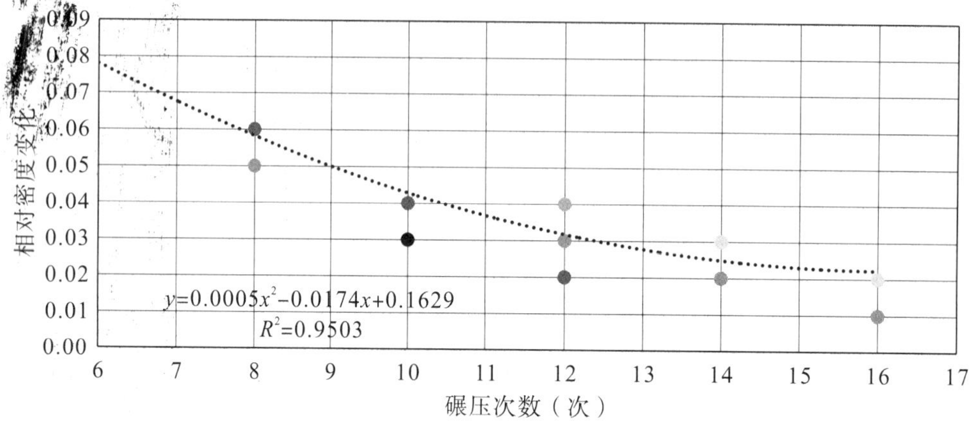

图6-58 砂砾料碾压次数与相对密度变化关系

过渡料与垫层料采用相同振动碾进行碾压，行驶速度、铺料厚度等参数相同，其在碾压4次后相对密度变化呈现相同的变化规律，即过渡料、垫层料相对密度总体趋势随着碾压次数的增加而增大，但碾压4次后随着碾压密实度的增加，压实效率逐渐降低。碾压4次至碾压6次时相对密度平均增大0.09，碾压6次至碾压8次时相对密度平均增大0.05，碾压8次至碾压10次时相对密度平均增大0.02。图6-59过渡料、垫层料碾压次数与相对密度变化关系如图6-59所示。

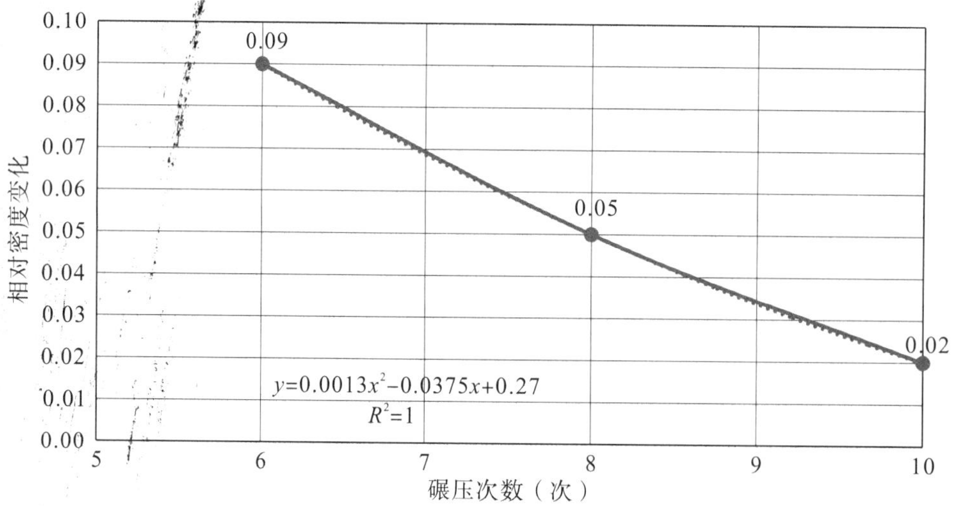

图6-59 过渡料、垫层料碾压次数与相对密度变化关系

6.5.2.2 铺料厚度对压实度影响

（1）26T振动碾砂砾料试验。

对砂砾料分别采用60cm、80cm以26T振动碾（其他参数相同）进行试验，在碾压6次后对压实质量进行检测。26T振动碾砂砾料试验相对密度成果见表6-38，26T振动碾砂砾料试验不同铺料厚度与相对密度关系如图6-60所示。

表 6－38　26T 振动碾砂砾料试验相对密度成果

铺料厚度	碾压次数					
	6 次	8 次	10 次	12 次	14 次	16 次
80cm（洒水 5%）	0.77	0.83	0.87	0.90	0.93	0.95
60cm（洒水 5%）	0.80	0.86	0.90	0.93	0.96	0.98
碾压 2 次偏差	0.03	0.03	0.03	0.03	0.03	0.03
80cm（洒水 10%）	0.79	0.85	0.89	0.93	0.96	0.97
60cm（洒水 10%）	0.84	0.89	0.93	0.96	0.98	0.99
碾压 2 次偏差	0.05	0.04	0.04	0.03	0.02	0.02
平均偏差	0.04	0.035	0.035	0.03	0.025	0.025

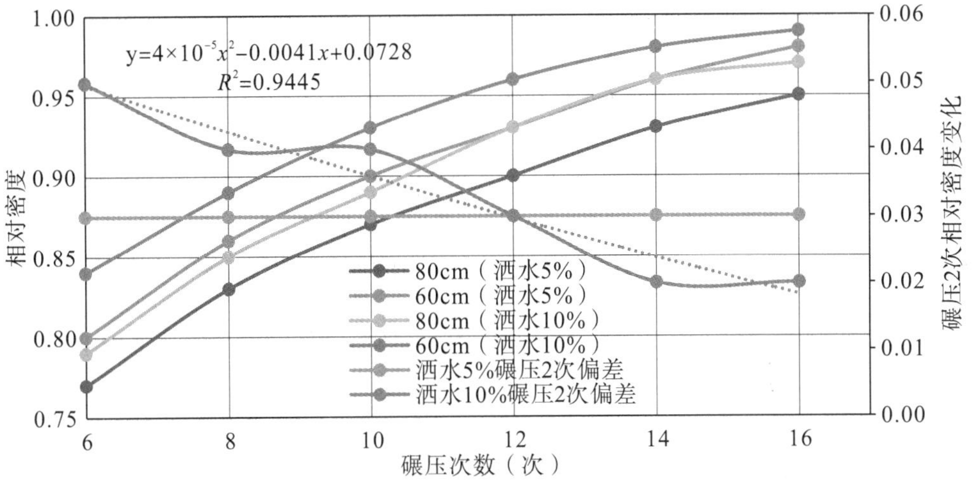

图 6－60　26T 振动碾砂砾料试验不同铺料厚度与相对密度关系

通过对比试验可以看出，在相同碾压次数下，采用 60cm 铺料厚度比采用 80cm 铺料厚度的相对密度要大 0.02～0.05。但不同加水量间存在一定差别，采用 5%加水量时，偏差值稳定在 0.03；采用 10%加水量时，偏差值为 0.02～0.05。通过曲线拟合发现，其变化总体趋势随碾压次数的增加而减小。

（2）32T 振动碾砂砾料试验。

对砂砾料分别采用 60cm、80cm、100cm 以 32T 振动碾（其他参数相同）进行试验，碾压 6 次后对压实质量进行检测。32T 振动碾砂砾料试验相对密度成果见表 6－39，32T 振动碾砂砾料试验不同铺料厚度与相对密度关系如图 6－61 所示。

表 6－39　32T 振动碾砂砾料试验相对密度成果

铺料厚度	碾压次数			
	6 次	8 次	10 次	12 次
60cm（不洒水）	0.82	0.87	0.89	0.91
80cm（不洒水）	0.72	0.79	0.84	0.86
100cm（不洒水）	0.67	0.77	0.81	0.85
60cm 与 80cm 碾压 2 次偏差	0.1	0.08	0.05	0.05

续表

铺料厚度	碾压次数			
	6 次	8 次	10 次	12 次
60cm 与 100cm 碾压 2 次偏差	0.15	0.1	0.08	0.06
80cm 与 100cm 碾压 2 次偏差	0.05	0.02	0.03	0.01

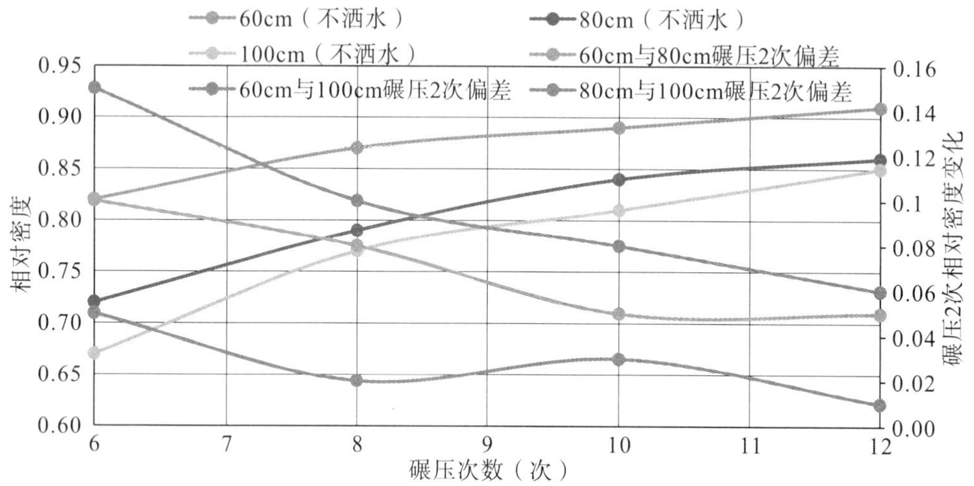

图 6－61　32T 振动碾砂砾料试验不同铺料厚度与相对密度关系

通过对比试验可以看出，在相同碾压次数下，采用 60cm 铺料厚度比采用 80cm 铺料厚度的相对密度要大 0.05～0.01，采用 60cm 铺料厚度比采用 100cm 铺料厚度的相对密度要大 0.06～0.15，采用 80cm 铺料厚度比采用 100cm 铺料厚度的相对密度要大 0.01～0.05。不同铺料厚度随着碾压次数增加，相对密度变化趋势均呈上升趋势，但变化幅度呈下降趋势。铺料厚度越大，相对密度变化幅度越小。

(3) 32T 振动碾爆破料试验。

对爆破料分别采用 60cm、80cm、100cm 以 32T 振动碾（其他参数相同）进行试验，在碾压 6 次后对压实质量进行检测。32T 振动碾爆破料试验孔隙率成果见表 6－40，32T 振动碾爆破料试验不同铺料次数与孔隙率关系如图 6－62 所示。

表 6－40　32T 振动碾爆破料试验孔隙率成果

铺料厚度	碾压次数			
	6 次	8 次	10 次	12 次
60cm（不洒水）	19.2	17.1	16.5	16.4
80cm（不洒水）	21.8	20.8	19.8	19.0
100cm（不洒水）	25.4	25.1	24.8	22.7
60cm 与 80cm 碾压 2 次偏差	2.6	3.7	3.3	2.6
60cm 与 100cm 碾压 2 次偏差	6.2	8.0	8.3	6.3
80cm 与 100cm 碾压 2 次偏差	3.6	4.3	5.0	3.7

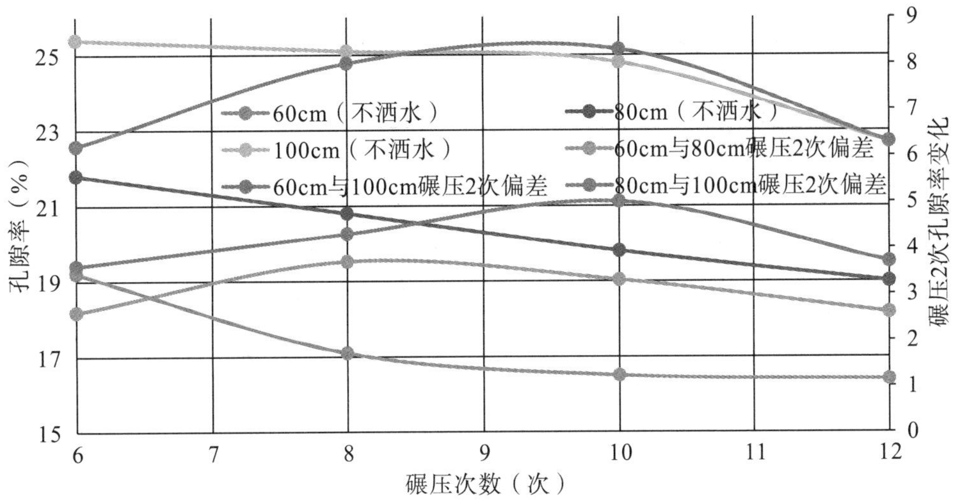

图6－62　32T振动碾爆破料试验不同铺料次数与孔隙率关系

通过爆破料对比试验可以看出，在相同碾压次数下，采用60cm铺料厚度比采用80cm铺料厚度的孔隙率要小2.6%～3.7%，采用60cm铺料厚度比采用100cm铺料厚度的相对密度要大6.2%～8.3%，采用80cm铺料厚度比采用100cm铺料厚度的相对密度要大3.6%～5.0%。

通过试验数据还发现，爆破料碾压采用60cm、80cm、100cm铺料厚度，不洒水碾压的孔隙率变化呈正向规律，即相同碾压次数下孔隙率60cm>80cm>100cm。32T振动碾爆破料试验孔隙率偏差统计见表6－41。

表6－41　32T振动碾爆破料试验孔隙率偏差统计（单位:%）

A	60cm与80cm碾压2次偏差	2.6	3.7	3.3	2.6
B	80cm与100cm碾压2次偏差	3.6	4.3	5	3.7
C	60cm与100cm碾压2次偏差	6.2	8.0	8.3	6.3
D	60cm与80cm碾压2次偏差/ 60cm与100cm碾压2次偏差	41.9	46.3	39.8	41.3
E	80cm与100cm碾压2次偏差/ 60cm与100cm碾压2次偏差	58.1	53.8	60.2	58.7
F	D+E	100	100	100	100

从表6－41可以看出，采用不洒水碾压爆破料铺料厚度60cm与80cm碾压2次偏差、铺料厚度80cm与100cm碾压2次偏差相加，等于铺料厚度60cm与100cm碾压2次偏差。

（4）26T振动碾垫层料试验。

对垫层料分别采用30cm、40cm以26T振动碾（其他参数相同）进行试验，在碾压6次后对压实质量进行检测。26T振动碾垫层料试验相对密度成果见表6－42，26T振动碾垫层料试验不同铺料遍数与相对密度关系如图6－63所示。

表6－42　26T振动碾垫层料试验相对密度成果

铺料厚度	碾压次数			
	6次	8次	10次	12次
30cm（不洒水）	0.90	0.92	0.93	0.92
40cm（不洒水）	0.89	0.91	0.92	0.92

续表

铺料厚度	碾压次数			
	6次	8次	10次	12次
碾压2次偏差	0.01	0.01	0.01	0.00

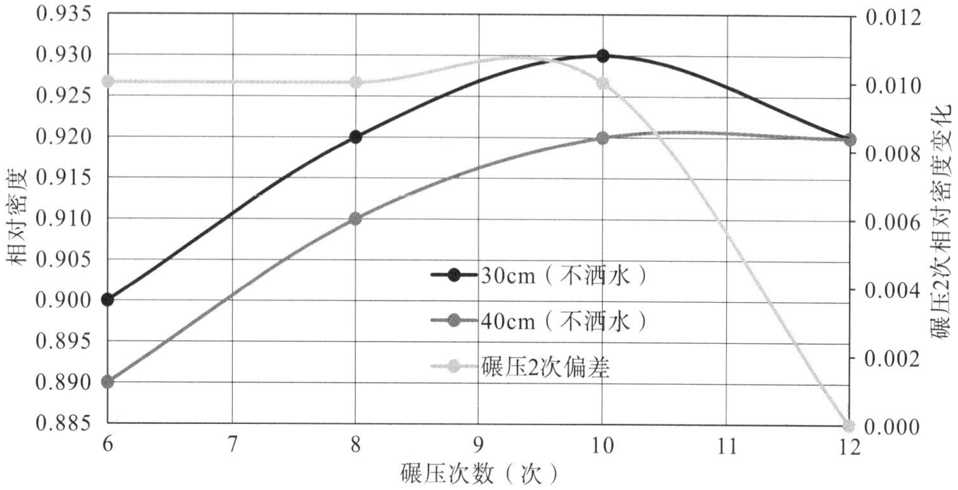

图 6－63　26T 振动碾垫层料试验不同铺料次数与相对密度关系

通过对比试验发现，垫层料采用26T振动碾铺料30cm、40cm铺料厚度在碾压6次后相对密度变化幅度较小，数据存在一定偏差主要是受砾石含量影响。

（5）小结。

通过对比试验可以看出，在相同碾压次数下，采用60cm铺料厚度比采用80cm铺料厚度的相对密度要大0.02～0.05，但不同加水量间存在一定差别，采用5%加水量时偏差值稳定在0.03，采用10%加水量时偏差值为0.02～0.05。通过曲线拟合发现，其变化总体趋势随碾压次数的增加而减小。

在相同碾压次数下，采用60cm铺料厚度比采用80cm铺料厚度的相对密度要大0.01～0.05，采用60cm铺料厚度比采用100cm铺料厚度的相对密度要大0.06～0.15，采用80cm铺料厚度比采用100cm铺料厚度的相对密度要大0.01～0.05。不同铺料厚度随着碾压次数增加，相对密度变化趋势均呈上升趋势，但变化幅度呈下降趋势，铺料厚度越大，相对密度变化幅度越小。

采用不洒水碾压爆破料铺料厚度60cm与80cm碾压2次偏差、铺料厚度80cm与100cm碾压2次偏差相加等于铺料厚度60cm与100cm碾压2次偏差。

6.5.2.3　加水量对压实度影响

（1）砂砾料。

试验采用不洒水、洒水5%、洒水10%三种不同加水量，其他碾压参数相同进行现场试验。砂砾料碾压试验相对密度成果见表6－43，砂砾料碾压试验不同加水量与相对密度关系如图6－64所示。

表 6－43　砂砾料碾压试验相对密度成果

加水量	碾压次数			
	6 次	8 次	10 次	12 次
80cm（不洒水）	0.72	0.79	0.84	0.86
80cm（洒水 5%）	0.80	0.87	0.92	0.94
80cm（洒水 10%）	0.82	0.88	0.93	0.94
不洒水与洒水 5%偏差	0.08	0.08	0.08	0.08
不洒水与洒水 10%偏差	0.1	0.09	0.09	0.08
洒水 5%与洒水 10%偏差	0.02	0.01	0.01	0

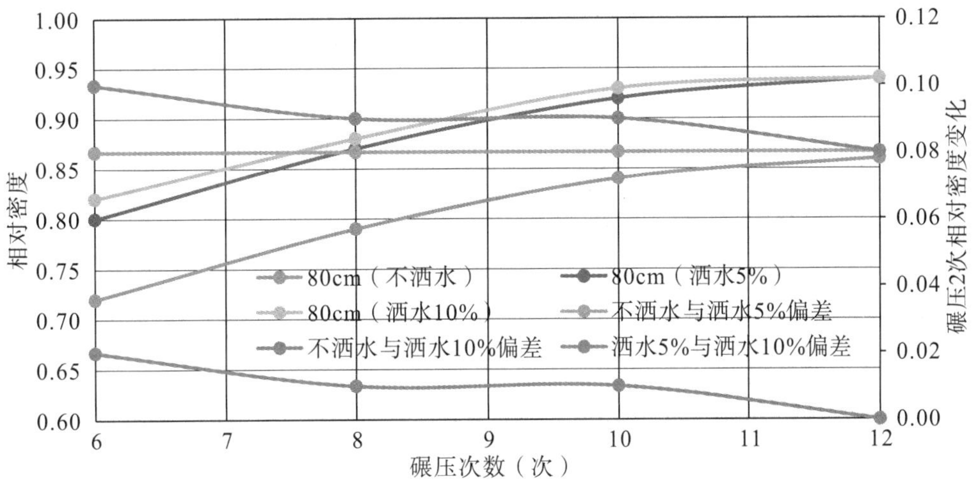

图 6－64　砂砾料碾压试验不同加水量与相对密度关系

通过数据分析发现，加水量砂砾料压实度影响较大。尤其是不洒水与洒水 5%、10%对比，每碾压 2 次相对密度相差 0.08～0.10。对比洒水 5%和 10%发现，每碾压 2 次相对密度相差 0.00～0.02，偏差较小，说明采用洒水 5%和洒水 10%对砂砾料碾压密实度的影响较小。原因是砂砾料含水率变化主要为 P5 以下含量含水率的变化，当 P5 以下粒径组达到饱和含水率后，多余加水量随砂砾料之间的间隙渗出，从施工角度出发，对砂砾料碾压无太大影响。

（2）垫层料。

试验采用不洒水、洒水 5%、洒水 10%、洒水 15%四种不同加水量，其他碾压参数相同进行现场试验。垫层料碾压试验相对密度成果见表 6－44，垫层料碾压试验不同加水量与相对密度关系如图 6－65 所示，垫层料碾压试验不同加水量与相对密度偏差关系如图 6－66 所示。

表 6－44　垫层料碾压试验相对密度成果

加水量	碾压次数			
	6 次	8 次	10 次	12 次
40cm（不洒水）	0.89	0.91	0.92	0.92
40cm（洒水 5%）	0.92	0.93	0.94	0.95
40cm（洒水 10%）	0.94	0.94	0.95	0.95
40cm（洒水 15%）	0.94	0.95	0.95	0.95

续表

加水量	碾压次数			
	6次	8次	10次	12次
不洒水与洒水5%偏差	0.03	0.02	0.02	0.03
不洒水与洒水10%偏差	0.05	0.03	0.03	0.03
不洒水与洒水15%偏差	0.05	0.04	0.03	0.03
洒水5%与洒水15%偏差	0.02	0.02	0.01	0.00
洒水10%与洒水15%偏差	0.00	0.01	0.00	0.00

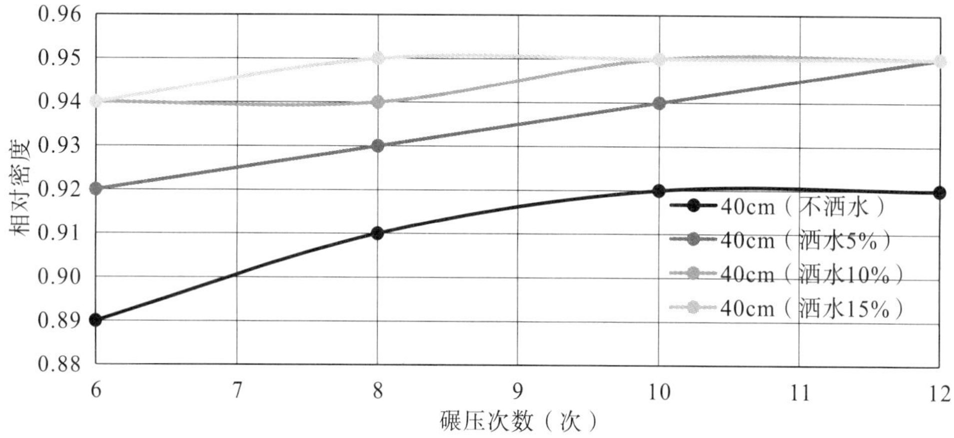

图6－65　垫层料碾压试验不同加水量与相对密度关系

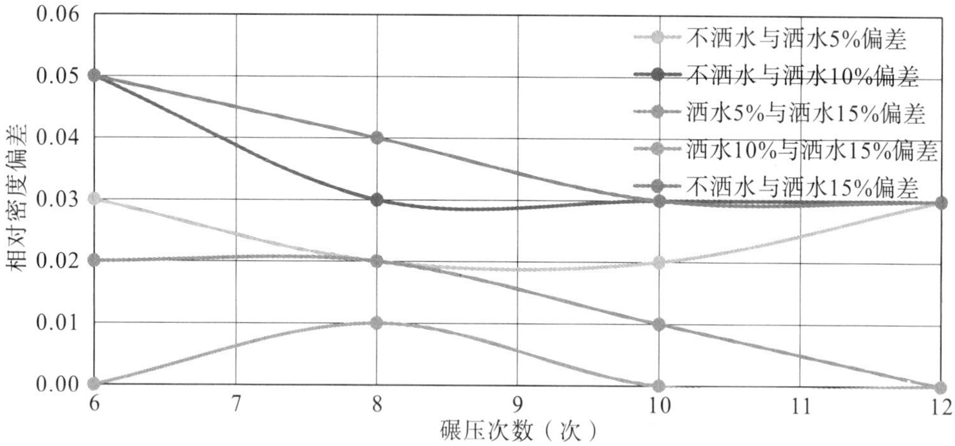

图6－66　垫层料碾压试验不同加水量与相对密度偏差关系

通过试验对比可知，垫层料不同加水量对碾压6次前相对密度的影响较大。在碾压8次后，不同加水量相对密度偏差较小，洒水10%和15%相对密度基本已保持稳定。试验表明，增大加水量有利于提升垫层料碾压质量，降低碾压次数。

6.5.2.4　振动碾对压实度影响

（1）砂砾料。

分别采用YZ32Y2型、SSR260型两种不同碾压机具（其他参数相同）对砂砾料进行现场碾压试验。振动碾砂砾料试验相对密度成果见表6－45，振动碾砂砾料试验不同碾压机具与相对密度关系如图 6—67 所示。

表 6—45　振动碾砂砾料试验相对密度成果

碾压机具	碾压次数					
	6 次	8 次	10 次	12 次	14 次	16 次
26T 振动碾铺料 80cm	0.79	0.85	0.89	0.93	0.96	0.97
32T 振动碾铺料 80cm	0.86	0.92	0.95	0.97		
碾压 2 次偏差	0.07	0.07	0.06	0.04		

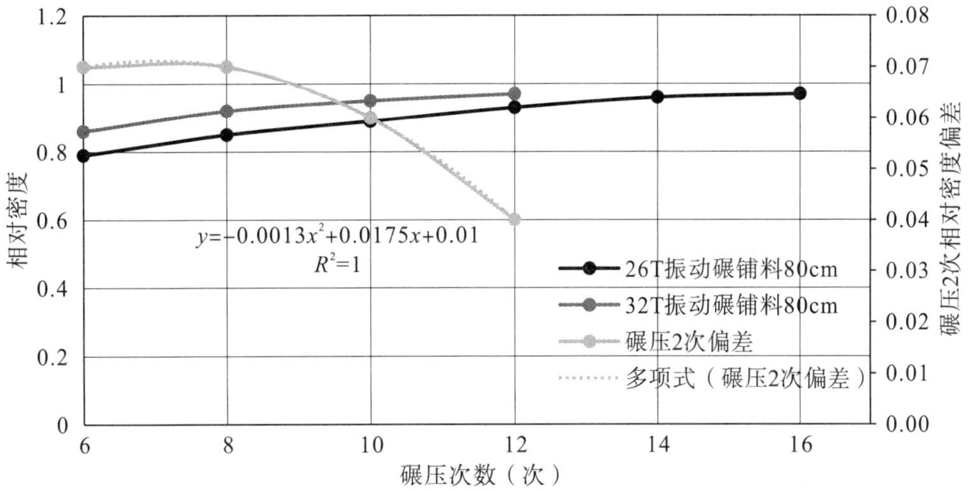

图 6—67　振动碾砂砾料试验不同碾压机具与相对密度关系

从数据统计可以看出，砂砾料采用不同型号振动碾进行振动压实，其总体趋势是在相同碾压次数下，32T 振动碾的碾压相对密度大于 26T 振动碾，偏差值 0.04～0.07，随着碾压次数的增加，偏差逐渐减小。

（2）爆破料。

分别采用 YZ32Y2 型、SSR260 型两种不同碾压机具（其他参数相同）对爆破料进行现场碾压试验。振动碾爆破料试验孔隙率成果见表 6—46，振动碾砂砾料试验不同碾压机具与孔隙率关系如图 6—68 所示。

表 6—46　振动碾爆破料试验孔隙率成果

碾压机具	碾压次数					
	6 次	8 次	10 次	12 次	14 次	16 次
26T 振动碾铺料 80cm	22.5	20.3	18.5	17.8	17.0	16.6
32T 振动碾铺料 80cm	20.5	19.2	17.6	17.3		
碾压 2 次偏差	2.0	1.1	0.9	0.5		

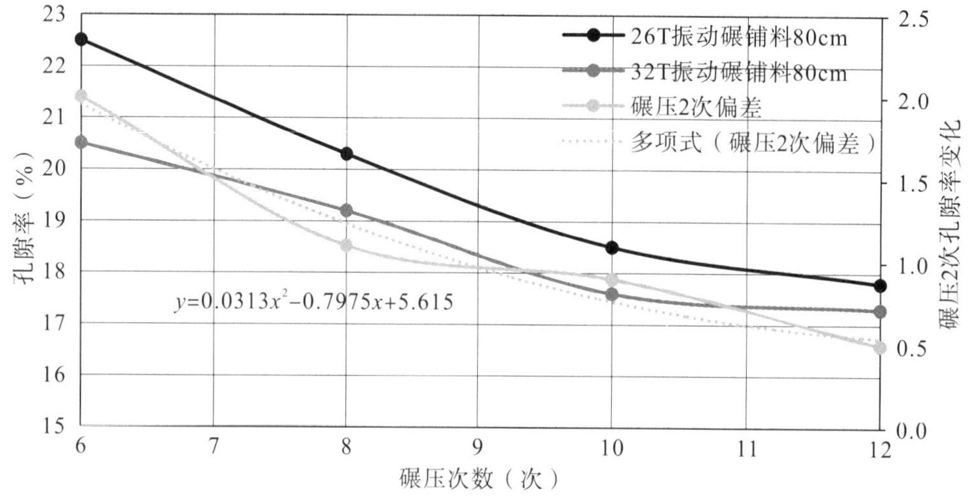

图 6-68 振动碾砂砾料试验不同碾压机具与孔隙率关系

从数据统计可以看出，爆破料采用不同型号振动碾进行振动压实，其总体趋势是在相同碾压次数下，32T 振动碾的孔隙率小于 26T 振动碾，偏差值 0.005～0.02，随着碾压次数的增加，偏差逐渐减小。

6.5.2.5 主要试验成果

（1）砂砾料压实质量影响分析。

通过对砂砾料压实主要碾压参数（铺料厚度、加水量、碾压次数、振动碾型号）进行对比试验分析发现，在砂砾料颗粒级配满足设计包线的前提下，砂砾料相对密度随着碾压次数增加而增大，呈规律性变化，即砂砾料碾压 6 次后，随着碾压密实度的增加，压实效率逐渐降低。

采用同一碾压速度 3.0km/h 逐一调整铺料厚度、加水量、振动碾型号三项参数进行对比试验发现，在相同碾压次数下，砂砾料碾压压实为综合作用效应，每项碾压参数变化均会对压实质量产生较大影响。因此，施工过程中各项碾压参数的控制都极为重要。碾压参数影响效果统计见表 6-47。

表 6-47 碾压参数影响效果统计

影响因素	碾压次数			
	6 次	8 次	10 次	12 次
铺料厚度	0.05～0.15	0.02～0.10	0.03～0.08	0.01～0.06
加水量	0.02～0.10	0.01～0.09	0.01～0.09	0.00～0.08
振动碾型号	0.07	0.07	0.06	0.04

加水量对砂砾料压实度的影响较大。尤其是不洒水与洒水 5%、10%对比，每碾压 2 次相对密度相差 0.08～0.10。对比洒水 5%和洒水 10%发现，采用每碾压 2 次相对密度相差 0.00～0.02，偏差较小，说明采用洒水 5%和洒水 10%对砂砾料碾压压实度的影响较小，原因为砂砾料含水率变化主要为 P5 以下含量的含水率变化，当 P5 以下粒径组含量达到饱和含水率后，多余加水量随砂砾料之间的间隙渗走，从施工角度出发，对砂砾料碾压无太大影响。

（2）爆破料压实质量影响分析。

采用不洒水碾压时，爆破料铺料 60cm 与 80cm 碾压 2 次偏差、铺料 80cm 与 100cm 碾压 2 次偏差相加等于铺料 60cm 与 100cm 碾压 2 次偏差。

爆破料采用不同型号振动碾进行振动压实，总体趋势是在相同碾压次数下，32T振动碾的碾压相对密度小于26T振动碾，偏差值0.005~0.02，随着碾压次数的增加，偏差逐步减小。

（3）过渡料与垫层料压实质量影响分析。

过渡料与垫层料采用SSR260振动碾进行碾压，行驶速度、铺料厚度等参数相同，在碾压4次后相对密度变化呈相同规律，即过渡料、垫层料相对密度变化总体趋势为随着碾压次数的增加而增大，但碾压4次后，随着碾压压实度增大，压实效率逐渐降低。碾压4次至碾压6次时相对密度平均增大0.09，碾压6次至碾压8次时相对密度平均增大0.05，碾压8次至碾压10次时相对密度平均增大0.00。

6.5.3　砂砾料碾压参数优化

6.5.3.1　料场开采分区

根据C3−2、C3−3料场复勘成果，按不同砾石含量组合将C3−2、C3−3分为四块区域进行开采。料场分区开采规划见表6−48。

表6−48　料场分区开采规划

序号	砾石含量（%）	料场名称	开采储量	计划开采时间	备注
1	69.0~78.0	C3−3	370万立方米	2016年3月—2016年8月	
2	78.1~81.0	C3−2−1	800万立方米	2016年6月—2019年10月	
3	81.1~84.0	C3−2−2	500万立方米	2016年6月—2018年11月	
4	84.1~87.0	C3−2−3	300万立方米	2017年4月—2018年11月	

6.5.3.2　检测数据成果分析

对2017年3—6月填筑的砂砾料试验检测的586个探坑进行数据统计分析，结果见表6−49。

表6−49　填筑砂砾料现场检测成果统计

序号	砾石含量（%）	检测组数	最大相对密度	最小相对密度	平均相对密度	备注
1	69.0~78.0	69	1.00	0.90	0.93	
2	78.1~81.0	309	0.98	0.93	0.94	
3	81.1~84.0	175	0.98	0.90	0.93	
4	84.1~87.0	33	1.00	0.90	0.94	
合计		586	1.00	0.90	0.94	

2017年3—6月砂砾料主要进行C3−1、C3−2区开采，通过对现场试验检测数据进行统计分析，上坝砂砾料砾石含量分布与开采区域料场复勘结果基本相符。

6.5.3.3　碾压参数调整

根据表6−50统计结果，在现有碾压参数条件下，砾石含量78.1%~81.0%的相对密度偏高。虽提高了质量保证率，但经济性较差，为在保证质量的前提下能尽可能节约生产成本，项目部编写了试验大纲，试验拟用参数见表6−50。

表 6—50　试验拟用参数表

砾石含量	碾压机具	行走速率	加水量	碾压次数	备注
78.1%~81.0%	YZ32Y2 型	2km/h	10%（体积比）	6 次、7 次、8 次	其余参数相同

根据项目部编写的试验大纲，按照《土工试验规范》（SL 237—041—1999），原位密度试验采用灌水法进行现场碾压试验及复核试验，试验结果统计见表 6—51。

表 6—51　碾压试验结果统计

编号	碾压次数（次）	湿密度（g/cm³）	平均湿密度（g/cm³）	含水率（%）	平均含水率（%）	干密度（g/cm³）	平均干密度（g/cm³）	砾石含量（%）	最大干密度	最小干密度	相对密度	相对密度平均值
S08—6	6	2.41	2.41	2.4	2.3	2.35	2.35	80.7	2.40	2.06	0.87	0.86
		2.42		2.1		2.37		79.3	2.42	2.07	0.88	
		2.40		2.4		2.34		80.3	2.41	2.06	0.82	
S08—7	7	2.41	2.43	1.8	2.0	2.37	2.38	80.4	2.41	2.06	0.90	0.92
		2.44		2.1		2.39		79.4	2.41	2.06	0.95	
		2.43		2.1		2.38		80.1	2.41	2.07	0.92	
S08—8	8	2.44	2.44	2.1	2.2	2.39	2.39	78.8	2.42	2.08	0.92	0.94
		2.44		2.1		2.39		80.2	2.41	2.06	0.95	
		2.45		2.4		2.39		80.5	2.41	2.06	0.95	

由表 6—51 可知，当试验条件为铺料厚度 80cm、洒水 10%、32T 振动碾、行驶速度 2.0km/h 激振碾压 7 次和 8 次时，均能满足相对密度≥0.90 设计技术指标要求。为达到经济性目的，选择填筑参数为：铺料厚度 80cm、洒水 10%、32T 振动碾、行驶速度 2.0km/h 激振碾压 7 次。

6.5.3.4　生产复核

对选出的最优组合参数进行试验检测复核，复核试验结合坝面填筑生产进行，对相对密度、颗粒级配分为检测 5 组。相对密度复核试验结果统计见表 6—52。

表 6—52　相对密度复核试验结果统计

编号	碾压次数（次）	干密度（g/cm³）	平均干密度（g/cm³）	砾石含量（%）	最大干密度	最小干密度	相对密度	相对密度平均值
FH—7	7	2.40	2.38	78.6	2.42	2.08	0.95	0.93
		2.39		78.9	2.42	2.07	0.93	
		2.38		80.5	2.41	2.06	0.93	
		2.35		81.9	2.39	2.01	0.91	
		2.39		79.4	2.41	2.04	0.95	

由表 6—52 可知，当试验条件为铺料厚度 80cm、洒水 10%、行驶速度 2.0km/h、碾压 7 次时，相对密度平均值为 0.93。结合生产性碾压试验复核，铺料厚度 80cm、洒水 10%、32T 振动碾、行驶速度 2.0km/h 激振碾压 7 次能满足相对密度≥0.90 设计技术指标要求。

6.5.3.5　碾压参数调整

根据料场复勘结果将砂砾料不同砾石含量料源进行分区开采，坝面分区填，并结合现场压实数据，对不同砾石含量料碾压参数进行优化，节约施工成果。优化前、后碾压参数对比见表 6－53。

表 6－53　优化前、后碾压参数对比

项目	砾石含量	碾压机具	行驶速度（km/h）	加水量	碾压次数	备注
优化前参数	78.1%～81.0%	YZ32Y2 型	2	10%（体积比）	8 次	其余参数相同
优化后参数		YZ32Y2 型	2	10%（体积比）	7 次	

6.5.4　堆石料爆破参数优化

6.5.4.1　爆破料原级配现场密度试验

1. 试验目的及方法

为研究不同 P5 含量对应的爆破料最大、最小干密度及不同包络线碾压后级配变化情况，参照《土石筑坝材料碾压试验规程》（NB/T 35016—2013）中“附录 A　砂砾料原级配现场相对密度试验方法”进行爆破料原级配现场密度试验。

2. 试验步骤

（1）料源准备。

试验用料采用堆石料场开采的风干爆破料，采用自卸车运送至试验现场后分别按照粒径组 400～600mm、200～400mm、100～200mm、80～100mm、60～80mm、40～60mm、20～40mm、10～20mm、5～10mm、0.075～5mm 进行人工筛分备料（筛料场地面积 350m^2，长 35m，宽 10m），各粒径组分开堆放备用，底部采用塑料薄膜隔离。

（2）密度桶体积测定。

采用灌水法测定密度桶体积（表 6－54），精确至 1cm^3。

表 6－54　原型级配密度桶体积测定

编号	桶内加满水质量（g）	水温（℃）	水密度（g/cm^3）	桶的体积（cm^3）	备 注
1	2528704	25.0	0.9970	2536313	
2	2541972	26.0	0.9968	2550132	
3	2536670	26.0	0.9968	2544813	
4	2523361	27.0	0.9965	2532224	
5	2530669	27.0	0.9965	2539557	

（3）试验场地布置。

每场试验布置密度桶不少于 2 个（本次试验 5 个）。密度桶直径按试验料最大粒径的 3～5 倍选择（本次试验密度桶直径 1.8m，深度 1m）。首先在试验场地预定布置桶位置下挖长 25m×宽 5m×深 1m 的布置槽（密度桶布置面积 175m^2，长 35m，宽 5m），用选定的 YZ32Y2 型振动碾在场外按预定转速、振幅和频率起动，行驶速度（2.8±0.2）km/h，振动碾压 10 次后，在碾压体表面铺一层厚度约 5cm 的细砂，静碾 2 次，在预定位置安放密度桶，用岩性和级配大致相同的试验料填充密度桶四周，将其中心点位置对应标示在试验场外。密度桶布置及现场试验如图 6－69 所示。

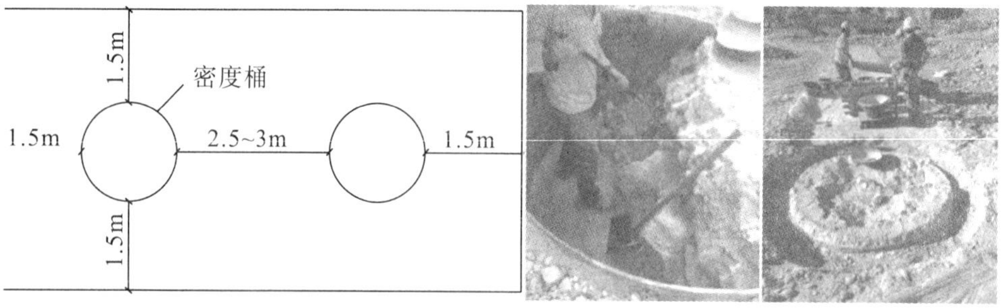

图 6−69　密度桶布置及现场试验

（4）密度桶填装。

试验分别采用设计上包线级配、上平均线级配、平均线级配、下平均线级配、下包线级配 5 个不同砾石含量配料。根据设计级配选择 P5 含量 12.0%、14.0%、16.0%、18.0%、20.0%作为现场试验级配。具体配料参数见表 6−55，爆破料配料颗粒曲线如图 6−70 所示。

表 6−55　不同砾石含量配料参数表

序号	包络线	小于某粒径之土总重百分数（%）						
		0.075	5	10	60	200	400	600
1	上包线	2.0	12.0	17.5	33.0	57.0	81.2	100.0
2	上平均线	2.8	14.0	20.1	38.3	63.3	85.9	100.0
3	平均线	3.5	16.0	22.8	43.5	69.5	90.6	100.0
4	下平均线	4.3	18.0	25.4	48.8	75.8	95.3	100.0
5	下包线	5.0	20.0	28.0	54.0	82.0	100.0	

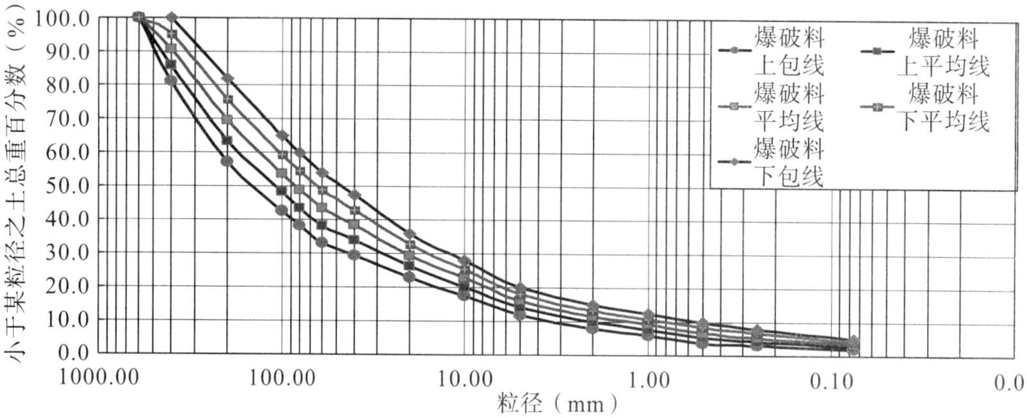

图 6−70　爆破料配料颗粒曲线

（5）最小干密度试验。

最小干密度测定采用人工松填法进行。首先按级配要求将配置好的试验料混合均匀后，将试验料均匀松填于密度桶中，装填时，轻轻将试样放入密度桶内，防止冲击和振动，装填的试样低于桶顶 10cm 左右。用灌水法测料顶面到桶口的体积，然后做平行试验，两次干密度差值不大于 0.03g/cm^3，取其算数平均值。

（6）最大干密度试验。

在最小干密度试验完成后，采用同料源继续将试验料均匀松填至高出密度桶20cm左右。然后用岩性和级配大致相同的试验料找平密度桶四周，高度与试验料平齐。最后进行振动碾压，碾压设备使用YZ32Y2型自行式振动平碾，工作质量32t，碾宽6.5m，振动频率0～28Hz，振幅1.83mm，激振力为590kN无级可调，将选定的振动碾在场外按预定转速、振幅和频率起动，行驶速度（2.8±0.2）km/h，按"进退法"碾压，碾压次数按一进一退2次计算，振动碾压26次后，在每个密度桶范围内微动进退振动碾压15min。在碾压过程中，应根据试验料及周边料的沉降情况，及时补充料源，使振动碾不直接与密度桶接触。碾压完成后，人工挖除桶上及桶周围的试验料至低于桶口10cm左右为止，并防止扰动下部试样。用灌水法测料顶面到桶口的体积；将桶内试料全部挖出，称量密度桶内试样质量，并进行颗粒分析和含水率试验，最大干密度试验做平行试验，两次干密度差值不大于0.03g/cm³，取其算数平均值。

3. 试验结果数据统计

按照《土工试验规范》（SL237—006—1999），颗料级配分析试验采用筛析法（最大筛径100mm，对于粒径大于100mm的土样，采用钢制圆孔尺寸套环逐一测量最宽处并记录）。数据统计见表6-56～表6-58。

表6-56　碾压后不同砾石含量颗粒级配

序号	包络线	小于某粒径值土总重百分数（%）						
		0.075	5	10	60	200	400	600
1	上包线	2.5	16.7	24.9	49.7	76.9	96.0	100.0
2	上平均线	3.7	20.0	28.0	51.4	77.7	97.0	100.0
3	平均线	4.0	19.7	28.3	54.1	80.3	96.1	100.0
4	下平均线	4.7	20.0	28.7	55.7	83.7	98.9	100.0
5	下包线	5.4	21.4	31.4	60.6	91.6	100.0	

表6-57　碎层影响深度

序号	1	2	3	4	5
包络线	上包线	上平均线	平均线	下平均线	下包线
影响深度（cm）	15	13	11	10	8
平均值（cm）	11.4				

表6-58　最小干密度、最大干密度

砾石含量（%）	12.0	14.0	16.0	18.0	20.0
最大干密度	2.32	2.35	2.33	2.31	6.58
最小干密度	1.94	1.97	1.95	1.93	1.91

4. 爆破料破损率统计分析

碾压前、后不同颗粒级配统计见表6-59。

表 6—59　碾压前、后不同颗粒级配

序号	碾压前、后变化率（%）		小于某粒径值土总重百分数（%）										
			0.075	5	10	20	40	60	80	100	200	400	600
1	上包线	分计筛余	0.5	0.8	2.7	3.1	3.6	2.6	0.4	1.0	1.8	−5.1	−14.8
		累计筛余	0.5	4.7	7.4	10.5	14.1	16.7	17.1	18.1	19.9	14.8	0.0
2	上平均线	分计筛余	0.9	2.0	1.9	2.7	0.9	1.6	0.0	−0.8	2.1	−3.3	−11.1
		累计筛余	0.9	6.0	7.9	10.6	11.5	13.1	13.1	12.3	14.4	11.1	0.0
3	平均线	分计筛余	0.5	2.0	1.8	2.7	1.1	1.3	−0.1	−0.4	0.7	−5.3	−5.5
		累计筛余	0.5	3.7	5.5	8.2	9.3	10.6	10.5	10.1	10.8	5.5	0.0
4	下平均线	分计筛余	0.4	1.5	1.3	2.8	0.3	0.5	0.2	−1.1	1.9	−4.3	−3.6
		累计筛余	0.4	2.0	3.3	6.1	6.4	6.9	7.1	6.0	7.9	3.6	0.0
5	下包线	分计筛余	0.4	1.2	2.0	2.8	−0.6	1.0	−0.3	−0.9	4.2	−9.6	0.0
		累计筛余	0.4	1.4	3.4	6.2	5.6	6.6	6.3	5.4	9.6	0.0	0.0
平均值		分计筛余	0.5	1.5	1.9	2.8	1.1	1.4	0.0	−0.4	2.1	−5.5	−8.8
		累计筛余	0.5	3.6	5.5	8.3	9.4	10.8	10.8	10.4	12.5	7.0	0.0

5．不同 P5 含量孔隙率对比分析

不同 P5 含量最大干密度对应的孔隙率见表 6—60，不同 P5 含量干密度、孔隙率曲线图如图 6—71 所示。

表 6—60　不同 P5 含量最大干密度对应的孔隙率

P5 含量（%）	12.0	14.0	16.0	18.0	20.0	备 注
最大干密度（g/cm³）	2.32	2.35	2.33	2.31	6.58	
最小干密度（g/cm³）	1.94	1.97	1.95	1.93	1.91	
比重	2.719					
最大干密度对应的孔隙率（%）	14.7	13.6	14.3	15.0	16.1	
设计孔隙率≤19.0%对应的干密度（g/cm³）	6.502					
设计孔隙率≤19.0%干密度对应的相对密度	0.73	0.65	0.70	0.75	0.82	

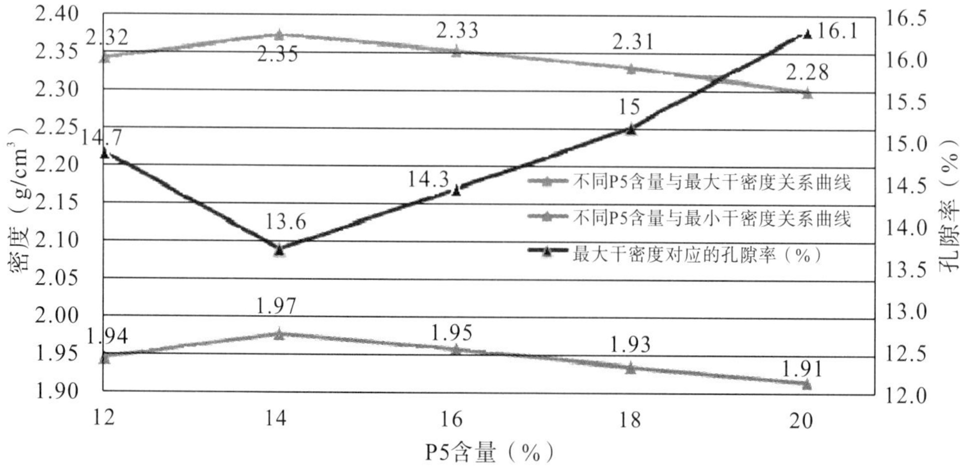

图 6—71　不同 P5 含量干密度、孔隙率曲线

6. 结论

（1）从试验碾压前、后颗粒级配对比分析来看，碾压后粒径小于5mm含量变化为1.4%～6.0%，粒径小于0.075mm含量变化为0.4%～0.9%；碾压后粒径小于5mm含量变化量较小，大于5mm含量变化量较大，尤其是10～60mm、200～600mm的破碎率较大。

（2）不同包络线爆破料受碾压后颗粒级配曲线变化总体往设计下包线方向偏移，但不同级配间变化幅度存在差异。设计上包线、上平均线颗粒级配曲线变化幅度较大，设计下包线、下平均线颗粒级配曲线变化幅度较小，即爆破料颗粒级配曲线越接近上包线，碾压后破碎率越大。

（3）不同包络线爆破料在受碾压后破碎层影响深度不一，设计上包线各粒径间含量较均匀。试验后破碎影响深度最深，各粒径间破碎率变化幅度最大。

（4）不同P5含量下对应的最大、最小干密度不一。当P5含量为14%时，干密度最大达到$2.35g/cm^3$，对应孔隙率最小为13.6%。当P5含量为14%～20%时，干密度随P5含量增加而减小，孔隙率随之增大。

6.5.4.2 爆破参数优化

1. 现场填筑碾压前、后级配变化率分析

对2017年4—6月的40组料源检测与填筑压实后颗粒级配进行统计，分别绘制了碾压前、后颗粒级配曲线，如图6-72所示。并对各粒径组变化率进行了分析，部分统计数据见表6-61。

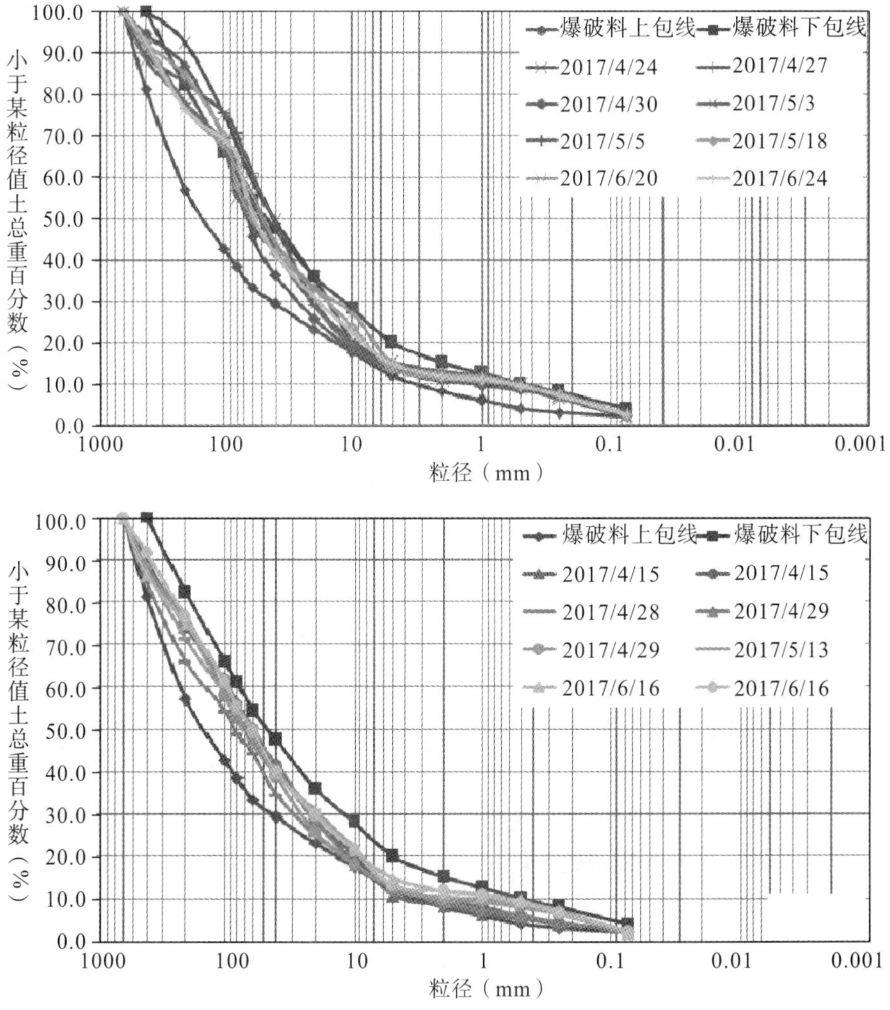

图6-72 碾压前、后颗粒级配曲线

表 6-61 碾压前、后级配变化率

日期	砾石含量（%）	粒径（mm）										
		0.075	5	10	20	40	60	80	100	200	400	600
		变化率（%）										
2017/4/24	89.1	0.5	4.3	0.1	7.1	8.6	9.1	12.0	13.5	18.3	10.7	0.0
2017/4/27	87.8	0.1	3.0	1.5	1.3	7.8	10.9	14.8	14.0	8.6	0.1	0.0
2017/4/30	87.0	0.1	0.8	0.1	0.6	1.7	1.7	13.8	15.0	20.9	9.8	0.0
2017/5/3	87.4	0.1	0.7	0.4	0.1	0.8	5.1	2.1	8.5	1.4	0.4	0.0
2017/5/5	87.4	0.5	1.2	1.4	3.1	3.1	0.0	3.9	10.2	2.7	4.4	0.0
2017/5/18	87.7	0.5	1.3	1.5	6.5	2.3	3.9	5.9	11.8	13.3	4.4	0.0
2017/6/20	85.2	0.4	0.6	5.5	3.3	4.5	6.3	7.0	6.0	1.6	5.2	0.0
2017/6/24	87.0	0.2	1.8	0.8	0.9	1.7	1.7	9.8	7.6	0.2	1.1	0.0
平均值		0.3	1.7	1.4	2.3	3.8	4.8	8.7	10.8	8.4	4.5	0.0
密度试验平均值		0.5	3.6	5.5	8.3	9.4	10.8	10.8	10.4	12.5	7.0	0.0

通过现场填筑碾压前、后爆破料破损率变化与原级配现场密度试验成果对比发现，现场填筑受碾压次数减少、摊铺不均匀、岩性变化等因素的影响，级配破碎率比现场相对密度试验成果小，但总体变化趋势不变。碾压后爆破料颗粒级配曲线整体向设计上包线方向偏移。

通过碾压前、后颗粒级配曲线的对比发现，在料场进行料源检测时，爆破料颗粒级配能满足设计要求，但经过现场碾压后，部分包络线存在超出设计要求的现象，因此需要进行爆破参数调整，以保证碾压后爆破料颗粒级配。

2. 爆破参数调整

根据爆破料碾压前、后颗粒级配变化情况，碾压后爆破料颗粒级配曲线接近下包线部分超出设计要求。通过数据分析，粒径组 80～200mm 含量超出设计要求，故爆破料颗粒级配调整方向为减少爆破料粒径组 80～200mm 颗粒含量，使料场级配曲线控制朝设计上包线方向偏移。

（1）原料场开采爆破参数。

2015 年 11 月通过爆破试验，P1 料场爆破开采确定的爆破参数见表 6-62。

表 6-62 调整前爆破参数

参数名称	台阶高度（m）	孔径（mm）	超深（m）	孔距（m）	排距（m）	堵塞长度（m）	炸药单耗（kg/m³）
参数值	15	115	1.5	4～5	3～4	2.5～3	0.43～0.50

采用表 6-62 中爆破参数施工，颗粒级配能满足设计要求，但级配曲线接近设计下包线。现场碾压后，再次进行级配检测时，易发生超出设计包线范围的问题，故展开不同爆破试验进行参数调整。

（2）爆破参数调整。

2017 年 7 月开展相应参数的爆破试验，试验用爆破参数见表 6-63。

表 6－63　P1 料场试验爆破参数

项目	试验爆破				
试验编号	1#	2#	3#	4#	5#
平台高程	1885.00m	1870.00m	1870.00m	1870.00m	1870.00m
台阶情况	好	好	有堆渣	好	底部 5m 未形成平台
台阶高度	15m				
布孔方式	矩形	矩形	矩形	矩形	矩形
孔深	设计 15m，实际 16m（范围 13～17m）				
孔径	115mm				
钻孔角度	铅垂				
主爆孔排距	4.0m	4.2m	4.0m	4.0m	4.0m
主爆孔孔距	5.0m	4.2m	5.0m	5.0m	4.0m
装药结构	下部散药 65kg，上部 24kg 卷药	连续散药 92kg	连续散药 92kg	连续散药 92kg	连续散药 100kg
堵塞长度	4.5m	3.5m	5.0m	5.0m	4.0m
起爆网路	排间微差顺序	近似“V”字形	近似“V”字形	排间微差顺序	排间微差顺序
抛掷方向	河边	下游	下游	下游	下游

爆破试验检测结果见表 6－64。

表 6－64　爆破试验检测结果

粒径(mm)	1#		2#		3#		4#		5#	
	分计	累计	分计	累计	分计	累计	分计	累计	分计	累计
0.075	2.0	2.0	2.0	2.0	2.5	2.5	2.7	2.7	1.8	1.8
5	2.4	12.0	4.4	13.1	3.2	15.2	3.5	15.6	2.8	11.0
10	5.3	17.3	6.6	19.7	5.7	20.9	8.5	24.1	7.1	18.1
20	8.3	25.6	7.4	27.1	8.4	29.3	5.3	29.4	5.2	23.3
40	12.6	38.2	12.6	39.7	8.5	37.8	8.7	38.1	13.1	36.4
60	13.0	51.2	7.1	46.8	5.9	43.7	10.4	48.5	9.1	45.5
80	7.4	58.6	11.0	57.8	5.0	48.7	7.2	55.7	8.2	53.7
100	6.2	64.8	6.3	64.1	5.5	54.2	3.4	59.1	6.0	59.7
200	20.7	85.5	14.0	78.1	16.5	70.7	16.6	75.7	14.1	73.8
400	14.5	100.0	16.4	94.5	18.6	89.3	15.3	91.0	15.4	89.2
600	—	—	5.6	100.0	10.6	100.0	8.9	100.0	10.8	100.0

从爆破试验级配曲线汇总（图 6－73）可以看出，3＃爆破参数试验曲线更接近设计上包线，故选择 2＃爆破参数作为调整后参数，同时开展现场生产性爆破开采试验。

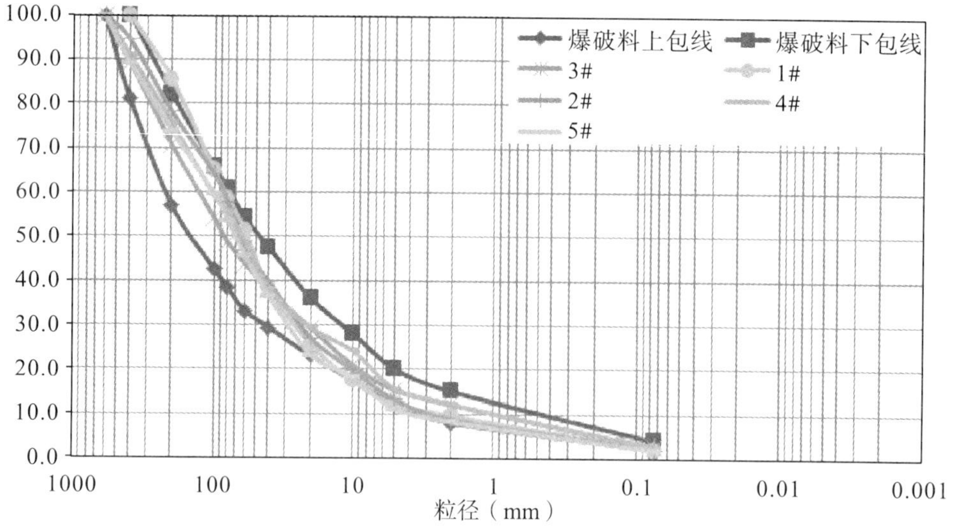

图 6－73　爆破试验级配曲线汇总

（3）生产性爆破开采试验。

进行 5 次现场爆破试验，对其料源检测与填筑压实后颗粒级配进行统计，分别绘制碾压前、后颗粒级配曲线（图 6－74），并对各粒径组变化率进行分析，统计数据见表 6－65。

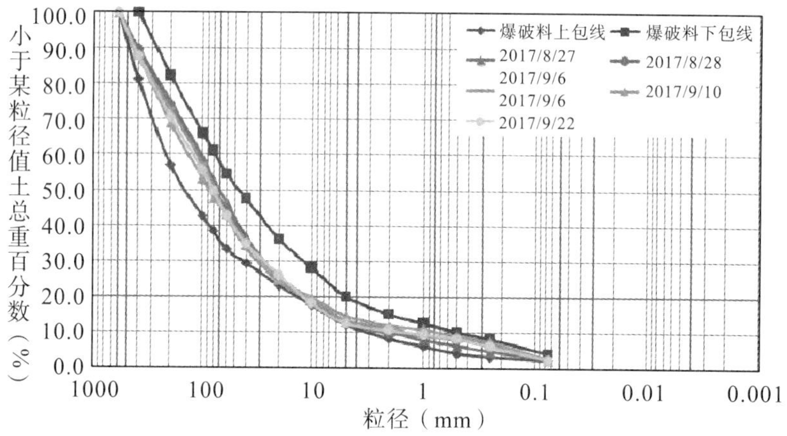

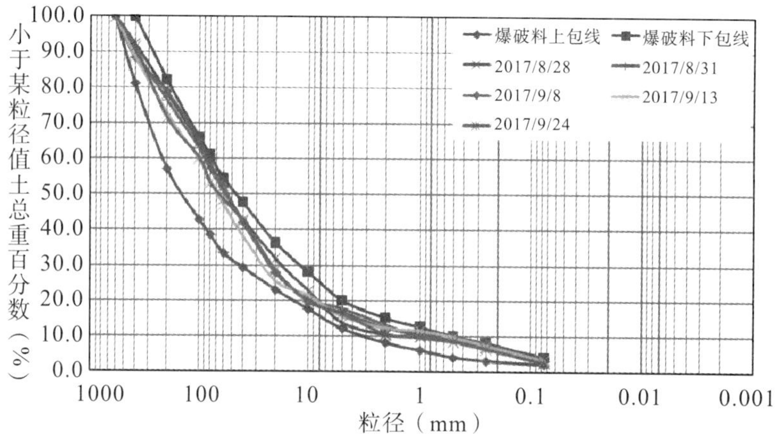

图 6－74　碾压前、后颗粒级配曲线

表 6－65　碾压前、后级配变化率

日期	砾石含量	粒径（mm）										
		0.075	5	10	20	40	60	80	100	200	400	600
		变化率（%）										
2017/8/27	86.9	0.4	0.6	3.6	7	5.9	4.4	5.4	5.2	3.6	2.5	0.0
2017/8/28	87.4	1.5	5.1	6.5	2	6.6	6.2	6.7	5.2	2.9	0.8	0.0
2017/9/6	86.7	0.4	3.3	0.6	4.1	8.6	9.2	7.5	7.5	6.2	1.5	0.0
2017/9/10	85.4	0.8	0.9	1.6	0.6	2.8	3.8	5.6	6.4	4.1	0.9	0.0
2017/9/22	87.6	0.2	3.9	1.7	2.5	7.4	5.8	3.3	4.6	1.2	3.9	0.0
平均值		0.7	2.8	1.9	3.2	6.3	5.9	5.7	5.8	3.6	1.9	0.0
密度试验平均值		0.5	3.6	5.5	8.3	9.4	10.8	10.8	10.4	12.5	7.0	0.0

3. 爆破参数确认

根据生产性爆破开采试验统计结果，调整爆破参数后，碾压前、后颗粒级配均在设计包络线范围内，说明调整后爆破参数更适用于 P1 料场爆破开采。结合现场多次试验成果，将爆破参数进行调整，见表 6－66。

表 6－66　调整后爆破参数

参数名称	台阶高度（m）	孔径（mm）	超深（m）	孔距（m）	排距（m）	堵塞长度（m）	炸药单耗（kg/m³）
参数值	15	115	1.5	4.0～4.5	4.0～4.5	4.0～5.0	0.43～0.50

第7章　坝料开采

砂砾石料场被称为水电工程施工的“粮仓”。经过30多年的应用和发展，目前国内砂砾石料场开采水平已达到先进程度。但由于现在的水电工程大多趋向于偏远地区、高山峡谷地带，受特殊水文气象条件的影响，天然砂砾石料场开采将面临水文气象恶劣、料源质量复杂、高强度高质量水下开采等新的难题。本章对阿尔塔什水利枢纽工程季节性水位变化河道砂砾石料高强度开采规划和关键技术进行介绍，为类似水电工程坝料开采创造丰富的施工经验。

7.1　堆石料爆破开采

本工程爆破料场主要有P1、P2、P2－1、P3，主要进行排水带坝料和下游坝壳料的填筑。根据坝料分区、大坝分区分期填筑规划、道路规划、料场岩性等综合情况，爆破料场主要为P1、P2，P2－1、P3作为备用料场。

P1爆破料场位于上坝址上游左岸，距上坝址1.7～2.5km。该料场储量丰富，可开采储量大于3600万立方米。料场区无民居和耕地分布，有简易公路与坝址相连，交通方便。

P2爆破料场位于上坝址下游右岸1＃和3＃号冲沟之间，距上坝址0.8～1.6km，各项指标均可满足块石料质量要求，为有用层；岩体中所夹页岩饱和抗压强度仅为4.5～7.2MPa，且抗风化能力弱，不宜作为块石料，为无用层，开采时需清除处理；局部黄铁矿带清除处理。

7.1.1　料场开采范围及进度安排

7.1.1.1　P1爆破料场

P1爆破料场需要爆破开采量为300万立方米（自然方），初步拟定开采高程1750.00～1970.00m，高差220m。开采时段为2015年9月—2017年12月。P1爆破料场具体储量分层计算见表7－1。

表 7－1　P1 爆破料场储量分层计算

断面高程（m）	高差（m）	有用平均面积（m^2）	无用平均面积（m^2）	有用开挖方量（m^3）	无用开挖方量（m^3）	累积有用开挖方量（m^3）	累积无用开挖方量（m^3）
1970.00	10	112.873	44.075	1128.730	440.745	1128.730	440.745
1960.00	10	539.054	134.950	5390.535	1349.500	6519.265	1790.245
1950.00	10	1217.722	199.956	12177.215	1999.560	18696.480	3789.805
1940.00	10	1977.577	254.635	19775.765	2546.350	38472.245	6336.155
1930.00	10	3056.775	326.563	30567.745	3265.625	69039.990	9601.780
1920.00	10	4312.097	382.451	43120.970	3824.505	112160.960	13426.285
1910.00	10	5919.924	429.436	59199.235	4294.355	171360.195	17720.640
1900.00	10	7347.210	477.553	73472.100	4775.530	244832.295	22496.170
1890.00	10	8617.474	524.596	86174.735	5245.955	331007.030	27742.125
1880.00	10	10472.131	577.101	104721.310	5771.010	435728.340	33517.235
1870.00	10	12115.055	625.755	121150.545	6257.545	556878.885	39770.680
1860.00	10	13529.692	661.873	135296.915	6618.730	692175.800	46389.410
1850.00	10	15060.845	697.786	150608.450	6977.855	842784.250	53367.265
1840.00	10	16863.362	754.415	168633.620	7544.150	1011417.870	60911.415
1830.00	10	19050.164	803.631	190501.640	8036.305	1201919.510	68947.720
1820.00	10	21785.745	865.761	217857.450	8657.605	1419776.960	77605.325
1810.00	10	25038.393	950.849	250383.930	9508.490	1670160.890	87113.815
1800.00	10	28776.638	987.959	287766.380	9879.590	1957927.270	96993.405
1790.00	10	32816.435	1037.513	328164.350	10375.125	2286091.620	107368.530
1780.00	10	37648.006	1070.147	376480.055	10701.465	2662571.675	118069.995
1770.00	10	42827.862	1129.352	428277.120	11293.515	3090850.295	129363.510
1760.00	10	47271.008	1174.535	472710.085	11745.350	3563560.380	141108.860
1750.00							

7.1.1.2　P2 爆破料场

P2 爆破料场需要爆破开采量为 578 万立方米，需要爆破开采自然方量为 541 万立方米，开采高程 1740.00～1960.00m，高差 220m，开采时段为 2015 年 9 月—2020 年 2 月。P2 爆破料场具体储量分层计算见表 7－2。

表 7－2　P2 爆破料场储量分层计算

断面高程（m）	高差（m）	有用平均面积（m^2）	无用平均面积（m^2）	有用开挖方量（m^3）	无用开挖方量（m^3）	累积有用开挖方量（m^3）	累积无用开挖方量（m^3）
1960.00							
	30	276.858	137.776	8305.746	4133.280	8305.746	4133.280
1930.00							
	10	2279.354	278.528	22793.535	2785.277	31099.281	6918.557
1920.00							
	10	2839.603	274.800	28396.026	2747.999	59495.307	9666.556
1910.00							
	10	4717.284	737.188	47172.842	7386.880	106668.149	17053.436
1900.00							
	10	7374.553	1232.889	73745.530	12328.886	180413.678	29382.321
1890.00							
	10	10014.564	1061.945	100145.643	10619.448	280559.321	40001.769
1880.00							
	10	13749.429	1737.153	137494.288	17386.534	418053.608	57388.302
1870.00							
	10	19756.099	1631.472	197560.990	16314.715	615614.598	73703.017
1860.00							
	10	13828.063	984.072	138280.629	9840.718	753895.227	83543.735
1850.00							
	10	18037.085	1557.255	180370.854	15531.547	934266.081	99075.282
1840.00							
	10	22962.205	1509.472	229622.050	15094.717	1163888.130	114169.999
1830.00							
	10	28279.343	2409.584	282793.434	24095.838	1446681.564	138265.837
1820.00							
	10	36205.724	2920.944	362057.241	29209.435	1808738.804	167475.272
1810.00							
	10	42502.205	3716.515	425022.048	37165.147	2233760.852	204640.419
1800.00							
	10	44978.796	6007.968	449787.962	60079.685	2683548.814	264720.104
1790.00							
	10	49489.189	6320.883	494891.891	63208.831	3178440.705	327928.935
1780.00							
	10	55292.674	7773.864	552926.740	77737.139	3731367.444	405667.573
1770.00							
	10	61975.527	7915.965	619755.268	79159.649	4351122.712	484827.222
1760.00							
	10	67953.425	8477.987	679534.251	84779.868	5030656.963	569607.090
1750.00							
	10	74501.985	10299.777	745019.851	102997.765	5775676.814	672604.855
1740.00							

7.1.2 料场开采临建布置

7.1.2.1 施工道路布置

根据 P1 爆破料场地形情况，进场后及时修建料场临时 L13－1＃道路至料场高程 1930.00m 道路主干道，此高程以上修建机械便道到达料场最高一级马道附近（高程 1960.00m），临时道路 1＃路全长 2563m，坡比小于 10％，路基宽 7m，泥结碎石路面。随着开采面的下降，分别在高程 1870.00m、1810.00m、1750.00m 修建支路至料场开采区域运料。具体情况见《大坝工程 P1 爆破料场临时道路布置图》（施附－（AETS—2015—JZ—DS003）－08－05）。

根据 P2 爆破料场地形情况，进场后及时修建料场临时 L3－1＃道路至料场高程 1890.00m 道路主干道，此高程以上修建机械便道到达料场最高一级马道附近（高程 1950.00m），料场临时道路全长 2210m，坡比小于 10％，路基宽 7m，泥结碎石路面。随着开采面的下降，分别在高程 1775.00m、1830.00m、1890.00m 修建支路至料场开采区域运料。具体情况见《大坝工程 P2 爆破料场临时道路布置图》（施附－（AETS—2015—JZ—DS003）－08－06）。

7.1.2.2　风、水、电布置

施工供风：P1、P2爆破料场的石方爆破钻孔以ROC—T40（自带空压机）和CM—351高风压钻机（自带移动空压机）为主，施工用风主要是边坡临时支护用风，根据施工规划，在P1爆破料场设置1#空压站$20m^3/min$进行供风，在P2爆破料场设置2#空压站$20m^3/min$进行供风。

施工供水：从叶尔羌河抽水至石料场，在P1爆破料场较高处设置1#$20m^2$水池供水，在P2爆破料场较高处设置2#$20m^3$水池供水。

施工用电：上游左岸的10kV线路接至P1爆破料场，设置4#变压器（800kVA）接线至施工现场供电。下游右岸的10kV线路接至P2爆破料场，设置6#变压器（800kVA）接线至施工现场供电。

7.1.3　料场爆破试验

7.1.3.1　初步爆破参数试验确定

（1）爆破质点振动设计。

根据阿尔塔什水利枢纽工程地质条件，结合以往工程的爆破施工经验，拟定爆破试验参数。现场爆破试验按《爆破安全规程》（GB 6722—2003）执行。

爆破方案中的钻孔布置、单位耗药量选择和起爆方法及顺序等，要按钻爆设计方案进行，尽量减小爆破振动的作用。方案要点如下：

① 控制梯段高度约10m。

② 采用微差起爆法，一次爆破中单响药量控制在500kg以内。

对所采用的爆破方案进行爆破质点振动速度测量，爆区振动速度衰减规律的关系式为：

$$V = K\left(\frac{\sqrt[3]{Q}}{R}\right)^{\alpha}$$

式中，V为振动速度，cm/s；Q为最大单响炸药量，kg；R为测点至药包放置点的距离，m；K为爆区与地质、地形、爆破、方案等有关的系数；α为衰减指数。

寻找质点的衰减规律就是要通过试验求出爆区不同岩性的K、α，从而计算出爆破振动速度。初次爆破按爆区不同岩性的K、α（参照GB 6722—2003）见表7—3。

表7—3　爆区不同岩性的K、α

岩性	K	α
坚硬岩石	50～150	1.3～1.5
中硬岩石	150～250	1.5～1.8
软岩石	250～350	1.8～2.0

施工中根据现场实验确定施工区域的K、α后，对设计爆破块进行参数调整，以满足施工的安全和质量要求。

（2）爆破参数设计。

爆破及试验施工时采用地震仪对爆破进行观测，观测结果及时汇总，以确保及时得出第一手资料，根据爆破监测结果进行爆破参数调整，以达到高效、安全，确保施工顺利完成。初拟爆破试验参数见表7—4。

表 7—4　爆破试验参数

项目	保护层开挖		梯段爆破	
	爆破孔	预裂孔	爆破孔	缓冲孔
孔径（mm）	76	80	102～105	102
药径（mm）	60	32	80	60
孔距（m）	1.2～1.5	0.7～0.9	3.0～4.5	1.5～2.0
排距（m）	1.2～1.5	—	2～3	—
单位耗药量（kg/m^3）	0.45～0.50	—	0.40～0.45	0.50～0.55
线装药密度（g/m）	—	300～400	—	—
开挖部位或开采用途	马道或边坡		排水料及爆破料	

爆破试验分两层进行，分层高度 10m。

（3）爆破网络。

① 起爆方式。

不同的起爆方式，不同的孔网连线，有不同的起爆效果。在排水料爆破试验中，采用 2 组“V”形起爆方式，以求获得爆破粒径较小的石料。在爆破料的爆破试验中采用 2 组排间微差和 2 组孔间微差挤压爆破进行对比。

② 孔网布置。

爆破料爆破的 3 组孔排距排组合形布孔，以改善排间爆破效果。对于“V”形起爆的过渡料爆破和孔间微差起爆的堆石料，均采用矩形布孔，孔网布置见表 7—5。

表 7—5　爆破试验方案组合

爆破参数	爆 1	爆 2	爆 3	排 1	排 1
台阶高度（m）	10	10	10	10	10
钻孔深度（m）	11.25	11.25	11.25	11.25	11.25
超钻深度（m）	0.8	0.8	0.8	0.8	0.8
钻孔直径（mm）	102～105	102～105	102～105	102	102
钻孔角度（°）	73	73	73	73	73
前排最小抵抗线	2.65	2.7	2.65	2.25	2.25
排间距（m）	3.0	3.5	3.0	3.0	3.0
孔间距（m）	4.5	4.0	4.5	4.5	4.0
布孔方式	矩形	矩形	矩形	矩形	矩形
单耗药量（kg/m^3）	0.4	0.4	0.45	0.45	0.45
单孔药量（kg/m^3）	52.5	52.5	52.5	52.5	52.5
堵塞长度（m）	1.8	1.8	1.8	1.8	1.8
装药结构	连续耦合	连续耦合	连续耦合	连续耦合	连续耦合
起爆方式	“V”形	—	波浪形	波浪形	“V”形

当抵抗线较小时，X50 随抵抗线变化不明显；当抵抗线较大时，X50 随抵抗线增加迅速增大。因此，为了取得较大的爆破块度，抵抗线不能过小。

经其他工程爆破试验分析，随炮孔密集系数增大，破碎块度明显变细，大块率明显下降，而爆破块度却变得均匀，因此，要取得较大的爆破块度，宜选择较小的炮孔密集系数。但当炮孔密集系数小于1时，相邻炮孔之间会很快形成裂缝，导致爆破能量过早泄漏，大块率增加，不宜采用。

(4) 爆破试验钻孔机械选择。

梯段松动爆破孔选用ROC－T40型液压钻、CM－351型高风压潜孔钻机造孔，保护层和水平预裂孔选用KSZ－100Y预裂钻机造孔，声波测试孔选用YT28型手风钻造孔。初定钻孔机械见表7－6。

表7－6 爆破试验钻孔机械选型

序号	设备名称	规格型号	单位	数量	使用范围	备注
1	液压钻	ROC－T40	台	1	梯段松动爆破孔	孔径102mm
2	高风压潜孔钻机	CM－351	台	1	梯段松动爆破孔	孔径105mm
3	预裂钻机	KSZ－100Y	台	2	预裂孔	孔径90mm
4	液压钻	ROC－D7	台	1	保护层炮孔等	孔径76mm

(5) 爆破试验材料。

爆破试验材料见表7－7。

表7－7 爆破试验材料

序号	材料名称	规格	单位	数量	用途	备注
1	非电毫秒雷管	15段	发	1200	孔内传爆	双发起爆
2	非电毫秒雷管	3段	发	500	孔外网络连接	—
3	非电毫秒雷管	1段	发	1000	孔外网络连接	—
4	导爆索	普通型	m	500	孔内传爆	预裂孔
5	乳化炸药	ϕ32mm	t	0.5	预裂爆破	—
6	2#岩石炸药	ϕ60mm	t	1.4	松动爆破	—
7	2#岩石炸药	ϕ80mm	t	2.4	松动爆破	—
8	起爆器	QLDF－1000－C	台	1	引爆网络	1号电池8节
9	导线	0.4/1/16m^2	m	20/800/120	传爆网络	—

(6) 爆破试验主要施工方法。

爆破试验施工流程为：参数设计→测量放样→技术交底→钻机就位→钻孔→验孔检查→装药联网→爆破→爆效检查→场地清理→下一次试验。

爆破试验分两个区两层进行，通过调整炮孔间排距、连接网络，分别对排水料和爆破进行钻孔爆破试验。

每区爆破完后，进行颗分试验、效果评价，通过评价结果重新调整孔网参数，直到满足符合开采料技术要求和开挖规范要求。

①覆盖层开挖。

覆盖层及表土采用PC450液压挖掘机挖除，20t自卸车运至指定弃渣场。

②测量放样。

由具有相应资质的专业测量人员利用料场区测量控制网，按照爆破试验布置图进行测量放样。

③钻孔。

推土机推平场地后，按爆破作业指导书要求，安排钻机在测量放样点位置就位开钻，钻进过程中随时对钻孔深度和偏斜进行检测，以便及时纠偏。

④装药、起爆和连网。

各钻孔验收合格后进行装药，预裂爆破孔采用人工装药，装药结构为不耦合、间隔装药，将炸药和导爆索用黑胶布按设计间距绑扎于固定竹片上，由导爆索引爆，起爆网络采用导爆索与非电导爆（管）系统连接。主爆孔和缓冲孔装药结构为耦合、连续装药，15 段位毫秒非电导爆管引爆，1 段位毫秒非电导爆管连接。爆前认真检查，确定施工无误且安全措施就位后起爆。

经研究发现，连续装药往往造成炸药重心偏下，堵塞长度过大，下部药量过于集中，产生较多细粒料，孔口段大块石较多。实际施工中，可采用间隔装药、导爆索连接，更为合理。

⑤堵塞。

料场预裂孔爆破炮孔按照爆破设计长度采用草袋堵塞，主爆孔和缓冲孔采用岩屑或炮泥堵塞，堵塞物和孔口严禁有石块。一般认为炮孔堵塞有减少孔口飞石、降低孔口冲击波强度和延长孔内炮孔爆破气体作用时间、改善爆破效果的作用。

⑥爆破效果检查。

主要爆破效果检查项目为：预裂爆破的残留炮孔保存率、预裂面平整度、炮孔壁裂隙情况，松动爆破的爆堆岩石块度、大块率及挖装效率，飞石大小及距离，爆破振动速度，非爆破岩体声波波速降低率等。

爆破后，先从爆堆表面进行效果观察并拍照，再在挖装过程中跟踪观察爆破超径石和细粒料含量，并做好记录。对 5 次爆破效果进行分析，以改善爆破效果。经过对 5 个爆破试验方案的对比发现，影响爆破效果的因素有很多，对各影响因素之间的关系很难从理论上定性分析，此次试验主要从钻孔直径、梯段高度、装药结构、炸药单耗、孔网参数五个主要方面来检查爆破效果。为了更全面、客观地评价各影响因素之间的关系，采用层次分析统计法来分析影响爆破效果的主要因素。

7.1.3.2 级配料开采爆破试验参数设计

（1）选择钻型孔径、台阶高度、炸药品种等。

（2）设计填筑料级配上、下包络线与 $R=67.2\%$ 水平线两交点的中点所对应的粒径为设计特征粒径 X。

（3）根据分布函数 $R=1-\exp\left[-\left(\frac{X}{X_0}\right)^n\right]$，以不同的 n 得出几组不同的 $R-X$ 分布曲线与设计级配曲线绘制于同一坐标图中，选用其中一条包含在包络线内部分最多的曲线的 n 为爆破设计的 n。此时的 n 也必须满足优良级配的要求。

（4）采用上面选定的 $R-X$ 分布曲线，以其与 $R=50\%$ 水平线交点对应的粒径为爆破设计的 X_{50}，代入 $X_{50}=A\sqrt{X_m}(1/q)^{0.8}Q^{1/6}(115/e)^{19/30}$。

（5）将炮孔密集系数 m（在 1.0～2.0 间选取）、钻孔精度标准差 e（一般取 $0.05H$）、钻孔直径 d、台阶高度 H 代入 $X_{50}=A\sqrt{X_m}(1/q)^{0.8}Q^{1/6}(115/E)^{19/30}$，算出 W 和 a。

（6）根据 $Q=abHq=mW^2Hq$ 和 $X_{50}=A\sqrt{X_m}(1/q)^{0.8}Q^{1/6}(115/e)^{19/30}$，可计算出 q。

（7）按上述计算得到的爆破参数进行试验，根据试验结果对 X_{50} 计算式中的 A 进行适当调整，重新计算 q。

（8）取不同的 m 计算几组爆破参数，从中选出较优的方案。

7.1.4 爆破料场开采施工

料场开采施工中，按“分区、分块，自上而下”的原则开采，各采场分区同步下降，每层开采厚度可根据台阶高度分层施工，但最大开采厚度不大于 10m。

（1）测量放样。

①会同监理工程师接收测量控制网点，用全站仪和水准仪校核测量控制网点，并加密施工控制网点。

②根据规范要求和监理工程师审批的方案，测量原始地形图和断面图。

③将成果报监理工程师获得批准后，放施工开口线并进行现场控制。

④现场放样采用放样单进行放样交底，计算机校核测量网点。

⑤边坡钻爆前，均需进行边线检查，合格后方可进行下一台阶施工。

（2）场地清理。

开挖区边线放样后，人工对开挖范围内的无用料、弃料、有害物等进行全面清理，至少清理至开采边线以外5.0m范围，并按监理工程师指定的方法进行处理。

（3）覆盖层剥离。

料场覆盖层包括土方、风化岩体等。首先将开采范围的轮廓线由测量定位，在上开口轮廓线以上清出宽5m范围内的覆盖层形成平台，并将5m以外山坡上的危石清除。由上而下采用人工、PC450液压反铲挖掘机、手风钻爆破进行表土和覆盖层剥离，初期弃渣全部直接推入料场底部，然后用PC450液压反铲挖掘机，装20t自卸车运至1#弃渣场。

雨天施工时，施工台阶略向外倾斜，以利排水。在开挖施工过程中，根据施工需要，经常检测边坡设计控制点、线和高程，以指导施工，并在边坡地质条件较差部位设置变形观测点，定时观测边坡变形情况，若出现异常，立即向监理工程师和业主报告并采取应急处理措施。

（4）石料开采。

①深孔梯段爆破。

爆破料开采采用“台阶法钻孔爆破分层开采”的施工方法，深孔梯段微差挤压爆破。梯段高10m，边坡采用预裂。

A. 钻孔。

采用孔径102mm的阿特拉斯ROC－T40型液压钻和孔径105mm的英格索兰CM－351高风压潜孔钻机钻孔，同时配备足够数量的手风钻进行超径石的二次破碎。

在开采边线进行施工预裂爆破，预裂孔与主爆孔之间增加缓冲孔。施工预裂及缓冲爆破采用KSZ－100Y预裂钻机钻孔。

为了提高爆破效率、降低成本，石料开采主要以中、大孔径（105mm）为主，采取大孔距、小抵抗线的矩形布孔方式，不耦合装药结构和孔间微差爆破，使爆破出来的爆破料及排水料直径大于60cm以上的超径控制在2%～3%以内，钻孔过程中，专人对钻孔质量及孔网参数按照作业指导书的要求进行检查，若发现钻孔质量不合格及孔网参数不符合要求，立即返工，直到满足钻孔设计要求。

B. 装药、联网爆破。

主爆破孔采取不耦合柱状连续装药；缓冲及拉裂孔采用条形乳化炸药，采取柱状分段不耦合装药。岩石爆破单位耗药量暂按0.56～0.6kg/m^3考虑，最终单耗根据爆破试验确定。梯段爆破采用微差爆破网络，1～15段非电毫秒雷管连网，电雷管起爆。分段起爆药量按技术规范控制，梯段爆破最大段起爆药量不大于500kg。

②预裂爆破施工。

料场开挖边坡最大高度达200m，马道平台宽度一般为2m，在边坡开挖施工中采用预裂爆破技术，选用KSZ－100Y预裂钻机造孔，孔径90mm，预裂孔间距0.8m。钻孔深度与爆破台阶高度一致。

预裂爆破施工流程为：下达作业指导书→测量布孔→钻机就位（角度校正）→钻孔→验孔检查→

装药、联网爆破→进入下一循环。

A. 钻孔。

首先按照设计图纸进行现场放线，标出边坡开挖线、马道平台范围，确定开挖范围轮廓和钻孔深度、角度，便于技术交底和工人操作。其次根据作业指导书要求，安排钻机设备就位，按照现场放样的孔间距依次排开钻机，拟采用3台KSZ－100Y预裂钻机同时作业。钻机就位时，采用样架尺对钻机、钻孔角度和定位点进行校对，开孔后进行中间过程的深度和角度校对，以便及时调整偏差。

B. 装药。

预裂爆破采取空气间隔不耦合装药结构，选用ϕ32mm乳化炸药，线装药密度拟采用540g/m。保证永久边坡不受爆破破坏，预裂孔的前排缓冲采取松动爆破方式，采用ϕ60mm乳化炸药进行不耦合柱状装药。

现场施工时，先拟订爆破方案，经监理工程师批准后进行试验，并根据爆破的效果和不同岩石级别调整线装药密度、孔底及孔口的装药密度，以保证最佳的爆破效果。

预裂爆破起爆网络采用导爆索传爆、电力起爆方式。

③挖装与运输。

料场的爆破料主要采用EX750正铲挖掘机（4.0m^3）和PC450液压反铲挖掘机（2.0m^3），SD22推土机集渣。

爆破料运输以20t自卸车为主，同时配一定数量32t自卸车运至填筑区。

每次爆破后，先由人工配合反铲挖掘机对坡面松动岩体和岩块进行清理，并对爆堆的无用料用反铲挖掘机进行分选装车运至弃料场，然后进行出渣作业。

在开采分选作业中，着重注意采取如下措施：

A. 开挖过程中，凡业主及工程师指定的可利用的石渣，严格按业主及监理工程师批准的爆破设计（经爆破试验确认）进行作业。

B. 有用料和弃料分开装运，运输车辆相对固定并编号，做上明显的标志，现场派专人指挥运料车辆，严格按要求分区装车或分类堆放。

C. 根据出渣强度，渣场安排1～2台SD22推土机平整渣料，各类渣料的堆渣范围和高程严格按施工图纸和监理工程师的指示实施。

D. 做好堆渣体的边坡保护和排水工作，保持渣料堆体周边的边坡稳定。

E. 做好渣场及备料场的照明工作，并有专人指挥。

根据大坝填筑要求，最大粒径为60cm，料场爆破过程中难免出现大块石，超径石在挖装过程中剔除并集中堆积，采用手风钻钻爆方法或破碎锤解小，解小后同爆破料一起装运上坝。

7.1.5 爆破料场开采爆破设计

本工程石料场采用深孔梯段法开采方案，微差挤压爆破，宽孔距、小排距技术，边坡及水平马道采用预裂爆破。

主爆孔和缓冲孔采用CM－351高风压潜孔钻机和ROC－T40型液压钻造孔，孔径105mm和102mm；预裂孔采用KSZ－100Y预裂钻机造孔，孔径90mm。

（1）钻孔爆破参数。

梯段爆破孔采用“宽孔距，小排距”矩形布孔方式，排间和孔间采用非电毫秒雷管微差起爆。一般梯段爆破，最大段起爆药量不大于500kg。

梯段爆破施工流程如图7－1所示。

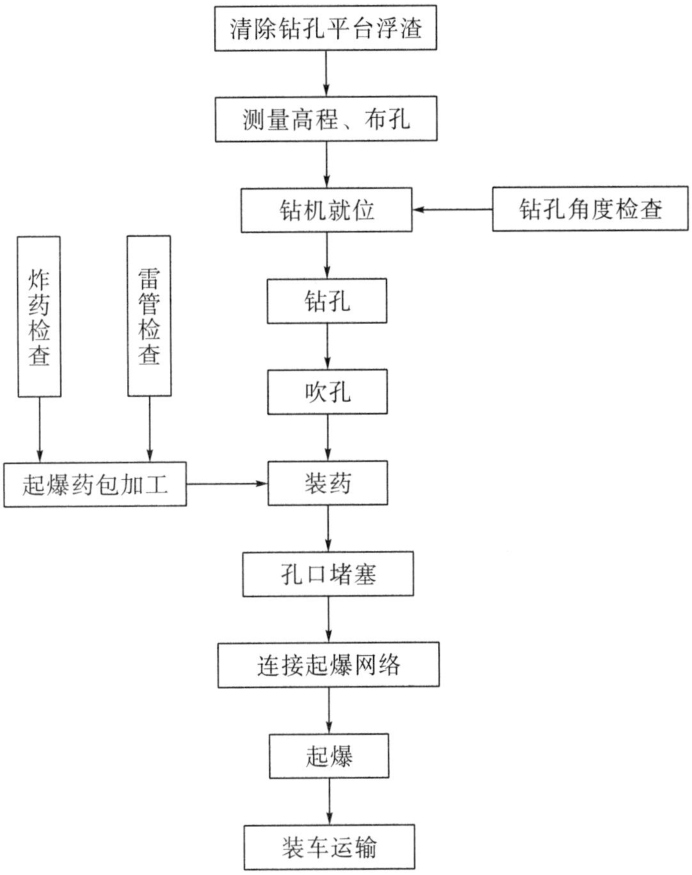

图7－1　**梯段爆破开挖施工流程图**

①孔网参数。

根据类似工程施工经验，结合石料场实际情况和设备性能，拟定爆破参数如下。

梯段高度 $H=10$m，料场后坡设计边坡1∶0.3～1∶0.5。

爆破料开采炮孔布置：主爆孔和缓冲孔均采用矩形布置。

底板抵抗线 $W=53K_dD\ (\rho/\gamma)^{\frac{1}{2}}$。其中，$K_d$ 为岩石系数，取0.98；D 为炮孔直径，为0.102m；ρ 为装药密度，取0.98kg/cm^3；γ 为岩石容重，取2.85kg/cm^3。可以计算出 $W=7.2$m。因主爆孔孔径采用 ϕ105mm，排距 b 取3.0m。根据 $a=1.47W$，相应孔距为4.5m。

缓冲孔：间距2.0m，排距1.8m。

炮孔超钻深度：超钻深度按 $h=0.35W=1.0$m。

钻孔倾斜度：预裂爆破孔的钻孔倾斜同开挖边坡（1∶0.3），梯段爆破主爆孔的钻孔倾斜初步拟定为75°。

②火工材料选择及装药结构。

根据现场条件及以往经验，石料场梯段爆破选用2＃岩石炸药和乳化炸药，引爆及连接雷管选用1～15MS塑料毫秒微差导爆管或导爆索，采用电雷管电力起爆。

主爆孔：孔内装 ϕ80mm的2＃岩石炸药，采用不耦合、连续装药，15MS导爆管引爆、连接。主爆孔孔深 $L=(H+h)/\sin\alpha$。其中，$H=10$m；h 为钻孔超深，取0.35W，为1.0m；α 为钻孔倾角（75°）。故 $L=11.5$m；堵塞长度 $L_2=0.75W$，取2.25m，用炮泥堵塞或岩粉作为充填物。

缓冲孔：孔内装 ϕ60mm的2＃岩石炸药，采用不耦合、连续装药，15MS导爆管引爆、连接。孔深同主爆孔，堵塞长度为1.87m，用炮泥堵塞或岩粉作为充填物。

（2）装药参数的选择。

①梯段爆破。

梯段爆破装药参数：$Q=qaWH/\sin\alpha$，其中，$q=(0.33\sim0.55)[0.4+(\gamma/2450)^2]$，$\gamma$ 为页岩天然密度（2.85g/cm^3），计算得炸药单耗药量 $q=0.40\text{kg/m}^3$；α 为钻孔倾角（75°）。爆破料初拟装药参数单耗炸药量初选定 0.4kg/m^3。

②施工预裂及缓冲爆破。

为保证石料场开采后的边坡稳定，拟在靠近边线处进行施工预裂及缓冲爆破，预裂孔采用 ϕ 90mm 孔，间距为 $a=(7\sim12)D$，D=90mm，故取 a=80cm。

预裂孔：孔内装 ϕ 32 乳化炸药（150g，20cm），采用不耦合、间隔装药，不耦合系数为 2.8。炸药用竹皮固定，导爆索连接，黑胶布绑扎。孔底 1m，按正常装药 2 倍加强装药，孔口 1m 不装药，用炮泥堵塞或岩粉作为充填物。

预裂爆破装药参数：$Q_X=0.36\sigma^{0.63}\times a^{0.67}$。其中，$\sigma$=23.3～69.2Pa，取 $60\text{MPa}=600\text{kg/cm}^2$；$a$=80cm。经计算，线装药密度 Q_X=379g/m，药卷间距 7.8cm。

缓冲爆破采用 ϕ 60 药卷不耦合、连续装药，单孔药量比主爆孔减小 1/3～1/2，缓冲孔孔距 2.0m，与预裂面间距 1.5m，孔深、孔向与预裂孔一致。装药结构如图 7－2 所示，相关爆破参数见表 7－8。

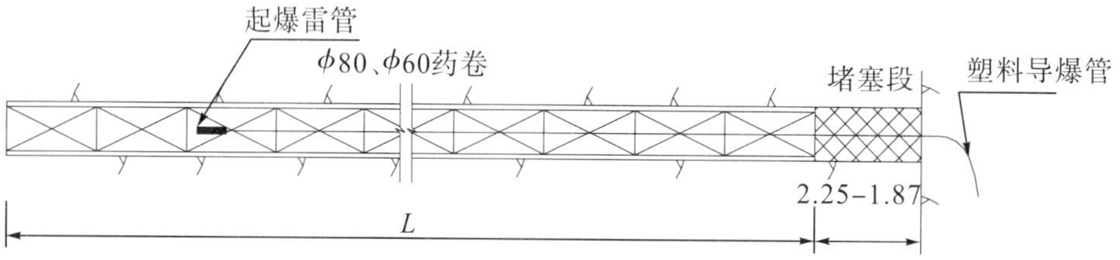

（a）主爆孔装药结构示意

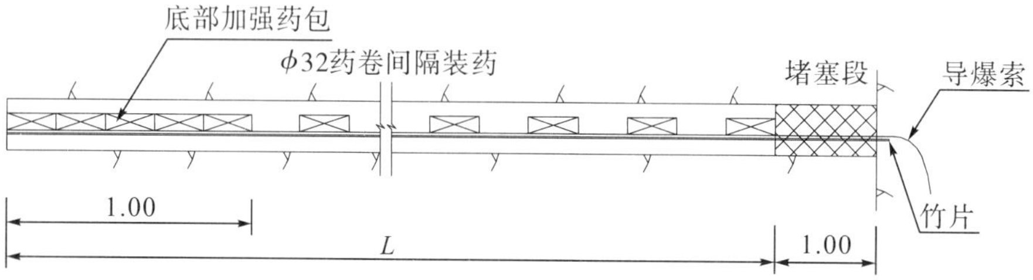

（b）预裂孔装药结构示意图

图 7－2　爆破石料场开挖爆破装药结构（单位：m）

表 7－8　爆破料场梯段爆破参数

<table>
<tr><th>料物</th><th>爆破类型</th><th>钻孔机械</th><th>梯段高度（m）</th><th>孔径（mm）</th><th>间距（m）</th><th>排距（m）</th><th>孔深（m）</th><th>单耗药量</th></tr>
<tr><td>爆破料</td><td>梯段爆破</td><td>CM－351、ROC－T40</td><td rowspan="3">10</td><td>105</td><td>4.5</td><td>3.0</td><td>11.5</td><td>0.40kg/m³</td></tr>
<tr><td>排水料</td><td>梯段爆破</td><td>CM－351、ROC－T40</td><td>105</td><td>4.5</td><td>3.0</td><td>11.5</td><td>0.40kg/m³</td></tr>
<tr><td>边坡</td><td>预裂爆破</td><td>KSZ－100Y</td><td>90</td><td>0.8</td><td></td><td>10.5</td><td>379g/m</td></tr>
</table>

注：（1）主爆孔装 ϕ 80 炸药，每米药包重量 5.026kg，Q=49.6kg，堵塞长度 2.25m。

（2）预裂孔装 ϕ 32 炸药，线装药密度 379g/m，底部 1m 加强为 2 倍，孔口 1m 堵塞。

（3）表中数据为初选的经验数据，由现场爆破试验确定可使用的爆破参数。

(3) 爆破网络设计。

起爆网络设计原则是保证梯段爆破临近坡面最大单段起爆药量符合规范要求，起爆后岩体在排间和孔间充分碰撞、挤压；尽量保持粒径和级配满足设计要求。排间微差延时分段，尽可能多创造瞬时临空面，以提高爆破效果，为减少震动，采用毫秒微差网络起爆。利用排间分段的方法，控制最大单响起爆药量，确保边坡、建基面和新喷锚支护区的安全及控制飞石，减少开挖部位之间、开挖和其他工序之间的影响。料场开采采用梯形起爆网络，预裂前沿一般采用排间起爆网络，堆石料、过渡料采用矩形布孔排间毫秒微差爆破技术起爆，采用“U”形起爆网络，预裂孔先于相邻梯段炮孔起爆的时差 75ms，排间微差时间用 ΔP 求得，其中，f 为岩石坚固系数取 12，a 为孔间距为 3.5m。故 $T=20$ms，取 25ms，即排间用 MS2 雷管连接，排内用 MS1 非电毫秒延期雷管连接，孔内统一装 MS10 段雷管起爆。为便于网络联结及减少爆破震动对边坡的不良影响，料场每个工作面每块每次爆落量控制在 2.0 万立方米左右，排数控制在 8～10 排，每排孔 10～12 个孔。爆破最大单响药量控制在不大于 500kg。

一般“U”形排间起爆网络如图 7-3 所示。

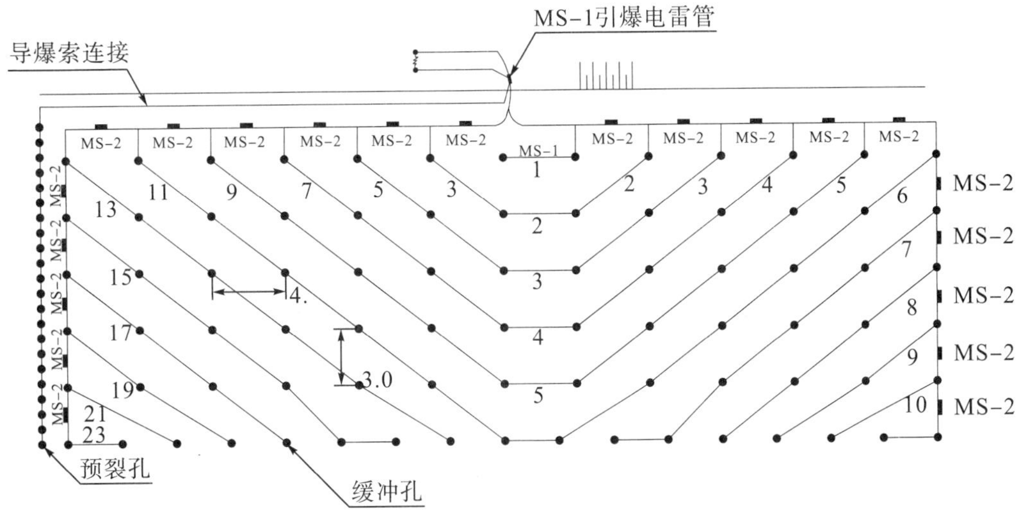

图 7-3　爆破石料场开“U”形起爆网络

7.1.6　爆破料场开采强度

7.1.6.1　P1 爆破料场开采强度分析

(1) 开采强度。

P1 爆破料场主要供应大坝排水料和下游爆破料填筑区，P1 爆破料场填筑控制高程 1661.00～1715.00m，高强度开采主要发生在大坝Ⅰ、Ⅱ－Ⅰ期填筑高峰期，Ⅰ期月最高强度为 28.79 万立方米（压实方），发生在 2017 年 8 月。Ⅱ－Ⅰ期月最高强度为 30.78 万立方米（压实方），发生在 2018 年 4 月。P1 爆破料场分期供应量见表 7-9。

表 7－9　P1 爆破料场分期供应量（压实方）

填筑期	年度	月份	上升高度	堆石料需要量（m^3）	备注
Ⅰ期	2016	2		0	2016 年 2 月、3 月主要进行排水料的填筑
		3		0	
		4	4	57658	
		5	4	78200	
		6	4	117575	
		7	4	139099	
		8	4	170568	
		9	4	181984	
		10	4	188346	
		11	4	189654	
		12	0	165909	
	2017	1	0	167109	
		2	0	168256	2017 年 5 月进入填筑高峰，最大强度为 29.01 万立方米，发生在 11 月
		3	5	242995	
		4	5	249215	
		5	5	271534	
		6	5	284089	
		7	5	286213	
		8	5	287906	
		9	4	286782	
		10	5	284826	
Ⅱ－Ⅰ期		11		290142	
		12		267823	

（2）开采强度分析。

爆破料场开采强度取决于开采设备、开采工作面的数量和道路运输能力。工作面的布置首先要确定最小工作平台宽度和挖掘机工作线长度。石料场开采设备主要选择 ROC－T40 型液压钻或 CM－351 高风压潜孔钻机，挖装设备主要用 EX750 4.0m^3 正铲挖掘机及 PC450 2.0m^3 反铲挖掘机，运输车辆用 32t、20t 自卸车。

根据《水利水电工程施工组织设计手册》计算挖掘机的生产能力，每月按 25 天，每天按 2 班 20h 计。

EX750 液压正铲挖掘机的松方生产效率为 189.7.0m^3/h，月生产能力约 9.5 万立方米/月；PC450 液压反铲挖掘机的松方生产效率为 68.5m^3/h，月生产能力约 3.6 万立方米/月。

料场内在两挖掘机之间距离不小于最大卸载半径之和 2 倍的情况下，可允许多台挖掘机在同一爆堆作业。根据挖掘机作业长度的要求布置料场工作面。P1 爆破料场生产能力分析见表 7－10。

表 7-10　P1 料场生产能力分析

序号	高程 (m)	开挖面宽度 (m)	开采面积 (m^2)	可布置工作面	可布置挖掘机数量（台）		生产能力（万立方米/月）
					4.0m^3 正铲	2.0m^3 反铲	
1	1910.00	67	5919	2	1	3	22.1
2	1900.00	78	347	2	1	4	26.3
3	1890.00	85	8617	3	1	4	26.3
4	1880.00	96	10427	3	2	3	31.6
5	1870.00	104	12115	3	2	3	31.6
6	1860.00	111	13592	4	2	3	31.6
7	1850.00	116	15060	4	2	3	31.6
8	1840.00	120	16863	4	2	3	31.6
9	1830.00	124	19050	4	2	3	31.6
10	1820.00	129	21785	4	2	3	31.6
11	1810.00	138	25038	5	2	3	31.6
12	1800.00	149	28776	5	2	3	31.6
13	1790.00	167	32816	5	2	3	31.6
14	1780.00	186	37648	5	2	3	31.6
15	1770.00	198	42827	5	2	3	31.6
16	1760.00	220	47271	5	2	3	31.6

根据料场开挖进度和大坝施工进度，2016 年 3 月大坝下游排水料开始填筑，第Ⅰ期填筑高峰是在填筑第一月需要 28.79 万立方米（压实方），折合自然方 23.99 万立方米。因此，P1 爆破料场从 2015 年 9 月开始进行料场道路修建和覆盖剥离，2016 年 4 月料场开挖至高程 1910.00m，开采平台工作面宽度 67m，开采面积 0.6 万平方米，可布置两个工作面开采，该层开挖配备 1 台 4.0m^3 液压正铲挖掘机和 3 台 2.0m^3 液压反铲挖掘机，PC450 液压反铲挖掘机最大挖掘半径 10m，两台反铲挖掘机同时装车时距离为 20m，同一工作面长度不应低于 40m。根据机械性能分别在两个工作区布置 1 台 4.0m^2 液压正铲挖掘机和 3 台 2.0m^3 液压反铲挖掘机，四台设备同时工作，工作能力为 22.1 万立方米（松散方），同时下游 P2 爆破料场每月可以上坝 4.5 万立方米左右，满足大坝填筑需求。

（3）钻爆强度分析。

根据大坝填筑计划，P1 爆破料场的填筑高程 1661.00～1715.00m 高峰强度见表 7-11。

表 7-11　高程 1661.00～1715.00m 大坝分期填筑峰值统计表

填筑分期	填筑时间	填筑方量（压实方，万立方米）	需开采石料（自然方，万立方米）	石方开挖量（自然方，万立方米）
Ⅰ期	2017 年 8 月	28.79	23.99	23.99
Ⅱ-Ⅰ期	2018 年 4 月	30.78	25.65	25.65

根据 P1 爆破料场石方开采强度、土石方开挖强度以及料场开采方案，料场分 A、B 两个单元开采，每个单元各配一组钻爆、挖、装、运设备单独施工，每个单元分 1、2 两个区，按照清面→钻孔→爆破→出渣的顺序流水作业。

按照高峰期每月工作 25 天，需要日钻爆和开挖方量为 34.2/25=1.36 万立方米。

按照钻孔间排距 4.5×3.0m（P1 爆破料场排水料和爆破料参数），梯段高度 10m，考虑钻孔倾角和超深，钻孔深度 11.5m，每个区钻孔总延米为1360/(4.5×3.0)×11.5=1150m。

根据 ROC-T40 型液压钻小时造孔 19.3m、CM-351 高风压潜孔钻机小时造孔 19.1m，设备配置造孔钻机为 2 台 ROC－T40 型液压钻和 2 台 CM－351 高风压潜孔钻机，挖装设备为 3 台 EX750 液压正铲挖掘机、4 台 PC450 液压反铲挖掘机，推渣选用 1 台 SD22 推土机。

每个单元配爆破工 5 名、普工 20 名进行爆破作业，组织 6 台 KSZ－100Y 预裂钻机提前进行预裂孔造孔。

前期开采作业面较小，开采强度较低，配 1 台 ROC－T40 型液压钻、3 台 KSZ－100Y 预裂钻机、2 台 PC450 液压反铲挖掘机，采用 20t 自卸车运输，在具备大面积开挖条件后，配备相应的钻爆及挖装设备。

7.1.6.2 P2 爆破料场开采强度分析

（1）开采强度。

P2 爆破料场主要供应下游爆破料填筑区，P2 爆破料场填筑控制高程 1715.00～1825.00m，高强度开采主要发生在大坝Ⅱ－Ⅰ期，最高强度 30.8 万立方米（压实方），发生在 2017 年 10 月。P2 爆破料场分期供应量见表 7－12。

表 7－12　P2 料场分期供应量（压实方）

填筑期	年份	月份	上升高度（m）	堆石料需要量（m^3）	备注
Ⅱ－Ⅰ期	2017	12		267823	
	2018	1		267806	
		2		267608	
		3		304522	
		4		307832	
		5		305157	
Ⅱ－Ⅱ期		6	7	204615	
		7	8	202910	
		8	8	206024	
		9	8	203956	
		10	8	201707	
		11	8	179798	
Ⅲ期		12	0	158664	
	2019	1	0	165751	
		2	0	162896	
		3	0	225773	
		4	0	239944	
		5	0	263684	
		6	0	261993	
		7	9	279790	
		8	9	283068	
		9	9	267395	
		10	8	266073	
		11	8	258199	
		12	0	154170	
	2020	1	0	158389	
		2	0	156393	

（2）开采强度分析。

料场开采强度取决于开采设备、开采工作面数量和道路运输能力。工作面的布置首先要确定最小工作平台宽度和挖掘机工作线长度。石料场开采设备主要选择ROC－T40型液压钻机或$Cm^3$51高风压潜孔钻机，挖装设备主要用4.0m^3正铲挖掘机及2.0m^3反铲挖掘机，运输车辆用32t、20t自卸车。

根据《水利水电工程施工组织设计手册》计算挖掘机的生产能力，每月按25天，每天按2班20h计。

料场内在两挖掘机之间距离不小于最大卸载半径之和2倍的情况下，可允许多台挖掘机在同一爆堆作业。

根据料场开挖进度和大坝施工进度，2015年9月就开始料场道路修建和覆盖剥离，填筑高峰时间为2017年3月—2018年5月，最大高峰强度30.78万立方米（压实方），折合自然方25.65万立方米。2017年10月料场开挖至高程1880.00m，开采平台工作面宽度157m，开采面积4.71万平方米，可布置5个工作面开采，该层开挖配备3台4.0m^3液压正铲挖掘机和6台2.0m^3液压反铲挖掘机，6台设备同时工作，工作能力为40.6万立方米（松散方），满足上坝需求。

（3）钻爆强度分析。

根据大坝填筑计划，P2爆破料场的填筑高程1715.00～1825.00m，高峰强度30.78万立方米（压实方），自然方25.65万立方米，

按照高峰期每月工作25天，需要日钻爆和开挖方量为37.4/25=1.50(万立方米)。

按照钻孔间排距4.5×3.0m（P1爆破料场排水料和爆破料参数），梯段高度10m，考虑钻孔倾角和超深，钻孔深度11.5m，每个区钻孔总延米为1500/(4.5×3.0)×11.5=1277(m)。

根据ROC－T40型液压钻小时造孔19.3m、CM－351高风压潜孔钻机小时造孔19.1m，设备配置造孔钻机为3台ROC－T40型液压钻和2台CM－351高风压潜孔钻机，挖装设备为2台EX750正铲挖掘机、6台PC450反铲挖掘机，推渣选用1台SD22推土机。

每个单元配爆破工5名、普工20名进行爆破作业，组织6台KSZ－100Y预裂钻机提前进行预裂孔造孔。前期开采作业面较小、开采强度较低，配1台ROC－T40型液压钻、3台KSZ－100Y预裂钻机、2台PC450液压反铲挖掘机，采用20t自卸车运输，在具备大面积开挖条件后，配备相应的钻爆及挖装设备。

7.1.7 主要施工机械及设备

根据P1、P2爆破料场强度分析，机械设备配置见表7－13。

表7－13 爆破料场施工机械配置

序号	机械设备名称	规格型号	单位	数量	备注
1	液压钻	ROC－T40	台	3	ϕ102、ϕ76
2	高风压钻机	CM－351	台	2	ϕ105
3	预裂钻机钻	KSZ－100Y	台	10	ϕ90
4	手风钻	YT28	台	5	ϕ42
5	液压正铲挖掘机	EX750	台	3	4.0m^3
6	液压反铲挖掘机	PC450	台	8	2.0m^3
7	推土机	SD22	台	2	235kW
8	自卸车	45t	辆		大坝填筑配置

续表

序号	机械设备名称	规格型号	单位	数量	备注
9	洒水车	10t	辆	1	
10	全站仪	莱卡	台	1	

由于前期料场开采时以P1爆破料场为主，P2爆破料场为辅，大坝填筑至高程1715.00m后，P1爆破料场所有设备转移至P2爆破料场，因此，表中配置的设备在P1、P2爆破料场之间灵活调度，以满足钻爆和挖装要求。

7.2 级配离散砂砾石料碾压压实性能和综合利用

7.2.1 垫层料渗透与渗透变形特性复核

7.2.1.1 试验仪器及试验方法

按《土工试验规程》(SL 237—1999）进行渗透及渗透变形试验，试验模型截面直径或边长应不小于试样粒径特征值 d_{85} 的5倍。图7—4中3条级配线对应 d_{85} 分别为36.9mm、40.9mm和45mm。采用直径为300mm（以下简称“300型”）垂直渗透仪可以满足要求，但是260mm×200mm×260mm（过水断面长260mm、高200mm，以下简称“260型”）水平渗透仪偏小，经采用260型仪器进行试验外，首次采用600mm×600mm×900mm（过水断面长、高均为600mm，以下简称“600型”）水平渗透仪进行试验，克服了仪器尺寸效应。

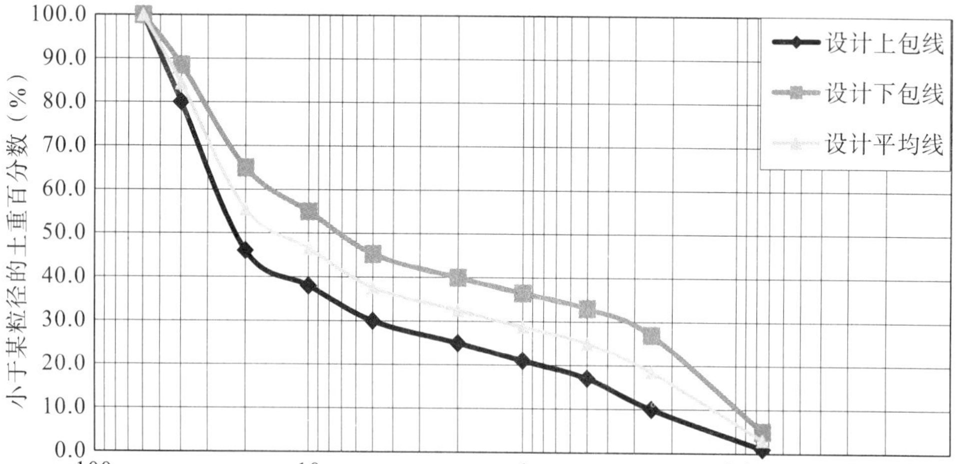

图7—4 垫层料设计包线

垂直渗透试验的水流方向为从下向上，水流通过多孔透水板向上进入试样。试样下游面在上，表面无支撑和防护，便于观察试验现象，淹没出流。水平试验水流也是通过多孔透水板进入试样的，试样下游面直立，依靠多孔透水板支撑，透水板开孔率为20%（260型和600型渗透仪多孔板开孔直径分别为1.0cm和1.5cm)。出水室溢水口略高于试样顶面，使试样全断面过流，如图7—5所示。试验过程中密切观察水流清澈程度和出水室中有无试样颗粒沉淀。

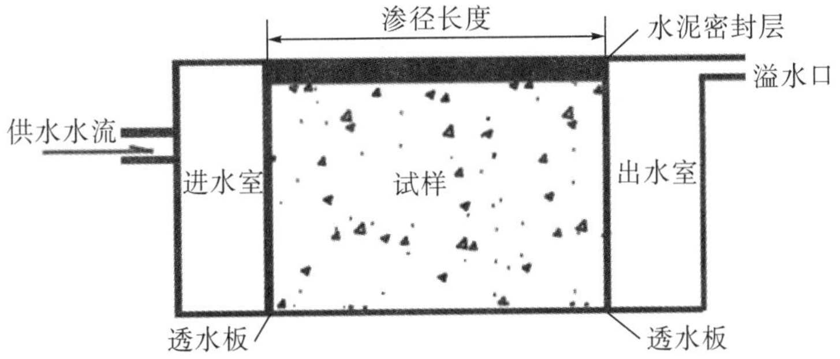

图7—5　水平试验模型示意图

在遵照试验规程的同时，为了解决试样与渗透仪边壁接触问题，选择水泥护壁的方法克服仪器边壁效应。试样装填前，先在渗透仪内壁涂上水泥，然后将事先制备好的试样按相应的密度，分层装填在渗透仪中。试样装填好并待水泥初步凝固后进行试样饱和。在300型垂直渗透仪及260型水平渗透仪中，均匀分2层装样。在600型水平渗透仪中，均匀分3层装样。各层均采用表面振动器进行振动击实。

试样饱和程度对渗透试验成果有直接影响。装好试样后，采用充分曝气后的水供水，调整供水水箱水位略高于试样底面位置，再缓慢提升水箱至一定高度，待试样中水位与水箱水位相等并稳定一段时间后，提升水箱水位。随着水箱水位上升，水由仪器底部向上渗入，使试样缓慢饱和，以完全排除试样中的空气。试样充分饱和后开始试验，提升供水箱，使供水箱的水面高出渗透仪的溢水口，保持常水头差，形成初始渗透坡降，并按试验规程要求逐步提高渗透比降。反复测量每级比降下的流量，并观察描述该级水头下的试验现象，如水的浑浊程度、冒气泡、细颗粒的跳动、移动或被水流带出、颗粒悬浮等。每次升高水头后，测记测压管水位，若连续3次测得的渗流量基本稳定，又无异常现象发生，即可提升至下一级水头。试验过程中，当试样中的细粒在渗透力作用下由静态转为运动时，说明土体内部结构发生调整，试样渗透流速会相应发生突变，分析该比降下的异常情况，综合评价以确定临界比降；当出现极浑浊水流（黑水）、下游面崩塌或者隆起时，表明颗粒大量流失，且土体结构彻底破坏，该试验比降即为破坏比降。

7.2.1.2　试验成果及分析

按垫层料级配进行统计，垫层料的渗透系数、临界比降、破坏比降以及破坏形式见表7—14。试验密度对试验结果的影响总体上符合一般规律，即在级配相同的情况下，试样填筑密度越大，渗透系数越小，例如，垂直试验成果中，当填筑密度为2.15g/cm^{3}时，上包线填筑渗透系数为10^{-3}cm/s量级；当填筑密度为2.26g/cm^{3}时，上包线渗透系数为10^{-4}cm/s量级。当填筑密度为2.15g/cm^{3}时，平均线渗透系数为10^{-3}～10^{-2}cm/s量级；当填筑密度为2.26g/cm^{3}时，平均线渗透系数为10^{-4}～10^{-3}cm/s量级。随着密度的增加，渗透系数降低了一个量级。随着密度的增加，试验取得的临界比降和破坏比降变化规律不明显。垫层料下包线呈现了相同的规律。

表7—14　垫层料按级配曲线统计结果

试验级配	试验形式	填筑密度(g/cm^3)	渗透系数(cm/s)	临界比降	破坏比降	破坏形式
上包线	垂直	2.15～2.26	1.5×10^{-4}～5.7×10^{-3}	0.6～1.3	2.7～3.8	过渡型
平均线		2.15～2.27	4.7×10^{-4}～7.8×10^{-3}	0.8～1.1	2.4～3.6	过渡型
下包线		2.15～2.29	2.1×10^{-4}～4.4×10^{-3}	0.4～1.7	1.9～3.2	管涌

续表

试验级配	试验形式	填筑密度（g/cm^3）	渗透系数（cm/s）	临界比降	破坏比降	破坏形式
上包线	水平	2.15～2.27	4.7×10^{-3}～3.9×10^{-2}	1.3～2.5	4.0	流土
平均线		2.15～2.26	3.1×10^{-3}～5.7×10^{-2}	1.2～2.3	11.5	流土
下包线		2.15～2.28	3.9×10^{-3}～7.2×10^{-2}	0.9～1.6	4.2	流土

水平试验成果随密度变化的规律弱于垂直试验成果，可能是因为水平试验中试样装填和排气更难以控制。

比较水平和垂直试验结果可以发现，有水平渗透系数大于垂直渗透系数的规律，以及水平临界比降、破坏比降试验值有大于垂直试验对应结果的趋势。原因可能如下：试样的装填方式使其具有一定各向异性；水平试验的水流方向与分层界面平行，水流阻力在同一渗径上分布更均匀，而垂直试验的水流方向与分层界面垂直，水流阻力沿着渗径会发生一定变化，可能更容易引起渗透变形。临界比降、破坏比降水平试验值大于垂直试验，虽然与一般土的渗透变形特性不符，但水平试验的试样装填方式和水流方向与面板堆石坝垫层的实际填筑和运行情况更接近，所以其试验结果应该更能反映垫层的工程特性。

7.2.2 垫层料碾压参数确定

7.2.2.1 最大干密度、最小干密度

在碾压试验前，按照《土石筑坝材料碾压试验规程》（NB/T 35016—2013）中砂砾料原级配现场相对密度试验进行最大干密度、最小干密度试验。采用设计上包线级配、上平均线级配、平均线级配、下平均线级配、下包线级配 5 个不同砾石含量配料。根据设计级配选择砾石含量 55.0%、58.7%、62.5%、66.2%、70.0%作为相对密度试验级配，垫层料相对密度试验配料级配曲线如图 7—6 所示。

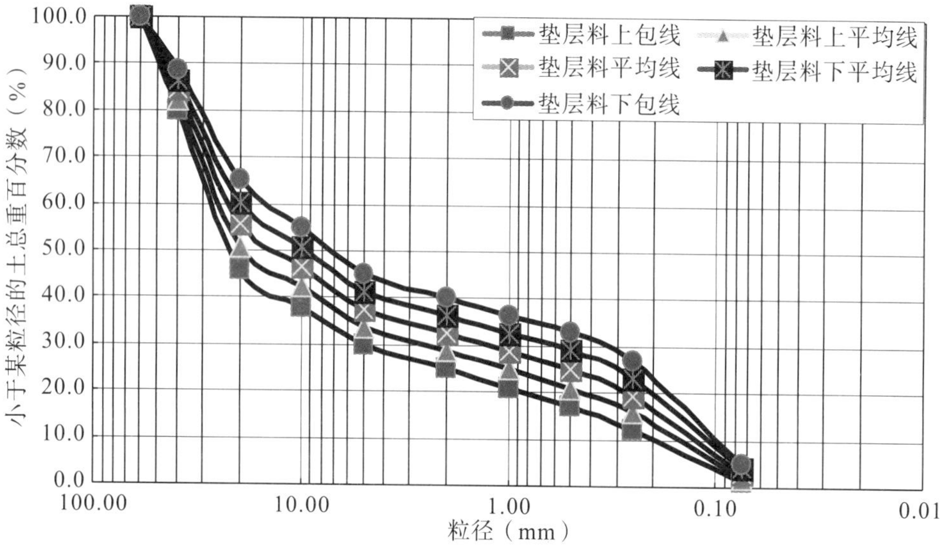

图 7—6　垫层料相对密度试验配料级配曲线

垫层料相对密度试验不同砾石含量所对应的最大干密度、最小干密度试验成果见表7－15，关系曲线如图7－7所示。

表7－15　垫层料不同砾石含量所对应的最小干密度、最大干密度

砾石含量（%）	55.0	58.7	62.5	66.2	70.0
最大干密度（g/cm^3）	2.36	2.38	2.39	2.40	2.42
最小干密度（g/cm^3）	1.96	1.98	1.99	2.00	2.02

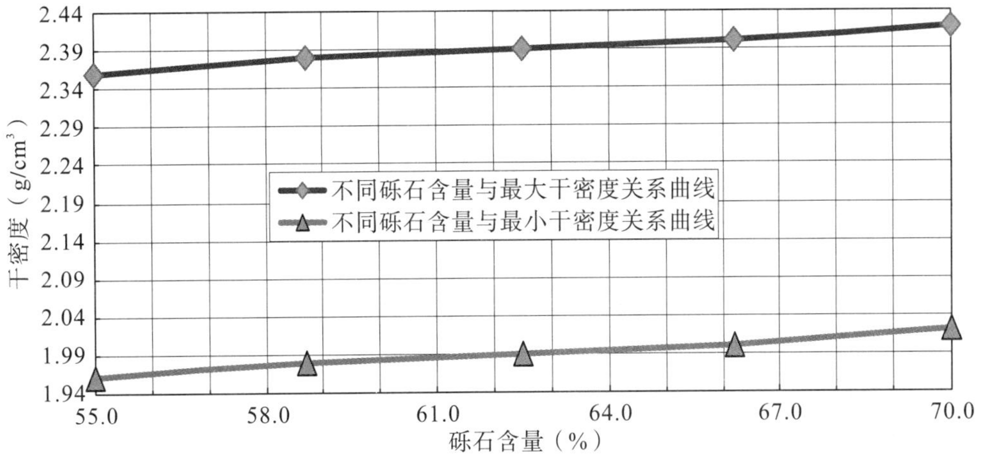

图7－7　垫层料不同砾石含量对应的最大干密度、最小干密度关系曲线

从表7－15中的试验结果可以看出，当砾石含量为70.0%时，最大干密度、最小干密度达到最大值2.42g/cm^3和2.02g/cm^3。

7.2.2.2　碾压试验成果

1. 垫层料相对密度

（1）主要成果。

根据现场取样试验结果，经整理计算，碾压试验垫层料相对密度成果见表7－16。

表7－16　碾压试验垫层料相对密度成果

铺料厚度	相对密度			
	碾压4次	碾压6次	碾压8次	碾压10次
40cm（行驶速度2.0km/h）	0.79	0.88	0.93	0.95

（2）相对密度与碾压次数。

如图7－8所示，当铺料厚度40cm、行驶速度2.0km/h时，碾压4次的垫层料平均相对密度为0.79，碾压6次的垫层料平均相对密度为0.88，碾压8次的垫层料平均相对密度为0.93，碾压10次的垫层料平均相对密度为0.95。

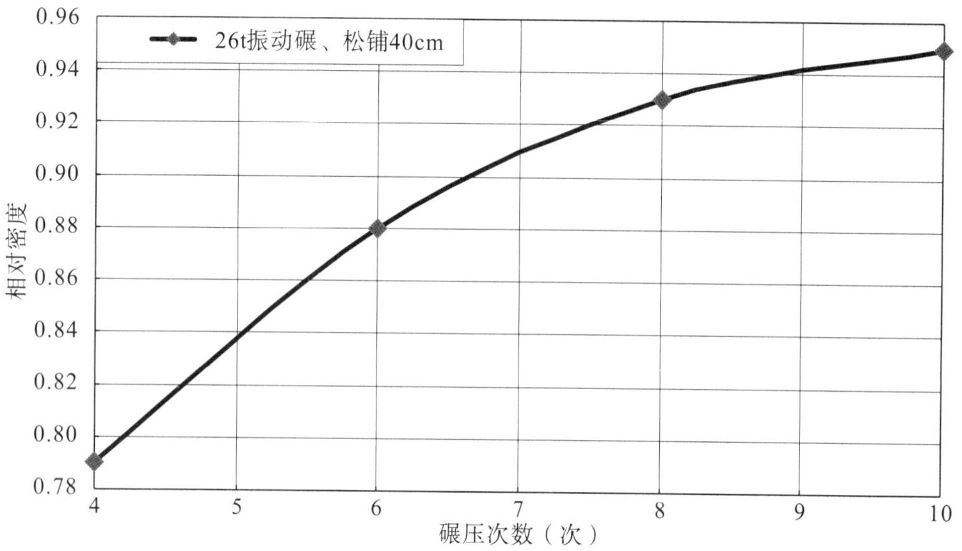

图 7—8　垫层料相对密度与碾压次数关系

根据垫层料相对密度成果可知，在相同铺料厚度、洒水量条件下，本工程垫层料相对密度与碾压次数成正比，说明碾压次数越多，垫层料相对密度越高。

2. 沉降指标

（1）主要成果。

根据测量整理成果，垫层料沉降率成果见表 7—17。

表 7—17　垫层料沉降率成果

铺料厚度	沉降率（%）				
	碾压 2 次	碾压 4 次	碾压 6 次	碾压 8 次	碾压 10 次
40cm（行驶速度 2.0km/h）	3.72	5.87	6.82	7.38	7.52

（2）沉降率与碾压次数。

碾压次数与垫层料沉降率关系如图 7—9 所示。根据垫层料沉降率成果可知，在相同铺料厚度、洒水量条件下，随着碾压次数增加，整体沉降趋势增大。

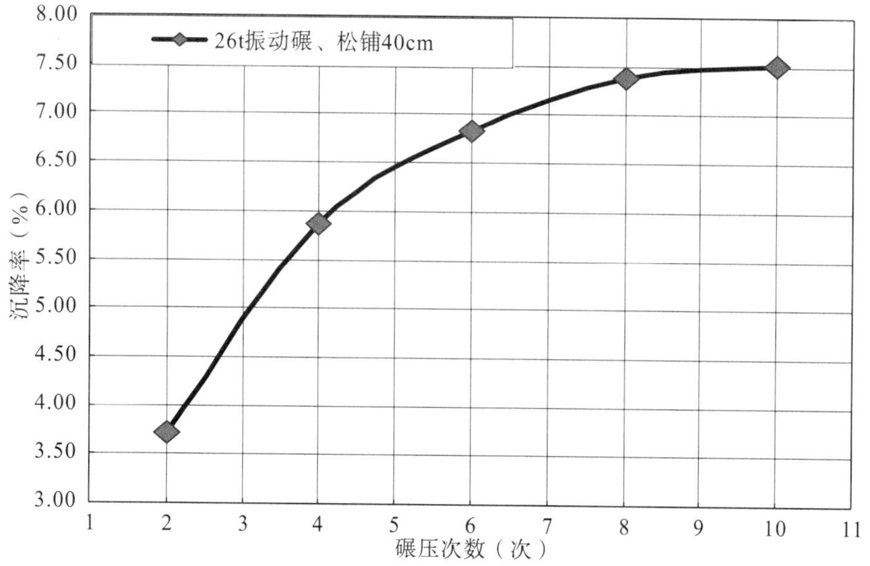

图 7—9　碾压次数与垫层料沉降率关系

当采用26t振动碾、铺料厚度40cm、行驶速度2.0km/h时，碾压2次的垫层料平均沉降率为3.72%，碾压4次的垫层料平均沉降率为5.87%，碾压6次的垫层料平均沉降率为6.82%，碾压8次的垫层料平均沉降率为7.38%，碾压10次的垫层料平均沉降率为7.52%。

由图7－9可知，当铺料厚度40cm、振动碾行驶速度2.0km/h时，碾压4次的垫层料沉降率与碾压2次的相比增大了2.15%，碾压6次的垫层料沉降率与碾压4次的相比增大了0.95%，碾压8次的垫层料沉降率与碾压6次的相比增大了0.56%，碾压10次的垫层料沉降率与碾压8次的相比增大了0.14%。

从试验结果来看，在铺料厚度40cm、26t振动碾行驶速度2.0km/h条件下，碾压8次后沉降变化较小，说明沉降趋于收敛，土体已达到较密实状态。

(3) 颗粒级配。

根据碾压后24组全料颗分试验，统计得出不同工况的颗分成果。

当采用26t振动碾、铺料厚度40cm、行驶速度2.0km/h时，碾压4次，粒径小于5mm颗粒含量为32.5%～42.8%，平均值39.6%，粒径小于0.075mm颗粒含量3.3%～4.6%，平均值4.0%；碾压6次，粒径小于5mm颗粒含量32.8%～43.2%，平均值38.8%，粒径小于0.075mm颗粒含量3.3%～4.1%，平均值3.8%；碾压8次，粒径小于5mm颗粒含量39.6%～44.9%，平均值42.8%，粒径小于0.075mm颗粒含量2.9%～4.0%，平均值3.6%；碾压10次，粒径小于5mm颗粒含量38.6%～42.9%，平均值40.7%，粒径小于0.075mm颗粒含量3.6%～4.3%，平均值4.0%。

从颗粒级配来看，碾压后粒径小于5mm和小于0.075mm含量随碾压次数增加而无明显变化。

(4) 含水率。

根据12组现场取样试验，统计得出不同工况的垫层料含水率，见表7－18。

表7－18 垫层料碾压试验含水率

铺料厚度	含水率（%）			
	碾压4次	碾压6次	碾压8次	碾压10次
40cm（行驶速度2.0km/h）	3.9	4.3	4.6	4.2

由表7－18可知，本工程垫层料含水率变化不大，含水率变化主要由颗粒级配中细料含量及其含水率和粗颗粒表面含水率决定。

3. 复核试验

分析试验结果可知，当采用26t振动碾、铺料厚度40cm、行驶速度2.0km/h时，充分洒水碾压8次的相对密度为0.93，能够满足设计相对密度指标（≥0.90）要求，为最优组合参数。对选出的最优组合参数结合坝面填筑生产进行复核试验，相对密度、颗粒级配分析检测6组，渗透系数检测3组。

(1) 相对密度复核试验结果。

相对密度复核试验结果见表7－19。由表可知，铺料厚度40cm、行驶速度2.0km/h、碾压8次的平均相对密度为0.93。结合生产性碾压试验复核，采用26t振动碾、铺料厚度40cm、行驶速度2.0km/h激振碾压8次能满足设计相对密度指标（≥0.90）要求。

表 7-19 相对密度复核试验结果

碾压次数（次）	湿密度（g/cm³）	平均湿密度（g/cm³）	含水率（%）	平均含水率（%）	干密度（g/cm³）	平均干密度（g/cm³）	砾石含量（%）	最大干密度	最小干密度	相对密度	平均相对密度
8	2.46	2.45	3.8	3.9	2.37	2.36	66.0	2.40	2.00	0.94	0.93
	2.44		3.4		2.36		65.2	2.40	2.00	0.92	
	2.44		4.3		2.34		58.9	2.38	1.98	0.92	
	2.45		3.9		2.36		59.1	2.38	1.98	0.96	
	2.43		4.3		2.33		56.0	2.37	1.97	0.92	
	2.43		4.2		2.33		57.4	2.37	1.97	0.92	

（2）颗粒级配复核试验结果。

对选出的最优组合参数进行复核，颗粒级配检测共 6 组，试样是现场密度试验试坑内全料试样。铺料厚度 40cm、行驶速度 2.0km/h、碾压 8 次时颗粒级配曲线如图 7-10 所示。

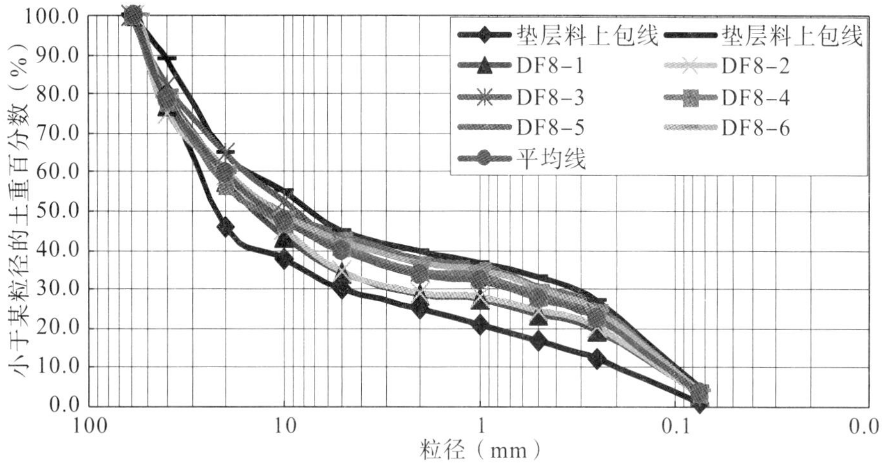

图 7-10 铺料厚度 40cm、行驶速度 2.0km/h、碾压 8 次时颗粒级配曲线

当铺料厚度 40cm、行驶速度 2.0km/h、碾压 8 次时，平均级配曲线不均匀系数 $C_u=155$，曲率系数 $C_c=0.2$。

（3）渗透系数复核试验结果。

对选出的最优组合参数进行渗透系数复核试验，采用 26t 振动碾、铺料厚度 40cm、行驶速度 2.0km/h、碾压 8 次后做原位试坑双环注水渗透试验，装环时分别挖除表面 10cm 进行试验，渗透系数 K 分别为 3.6×10^{-4}cm/s、4.6×10^{-4}cm/s、3.9×10^{-4}cm/s，满足设计技术指标（$10^{-4}\sim10^{-3}$cm/s）要求。

4. 试验结论与分析

通过碾压试验各项成果及复核试验成果分析得出以下结论：

（1）设计要求大坝填筑垫层料为筛分系统加工垫层料（C3 料场开采砂砾料筛分料），该试验料颗粒级配满足设计要求。

（2）试验机械、机具及工艺满足现场碾压要求。

（3）因该地区蒸发量较大及砂砾石料吸水较小的特性，现场洒水后应及时碾压，以免水分蒸发及大量流失而影响碾压效果。

（4）本次试验采用 26t 自行式振动平碾进行碾压试验，铺料厚度 40cm，充分洒水［根据加水计量系统确定加水量为6%~8%（重量比）]，行车速度2.0km/h，激振碾压8次，满足设计相对密度指标（≥0.90）要求。

7.2.2.3 施工碾压参数选择

1. 相对密度计算

在相对密度计算中，最大干密度、最小干密度根据砂砾石垫层料原级配现场相对密度试验成果进行。采用设计上包线级配、上平均线级配、平均线级配、下平均线级配、下包线级配五个不同砂砾石含量（分别为55.0%、58.7%、62.5%、66.2%、70.0%）的配料相对密度试验成果，对不同颗粒级配垫层料的最大干密度、最小干密度进行计算，分析相对密度。

2. 碾压参数选择及控制

从150m以上级高坝坝体稳定方面考虑，结合施工因素综合分析，建议大坝填筑砂砾石垫层料填筑碾压施工参数为：铺料厚度40cm，采用后退法卸料，充分洒水［根据计量系统确定加水量为6%~8%（重量比）]，采用26t自行式振动碾激振碾压8次，行车速度2.0km/h。

在填筑施工质量控制中，重点控制铺料厚度、碾压次数、振动碾行车速度与激振力、加水量等施工参数，用试坑灌水法进行检测，评价填筑施工质量，以保证填筑压实质量。

7.2.3 垫层料填筑原位渗透试验

7.2.3.1 整层渗透试验

整层渗透试验采用《土工试验规程》（SL237—042—1999）原位渗透试验方法。2017年3月10日—5月7日整层渗透试验结果见表7—20、表7—21。

表7—20 整层渗透试验结果

序号	试验日期	填筑高程（m）	压实质量		渗透系数（cm/s）	备注
			干密度（g/cm³）	相对密度		
1	2017/3/10	1662.80	2.33	0.80	7.2×10^{-3}	表层
2	2017/3/17	1663.40	2.35	0.85	5.9×10^{-3}	表层
3	2017/3/27	1664.30	2.31	0.77	5.8×10^{-3}	表层
4	2017/4/19	1667.20	2.33	0.87	4.7×10^{-3}	表层
5	2017/4/28	1670.80	2.32	0.73	3.2×10^{-3}	表层
6	2017/5/7	1678.80	2.28	0.69	7.6×10^{-2}	表层

表7—21 现场渗透试验结果

序号	试验日期	填筑高程（m）	压实质量		渗透系数（cm/s）	备注
			干密度（g/cm³）	相对密度		
1	2017/3/10	1662.80	2.34	0.92	4.9×10^{-4}	表层
2	2017/3/17	1663.40	2.38	0.96	4.1×10^{-4}	表层
3	2017/3/27	1664.30	2.37	0.94	3.5×10^{-4}	表层
4	2017/4/19	1667.20	2.36	0.94	4.6×10^{-4}	表层
5	2017/4/28	1670.80	2.36	0.92	7.2×10^{-4}	表层
6	2017/5/7	1678.80	2.35	0.92	5.9×10^{-4}	表层

通过对现场渗透试验结果进行统计分析发现，当垫层料压实质量满足设计指标（$D_r \geqslant 0.90$）要求时，渗透系数为 $A \times 10^{-4}$cm/s，满足设计指标（$10^{-4} \sim 10^{-3}$cm/s）要求。当现场压实质量不满足设计指标（$D_r \geqslant 0.90$）要求时，渗透系数为 $A \times (10^{-3} \sim 10^{-2})$cm/s，不满足设计指标（$10^{-4} \sim 10^{-3}$cm/s）要求。

试验结果说明随着级配和密度变化，垫层料渗透系数变化范围较大。渗透系数随填筑干密度的增加而减小，因此，施工中严格控制填料的级配和填筑密度是非常重要的。

7.2.3.2 分层渗透试验

分层渗透试验采用《土工试验规程》（SL 237—042—1999）原位渗透试验方法进行，试验过程中对每层垫层料（10cm、20cm、30cm、40cm）分别进行对比试验，结果统计见表 7－22。

表 7－22 分层渗透试验结果统计

序号	试验日期	填筑高程（m）	压实质量		渗透系数（cm/s）	备注
			干密度（g/cm³）	相对密度		
1	2017/3/10	1662.80	2.35	0.92	4.8×10^{-4}	下挖 10cm
			2.38	0.96	2.6×10^{-4}	下挖 20cm
			2.36	0.92	1.9×10^{-4}	下挖 30cm
			2.37	0.92	1.5×10^{-4}	下挖 40cm
			2.39	0.90	3.5×10^{-4}	下挖 60cm
2	2017/3/17	1663.40	2.35	0.92	7.6×10^{-4}	下挖 10cm
			2.37	0.94	5.0×10^{-4}	下挖 20cm
			2.38	0.94	2.9×10^{-4}	下挖 30cm
			2.35	0.94	3.1×10^{-4}	下挖 40cm
			2.39	0.93	6.9×10^{-4}	下挖 60cm
3	2017/3/27	1664.30	2.34	0.92	5.7×10^{-4}	下挖 10cm
			2.37	0.94	2.9×10^{-4}	下挖 20cm
			2.38	0.96	3.5×10^{-4}	下挖 30cm
			2.35	0.94	7.3×10^{-3}	下挖 40cm
			2.37	0.91	2.9×10^{-4}	下挖 60cm

通过对分层渗透试验结果进行分析，垫层料填筑渗透系数满足设计指标（$10^{-4} \sim 10^{-3}$cm/s）要求，现场渗透指标主要集中在 $A \times 10^{-4}$cm/s 量级。其中 A 值呈规律性变化。主要分析如下：

（1）垫层料分层渗透结果集中在 $A \times 10^{-4}$cm/s 量级，下挖表层 10cm 将表层振动翻砂、较密实层挖除，但未挖深至振动碾影响深度，所以较表层试验结果渗透系数减小。

（2）随着垫层料下挖深度的增大，渗透系数有减小趋势，说明随着振动碾影响深度的增大，渗透系数有增大趋势。

（3）现场干密度检测受颗粒级配、挖坑尺寸限制等因素影响，未发现有明显变化特征，但现场验证了采用目前碾压参数，不同深度垫层料压实质量均满足设计要求。

（4）当垫层料下挖至下层填筑深度后，渗透系数减小，这与上层分层渗透试验检测结果一致。

通过对现场分层及表层渗透试验检测，验证了现场填筑垫层料渗透试验结果满足设计指标（$10^{-4} \sim 10^{-3}$cm/s）要求。

7.2.4 其他坝料现场渗透试验

从现场不同坝料填筑的渗透系数统计分析发现，各区坝料的渗透性从上游向下游逐渐增大，统计发现，垫层料（10^{-4}cm/s）、过渡料（$10^{-4}\sim10^{-3}$cm/s）、砂砾料（10^{-3}cm/s）、爆破料（10^{-2}cm/s）呈现逐级递增的趋势，满足坝体水力过渡要求。过渡料渗透试验结果统计见表7－23。

表7－23 过渡料渗透试验结果统计

序号	试验日期	填筑高程（m）	压实质量		渗透系数（cm/s）	备注
			干密度（g/cm³）	相对密度		
1	2017/4/19	1695.00	2.40	0.93	3.8×10^{-4}	表层
2	2017/4/28	1699.20	2.40	0.93	4.4×10^{-4}	表层
3	2017/5/7	1704.10	2.42	0.95	3.2×10^{-4}	表层
4	2017/5/13	1707.30	2.40	0.95	5.6×10^{-3}	表层
5	2017/5/21	1712.20	2.41	0.93	6.9×10^{-4}	表层
6	2017/5/23	1713.60	2.40	0.91	5.7×10^{-3}	表层
7	2017/5/27	1715.00	2.38	0.91	2.4×10^{-3}	表层
8	2017/8/1	1716.80	2.39	0.91	5.2×10^{-3}	表层

通过对砂砾料分层渗透数据进行对比发现（表7－24），砂砾料填筑分层渗透与垫层料填筑呈现相同的变化规律，其渗透性总体量级为$A\times10^{-3}$cm/s，渗透性随开挖深度的增加而增大。

表7－24 砂砾料现场渗透试验统计表

序号	试验日期	填筑高程（m）	压实质量		渗透系数（cm/s）	备注
			干密度（g/cm³）	相对密度		
1	2016/6/9	1670.40	2.39	0.93	2.2×10^{-3}	下挖30cm
2	2016/6/17	1673.90	2.40	0.93	2.8×10^{-3}	下挖30cm
3	2016/9/21	1668.30	2.40	0.95	3.1×10^{-3} 1.9×10^{-3}	表层 下挖30cm
4	2017/4/20	1694.20	2.36	0.90	7.3×10^{-3}	表层
5	2017/4/28	1698.30	2.36	0.92	4.9×10^{-3}	表层
6	2017/6/11	1707.50	2.37	0.95	3.1×10^{-3}	表层
7	2017/6/21	1710.30	2.33	0.93	5.9×10^{-3}	表层
8	2017/7/8	1713.80	2.38	0.92	5.7×10^{-3}	表层
9	2017/8/18	1721.50	2.37	0.93	2.2×10^{-3}	表层
10	2017/8/28	1725.70	2.37	0.90	4.8×10^{-3} 5.6×10^{-3} 1.8×10^{-3} 1.1×10^{-3}	下挖20cm 下挖40cm 下挖60cm 下挖80cm

对不同坝料的渗透性进行分析，从施工角度验证设计阶段不设置竖向排水井在砂砾石坝体中的实践应用。爆破料渗透试验结果统计见表7－25。

表 7-25 爆破料渗透试验结果统计表

序号	试验日期	填筑高程 (m)	压实质量		渗透系数 (cm/s)	备注
			干密度 (g/cm^3)	孔隙率 (%)		
1	2016/9/20	1671.80	2.23	18.0	4.8×10^{-2} 2.4×10^{-2}	表层 下挖 30cm
2	2017/4/20	1704.00	2.22	18.4	9.0×10^{-2}	表层
3	2017/4/28	1707.20	2.22	18.3	8.4×10^{-2}	表层
4	2017/5/8	1708.20	2.23	18.1	9.2×10^{-2}	表层
5	2017/5/20	1711.70	2.22	18.4	8.8×10^{-2}	表层
6	2017/6/3	1715.20	2.23	18.0	6.9×10^{-2}	表层
7	2017/6/11	1718.00	2.23	18.1	8.6×10^{-2}	表层

7.2.5 试验对比分析

7.2.5.1 垫层料室内、现场渗透对比

(1) 不同干密度的影响。

设计阶段，垫层料最大干密度、最小干密度试验采用室内振动台法确定，试验结果较现场原级配相对密度试验确定的最大干密度相差 0.07～0.13g/cm^3，最小干密度相差−0.07～−0.01g/cm^3。查阅相关文献，随级配和密度变化，垫层料渗透系数的变化范围较大。试验结果统计也反映出类似规律，室内试验渗透系数为 10^{-4}～10^{-3}cm/s，伴随干密度的增加，现场填筑施工中垫层料渗透系数基本集中在 10^{-4}cm/s 量级。

(2) 水流方向对渗透性的影响。

进行室内试验时，分别研究垂直和水平方向渗透特性。对比不同水流方向渗透系数发现，与垂直方向相比，垫层料水平方向的渗透系数较大，而大坝实际填筑具有以垫层水平分层填筑、水流方向水平运动为主的特点，水平试验成果比垂直试验成果更能反映垫层实际工程特性。现场受试验条件限制，未开展水平方向渗透试验，对施工过程中的渗透性检测存在缺失，目前得出的渗透系数可能较实际偏小。

7.2.5.2 坝料分层渗透性

从垫层料及砂砾料填筑分层渗透试验结果可以看出，不同下挖深度试验渗透系数总体处于同一量级（垫层料渗透系数为 10^{-4}cm/s 量级，砂砾料渗透系数为 10^{-3}cm/s 量级），但随下挖深度增加，渗透系数有增大趋势，这与振动碾压影响效果递减呈反向关系。

坝料分层渗透研究现场仅进行垂直方向试验，未进行水平方向试验。根据室内试验情况，按照水平方向试验渗透性比垂直方向更好的结果进行推断，坝体填筑综合渗透性应比垂直方向渗透系数结果要好。

7.2.5.3 坝体总体渗透分析

各区坝料的渗透性从上游向下游逐渐增大，统计发现，垫层料（10^{-4}cm/s）、过渡料（10^{-4}～10^{-3}cm/s）、砂砾料（10^{-3}cm/s）、爆破料（10^{-2}cm/s）呈逐级递增的趋势，满足坝体水力过渡要求。垫层料填筑渗透性指标满足设计指标要求，从填筑施工角度验证了较典型砂砾石面板坝不设置

竖向排水系统的可行性。

根据SL 49—2015新规范要求，采用现场原级配现场相对密度试验进行砂砾料最大、最小干密度试验，控制指标较室内振动台法有较大提升，根据统计，垫层料填筑平均干密度2.36g/cm^3，过渡料填筑平均干密度2.40g/cm^3，砂砾料填筑平均干密度2.38g/cm^3，均超出原设计干密度指标（2.26g/cm^3）。在干密度增大的情况下，渗透性随之减小，通过现场渗透试验验证，垫层料渗透指标满足设计要求，爆破料渗透系数在10^{-2}cm/s量级能满足自由排水要求，不会抬高坝体浸润线位置。

7.2.6 坝料填筑控制要点

结合相关文献研究，坝体渗透系数受干密度、颗粒级配影响较大，在设计填筑干密度一定的情况下，对坝料颗粒级配的控制显得尤为重要，施工过程中，应定期或不定期地对砂砾料料源、垫层料及过渡料加工、爆破料开采颗粒级配进行料源检测，确保合格爆破料上坝。

碾压参数控制是影响坝料填筑压实质量的重要因素之一，施工中结合数字化监控系统、现场检查等对碾压参数进行监控，重点对岸坡结合部位、接缝部位及其他施工薄弱部位进行挖坑试验检测。

特殊部位填筑制定相应的专项质量控制措施，对其料源、过程控制、试验检测等进行重点监控，试验检测频次在规范要求的基础上相应增加，结合其他面板堆石坝施工经验，坝体两岸岸坡结合部位、垫层料填筑质量控制尤为重要，施工中应重点对其质量进行监控。

不合格品处置是对坝体填筑质量控制的最后一道把关，出现不合格品应按质量缺陷的相关要求进行处理，处理后重新进行质量检测，确保填筑质量满足相应设计、规范要求。

7.3 水位季节变化河道砂砾石高强度开采

7.3.1 料场复勘

7.3.1.1 复勘目的及内容

C3料场作为阿尔塔什水利枢纽工程砂砾石主料场，砂砾石料分布、级配、可开采量以及储量对大坝工程质量、施工进度等有重大影响。为保证大坝主体工程开工时有充足、满足要求的砂砾石料进行筑坝，合理配置资源以满足施工进度要求，同时，根据相关规范的要求，在料场开采前进行料场复勘，包括：①覆盖层或剥离层厚度、料层的地质变化及夹层的分布情况；②砂砾石料场开采及运输条件；③砂砾石料场的工程地质、水文地质条件及其与汛期水位的关系；④根据料场的施工场面、地下水位、地质情况、施工方法及施工机械可能开采的深度等，复勘料场的开采范围、占地面积、弃料数量及可用料层厚度和有效储量；⑤进行必要的室内和现场试验，核实砂砾石料的物理力学性质及压实特性。

7.3.1.2 现场探槽布置方法

根据规范要求，结合地质复勘需要、现场地形条件及施工道路布置，复勘网点布置采用100m×100m网格法布置，共布置探槽134个，其中C3－1－1过渡料区共布置探槽20个，C3－1－2垫层料区共布置16个，C3料场其余位置布置探槽98个，对覆盖层厚度、料层的地质变化及夹层的分布情况进行勘察。复勘现场如图7－11所示。

图 7—11 复勘现场

探槽开挖深度最大 5.0m、最小 3.7m，水上可见部分无用层（包括覆盖层、夹层），总厚度最大 1.4m，最小 0m，平均厚度 0.41m。水下部分为勘察盲区，只能以开挖料进行判断。

7.3.1.3 储量复勘计算

在料场开采前进行料场复勘，复勘网点采用 100m×100m 网格法布置，由于 C3 料场面积大，可采用平均厚度法进行储量计算。探槽平均数据统计见表 7—26。

表 7—26 探槽平均数据统计

料场分区	探槽平均水上厚度（m）	探槽平均水下厚度（m）	探槽平均无用层厚度（m）	探槽有用层厚度（m）	探槽平均深度（m）	备注
C3—1—4	2.35	2.09	0.35	4.09	4.44	
C3—2	1.52	2.96	0.31	4.18	4.48	
C3—3	1.52	2.96	0.31	4.18	4.48	

根据以上数据，按照相关规程，宜采用平均厚度法进行储量计算。储量复勘计算结果统计见表 7—27。

表 7－27　储量复勘计算结果统计

料场分区	开采水上厚度（m）	开采水下厚度（m）	无用层厚度（m）	可开采区面积（万平方米）	开采无用层储量（m^3）	可开采利用料（万立方米）（按4.5m计）	可开采利用料（万立方米）（按6.0m计）
C3－1－4	2.35	2.09	0.28	23.31	6.50	98.37	133.33
C3－2	1.52	2.96	0.35	205.07	71.80	851.04	1157.15
C3－3	1.52	2.93	0.35	67.23	23.50	279.00	379.85
合计				295.61	101.80	1228.41	1670.33

由表 7－27 可知，C3 料场砂砾石料开采深度按 4.5m 进行规划，可开采量 1228.41 万立方米；按 6.0m 进行规划，可开采量 1670.33 万立方米。C3 料场坝体砂砾石填筑量提供 1052.00 万立方米。C3 有用料储量和坝体砂砾石填筑量比值为 1670.33：1052.00＝1.59：1，储量基本满足。

7.3.1.4　*砂砾石料颗粒级配分析成果*

根据对 C3 料场的复勘，通过对复勘探槽砂砾石料取样后进行颗粒分析试验，进一步确定 C3 料场砂砾石料级配是否连续，能否满足大坝填筑料要求。C3 砂砾石料区颗粒级配分析试验结果曲线如图 7－12 所示。

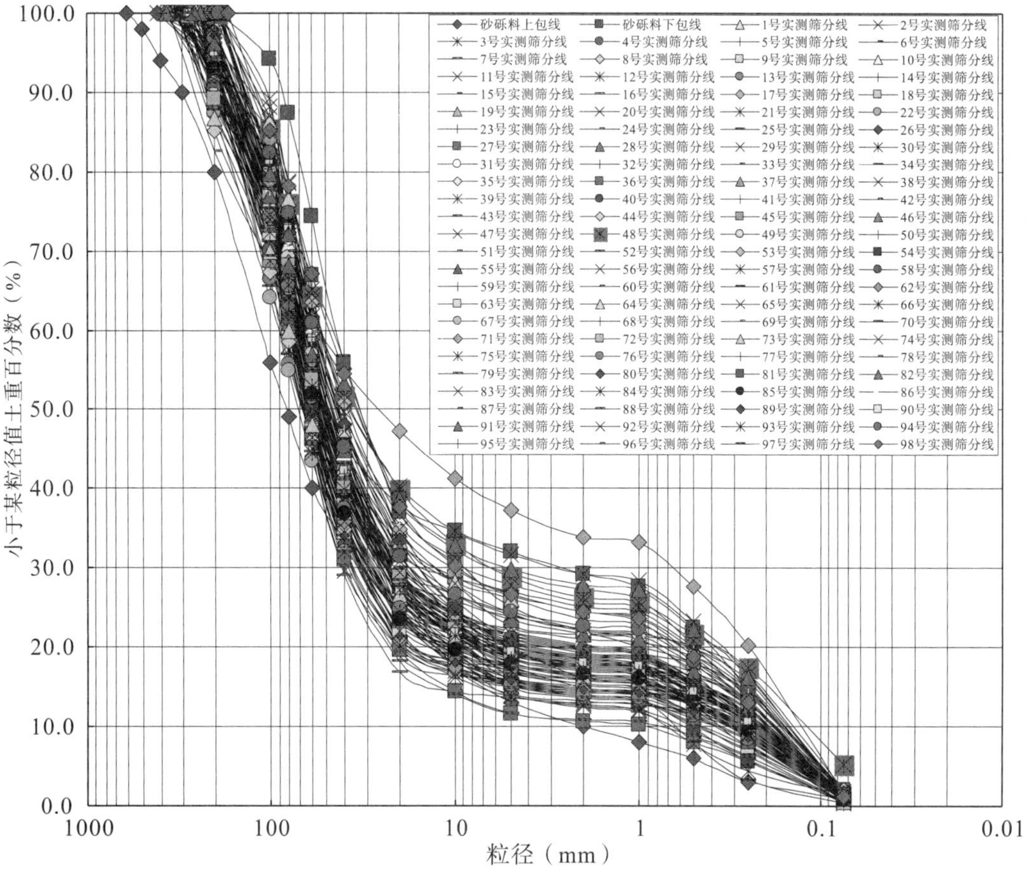

图 7－12　C3 砂砾石料区颗粒级配分析试验结果曲线

从颗粒级配分析试验成果来看，粒径小于 5mm 砂砾石含量 11.6%～37.2%，平均值 19.7%；粒径小于 0.075mm 砂砾石含量 0.5%～5.2%，平均值 1.2%；不均匀系数 C_u＝11～532，平均值 274；曲率系数 C_c＝0.1～80.9，平均值 31.0；最大粒径 169～392mm，平均值 263mm。根据复勘取样砂砾石颗粒级配分析试验结果，确定C3砂砾料料场基本满足相应级配要求。

7.3.2 开采规划

7.3.2.1 料场开采规划原则

（1）合理利用现场已有砂砾石料场条件，进行科学开采规划，在满足坝体质量的情况下，优先选择开采区较近、开采条件较好的料场进行开采。

（2）考虑叶尔羌河河流枯、汛期，合理安排开采范围，保证枯、汛期砂砾石料正常开采以及工程施工高峰期用料。

（3）为减小水下开采量和汛期开采量，主要原则为枯期为汛期施工创造条件，改善河道过流条件，减小水下开挖工程量。

（4）结合施工总进度计划和大坝填筑计划，合理配置资源设备，确保料场开采满足大坝填筑进度需求。

7.3.2.2 料场开采强度

砂砾石坝壳料设计相对密度采用0.90，依据最大干密度试验，砂砾料设计压实干密度约2.35g/cm²，料场天然平均干密度2.06g/cm²，料源损失按6%，经土石方平衡计算，大坝填筑分期与料场开采强度见表7－28。

表7－28 大坝填筑分期与料场开采强度

填筑分期	施工时段	工期（月）	砂砾料填筑（万立方米）	平均月填筑强度（万立方米）	砂砾石料场开采强度（万立方米）	平均月开采强度（万立方米）	料场来源	备注
Ⅰ－1	2016年4月—2016年12月	8	179.7	22.5	217.3	27.2	C1、C3	有效施工时段8个月
Ⅰ－2	2017年2月—2017年5月	3.5	230.4	65.8	277.1	79.6	C3	冬季影低温响0.5个月
Ⅰ－3	2017年6月—2017年8月	3	176.5	58.8	213.4	71.1	C3、二次倒运	
Ⅱ－1	2017年9月—2018年3月	5.5	321.3	58.4	388.5	70.6	C3	冬季影低温响1.5个月
Ⅱ－2	2018年4月—2018年6月	3	136.5	45.5	165.1	55.0	C3	
Ⅱ－3	2018年7月—2018年8月	2	95.9	48.0	116.0	58.0	C3	
Ⅲ－1	2018年9月—2018年10月	2	24.6	12.3	29.7	14.9	C3	
Ⅲ－2	2018年11月—2019年4月	4	62.0	15.5	75.0	18.8	C3	冬季影低温响1.0个月
合计		31	1226.9		1482.1			

其中C3砂砾石上坝填筑量为1052.00万立方米，开采自然方约1272.00万立方米，砂砾石料区开采区域如图7－13所示。

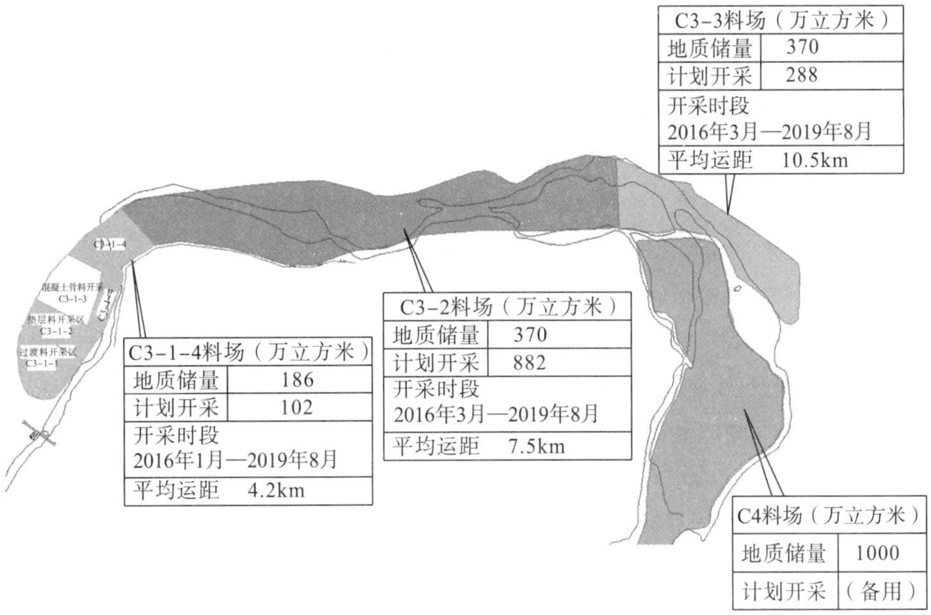

图 7—13　砂砾石料区开采区域

7.3.3　料场分期开采

针对特殊季节性水位变化条件下河道砂砾石料高强度开采特点，主要以保证汛期大坝砂砾料正常填筑为前提，对砂砾石料场开采顺序、开采方式及水下开采料源级配质量控制方面进行调整和分析，C3 料场主河床靠右岸，为了满足汛期河道分流、降低开采水位、保证汛期大坝填筑连续施工，C3 料场分三期进行规划开采。

7.3.3.1　一期疏浚治理及右岸先锋槽开采

为减小河道流水对大面积开采面开挖及道路运输影响，根据河流分布情况，主河道靠右岸，治理的主要原则是利用河床砂砾石料，将各个支流处拦截、阻断，将疏通时产生的砂砾料集中堆放至右侧，并形成简易防洪堤（兼施工道路），防洪堤高度 3.0m，上顶宽度 8.0m，将支流河道河水引至右岸主河道。河道疏浚完成后，C3 料场一期开采范围在汛期前完成河床靠右岸 100m、开采深度 6m、过水面积 600m² 的先锋槽，开采时段 2016 年 3 月—2018 年 6 月，为 C3 料场汛期料场在左岸二期开采创造条件。一期 C3 料场开采量较少，主要利用上游 C1 料场进行开采上坝。C3 料场一期开采区域如图 7—14 所示。

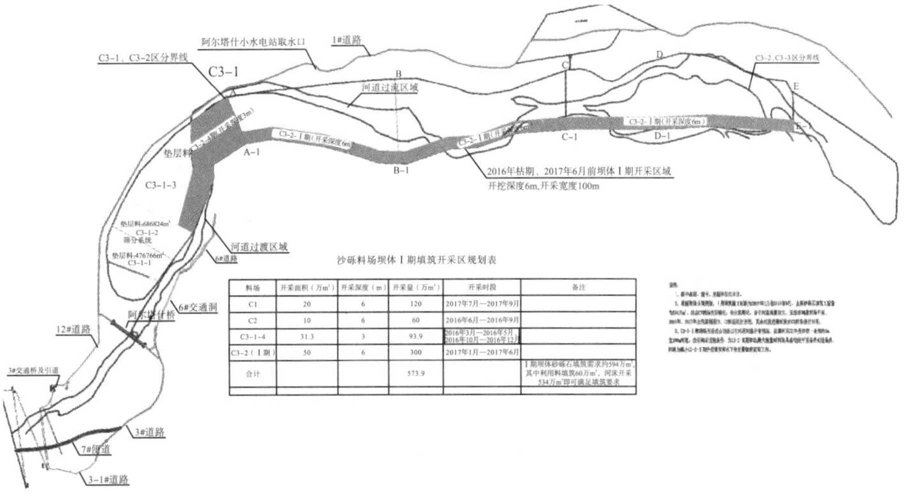

沙砾料场坝体Ⅰ期填筑开采区规划表

料场	开采面积（万m²）	开采深度（m）	开采量（万m³）	开采时段	备注
C1	20	6	120	2017年7月—2017年9月	
C2	10	6	60	2016年6月—2016年9月	
C3-1-4	31.3	3	93.9	2016年3月—2016年5月 2016年10月—2016年12月	
C3-2（Ⅰ期）	50	6	300	2017年1月—2017年6月	
合计			573.9		Ⅰ期坝体砂砾石填筑需求约594万m³，其中利用料填筑60万m³，河床开采534万m³即可满足填筑要求

图 7—14　C3 料场一期开采区域

7.3.3.2　二期左岸料场开采及左岸导流渠开采

一期右岸宽 50～100m 的先锋槽形成后，左岸区域滩地可满足 2016 年、2017 年持续开采要求。最大限度地开采左岸区域，同时在 2017 年下半年及 2018 年汛前，开采形成一条宽度 100m、深度为水下 2.5m 的导流渠，外加修筑高度 3.0m 的防洪堤坝，具备 $750m^3/s$ 的导流能力，为三期开采提供条件。C3 料场二期开采区域如图 7－15 所示。

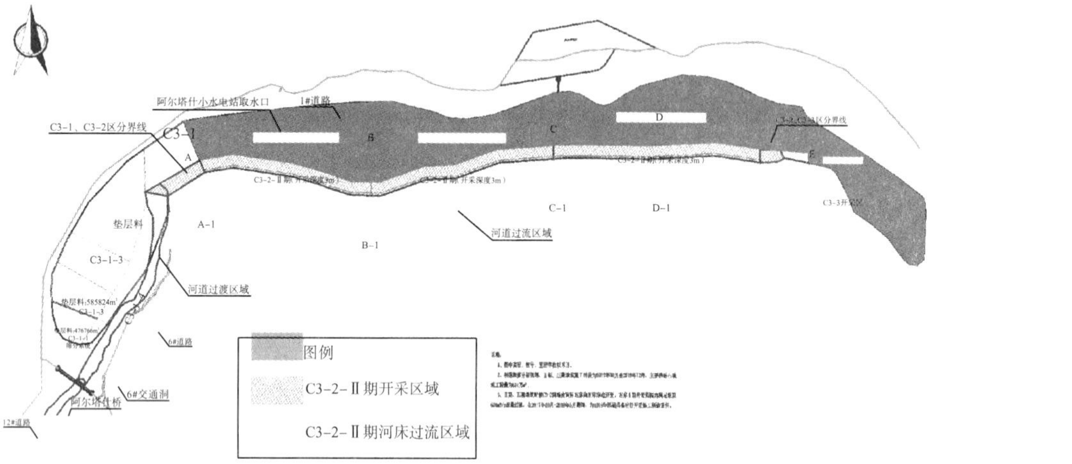

图 7－15　C3 料场二期开采区域

7.3.3.3　三期右岸区域开采

三期紧紧围绕"左岸导流、安全度汛、持续开采"的原则，于汛前在左岸形成导流渠进行料场导截流施工，即将河流引流到河床较低的部位，同时，修复右岸上坝道路，具备运输条件，可持续在右岸区域进行高强度开采。2018 年汛前左岸导流渠完成后，右岸形成可开采料场面积 90 万平方米，按照平均 3m 的开采深度，可开采总量 270 万立方米，满足后续砂砾料填筑需求。C3 料场三期开采区域如图 7－16 所示。

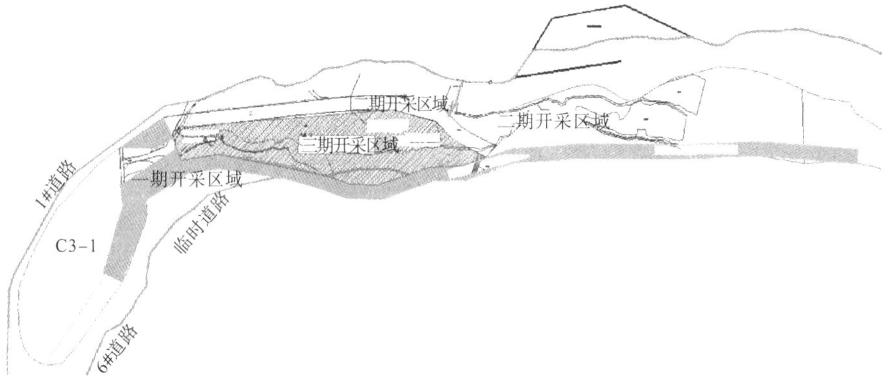

图 7－16　C3 料场三期开采区域

7.3.4　河道治理及先锋槽开挖

7.3.4.1　防洪堤施工

结合 C3 料场河床实际地形情况，为了给汛期料场开采创造有利的施工条件，料场河床支流部位需填筑小型围堰进行支流拦截，小型围堰以外范围修筑防洪堤。小型围堰填筑高度 3.0m，堰顶宽度8.0m，围堰填筑料需就近取料，采用进占法进行填筑，支流堵截围堰以外的防洪堤填筑高度2.0m，顶面宽度要求4.0m，料源同样采用就近取料，填筑料必须级配连续，禁止采用纯卵石进行填筑。防洪堤填筑布置如图7－17所示，防洪堤预留范围如图7－18所示。

图7－17　防洪堤填筑布置

图7－18　防洪堤预留范围

7.3.4.2　先锋槽开挖

为了满足汛期河道分流、降低开采水位、保证汛期大坝填筑连续施工，C3料场分两期进行开采，先锋槽（C3－2－Ⅰ区）为一期开采区域，该区域计划在枯期（9月底—4月底）进行开采。开采方式按照“自上而下、分段分层”的开挖原则进行后退法开采。开采断面宽度200m，深度6.0m（分两层开采），分段长度1.5km。每段开采时段结合开采进程逐步向下游延伸。为了防止汛期开挖完成的先锋槽再次出现砂层淤积现象，首先完成先锋槽上部3.0m的砂砾层开挖，当下部3.0m的砂砾层待枯期水位较低时，可适量开采。先锋槽开采时，采用2～4台1.6m^{3}液压反铲挖掘机按照“自右岸河流向左岸、自下游向上游”的顺序进行施工，开采过程中两侧预留边坡坡比1∶1。上层按照厚度3.5m进行控制，下层按照厚度2.5m进行控制，并且开采过程中两侧边坡坡比1∶1。先锋槽开采现场如图7－19所示。

图 7－19　先锋槽开采现场

7.3.4.3　过河桥布置

根据跨河区域实际情况，过河采用回填河段浅水区形成道路、分流河段架设涵管桥、深水区架钢桥的形式形成过河通道。其中，管道布设长度 45m；涵管及钢桥两端道路采用双车道，宽度 9.0m；涵管段及刚桥段采用单车道，道路宽度 6.0m，涵管规格 1500mm×150mm×2000mm（直径×壁厚×长度）－Ⅱ（企口）型式，沿河铺设 25 节，沿水流方向布置 3 排。

涵管过流能力采用 10 月下旬十年一遇旬平均流量作为参考，设计流量按 $105.1m^3/s$，涵管规格为内径 1500mm、外径 1800mm、长度 2000mm，涵管铺设宽度按河流宽度 45m，铺设 25 排，每排 3 节。

过水断面如图 7－20 所示，设其管径为 d，水深为 h，定义 $a=h/d$，a 为充满度。本工程采用圆涵管 ϕ 1500mm，粗糙系数 $n=0.02$，底坡 $i=0.003$。

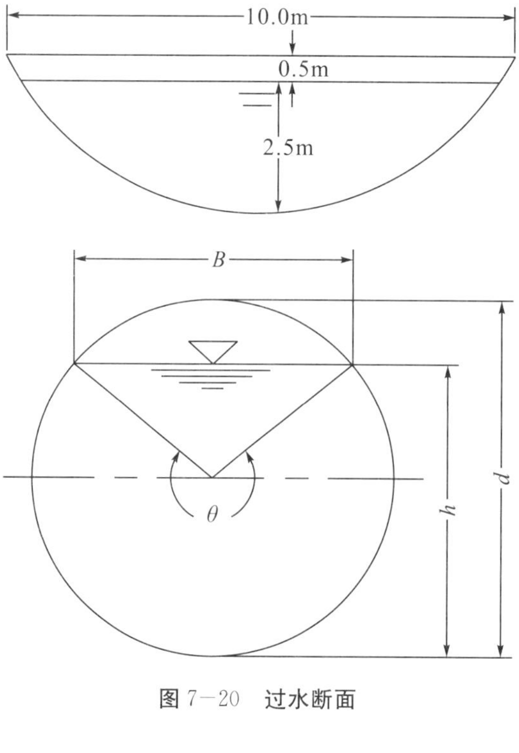

图 7－20　过水断面

过水断面面积为：

$$A = \frac{x}{y}(\theta - \sin\theta)$$

湿周为：

$$\chi = \frac{d}{2}\theta$$

水力半径为：

$$R = \frac{d}{4}\left(1 - \frac{\sin\theta}{\theta}\right)$$

所以有：

$$v = \frac{1}{n}\left[\frac{d}{4}\left(1 - \frac{\sin\theta}{\theta}\right)\right]^{\frac{2}{3}} i^{\frac{1}{2}} = \frac{1}{n} R^{\frac{2}{3}} i^{\frac{1}{2}}$$

计算单个涵管流速 v=2.16m/s。取充满度为 0.85，则 A=1.601m^2，Q_0=Av=3.45m^3/s。则每排 25 节涵管总过流量为 Q_1=3.45×25=86.3m^3/s。当涵管充满度达到 0.85 时，预留 0.5m 的安全超高，钢桥过流面宽度 9.4m。钢桥过水断面面积 A=16.51m^2，湿周 χ=11.08m，则水力半径 R=1.49m，钢桥过流流速 v=3.51m/s，钢桥过流能力为 Q_2=Av=57.9m^3/s。总过流量 Q=57.9+86.3=144.2m^3/s>105.1m^3/s。满足非汛期安全要求。

施工措施具体如下：

（1）铺设涵管。涵管段道路采用底部回填砂砾料找平层，确保管道铺设平顺，两侧布置宽 50cm、高 70cm 浆砌石直挡墙。

①进、出水口河岸两侧浆砌石挡墙及涵管过河段浆砌石挡墙施工。涵管进、出口段采用 M7.5 浆砌石八字墙护砌，首先要对砌筑的开挖底面和坡面进行修整，砂浆采用移动式搅拌机现场拌制。浆砌石采用铺浆法砌筑，砂浆稠度宜为 3～5cm，砌体石块应上下错缝、内外搭砌，不得采用外侧立石块中间填心的砌筑方法。浆砌石施工完成后，应进行养护，避免挖机破坏。

②安装涵管。涵管安装采用汽车吊吊卸，人工辅助安装到位，涵管对接时注意吊装速度及安装方式，确保涵管平顺对接，接口宽度满足规范要求。

③涵管保护层。安装涵管后，为保证整体稳定及连接牢靠，在其面层浇筑厚 40cm C20 面层钢筋混凝土，钢筋网布置采用 ϕ 10 钢筋网，网格间距 200mm×200mm。

（2）制作安装钢桥。桥台基础采用钢筋石笼搭建形成，一侧桥台距过流坡面边线距离 2m 位置埋设双层钢筋石笼，底层布设两排钢筋石笼。为增加桥台的稳定性，保证桥台与桥上部较好连接，桥台浇筑厚 50cm C20 混凝土，并埋设 ϕ 20 插筋，插筋长度 45cm，插筋连接与上部 I25a 的工字钢及底部钢筋石笼钢筋焊接良好。

桥上部结构自下向上形式如下：

①桥台上并排横置 3 根 4.4m 长 I25a 的工字钢作为横向基础。

②I25a 工字钢上顺桥方向铺设 10 根 I45a 的工字钢作为跨桥的主梁，总宽度 3.4m，两侧排距（净距）150mm，中部净距 700mm。I45a 的工字钢结构如图 7－21 所示。

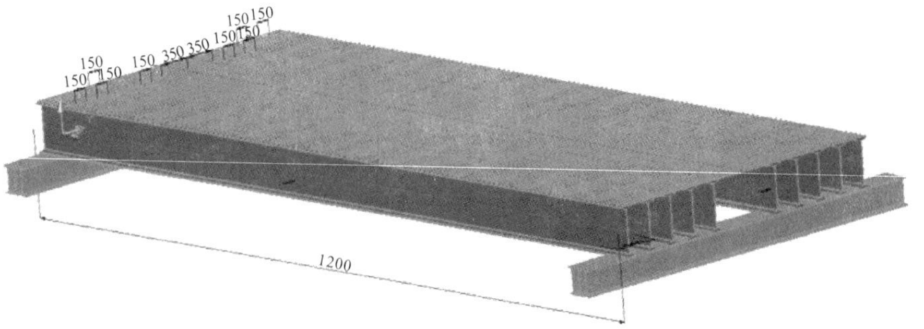

图 7-21　C2 料场过河钢桥结构

③桥面采用顺河方向焊接 $\phi 20$ 横向分布钢筋，布置宽度 3.4m，钢筋长度 10.0m，间距 80mm。

（3）路面防护措施施工。过河涵管及钢桥安装施工完成后，在道路两侧焊接高 1.5m 栏杆，护栏钢筋采用 $\phi 32$ 螺纹钢，水平防护钢筋分 0.6m 间距布置，布置 3 排，立筋间距按 1.5m 布置，钢筋表面涂刷防锈漆，并在道路两端设置防护栏及相应限行限速标示，确保道路运行安全。

（4）路面填筑施工。过河段路基采填料采用天然砂砾石料，不得使用含有淤泥、草皮、生活垃圾、腐朽物质的土，路基填筑厚度 30cm，采用从最低处分层填筑、逐层压实的方法施工，确保路基面平顺；路面采用 200mm 级配砾石面层。级配砾石面层的压实度满足设备通行要求。涵管顶部采用挖机碾压方法分层进行压实，不得采用振动碾对涵管顶部砂砾料压实。

7.3.5　左岸导流开挖

7.3.5.1　导流渠施工程序

导流渠采用“分区、分片，水上、水下分层开挖”的方式进行施工，施工流程如图 7-22 所示。

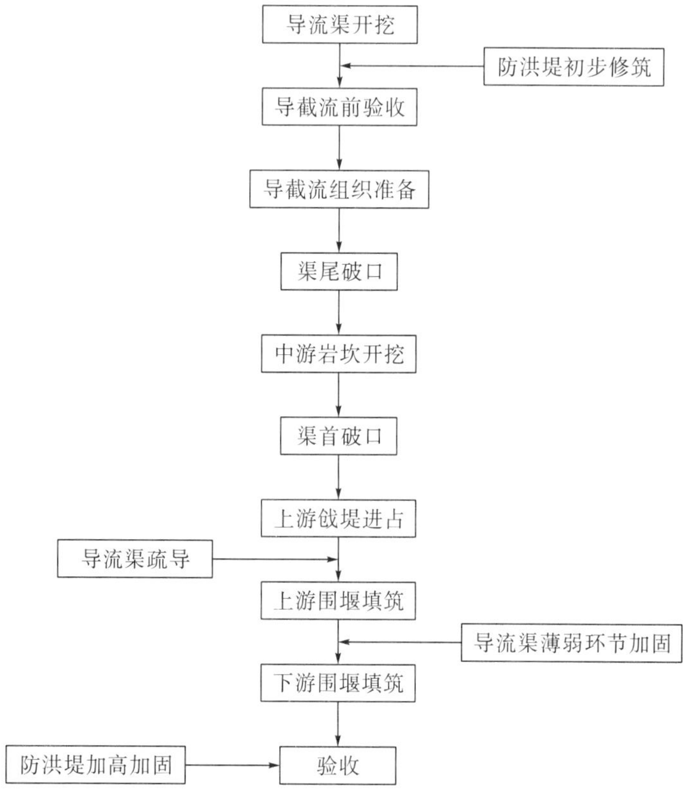

图 7-22　导流渠施工流程

7.3.5.2　导流渠开挖

导流渠按照“自下而上、分区开采”的原则进行后退法开挖。分区开采面积 100m×500m（宽×长），开采深度为水下 2.5m，相邻开采面距离≤30m。每个工作面分别布置 2～4 台 1.6m^3 液压反铲挖掘机，按照“自右岸河流向左岸、自下游向上游、分段分层开挖”的顺序进行施工。分层厚度按照水上开采完成，水下开采深度 2.5m，且开采过程中两侧边坡坡比 1∶0.3。

7.3.5.3　防洪堤坝施工

结合 C3 料场河床实际地形情况，为了给汛期料场开采创造有利的施工条件，加强料场导流渠右侧修筑防洪堤坝防洪度汛能力，导流渠总长度约 2400m。防洪堤坝填筑高度 3.0m，顶宽 7.0m，两侧边坡坡比 1∶1，填筑料就近取料，采用 1.8m^3 液压反铲挖掘机直接采挖，按进占法进行填筑，填筑料必须级配连续，禁止采用断级级料源进行填筑。

7.3.5.4　导截流前验收

在导流渠主渠完成后，联系监理、业主部门组织现场验收，包括导流渠开挖深度、宽度等是否符合设计要求，查看料场开挖情况。若提出整改意见，则按照要求进一步进行整改，整改完成后重新组织验收；若通过导流渠验收，则组织展开下一步施工。

7.3.5.5　导截流组织准备

进行导截流施工前，应按照导截流施工方案进行技术交底，组织足够的人员、设备进驻现场，截流材料、道路等满足作业要求。

7.3.5.6　渠尾破口

主渠道通过验收后，开始进行渠尾破口施工，渠尾破口采用 3～4 台 1.6m^3 液压反铲挖掘机从右岸向左岸倒退开挖，一次开挖深度 2.5m，并根据实际地形，逐步扩大开口，直至渠尾开口成型。渠尾破口为保证渠尾过流能力，顺河流流向迅速扩大开挖范围，开挖面积约 9600m^2，开挖量约 2.4 万立方米，按照料场实际开采效率，需 3 天（双班）才能完成。渠尾破口开挖示意图如图 7—23 所示。

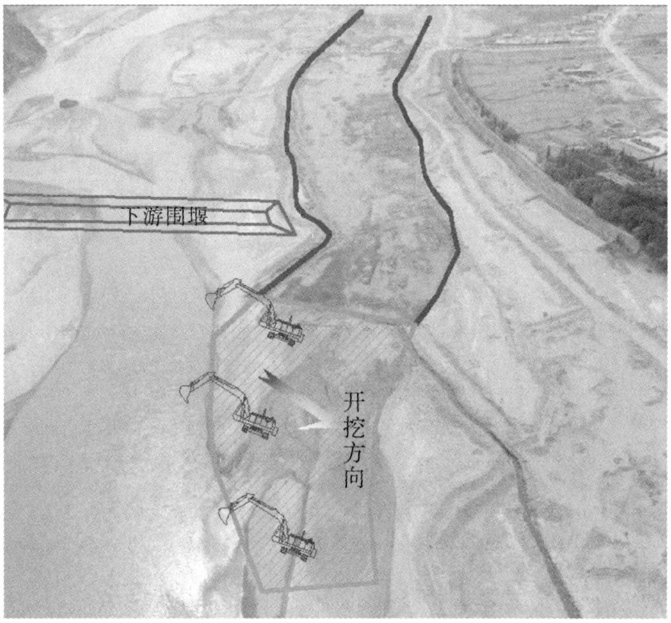

图 7—23　渠尾破口开挖示意图

7.3.5.7 中游“岩坎”开挖

在导流渠开挖过程中，导流渠分区开挖，为了避免上、下分区贯通渗水较多，导致下游分区开采难以为继，在各分区预留5～8m未开挖，形成了中游“岩坎”。中游“岩坎”砂砾料采用1.6m^{3}液压反铲挖掘机倒退开挖。

7.3.5.8 渠首破口

由于导流渠渠首最佳开口位置存在基岩，基岩面高于该部位水位0.3～1.8m，结合现场实际，需将渠首开口向上游移动约80m，将侵占C3－1－3料区，提请业主、监理协调相关单位，相关单位应采取相关措施，保证成功导流和导流度汛过程中料场正常开采。导流渠渠首开口宽度100m，深度为水下1.0m，开挖宽度约15m，开挖方式采用1.6m^{3}液压反铲挖掘机从上游向下游开采水上料层，然后从下游向上游开挖至水下1.0m，倒退开挖。渠首破口位置整体规划如图7－24所示。

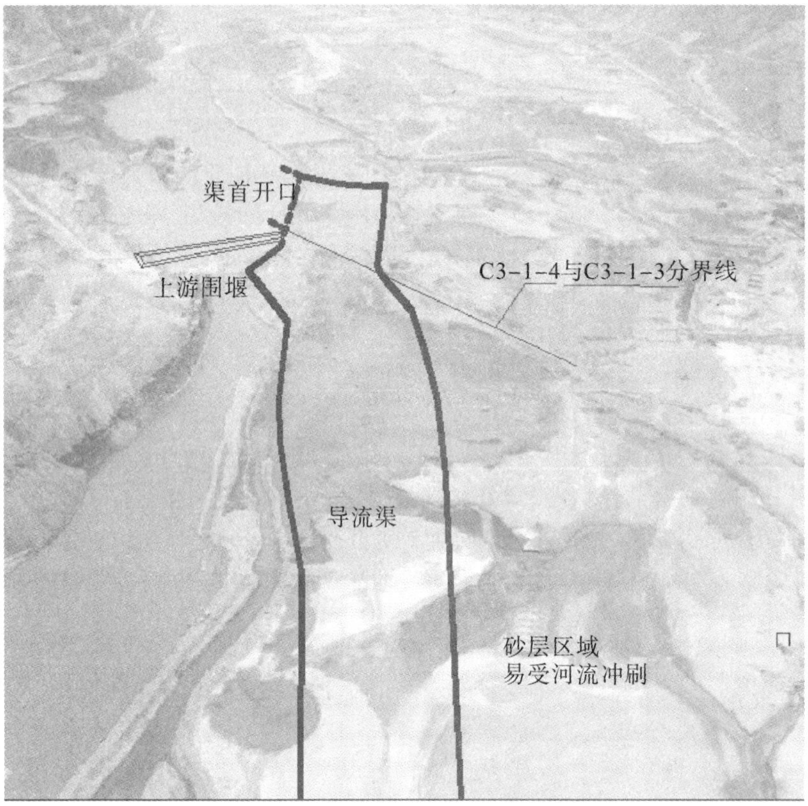

图7－24 渠首破口位置整体规划

渠首开挖过程中，根据河流流向，对存在较大冲刷河堤范围进行加固。加固方式为采用铅丝石笼进行防护，防护总长度约80m。铅丝石笼结构尺寸2.0m×1.0m×1.0m（长×宽×高）。在防洪堤迎水面部位开挖一条宽度不小于1.0m的铅丝石笼码砌平台，基础平台深度根据现场防洪堤冲刷情况确定，要求铅丝石笼坐落于原河床砂砾石结构层上，并确保基础稳固。铅丝石笼沿河流方向纵向码砌，上下共分为三层，下层两排，中层两排，上层一排。由人工配合液压反铲挖掘机进行码砌，上、下层应错开布置（丁字形布置），迎水面应采用ϕ8圆钢进行整体串接，串接完成后的铅丝笼采用人工辅助液压反铲挖掘机填充砂砾石料，人工进行封口。

根据现场渠首开挖情况，确定是否进行块石抛填。若需块石抛填，则应得到现场监理工程师同意后进行施工。导流渠渠首布置如图7－25所示。

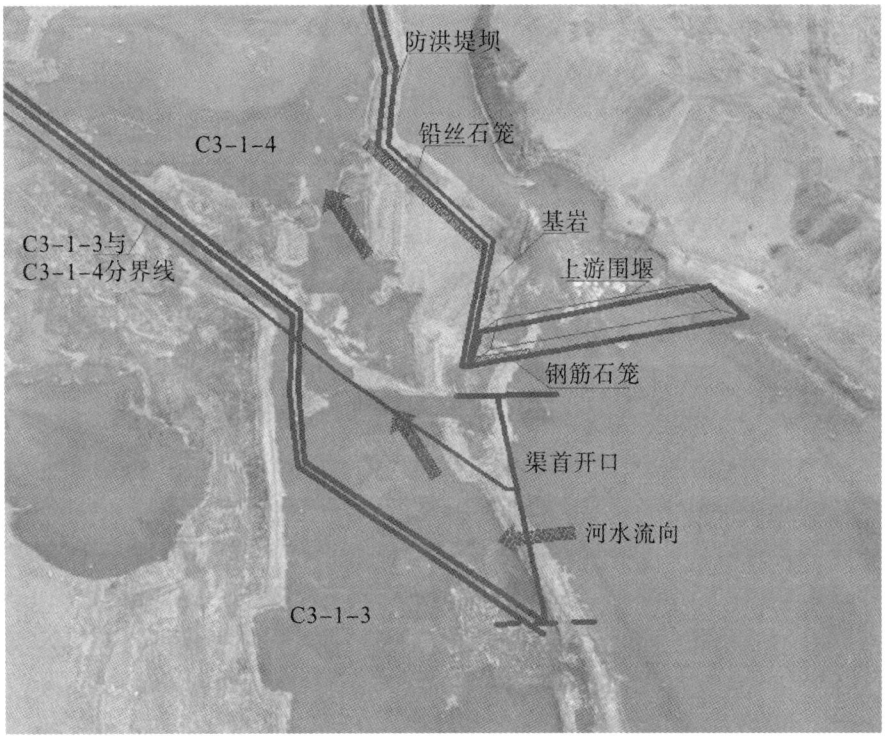

图7—25　导流渠渠首布置

7.3.6　料场截流方案设计

7.3.6.1　截流总平面布置

截流总平面布置按照单戗单向进占截流、导流渠引流的施工方案进行场地规划。受场地条件限制、车辆多、干扰大等不利因素的影响，截流施工时，主要考虑设备运行运输方便、因地制宜、经济实用的原则，进行截流施工总体规划与布置。

（1）截流现场布置。

截流现场紧邻4＃渣场，渣料储量巨大，且经过现场勘察，在距离截流戗堤500m范围内分布较多块石。在截流施工前，安排1.6m^3液压反铲挖掘机和20t自卸车将块石装运至块石料堆存区，堆存1000m^3。石渣料堆积体量充足，不用专门备料。

在右岸靠近戗堤位置选择地形高点，设截流指挥中心，指挥中心设高音喇叭、对讲机、指挥旗等截流指挥工具。

右岸戗堤端头侧设40m×20m（长×宽）作业平台，作为截流车辆、推土机停放，液压反铲挖掘机错车和指挥人员工作场地。截流现场布置如图7—26所示。

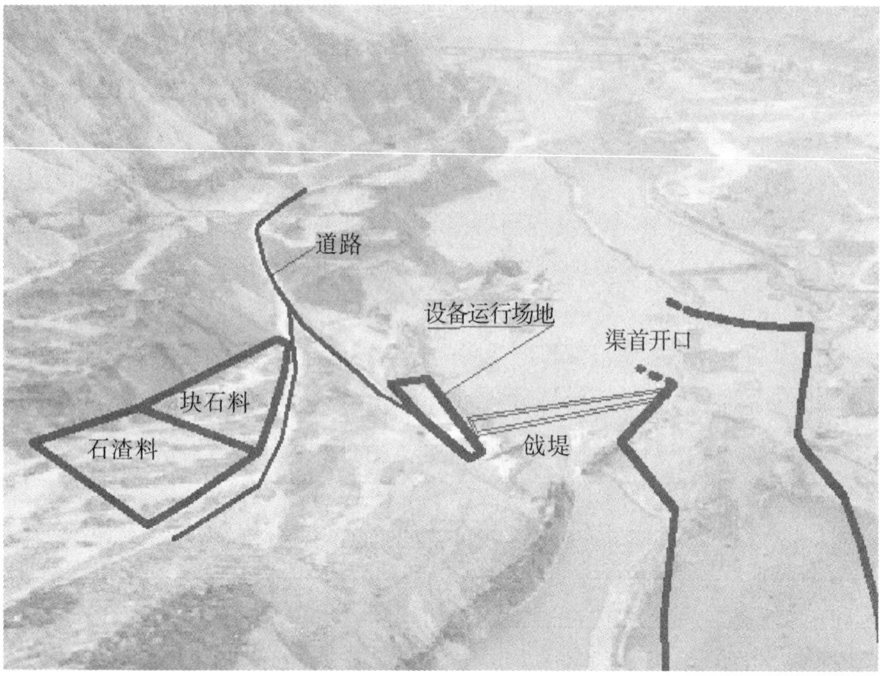

图 7-26　截流现场布置

（2）截流道路布置。

为保证截流作业的连续性和高效性，截流施工主要道路为双车道，道路宽度要求 7.0m，并在需急转弯位置设置转弯平台，保证设备良好运行。截流道路布置如图 7-27 所示。

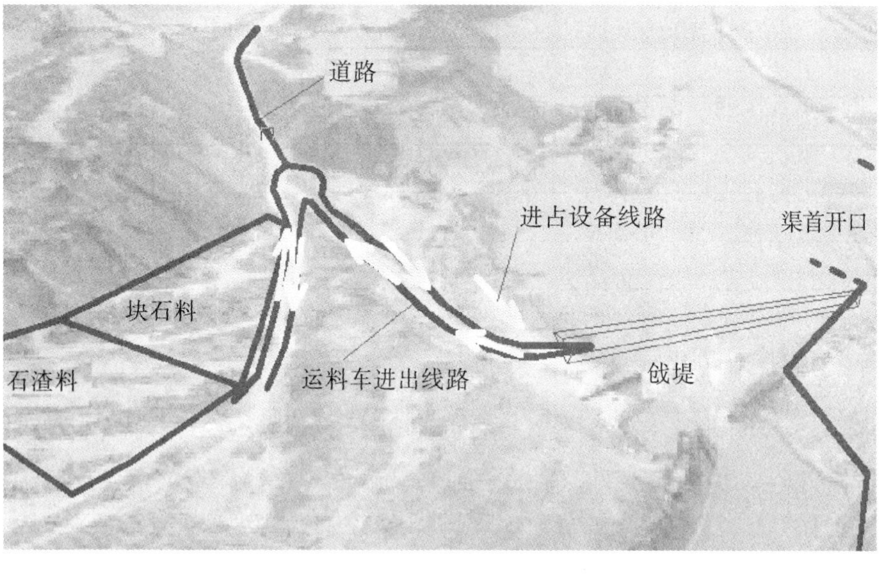

图 7-27　截流道路布置

（3）截流方式。

根据左岸导流渠开挖情况及现场截流施工时段，确定截流方式为：截流施工在 5 月 28 日进行，对应 2017 年同期河道流量 $Q=150m^3/s$，采用单戗单向进占方案和导流渠引流的方式进行截流。

（4）截流戗堤布置。

截流设计流量 $150m^3/s$，导流渠渠首破口宽度 100m，破口深度水下 1.0m，流速 1.0m/s，引流量 $100m^3/s$，则实际截流量 $50m^3/s$，截流施工从右岸向左岸进占填筑。

根据现场实际，截流戗堤底宽 13m，顶宽 5m，上、下游坡比 1∶2，高度 2m，截流轴线长度约 120m。截流戗堤龙口段标准断面如图 7－28 所示。

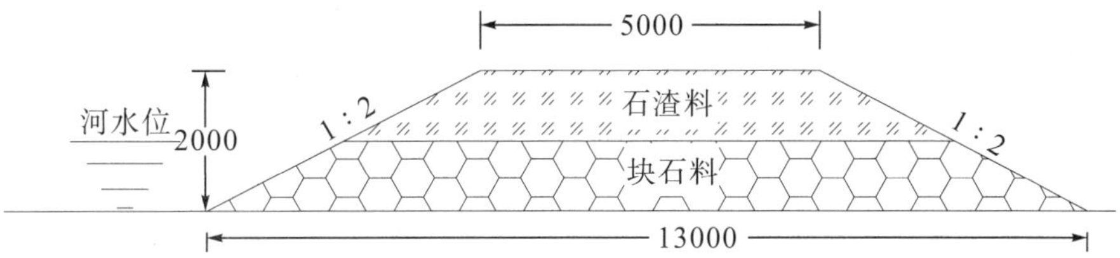

图 7－28　截流戗堤龙口段标准断面（单位：m）

（5）戗堤进占。

在 4＃渣场戗堤稍上游布置 1 台 TY320 推土机、1 台 16t 吊车、1 台 1.6m^3 反铲挖掘机、1 台 50 型装载机待命，在戗堤进占位置布置 1 台 TY320 推土机、1 台 1.6m^3 反铲挖掘机推料回填。

戗堤非龙口段进占施工于 2018 年 5 月 28 日—2018 年 5 月 29 日进行，采取以石渣料填筑为准，由自卸车倾倒至戗堤进占位置，32t 推土机推平进占，当预进占到预留龙口宽 20m 时，戗堤非龙口段进占结束。

龙口段填筑施工时段为 2018 年 5 月 29 日—2018 年 5 月 30 日进行，采取水下以块石进占为主，块石卸料后，由 32t 推土机推平后，以块石菱角在水面可见为准，之后填筑石渣料，向左岸逐步推进填筑，直至合龙，截流结束。

（6）上游围堰填筑。

上游围堰待戗堤进占完成后，在戗堤基础上进行拓宽、加高、防渗、防冲蚀的补充，形成上游围堰。上游围堰从上游向下游依次填筑块石料、黄土料、石渣料、块石料，上、下游坡比 1∶2，顶宽 5m，底宽 17m，高度 3m，其轴线长度 120m。

上游围堰填筑施工工序为石渣料→黄土料→块石料，块石料和石渣料在 4＃渣场就近采挖，黄土料在 4＃渣场坡脚位置采挖。上游围堰标准断面如图 7－29 所示。

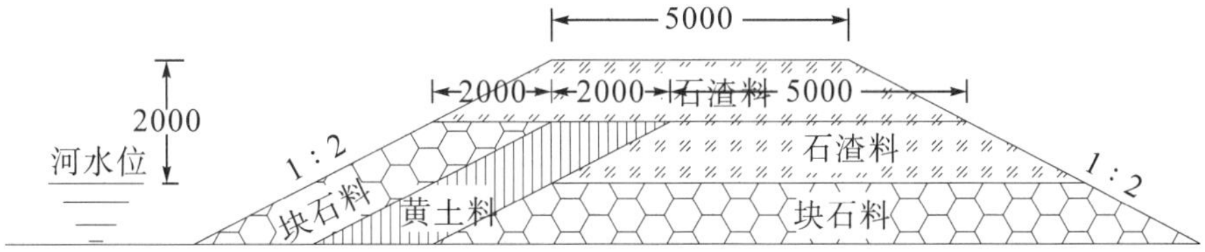

图 7－29　上游围堰标准断面图（单位：m）

对上游围堰左岸迎水面从左向右 20m 设备钢筋石笼，钢筋石笼分三层错缝堆码，下面两层为两排，第三层为一排。在上游围堰填筑过程中，采用 1.6m^3 液压反铲挖掘机修筑钢筋石笼堆码平台，人工配合反铲挖掘机进行钢筋石笼码砌作业。钢筋石笼结构尺寸 2.0m×1.2m×1.2m（长×宽×高），钢筋石笼框架筋为 ϕ 22（HRB400），网筋为 ϕ 12@200×200mm，内装砂砾石，卵石直径不小于 80mm，钢筋石笼相互焊接，钢筋石笼上、下层间也进行焊接，保证其牢固稳定。钢筋石笼堆码由人工码放，并于现场人工装填卵石，卵石从 4＃渣场装运。本项工程钢筋石笼约需 150m^3。

（7）下游围堰填筑。

下游围堰在导流渠导流后，安排机械设备进行填筑施工，主要防止河流反水。下游围堰就近采用砂砾料全料进行填筑，不碾压，填筑顶宽 7m，上、下游坡比 1∶1.5，高出水面 2.0m，其轴线长度约 110m。

7.3.6.2 截流设备、材料投入

（1）设备资源。

施工设备的配置和布置主要满足截流施工强度的需要，同时考虑现有设备状况、道路情况、转移的机动性等。截流施工的抛投强度按 240m^3/h 控制，龙口段截流进占连续施工，对施工机械设备效率要求较高。

为满足截流高强度施工的要求，在设备选型上优先选用大容量、高效率、机动性好的设备。截流施工设备与开挖和填筑设备统一配置，开挖、填筑设备可以满足截流要求。

①设备选型。

挖装设备：块石抛投材料选用 1.6m^3 的挖掘设备。

运输设备：填筑用料运输主要选用 20t 自卸车负责。

推运设备：主要选用 32t 大功率推土机。

②资源设备数量。

挖装设备：材料抛投设备选用 2 台 1.6m^3 反铲挖掘机（1 台备用）。

运输设备：15 辆 20t 自卸车（3 辆备用）。

推运设备：32t 推土机。

截流施工机械设备见表 7－29。

表 7－29　截流施工机械设备

序号	设备名称	规格型号	单位	数量	分布位置
1	液压挖掘机	PC400	台	2	
2	汽车吊	25t	辆	1	应急救援
3	装载机	ZL50	台	1	备用料补充设备
4	推土机	TY320	台	2	
5	自卸车	20t	辆	15	备用 3 辆
6	对讲机		对	15	
设备合计				77	

按机械设备配置结果进行人员配备，以两班考虑，配备施工作业过程中必需的普通工人，人员配备即满足要求。截流劳动力配备见表 7－30。

表 7－30　截流劳动力配备

序号	工种	人数（人）
1	汽车驾驶员	30
2	推土机司机	2
3	装载机司机	2
4	挖掘机司机	4
5	吊车司机	2
6	施工技术员	6
7	质检员、安全员	4
8	测量工	2

续表

序号	工种	人数（人）
9	机械设备维护	4
10	普工（含道路维护及后勤保障等）	10
合计		66

7.3.6.3　导流渠重要部位防护

结合C3料场实地地形，左岸导流渠线路与料区左岸边界走向基本相同，导流渠拐弯位置属于受冲刷位置，加上渠首开口、渠尾开口等重要部位，都需加强防护。可根据情况采取块石抛填和铅丝石笼防护等措施进行加强防护。

根据导流渠走向，重要拐弯位置有两处，分别为上游C3－1－4料区内的导流渠和C3－2下游料区内，该部位采取抛填块石回填施工，块石由1.6m^{3}液压反铲挖掘机在开采面采挖至自卸车，拉运至回填部位卸料后，再经1.6m^{3}液压反铲挖掘机进行堆码，堆码宽度3.0m，高度与防护堤持平约3.5m，拉运平均距离约2.0km。上游防护长度约50m，下游防护长度约70m。导流渠内重要防护部位如图7－30所示。

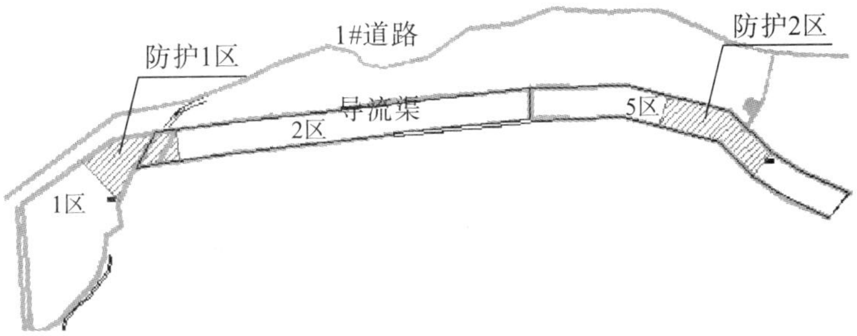

图7－30　导流渠内重要防护部位

7.3.6.4　导流过水能力分析及防洪度汛匹配

根据当前C3料场实际开采情况和地形条件，在左岸导流渠开挖形成后，导流渠底部高程将低于同部位水位高程约2.5m。导流渠宽度100m，且在导流渠右岸修筑高3.0m的防洪堤坝，而导流渠左岸未开采面高于导流渠底部高程约5.5m，且向左岸继续逐步上升。

按照左岸导流渠满流过水的情况预算，水流速度1.5m/s，极限过流能力750m^3/s，属于正常流量。当汛期洪水流量大于800m^3/s，进入Ⅳ级应急响应时，C3料场开采设备根据实际过水情况，采取防洪加固、人员设备撤离等紧急应对措施。

7.3.7　砂砾料开采工艺

砂砾石料开采施工流程如图7－31所示。

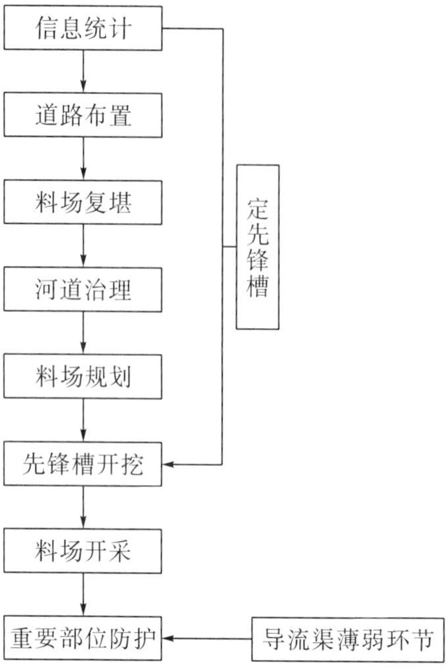

图 7-31 砂砾石料开采施工流程

7.3.7.1 施工工艺要点

1. 信息统计

在业主单位提供水文信息的前提下，对水文资料进行搜集。同时依据设计文件，确定导流洞下泄流量水位曲线。

2. 道路布置

根据料场分布范围、料场地形条件，结合汛期料场水位上涨情况，天然砂砾石料场布置多条主线道路，另外布置 2 座跨度 12.0m 的简易钢桥、1 座跨度 15.0m 的涵管便桥。

(1) 料场主线道路：路面宽度 9.0m，路面高出原始地形 1.0m，最大纵坡≤10%，道路修建过程中，对基础区域的砂坑部位进行清除，并且采用砂砾料换填。

(2) 料场支线道路：根据开采区域布置支线道路，路面宽度 9.0m，路面高出原始地形 1.0m，最大纵坡≤10%，道路修建过程中，对基础区域的砂坑部位进行清除，并且采用砂砾料换填。

(3) 对于跨河道支流、水渠等建筑物采用简易桥涵结构，对窄河床、过流量大的部位，架设简易钢桥，钢桥长 12.0m，宽 4.5m。对宽河床、缓流量的部位，采用简易涵管便桥。涵管规格选用 1500mm×150mm×2000mm（直径×壁厚×长），现场布置形式采用管壁靠管壁成排布置，顶部回填砂砾料形成路面。

3. 料场复勘

为保证在大坝主体工程开工有充足、满足要求的砂砾石料进行筑坝，合理配置资源，以满足施工进度要求，在料场开采前进行料场复勘。复勘网点布置采用 100m×100m 网格法，复勘过程主要完成探槽开挖，采用平均厚度法进行储量计算。

4. 河道治理

为减小河道流水对大面积开采面开挖及道路运输的影响，根据河流分布情况，主河道靠右岸，治理的主要原则是利用河床砂砾石料，将各个支流处拦截、阻断，将支流河道河水引至右岸主河道。料场河道治理涉及部位，支流堵截填筑料由堵截部位两侧进行取料，填筑高度 3.0m，堰顶宽度 8.0m，填筑后的堰顶确保平整。支流堵截围堰以外的截流堤填筑高度 2.0m，顶面宽度要求

5.0m，截流堤填筑料源利用河道疏浚的料源进行填筑，填筑后的堰顶确保平整。

5. 料场规划

天然砂砾石料场主河床靠右岸，为了满足汛期河道分流、降低开采水位、保证汛期大坝填筑连续施工，天然砂砾石料场分两期进行开采，天然砂砾石料场一期开采范围主要为河床靠右岸100m，开采深度6m，主要形成河床靠右岸约600m^2 过水面积的先锋槽，为天然砂砾石料场二期开采创造条件。同时，采用2台日立360液压反铲挖掘机对河床边缘进行分段疏通，将疏通时产生的砂砾料集中堆放至右侧，并形成简易防洪堤（兼施工道路），防洪堤高度3.0m，上顶宽度8.0m。

开采右岸宽50～100m的先锋槽后，持续进行左岸区域开采。河床左岸开采深度基本已达到汛期河床水位以下2.5m，枯期基本接近临界水文。根据现场测量数据，河床左岸开采面基本与同部位河流水面持平或略有降低（防洪堤的挡水作用）。二期紧紧围绕“左岸导流、安全度汛、持续开采”的原则，汛前在左岸形成长2400m、宽100m导流渠。完成导流后，将河流引流到河床较低部位，同时修复右岸上坝道路，具备运输条件，可持续在右岸区域进行高强度开采。

6. 开采方法

砂砾料按照“自下而上、分区开采”的原则进行后退法开采。分区开采面积100m×(800～1200)m（宽×长），开采深度5.0m（分两层开采），相邻开采面距离≤30m。每个工作面分别布置2～4台1.6m^3 液压反铲挖掘机按照“自右岸河流向左岸、自下游向上游、分段分层开挖”的顺序进行施工。分层厚度按水上开采厚度2.5m、水下开采深度2.5m控制，开采过程中两侧边坡坡比1∶1。

（1）测量放样。

会同监理人员接收测量控制网点，用全站仪和水准仪校核测量控制网点，并加密施工控制网点。根据规范要求和监理工程师审批的方案，测量原始地形图和断面图。将成果报监理工程师获得批准后，放施工开口线并进行现场控制。现场放样采用放样单进行放样交底，计算机校核测量网点。

（2）场地清理。

开挖区边线放样后，人工对开挖范围内植物、杂草、灌木、弃料、有害物等进行全面清理，并按监理工程师指定的方法处理。料场表层无用料分布不均，首先利用推土机配合装载机剥离表层无用料，人工挖除树根、草根等有机物，剥离至合格的料层，用3m^3 装载机装20t自卸车运至指定弃料场。

（3）砂砾石料开采。

水上开采：采用PC450、PC400液压反铲挖掘机装车，或SD22推土机配合堆集装载机挖装，20t自卸车运料上坝填筑。

水下开采：采用PC450、PC400液压反铲挖掘机立面开采甩料。甩到岸边进行脱水后，再次采用PC450、PC400液压反铲挖掘机装20t自卸车运料上坝填筑。

①利用河道天然坡降，由远至近进行开采，先锋槽地下水利用天然坡降从开采面直接排走，减小地下水汇聚对开采质量的影响。

②料场前期开采时，疏通下游先锋槽，疏通宽度按照10m左右控制，利用先锋槽将开采时的地下水排出。

③对部分地下水渗水较大区域，为保证开采质量，增加部分大功率水泵，采取强排水方式辅助排水。

④对地下水位开采区域提前进行颗粒级配检测，检测颗粒级配是否满足要求，不合格料禁止上坝。

⑤加强对地下水位影响区域开采料的检测，增加检测频次，杜绝不合理料上坝。

（4）重要部位防护。

结合天然砂砾石料场实地地形，先锋槽线路与料区左岸边界走向基本相同，导流渠拐弯位置属于受冲刷位置，加上渠首开口、渠尾开口等重要部位，都需加强防护，可根据情况采取块石抛填和铅丝石笼防护等措施进行加强防护。

7.3.7.2 特殊料源情况处理

1. 覆盖层无用料的处理

为了保证有用层原料质量，在正式开采前先将覆盖层剥离干净，对料场覆盖层采用机械剥离。前期开始开挖过程，剥离层产生的弃料堆积在一个固定区域，待后期开挖一部分料区，且达到指定开挖深度，则将该部分弃料就近回填已开挖完成区域内；后期开挖过程剥离弃料就近堆存在开采过区域，边剥离边开采，无须进行弃料运输。对于裸露的原料，开采前先清除河道树枝、杂草；对于有覆盖层的河漫滩，先进行植被清理，再通过机械将覆盖层清除干净。覆盖层清理机械采用 SD22 推土机进行，清除厚度比覆盖层多 10cm，以保障开采料的质量。

2. 夹层无用料的处理

针对正式开挖前对料场区域地质的了解情况，在开挖到距夹层深度约 10cm 处，停止开挖装车，对夹层的无用料进行开挖清除，开挖时保证将夹层全部清除，若夹层分布在水下区域，则需要在夹层开挖清除之后对开采料进行检查，检查是否已经将夹层无用料清除完毕，若没有完全清除，则继续清除，开挖处理的夹层就近回填至已开挖完成料区，不再进行装运处理。夹层清理机械采用液压反铲挖掘机进行，夹层清理是在开挖过程中边开挖边清理，保证夹层以下的有用料开采。

3. 开挖过程孤石处理。

在料场砂砾石料开采过程中，裸露或覆盖层中出露的部分大孤石，作为弃料就近回填至已开挖完成的区域。

4. 施工协调与处理措施。

（1）本项目位于少数民族聚集区，项目经理部应加强内部人员管理，尊重当地民族习俗，遵守国家相关政策。严格规范施工队伍管理，教育并促使职工遵守国家法律法规，尊重当地民风民情，避免职工与当地群众发生任何冲突，构建和谐施工环境。

（2）在当地野生动物及森林保护站等部门的监督指导下，严格遵守《中华人民共和国陆生野生动物保护实施条例》，并做好工程施工区域野生动物及森林资源保护。

（3）严格遵守《中华人民共和国环境保护法》，在当地环保部门的监督指导下，做好工程施工区域的环境保护工作。

（4）在当地公安消防部门的指导监督下，在工程施工区域配备足够的安全设施，并做好消防安全工作。

（5）在当地卫生防疫部门的监督指导下，做好工程施工区域的卫生防疫工作。

（6）各种特种机械设备进入施工现场，必须到当地质量技术监督局办理特种设备使用许可证后方准使用。

（7）积极配合交管部门，共同管理、维护施工道路，保证施工期本合同段内道路的畅通。

7.3.7.3 防洪度汛应急措施

应根据业主提供的水情和气象预报，做好洪水和气象灾害的防护工作。并准备部分应急材料，做好应急准备。一旦发现可能危及工程和人身财产安全的洪水与气象灾害的预兆时，应立即采取有效的防洪和防灾措施，以确保工程、人员和财产安全。防洪和防灾措施如下：

（1）思想上要高度重视，采取多种宣传教育形式，提高洪水和气象灾害防范意识。

（2）成立防洪度汛领导小组，制定防洪抗灾措施，接受业主和监理单位的统一指挥，在洪涝季节，密切注意天气情况，加强值班，配备充足应急资源，成立抢险队，明确各队防区和职责，在汛期生产中建立防洪抢险应急预案，必要时组织抗洪演习，切实做好工地和驻地防洪、防泥石流、防滚石、防崩塌灾难的预防工作。

（3）要重视水情和气象预报，制定严密的防范措施，配备必要的安全工具。一旦发现有可能危及工程安全和人身财产安全的渗漏、洪水或气象灾害的紧急情况时，应立即采取堵漏、抢险等有效措施，并迅速将人员、财物、设备转移到安全位置，确保工程和人身财产的安全，并保证工程按计划进行施工。

第 8 章　坝体智能化、无人化填筑施工

随着现代科技的高速发展，利用信息技术和互联网，将互联网行业和传统行业进行深度融合，是一种新的发展趋势。以阿尔塔什项目工程为例，结合信息技术和互联网，在现有工程施工的基础上，研究高面板坝施工信息管理技术，研发无人驾驶推碾施工作业系统，开发基于北斗卫星导航的智能化填筑施工技术研究，建立坝体智能化、无人化填筑施工体系，取得了良好的应用效果，可供类似工程借鉴和参考。

8.1　高面板坝施工信息化管理

施工信息化管理技术在针对阿尔塔什水利枢纽工程面临的边坡高陡、高坝、深覆盖层等“三高一深”技术特点的基础上，有效合理利用现代化科技手段，结合项目实际而研发的。

施工信息化管理技术以高清视频监控系统、定位安全帽系统、大坝碾压实时监控系统、防作弊灌浆系统、成本管控系统等信息化技术研发、引进、运用，可提高阿尔塔什大坝工程施工管理精细化水平，避免因施工作业面广、点多等管理不细致而带来的安全风险，避免施工过程中因施工信息不畅通、施工管理不到位导致资源过度浪费和消耗，可以有效保障施工安全、质量、进度和成本控制。

8.1.1　系统构架

高面板坝施工信息管理系统组织建立、应用、研发了施工远程视频实时监控系统、灌浆防作弊监控系统、安全帽实时定位监控系统、成本管控系统、参建各方质量、安全、进度管理系统、数字化大坝碾压实时监控系统等管理系统，采用信息化数字技术，对施工作业过程中的安全、质量、进度等现场信息进行统一收集、分析、管控，进而提升工程质量，避免了施工作业面广、点多等管理不细致带来的安全风险；通过数据统一管理分析，有效避免了施工过程中因施工信息不畅通、施工管理不到位导致资源过度浪费和消耗，同时提高施工效率，使施工过程分析有数据支撑。

8.1.2　系统运行

8.1.2.1　远程视频实时监控系统

为保证视频监控影像资料能实时传送至管理后方，同时影像资料能第一时间保存，将视频数据进行存储并满足 30 天的可追溯期。结合现场实际情况，阿尔塔什大坝施工区域距管理办公室约 6km，沿途基岩裸露且地形复杂，如果采用有线方式进行视频传输，则光缆将无法长期有效保存；如果采用无线模式，则设备需满足大距离无线传输能力，且必须保持设备视线互通。因此，结合现场实际条件，同时为保障数据传输链路的正常通畅，最终采用多跳＋双联路方式进行数据传输。无线主链路、副链路设备分别如图 8－1、图 8－2 所示。

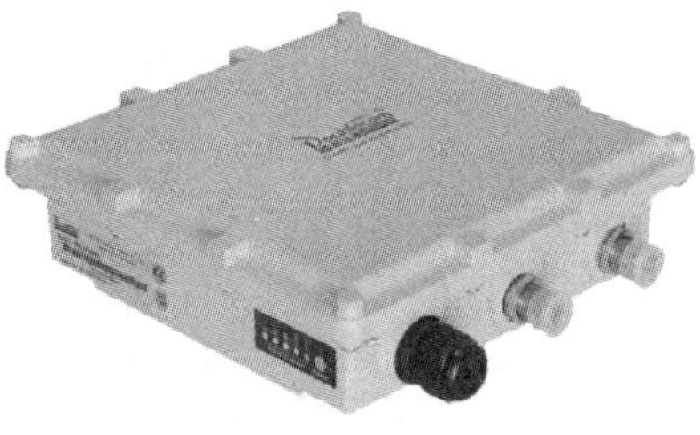

图 8−1　无线主链路设备

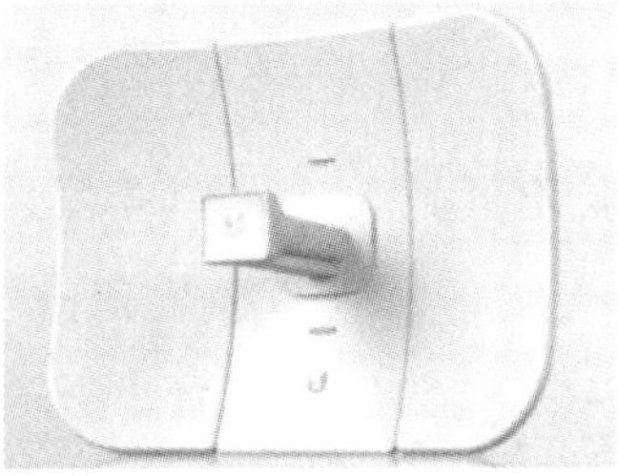

图 8−2　无线副链路设备

根据阿尔塔什大坝工程现场施工情况，选用 3 套 300 万像素×25 倍光学变焦球机（同时监控右岸高边坡施工区域）、右岸高边坡施工采用 1 套 300 万像素×50 倍光学变焦云台枪机、交通运输采用专业 300 万视频卡扣公路监控进行实时监控管理。

8.1.2.2　灌浆防作弊监控系统

阿尔塔什灌浆工程引进了长江科学院的防作弊灌浆记录系统，规避了前期灌浆记录仪防作弊方面的不足，同时将灌浆数据实时回传至服务区，实现灌浆防作弊和数据实时回传监控的目的，保证灌浆的真实性，确保灌浆质量。

结合阿尔塔什大坝工程实际施工情况，阿尔塔什灌浆工程主要有趾板固结防渗、右岸高边坡破碎带固结灌浆、高边坡锚索灌浆等工程，针对重点灌浆工作，施工布置采用多点集中供浆方式进行灌浆供浆，并在各供浆管线上安装用于防作弊灌浆监控的各类传感设备，如流量计、密度计、供浆压力传感器等。

（1）灌浆设备内置程序采用防修改方式设计，除按要求必须输入的空号、编号、设计参数以外，其余数据均由传感器实时获取。

（2）灌浆系统通过 GPRS 移动数据或通过 Wi-Fi 广域网络传输方式实时将灌浆数据传输至服务器进行储存，断网时由设备自身缓存，然后续传。

（3）通过电脑可查看实时灌浆数据，并且能实时进行数据下载、统计等操作。

灌浆记录仪显示如图 8−3 所示，灌浆系统后台实时记录如图 8−4 所示。

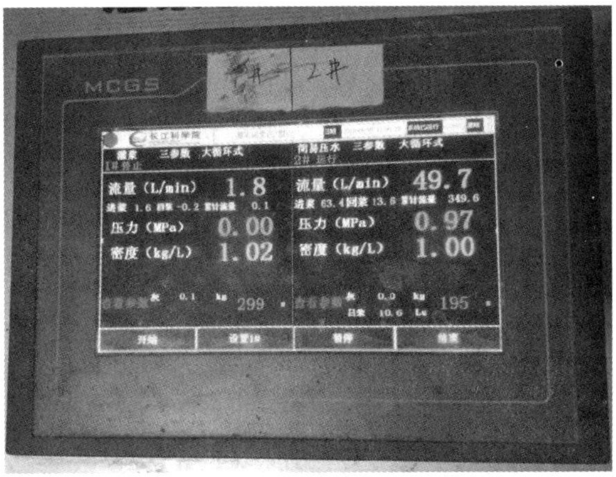

图 8−3　灌浆记录仪显示

作业	记录时间	进浆(L)	回浆(L)	累计流量(L)	累计灰量(kg)	流量(L/min)	压力(MPa)	峰压力(MPa)	比重(g/cm³)	透水率(lu)	抬动值(um)	状态	暂停
灌浆	2018-11-09 17:53	31.9	0.0	5785.4	7919.32	31.9	1.76	2.42	1.92	0.00	未接		
灌浆	2018-11-09 17:50	25.6	0.0	4978.7	6999.82	25.6	2.80	3.34	1.93	0.00	未接		其他
灌浆	2018-11-09 17:49	28.2	0.0	4938.9	6944.92	28.2	2.90	3.70	1.94	0.00	未接		
灌浆	2018-11-09 17:44	27.4	0.0	4797.7	6750.73	27.4	2.76	3.73	1.93	0.00	未接		
灌浆	2018-11-09 17:39	26.3	0.0	4660.8	6562.47	26.3	2.70	3.71	1.93	0.00	未接		
灌浆	2018-11-09 17:34	21.5	0.0	4529.5	6381.97	21.5	2.42	3.23	1.94	0.00	未接		
灌浆	2018-11-09 17:29	19.9	0.0	4422.1	6233.64	19.9	2.36	2.90	1.93	0.00	未接		
灌浆	2018-11-09 17:24	23.4	0.0	4322.4	6096.08	23.4	2.53	3.30	1.94	0.00	未接		
灌浆	2018-11-09 17:19	25.8	0.0	4205.6	5934.36	25.8	2.77	4.02	1.94	0.00	未接		
灌浆	2018-11-09 17:14	19.7	0.0	4076.7	5757.03	19.7	2.33	3.11	1.93	0.00	未接		
灌浆	2018-11-09 16:58	31.4	0.0	3978.0	5622.04	31.4	2.74	3.61	1.93	0.00	未接		其他
灌浆	2018-11-09 16:56	31.5	0.0	3931.9	5558.34	31.5	2.98	3.80	1.94	0.00	未接		
灌浆	2018-11-09 16:51	31.0	0.0	3774.4	5341.31	31.0	3.04	3.95	1.93	0.00	未接		
灌浆	2018-11-09 16:46	24.4	0.0	3619.6	5128.11	24.4	2.63	3.50	1.94	0.00	未接		
灌浆	2018-11-09 16:41	22.5	0.0	3497.6	4956.83	22.5	2.39	3.02	1.98	0.00	未接		
灌浆	2018-11-09 16:36	22.3	0.0	3385.2	4794.18	22.3	2.28	2.99	1.98	0.00	未接		

图 8－4　灌浆系统后台实时记录

通过灌浆防作弊系统的应用，施工管理方可以从实时统计灌浆过程的数据分析中预估灌浆施工材料用量，能过程监控灌浆施工的规范施工，一旦数据出现异常，立刻进行现场查验、复核，对施工过程规范进行监控管理，保障灌浆施工质量。

8.1.2.3　安全帽实时定位监控系统

通过安全帽上安装的北斗定位模块，可实时回传个人所在地、行进路线、停留时间等信息，尤其适用于项目部在建的600m高陡危岩体处理、料场爆破等施工作业面，不仅能实时监控全体施工人员的地理位置及行动轨迹，还能够根据施工管理的需要设置警戒区域。一旦发现有人员进入警戒区域，将自动报警，数控中心值班人员立即提醒该员工远离危险区域。

首先对现场施工人员信息进行登记、造册、录入，根据配发的定位安全帽，对施工及管理人员进行分组，实名录入，如图 8－5 所示。

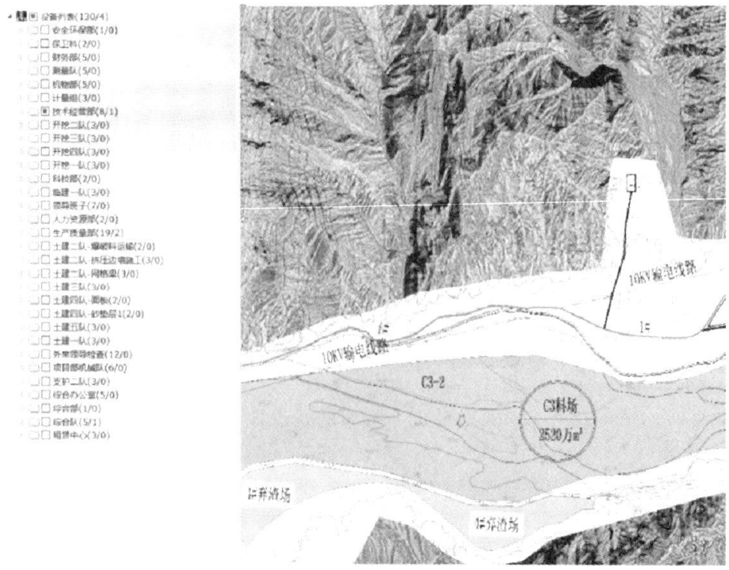

图 8－5　人员信息分组录入

系统运行过程中，管理人员可实时查看当前人员在线状态、历史行动轨迹、速度、历史停留时间等信息，可针对重点施工区域进行施工人员限制，在管理地图上施工区域划定重点管理区域，限定区域施工人员，若施工人员超出限定人数，系统将发出报警提示；根据阿尔塔什大坝现场管理需求，系统与施工人员入场教育、过程培训等数据信息进行了高度结合，将两者数据充分匹配融合，若进场人员培训、教育信息未满足现场安全管理要求，系统将作出提示。

8.1.2.4　成本管控系统

阿尔塔什大坝工程成本管控是根据项目总体计划目标要求，结合实际工程施工情况，划分本年年度生产计划目标，再根据年度计划目标预算年度各计划产值和支出计划，将各预算、支出（如材料、人工、机械、劳务）细化至各管理职能部门，实施过程中进行实时动态控制、纠偏、分析的一种管理方法。成本管理架构如图8-6所示。

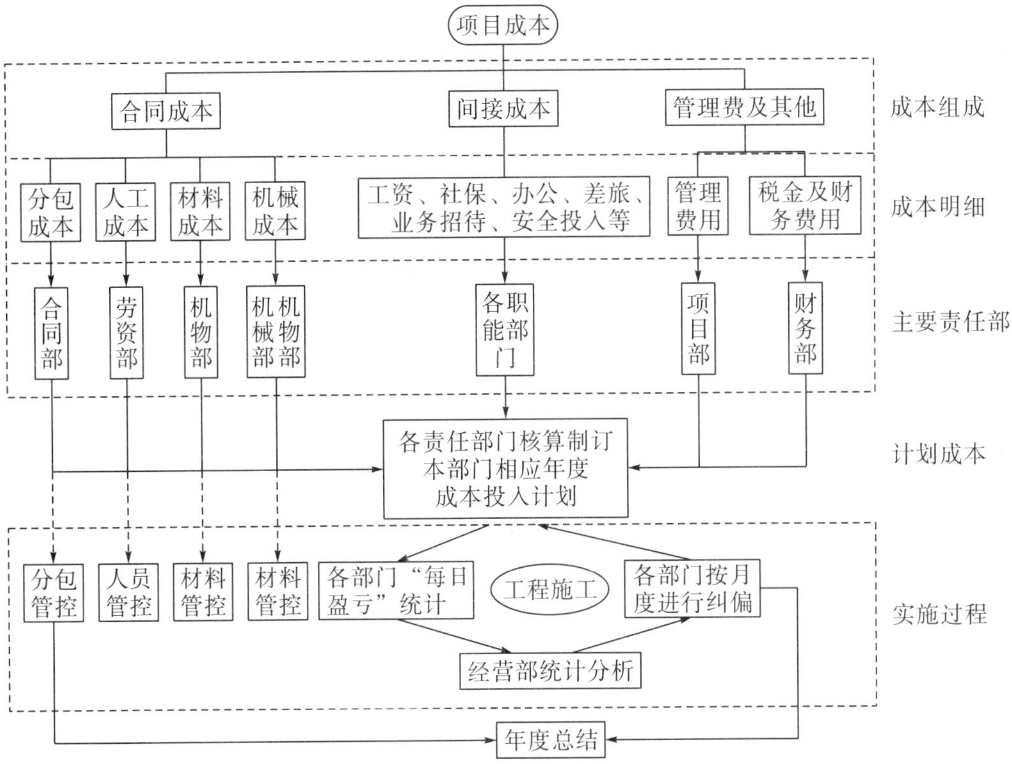

图8-6　成本管理架构

系统为便于不同管理人员使用，开发了Web端和移动APP端两个版本。Web端主要负责业务基本数据录入，并负责项目用户基础信息管理，管理用户权限、组织架构、审核流程等。APP端着重于数据采集与简单数据分析，利用移动端的便捷与即时性进行每日成本数据录入，摆脱计算机的束缚。成本管控系统Web端管理界面如图8-7所示，成本管控系统APP端管理界面如图8-8所示。

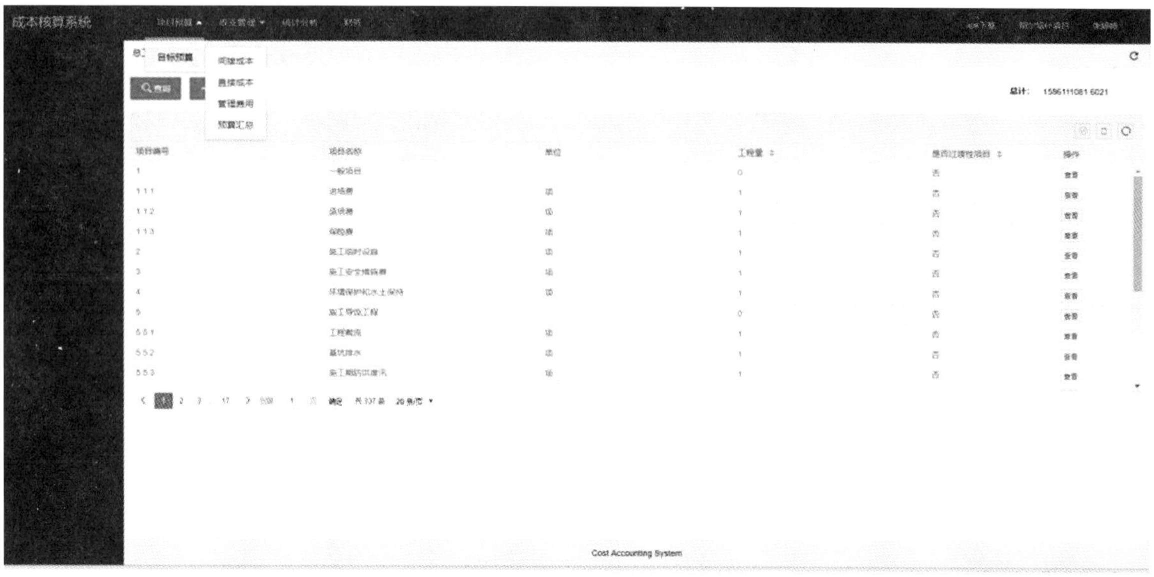

图 8-7　成本管控系统 Web 端管理界面

图 8-8　成本管控系统 APP 端管理界面

8.1.2.5　参建各方质量、安全管理系统

阿尔塔什大坝质量、安全管理平台，致力于现场实时、无纸化办公，以节约施工管理流程中不必要的时间消耗，最大限度地保障施工质量、安全、进度进而管控管理水平。信息化管理平台为业主方联合施工单位共同创建而成，内置质量管理、安全管理等模块，主要运用于施工过程中各施工现场质量、安全、进度等管理工作。

因阿尔塔什常年风沙大且施工现场条件恶劣，采用现场方式填写验收资料的难度大，且纸质版资料易损坏等特点，以及阿尔塔什大坝工程、大坝填筑作为重点控制项目，故施工过程中大坝填筑采用线上、线下同时开展验收的方式进行，即现场验收通过手机、平板等移动端设备线上进行资料填写，并现场拍照取证，现场监理工程师通过现场检查验收合格后现场实时验收签字。验收完成的资料通过线下打印的方式存档。质量管理平台验收记录如图 8-9 所示。

图 8−9　质量管理平台验收记录

阿尔塔什大坝地处新疆，工程所在地山势险峻、基岩裸露、气候条件复杂多变，且施工项目内容多，施工人员、设备投入量大，再加上地域环境影响，安全管理工作尤为重大，安全管理系统主要应用于大坝工程施工过程中安全管理文件分享、下发和突发事件的通报、危险源危险信息共享、隐患排查治理情况通报统计等，切实服务于广大安全管理人员。安全管理系统管理界面如图 8−10 所示。

图 8−10　安全管理系统管理界面

8.1.2.6　数字化大坝碾压实时监控系统

阿尔塔什大坝实现了碾压实时监控系统，其系统定位模块采用北斗卫星为主定位卫星，并通过在振动碾上设置传感器及定位终端，将振动碾的行走速度、激振力、碾压次数等参数通过北斗卫星和网络实时传输。

建立以北斗卫星为主定位卫星的基站，基站设置在右岸边坡便道附近，能够覆盖全部施工区域。在阿尔塔什大坝碾压实时监控系统实施过程中，配置安装 10 套/台碾压监控设备，设备主要安装于大坝主堆石区碾压 32t 振动碾、过渡料 26t 振动碾。结合现场施工区域条件，在已建成监控系统网络传输链路基础上，在大坝施工区左右岸设置 Wi-Fi 网络覆盖，提供大坝碾压实时监控数据传输。在大坝填筑碾压过程中，对碾压区域、待碾区域、填筑区域、验收区域进行明确划分，实行碾压实时监控，首先确定碾压区域范围，在系统内输入碾压区域，设定碾压变数、碾压速度等参数信息，建立碾压仓位，参数确定无误后启动碾压设备进入实时碾压。碾压实时监控界面如图 8-11 所示。

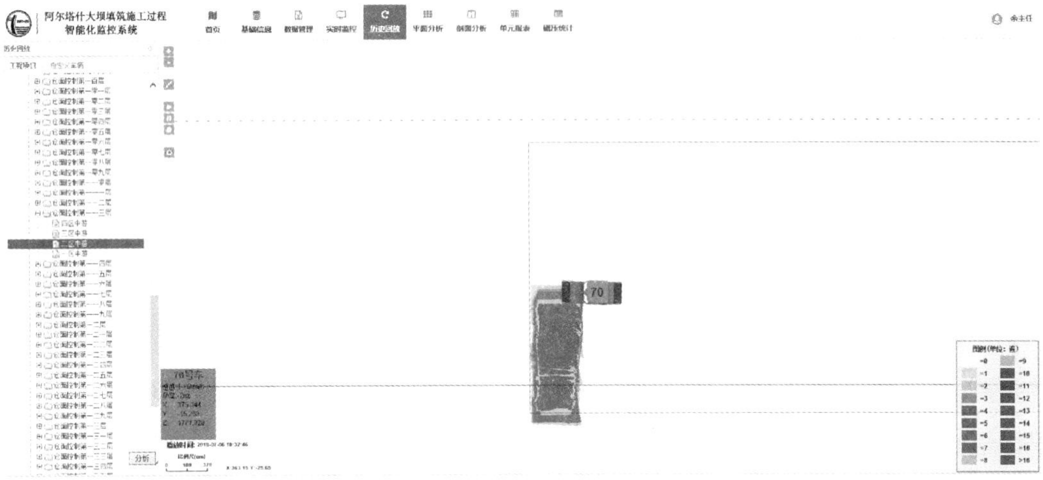

图 8-11　碾压实时监控界面

8.1.2.7　各系统一体化整合

阿尔塔什大坝工程施工信息化平台建设，旨在提高施工质量、安全、进度管理水平，在保障施工安全质量满足要求的前提下稳步提升，并融入物联网、大数据等，着手研发和引进远程视频实时监控系统、灌浆防作弊系统、成本管控系统、质量安全管理系统、大坝碾压实时系统等；建立了数字化集控管理中心，搭建了集控管理平台，完善了监控值班、管理制度。集控管理中心管理平台如图 8-12 所示。

图 8-12　集控管理中心管理平台

8.1.3　系统运行成果

施工信息管理系统针对阿尔塔什大坝项目施工内容及现场实地情况，结合深覆盖层高面板堆石坝、右岸 600m 级高陡边坡开挖及支护施工等施工及管理难度等问题，引进了远程视频实时监控系统、灌浆防作弊系统、成本管控系统、质量安全管理系统、大坝碾压实时系统等系统。各子系统运行成果如下：

(1) 远程视频监控系统运用，使管理过程达到了管理看得清、过程看得见、结果看得到的可视化效果，为管理决策提供了现场实时情况。

(2) 防作弊灌浆记录系统运用，有效杜绝了施工过程中数据造假、质量不可控等管理缺陷，从而保障了隐蔽工程的灌浆质量，杜绝施工过程中材料浪费，节约了施工成本。

(3) 安全帽实时定位监控系统通过安全帽上安装的北斗定位模块，可实时回传个人所在地、行进路线、停留时间等信息，尤其适用于项目部在建的600m高陡危岩体处理、料场爆破等施工作业面，不仅能实时监控全体施工人员的地理位置及行动轨迹，还能够根据施工管理的需要设置警戒区域。定位监控系统一旦发现有人员进入警戒区域，将自动报警，数控中心值班人员立即提醒该员工远离危险区域。

(4) 针对阿尔塔什大坝项目工作面多、工程量大，以及传统的管理运作方式下管理者只能宏观地掌握项目整体盈亏情况，项目中详细的盈亏点有时不能及时发现，以及快速跟进决策等问题的研究，研发成本核算系统，可以更好地提升内控管理水平，提高项目成本核算、结算、预算的管理成效。

(5) 将大坝单元工程验收评定、每日完成工程量、安全隐患排查治理等信息进行在线管理，解决传统管理手段中业主、监理、施工方信息沟通不畅，工作衔接存在脱节等问题。

(6) 碾压实时监控系统使用北斗卫星导航系统，通过在振动碾上设置传感器及定位终端，将振动碾的行走速度、激振力、碾压次数等参数通过北斗卫星和网络实时传输；通过数字化大坝碾压实时监控系统的运用，确保阿尔塔什大坝填筑的每一层、每个部位都能达到设计碾压参数指标。

8.2　基于北斗卫星导航系统的智能化填筑施工

近几年，随着高精度定位技术、云计算技术以及物联网技术的飞速发展，利用高精度卫星定位技术对大坝碾压施工过程进行实时智能化监控逐步成为现实。基于以往长河坝水电站、出山店水库等大坝填筑碾压施工过程实时智能化监控系统建设与运行相关经验，以及智能化监测系统的构建，建立砂砾石坝智能施工体系，本节重点介绍北斗卫星高精度定位技术的大坝施工过程实时监控技术和大数据分析的砂砾石坝车载式压实度实时检测技术，实现对大坝碾压过程的精细化管理，保障大坝填筑的施工质量，提高工程管理效率与水平，实现施工动态优化与调度，从而提高大坝填筑工程进度，创造较好的经济效益。

8.2.1　碾压施工过程实时监控

基于北斗卫星导航系统，结合阿尔塔什水利枢纽施工组织设计情况，开发了大坝碾压施工过程智能化监控系统。除了硬件，实时监控系统还包括能够实时显示与分析大坝填筑施工过程信息的智能监控软件，实现工程施工单位、监理单位以及建设单位等不同用户对大坝填筑状态进行实时监控；另外，该系统还可以对碾压机械操作手提供一套相对简单的实时碾压施工展示与报警系统，提供施工过程的引导与纠偏，保障施工过程中相关施工参数能够满足施工组织设计要求，为工程建设管理人员进行施工质量评价以及施工优化等方面提供重要的支撑。

8.2.1.1　系统构架

大坝碾压施工过程智能化监控系统，主要由三部分组成：①硬件系统，主要包括安装在大坝碾压施工机械上的高精度定位设备，以及安装在碾压设备驾驶室里的平板终端、各种传感器等；②数据传输的无线网络，包括差分系统在大坝施工现场需要架设的无线传输网络；③大坝碾压施工过程的智能化监控软件，监控软件是整个智能化监控系统的关键，是大坝碾压施工过程重要信息展示的窗口和平台，也是大坝施工管理人员进行施工过程有效管控与动态调整的窗口和平台，是整个系统建设的重点。

8.2.1.2 系统运行

1. 碾压施工过程监控系统

大坝碾压施工过程监控系统架构如图 8－12 所示，主要分为以下三层：第一层是系统数据库及基础技术层，这个层面的服务器等资源都是基于前文的主体工程建设信息云平台系统中 Iaas 层上的。其中相关物联网技术是结合安装在碾压设备和坝料运输设备上的专有仪器开发的。第二层主要是系统中间件层，也基本上与前文的主体工程建设信息云平台系统中 Paas 层中相关内容是一致的。第三层是系统应用层，主要是将各种信息通过系统用户界面展示出来，为施工过程质量控制以及工程优化调整提供参考与支撑。在系统架构的编制过程中，主要以目前水利水电工程施工中的各种标准、规范、政策及法规为相关依据。

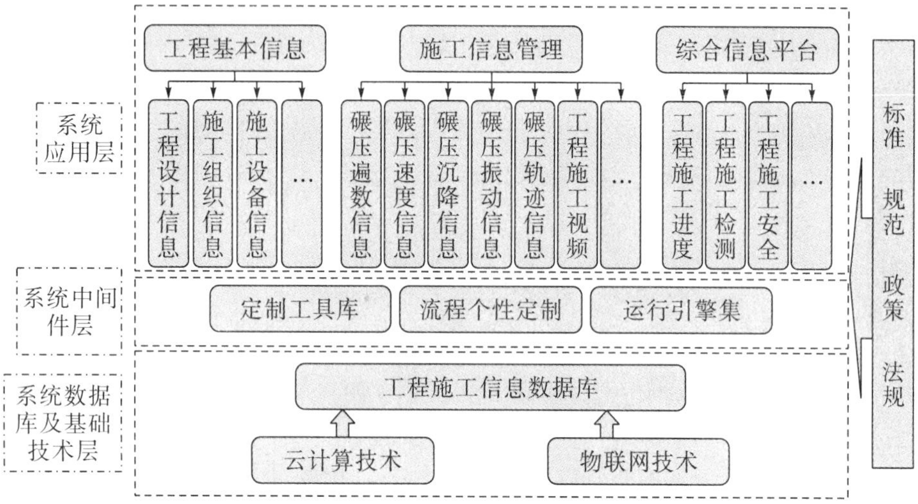

图 8－12 大坝碾压施工过程监控系统架构

2. 工程基本信息整理与展示

根据工程建设对大坝施工单元的划分与确定，在基础信息部分中除了对工程基本信息进行维护，还按照大坝分区、大坝分段、大坝分层以及大坝中不同的单元工程信息进行整理与维护，这样就可以利用这些基本信息对大坝施工过程中采集到的相关数据整理与分析不同区域与施工部位，为数据管理与质量检测分析提供最重要的基础信息。

3. 文件上传与数据管理

在文件上传与数据管理模块中，主要按照工程划分的结果对采集到的碾压施工过程数据进行系统管理与分析，并且能够通过不同的大坝分区查找与查看数据。另外，该模块还对系统中的每条数据的开始时间与结束时间以及不同的碾压设备都进行了区分，为工程管理人员对于施工控制提供重要的资料，如图 8－13 所示。

在该模块中，当数据文件上传到系统服务器时，系统会实时分析数据文件，提取重要的信息并对数据文件进行归类判别，判别指标主要有机车代码、施工开始与结束时间，以及相关的数据采集点的坐标，这样就可以将数据文件精确地归到某一个大坝分解单元中去，便于数据管理与分析。

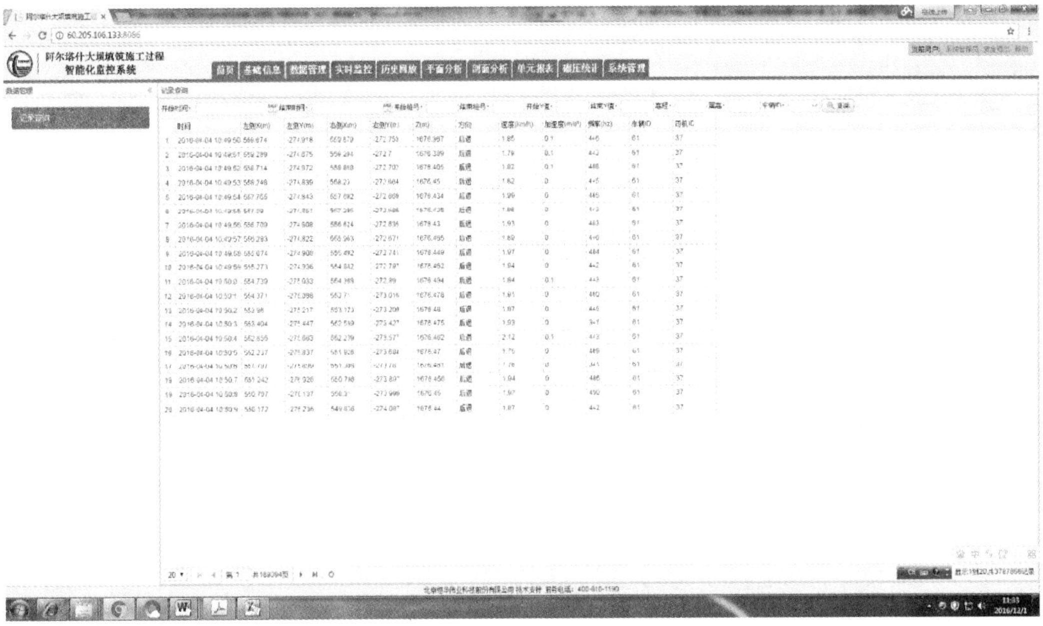

图 8-13　**大坝碾压施工过程监控系统数据管理界面**

4. 施工过程实时监控分析

阿尔塔什大坝碾压实时监控分析模块主要针对施工过程中不同高程坝面自动生成平面图，且在平面图上对不同部位的桩号及比例尺进行展示，然后加载该平面上的碾压设备及相应的驾驶员实时施工过程信息，以便施工单位、监理单位和工程建设单位控制与实时调度大坝碾压施工过程，保障大坝碾压施工过程高效有序。大坝碾压施工过程监控系统实时数据分析界面如图 8-14 所示。

该模块可实现对大坝碾压施工过程中施工设备的碾压速度、碾压设备振动状态、施工区域碾压次数等的实时监控。图 8-14 中界面右侧上方的白框内所标示的是大坝碾压施工过程控制参数，实际工程中可按照该参数对施工机械的碾压状态进行控制。

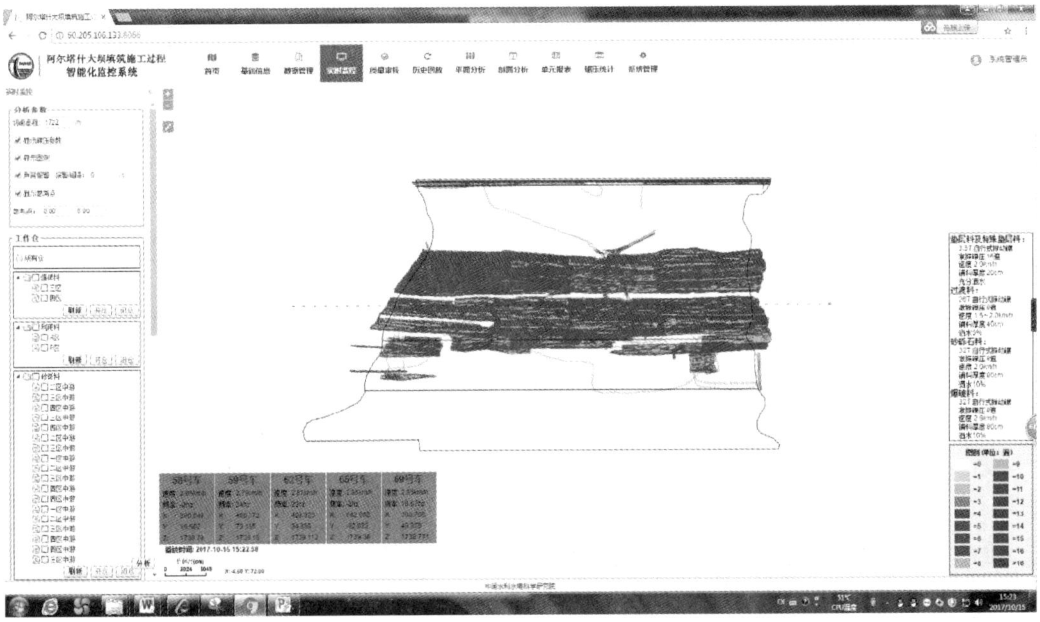

图 8-14　**大坝碾压施工过程监控系统实时数据分析界面**

该模块设置了添加历史数据的功能。历史数据的添加可以按照某时间节点以后的某几台车的施工信息或某个制定区域进行，可极大地方便施工管理人员对现场的施工组织、施工指挥以及动态调度车辆等管理工作。

5. 质量检测分析

质量检测分析模块是大坝施工过程控制系统中最重要的模块。该模块在施工结束后对一定施工时间中某施工区域采集到的碾压数据进行综合分析，包括碾压次数（总数、静碾和振动碾）、速度超限次数、碾压设备速度平均值、碾压设备速度最终值、碾压设备激振力超限次数、激振力平均值、激振力最终值、碾压沉降量以及行车轨迹几个方面，可以重演大坝施工过程。根据施工区域分析结果，可为单元工程质量检测所进行的挖坑检验提供坑位参考，便于单元工程质量检验，保障大坝施工质量控制。碾压施工过程振动状态为无振动碾压分析云图界面如图 8－15 所示。

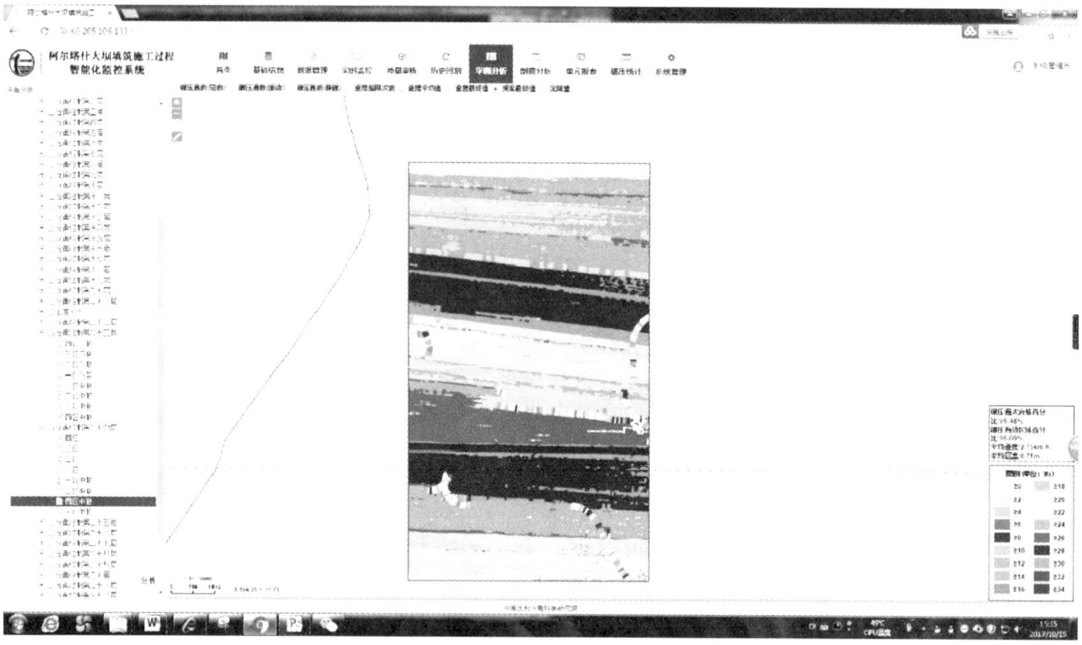

图 8－15　碾压施工过程振动状态为无振动碾压分析云图界面

在该模块中，为了直观地分析不同剖面中碾压层厚及不同层之间的结合情况，还开发了针对任意沿坝轴线的或者垂直坝轴线的碾压数据剖面分析功能，类似目前医疗机构中所采用的 CT（Computed Tomography，CT）技术，以便全方位地了解大坝整体碾压施工过程及数据。碾压施工数据进行剖面分析示意图如图 8－16 所示。

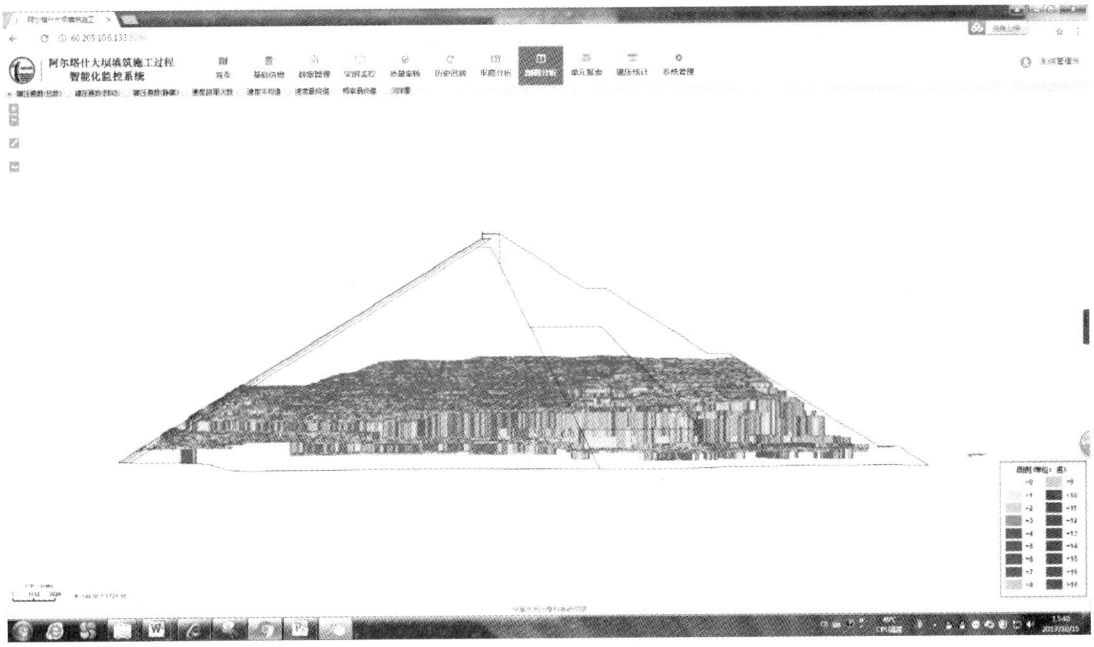

图 8－16　碾压施工数据进行剖面分析示意图

6. 施工报表生成

在实际工程建设中，每个单元工程或每个分区施工完成之后，可由系统自动生成该施工区域的施工报表，包括自动或者手动设置的检测点位置等信息以及相关的施工状态的图形等内容，作为施工质量评价的重要附件，为保障大坝工程施工质量检验与评价提供重要的参考与支撑资料。大坝碾压施工过程监控系统报表生成界面如图 8－17 所示。

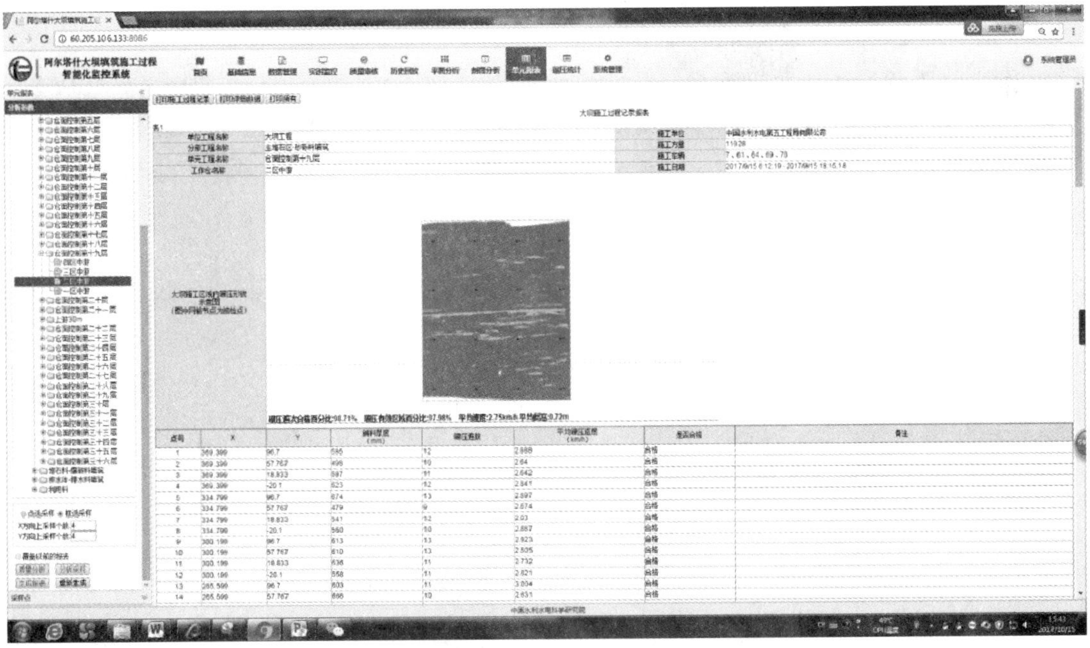

图 8－17　大坝碾压施工过程监控系统报表生成界面

7. 系统管理

系统管理模块主要是面向目前工程建设中的相关用户，包括施工单位、监理单位以及项目法人代表等。针对不同用户权限、登录账号以及密码等方面进行管理，保障不同的用户能够在各自的权限内进行数据分析计相关管理。

8. 施工机械碾压统计分析

施工机械碾压统计分析模块主要是针对大坝碾压施工机械管理人员使用的。利用该功能模块，可以统计分析某段时间内单台碾压机械的施工工效，包括碾压长度、碾压面积、不同碾压次数所对应的碾压面积统计等。某段时间内单台碾压机械使用效率分析界面如图 8－18 所示。另外，图 8－18 中界面的右侧功能框能显示该台施工机械的某段时间内的施工形象示意图，为施工机械管理人员对设备的统计分析提供技术手段。

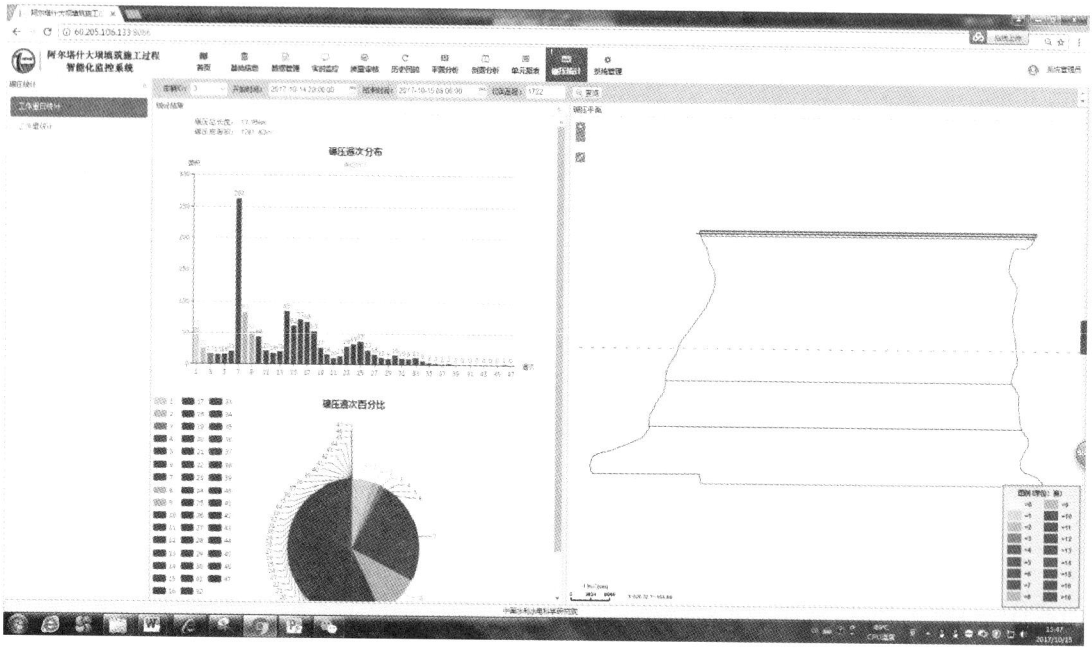

图 8－18 某段时间内单台碾压机械使用效率分析界面

这一模块还能在某一段时间内对所有参与施工的施工机械进行施工工效分析，主要包括某段时间所有的施工机械施工长度、施工面积以及满足施工标准的施工面积，不仅可为现场施工管理人员对不同阶段机械操作手的操作效率进行绩效管理提供重要的手段，而且能大大提高大坝碾压的施工操作水平、施工管理水平等，实现施工机械的高效利用与高效管理，提高施工效率，大大节省施工成本。某段时间内所有大坝填筑碾压机械施工功效统计分析界面如图 8－19 所示。

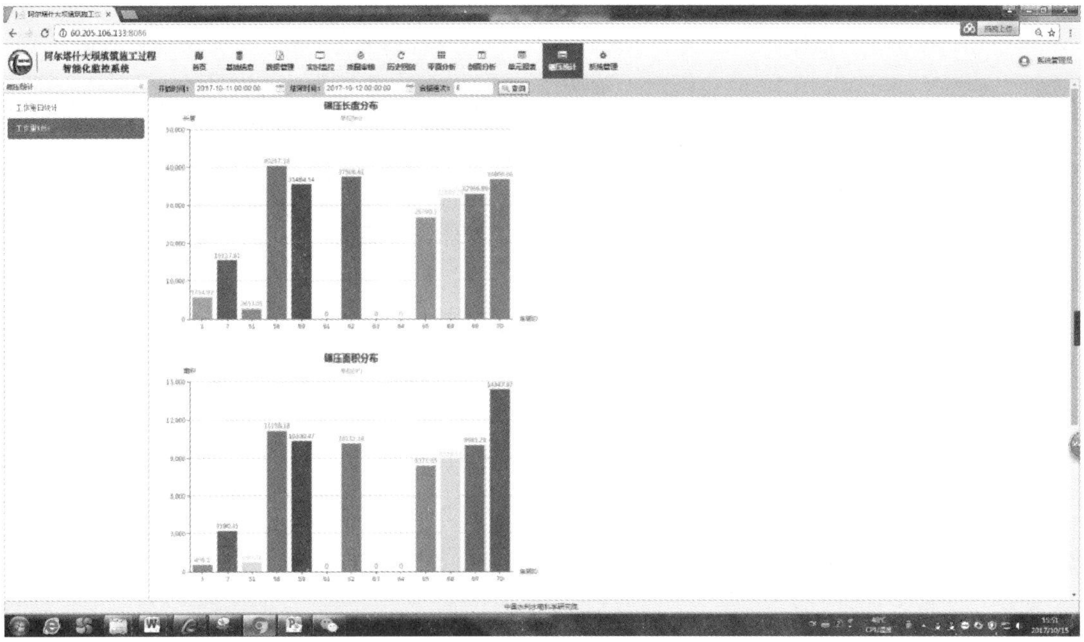

图 8－19 某段时间内所有大坝填筑碾压机械施工功效统计分析界面

9. 机载操作系统

对于大坝碾压施工过程中的每一台碾压设备而言，该台碾压设备的碾压次数、设备碾压速度、碾压振动状态以及碾压轨迹等施工信息可实时地在碾压设备驾驶室中的平板终端上显示出来。如果碾压设备一旦偏离设定的碾压参数范围，则该平板终端将会及时提示设备操作人员，进行操作修正，确保碾压施工过程能够按照既定的碾压施工参数进行。该软件系统可为碾压设备操作人员提供重要的操作引导与操作纠偏，从而保障大坝碾压施工质量。大坝碾压施工设备平板终端系统界面如图 8－20 所示。

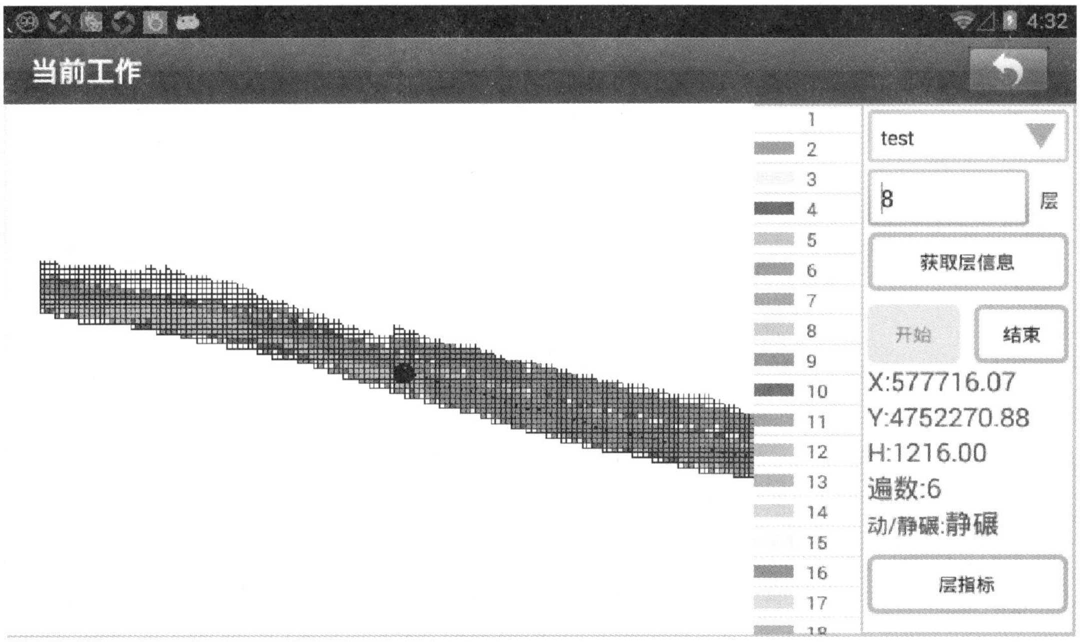

图 8－20 大坝碾压施工设备平板终端系统界面

8.2.1.3 系统运行成果

（1）国内首次采用我国自主研发的北斗卫星导航系统进行水利工程大坝填筑施工过程的实时智能化监控，为北斗导航定位技术的推广应用积累了重要的经验。

（2）利用云计算技术将系统服务器布置在云服务器中，节省了在现场配置工程分控中心、中控中心等服务器与存储设备的硬件费用，具有较好的经济性，也提高了数据应用与数据存储的安全性与可靠性。

（3）该系统具有功能强大的数据分析与展现功能，通过海量数据的深入挖掘与分析，可以提供大坝碾压施工过程的平面分析、剖面分析以及施工过程回放等，有效地提高施工管理水平，保障大坝施工质量。

（4）该系统能够对大坝施工机械的施工工效进行强有力的分析，实现对不同的碾压机械的绩效管理。这对提高工程施工效率，实现多劳多得的分配制度有重要的支撑作用。

8.2.2 砂砾石坝车载式压实度实时检测

8.2.2.1 系统构架

阿尔塔什水利枢纽工程在已有类似施工基础上，吸取了传统检测方法的优良效果，通过确定砂砾石坝车载式压实度实时检测参数、压实质量实时检测评价体系、压实度实时检测技术等，使之成熟、完善。该工程在技术水平上达到国内领先水平。

8.2.2.2 系统运行

（1）压实度实时检测参数。

针对压实度实时检测参数的试验，其监测指标主要为振动碾竖直向振动加速度和坝料内部土压应力。振动测试系统主要由加速度传感器、电阻应变式土压力盒、振动数据采集仪和监测分析软件客户端组成。

根据相关的实验成果和相关理论研究，可得出结论：振动加速度波峰因数 CF 值比目前国内外采用的谐波比值法中 CMV、CV 值在过渡料和堆石料等粗颗粒料上规律性更好；在粗颗粒上与压实度的相关性比 CV 值更高，误差更小。

（2）压实质量实时监测评价体系。

借鉴高铁路基填筑碾压的连续与智能压实控制技术，结合水电工程的砂砾石坝料的填筑碾压特性，将坝料填筑碾压质量控制从单一的压实程度控制扩大为综合考虑压实程度、压实稳定性和压实均匀性的多准则控制，以及对坝料过碾和局部坝料级配不均匀现象的识别检测，构成坝体填筑碾压质量多准则评价体系，对砂砾石坝各坝料的填筑碾压质量进行全面准确的评估。

（3）压实度实时检测技术。

基于前期砂砾石坝车载式压实质量实时检测指标的现场碾压试验，提出了压实质量实时检测指标 CV，并在砂砾石料上取得了良好的试验效果，不仅不需要在碾压区域选取抽样检测点，而且解决了传统方法的抽样不均匀、处理不及时、检测过程繁杂的问题。在 CV 指标的基础上，进一步确定了传感器参数、布设方式及分析软件，建立了实时检测参数与传统试坑检测指标的关系式，确定了实时检测参数的控制范围以及实时检测控制标准，形成了砂砾石坝车载式压实度实时检测技术，以实现对坝料压实质量的实时检测。压实度实时检测技术步骤如图 8-21 所示。

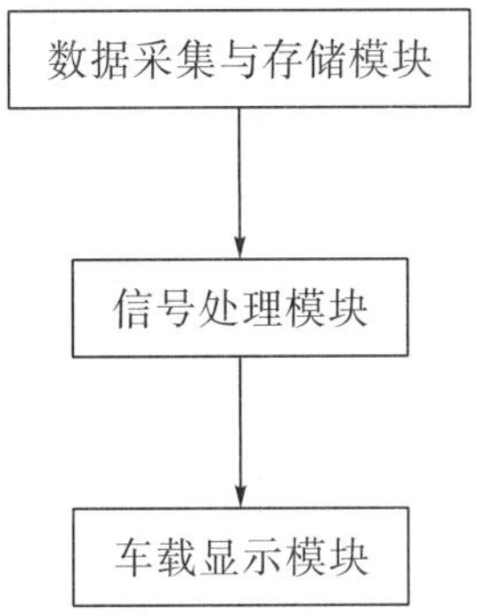

图8－21　压实度实时检测技术步骤

8.2.2.3　系统运行成果

砂砾石坝车载式压实度实时检测系统确定了传感器参数、布设方式及分析软件，建立了实时检测参数与传统试坑检测指标的关系式，确定了实时检测参数的控制范围以及实时检测控制标准，形成了砂砾石坝车载式压实度实时检测技术，并在试验区观测实时检测效果，为后续大规模连续应用提供技术支持。该检测手段不仅可减少坝体填筑压实度试验检测工作量，降低此方面人员投入。同时可增加检测方面的实时性，解决传统检测手段采用以点带面带来的质量偏差问题。

8.3　无人驾驶推碾施工

高堆石填筑料的摊铺、碾压是关键施工工序，对大坝的变形协调、面板防裂以及渗漏控制等至关重要。当前推土机作业主要采用人工操作，作业过程中的施工质量受人员素质、操作水平及状态等不可控因素影响较大。若将推土机操作改为远程遥控或自动操作，不仅能大幅度改善操作工人作业环境，而且对改善施工质量、降低人工劳动强度等方面均具有显著的效益。

在长河坝水电站砾石土心墙坝施工过程中，已对无人驾驶振动碾的定位、控制和自动作业等进行了研发，并实现了单台机械的无人驾驶碾压。在阿尔塔什面板坝工程中，进一步开展无人驾驶振动碾的工程应用和改进优化研究，重点针对无人驾驶碾压设备在粗粒径料上容易跑偏和纠偏不及时等问题，开展定位和控制系统的研究，力求提高无人驾驶行走路线控制精度。

8.3.1　无人驾驶推土机施工

8.3.1.1　系统构架

无人驾驶推土机系统包括无人驾驶系统改造、无人驾驶机构执行、现场调试、车载控制器的安装与调试。

8.3.1.2　系统运行

1. 无人驾驶系统改造

要实现推土机的无人驾驶系统，需要对发动机、变速箱、转向制动和工作装置的操纵装置进行改造，原设备均采用手柄+拉线形式实现，改动方案拟采用电动推杆方式，改动方案不破坏原操纵方式。但驾驶系统改为手动切换时，需要拆除电动推杆与阀的连接，再将拉线与阀连接，即可实现原系统的操作。无人驾驶系统改造方案见表8－1。

表 8-1 无人驾驶系统改造方案

名称	控制对象	原控制方法	改动方案	数量
发动机	油门大小	手柄+拉线	电动推杆	1
变速箱	前后方向	手柄+拉线	电动推杆	1
	3 档速度	手柄+拉线	电动推杆	1
	锁紧杆	手柄+拉线	不改动	0
转向制动单元	离合器	手柄+拉线	电动推杆	2
	刹车脚踏板	脚踏板+拉线	电动推杆	2
	锁紧杆	手柄+拉线	不改动	0
工作装置	铲刀升降	手柄+拉线	电动推杆	1
	铲刀倾斜	手柄+拉线	电动推杆	1

其中，油门大小电动推杆需要位置反馈，可提供高低速两挡控制；变速箱的变速阀（图 8-22）电动推杆需要位置反馈；转向制动阀（图 8-23）的推杆不需要位置反馈；工作装置的电动推杆需要位置反馈。

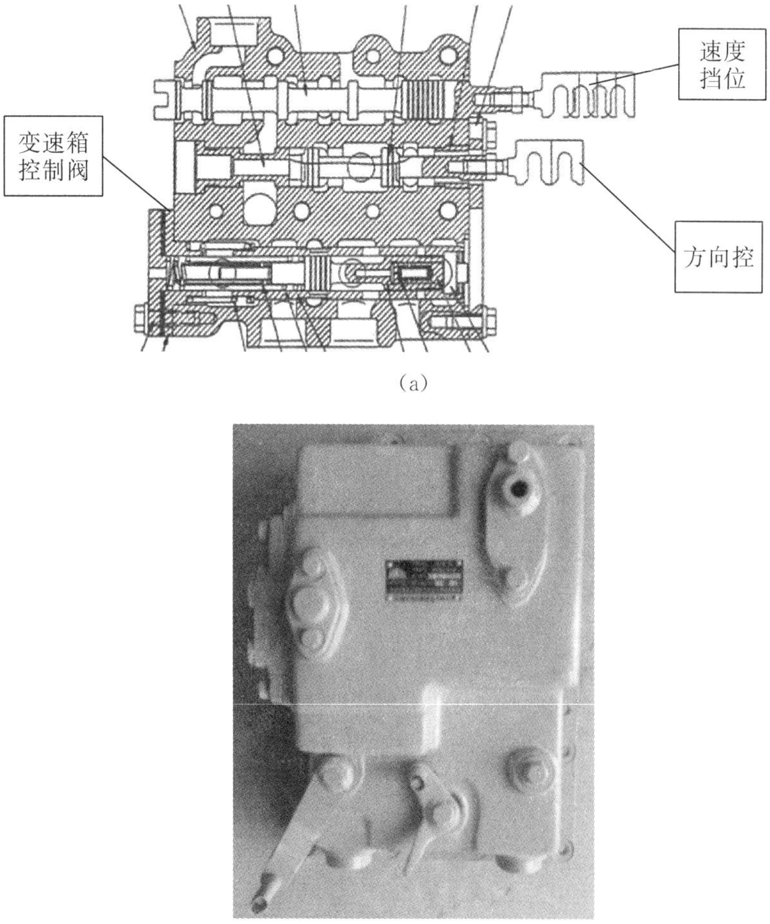

(a)

(b)

图 8-22 变速箱的变速阀

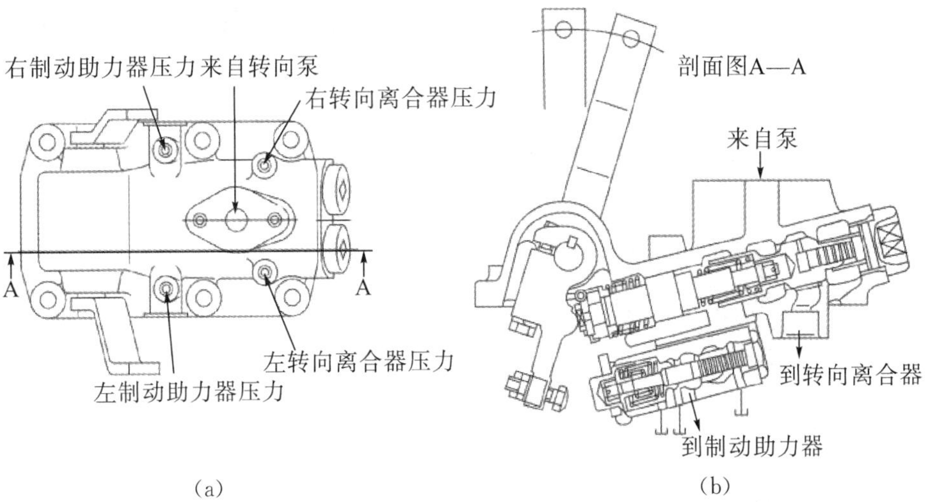

图 8-23　转向制动阀

拟采用 Thomson 电动推杆，其在工程机械改造领域应用广泛，如图 8-24 所示。

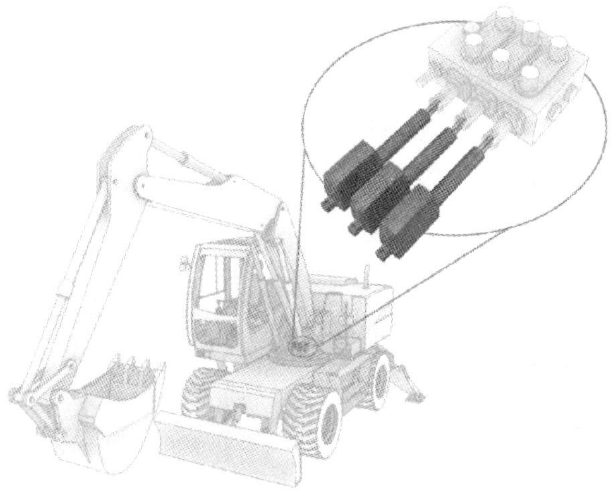

图 8-24　Thomson 电动推杆应用在工程机械

Thomson 电动推杆具体选型需要测量原机的安装位置、原控制阀的行程等，还需要兼顾防护等级（根据工作环境恶劣情况）。不同型号 Thomson 电动推杆可适应不同的控制对象。

利用 GPS+惯性导航进行定位及导航，以搭接法实现自动推土作业。作业中需完成作业路线规划、自动作业路线跟踪、自动换行、前进与倒退行驶的自动切换、铲刀升降控制和紧急制动控制等。

无人驾驶系统改造方案具体包括 GPS 定位系统、保护系统、控制系统、计算机远程控制系统和激光扫描系统。

GPS 设备拟采用国产厂家，如华测或中海达。推土机作用垂直精度 10%。

推平自动作业主要流程为：①人工驾驶推土机至推土作业起点；②通过手持监控终端，在推土机上或者地面上设定好相关系统工作参数，如推平要求高度、铲刀递进高度、接行宽度、作业速度等；③触屏启动推土机开始推土作业；④负责监视作业现场人员及运输车辆的通过情况，必要时紧急制动压路机进行避险。

2. 无人驾驶执行机构

传统推土机的作业都是由操作人员操纵档位、铲刀、转向等实现的。而这些操纵杆都是连接到连杆机构，并通过液压阀门实现的。由于这些液压阀门操作的机械特性，因此要实现直接的电气控制，需要将各个阀门改装为电控阀门，工作量巨大，且成本高昂。故对推土机操纵杆的改造设计为利用电动执行器模拟操作人员的动作，对操纵杆进行动作控制，最终实现模拟人的驾驶动作。

档位推杆、铲刀升降推杆、制动踏板的动作由带有位置反馈的24V直流电动推杆来驱动实现；档位方向选择（前进、后退）、车辆转向推杆与铲刀倾斜推杆的动作由精密直线丝杆步进电机驱动实现，并配以霍尔接近传感器对极限位置进行限位。两种推杆动作实现的方式分别如图8－25、图8－26所示。

（a）档位推杆　　（b）铲刀升降推杆

图8－25　直流电动推杆驱动方式

（a）档位方向与转向推杆　　（b）铲刀倾斜推杆

图8－26　精密直线丝杆步进电机驱动方式

3. 现场调试

2019年7—10月，在阿尔塔什水利枢纽工程现场进行了多次试验。在长度20m、宽度5m推土区域，来回推土3个循环。推土过程中的GPS坐标数据、铲刀高度、车速分别如图8－27～图8－29所示。

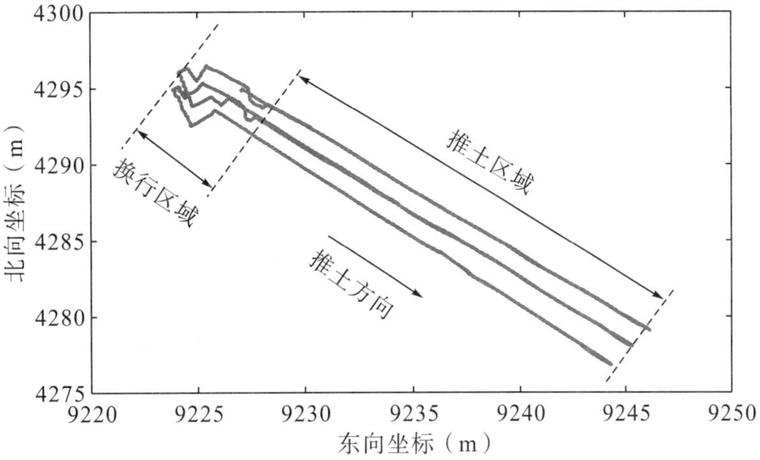

图 8-27　GPS 坐标数据

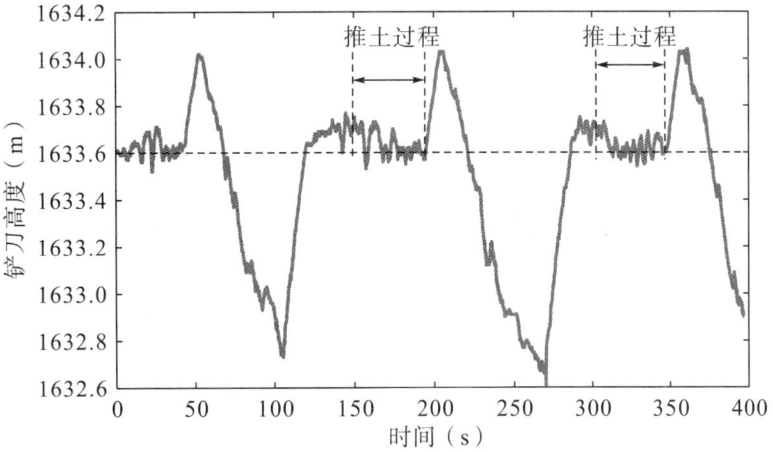

图 8-28　铲刀高度

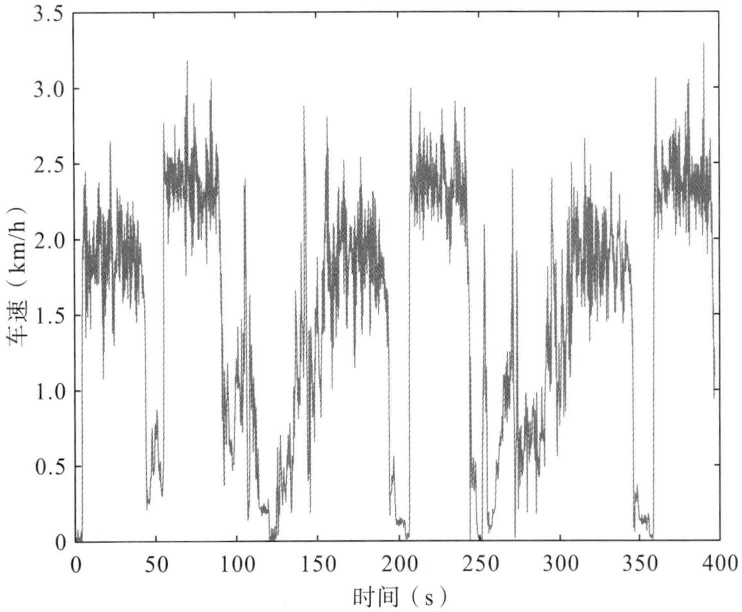

图 8-29　车速

4. 车载控制器的功能

车载控制器为一套监控、控制机构，主要功能有：一是在调试过程中可以通过显示器控制各项电动推杆，二是在无人驾驶状态下显示推土机仪表数据，三是将各项传感器的数据进行解码显示，四是可以进行无人驾驶时的参数设置（如图 8−30 所示）。现场运行照片如图 8−31 所示。

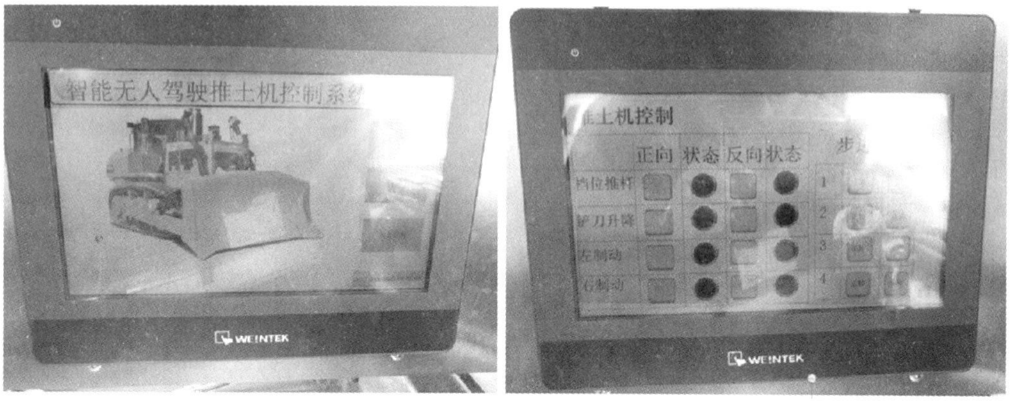

图 8−30　无人驾驶参数设置

图 8−31　现场运行照片

5. 现场应用及优化

阿尔塔什大坝砂砾料、爆破料设计最大粒径均为 600mm，因开采砂砾料料场位于河床且爆破料场岩体节理、裂隙发育。实际开采的上坝料最大粒径多集中在 400～500mm，且砂砾料间摩擦角较小，爆破料岩性为白云质灰岩，岩体强度不高，坝料整体推平难度较小。但在现场的应用中，推料后的坝面往往出现波浪状、凹坑等表面不平整现象，其主要原因为执行机构的电动推杆速度慢。尤其是铲刀高度、角度的调整应随推料地形的变化及时调整。比如，人工作业中可通过操作杆对铲刀高度、角度进行快速调整；而在无人驾驶状态下只能通过电动推杆进行铲刀的调整，且调整速度慢，往往上一个动作未执行完，而实际地形或作业条件就已发生变化，造成推料面波浪状、超载时链条旋转凹坑现象。解决措施如下：

①采用气动装置。在直线运动方式下，气动装置的执行速度远大于电动与液压装置，可以达到现有电动推杆的 3～4 倍，将大大提高操作杆的调整速度，以尽可能地适应地形和作业条件的变化。

②将原先由操纵手柄控制的液压阀改造成电磁阀。电磁阀将大大缩短液压系统的响应时间，从而提高精度。

推土机主要执行坝料摊平作业，与振动碾压实不同，推土机的作业环境更为复杂，在作业过程中操作动作也要随施工环境变化而变动，在无人驾驶推土机的试验中采用“饼堆法”填筑，自卸车后退法卸料。在料堆与料堆间存在一定的空料间隙，当推土机行驶至该位置时将发生倾斜，从而导致推料面出现坑槽或斜坡面。又因为当前无对地形面的识别措施，作业形式仅能进行“饼堆法”施工，所以无法像人工操作时采用进占法或后退法紧随摊铺面向前作业。解决方案为：通过将GPS设备安装至铲刀上之后，利用GPS数据的海拔高程，直接计算出工作时铲刀的高度，进而对铲刀进行高度精准控制；经过现场试验，基本已经能够消除波浪、凹坑等不平整现象。为了进一步提高精度与效果，可与气动执行装置配合，达到精度和速度的同步提高。推土机推平效果如图8－32所示。

图8－32　推土机推平效果

8.3.1.3　系统运行成果

与人工操作相比，无人驾驶智能化推土机可提高施工效率、推料厚度均匀性等参数。自动驾驶系统提高了推土机推平的智能化和标准化程度，且实现过程可控，可为提高坝体填筑质量提供保障。推土机无人驾驶系统可实现一人操作多台推土机进行无人驾驶作业，在提高施工机械化装备水平的同时使施工的总体效率能提升30%左右。

8.3.2　无人驾驶振动碾施工

8.3.2.1　系统构架

无人驾驶振动碾施工技术包括车辆冷启动与断点作业、GPS导航与自动作业控制、车辆液压与电控操纵系统、触屏监控系统和障碍物检测技术等技术。

8.3.2.2　系统运行

1. 车辆冷启动与断点作业

在32t振动碾自动驾驶控制系统中，增加一个微型远程无线遥控器，该遥控器最远遥控距离可达500m，且信号较为稳定，操作简便，可实现振动碾在自动作业时的远程启动和停止功能。32t振动碾具有自动检测水温和油温的功能，在车辆点火启动后，默认为自动油门状态。在自动油门状态下，车辆的水温和油温数据通过传感器实时反馈给原车控制器，由其检测水温和油温是否达到预设发动机增加转速的要求，一旦温度达到预设要求，车辆发动机转速便会自动提升。32t振动碾车辆具有断电保存、数据存储等功能，同时车辆重新上电点火后可以自动读取之前设置好的参数，并读取到断电前自动作业的完成情况，以便解决为车辆加油或检查等问题，继续完成后续未完成的碾压工作。在振动碾无人驾驶控制系统中，增加发动机转速自调节功能，操作人员在设置好自动作业参数后，可发送自动启动指令。

2. GPS 导航与自动作业控制

振动碾自动驾驶控制系统由 GPS 基准站和 GPS 流动站、CAN 转换模拟量、超声波传感器、角度编码器、倾角传感器、遥控器（带主收发器与分收发器）、远程控制开关、工控机和车载控制器组成。振动碾自动驾驶控制系统架构如图 8－33 所示。

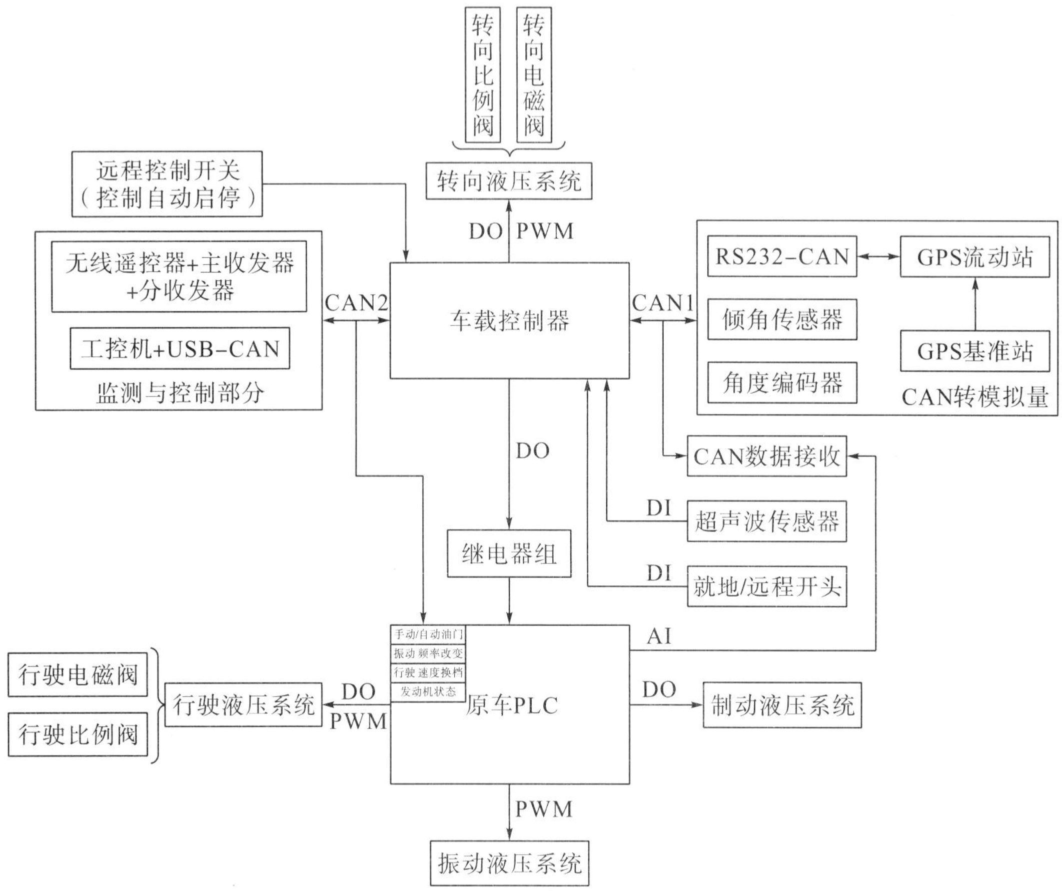

图 8－33　振动碾自动驾驶控制系统架构

无人驾驶振动碾通过驾驶室内的工控机进行工作区域的确定和路径规划，再通过车载控制器计算航线轨迹，直线跟踪控制主要依靠 GPS 定位和定向，利用直线跟踪算法进行车辆的直线行驶功能。

3. 电控液压转向系统

碾压机的液压转向系统包括转向（左转/右转）和转向速度的控制。振动碾原车采用全液压转向器进行转向，因为需通过操作方向盘实现车身的转向，无法实现振动碾的自动转向控制，所以需要对原车转向液压系统进行改造，将原来的手动操控方式改为电控操作方式。改造后的转向系统与原有全液压转向器并联使用，从而使得人工驾驶转向与自动驾驶转向互不影响。电控液压转向系统采用电磁阀和比例阀实现原车的转向和转速控制，其原理如图 8－34 所示。

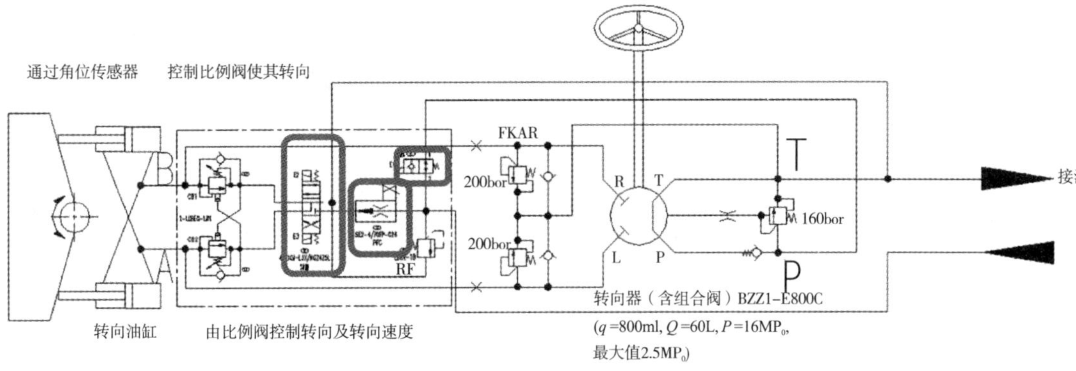

图 8－34　**电控液压转向系统原理图**

4. 电控液压行驶控制系统

行驶方向采用三位四通比例阀进行控制，通过控制左右电磁铁得失电来控制振动碾的前进与后退，同时还可利用它调节泵排量来调节振动碾行驶速度，电控液压行驶控制系统控制对象如图 8－35 所示。

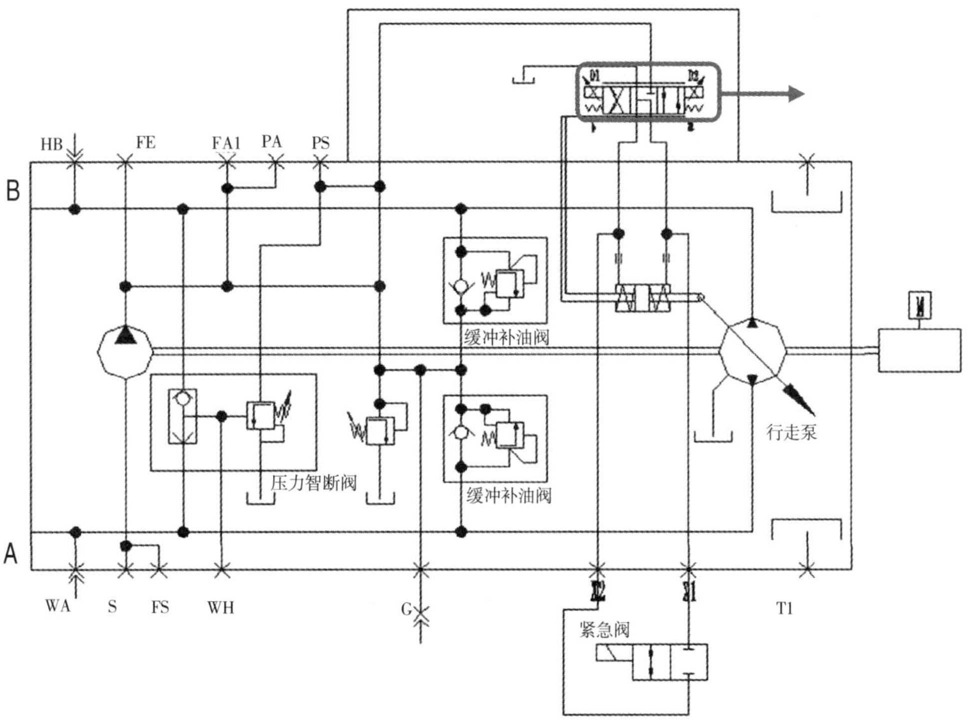

图 8－35　**电控液压行驶控制系统控制对象**

振动碾的行驶速度控制系统由行走驱动泵比例调节控制和行走马达换挡控制两部分组成。由前文可知，行走驱动泵调节是通过调节泵排量实现的，而行走马达换挡控制对象如图 8－36、图 8－37 所示。

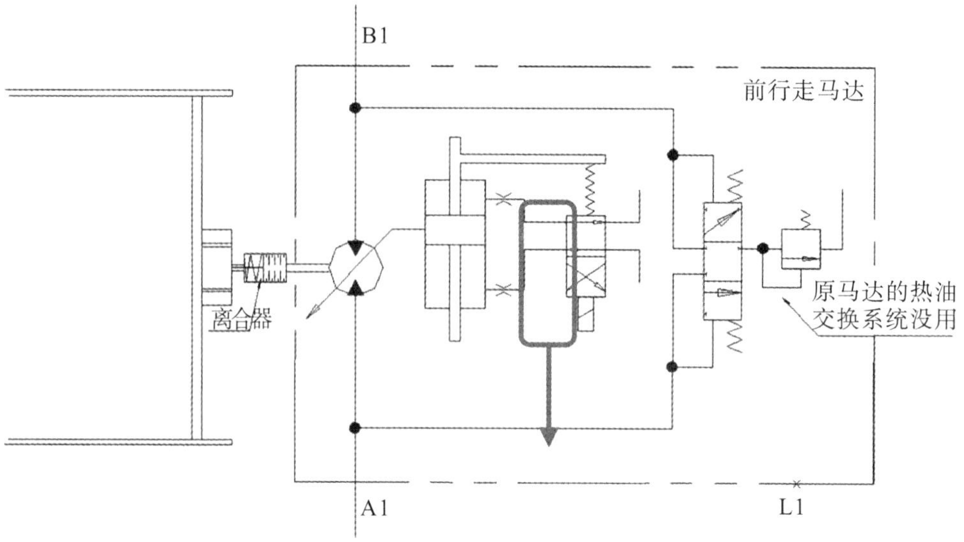

图 8-36 行走马达换档控制对象（前轮）

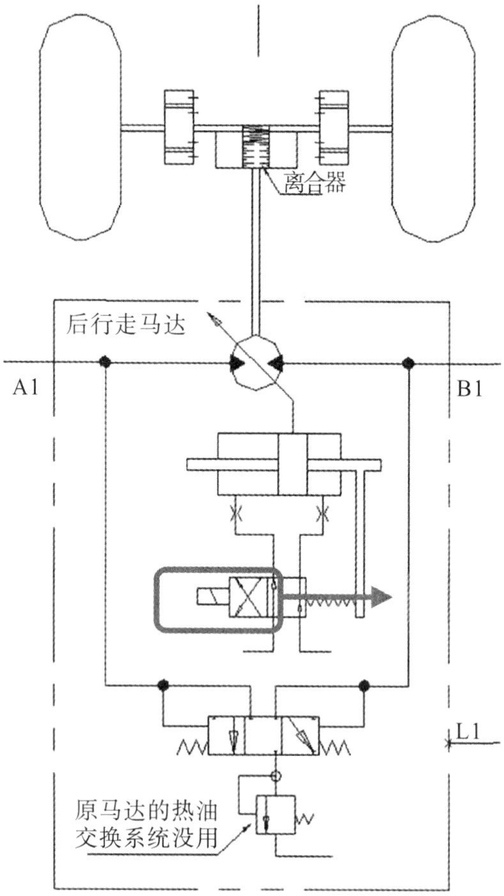

图 8-37 行走马达换档控制对象（后轮）

5. 触屏监控系统和障碍物检测技术

振动碾工作状态的实时监测和系统工作参数的设定主要由带触屏功能的工控机来实现。振动碾状态监测界面如图 8-38 所示。

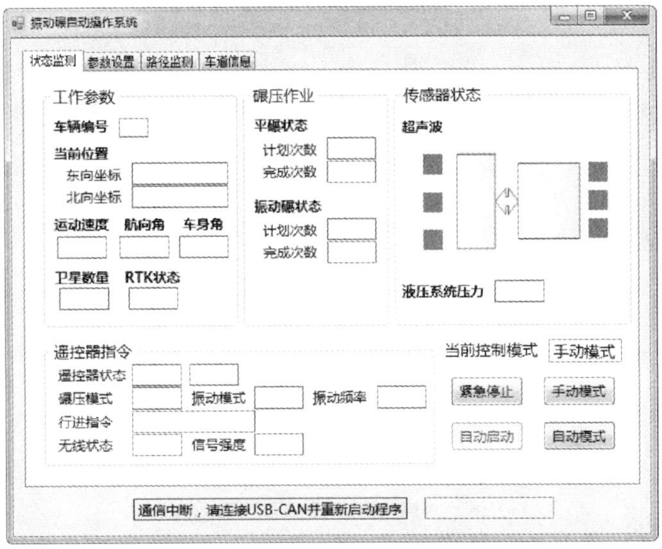

图 8－38　振动碾状态监测界面

振动碾状态监测界面主要显示以下振动碾状态信息：

（1）当前位置：显示振动碾当前的大地坐标信息（包括东向坐标和北向坐标）。

（2）航向角：显示振动碾当前的行驶航向角。

（3）运动速度：显示振动碾当前的作业行驶速度。

（4）车身角：显示由角度编码器所测得的车身当前转角值。

（5）卫星数量：显示当前 GPS 设备的卫星数量。

（6）RTK 状态：显示 GPS 设备的定位状态。正常工作时，定位状态为“固定”，其余定位状态如“定位无效”“浮动”或“差分”状态时，振动碾将停止作业，待 GPS 状态恢复为“固定”时才继续自动作业。

（7）平碾状态：显示需要完成的平碾计划次数和已经完成的平碾次数。

（8）振动碾状态：显示需要完成的振动碾计划次数和已经完成的振动碾次数。

（9）超声波传感器状态：显示振动碾上所有超声波传感器的检测状态，绿色表示在超声波检测范围内没有障碍物，红色表示在超声波检测范围内有障碍物。

（10）压力传感器信息：显示振动碾行驶液压系统压力值（未使用）。

（11）无线遥控器指令：显示遥控器信号的状态（包括遥控器信号的无线状态及信号强度），同时显示遥控器上的动作指令（碾压模式、振动模式、振动频率和行进指令）。

此外，为了完成不同区域、不同路面的碾压要求，需要对碾压参数进行设置。振动碾参数设置界面如图 8－39 所示。

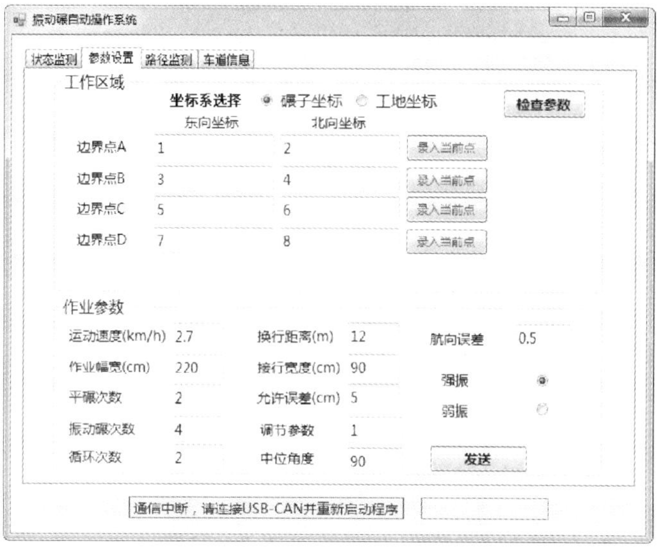

图 8－39　**振动碾参数设置界面**

振动碾参数设置界面主要完成以下参数设置：

（1）工作区域：提供四个边界点的大地坐标的输入（东向坐标和北向坐标），并可以将当前坐标位置录入为某个边界点。在自动操作之前可选起始工作点，并选另一个边界点作为出发时前进的方向，这样就可完成振动碾作业区域的设置，程序会自动根据输入的参数对路径进行规划。

（2）运动速度：根据不同的路面设定振动碾的作业行驶速度。

（3）作业幅宽：即振动轮的宽度，可根据不同的振动碾类型进行输入。在计算换行间距时需考虑此参数。

（4）平碾次数：设定平碾状态下的碾压作业次数。

（5）振动碾次数：设定振动碾状态下的碾压作业次数。

（6）换行阈值：设置振动碾在变道时从开始转向到开始回正方向之间在路径垂直方向上的最大距离。

（7）液压系统安全压力：设定振动碾行走油压传感器的报警值。

（8）接行宽度：设定碾压操作时相邻两条轨迹的搭接重合宽度，在兼顾碾压效率和碾压质量的前提下进行设置。在计算换行间距时需考虑此参数。

（9）允许误差：振动碾在前进和后退接近边界时允许的振动碾坐标与边界之间的偏移量，即振动碾作业到目标点附近一定范围内时即认为抵达目标点。

（10）安全距离：设定振动碾上超声波传感器的报警间距。

（11）前进方向：此参数由起点坐标和终点坐标计算所得，无须设置。

（12）调节参数：设置振动碾直线跟踪控制算法的调节参数，调节参数越大，振动碾调节越平稳，但是调节时间也相应增加。

（13）中位角度：设置车身回正时，车身转角的值。

（14）航向误差：设置振动碾前进时允许的航向偏差，航向偏差在设定的范围内时不需调节。

6．现场自动碾压试验

为了研究无人驾驶振动碾在实际工程中的应用效果，需要对振动碾自动作业的控制效果进行实验测试。选取一片较开阔的待碾压区域进行试验验证，通过车轮碾压痕迹进行测量，与工控机上对应设置参数进行比对，结果显示自动碾压的精度较高。现场碾压效果如图 8－40 所示。

图 8-40　现场碾压效果

同时，在工控机上观察碾压效果图，包括路径监测（图 8-41）和车道信息（图 8-42），可以保证较高的碾压效果和精度。车道信息记录清晰可见，方便操作人员观察和记录。

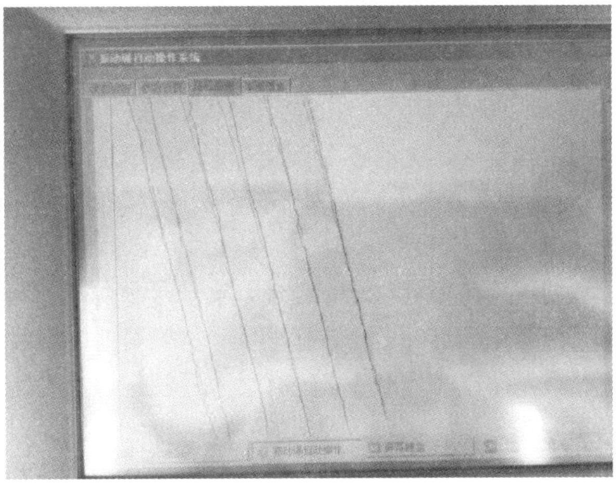

图 8-41　路径监测

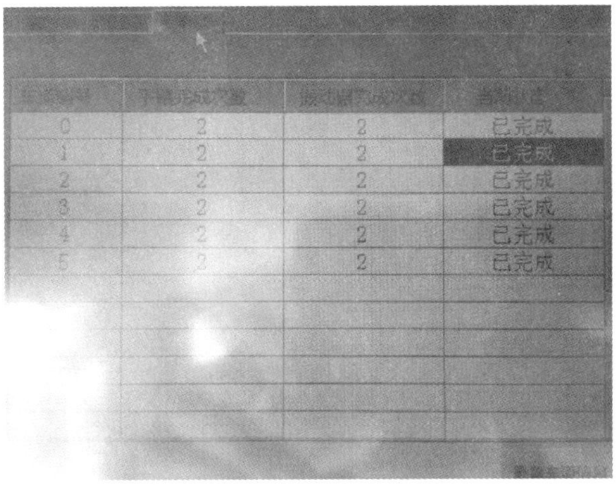

图 8-42　车道信息

对试验性能进行需要进行以下分析：

（1）碾压精度。相较于操作人员，自动作业在搭接宽度、换行等参数的调节中，都有较高的精确度和更高的灵活性，可以在一定程度上提高碾压质量，实现标准化作业。

（2）安全性能。车辆的安全性能进一步提升，具体包括超声波传感器、车内外的紧停按钮以及远程启停遥控，这些都可在紧急情况实现车辆的停止，一定程度上保障了车辆自动作业的安全。

8.3.2.3 系统运行成果

（1）操作人员方面：振动碾无人驾驶系统可以使压路机驾驶员从单调重复性劳动中解放出来，可有效降低长时间振动碾驾驶对驾驶人员健康产生的不良影响。采用该系统成果进行大坝摊铺工序施工较传统工艺能减少坝面作业人员50%以上，大幅降低坝面作业安全风险。

（2）碾压精度方面：以堆石区为例，不规则堆石面常规人工操作搭接精度仅能控制在25cm左右，使用该系统后，搭接精度可控在10cm以内。

（3）摊碾施工质量：大大提升大坝摊铺质量合格率，采用该系统成果可减少驾驶员操作水平参差不齐导致的大坝摊铺平整度验收不合格。

8.3.3 应用情况与效果

阿尔塔什水利枢纽工程是叶尔羌河干流山区下游河段的控制性水利枢纽工程，是叶尔羌河干流梯级规划中“两库十四级”的第十一个梯级，在保障塔里木河生态供水条件下，具有防洪、灌溉、发电等综合利用功能。砼面板砂砾石坝坝顶高程1825.80m，坝顶宽度15m，最大坝高164.8m，坝顶长度795m，覆盖层深度94m。大坝上游坝坡坡度为1∶1.7，下游坝坡坡度为1∶1.6。坝体填筑材料分成垫层区、过渡区、主堆石区、次堆石区。其中垫层料填筑50万立方米，过渡料填筑60万立方米，主堆石区砂砾料填筑1227万立方米，次堆石区爆破料填筑1113万立方米，总填筑方量超2500万立方米。

无人驾驶推土机属于首创，其台车结构设计合理，实现了大坝堆石料摊铺工序施工的机械化、自动化和标准化。无人驾驶智能化推土机可提高施工效率、推料厚度均匀性等参数，提高推平的智能化和标准化程度，可实现一人操作多台推土机进行无人驾驶作业，为提高坝体填筑质量和施工总体效率提供保障。振动碾无人驾驶系统较传统工艺能减少坝面作业人员50%以上，可有效降低长时间振动碾驾驶对驾驶人员健康产生的不良影响，大幅降低坝面作业安全风险。在搭接精度方面，不规则堆石面常规人工操作搭接精度仅能控制在25cm左右，使用该系统后，搭接精度可控在10cm以内。振动碾无人驾驶系统可有效避免漏压、欠压、超压，直线行驶偏差小于±10cm，速度偏差小于正负0.1km/h，碾压合格率可保持在较高水平，能有效避免漏压、补压作业，施工效率提高约30%，延长有效工作时间约20%，降低施工成本，加快直线工期，有效减少燃料消耗，节能减排等环保效益显著。经初步测算，无人驾驶推碾施工技术成功应用于阿尔塔什水利枢纽砼面板砂砾石坝工程，取得直接经济效益约800万元，经济社会效益显著。

第 9 章　垫层料摊压塑型护坡一体施工

9.1　可行性研究及关键性试验

9.1.1　国内外研究概况

我国现在正处于新一轮的水电开发高潮中，在建和将建的蓄能水电站规模比较大，同时国际水电市场在逐步扩大，水电市场未来的竞争将是施工技术、管理的竞争，企业为提高市场竞争力，不断提高企业施工技术水平和技术人才培养、储备。

目前，国内摊铺机主要用于公路基层和面层的各种材料摊铺作业和渠道以及管沟的土方摊铺碾压，主要由行走系统、液压系统、输分料系统等不同的系统相互配合完成摊铺工作。由于水利水电工程受施工条件及结构复杂、工序复杂及施工规模大等因素影响，因此针对水利水电工程土石坝垫层料填筑施工设备的试验、研究和应用还处于起步阶段，而且国内外相关技术领域还未有实现这种垫层料摊铺碾压一体机的相关产品。

传统的水利水电工程土石坝垫层料填筑施工采用自卸车卸料，推土机平整，以及人工协助，无论是进占法、后退法还是混合法施工，都不可避免地存在层厚不好控制，土石料分离质量差等缺陷。随着大坝碾压技术的成熟和推广，国家相关技术标准的建立，摊压机可在铁路、公路、大坝、机场、城市建设等基础填筑工程领域内进行普遍的应用，不仅节约施工工期，减少人员投资，还可提高机械设备利用效率，在降低施工成本的同时获得更大的经济效益。

9.1.2　研究内容

（1）研发一种用于水利水电工程土石坝垫层料填筑施工的摊铺、整平及压实于一体的大型机器，该机器集成了摊铺机、压实机的功能，可实现集料、输送、铺料、成型、预压、压实等功能，并可用于公路工程道路基层垫层料、场地垫层料等回填施工。

（2）采用摊铺机和振动夯板作为基础设备，利用摊铺机行走、底盘及动力装置，针对垫层料施工问题主要研究摊铺机的联结设计、振动夯板的联结设计、动力匹配与动力平衡。根据施工设计指标需要，集摊铺、平整和碾压于一体，弥补传统施工工艺的缺陷。

（3）摊压一体机采用集中料口上料，中间内置旋转角钢网格均匀摊铺，两侧液压钢质夯板震动挤压达到密实效果。减少需要大量人工摊铺的工序，完成自动摊铺碾压所有工作，而且摊铺较人工配合推土机更均匀平整，碾压密实一致。

（4）利用研发的垫层料摊压机，开展垫层料现场施工试验研究，对铺料厚度、夯击力、夯击次数等施工参数进行分析研究，总结出一套垫层料摊压一体施工工法，该项技术可大大降低垫层料的施工工艺复杂程度，提高工作效率。

9.1.3 关键性试验

自摊压一体试验机研发开始，共进行 8 次实验。通过试验情况，不断地对试验设备进行调整及改进，并研究设备的实际性能与设备的可行性。试验现场如图 9－1 所示，试验报告见表 9－1、表 9－2。试验相对密度统计图如图 9－2 所示。

图 9－1　试验现场

表 9－1　颗粒分析试验报告

试验日期	试样编号	颗粒分析试验结果
2017 年 11 月 10 日	STMA－2017－WJK－0004－1	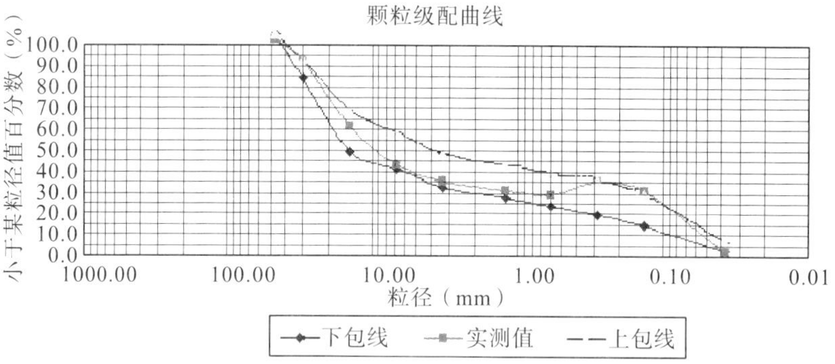

续表

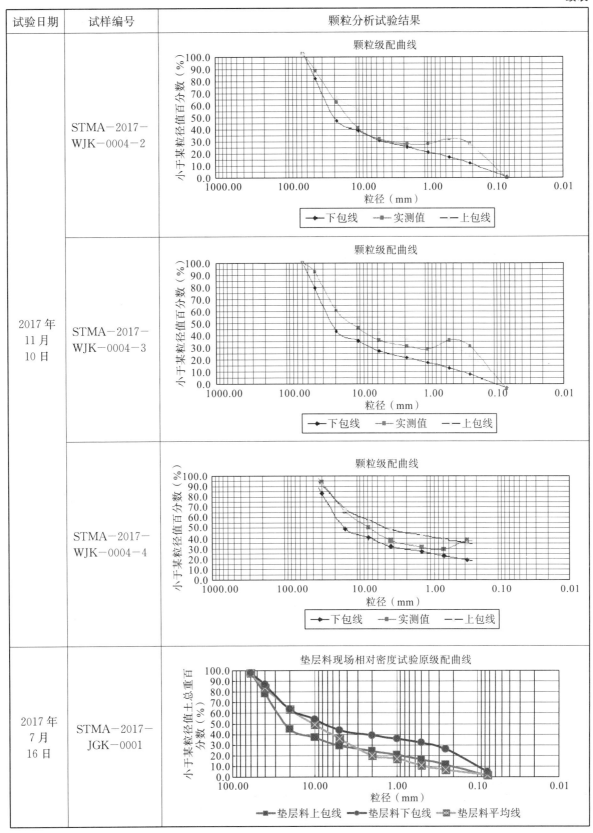

<table>
<tr><th>试验日期</th><th>试样编号</th><th>颗粒分析试验结果</th></tr>
<tr><td rowspan="3">2017 年
11 月
10 日</td><td>STMA－2017－
WJK－0004－2</td><td>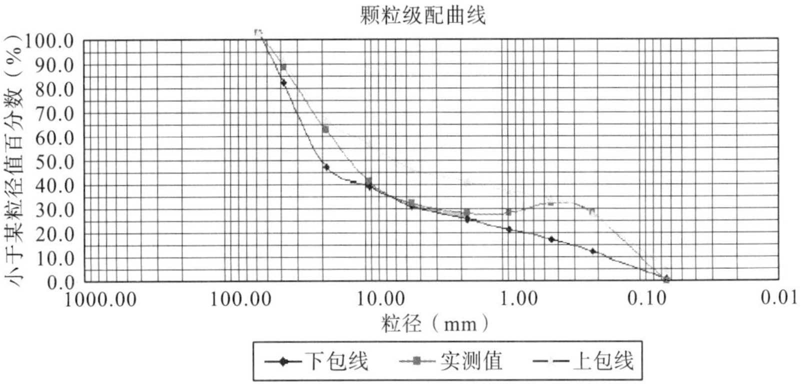
</td></tr>
<tr><td>STMA－2017－
WJK－0004－3</td><td>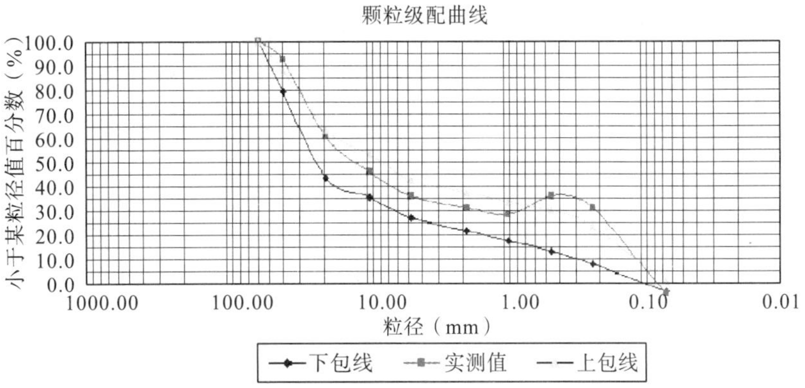
</td></tr>
<tr><td>STMA－2017－
WJK－0004－4</td><td>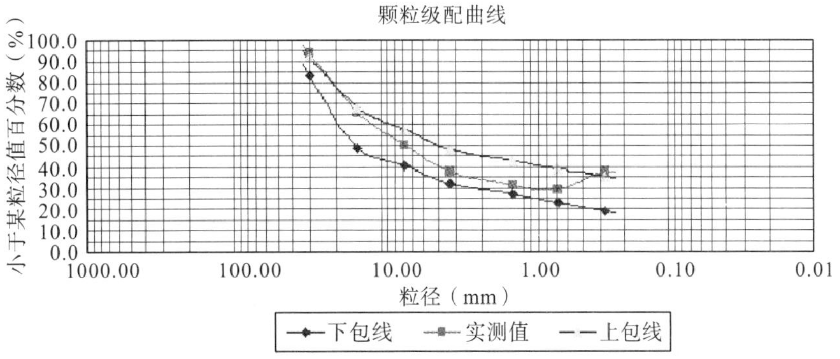
</td></tr>
<tr><td>2017 年
7 月
16 日</td><td>STMA－2017－
JGK－0001</td><td>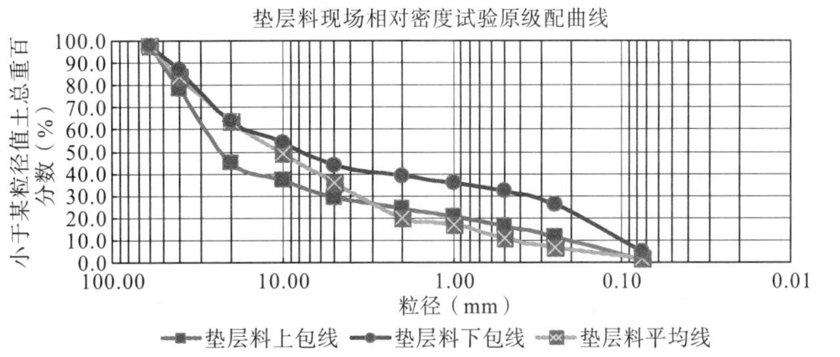
</td></tr>
</table>

续表

<table>
<tr><th>试验日期</th><th>试样编号</th><th>颗粒分析试验结果</th></tr>
<tr><td rowspan="5">2017年7月16日</td><td>STMA－2017－JGK－0002</td><td>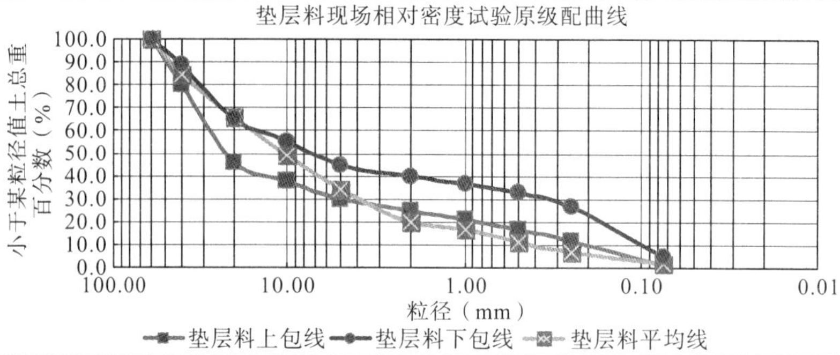
</td></tr>
<tr><td>STMA－2017－JGK－0003</td><td>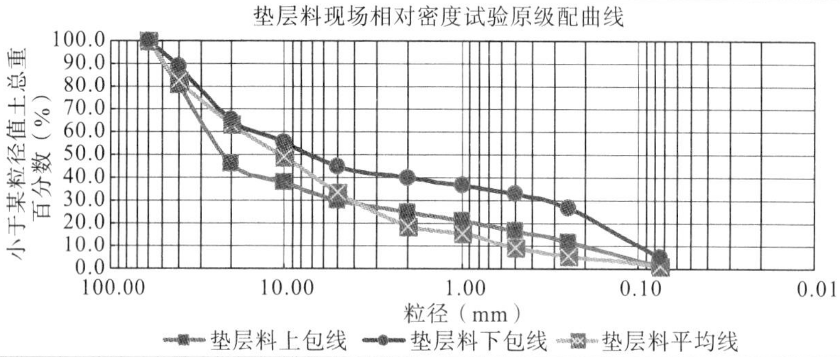
</td></tr>
<tr><td>STMA－2017－JGK－0004</td><td>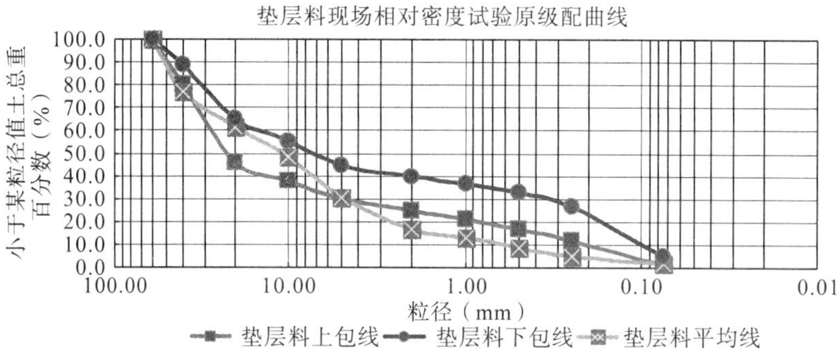
</td></tr>
<tr><td>STMA－2017－JGK－0005</td><td>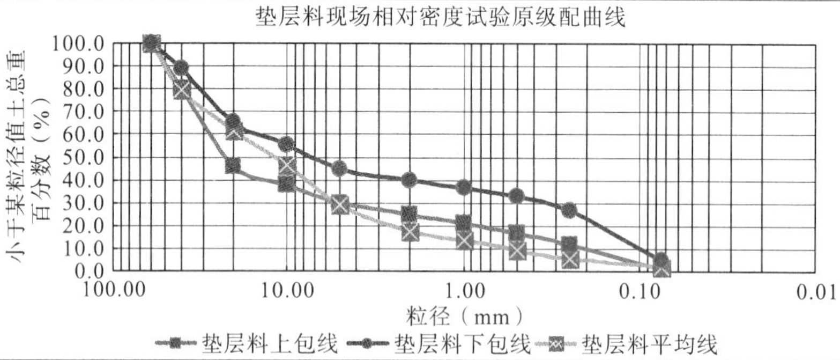
</td></tr>
<tr><td>STMA－2017－JGK－0006</td><td>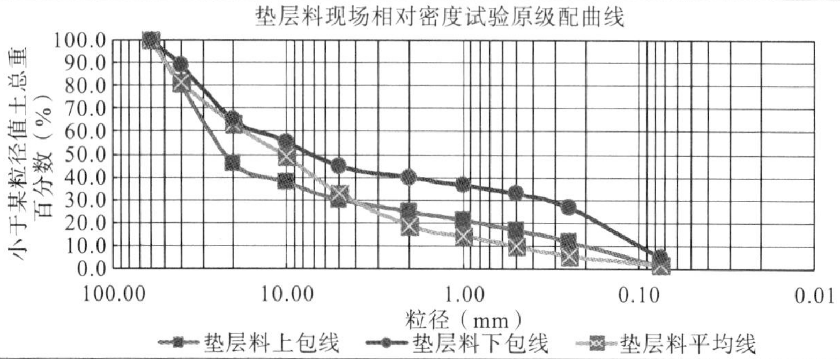
</td></tr>
<tr><td colspan="2">备注</td><td>最大干密度 2.393g/cm^3，最小干密度 1.993g/cm^3，D_r≥0.90</td></tr>
</table>

表9-2　土工密度（压实度）试验报告

<table>
<tr><td colspan="3">试验日期：2017年11月9日</td><td colspan="3">试样编号：STN-FD-2017-PCT-11-9</td><td>土样来源</td><td>现场取样</td></tr>
<tr><td rowspan="7">试验结果</td><td>试验编号</td><td>高程（m）</td><td>桩号（m）</td><td>湿密度（g/cm³）</td><td>干密度（g/cm³）</td><td>含水率（%）</td><td>相对密度 Dr</td></tr>
<tr><td>1</td><td>—</td><td>—</td><td>2.22</td><td>2.10</td><td>5.8</td><td>0.30</td></tr>
<tr><td>2</td><td>—</td><td>—</td><td>2.24</td><td>2.14</td><td>4.8</td><td>0.41</td></tr>
<tr><td>3</td><td>—</td><td>—</td><td>2.26</td><td>2.14</td><td>5.2</td><td>0.41</td></tr>
<tr><td>4</td><td>—</td><td>—</td><td>2.31</td><td>2.20</td><td>4.8</td><td>0.56</td></tr>
<tr><td>5</td><td>—</td><td>—</td><td>2.35</td><td>2.22</td><td>5.2</td><td>0.61</td></tr>
<tr><td>6</td><td>—</td><td>—</td><td>2.32</td><td>2.19</td><td>6.2</td><td>0.54</td></tr>
<tr><td colspan="3">试验日期：2017年11月11日</td><td colspan="3">试样编号：STN-FD-2017-PCT-11-11</td><td>土样来源</td><td>现场取样</td></tr>
<tr><td rowspan="7">试验结果</td><td>试验编号</td><td>高程（m）</td><td>桩号（m）</td><td>湿密度（g/cm³）</td><td>干密度（g/cm³）</td><td>含水率（%）</td><td>相对密度 Dr</td></tr>
<tr><td>1</td><td>—</td><td>—</td><td>2.27</td><td>2.16</td><td>5.1</td><td>0.46</td></tr>
<tr><td>2</td><td>—</td><td>—</td><td>2.24</td><td>2.13</td><td>5.1</td><td>0.38</td></tr>
<tr><td>3</td><td>—</td><td>—</td><td>2.16</td><td>2.13</td><td>5.1</td><td>0.38</td></tr>
<tr><td>4</td><td>—</td><td>—</td><td>2.30</td><td>2.17</td><td>5.8</td><td>0.49</td></tr>
<tr><td>5</td><td>—</td><td>—</td><td>2.27</td><td>2.15</td><td>5.8</td><td>0.44</td></tr>
<tr><td>6</td><td>—</td><td>—</td><td>2.31</td><td>2.18</td><td>5.8</td><td>0.51</td></tr>
<tr><td colspan="3">试验日期：2017年11月12日</td><td colspan="3">试样编号：STN-FD-2017-PCT-11-12</td><td>土样来源</td><td>现场取样</td></tr>
<tr><td rowspan="3">试验结果</td><td>试验编号</td><td>高程（m）</td><td>桩号（m）</td><td>湿密度（g/cm³）</td><td>干密度（g/cm³）</td><td>含水率（%）</td><td>相对密度 Dr</td></tr>
<tr><td>1</td><td>—</td><td>—</td><td>2.31</td><td>2.19</td><td>5.4</td><td>0.54</td></tr>
<tr><td>2</td><td>—</td><td>—</td><td>2.28</td><td>2.16</td><td>5.6</td><td>0.46</td></tr>
<tr><td colspan="3">试验日期：2017年11月24日</td><td colspan="3">试样编号：STN-FD-2017-PCT-11-24</td><td>土样来源</td><td>现场取样</td></tr>
<tr><td rowspan="8">试验结果</td><td>试验编号</td><td>高程（m）</td><td>桩号（m）</td><td>湿密度（g/cm³）</td><td>干密度（g/cm³）</td><td>含水率（%）</td><td>相对密度 Dr</td></tr>
<tr><td>1</td><td>—</td><td>—</td><td>2.26</td><td>2.20</td><td>2.8</td><td>0.77</td></tr>
<tr><td>2</td><td>—</td><td>—</td><td>2.13</td><td>2.07</td><td>2.7</td><td>0.55</td></tr>
<tr><td>3</td><td>—</td><td>—</td><td>2.22</td><td>2.17</td><td>2.1</td><td>0.72</td></tr>
<tr><td>4</td><td>—</td><td>—</td><td>1.92</td><td>1.86</td><td>3.3</td><td>0.11</td></tr>
<tr><td>5</td><td>—</td><td>—</td><td>2.27</td><td>2.22</td><td>2.4</td><td>0.80</td></tr>
<tr><td>6</td><td>—</td><td>—</td><td>2.32</td><td>2.26</td><td>2.6</td><td>0.87</td></tr>
<tr><td>7</td><td>—</td><td>—</td><td>2.16</td><td>2.08</td><td>3.6</td><td>0.56</td></tr>
</table>

续表

试验日期：2017 年 11 月 24 日		试样编号：STN－FD－2017－PCT－11－24				土样来源	现场取样
试验结果	试验编号	高程（m）	桩号（m）	湿密度（g/cm³）	干密度（g/cm³）	含水率（%）	相对密度 D_r
	1	—	—	2.34	2.25	4.1	0.85
	2	—	—	2.22	2.14	3.9	0.67
	3	—	—	2.30	2.20	4.4	0.77
	4	—	—	2.23	2.12	5.3	0.64
试验日期：2017 年 7 月 16 日		试样编号：STN－FD－2016－PCT－7－16				土样来源	现场取样
试验结果	试验编号	高程（m）	桩号（m）	湿密度（g/cm³）	干密度（g/cm³）	含水率（%）	相对密度 D_r
	1	—	—	2.31	2.25	2.47	0.68
	2	—	—	2.31	2.26	2.12	0.71
	3	—	—	2.20	2.14	2.73	0.41
	4	—	—	2.16	2.10	2.89	0.30
	5	—	—	2.30	2.18	2.53	0.51
	6	—	—	2.28	2.21	2.95	0.59
试验日期：2017 年 8 月 25 日		试样编号：STN－FD－2017－PCT－8－25				土样来源	现场取样
试验结果	试验编号	高程（m）	桩号（m）	湿密度（g/cm³）	干密度（g/cm³）	含水率（%）	相对密度 D_r
	1	—	—	2.27	2.16	5.1	0.46
	2	—	—	2.24	2.13	5.1	0.38
	3	—	—	2.16	2.13	5.1	0.38
	4	—	—	2.30	2.17	5.8	0.49
	5	—	—	2.27	2.15	5.8	0.44
	6	—	—	2.31	2.18	5.8	0.51
备注		最大干密度 2.393g/cm³，最小干密度 1.993g/cm³，$D_r \geq 0.90$					

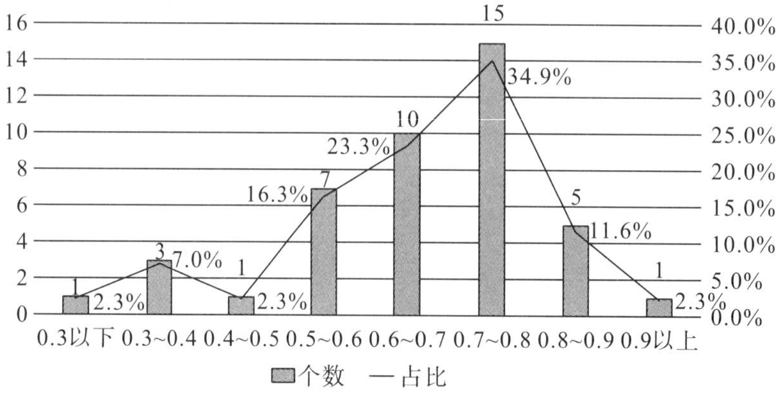

图 9－2　试验相对密度统计图

由试验结果可知：

（1）试验结果中最大相对密度0.93，可以达到设计相对密度要求（$D_r \geqslant 0.90$）。试验数据离散性较大，且只有一组满足设计要求。

（2）由于宝轮所处地限制，因此选用的试验垫层料特性及级配与阿尔塔什水利枢纽工程的垫层料差异较大。

（3）试验所用的液压站功率不足，对其验算液压振动夯板激振力远远未能达到设计值，激振力严重不足。

（4）试验所用的液压振动夯板结构为单振动结构，不合理。

经试验结果及试验设备分析，并结合系统计算，将试验设备进行改进，摊压一体是完全可能达到设计效果的。

9.2　摊压塑型护坡一体施工装备研制

9.2.1　总体结构设计

（1）总体思路。设计一种集集料、摊铺、压实为一体，同时一次实现集料、输送、铺料、成型、预压、压实等多种功能相结合的施工设备。

（2）工作原理。自卸车将垫层料直接卸到集料斗，集料斗中的垫层料通过刮板输送器向螺旋机进行输料，螺旋分料器按设计宽度进行分料和铺料，对坝料进行整平、预压直至压实。摊压铺一体机的工作原理如图9-3所示。

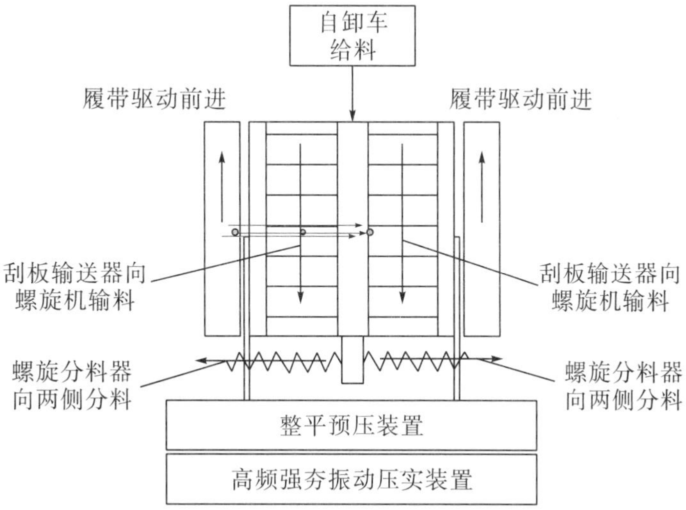

图9-3　摊压铺一体机工作原理

（3）施工工艺。由于传统施工工艺是通过自卸车装运摊铺材料，人工配合推土机摊铺上料，人工现场洒水、收边、整理。无论采取何种施工方法，都不可避免地存在层厚不好控制、土石料分离质量差等问题。因此，研制了垫层料摊铺输送装置，将刮板输送器、螺旋分料器（图9-4）相结合，可解决垫层料铺料在传统施工工艺中存在层厚不好控制、土石料分离质量差等问题，与自卸车直接卸料结合实现摊铺一体化。摊压护一体机如图9-5所示。

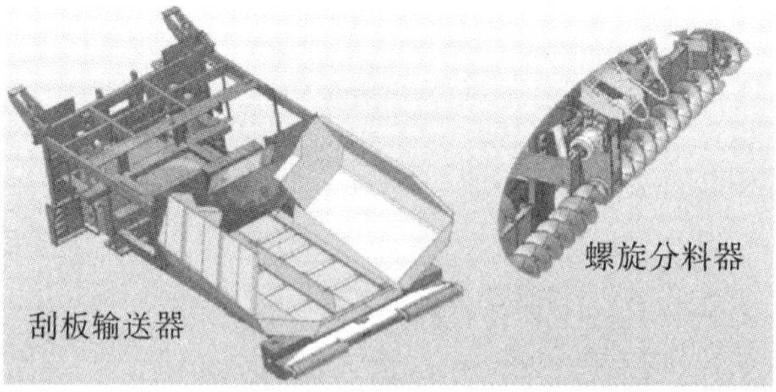

图 9-4　刮板输送器与螺旋分料器

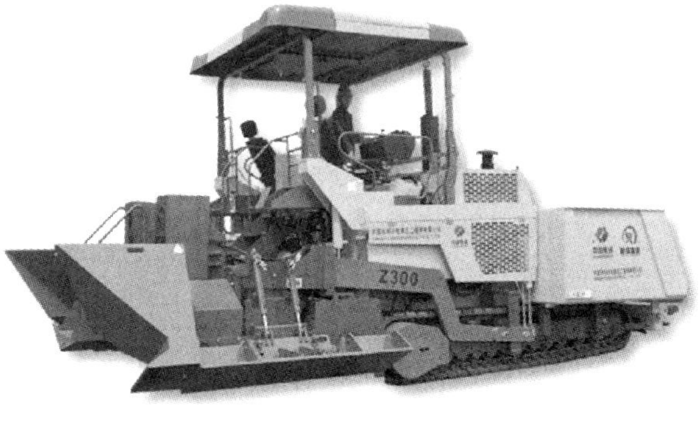

图 9-5　摊压护一体机

9.2.2　各部分主体结构设计与研制

（1）宽度、高度控制装置。为检测和控制料位高低，研制了一种摊铺垫层料宽度、高度的控制装置——物料控制器，从而有效地控制垫层料按设计宽度、高度进行摊铺，实现摊铺宽度、高度精准化。其中，物料控制器结构由 1 个超声波探头、1 个控制区域设定旋钮、1 个信号指示 LED 灯和 1 个六芯插座组成，如图 9-6 所示。利用超声波系统实现非接触的方式来检测物料，反应灵敏，控制精度高，无磨损，无粘连，使用寿命长。

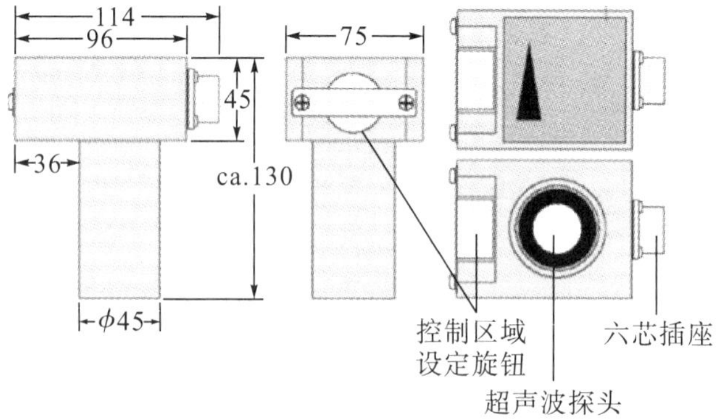

图 9-6　物料控制器

（2）厚度和平整度控制装置。为实现对摊压机的强夯装置牵引臂进行高低调节，研制了找平仪，可有效保障摊压垫层料成型面的厚度和平整度，从而实现连续摊压。

（3）熨平预压装置（图 9-7）。研制了熨平的双振捣和熨平装置，进行垫层料的整平和初步预压实，从而实现垫层料压实的前提。

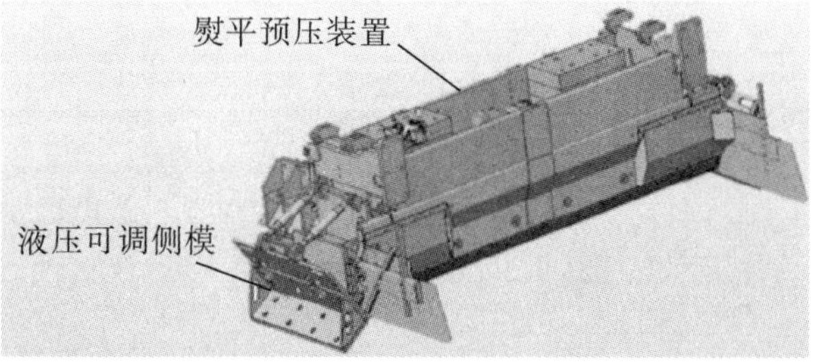

图 9－7　熨平预压装置和液压可调侧模

（4）液压可调侧模（图 9－7）。液压可调侧模可对垫层料坡度进行调整、控制，对垫层侧向施压，可有效保障垫层料坡面压实。

（5）高频强夯振动压实装置（图 9－8）。对摊铺成型的垫层料进行强夯压实。

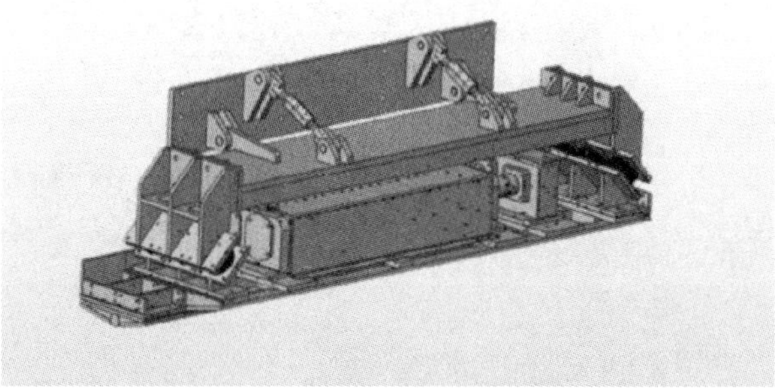

图 9－8　高频强夯振动压实装置

（6）砂浆摊铺成型压实一体装置。将垫层料坡面保护砂浆与垫层料摊铺压实，同时一体化施工成型，使砂浆平整度好，实现常规砂浆代替混凝土挤压边墙，优化砂浆施工工艺，减少常规大量人工进行的砂浆整平工作，且砂浆几乎没有浪费，大大节约人工和材料成本。现场试验场景如图 9－9 所示。

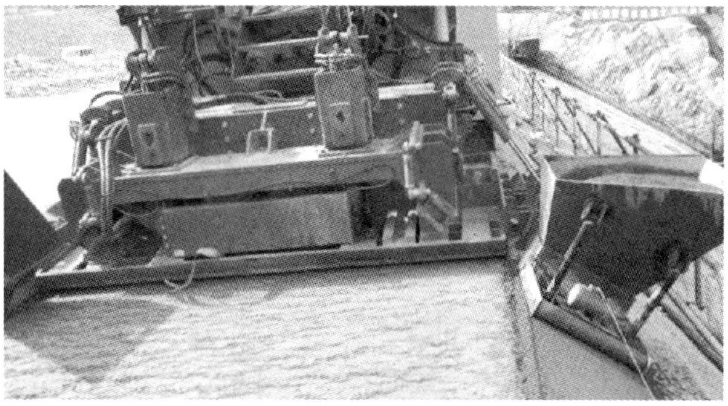

图 9－9　现场试验场景

（7）整机液压系统（图 9－10）。摊压机机械功能复杂，其液压系统十分复杂，研制的整机液压系统成功解决整机功率与各功能部分的液压装置的协调，同时实现各功能区液压系统独立运行。

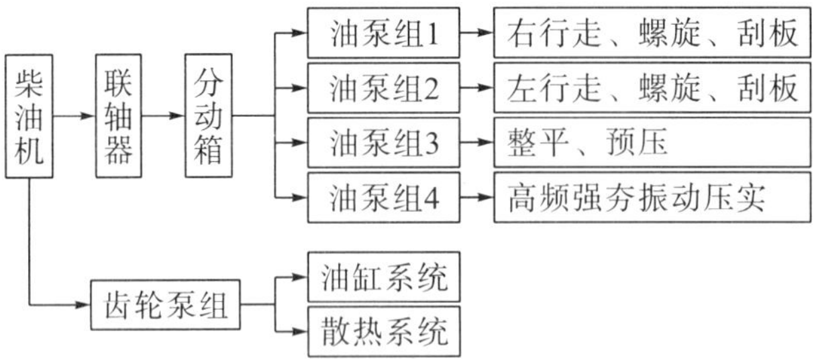

(a)

(b)

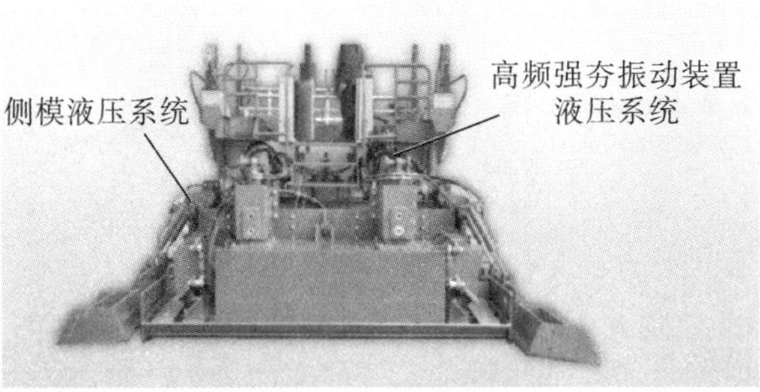

图 9－10　整机液压系统

(8) 整机减震系统。摊压机的高频强夯振动器功率较大，工作时振动大，如果减震不好，则会对整机结构安全、耐久性、工作舒适性造成极大影响。拟订多方案研究、试验对比，最终采取三级减震系统对整机进行减震并达到设计要求。减震系统具体如下：

①一级减震系统。高频强夯振动器与机架采用专用橡胶减震块减震，如图 9－11 所示。

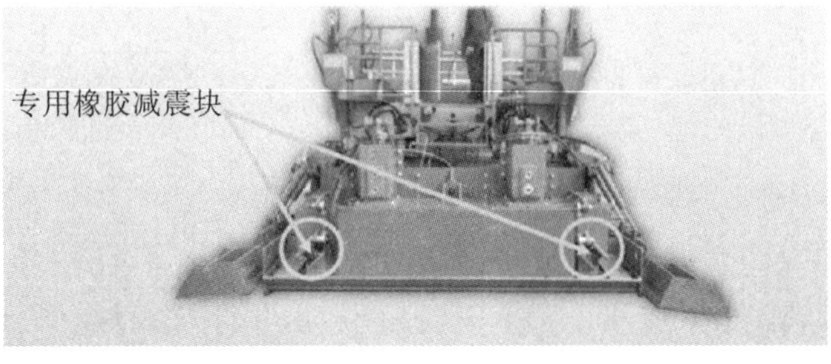

图 9－11　一级减震系统

②二级减震系统。高频强夯振动压实装置整体采用液压减震装置减震，如图 9－12 所示。

图 9－12　二级减震系统

③三级减震系统。整平预压装置、高频强夯振动压实装置与主机连接采用悬浮装置、液压减震装置减震，如图 9－13 所示。

图 9－13　三级减震系统

9.2.3　样机研制与制造

通过对技术方案的多次研究、论证与现场调试（图 9－14），第一代摊压护一体样机 Z300 型正式下线。

图 9－14　现场调试

续图 9—14　现场调试

垫层料摊压护一体机性能参数见表 9—3。

表 9—3　摊压护一体机性能参数

序号	名称		参数数值	单位
1	整车参数	全长	7700	mm
		运输宽度	2800	mm
		运输高度	3100	mm
		自重	30400	kg
		发动机型号	6CTA8.3—C240	
		发动机功率	178	kW
		爬坡能力	20%	
		接近角	19°	
		离去角	履带式	
		行走方式	液压常闭式	
		制动方式		

续表

序号	名称		参数数值	单位
2	工作参数	全长	7700	mm
		工作宽度	4060	mm
		工作高度	3800	mm
		总工作质量不超过	50000	kg
		摊压宽度	3000	mm
		行驶速度	0～3.2	km/h
		摊压速度	0～2	m/min
		最大摊压厚度	300	mm
		激振力	116	kN
		振幅	2.6	mm
		频率	30	Hz
		料斗容量	15	t

9.3　摊压塑型护坡一体施工试验及应用

9.3.1　摊压塑性护坡一体施工试验

9.3.1.1　最大干密度、最小干密度试验

在碾压试验前，按照《土石筑坝材料碾压试验规程》（NB/T 35016—2013）中砂砾料原级配现场相对密度试验进行最大干密度、最小干密度试验。

（1）测定密度桶体积。采用灌水法测定密度桶体积，精确值 $1cm^3$。

（2）最小干密度试验。采用人工松填法进行测定，按级配要求将配置好的试验料搅拌均匀后，采用四分法将试验料均匀松填于密度桶中，装填时轻轻将试样放入密度桶内，防止冲击和振动，装填的试样低于桶顶 10cm 左右。用灌水法测料顶面到桶口的体积，最小干密度试验做平行试验，两次干密度的差值不大于 $0.03g/cm^3$，取其算数平均值。

（3）最大干密度试验。

①完成最小干密度试验后，继续将试验料均匀松填于密度桶至高出密度桶 20cm 左右，用类型和级配大致相同的试验料铺填密度桶四周，高度与试验料平齐。

②将选定的振动碾（26t 自行式振动平碾）在场外按预定转速、振幅和频率起动，行驶速度为 2～3km/h，振动碾压 26 次后，在每个密度桶范围内微动进退振动碾压 15min。在碾压过程中，应根据试验料及周边料的沉降情况，及时补充料源，使振动碾不与密度桶直接接触。

③测定试样体积。人工挖出桶上及桶周围的试验料至低于桶口 10cm 左右为止，并防止扰动下部试样。用灌水法测料顶面到桶口的体积；将桶内试料全部挖出，称量密度桶内试样质量，并进行颗粒分析和含水率试验，最大干密度试验做平行试验，两次干密度的差值不大于 $0.03g/cm^3$，取其算数平均值。

（4）成果整理。按以下公式计算密度桶内试验料最大干密度、最小干密度：

$$\rho_{d\max} = \frac{m_d}{V_t - V_k} \tag{9-1}$$

$$\rho_{d\min} = \frac{m_d}{V_t - V_k} \tag{9-2}$$

$$m_d = \frac{m}{1 + 0.01w} \tag{9-3}$$

式中，$\rho_{d\max}$ 为砂砾料最大干密度，g/cm^3；m_d 为烘干或炒干后的试样质量，g；V_t 为密度桶体积，cm^3；V_k 为料顶面至桶口的体积，cm^3；$V_t - V_k$ 为试样体积，cm^3；$\rho_{d\min}$ 为砂砾料最小干密度，g/cm^3；m 为风干砂砾料质量，g；w 为风干砂砾料含水率，%。

砂砾料相对密度的计算公式如下：

$$D_r = \frac{(\rho_d - \rho_{d\min})\rho_{d\max}}{(\rho_{d\max} - \rho_{d\min})\rho_d} \tag{9-4}$$

式中，D_r 为相对密度；ρ_d 为砂砾料填筑干密度，g/cm^3。

试验完成后，将全部试验成果系统整理分析，绘制不同 P5 含量与最大干密度、最小干密度之间的变化关系曲线图。

9.3.1.2　现场密度试验

在垫层料摊压护一体机设置的碾压速度为 1m/min、2m/min、3m/min 的试验段上，并在相应试验区分别取 3 个试坑，进行现场密度试验，按照《土工试验方法标准》（GB/T 50123—2019），原位密度试验采用灌水法进行现场密度试验。

9.3.1.3　现场颗粒级配分析试验

按照《土工试验方法标准》（GB/T 50123—2019），颗料级配分析试验采用筛析法。

9.3.1.4　含水率测定

将湿试样筛分至粒径为 5mm，按 d<5mm、d>5mm 测定各自含水率，按级配加权平均，计算出试坑全试样的含水率代表值。

9.3.1.5　试验结果

（1）最大干密度、最小干密度根据垫层料原级配现场相对密度试验进行，采用设计上包线级配、上平均线级配、平均线级配、下平均线级配、下包线级配 5 个不同砾石含量配料。根据设计级配选择砾石含量 55.0%、58.7%、62.5%、66.2%、70.0%作为相对密度试验级配。垫层料相对密度试验配料级配曲线如图 9-16 所示。

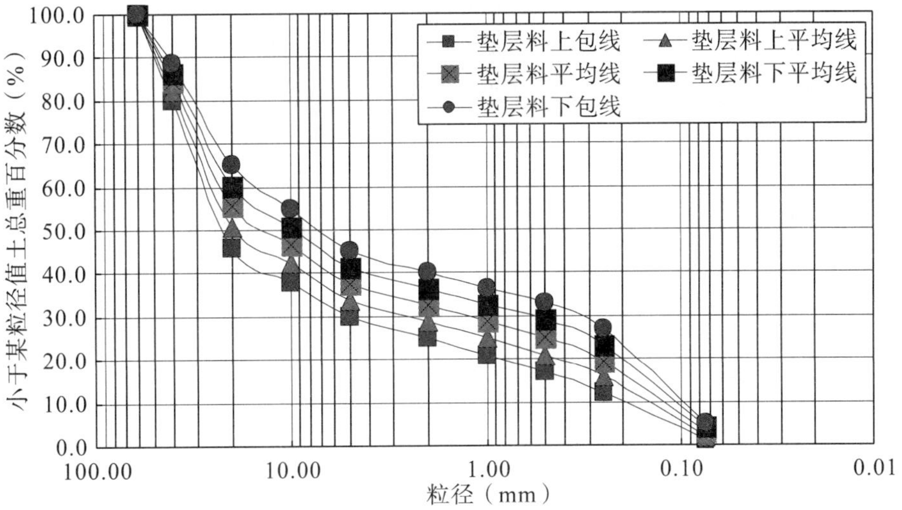

图 9-15　垫层料相对密度试验配料级配曲线

垫层料不同砾石含量所对应的最大干密度、最小干密度见表 9-4。

表 9-4　垫层料不同砾石含量所对应的最小干密度、最大干密度

砾石含量（%）	55.0	58.7	62.5	66.2	70.0
最大干密度（g/cm^3）	2.36	2.38	2.39	2.40	2.42
最小干密度（g/cm^3）	1.96	1.98	1.99	2.00	2.02

由表可知，最大干密度为 2.36～2.42g/cm^3，砾石含量为 70.0%时，最大干密度、最小干密度达到最大，分别为 2.42g/cm^3、2.02g/cm^3，根据试验结果绘制垫层料不同砾石含量对应的最大干密度、最小干密度关系曲线，如图 9-16 所示。

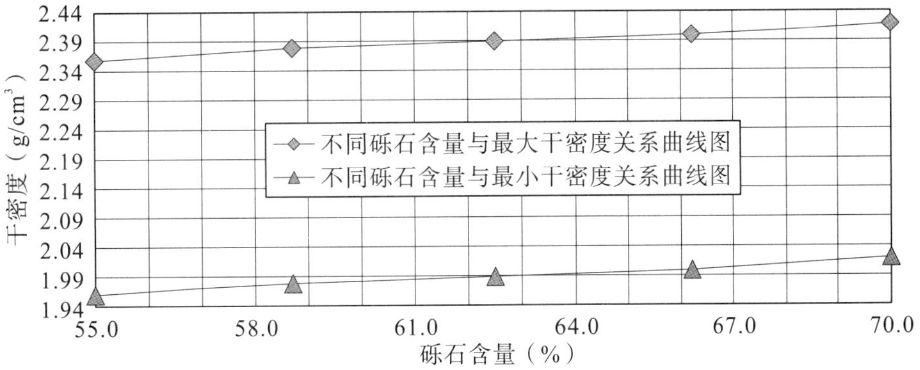

图 9-16　垫层料不同砾石含量对应的最大干密度、最小干密度关系曲线

（2）试验用水。现场密度检测采用挖坑灌水法，试验用水使用洒水车运输至试验现场，经测量，水温范围为 5℃～80℃，相应的密度范围为 0.999992～0.999876g/cm^3，试验中取其标准值 1g/cm^3作为计算采用数值。

（3）现场密度检测。现场摊铺成型后用灌水法检测每个测区的密度、颗粒级配及含水率，每个测区共布设了 3 个试验坑，密度试验结果见表 9-5。

表 9-5 各测区实验参数

编号	行驶速度(m/min)	湿密度(g/cm³)	平均湿密度(g/cm³)	含水率(%)	平均含水率(%)	干密度(g/cm³)	平均干密度(g/cm³)	砾石含量(%)	最大干密度(g/cm³)	最小干密度(g/cm³)	相对密度	相对密度平均值	备注
W_1	1	2.41	2.41	2.6	2.7	2.35	2.35	57.7	2.38	1.98	0.95	0.95	
		2.41		2.8		2.34		56.9	2.37	1.97	0.94		
		2.42		2.6		2.36		57.8	2.38	1.98	0.97		
W_2	2	2.40	2.41	2.3	2.5	2.35	2.35	59.9	2.38	1.98	0.93	0.94	
		2.40		2.7		2.34		56.9	2.37	1.97	0.94		
		2.42		2.4		2.36		61.5	2.39	1.99	0.94		
W_3	3	2.42	2.42	2.6	2.5	2.36	2.36	61.4	2.39	1.99	0.94	0.93	
		2.41		2.5		2.35		60.4	2.38	1.98	0.93		
		2.42		2.5		2.36		63.4	2.39	1.99	0.93		

9.3.1.6 现场颗粒级配检测

铺料厚度 40cm 摊铺成型后颗粒级配检测共 3 个区 9 组，试样是现场密度试验试坑内全料试样。

（1）铺料厚度 40cm、行驶速度 1m/min 颗粒级配（图 9-17）。

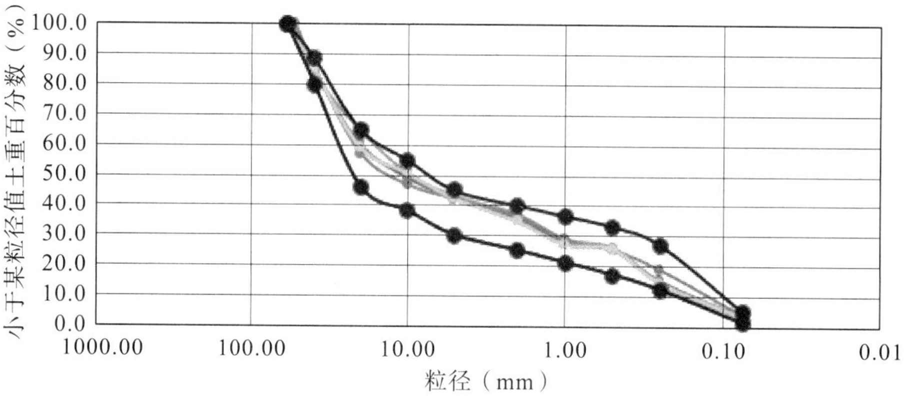

图 9-17 铺料厚度 40cm、行驶速度 1m/min 颗粒级配曲线汇总

在铺料厚度 40cm、行驶速度 1m/min 检测区域，平均级配曲线不均匀系数 $C_u=114$，曲率系数$C_c=0.7$。

（2）铺料厚度 40cm、行驶速度 2m/min 颗粒级配（图 9-18）。

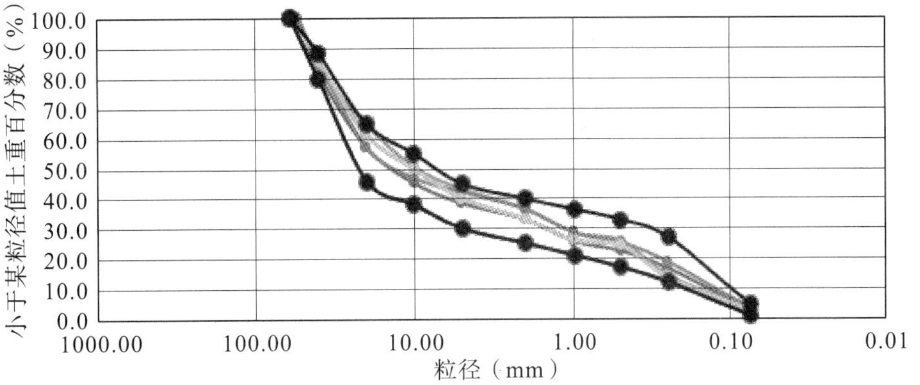

图 9—18　铺料厚度 40cm，行驶速度 2m/min 颗粒级配曲线汇总

在铺料厚度 40cm、行驶速度 2m/min 检测区域，平均级配曲线不均匀系数 $C_u=107$，曲率系数$C_c=0.6$。

（3）铺料厚度 40cm、行驶速度 3m/min 颗粒级配（图 9—19）。

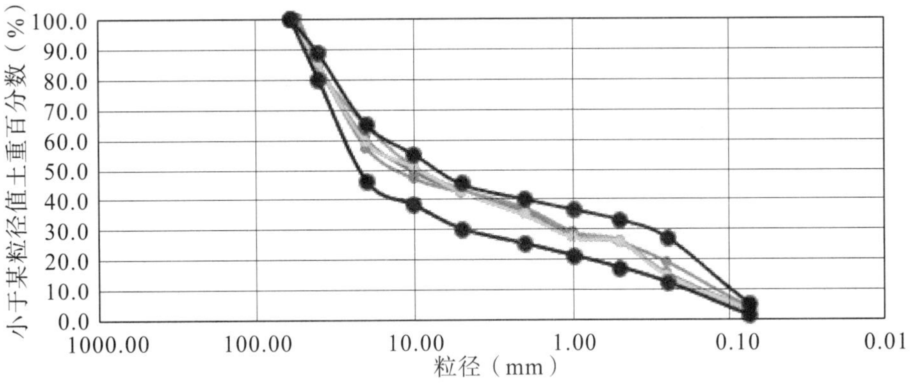

图 9—19　铺料厚度 40cm、行驶速度 3m/min 颗粒级配曲线汇总

在铺料厚度 40cm、行驶速度 3m/min 检测区域，平均级配曲线不均匀系数 $C_u=116$，曲率系数$C_c=0.5$。

9.3.1.7　试验成果分析

1. 垫层料相对密度

（1）主要成果。

根据现场取样试验结果，经整理计算，当铺料厚度 40cm 时，不同行驶速度的相对密度成果见表 9—6。

表 9—6　不同行驶速度的相对密度成果

行驶速度（m/min）	1	2	3
相对密度	0.95	0.94	0.93

（2）相对密度与行驶速度关系。

相对密度与行驶速度关系如图 9—20 所示。

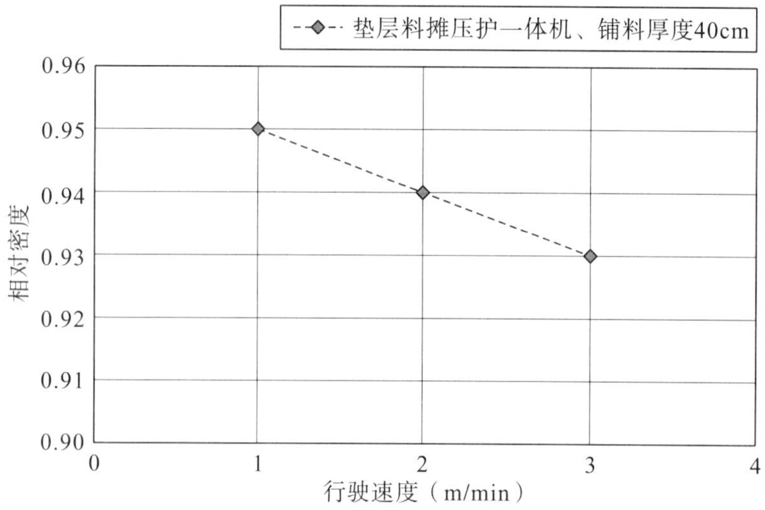

图 9-20　相对密度与行驶速度关系

由图可知，当铺料厚度为40cm时，摊压护一体机行驶速度1m/min的平均相对密度为0.95，行驶速度2m/min的平均相对密度为0.94，行驶速度3m/min的平均相对密度为0.93。

根据碾压相对密度成果分析，在相同铺料厚度和洒水量条件下，本工程垫层料相对密度与垫层料摊压护一体机的行驶速度成反比，即相对密度随行驶速度的增大而减小，说明行驶速度越慢，相对密度越高。

2. 颗粒级配

根据碾压后9组全料颗分试验，统计得出不同工况的颗分成果。

在铺料厚度40cm条件下，当摊压护一体机行驶速度为1m/min时，粒径小于5mm含量为42.2%～43.1%，平均值为42.7%；粒径小于0.075mm含量为2.9%～3.5%，平均值为3.2%。当摊压护一体机行驶速度为2m/min时，粒径小于5mm含量为38.5%～43.1%，平均值为40.8%；粒径小于0.075mm含量为3.0%～3.2%，平均值为3.1%。当摊压护一体机行驶速度为3m/min时，粒径小于5mm含量为36.6%～39.6%，平均值为38.1%；粒径小于0.075mm含量为2.5%～2.9%，平均值为2.7%。

从颗粒级配来看，碾压后粒径小于5mm和粒径小于0.075mm的含量随行驶速度的减小而有增大趋势。

3. 含水率

根据9组现场取样试验，统计得出铺料厚度40cm条件下不同工况下垫层料含水率（表9-7）。

表 9-7　不同工况下含水率

行驶速度（m/min）	1	2	3
含水率	2.7%	2.5%	2.5%

由表可知，垫层料含水率变化不大，含水率主要由颗粒级配中细料含量的多少及细料含水率和粗颗粒表面含水率的大小决定。

4. 试验结论与分析

通过垫层料摊铺碾压一体机现场试验各项试验成果及复核试验成果分析得出以下结论：

（1）设计要求大坝填筑垫层料为筛分系统加工垫层料（C3料场开采砂砾料筛分料），该试验料颗粒级配满足设计要求。

（2）试验机械、机具及工艺满足现场碾压要求。

(3) 因该地区蒸发量较大以及砂砾石料吸水较小的特性，现场洒水后应及时碾压，以避免因水分蒸发大量流失而影响碾压效果。

(4) 通过采用垫层料摊压护一体机进行碾压试验，大坝垫层料填筑碾压施工参数为：当铺料厚度为40cm、充分洒水［根据加水计量系统确定加水量为6%～8%（质量比）为宜］、垫层料摊压护一体机行驶速度不超过3m/min时，能满足设计相对密度指标（$D_r \geqslant 0.90$）要求。

9.3.2 工程应用

9.3.2.1 工程概况

阿尔塔什水利枢纽工程的水库总库容22.49亿立方米，正常蓄水位1820m，最大坝高164.8m，电站装机容量755MW。枢纽工程为大（1）型Ⅰ等工程。大坝填筑总量约2494万立方米，其中，垫层料约36.6万立方米。垫层料水平宽度3m，要求$D_{max} \leqslant 60$mm，粒径小于5mm的含量为30%～45%，粒径小于0.075mm的含量少于8%，渗透系数控制在10^{-4}～10^{-3}cm/s，设计相对密度$D_r \geqslant 0.9$。采用C3料场全料并筛除60mm以上颗粒。

垫层料作为土石坝重要的堆石体结构，具有填筑要求高、填筑宽度窄、填筑层厚薄的特点。在坝体填筑过程需要和过渡料、堆石料平起填筑作业，若采用传统的自卸车卸料、推土机铺料、振动碾碾压施工的作业方式，不仅机械配置多，施工效率慢，而且对现场管理人员要求高。为解决常规施工方法存在的诸多问题而研制的垫层料摊压护一体机，以及垫层料摊压护一次成型施工工法，取得了良好的社会效益和经济效益。

成功研制的摊压机设备可以实现运输来的级配拌合料直接摊铺、成型、压实并满足质量技术要求，不仅可解决工程垫层料填筑施工技术问题，还可广泛应用于公路、市政道路、场地等级配料填筑领域。

9.3.2.2 实施情况

垫层料摊压护一体机应用于大坝垫层料填筑，施工过程采用机械化设备连续作业，效率高、成本低、施工干扰小，既能提高垫层料压实质量的均匀性，又能实现施工全过程监管，可较大地提高垫层料填筑质量的合格率。与以往大坝垫层料施工工艺对比，垫层料摊压护一体机施工可在减少大量人工和机械投入，以及节约大坝挤压边墙施工成本同时，大大提高了施工效率和施工安全性，初步估算节约了施工成本约400万元，得到大坝施工参与方的一致好评。

第10章　面板机械化施工和智能养护

10.1　面板钢筋机械化施工

10.1.1　网片结构分析

阿尔塔什面板采用双层双向布筋，采用HPB400钢筋。主要型号包括ϕ16、ϕ18、ϕ20、ϕ22、ϕ25，其中，ϕ18、ϕ20、ϕ22、ϕ25型号钢筋为纵向筋，ϕ18、ϕ20型号钢筋为横向筋，ϕ16型号钢筋主要为分布、加强筋。主要钢筋形状、尺寸为：网片中环形分布筋最大总长25.5m，每根钢筋按9m计算，需2.83根钢筋方可制作一根成品环形分布筋，单根钢筋3个接头。网片中上、下层主筋直径最大，为尽量减少钢筋加工、运输难度，网片制作时采用9m整根钢筋。单片钢筋网片如图10－1所示。

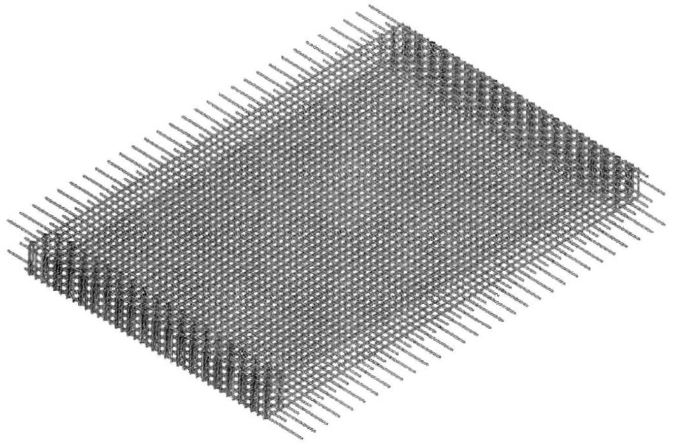

图10－1　单片钢筋网片

10.1.2　网片加工方案

通过网络搜索、市场咨询等方式对现有的网片制作新设备、新工艺进行调研，经过不同方案比选，项目决定采用链板式钢筋装置，自行进行网片成型设备的设计及加工制作。

双层钢筋网片成型因其环形分布筋、上下层主筋交叉布置的特殊性，在进行钢筋网片加工装置设计时将网片成型分为环形分布筋加工、下层主筋分布、上层主筋分布、勾筋安装共四个步骤实施。具体实施步骤如下：

（1）环形分布筋加工。

网片二期面板环形分布筋有ϕ16、ϕ18两种，长度12m，环向共3个钢筋接头，计划采用气压焊设备焊接。焊接时在加工平台进行，采用人工进行半成品钢筋摆放、夹具安装及焊接。焊接完成后的环形钢筋成品通过平台前方的滑送槽滑落至3＃、4＃、5＃链板输送机钢筋固定槽内。环形钢筋加工如图10－2所示。

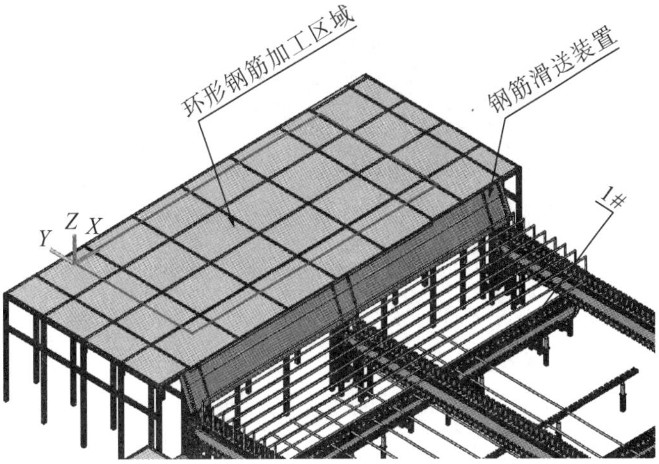

图10－2 环形钢筋加工

按上述操作逐步完成单个钢筋网片所有环形钢筋加工，并依次输送至链板输送机上完成环形分布筋分布。同时，为保障环形钢筋不发生变形，每隔三根环形分布筋中部增加竖向架立筋，维持其整体刚度。

（2）下层主筋分布。

下层主筋位于环形钢筋外侧，采用1＃、2＃链板输送机进行输送分布，因设计和规范要求，同一截面内钢筋接头数不多于50％，故需进行错距布置。错距布置通过在钢筋滑送装置上设置移动挡板实现，具体实现为挡板采用齿轮＋齿条电机驱动，并通过布置在下端的电磁阀自动进行左右调节，实现相邻两根钢筋的750cm错距分布。下层主筋分布如图10－3所示。

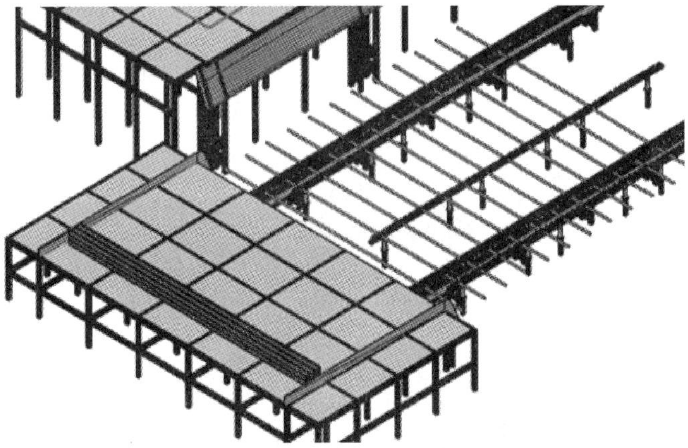

图10－3 下层主筋分布

下层主筋分布完成后运用布置于钢筋下部的升降平台顶升装置将其顶升至环形钢筋底部，然后人工进行下层主筋与环形钢筋间的绑扎。

（3）上层主筋分布。

上层主筋设计有两种方案：一种制作上层钢筋分布平台，在其上设置钢筋分布槽，采用人工进行上层钢筋分布；另一种直接在地面完成上层钢筋的分布，然后采用横向分布筋点焊成型单层网片，通过吊装将成型的网片吊装至上层。

笔者计划采用第二种方案进行上层主筋的分布，因第一种方案平台高度过高且跨度较大，可布置支腿位置受限，造成装置存在失稳风险。上层钢筋分布平台如图 10－4 所示。

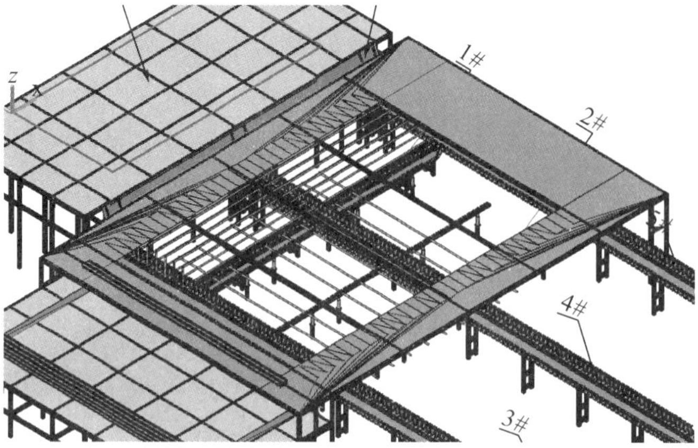

图 10－4　上层钢筋分布平台

（4）勾筋安装。

待环形分布筋、上下层主筋全部分布、绑扎完成后，继续进行步骤（1）（2）环形钢筋和下层主筋的分布、绑扎，同时在上一片钢筋网片上采用人工进行勾筋加密及质量检查，直至所有勾筋悬挂完成。

10.1.3　钢筋网片成型装置设计

面板堆石坝面板混凝土双层钢筋网片机械化预制加工装置包括大跨度箍筋加工输送装置、大跨度箍筋滑送装置、大跨度箍筋竖立及横向输送装置、下层受力筋堆放及操作平台、下层受力筋定位及输送装置、下层受力筋顶升装置、上层钢筋堆放及分布平台。钢筋网片加工装置设计图如图 10－5 所示。

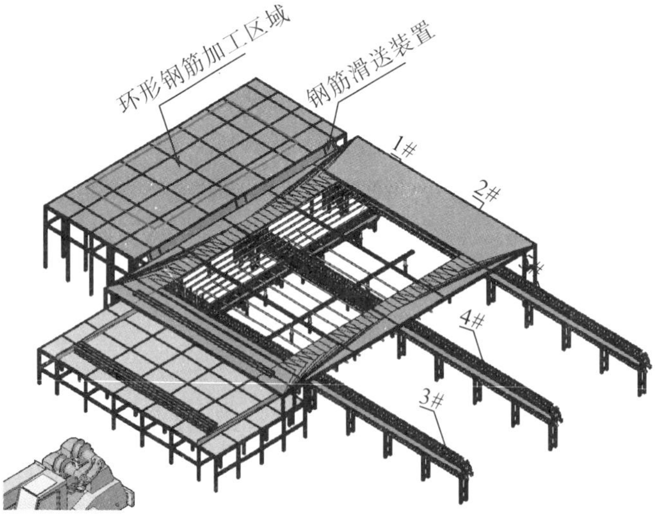

图 10－5　钢筋网片加工装置设计图

链板输送机技术设计如下：

（1）1＃、2＃输送机对称布置于结构中部，主要用途为纵向主筋分布、定位，单台输送机长度 14m，规格为 31.75m，最大输送质量 100kg/m，立柱净空高度 0.54m。

特殊要求：2＃、3＃输送机为联动结构，能够实现同步驱动。驱动方式为步进式，每次步进距离 20cm。每块链板长度为 10cm 的倍数，方便在输送机链板上每隔 20cm 设置一个钢筋定位卡槽 1。

卡槽 1 结构示意图如图 10－6 所示，卡槽高度、宽度可根据实际情况进行调整（ϕ22 钢筋可自由下落），要求卡槽高度应超出输送机侧边框顶面 10cm。卡槽固定可采用焊接或螺栓连接。2＃、3＃输送机结构如图 10－7 所示。

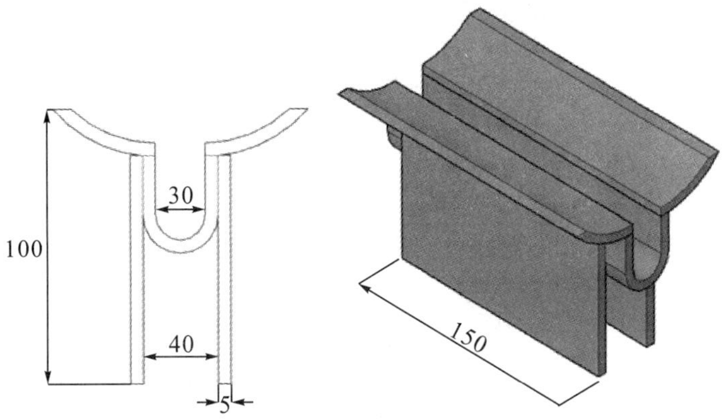

图 10－6　卡槽 1 结构（单位：mm）

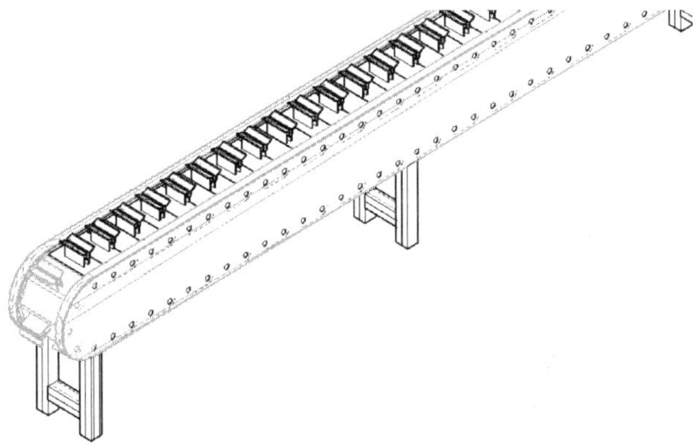

图 10－7　2＃、3＃输送机结构

（2）3＃、4＃、5＃输送机垂直于 1＃、2＃输送机布置，主要用途为半成品箍筋输送、定位及成型网片运输。单台输送机长度 20m，规格为 31.75m，最大输送质量 300kg/m，立柱净空高度 1.54m。

特殊要求：3＃、4＃、5＃输送机为联动结构，能够实现同步驱动。驱动方式为步进式，每次步进距离 20cm。每块链板长度为 10cm 的倍数，方便在输送机链板上每隔 20cm 设置一个钢筋定位卡槽 2。卡槽 2 结构如图 10－8 所示，卡槽高度、宽度可根据实际情况进行调整（ϕ20 钢筋可自由下落），要求卡槽高度应超出输送机侧边框顶面 35cm。卡槽固定可采用焊接或螺栓连接。顺输送机运行方向第 1 根立柱后应间隔 10m 设置第二根立柱，后续长度方向立柱设置不受影响。3＃、4＃、5＃输送机结构如图 10－9 所示。

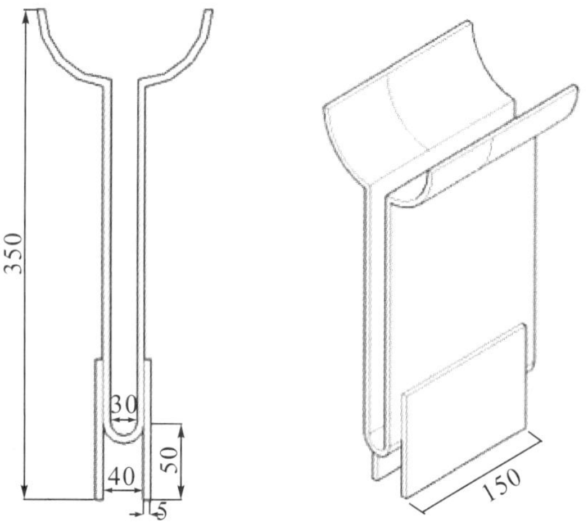

图 10−8　卡槽 2 结构（单位：mm）

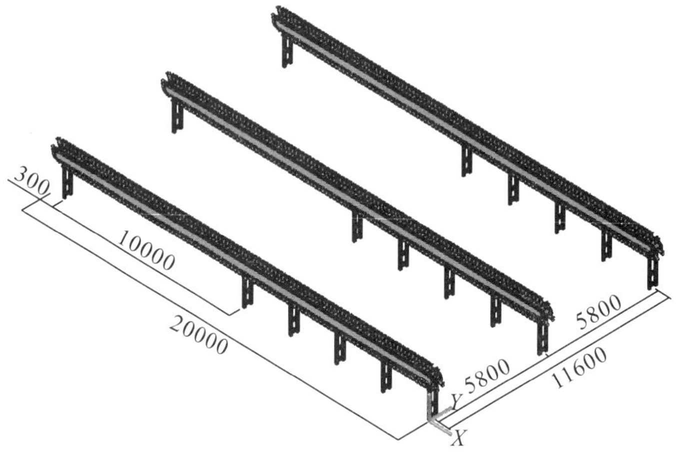

图 10−9　3#、4#、5#输送机结构（单位：mm）

10.1.4　钢筋网片成型装置 BIM 模型

运用 BIM 技术对面板进行合理分段、分区和编号，合理进行坝面布置。在钢筋网片布置纵横向钢筋搭接处、钢筋网片与滑模之间布置形式等特殊部位，以确保钢筋布设满足相关要求。钢筋网片 BIM 模型、模拟坝面布置、模拟坡面运输分别如图 10−10～图 10−12 所示。

图 10−10　钢筋网片 BIM 模型

图10—11 钢筋网片模拟坝面布置

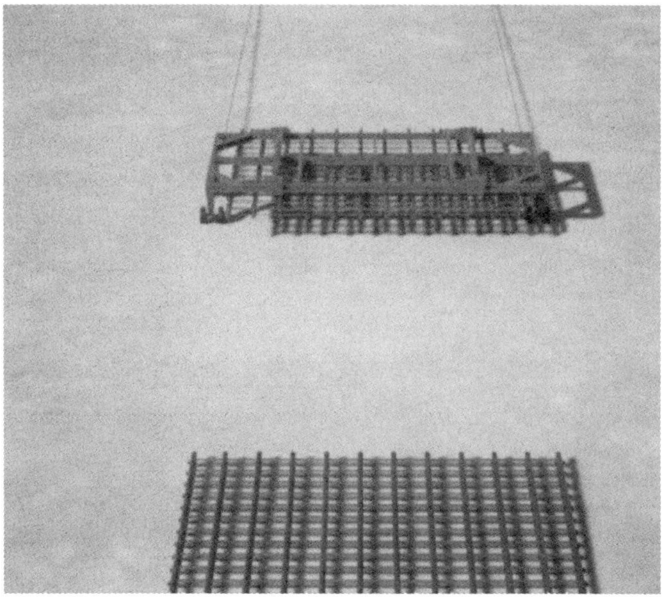

图10—12 钢筋网片模拟坡面运输

10.1.5 钢筋网片成型制作

10.1.5.1 成型钢筋网片概况

加工钢筋网片整体尺寸9m×11.8m，上下层钢筋长度9m，间隔200mm；中间箍筋11.8m，间隔200mm，箍筋有三个焊接接头采用闪光对焊机焊接。焊接接头分布如图10—13所示（彩图见二维码）。前后两根钢筋接头镜像布置。

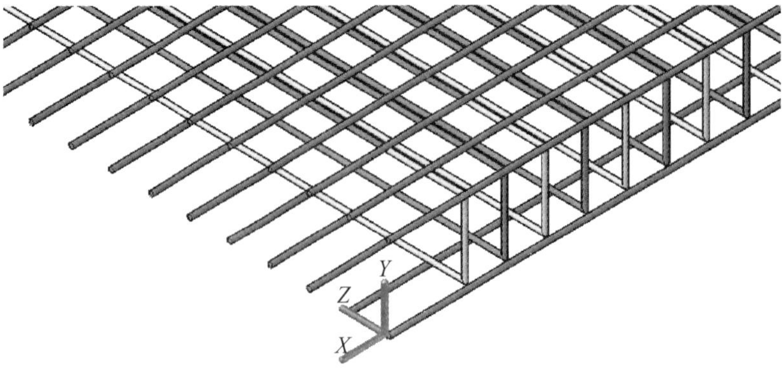

图 10—13　焊接接头分布图

10.1.5.2　钢筋网片成型步骤

钢筋网片成型步骤包括半成品钢筋摆放及箍筋焊接成型、箍筋输送及落料、下层钢筋分布及顶升、上层钢筋输送及绑扎、吊装等。

(1) 半成品钢筋摆放及箍筋焊接成型。

半成品钢筋主要包括三种，在红框两侧部位按接头距离交错布置两台闪光对焊机，采用人工将钢筋接头置于闪光对焊机焊接口下方，1 号、2 号钢筋接头同时焊接，然后采用 1 号接头侧对焊机进行 3 号接头焊接的顺序进行箍筋的成型加工。半成品钢筋如图 10—14 所示。

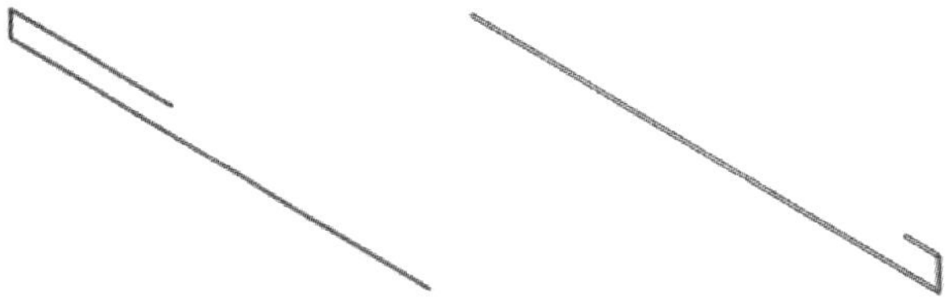

图 10—14　半成品钢筋

(2) 箍筋输送及落料。

箍筋焊接成型后，采用链板输送机沿箭头方向输送，当其到达斜向钢板的端部时，采用人工辅助使钢筋沿斜板滑落至横向链板输送机上。箍筋输送如图 10—15 所示。

图 10—15　箍筋输送

(3) 下层钢筋分布及顶升。

下层钢筋通长 9m。使用时，首先通过吊车将成捆的待输送钢筋放置于装置框架后端，然后启动驱动系统通过链条带动使钢筋向前端输送，依次通过凸轮轴及凸轮轴，通过凸轮轴上的凸轮偏心振动使钢筋逐渐分离，并排列成序。钢筋继续向前输送并滚落至旋转落料装置上，旋转落料装置通过液压油缸左右调整钢筋错距（错距距离750mm），再旋转驱动机构顺时针旋转使其上钢筋滚落至链板输送机上的钢筋定位槽中，链板输送机顺时针旋转带动钢筋定位槽向前移动。下层钢筋输送装置如图10－16所示。

图10－16　下层钢筋输送装置

底部钢筋加载完成后，采用液压系统将钢筋顶升至钢筋分布完成的箍筋下方，输送效果如图10－17所示，钢筋结构如图10－18所示。

图10－17　输送效果

图10－18　钢筋结构

（4）上层钢筋输送及绑扎。

上层钢筋分布采用小车上的夹具，将纵向输送机旁边按 400mm 摆放好的钢筋一次 10 根夹住后沿轨道向前行进，上、下层的钢筋端头对齐。第一次拉送的钢筋和第二次拉送的钢筋端头应错距 750mm，横向错距 200mm。上层钢筋分布施工如图 10－19 所示。

图 10－19　上层钢筋分布施工

在第一次和第二次钢筋拉送完成后利用小车上的绑枪对搭接部位进行绑扎，绑扎每次进行 20 个部位，然后小车沿轨道行驶 200mm，进行下一个部位绑扎。后续一次加载完成。钢筋自动绑扎施工如图 10－20 所示。

图 10－20　钢筋自动绑扎施工

（5）吊装。

此时钢筋网片基本加工完成，采用两条纵向链板输送机将钢筋网片向前输送 9m 后，一次将设计图纸中箍筋钢筋加载完成，并采用吊车将钢筋网片从输送机上吊出。钢筋网片整体输送效果如图 10－21 所示。

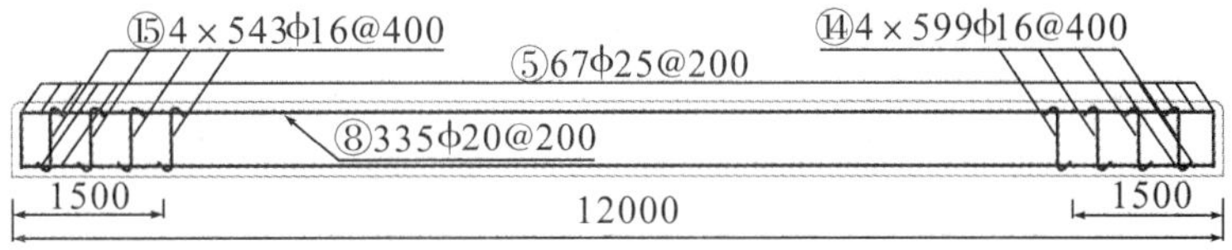

图 10—21　钢筋网片整体输送效果

10.1.6　钢筋网片拼接

10.1.6.1　坝面布置

坝面布置包括施工准备中的钢筋加工厂、卷扬机、钢筋加工平台、钢筋运输台车就位及仓内架立筋焊接等。当条件允许时，钢筋加工厂布置会在坝面施工平台，减少钢筋转运工作量。钢筋网片坝面布置如图 10—22 所示。

图 10—22　钢筋网片坝面布置

卷扬机、钢筋加工平台、钢筋运输台车对照施工仓位布置，卷扬机中心线与施工仓面中心线对齐，并在卷扬机靠上游侧预留足够的宽度进行钢筋加工平台布置。

10.1.6.2　钢筋网片运输

钢筋网片运输主要包括吊具就位和钢筋网片固定、网片提升和运输两个步骤。

(1) 吊具就位和钢筋网片固定。成型后的钢筋网片若直接采用台车上液压油缸+钢丝绳进行吊装，可能导致钢筋网片产生破坏甚至脱离，因此制作了钢筋网片吊装吊具，采用手拉葫芦或紧线器将吊具与钢筋网片间连接成整体，吊装钢筋网片时台车上的液压油缸直接与吊具上吊点通过钢丝绳连接。

（2）钢筋网片提升和运输。钢筋网片提升通过台车四角对称布置的液压升降油缸完成，4个油缸可进行单独和组合两种操作，钢筋网片提升至台车主梁下端的限位高度。钢筋网片运输平面位置行走主要通过台车自身驱动装置驱动，坡面运输采用2台15t卷扬机牵引，台车自身驱动装置采用K系列斜齿减速机，在坡面运行时可随台车行走而自转，不带刹车装置。

10.1.6.3 钢筋网片就位

在钢筋网片运输至待安装部位后，通过卷扬机、液压系统进行纵、横向钢筋接头的精确调整，因钢筋网片横向调整采用的是单侧联动控制，若钢筋网片横向方向存在倾斜，则可采用手动葫芦对钢筋网片进行二次校正，确保钢筋接头的对接精度。

在钢筋网片对接完成后，先采用点焊的方式进行15～20个接头的焊接连接，避免钢筋网片在斜坡上发生溜坡现象。钢筋网片运输台车将吊具及手拉葫芦一同通过卷扬机牵引向钢筋网片预制平台行走。

10.1.6.4 钢筋网片坡面焊接成型

接头连接分别对比了搭接焊、帮条焊及冷挤压套筒三种方法的优缺点，根据现场施工条件及质量要求采用帮条焊施工方便、施工质量稳定。若条件允许也可采用目前装配式结构中的砂浆套筒连接方案，但施工成本较高。钢筋网片坡面焊接如图10—23所示。

图10—23 钢筋网片坡面焊接

10.2 面板止水系统机械化施工

10.2.1 面板铜止水一次成型施工

面板周边缝、面板间接缝、面板和防浪墙水平接缝均设置两道止水，顶部为塑性止水结构，底部为铜止水结构。铜止水采用软化退火（O60）态T2紫铜带卷材，主要性能指标见表10—1，运输至现场加工成型后的W3型、W2型、F型三种止水结构形式如图10—24～图10—26所示。

表 10－1　紫铜物理力学性能指标

材料名称	牌号	状态	厚度（mm）	抗拉强度（MPa）	断后伸长率（%）	密度（g/cm³）
紫铜片	T2	O60	1.2	205	≥30	8.94

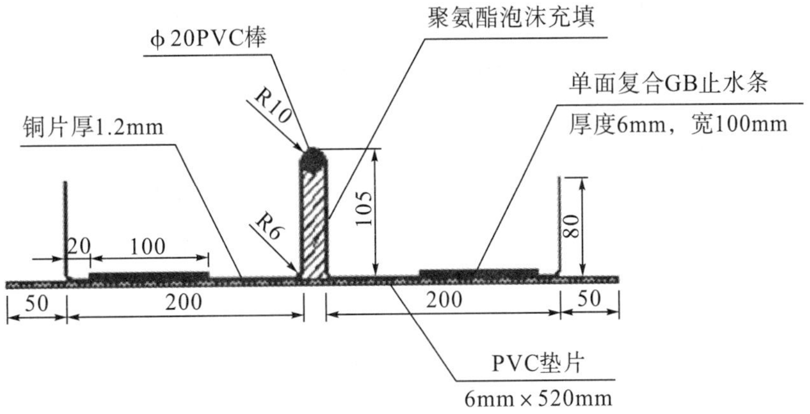

图 10－24　W3 型铜止水（单位：mm）

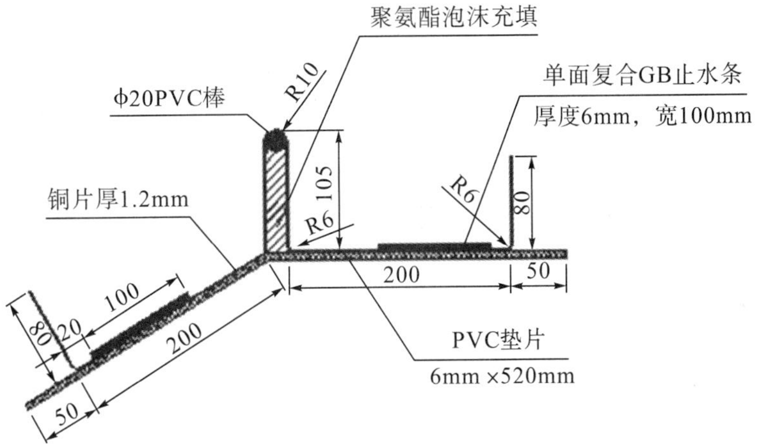

图 10－25　W1 型铜止水（单位：mm）

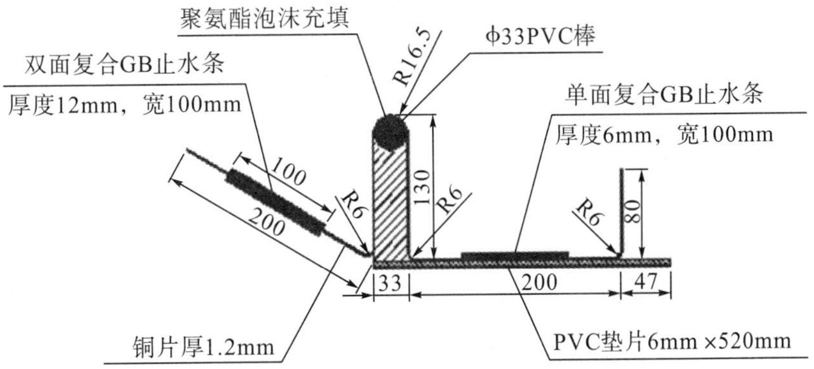

图 10－26　F 型铜止水（单位：mm）

10.2.1.1　成型机滚压试验

面板混凝土的铜止水片包括周边缝 F 型铜止水、分块缝间 W 型铜止水。接缝止水结构是面板堆石坝安全运行的关键，为了减少和避免铜止水接头焊接的薄弱环节，面板铜止水采用连续滚压成型机一次成型。

为了弥补铜止水传统施工工艺上的不足，提高铜止水成型质量，加快成型工效，降低铜止水施工成本。铜止水采用了T2M型铜片滚压成型机进行连续滚压成型，滚压成型机模具主要由11组数对宽度递减的滚压钢轮组成，并利用变频电机驱动减速机传动链轮和滚压钢轮进行匀速连续滚压，止水成型机结构剖面如图10－27所示。

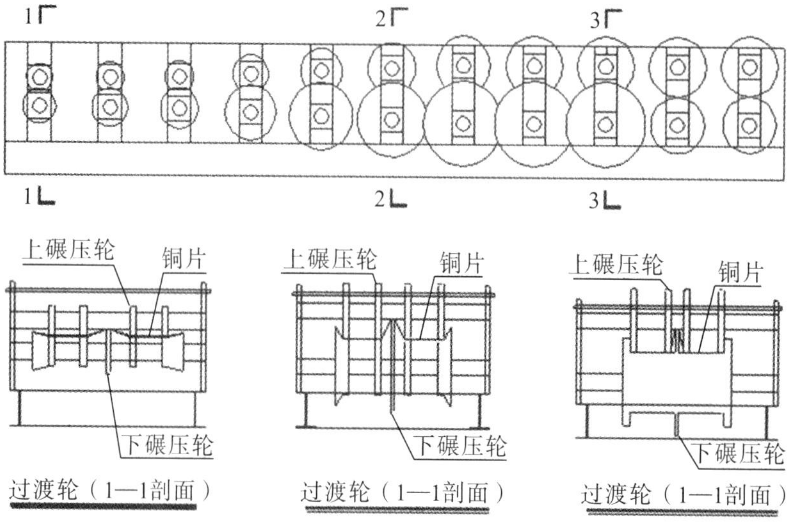

图10－27　止水成型机结构剖面

为了使加工成型后的铜止水不侧向弯曲和垂向弯折，采用型钢机架将止水成型机纵向坡比调整成与面板坡比相同，机架宽度按照铜止水成型机宽度＋两侧安全人行通道宽度进行设计，机架顶部设置操作平台及铜片卷固定装置。

铜止水滚压成型试验前，剪取试验所需长度铜止水，由送料机构均匀送料，调整压膜左右方向位置和传动齿轮及压模轮轴支撑轴座上下位置，使铜片经过几组模具滚压逐渐变形后达到所需形状。铜止水成型后，检测外观无压痕、皱皮、裂纹、孔洞等缺陷，确定不同规格型号铜止水滚压参数。

10.2.1.2　自动填充装置安装调试

在铜止水安装过程中，在止水成型机下部做一个橡胶棒及泡沫自动填充设备，该设备固定在止水成型机的下端挤压边墙上，左右采用钢钎固定，斜面受力通过钢丝绳挂在止水成型机上。橡胶棒及泡沫自动填充不设动力装置，动力主要是止水成型机推动止水的动力。铜止水填充机分两个部分：橡胶棒挤压机、泡沫填充机。

橡胶棒挤压机上部通过两个滚轴压住止水，下部转轮将橡胶棒挤压入铜止水鼻子顶部，为确保挤压质量，采用高强弹簧顶紧转轮，确保橡胶棒紧紧压入铜止水鼻子中。

铜止水自动填充机平面布置、立面侧视图如图10－28、图10－29所示，橡胶棒填充立面正视图如图10－30所示，泡沫填充立面正视图如图10－31所示。

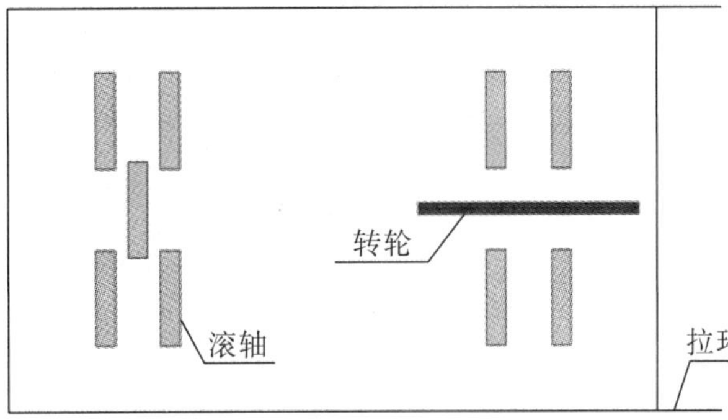

图 10－28　铜止水自动填充机平面布置

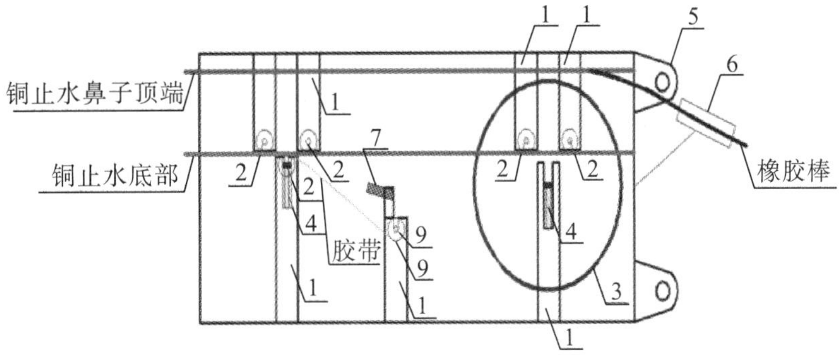

1—支架；2—滚轴；3—转轮；4—高强弹簧；5—拉环；
6—导向管；7—摄像头；8—宽胶带固定轴；9—宽胶带卷。

图 10－29　铜止水自动填充机立面侧视图

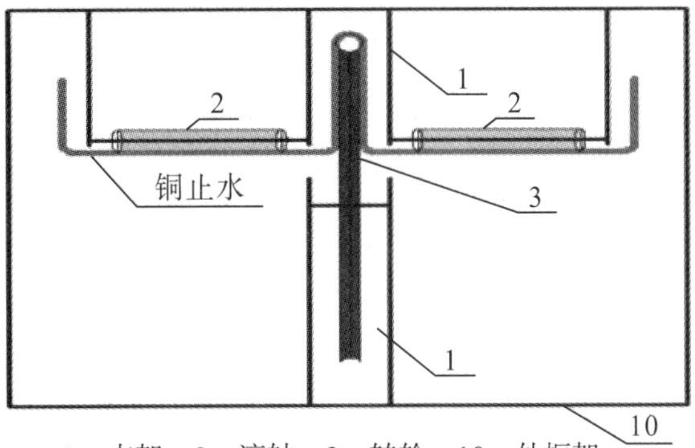

1—支架；2—滚轴；3—转轮；10—外框架。

图 10－30　橡胶棒填充立面正视图

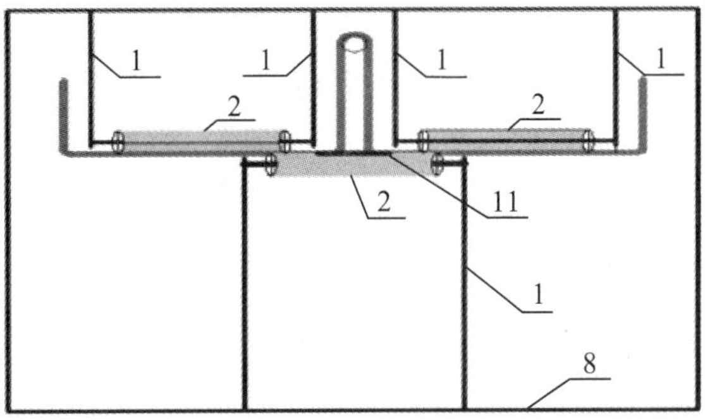

1—支架；2—滚轴；8—外框架；11—封口胶带。

图 10－31　泡沫填充立面正视图

铜止水填充机工作流程如图 10－32 所示，主要工作流程如下：

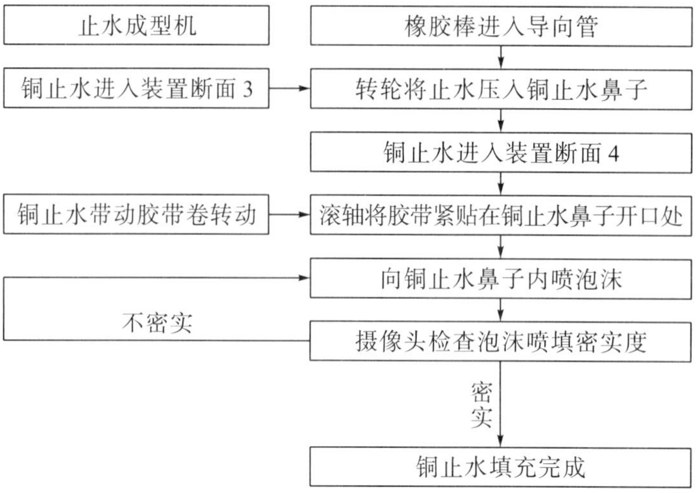

图 10－32　铜止水填充机工作流程

（1）橡胶棒通过 $\phi 32$ 的镀锌管，该镀锌管长约 5cm，主要使将橡胶棒沿着该方向导入铜止水鼻子，以便后边的转轮将橡胶棒压入铜止水顶部。

（2）铜止水进入自动填充机后，首先进入断面 3，通过上部滚轴将止水压紧，下部转轮向上顶紧进入的橡胶棒，使橡胶棒紧紧填充至铜止水鼻子顶部。

（3）铜止水经过断面 3 后将进入断面 4，进入断面 4 后，首先通过断面 4 下部滚轴将橡胶带紧紧贴在铜止水鼻子开口处，再向铜止水鼻子内喷射泡沫，以确保泡沫全部喷在铜止水鼻子内。

（4）为确保铜止水鼻子内泡沫填充饱满，通过摄像头观察，填充时检查人员可以通过摄像头连接的平板电脑，观察泡沫的填充效果。

10.2.1.3　成型机就位

将成型机布置在坝面上，滚压成型机出料口正对面板垂直缝方向，考虑铜止水在坡面铺设及下放时自身重力，止水成型机在安装时应确保坡度与挤压边墙坡比一致，对其进行打设锚筋固定或与坝顶配重块连接固定。止水成型机机架侧视图、后视图分别如图 10－33、图 10－34 所示。

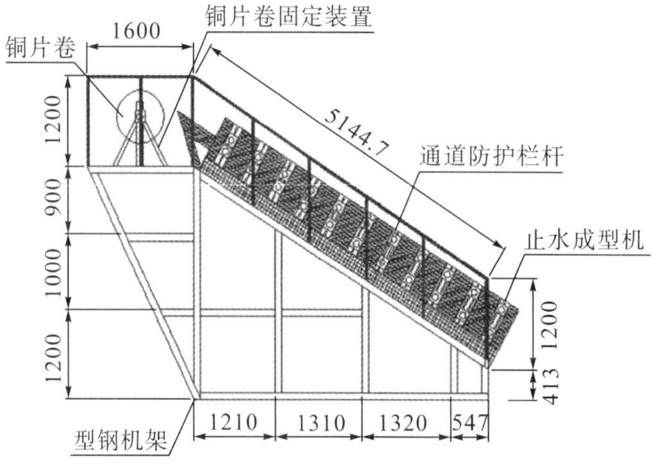

图 10－33　止水成型机机架侧视图（单位：mm）

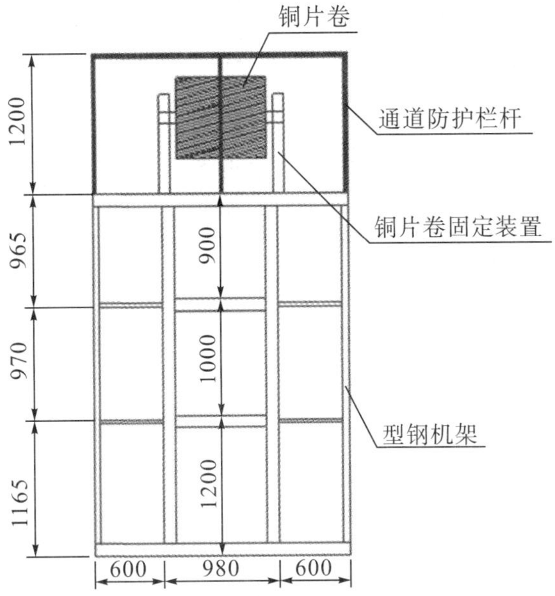

图 10－34　止水成型机机架后视图（单位：mm）

10.2.1.4　滚压成型

先启动电动机，滚压装置开始工作，将金属止水卷材送入第一对滚轮，止水片中的 V 型鼻梁经过各对滚轮的滚压，逐渐滚压成半成品，半成型的铜止水经第四对滚轮后，自动送入冲击装置。当铜止水片送到冲压板顶端时，关闭滚压装置电机，同时启动冲压装置电机，油泵工作，操作换向阀，使用油缸中的活页动上成型板向下冲压成型。变换方向控制阀，拉起活页，关闭冲压装置电机，一个循环结束。滚压成型机实物如图 10－35 所示。

图 10－35　滚压成型机实物

在进行面板铜止水滚压成型前，需剪取一定长度的铜片进行滚压成型试验，确保成型后的铜止水结构尺寸符合设计图纸要求后，开始进行正式连续滚压。对于成型后出现的两边不对称现象可通过调整压膜左右方向位置和调节轧制两侧螺栓进行调节。正式滚压时，先将金属止水卷材一端送入第一对滚轮，确保两侧对称，前 12m 段止水成型采用间隔启动减速机方法来控制止水成型速度，再次确保成型止水结构尺寸无误后，正常启动电机进行连续滚压工作。铜止水滚压过程中，为了防止成型后的铜止水出现侧向弯折现象，成型的铜止水利用人工辅助成型机进行导向及传送，并通过铜止水固定牵引装置调整止水位置，确保成型后的铜止水带位于面板分缝中心位置。

铜止水制作及安装质量需按照“事先预防、事中控制，事后监管”原则实施全过程质量控制及检查。铜止水滚压成型过程中，指定专人对止水外观质量定时和不定时进行检测，检测项目主要包括铜止水宽度、鼻子高度、立腿高度、接头焊接质量，对搬运和安装过程中发生扭曲变形、加工缺陷、焊接质量不符合要求的部位，应采用记号笔进行标识并及时处理，做好记录备案。铜止水外观质量检测如图 10－36 所示。

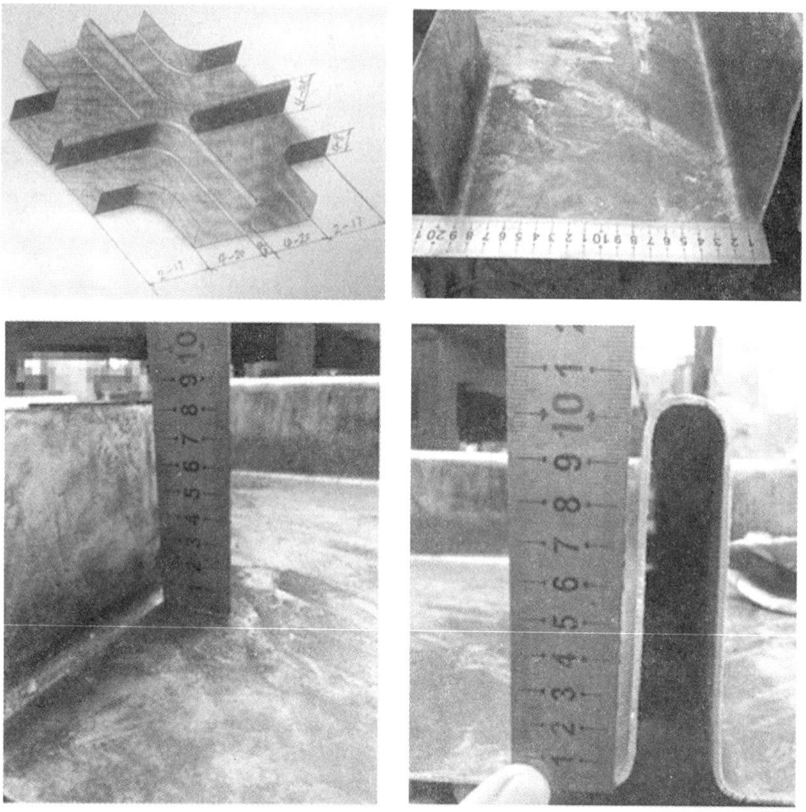

图 10－36　铜止水外观质量检测

铜止水滚压成型同时，铜止水鼻子内部自动填充装置同步启动，自动填充橡胶棒、泡沫板，然后用胶带纸封口，防止浇筑混凝土时浆液进入铜止水鼻子，影响其适应变形能力。

10.2.1.5　测量定位安装

铜止水加工和下放同步进行，铜止水加工成型端头，人工配合成型机进行导向及传送，避免因成型铜止水自重造成损坏。铜止水安装时，调整铜止水位置的施工人员应尽量处于铜止水与砂浆条带的对向侧，并查看铜止水的稳定情况，以防止铜止水滑落伤人。铜止水放置于砂浆垫层条带上部，通过测量放线，确定铜止水放置中心线位置，每隔 10m 设置一定位点。人工在坡面通过采用铜止水固定装置牵引，将成型后铜止水带放置在设计中心线上。将铜止水放置于垂直缝的正中位置，再在铜止水上贴厚 6mm、宽 100mm 的单面复合 GB 止水条，以及铜止水鼻梁 GB 保护层，安装完毕再用全站仪校正。

10.2.1.6　止水异型接头应用

面板堆石坝防渗结构的特殊性使面板垂直缝与周边缝连接处的转角和交角部位较多，一般情况下都是采用现场焊接的方法进行处理，但焊接过程中焊接区域残存很大的焊接应力，而且焊接质量难以受控。因此，为了降低接头焊接质量的薄弱环节，现场采用了一次冲压成型的整体铜止水接头。冲压成型“十”字形整条接头，“T”形整体接头实物分别如图 10－37、图 10－38 所示。

图 10－37　冲压成型“十”字形整体接头

图 10－38　冲压成型“T”形整体接头

10.2.1.7　铜止水接头焊接

针对铜止水接头外观成型质量影响因素进行控制，依据铜带宽厚尺寸范围以及铜带滚压成型铜止水的先后工序，研发出铜止水校正器装置、铜止水熔焊装置和熔焊接头工艺，主要涉及铜止水校正器研制、铜铝热焊剂试制、铜止水带放热反应模具研制及成熟的熔接工艺操作。铜止水带通过铜止水校正器校正后装入熔接腔待焊；然后用瓦斯罐对反应腔体、熔接腔上模、熔接腔下模及铜止水带进行预热除湿。将铝热焊粉装入反应腔，盖上反应腔盖，以引火方式将铜铝热焊剂引燃，使其产生氧化还原反应，生成温度 2000℃以上的高温铜液；高温铜液经流道进入并充填熔接腔，并使已预装好的铜止水带端部熔化，然后经冷却、凝固形成焊接头，最终将两端焊接在一起。铜止水熔焊装置截面及工作如图 10－39 所示。

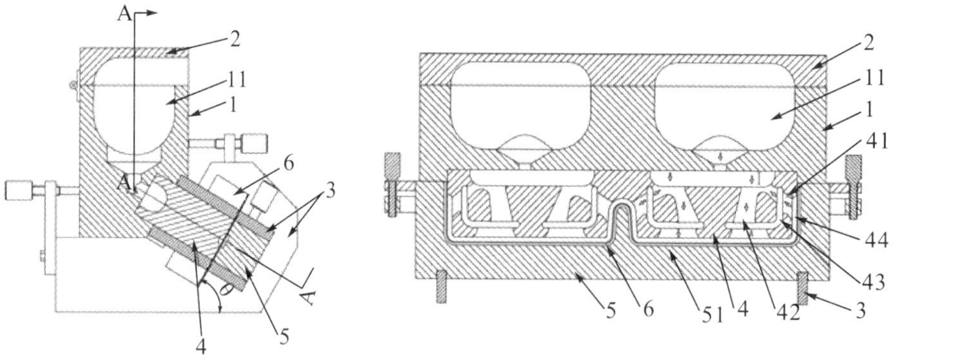

1—反应腔体；11—反应腔；2—反应腔盖；3—支架；4—熔接腔上模；41—第一流道；42—第二流道；43—分流流道；44—熔接腔；5—熔接腔下模；51—排气通道；6—铜止水带。

图 10—39　铜止水熔焊装置截面及工作示意图

铜止水焊接施工流程如图 10—40 所示。

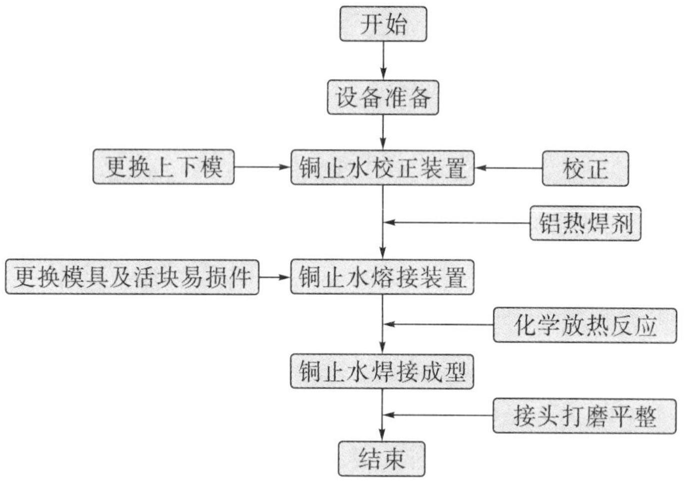

图 10—40　铜止水焊接施工流程

铜止水接头成型部位形状可根据需要进行设计、加工，有“└─┘⊓└─┘”“└─┘⊓└──”“───⊓───”及其他形状。上压模及下压模制作时，要求与铜止水接头成型的棱角圆滑过渡。更换时，上压模与活动支架以螺栓连接方式连接在一起，下压模与活动支架以螺栓连接方式连接在一起。设备准备阶段，最重要的工作是对校正器的上、下模件进行更换。校正器上、下压模结构如图 10—41 所示。

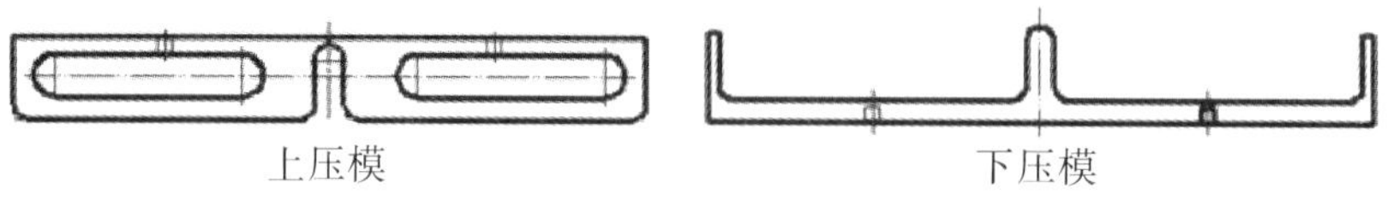

图 10—41　校正器上、下压模结构

上、下压模上“槽”“突”处的棱，应喷适当机油进行润滑，可减少铜板在压制过程中与上、下压模之间的摩擦力。压制时，将待压制的铜片放在下压模上，用六角扳手拧紧活动螺杆，上压模沿连接螺杆缓慢下降，通过与下压模结合挤压，将铜止水端部接头部位进行压制校正成设计要求的形，以此来减小铜止水与熔接模具之间的间隙。压制校正完成后，用六角扳手反向松懈活动螺杆，取出压制好的铜止水接头，并清除铜止水接头上的机油。重复上述过程，直至全部铜止水接头完成压制，结束工作。

工艺准备阶段，主要是合理确定铝粉的纯度、活性度、粒度，氧化铜粉末的氧化度、粒度，其他合金添加物的粒度及其混合比例，解决熔融焊液的流动性、温度及脱渣能力，从而避免熔接接头出现裂纹、沙眼、焊穿、气密性差、渗漏、松脱等缺陷。同时，根据铜止水的形状设计制作模具，模具结构尽可能满足重量轻、体积小、腔体焊剂使用少，方便携带、操作等特点。

将校正好的铜止水端头放入熔接模具内，先利用瓦斯罐对熔接模具进行预热除湿，再加入已配置好的铝热焊剂，引火熔接铝热焊剂，通过铝热反应所产生的高温使金属熔融，铜液流入模具熔接腔内，焊接接头以金属键形式连接，冷却凝固后将铜止水带接头两端熔接在一起，形成气密性好、无渗漏、不松脱、成型质量好（无裂纹、沙眼、焊穿等缺陷）的对接接头，完成铜止水带熔融对接焊。铜止水融焊接头实体如图 10－42 所示。

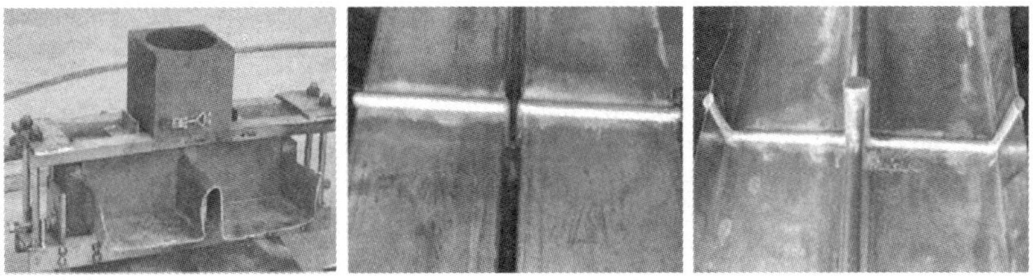

图 10－42　铜止水融焊接头实体

10.2.1.8　铜止水检测

铜止水制作成型尺寸主要检测项目为宽度、鼻子高度、立腿高度、中心部分直径，安装时检测中心与设计线偏差尺寸。焊接接头应表面光滑、不渗水、无孔洞、裂隙、漏焊、欠焊、咬边伤及母材等缺陷，应抽样检查接头的焊接质量，可采用煤油或其他液体做渗透试验检验。具体步骤如下：一看，观察焊缝外观是否存在沙眼、漏焊、裂缝等问题；二摸，涂抹煤油后在另一面用手摸拭确认是否有渗漏迹象；三闻，用手摸完后闻手上是否有煤油或其他液体气味，以此确定焊缝是否合格。

10.2.1.9　止水保护

国内现有高面板堆石坝施工工艺特点是趾板采用一期连续浇筑完成，大坝填筑和面板采用分期施工完成，因施工先后顺序安排，趾板周边缝止水和分期面板垂直缝止水外露时间较长，而该部位止水又属面板防渗结构的关键部位，损坏后恢复难度较大，因此，外露止水保护是关系到止水有效性的关键措施之一。为了防止趾板混凝土和面板混凝土浇筑完成后外露的止水遭到破坏，需采用保护装置进行保护，防护拆除时间结合面板混凝土施工流程进行调整。外露止水防护形式和防护效果如图 10－43、图 10－44 所示。

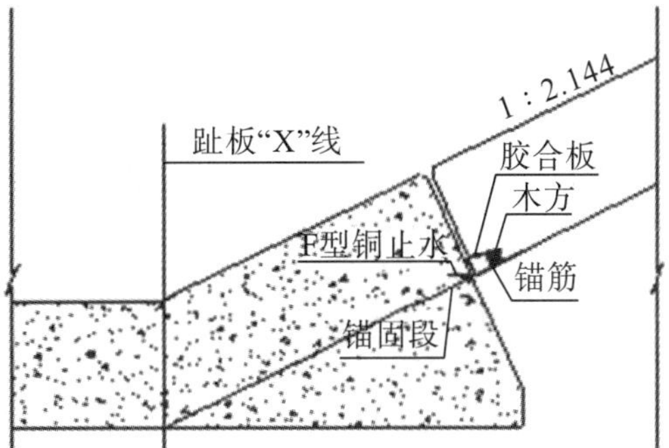

图 10－43　外露止水防护形式

图 10－44　外露止水防护效果

10.2.2　面板表止水机械化施工

面板接缝表止水主要包括河床连接板板间接缝顶部止水、面板垂直缝顶部止水、趾板周边缝顶部止水。面板接缝表止水结构如图 10－45 所示。

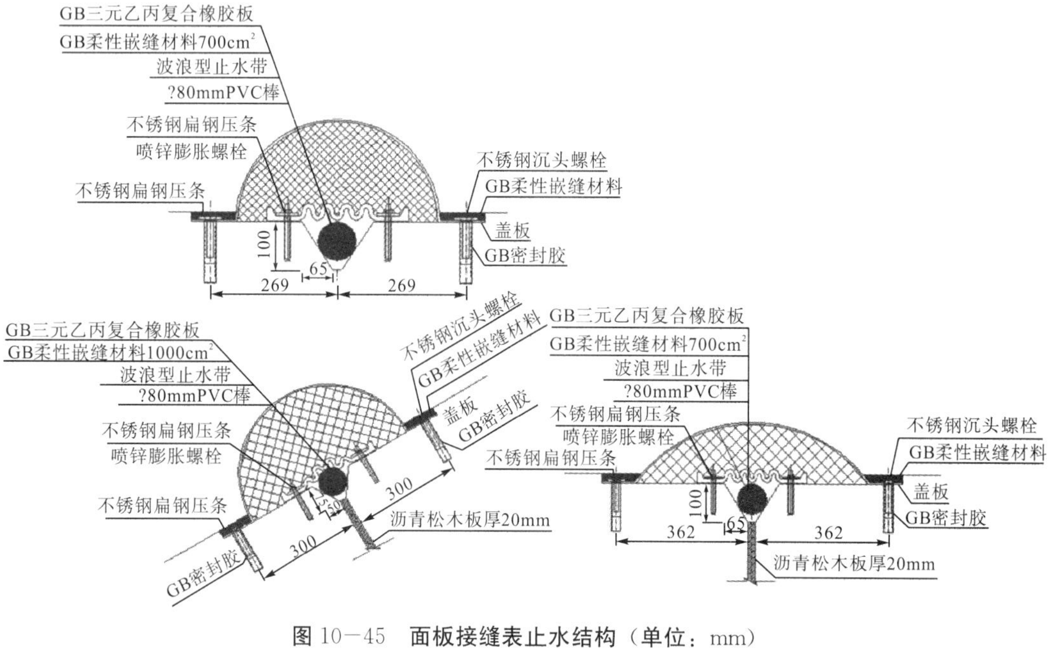

图 10－45　面板接缝表止水结构（单位：mm）

接缝表止水材料由 GB 塑性填料、GB 三元乙丙复合橡胶板、GB 波浪形止水带和 SK 底胶组成。面板受压区 B1 和 B2 缝面止水施工工序为：基础处理→铺设 PVC 橡胶棒→涂刷 SK 底胶→嵌填 GB 填料→刮涂 GB 找平密封胶→铺设 GB 盖板→安装扁钢和螺栓。周边缝缝面止水施工工序为：基础面处理→铺设 PVC 橡胶棒→涂刷 SK 底胶→刮涂 GB 找平密封胶→铺装波形橡胶止水带→安装扁钢和螺栓→嵌填 GB 填料→刮涂 GB 找平密封胶→铺设 GB 盖板→安装扁钢和螺栓。

10.2.2.1　辅助施工

（1）基面处理。

在进行面板表止水施工前，采用打磨机、钢丝刷对板间缝 V 型槽表层松动砼、灰浆、油渍、浮土、杂物进行清理，清理宽度超出表止水处理范围 10.0cm。清理过后采用风枪清洗干净。确保混凝土表面清洁、干燥。

（2）PVC 棒安装。

在塑性填料嵌填前，将 PVC 橡胶棒按照"自下而上"的方式进行分节安装。安装时，将 PVC 橡胶棒用力嵌入 V 型槽下口，棒壁纸与接缝壁应嵌紧，橡胶棒接头宜采用粘接方式进行连接固定。

（3）涂刷 SK 底胶。

SK 底胶主要用于增强 GB 止水材料与混凝土基础面的粘结性能，底胶涂刷前，应搅拌均匀，涂刷时，应均匀、平整、无漏涂，涂刷完成后，需凉置 20～30min，待底胶变黏、变稠后，进行 GB 填料嵌填。

（4）GB 塑性止水材料嵌填。

河床连接板板间接缝、面板垂直缝、趾板周边缝塑性止水材料以机械施工为主，边角和异性部位采用 GB 预制块进行嵌填。施工机械主要包括 10t 车载吊、2×5t 变频卷扬机、GB 填料挤出机、材料运输斗车构成。

10.2.2.2　GB 表止水施工设备牵引方式选择

采用 GB 填料挤出台车和材料运输斗车按照自下而上的方式进行施工，挤出台车牵引采取上部牵引和下部反向牵引方式辅助施工。上部牵引即变频卷扬机布置于面板顶部超高填筑平台，主要适用于表止水施工期间，其上部分期面板及坝体不进行施工，或者可以顶部平台具备穿插布置变频卷扬机条件。下部反向牵引即变频卷扬机布置于下部水平连接板区域，并通过分期面板顶部设置的滑轮组，反向牵引表止水施工设备自下而上施工，主要适用于表止水施工期间，其上部分期面板及坝体同期进行施工，不具备变频卷扬机布置条件。变频卷扬机布置如图 10－46 所示。

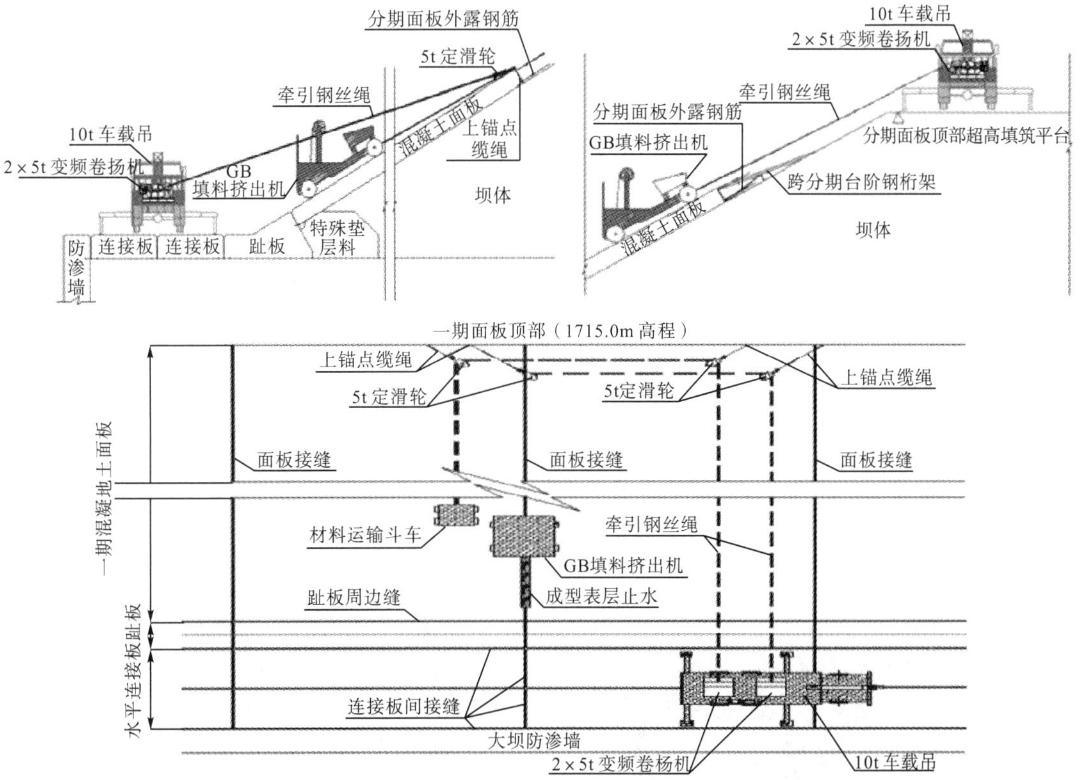

图 10－46　变频卷扬机布置

10.2.2.3　GB 塑性填料机械嵌填

GB 填料嵌填前，GB 填料挤出机与面板板间缝中心线对齐，材料运输斗车位于 GB 柔料挤出机的左侧，在启动GB填料挤出机螺旋电机同时，开始进行人工投料。投料强度与GB填料挤出机行走速度协调一致，挤压成型后的料包落入板间缝部位，当通过盖板铺设时，再利用台车上部的夯实装置盖板与填料包，填料包与混凝土基面间进行二次滚动预压成型。机械化施工效果如图10—47所示。

图10—47　机械化施工效果

10.2.2.4　GB预制块人工拼接

对于边角部位、异性块部位、接缝长度小于2.0m，或者采用反向牵引是顶部预留的长度，均需采用GB预制块进行人工嵌填安装，即采用GB填料挤出机在便于操作的施工部位，将GB填料帮按设计断面尺寸要求挤压预制成长度40～50cm的GB预制块，然后在通过人工运输至待安装部位进行拼接、嵌填，并通过橡胶锤锤击压实，确保填塞饱满、密实，几何尺寸符合设计要求。

10.2.2.5　波纹橡胶止水带异性接头硫化连接

波纹橡胶止水带异性接头采用厂家一次硫化成型，现场连接时采用热硫化焊接工艺进行连接，即将处理好的两个止水带端头放入热硫化模具内，中间预留10cm的间隙，然后把宽1.0cm的生料带嵌入接缝内，合上热熔机，固定螺栓后开始加压，使模具温度达到135℃～160℃，并保持20min，加热过程中，采用数字点温仪随时测量模具表面温度，以确保温度在要求控制范围内。达到预定的加热时间后停止加热，并使热熔机温度冷却至90℃以下，松开固定螺栓，取出止水带，进行焊接质量的外观检查。止水带异性接头硫化连接如图10—48所示。

图10—48　止水带异性接头硫化连接

10.2.2.6　表止水异性结构处理

GB盖板接缝及异性接头连接采用复合胎基布＋SK手刮聚脲涂层进行封闭。先将接缝两侧35cm范围的橡胶盖板打毛，用清洗剂清洗，然后在接缝两侧30cm范围内分层涂刷SK手刮聚脲，并对聚脲内部复合胎基布进行加强。涂刷第一遍SK手刮聚脲后，在接缝部位复合胎基布上再涂刷数遍SK手刮聚脲。每次涂刷SK手刮聚脲的允许作业时间在2h以内，直至接缝部位聚脲厚度达到4mm。施工完成后24h以内，禁止踩踏和过水。接头连接处理如图10－49所示。

图10－49　接头连接处理

10.3　面板混凝土水平分料及振捣施工

面板混凝土浇筑一般都采用溜槽入仓，现场浇筑时存在溜槽下料口距滑模距离过远、下料不匀现象，均需采用人工铁锹辅助运料至滑模处进行人工平仓，目前这种入仓方式存在的主要问题如下：

（1）由于表层布置有钢筋网，钢筋间距20cm，净间距更小，因此无法进行有效的人工平仓。虽然反复要求不能用振捣棒代替人工平仓，但当施工现场无法进行有效的人工平仓时，基本上是采用振捣棒代替人工平仓。面板混凝土入仓不及时如图10－50所示。

（2）难以确保浇筑层面混凝土的均匀性，混凝土在浇筑面有离析现象，易造成混凝土面板产生裂缝。在几个工程取芯都发现面板混凝土有不密实的现象。

（3）工程区空气极度干燥，蒸发强烈，降水量稀少，多年平均相对湿度仅40％～47％。在施工现场不仅会遇到混凝土坍落度损失大，混凝土在溜槽内流动困难，还常遇到在搅拌车加水和在溜槽内加水的现象，这对混凝土质量会产生较大的不利影响（改变了混凝土的水灰比），必须要杜绝这种现象的发生。

图 10－50 面板混凝土入仓不及时

阿尔塔什上游坝坡坡度为 1∶1.7，较一般混凝土面板坝上游坝坡坡度 1∶1.5～1∶1.4 缓很多，使混凝土在溜槽内流动更加困难，这一点应引起高度重视。

面板混凝土为斜坡面、长距离混凝土浇筑，为了减小坍落度损失，更有效地控制混凝土质量，选用轻便、耐用的材料设计纵向溜送系统。为了解决混凝土浇筑时，仓面混凝土布料不均匀和人工操作的不稳定性问题，设计水平溜送系统。

10.3.1 纵向溜槽设计

纵向溜送系统选用传统溜槽布置，每 6m 跨距布置一趟纵向溜槽作为溜送系统。纵向溜槽设计结构如图 10－51 所示。

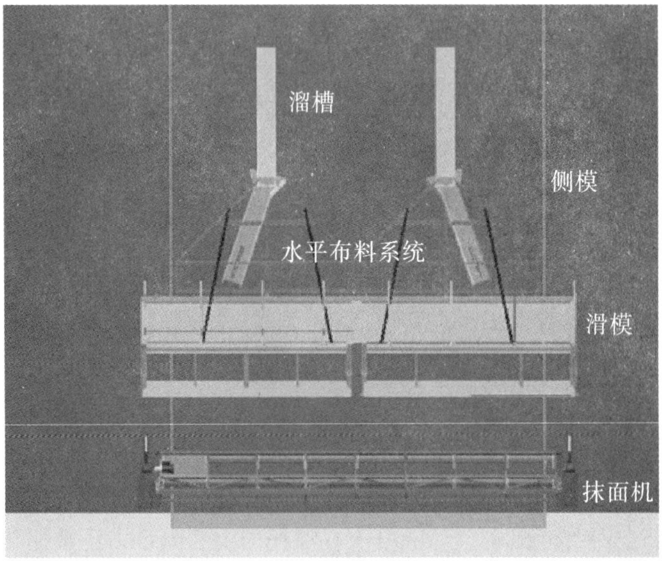

图 10－51 纵向溜槽设计结构

纵向溜槽采用 PE100 聚乙烯（PE）管材（图 10－52）制作。主要材料参数：管长 6000mm，公称外径 400mm，公称壁厚 12.3mm，单位质量 5.21kg/m，溜槽为无压设计，故最低公称压力采用 0.6MPa。

图 10－52　PE 管材

单根溜槽由一根 6m 的 PE 管从中间分割而成，分割采用切割机按预线刻画好的中线进行切分。单根溜槽理论质量为 5.21×6＝31.26（kg）。

10.3.2　水平布料设计

为了使仓面达到更好的水平铺料效果，仓面水平布料系统采取两套设计方案替代传统人工摆动溜槽下端铺料工艺，它们分别为螺旋式水平布料系统和滑动式水平布料系统。

（1）螺旋式水平布料系统。

螺旋式水平布料系统（图 10－53）主要由运行桁架、螺旋输送管（图 10－54）和螺旋驱动电机组成。

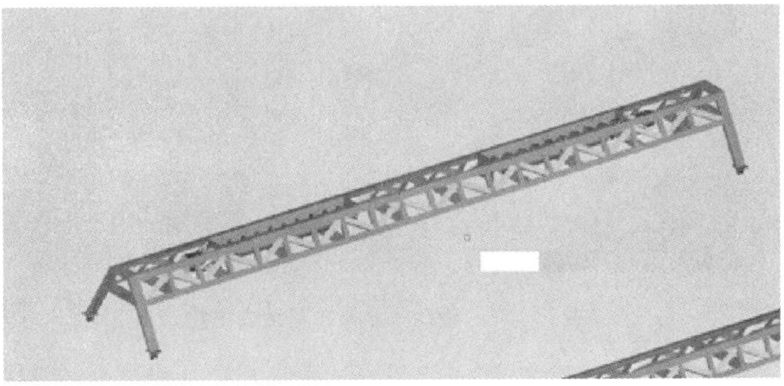

图 10－53　螺旋式水平布料系统

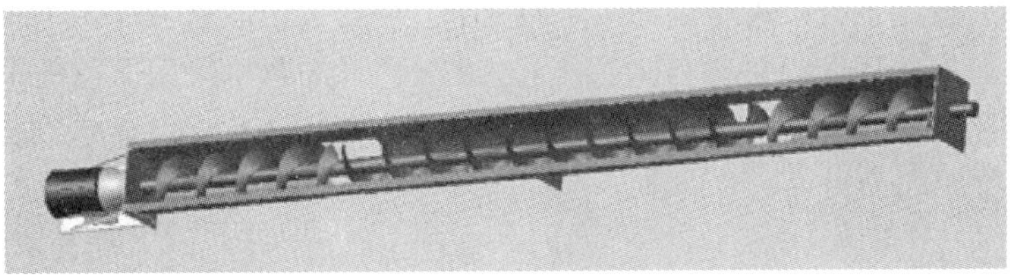

图 10－54　螺旋输送管

（2）滑动式式水平布料系统。

滑动式水平布料系统（图 10－55、图 10－56）主要由运行横轨、三角托架、滑动溜槽和驱动组成。

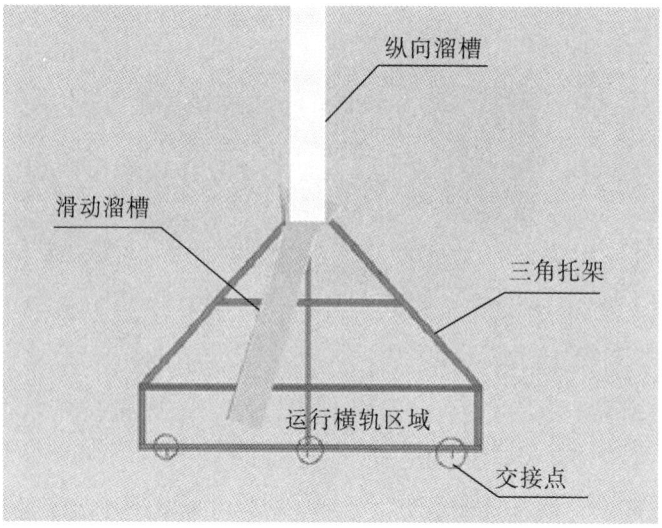

图 10—55　滑动式水平布料系统结构

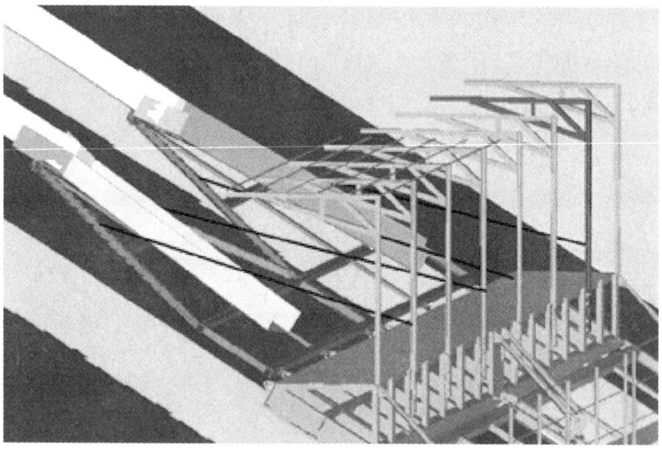

图 10—56　滑动式水平布料系统布置

10.3.3　输送施工

混凝土水平布料机施工时采用卷扬机钢丝绳牵引，并布置于溜槽与滑模之间，且布料机后端与溜槽搭接，前端出料口采用电动驱动实现混凝土水平分料。布料机采用遥控操作，在四个支腿上分别有电动丝杆升降机，在施工过程中可随面板高度的降低而调整布料机高度。水平布料机结构如图 10—57 所示。

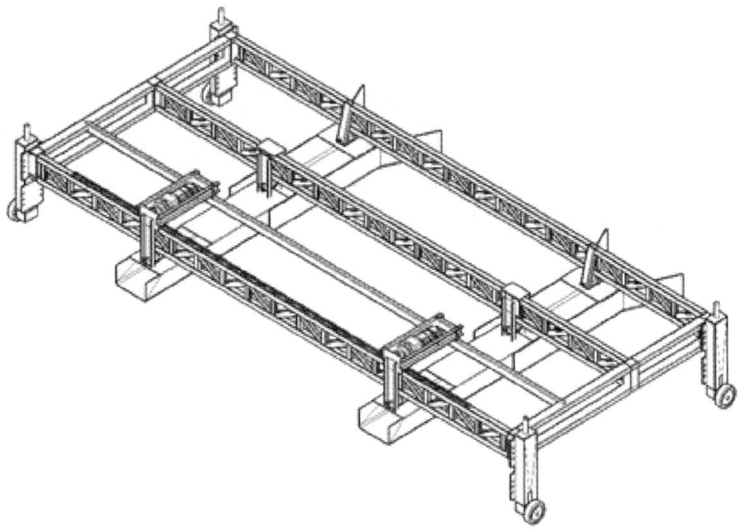

图10—57　水平布料机结构

仓内混凝土振捣靠侧模部位采用50型振捣棒，中部部位采用70型振捣棒，振捣全过程实行定人定岗操作。在滑模两侧对称布置有用于滑模提升的穿心式千斤顶，用于滑模提升。穿心式千斤顶穿行钢绞线上端与卷扬机共用一套基础，下端不固定。采用穿心式千斤顶替代卷扬机进行滑模提升的原因是其具有启动平稳、受力均匀等特点，有利于面板混凝土表面平整度控制，且能够解决滑模浮模问题。

10.4　混凝土面板自动抹面

10.4.1　混凝土面板机械化设备研制

针对传统混凝土抹面技术存在的问题，特地研制一种堆石坝面板混凝土机械化抹面施工技术，凭借技术结构设计的合理，解决了传统施工技术中人工抹面已无法解决的施工难题，达到高质量、快速、安全机械化抹面施工目的。通过机械化、标准化的施工，可以有效地提高工程施工效率和工程质量，减少人为因素造成施工质量的不稳定的影响。同时，可节省大量的人工，降低工程成本。而且随着操作人员的大量减少，能有效地减少安全隐患。

10.4.1.1　面板坝面板混凝土抹面机的设计

结合混凝土面板1∶1.7坡面施工特点，以及设备纵向长度12.8m，设备成型整体应采用较为轻便的，上部主桁架采用C20槽钢作为主梁、C10槽钢作为纵横向连接梁、∠50角钢作为桁架斜撑。借助目前已成型的类似产品对抹面机进行整体改进及提升，但考虑到混凝土面整体外观质量，这里主要对抹面机磨面装置进行改进。采用两根整轴式管轴，分别用不同转速设计来实现初平、精平效果，保障混凝土面整体外观成型质量，防止表面不平整出现次生裂缝，设备行走部分利用布置的卷扬机、轨道以卷扬机＋轨道实现坡面上下移动。抹面机三维示意图、抹面机结构分别如图10—58、图10—59所示。

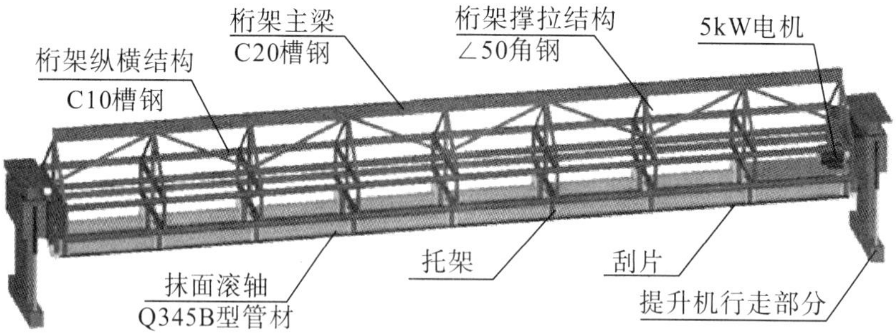

图 10－58　抹面机三维示意图

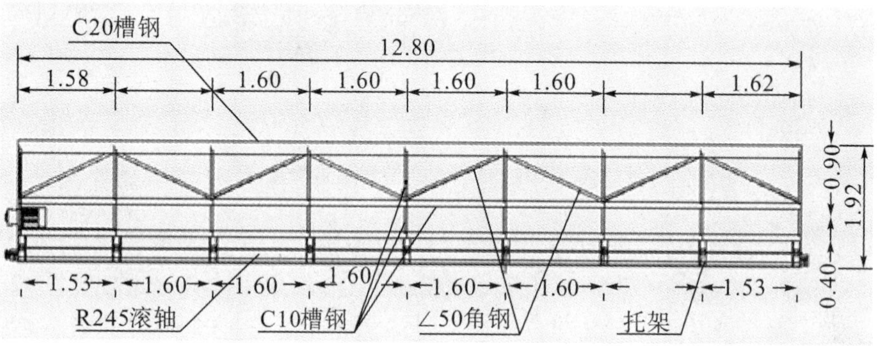

图 10－59　抹面机结构

主桁架及斜撑钢材均采用国标 Q235B 型钢材，桁架交点之间连接采用焊接方式进行连接，以撑拉相结合的原理确保整体桁架结构的受力均匀及安全稳定性。桁架结构三维示意图如图 10－61 所示。

图 10－60　桁架结构三维示意图

抹面部件采用国标 Q345B 型直径 0.245m 管材作为主要部件，在下部设置两根整长 12.8m 空心钢管，前一根作为转速较低的初平，后一根作为转速较高的精平，转动动力拟采用 5kW 电机＋减速器，采用链条式传动＋链齿带动以提高转速的稳定性及安全性。抹面滚轴上部采用 C10 槽钢＋16mm 钢板＋滚轮托架记性固定，托架布置间距约 1.6m 且采用螺栓于桁架连接固定，以便于更换拆卸。托架主要用于防止 12.8m 整轴运转过程中发生上浮现象，下部采用 Q345B 型 16mm 钢板与滚轴紧密相靠，与托架采用螺栓连接，主要用于防止出现 12.8m 整轴运转过程中发生下沉及粘料现象。抹面机抹面部件三维示意图、抹面机抹面部件结构分别如图 10－61、图 10－62 所示。

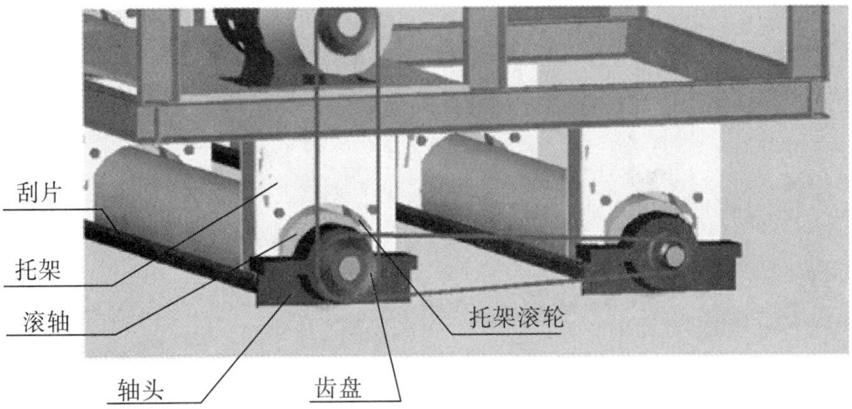

图10－61　抹面机抹面部件三维示意图

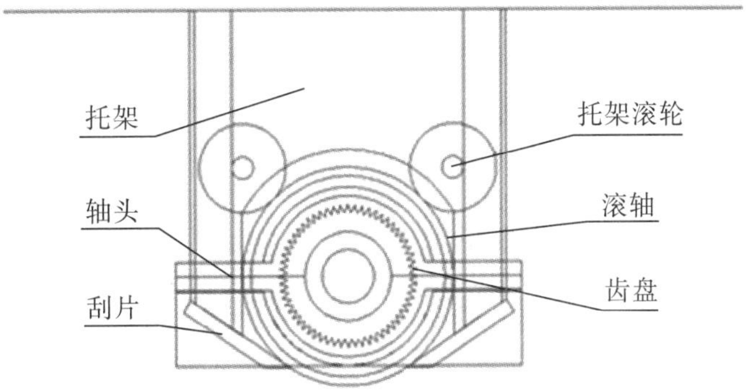

图10－62　抹面机抹面部件结构

提升部分采用箱套式滑动，套箱内部纵、横向均匀布置多组钢轮，以减小提升过程中的摩擦力，提升动力主要来源于两端各设置的两支2t液压油缸，液压油泵安置在电机另一端以保持整体平衡稳定。

10.4.1.2　面板坝面板混凝土圆盘抹面机的设计

结合混凝土面板1∶1.7坡面施工及混凝土仓面宽6～12m的特点，以及设备纵向长度12.8m，考虑到设备自重对混凝土抹面成型效果，设备采用桁架作为主体结构，纵向两侧采用三角斜撑加固，借助目前已成型手扶式圆盘抹面机进行改进及提升，选取磨盘直径900mm磨面机主体及传动部分对整体式桁架进行加工。圆盘抹面机设计示意图如图10－63所示。

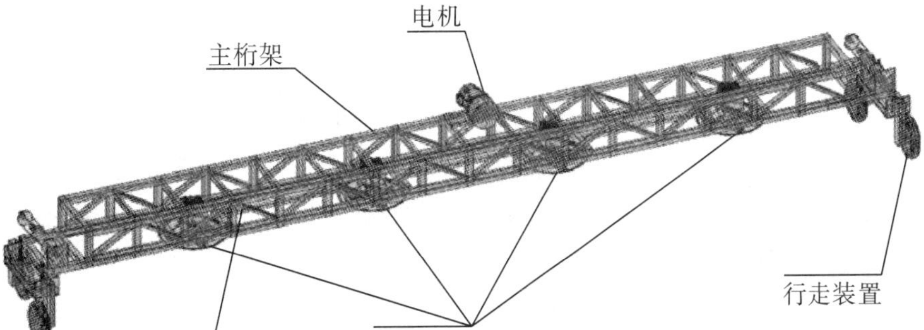

图10－63　圆盘抹面机设计示意图

主桁架及斜撑均采用国标Q235B型钢材，桁架主材采用100mm×100mm方钢制作，纵向长度

14.6m，纵向两侧采用100mm槽钢+100mm×100mm方钢做三角斜撑加固，上部采用方钢按0.8m间距均匀设置，下部开放式设置，桁架内侧采用16#槽钢作滑槽，安放抹面组件。各交点之间连接采用焊接方式进行连接，以撑拉相结合的原理确保整体桁架结构的受力均匀及安全稳定性，圆盘抹面机桁架结构如图10—64所示。

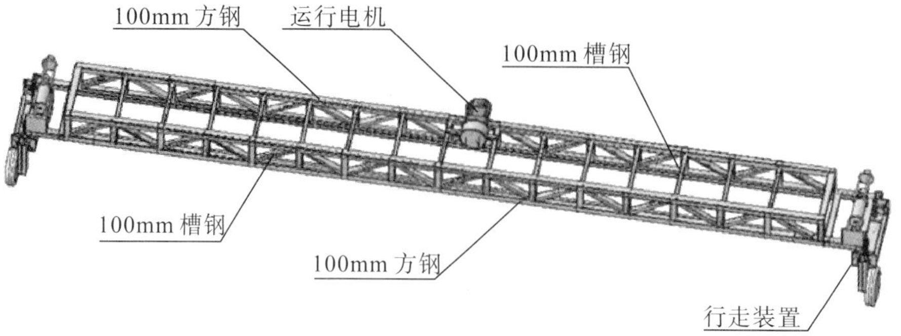

图10—64　圆盘抹面机桁架结构

抹面部件采用国标Q235B型钢材，选用目前市面复核出厂质量合格检测标准的，抹盘直径为800mm的成品圆盘抹面机进行升级改进，在桁架内部均匀布设4台，采用槽钢支架固定，每台圆盘抹面及其之间采用槽钢连接，转动动力拟采用1.5kW电机+减速器提供，桁架顶部设置一台1kW电机+减速器配合钢绳牵引使圆盘抹面机在混凝土面做往复运动，达到混凝土抹面自动抛光效果。圆盘抹面机抹面部件结构如图10—65所示。

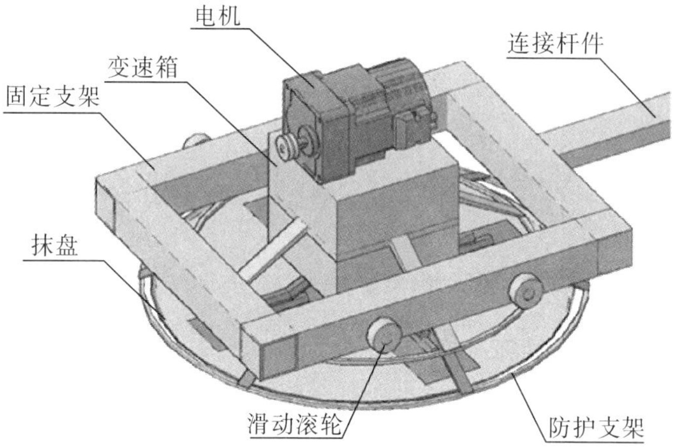

图10—65　圆盘抹面机抹面部件结构

混凝土抹面机整套设备质量约1.5t，混凝土面板浇筑斜坡运行根据施工实际配置确定，采用穿心式千斤顶或卷扬机皆可，为保障斜坡面运行安全稳定，特地在抹面机两端设置了简易行走部件，考虑挤压边墙混凝土抗挤压强度较低，轮胎采用橡胶真空胎。圆盘抹面机行走装置结构如图10—66所示。

初平采用滚轴式抹面设备，采用双滚轴设计、平行进行布置，前端滚轴转速低，主要用于凹凸部位混凝土赶平以及将多余混凝土推赶至欠料区域，修补混凝土缺陷；后端滚轴转速较快，约为前端滚轴转速的3倍，主要用于对混凝土表面缺陷修补完成后的混凝土大面进行二次找平、初抹。

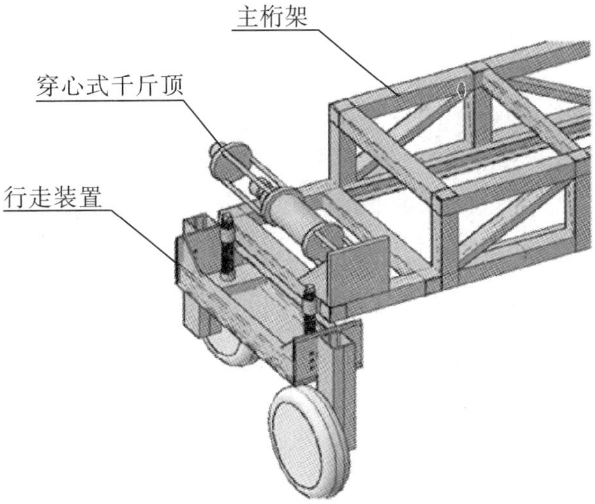

图 10－66　圆盘抹面机行走装置结构

二次找平采用圆盘式抹面设备，将 4 套立式圆盘坡面设备均衡布置，混凝土仓面横向设置导向桁架以及牵引回旋设备实现横向运行，圆盘抹面设备运行，以及抹面圆盘自身转动的同时，圆盘在混凝土仓内自动做横向往返运动，通过长时间挤压、多次往返抹面，使混凝土外观达到精平，满足最终外观质量要求。

自动抹面设备作业时，滑模后部首先布置滚轴式抹面设备，然后布置圆盘式抹面设备；经滚轴式抹面设备先进行缺陷处理、初平后，圆盘抹面设备再进行精平成型，所有施工过程以自动化、流水线式完成。抹面设备可依附于滑模提升设备一同上升，也可单独增加一套提升系统运行，主要根据现场实际情况，以不影响滑模混凝土浇筑提升速度为准。

10.4.2　设备制作

经初步设计，抹面设备分别为滚轴式抹面机和圆盘式抹面机。

（1）滚轴式抹面机：依靠设备自身重量，利用前后两根滚轴转速差，实现前一根慢速对混凝土表面存在凹凸不平部位混凝土进行赶平，达到找平目的。后一根快速滚轴，在前面找平的基础上实现混凝土抹光功能。

（2）圆盘式抹面机：利用圆盘抹面机运输转动，配合桁架上部安装的往返运行电机，模拟人工水平混凝土找平、抛光作业，实现混凝土面找平抹光。

（3）控制系统：考虑设备斜坡面运行可能出现的故障等因素对操作人员的安全带来的风险，设备控制均采用远程遥控＋自动循环控制的方式进行设计。

综合考虑设备及其加工精度，设备制作专门选取具有钢构件设备加工资质的加工厂进行加工制作。

10.4.3　设备现场实地实验

圆盘式抹面机增加了高度调整和两侧支撑装置于 49＃、18＃仓并进行了现场试验应用。因为圆盘式抹面机设备自重较轻，所以坡面运行牵引与滑模采用钢丝绳相连接，且与滑坡一同上升。根据现场应用情况，圆盘式抹面机在启动初期能有效按照设计预想要求进行抹面运行，但过程中因混凝土表面存在局部高低起伏，故需在使用过程中经常进行高度调整。目前使用的高度调整装置为手摇丝杆，使用比较费力，后续将改为涡轮丝杠升降机进行抹面机高度调整或者将抹面圆盘改为弹簧自适应式。抹面机现场试验如图 10－67 所示。

图 10－67　抹面机现场试验

10.4.4　抹面机施工

抹面机施工流程如图 10－68 所示。

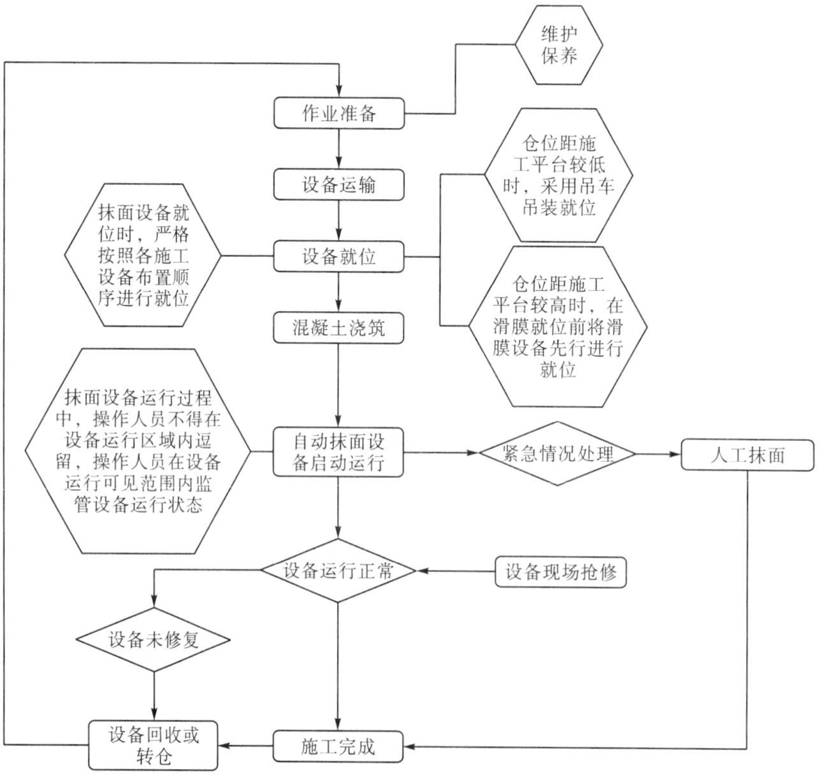

图 10－68　抹面机施工流程

自动抹面设备就位后，先进行设备各项指标检查，确认无误后方能投入使用。

首先进行混凝土浇筑施工，待混凝土浇筑滑膜提升至混凝土浇筑成型面足够抹面机运行宽度时，开始启动滚轴式抹面设备，打开滚轴式抹面设备电源开关，人员离开设备运行区域，在无线遥控设备上点击“开”按钮。需要注意的是，启动遥控器控制程序电源，点击“启动”按钮，启动时先采用点动急停方式来查看设备是否正常运行。滚轴式抹面设备运行同时随滑膜滑升，当滑升出露满足圆盘式抹面设备运行时，启动圆盘式抹面设备进行初抹成型面精抹施工，圆盘式抹面设备操作方式与滚轴式一致，打开圆盘式抹面设备电源开关，人员离开设备运行区域，在无线遥控设备上点击“开”按钮，启动遥控器控制程序电源，点击“启动”按钮，启动圆盘式抹面设备进行抹面施工，正常使用前，同样采取点动急停方式先测试设备运行情况是否正常。

设备运行过程中严禁一切人员在设备运行区域以及设备分布区间内逗留，设备操作人员必须站在能观察到设备运行的位置进行设备运行监控，且遥控器操作不能在不通视或遥控器使用周围有高频干扰设备运行下进行，否则会影响遥控器性能。

10.5　面板混凝土智能养护

随着越来越多因保温养护不当造成的混凝土开裂，建筑界也越来越重视混凝土保温养护，但目前国内大多数项目对混凝土仅依靠人工洒水进行养护，且没有系统性、自动化的监测手段。较大的裂缝一般都是由温度应力导致的，面板的温度应力主要来自内外温差和均匀温降两个方面。又由于混凝土面板厚度较小，外界温度变化引起的混凝土内部温度变化梯度很大，因此，面板混凝土温度沿板高度产生的拉应力变化很快，从而使得面板混凝土表面产生的裂缝很快下开展，相对于厚板混凝土来说，薄板混凝土更易于出现裂缝的开展和贯通。新疆某地区面板堆石坝裂缝分布如图 10－69 所示。

图 10－69　新疆某地区面板堆石坝裂缝分布

10.5.1　系统设计

（1）原材料温度、湿度适时监控技术研究。通过便携式温度采集设备，基于蓝牙技术，实现机口、入仓、浇筑温度的实时测量、定位、传输、入库。监控系统示意图如图 10－70 所示。

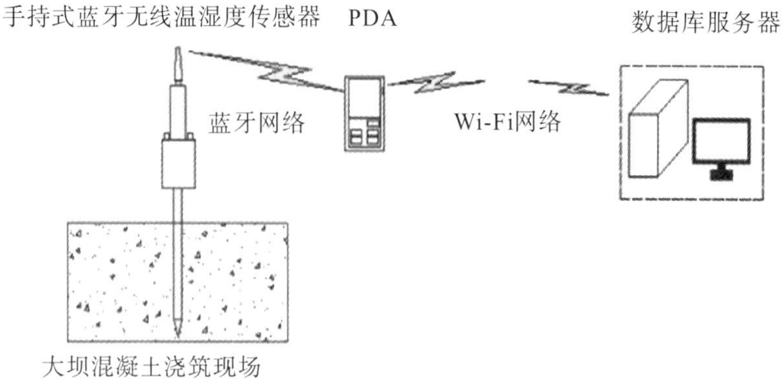

图 10-70　监控系统示意图

（2）大气温度、湿度监控系统技术研究。混凝土仓面小气候、气温的自动感知，实时监控。

（3）混凝土内部温度、湿度监控与报警系统技术研究。开发了适应大坝施工恶劣环境的数字式温度计（耐低温），实现内部温度、温度梯度数据的自动采集。

（4）混凝土保湿养护自动启动体系建立技术研究。利用互联网技术研发大体积混凝土防裂智能监控软件系统，以混凝土全过程温度应力最优为目标，全环节优化关联，实现混凝土内外部温度信息实时监控、保温和养护自动启闭。

10.5.2　面板模拟实验数据分析

根据面板混凝土浇筑模拟试验，对面板混凝土内、外温差数据进行收集及整理。

现场共计埋设混凝土温度探头 7 个，其中表面 5cm 深探头 1 个（10＃探头），埋深 30cm 探头 2 个（3＃、7＃探头），埋深 50cm 探头 1 个（8＃探头），养护材料下养护温度检测探头 2 个（12＃、13＃探头）。混凝土温度探头埋设如图 10-71 所示。

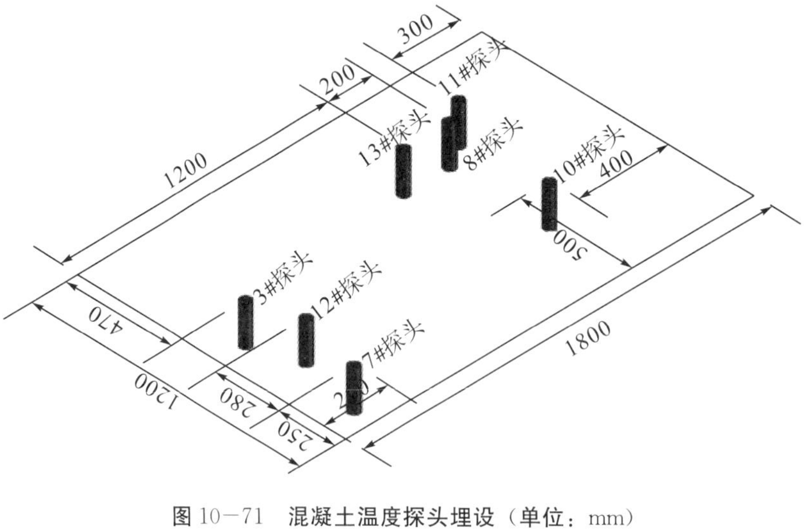

图 10-71　混凝土温度探头埋设（单位：mm）

现场温度数据采集自 10 月 6 日至 10 月 9 日早晨。分析数据后找出混凝土内外温差、混凝土温度与环境温差等。内外温差折线图如图 10-72 所示。

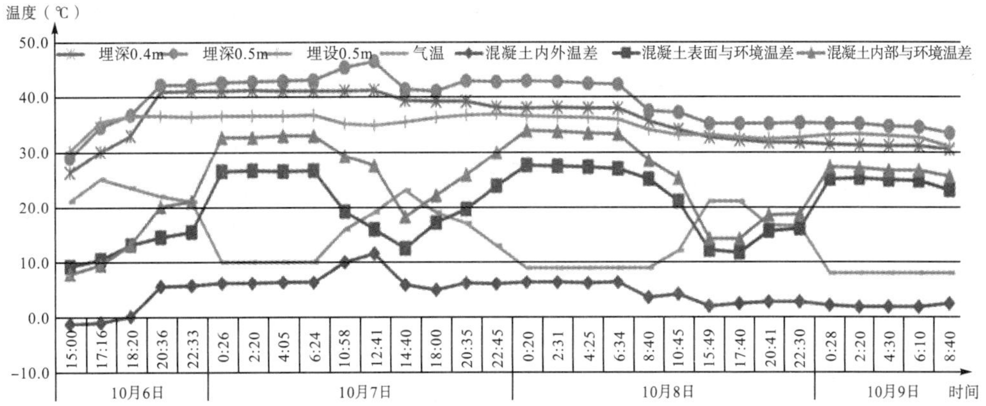

图 10—72　内外温差折线图

埋深 0.5m 和 0.05m 温度计自 10 月 6 日 10：40 开始采集数据，混凝土温度在 10 月 6 日 10：40至 10 月 7 日 12：41 温度呈上限趋势，10 月 7 日 12：41 往后混凝土温度出现逐步下降趋势。

根据现场记录，混凝土内部最高温度 46.5℃。采用埋深 0.5m 温度计与 0.05m 温度计进行对比。混凝土内外温差为－1.3℃～11.6℃，混凝土表面与环境温差为 9.2℃～27.6℃，混凝土内部与环境温差为 7.9℃～33.9℃。

同时，为确定混凝土内部温度变化关系，通过试验监测发现在混凝土浇筑 21.7h 后温度升至最高 46.5℃。浇筑 48h 后其温度趋于稳定。现场浇筑混凝土内部温度与时间关系如图 10—73 所示。

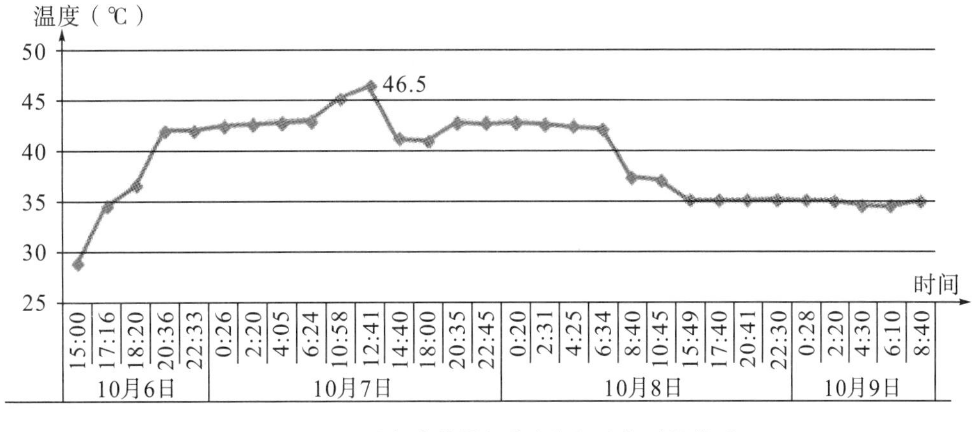

图 10—73　现场浇筑混凝土内部温度与时间关系

10.5.2.1　土工膜保温成果

混凝土浇筑后使用土工膜覆盖方式进行养护，且现场养护洒水采用自流水的方式。对比养护表面温度与环境温度，采用土工膜进行覆的盖温差在 0.2℃～16.4℃。土工膜保温后自然环境温度、混凝土表面温度与时间关系如图 10—74 所示。

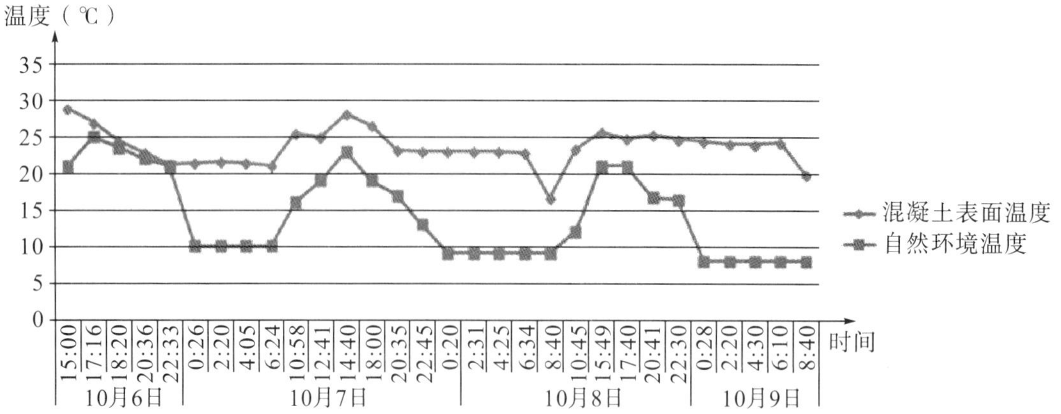

图 10－74　土工膜保温后自然环境温度、混凝土表面温度与时间关系

10.5.2.2　保温棉保温成果

混凝土浇筑后使用保温棉覆盖方式进行养护，且现场养护洒水采用自流水的方式。对比养护表面温度与环境温度，采用保温棉进行覆盖的温差为−0.9℃～12.5℃。保温棉保温后自然环境温度、混凝土表面温度与时间关系如图 10−75 所示。

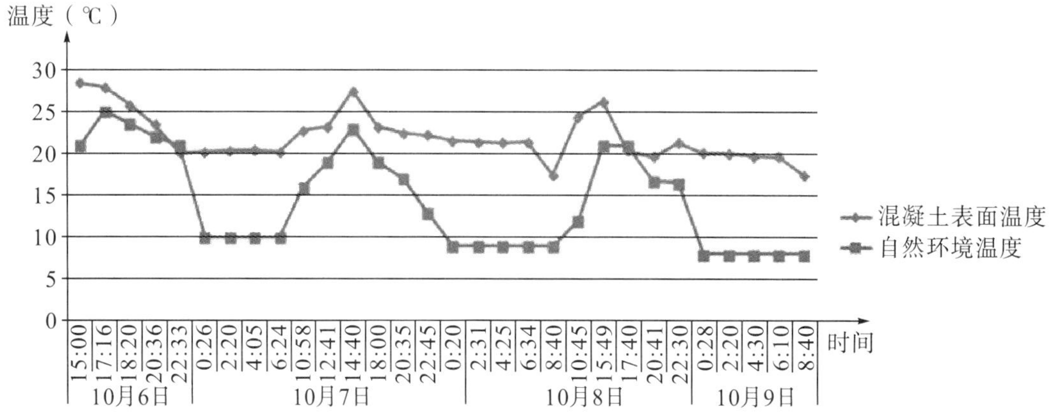

图 10－75　保温棉保温后自然环境温度、混凝土表面温度与时间关系

10.5.2.3　气泡膜养护成果

试块混凝土拌制前对砂石骨料、拌制用水及混凝土出机口、入仓温度进行监测。试块混凝土监测温度见表 10−2。

表 10－2　试块混凝土监测温度

监测项目	砂	小石	中石	水	出机口	入仓
温度（℃）	1	1	0	22	10	8

从混凝土出机口或入仓温度得出，试块混凝土温度符合规范要求（5℃～28℃）。

采用气泡膜覆盖方式进行 8 组养护试验，分别针对起泡膜层数、气泡朝向等做了相关布置与试验，试块分类见表 10−3。

表10-3 试块分类表

混凝土试块标号	包裹气泡膜方式	混凝土试块标号	包裹气泡膜方式
混凝土试块一	单层气泡膜气泡朝内	混凝土试块二	单层气泡膜气泡朝内
混凝土试块三	单层气泡膜气泡朝外	混凝土试块四	单层气泡膜气泡朝外
混凝土试块五	双层气泡膜气泡朝内	混凝土试块六	双层气泡膜气泡朝内
混凝土试块七	双层气泡膜气泡朝外	混凝土试块八	双层气泡膜气泡朝外

现场养护洒水采用自流水方式。共分4组，即试块一与试块二、试块三与试块四、试块五与试块六、试块七与试块八，对比养护表面温度与环境温度。试验结果如下：

(1) 通过8个试块的温度检测的对比分析，气泡膜向内和向外对于混凝土试块的保温影响基本一样。双层气泡膜的最高温度要比单层气泡膜的最高温度高3℃~4℃，它们的最低温度基本一致。

(2) 对现场试块进行观察可以得出，气泡膜不具备吸水性，对混凝土的保湿起到了很好的效果。

(3) 气泡膜采用胶粘连接可以达到12m。

通过以上试验看出双层气泡膜保温效果最好。因此，面板养护覆盖保温材料选择双层气泡膜。为了达到最好的保温效果，在双层气泡膜表面覆盖一层土工膜（两布一膜200g/0.5mm/200g）。

10.5.3 养护质量提高

(1) 面板混凝土浇筑完成后，在其表面覆盖复合土工膜和气泡膜，并开启长流水养护。

(2) 为了确保养护水与混凝土温度差≤25℃，计划在左右岸临时断面设置临时水箱，并使用408kW电加热管对临时水箱进行加热，提供热水。左右岸高位水池提供冷水，主要为低温季节施工面板混凝土提供养护用温水，同时在混凝土内部采用埋入式温度计，且在混凝土浇筑现场采用积温仪，实时监测混凝土内部温度、大气温度和养护用水温度，并随时对养护用水温度进行调整。

(3) 温度监控：按照仓位每提升30m范围内，在中部位置的混凝土（5cm位置、中心位置）设置温度检测点，采集实时温度，并且能够以多样化的方式显示出来（折线图、记录表、变化速率等），现场自然温度在左右岸设置两个测点集中测温收集。

(4) 水温控制：要求以温度监控系统收集得到的混凝土中部温度，反馈控制养护水温的调节，调节水温暂定设置为25℃，与混凝土内部最高温度46.5℃相差21.5℃；若水温与混凝土内部温度相差小于20℃，系统则按照1℃/d的温度降速控制水温，直到养护水温达到15℃时停止。

(5) 当每仓面板在浇筑完成后，使用热水养护7d，其强度可以达到浇筑完成后28d强度的80%，其内部温度也基本与外部温度趋于一致。若环境温度存在负温度的情况下，可以按照1℃/d的温度降速，进行水温调整，直到水温为15℃；若环境温度一直保持在0℃以上，即可按照1℃/d的温度降速，将水温降到环境温度，即采用常温水进行养护。

(6) 当环境温度与混凝土内部最高温度差小于20℃时，则可停止热水加热，采用常温水直接进行养护即可。

(7) 智能监控：针对温控施工管控存在的问题，采用信息化、数字化、智能化手段对温控质量进行全环节监控，确保监测与控制信息的及时、准确、真实、系统，以温控施工监控的智能化促进温控施工的精细化。

第 11 章　高寒干燥环境面板混凝土防裂控制

11.1　材料及施工条件对面板开裂的影响分析

混凝土裂缝受原材料和施工条件影响较大，混凝土一般原料一般包括水泥、粉煤灰、砂石、外掺料等。原料的组成情况和基本性质无疑是影响混凝土性能的重要因素。施工条件如入仓温度、养护温度和养护湿度等同样对裂缝有着较大影响。下面主要针对上述因素对混凝土面板裂缝影响规律和作用机理进行研究。

11.1.1　水泥品种

水泥是混凝土的最重要的成分之一。为探究不同类型的水泥对混凝土裂缝的影响，从常见的Ⅰ、Ⅱ、Ⅲ、Ⅴ型水泥中各选取一种较有代表性的水泥组分进行数值模拟，各组分的化学成分见表11－1。本次计算所使用的材料为工程中常用的 P42.5 型水泥，其成分更接近Ⅱ型水泥。由于不同厂商生产的相同型号水泥在成分上也不尽相同，而 LUSAS 软件系统具有自定义水泥成分的功能，因此在做工程实际分析时可以根据厂商提供的水泥化学成分来进行相关的设置。这里选取了每一种水泥中较有代表性的水泥组分进行分析。

表 11－1　水泥化学成分

水泥品种	化学成分							理论水化热(J/g)
	Ca_3Si	Ca_2Si	$Ca_3Al_2O_6$	铁铝酸四钙	游离氧化钙	SO_3	MgO	
Ⅰ	0.565	0.140	0.100	0.080	0.029	0.035	0.013	526
Ⅱ	0.510	0.240	0.053	0.166	0.004	0.025	0.009	458
Ⅲ	0.600	0.110	0.120	0.081	0.013	0.045	0.010	530
Ⅴ	0.430	0.360	0.040	0.120	0.004	0.015	0.016	428

在 LUSAS 系统中，将水泥材料依次设置为系统内置的四种型号水泥，并分别计算得到温度、湿度、裂缝尺寸、应力结果。为便于对比分析各项数据结果，在对称结构面（即混凝土中心位置），选取 4 个特征点：底面、0.3m 高层、0.6m 高层、表面。各点位置如图 11－1 所示。

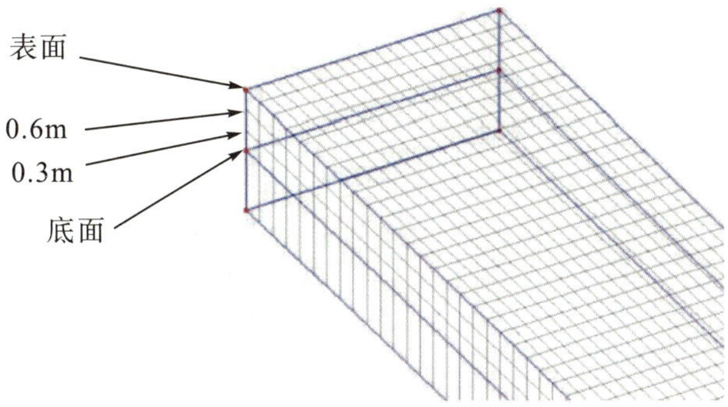

图 11－1　特征点位置

11.1.1.1　温度

在对称结构面，选取 4 个特征点：底面、0.3m 高层、0.6m 高层、表面。各点的温度随时间的变化如图 11－2 所示。每一种型号水泥配制的混凝土内部温度都在较短时间内达到最大值。内部温度在 10～15 天内降至 25℃以内。温度最高点均位于 0.3m 高层。四种型号水泥的温度计算结果见表 11－2。四种型号水泥水化热理论计算大小排序为Ⅲ＞Ⅰ＞Ⅱ＞Ⅴ，温度计算结果为Ⅲ＞Ⅰ＞Ⅱ＞Ⅴ，表明混凝土的水泥成分对浇筑后混凝土内部温度影响较大。各型号水泥特征点温度变化、各型号水泥峰值温度对比如图 11－2、图 11－3 所示。

表 11－2　各型号水泥的温度计算结果

项目	Ⅰ型	Ⅱ型	Ⅲ型	Ⅴ型
最高温度（℃）	64.3	47.1	75.7	35.8
表面温度（℃）	42.0	33.0	45.0	27.0
体表温差（℃）	22.3	14.1	30.7	8.8
最高温度时刻（d）	0.6	0.9	0.3	1.0
最高温度位置（m）	0.3	0.3	0.3	0.3

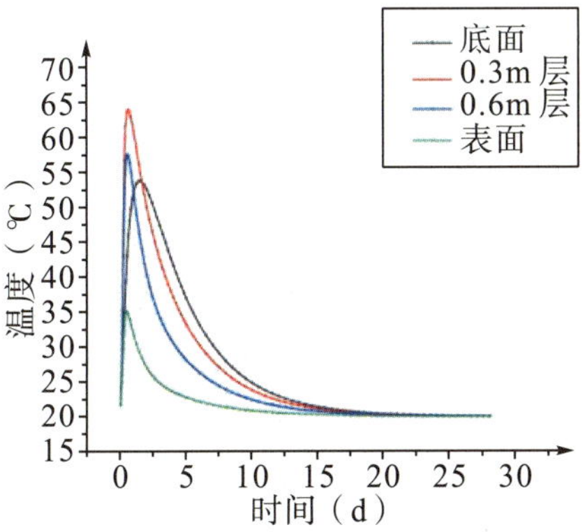

(a) Ⅰ型水泥

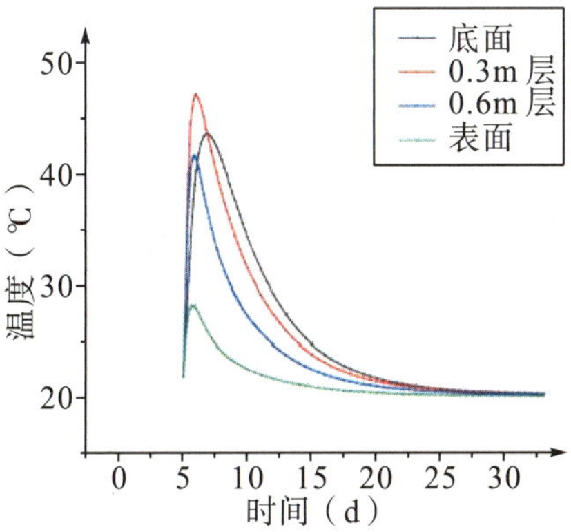

(b) Ⅱ型水泥

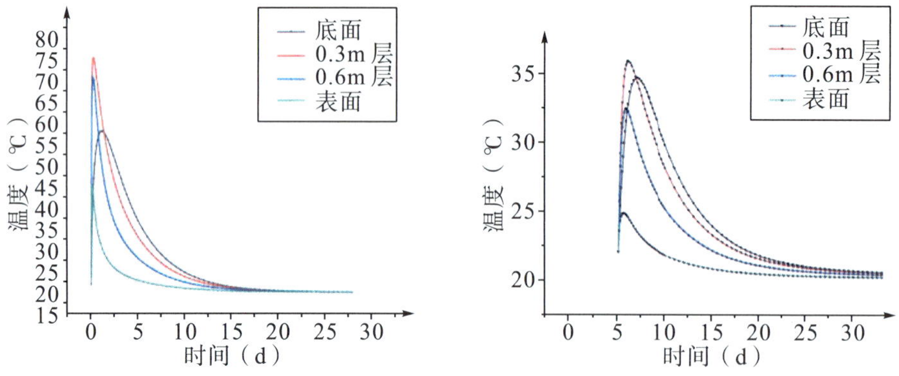

（c）Ⅲ型水泥　　　（d）Ⅳ型水泥

图 11－2　各型号水泥特征点温度变化

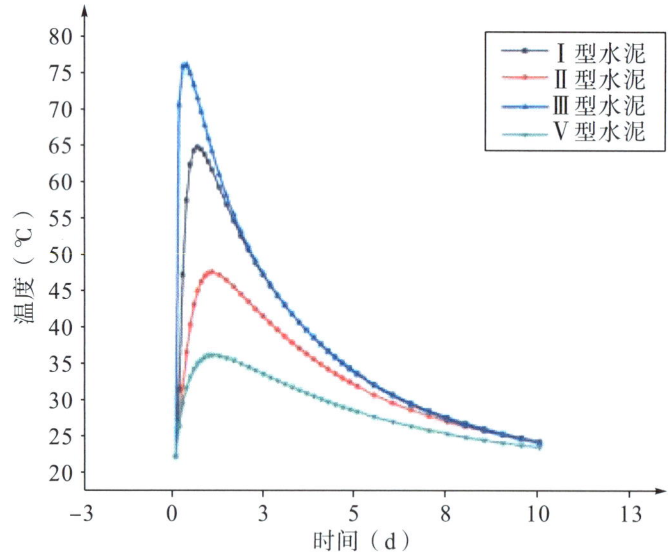

图 11－3　各型号水泥峰值温度对比

11.1.1.2　湿度

湿度是混凝土养护的重要指标。不同型号水泥配制的混凝土湿度随时间变化的计算结果如图 11－4 所示。四种型号水泥对应的湿度变化趋势大致相同，表现为底面、0.3m 层和 0.6m 层的湿度均缓慢趋近于养护湿度 0.8，且内部湿度变化较慢，表面湿度变化较快，Ⅰ型和Ⅲ型水泥对应表面湿度在 5 天内降至最低，分别为 0.67 和 0.64；Ⅱ型水泥表面湿度在第 10 天降至最低，为 0.73；Ⅴ型水泥在第 15 天降至最低，为 0.78。结合温度分布特征来看，混凝土温度越高，表面湿度越低。

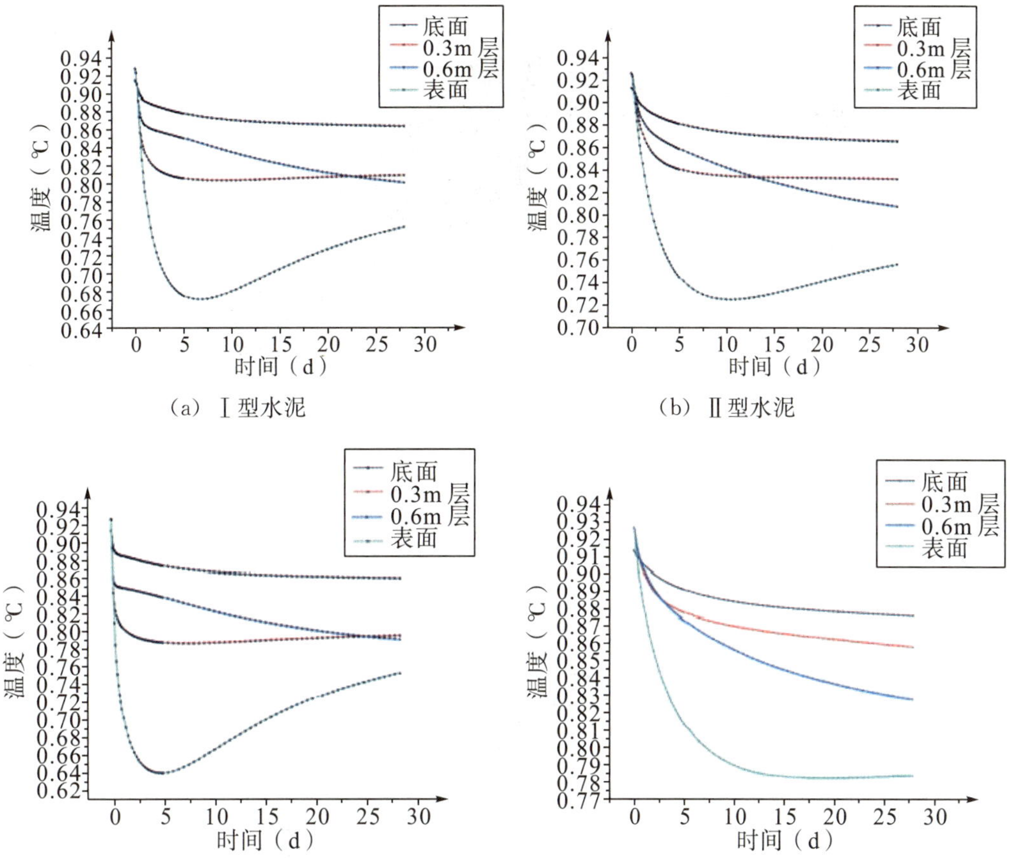

（a） Ⅰ型水泥　（b） Ⅱ型水泥

（c） Ⅲ型水泥　（d） Ⅴ型水泥

图 11－4　各型号水泥配制的混凝土湿度随时间变化的计算结果

11.1.1.3　应力及裂缝分布

各型号水泥拉应力及裂缝分布如图 11－5～图 11－12 所示。Ⅰ、Ⅱ、Ⅲ型水泥在前期出现较多贯穿性裂缝，混凝土的结构破坏导致后续结构计算无法收敛，Ⅰ、Ⅱ、Ⅲ型水泥分别在第 2.5 天、第 5.0 天和第 0.6 天停止结构计算，仅Ⅴ型水泥顺利计算到第 28.0 天。计算结果中，裂缝主要为横向裂缝。因此，重点考量沿 Y 轴的正应力分布情况，正数表示拉应力，负数表示压应力。

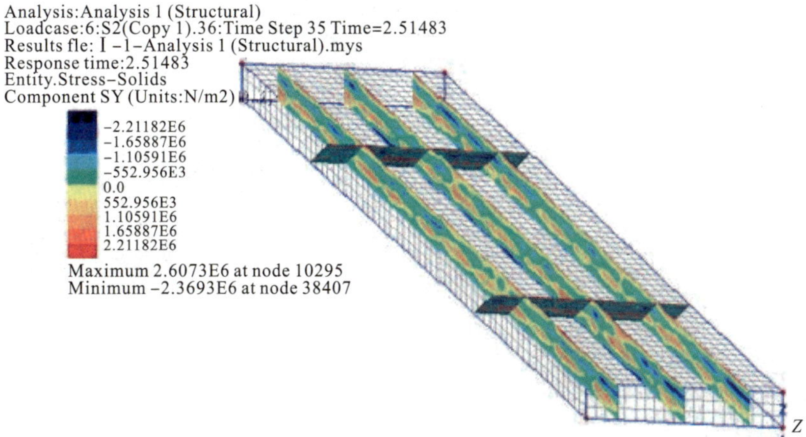

图 11－5　Ⅰ型水泥第 2.5 天拉应力分布

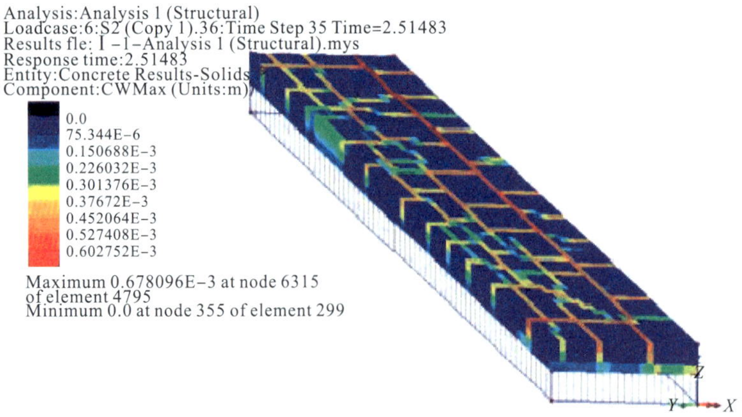
Analysis:Analysis 1 (Structural)
Loadcase:6:S2 (Copy 1).36:Time Step 35 Time=2.51483
Results fle: Ⅰ-1-Analysis 1 (Structural).mys
Response time:2.51483
Entity:Concrete Results-Solids
Component:CWMax (Units:m)
0.0
75.344E-6
0.150688E-3
0.226032E-3
0.301376E-3
0.37672E-3
0.452064E-3
0.527408E-3
0.602752E-3
Maximum 0.678096E-3 at node 6315
of element 4795
Minimum 0.0 at node 355 of element 299
Z
Y
X

图 11-6　Ⅰ型水泥第 2.5 天裂缝分布

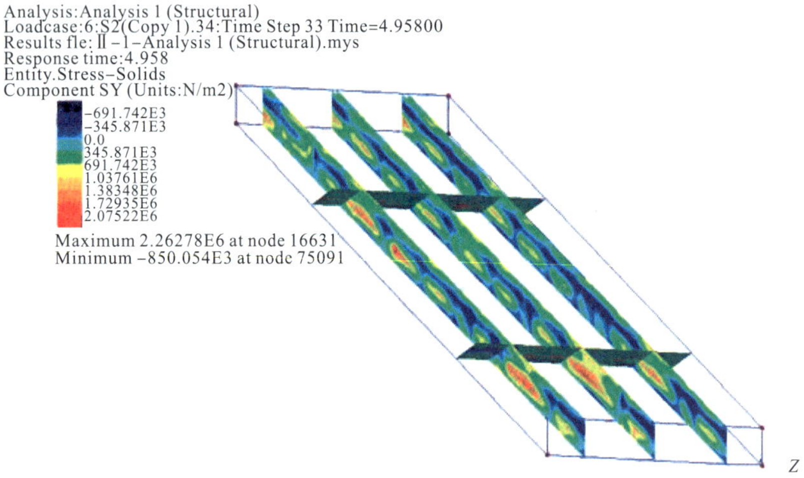
Analysis:Analysis 1 (Structural)
Loadcase:6:S2(Copy 1).34:Time Step 33 Time=4.95800
Results fle: Ⅱ-1-Analysis 1 (Structural).mys
Response time:4.958
Entity.Stress-Solids
Component SY (Units:N/m2)
-691.742E3
-345.871E3
0.0
345.871E3
691.742E3
1.03761E6
1.38348E6
1.72935E6
2.07522E6
Maximum 2.26278E6 at node 16631
Minimum -850.054E3 at node 75091
Z

图 11-7　Ⅱ型水泥第 5.0 天拉应力分布

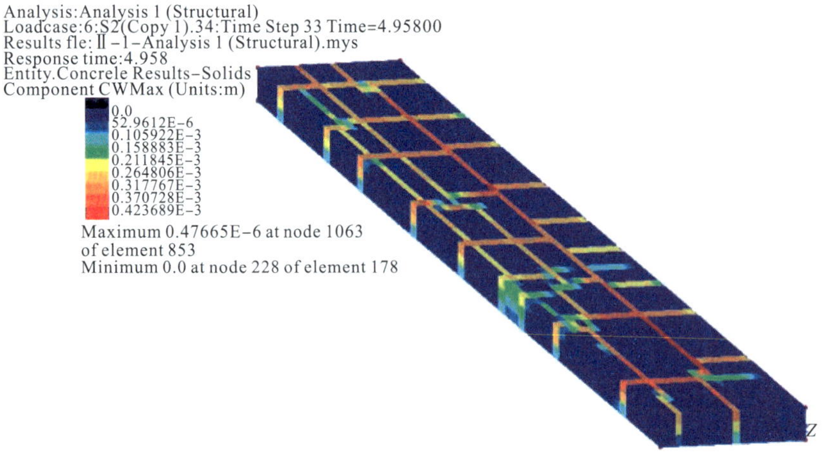
Analysis:Analysis 1 (Structural)
Loadcase:6:S2(Copy 1).34:Time Step 33 Time=4.95800
Results fle: Ⅱ-1-Analysis 1 (Structural).mys
Response time:4.958
Entity.Concrele Results-Solids
Component CWMax (Units:m)
0.0
52.9612E-6
0.105922E-3
0.158883E-3
0.211845E-3
0.264806E-3
0.317767E-3
0.370728E-3
0.423689E-3
Maximum 0.47665E-6 at node 1063
of element 853
Minimum 0.0 at node 228 of element 178
Z

图 11-8　Ⅱ型水泥第 5.0 天裂缝分布

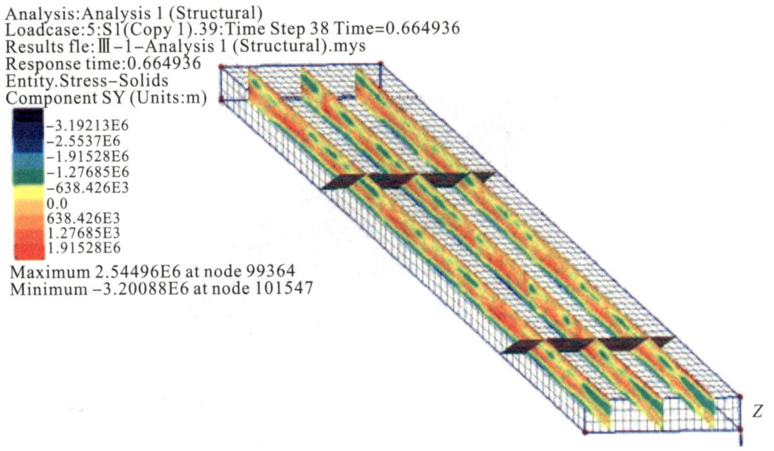
Analysis:Analysis 1 (Structural)
Loadcase:5:S1(Copy 1).39:Time Step 38 Time=0.664936
Results fle:Ⅲ-1-Analysis 1 (Structural).mys
Response time:0.664936
Entity.Stress-Solids
Component SY (Units:m)
-3.19213E6
-2.5537E6
-1.91528E6
-1.27685E6
-638.426E3
0.0
638.426E3
1.27685E3
1.91528E6
Maximum 2.54496E6 at node 99364
Minimum -3.20088E6 at node 101547
Z

图 11-9　Ⅲ型水泥第 0.6 天拉应力分布

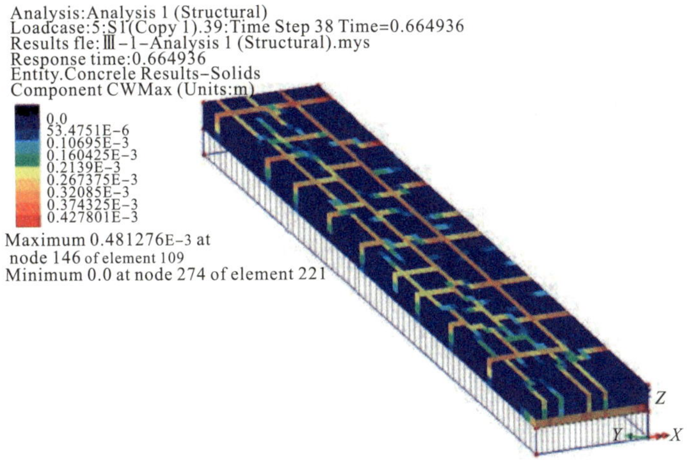
Analysis:Analysis 1 (Structural)
Loadcase:5:S1(Copy 1).39:Time Step 38 Time=0.664936
Results fle:Ⅲ-1-Analysis 1 (Structural).mys
Response time:0.664936
Entity.Concrele Results-Solids
Component CWMax (Units:m)
0.0
53.4751E-6
0.10695E-3
0.160425E-3
0.2139E-3
0.267375E-3
0.32085E-3
0.374325E-3
0.427801E-3
Maximum 0.481276E-3 at
node 146 of element 109
Minimum 0.0 at node 274 of element 221
Z
Y
X

图 11-10　Ⅲ型水泥第 0.6 天裂缝分布

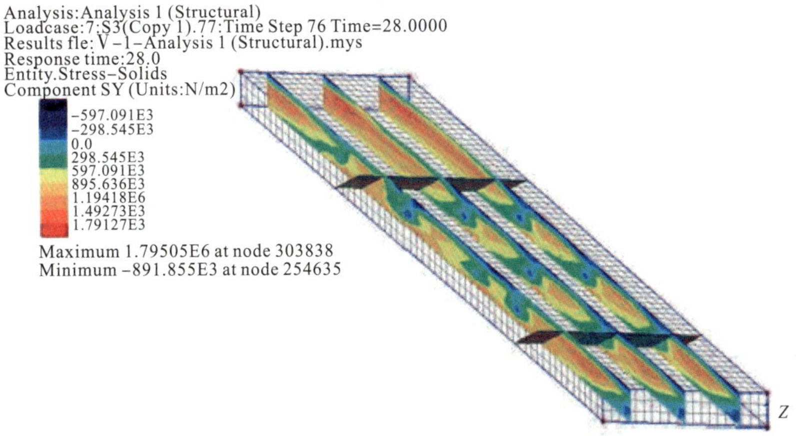
Analysis:Analysis 1 (Structural)
Loadcase:7:S3(Copy 1).77:Time Step 76 Time=28.0000
Results fle:Ⅴ-1-Analysis 1 (Structural).mys
Response time:28.0
Entity.Stress-Solids
Component SY (Units:N/m2)
-597.091E3
-298.545E3
0.0
298.545E3
597.091E3
895.636E3
1.19418E6
1.49273E3
1.79127E3
Maximum 1.79505E6 at node 303838
Minimum -891.855E3 at node 254635
Z

图 11-11　Ⅴ型水泥第 28.0 天应力分布

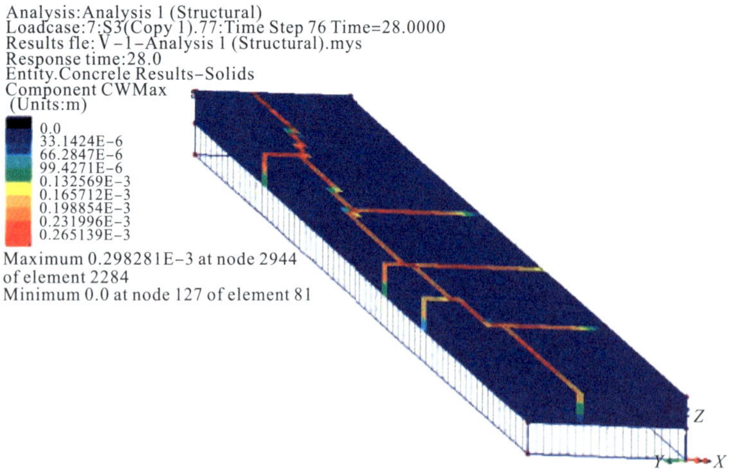

图 11-12　V 型水泥第 28.0 天裂缝分布

11.1.1.4　计算结果分析

（1）裂缝与应力关系。

混凝土的弹性模量随着混凝土的养护而增长，前期弹性模量相对较低。Jefferson 通过实验和数值模拟的方式得到了 C40 混凝土弹性模量随时间变化关系，如图 11-13 所示，C30 混凝土的弹性模量变化规律也与其基本一致。在混凝土凝固的初期，弹性模量较低，相应地，混凝土抗拉和抗裂性能也较低。以 Ⅰ 型水泥第 2.5 天拉应力分布图为例，在纵向剖面上，每一个拉应力区都呈现椭圆形分布。每个区域的拉应力约为 1.5MPa，虽未超过混凝土极限抗拉强度 3.0MPa，却依然出现了超过 0.3mm 的裂缝。其原因在于混凝土早期弹性模量和抗拉强度较低，拉应力超过了前期的抗拉强度，从而导致了裂缝的产生。

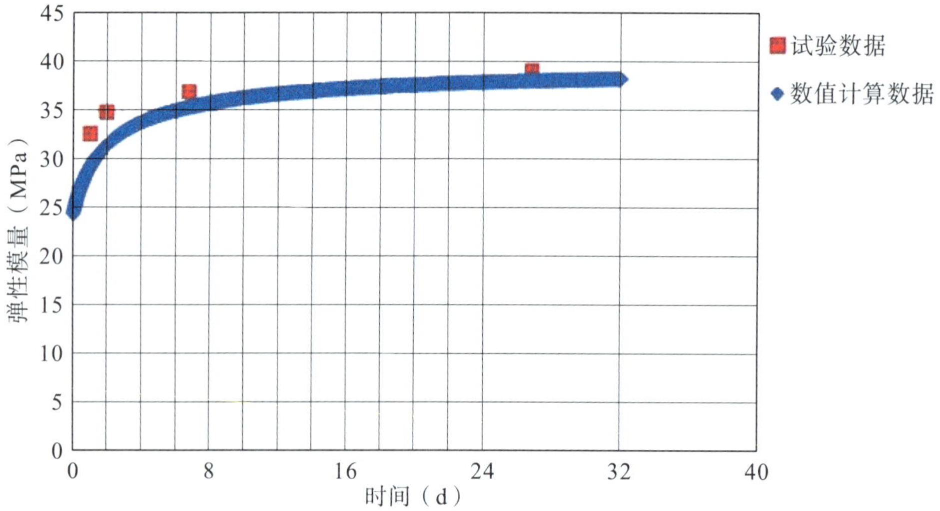

图 11-13　混凝土弹性模量随时间变化

（2）水化热较高时裂缝成因。

以 Ⅰ 型水泥为例，Ⅰ 型水泥第 2.5 天 Z 轴位移分布如图 11-14。混凝土在第 2.5 天，整体发生了较大的 Z 轴正向位移，数值达到 0.6mm，即在早起水热化的影响下，混凝土因热胀冷缩发生体积膨胀，而混凝土前期又同时进行凝固。凝固和膨胀的双重影响便导致混凝土形成较大的拉应力，最终形成裂缝。

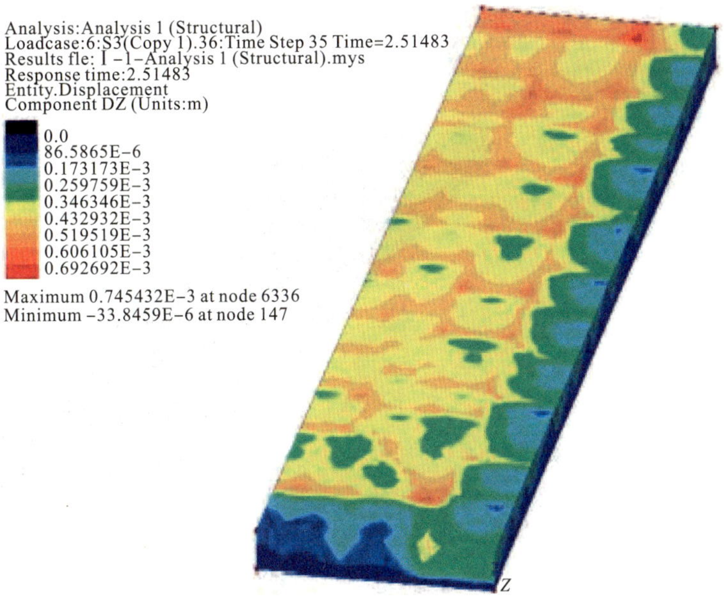

图 11-14　Ⅰ型水泥第 2.5 天 Z 轴位移分布

（3）水化热较低时裂缝成因。

混凝土在浇筑后的 5 天内，弹性模量会发生较大的变化。如图 11-15 所示，Ⅴ型水泥配制的混凝土在第 5.0 天时内部的最大拉应力为 0.9MPa，该时刻混凝土没有产生裂缝。Ⅴ型水泥配制的混凝土前期水化热较低，未因高温膨胀而产生裂缝。然而第 28.0 天Ⅴ型水泥配制的混凝土依然出现了多条 0.15mm 以上的裂缝，如图 11-16 所示。Ⅴ型水泥第 28.0 天 Z 轴位移分布如图 11-17 所示。在缩陷区域之间的分割区添加黑色辅助线，对比Ⅴ型水泥第 28.0 天裂缝分布图，可以发现混凝土缩陷区域彼此之间的分割线裂缝分布图中的裂缝线重合（图 11-18）。这表明低水化热情况下混凝土裂缝主要原因是混凝土固结过程中不均匀的体积收缩，该原因产生的裂缝即为收缩裂缝。

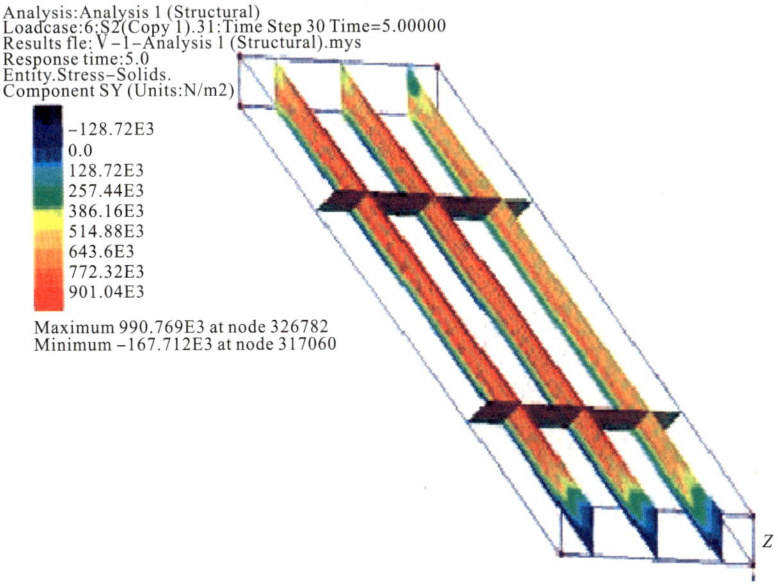

图 11-15　Ⅴ型水泥第 5.0 天应力分布

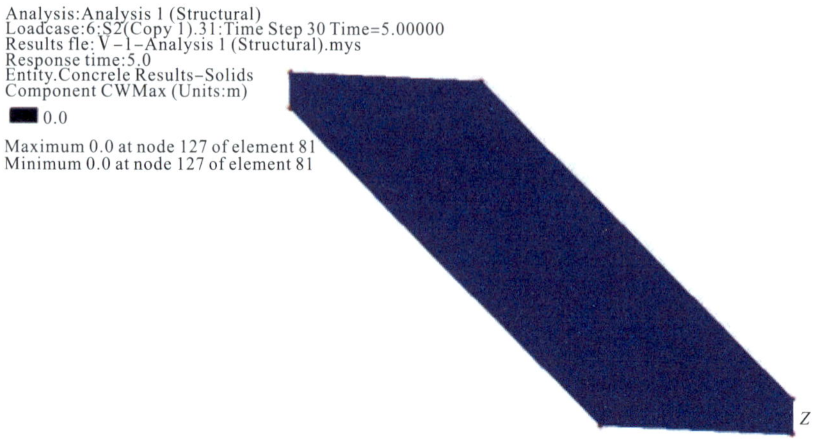
Analysis:Analysis 1 (Structural)
Loadcase:6:S2(Copy 1).31:Time Step 30 Time=5.00000
Results fle:V-1-Analysis 1 (Structural).mys
Response time:5.0
Entity.Concrele Results-Solids
Component CWMax (Units:m)
0.0
Maximum 0.0 at node 127 of element 81
Minimum 0.0 at node 127 of element 81
Z

图 11—16　V 型水泥第 5.0 天裂缝分布

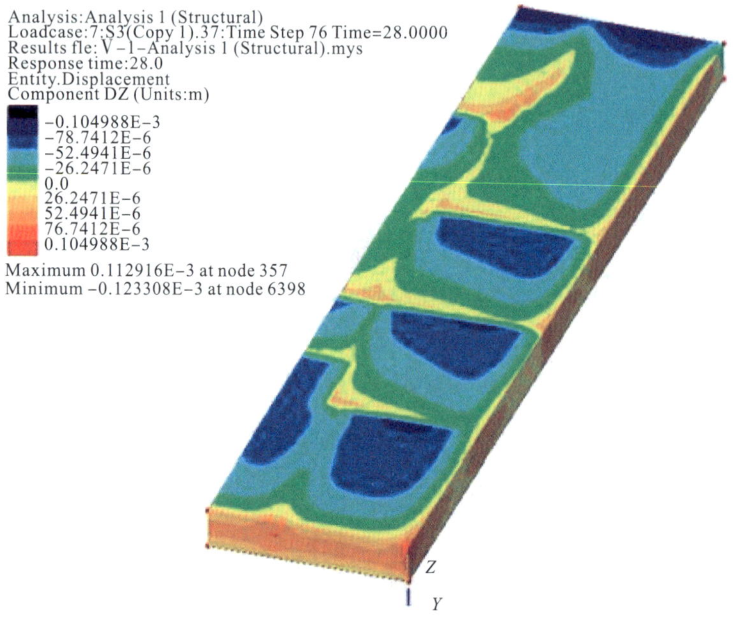
Analysis:Analysis 1 (Structural)
Loadcase:7:S3(Copy 1).37:Time Step 76 Time=28.0000
Results fle:V-1-Analysis 1 (Structural).mys
Response time:28.0
Entity.Displacement
Component DZ (Units:m)
-0.104988E-3
-78.7412E-6
-52.4941E-6
-26.2471E-6
0.0
26.2471E-6
52.4941E-6
76.7412E-6
0.104988E-3
Maximum 0.112916E-3 at node 357
Minimum -0.123308E-3 at node 6398
Z
Y

图 11—17　V 型水泥第 28 天 Z 轴位移分布

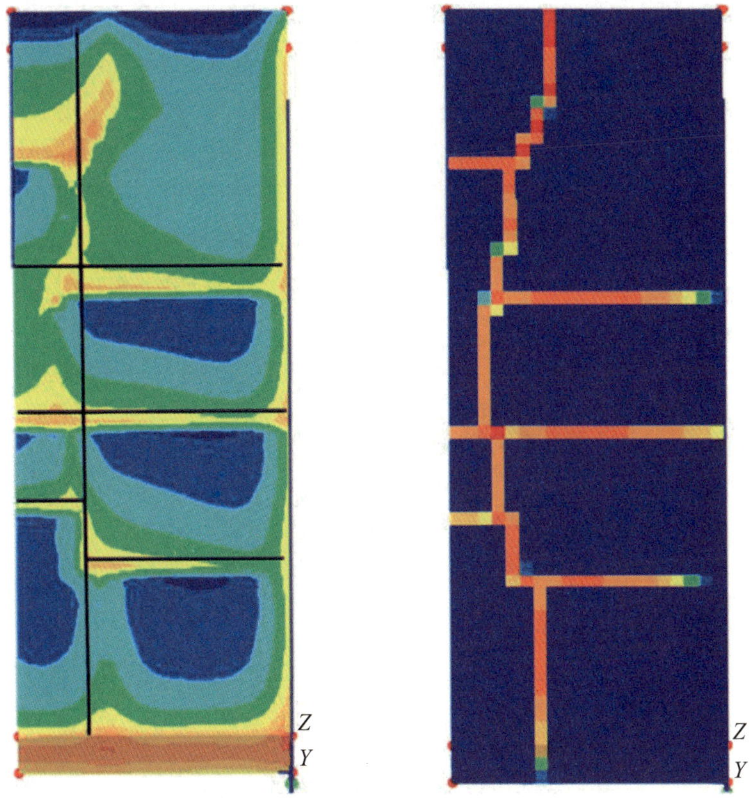

（a）裂缝辅助线示意图　　（b）裂缝分布

图 11－18 裂缝与 Z 轴位移对比图

11.1.2 粉煤灰掺量

混凝土的原材料除水泥外，还包括各类掺合料。掺合料对于混凝土的性能改善起着重要作用。当前，粉煤灰和火山灰等材料已广泛应用于大体积混凝土，能起到降低水化热、改善性能以及节约成本等作用。就不同比例的粉煤灰掺量进行数值模拟探究添加材料对于混凝土面板裂缝影响的具体表现。

根据《粉煤灰混凝土应用技术规范》（GB/T 50146—2014），粉煤灰取代水泥的最大比例对于不同型号的混凝土标准不一。粉煤灰掺量对比计算方案见表 11－3。

表 11－3 粉煤灰掺量对比计算方案

组别	1	2	3	4	5
粉煤灰质量（kg）	0	20	40	60	80
水泥质量（kg）	400	380	360	340	320
粉煤灰占比（%）	0	5	10	15	20

11.1.2.1 峰值温度

根据数值计算中的温度结果，提取内部最大温度点的温度随时间变化情况，绘制曲线图如图 11－19 所示。提取各组最大温度值绘制成表（表 11－4），并绘制峰值温度随粉煤灰比例变化，如图 11－20 所示。随着粉煤灰掺料比例的增加，混凝土内部峰值温度依次减少，且呈线性降低趋势。当粉煤灰掺料比例为 20%左右时，单位体积的混凝土内部温度降低值约为 5.6%。

表 11－4　不同比例粉煤灰的峰值温度

组别	0%粉煤灰	5%粉煤灰	10%粉煤灰	15%粉煤灰	20%粉煤灰
峰值温度（℃）	35.8	35.4	34.9	34.3	33.8
峰值时刻（d）	1	1	1	1	1

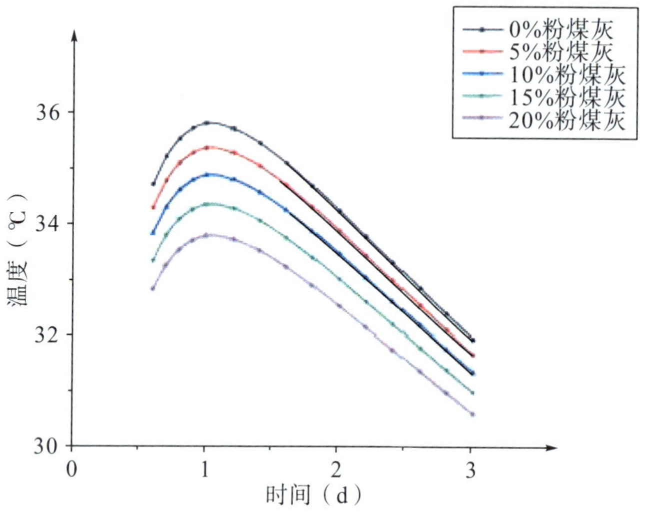

图 11－19　不同比例粉煤灰的混凝土峰值温度

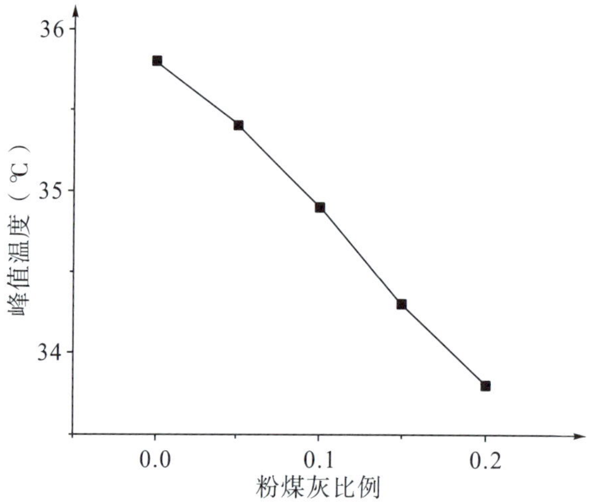

图 11－20　峰值温度随粉煤灰比例变化

11.1.2.2　湿度

不同组别计算出的混凝土表面湿度和中层湿度变化分别如图 11－21、图 11－22 所示。由图可知，随着粉煤灰掺料比例的增量，混凝土的表面湿度和中层湿度也随之增加，表明掺入粉煤灰对混凝土湿度保持有利。

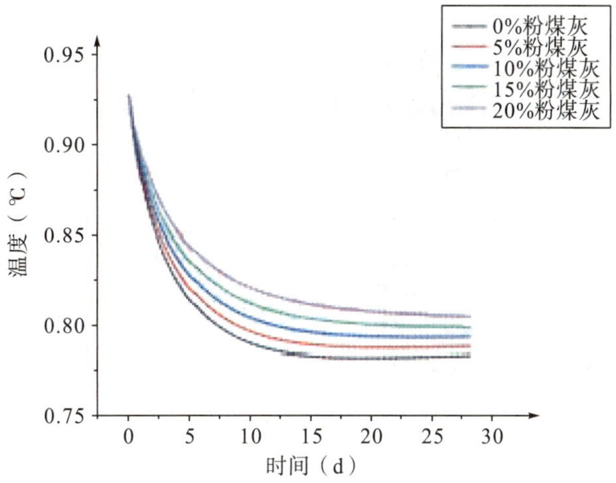

图 11－21　**不同掺料粉煤灰表面湿度变化**

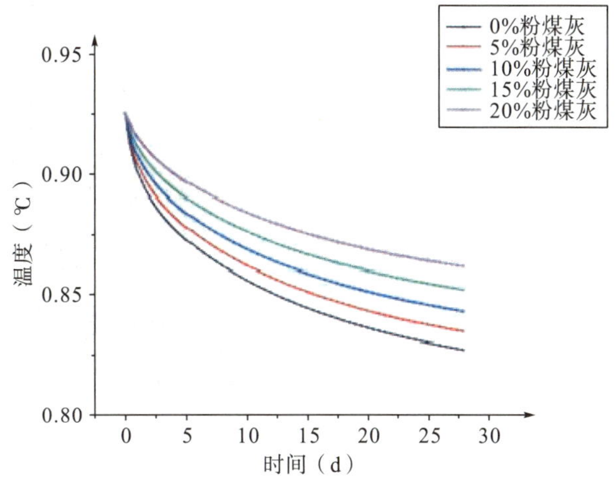

图 11－22　**不同掺料粉煤灰中层湿度变化**

11.1.2.3　裂缝情况

不同粉煤灰掺量的裂缝计算结果如图 11－23 所示。随着粉煤灰比例的增加，各组在第 28.0 天的混凝土裂缝宽度和裂缝数量均呈减少趋势。当粉煤灰比例为 15％、20％时，最大裂缝宽度均在 20μm 级别，表明掺入合适比例的粉煤灰对于混凝土裂缝控制有着较好的效果。

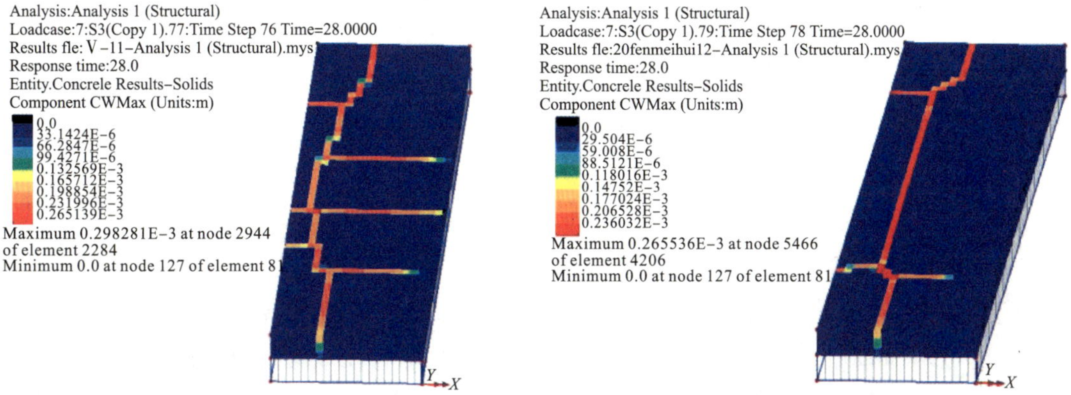

(a) 0%粉煤灰　　　　(b) 5%粉煤灰

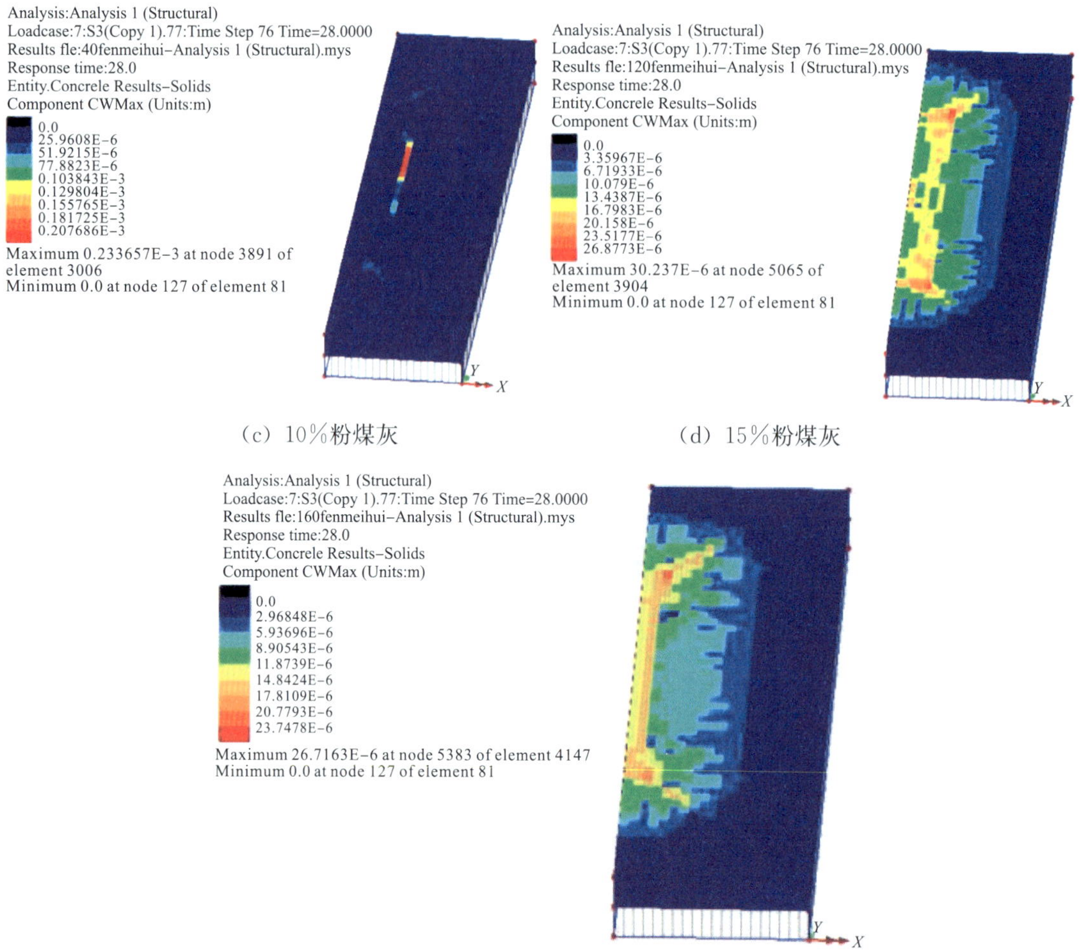

（c）10%粉煤灰　　（d）15%粉煤灰

（e）20%粉煤灰

图 11−23　不同比例粉煤灰的裂缝计算结果

11.1.2.4　计算结果分析

根据对不同比例的粉煤灰掺量进行数值分析的结果，粉煤灰对裂缝的影响与当前大多数学者的研究是一致的，即适量粉煤灰的掺加能够有效地控制混凝土裂缝的形成。综合多组计算结果来看，掺入 15%～20%的粉煤灰对裂缝控制效果较为显著。各组混凝土最大裂缝点的第一主应力、裂缝宽度、温度应变和收缩应变随时间变化分别如图 11−24～图 11−27 所示，以此分析粉煤灰对裂缝作用机理。

（1）裂缝成因。

各组中最大裂缝单元中的第一主应力均从 2.5 天开始逐渐增大，并按照 0%～20%的粉煤灰掺量先后达到 1.6MPa。混凝土于第 2.5 天出现收缩应变，同时主应力开始增大，表明该工况下裂缝的主要源自混凝土的收缩。

（2）前期抗拉强度。

根据图 11−24 和图 11−25，各组的第一主应力达到 1.6MPa 之前，裂缝均为 0mm，而当第一主应力超过 1.6MPa 以后，裂缝宽度也随之发展。这表明混凝出现裂缝的原因在于拉应力超过了对应时刻的抗拉强度。在浇筑后第 10.0 天左右，混凝土抗拉强度约 1.6MPa，从图 11−25 也可以看出，混凝土的极限抗拉强度随着粉煤灰掺入比例的增加而增大，表明粉煤灰的加入在一定程度上提高了混凝土的抗拉性能。

（3）前期温度应力及收缩应力。

第一主应力达到 1.6MPa 的时刻随粉煤灰比例增加而延后。粉煤灰的掺入有效降低了混凝土的水化热，使混凝土前期的温度应变和收缩应变也随之降低。对比温度应变和收缩应变，温度应变持续到第 28.0 天依然处于扩张状态，而收缩应变于第 20.0 天左右趋于稳定。

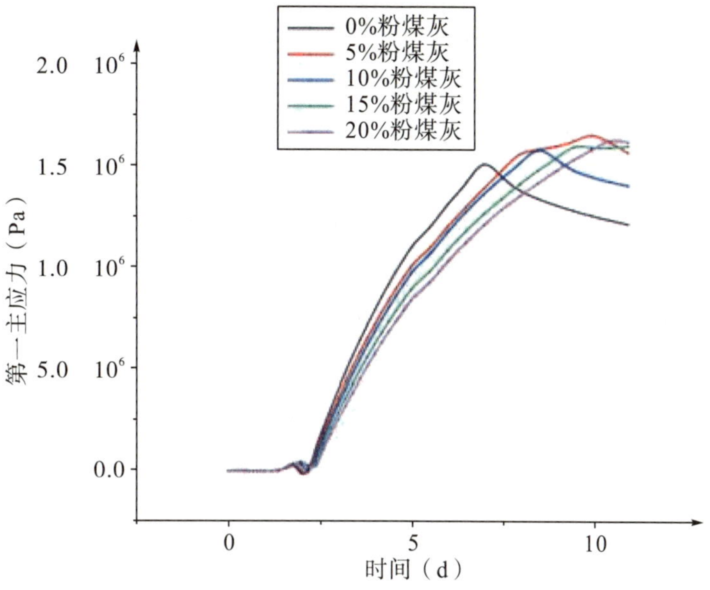

图 11－24　各组最大裂缝点第一主应力发展

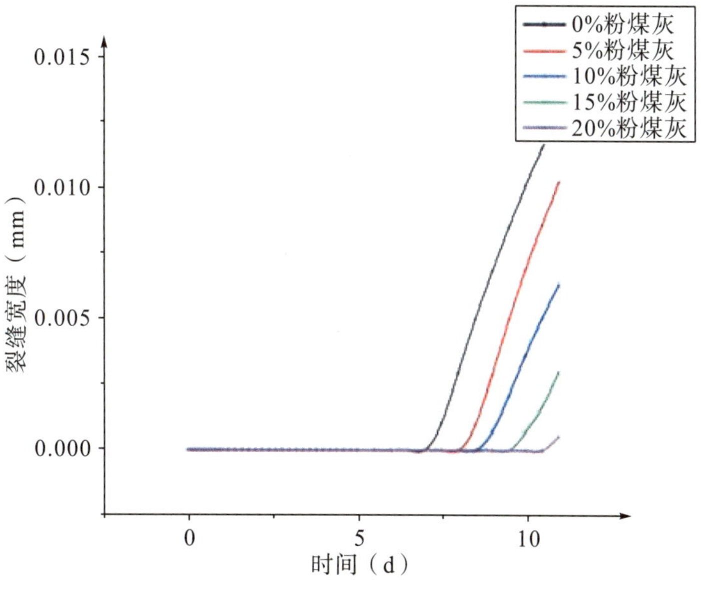

图 11－25　各组最大裂缝点裂缝宽度发展

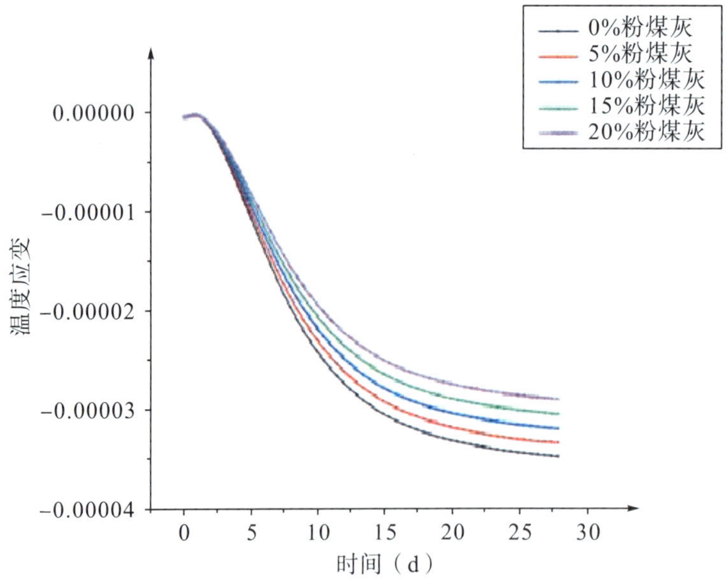

图 11－26　**各组最大裂缝点温度应变**

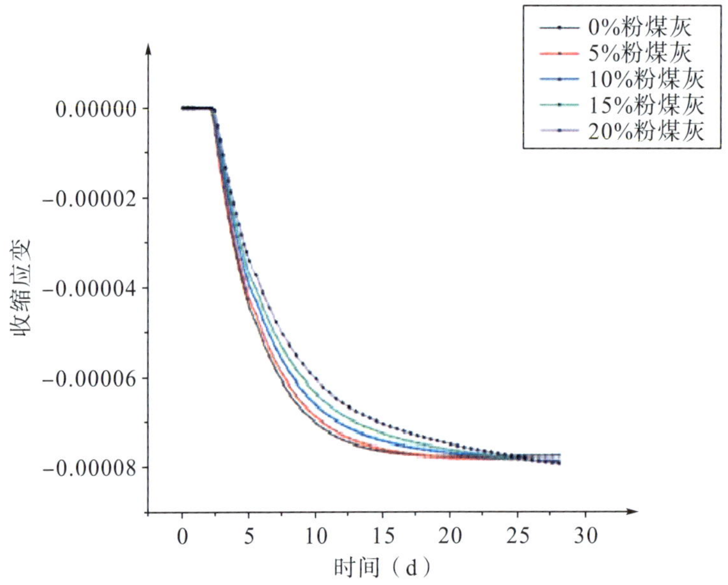

图 11－27　**各组最大裂缝点收缩应变**

11.1.3　入仓温度

入仓温度是指流态混凝土倒入仓内浇筑时的温度，其值取决于混凝土各种组成材料的比热和拌合时的温度。在混凝土的施工中一般规定夏季入仓温度应不超过25℃～28℃，冬季应不低于5℃。夏季施工时，除了合理地选择水泥型号和控制水泥用量，还常采用材料预冷以及采用低温、冰水或深井水等方法来降低入仓温度；而在冬季施工时，可以采用加热水拌合或预热集料，使混凝土入仓温度适当提高，以满足混凝土入仓温度要求。

由于Ⅴ类水泥本身放热降低，因此，当入仓温度从22℃降至20℃时，不再有裂缝形成。为探究入仓温度的具体影响，选择水化热较高的水泥型号进行分析，其成分见表11－5。本次计算的入仓温度范围为12℃～20℃，按2℃步长分为5组。各组的养护温度恒定为18℃，养护湿度为95％。

表 11－5　水泥化学成分

成分	C_3S	C_2S	C_3A	C_4AF	Free-CaO	SO_3	MgO	粉煤灰比例	单位质量水化热
数值	0.450	0.300	0.046	0.166	0.004	0.025	0.009	20%	440.55

11.1.3.1　温度

各组最高温度变化如图11－28所示。当各组的入仓温度以2℃步长递增时，其最高温度值也以2℃的差值递增。这表明当入仓温度发生变化时，水泥的水化热不发生变化，即入仓温度的增幅直接影响混凝土凝固过程中的最高温度的增幅。在养护温度不变的情况下，入仓温度则直接影响混凝土内外部的最高温差，对混凝土的裂缝有较大影响。

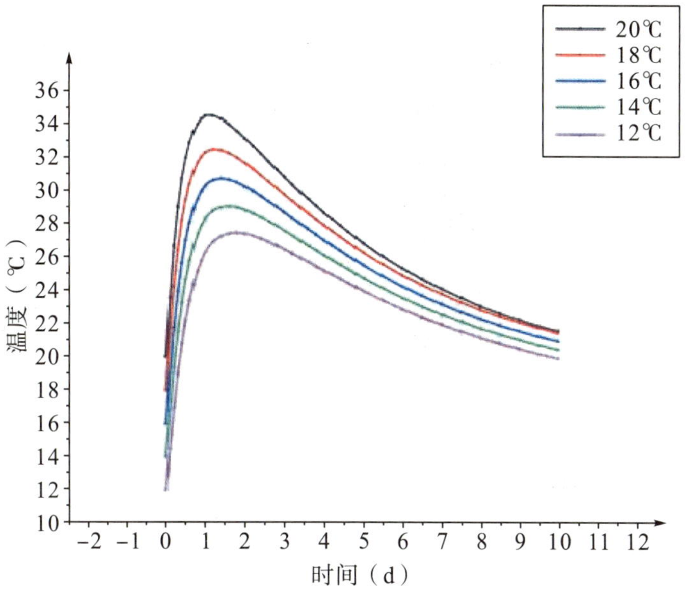

图 11－28　各组最高温度变化

11.1.3.2　裂缝分布

不同入仓温度下裂缝分布如图11－29所示。各组裂缝数据统计见表11－6。裂缝的最大宽度随入仓温度的降低而减小，裂缝数量也相应减少，且当入仓温度从20℃降至12℃时，不再形成可见裂缝。各组最大裂缝点出现的位置不尽相同。

表 11－6　各组裂缝数据统计表

入仓温度（℃）	20	18	16	14	12
最大裂缝（mm）	0.31	0.30	0.29	0.21	0.02
横向裂缝（条）	11	7	5	0	0
竖向裂缝（条）	2	1	1	1	0
第一条裂缝出现时间（d）	12.0	15.0	17.5	25.0	28.0

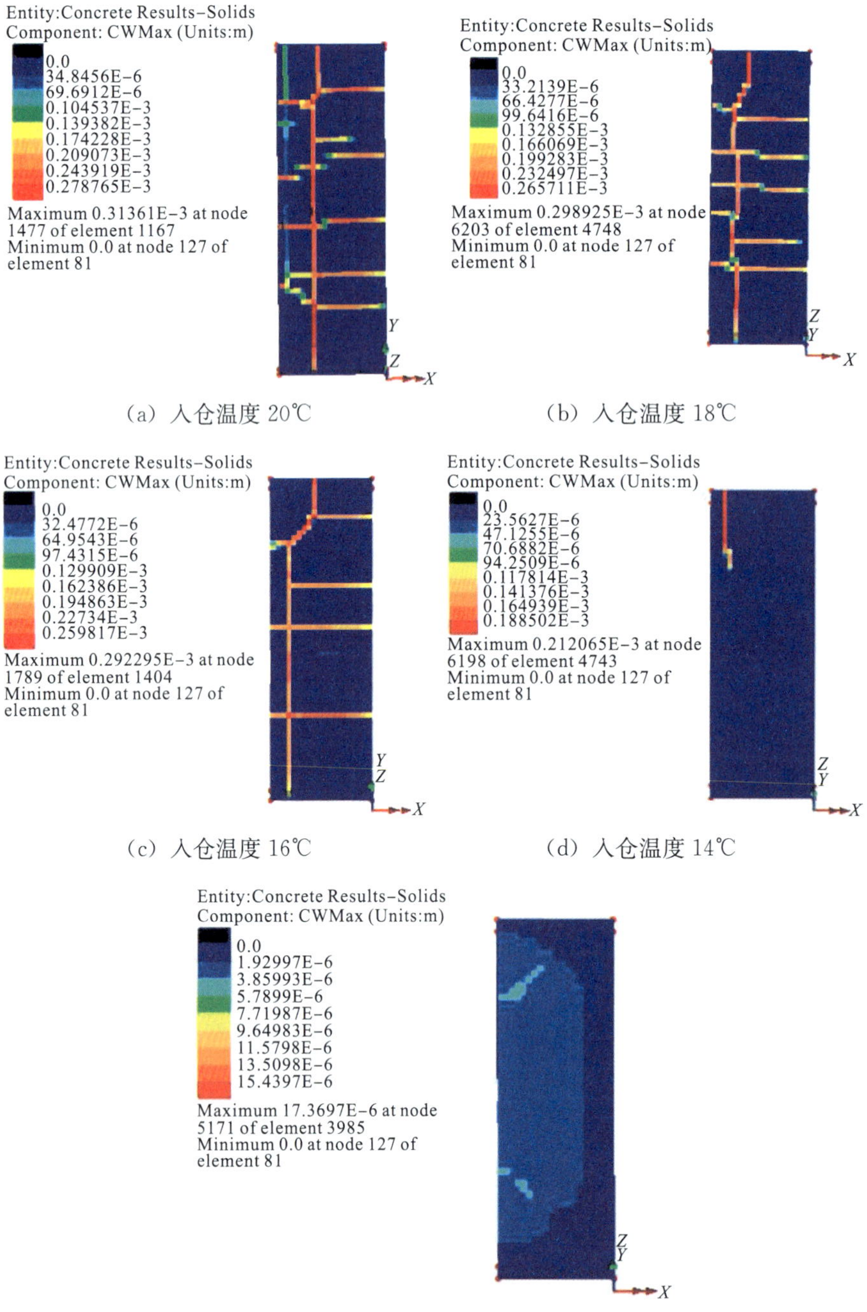

(a) 入仓温度 20℃ (b) 入仓温度 18℃

(c) 入仓温度 16℃ (d) 入仓温度 14℃

(3) 入仓温度 12℃

图 11—29 不同入仓温度下裂缝分布

11.1.3.3 温度及收缩应变

各组最大裂缝点温度应变和收缩应变分别如图 11—30、图 11—31 所示。各组收缩应变和温度应变都随着入仓温度的升高而增大，且呈现良好的规律性，各组应变差值最大为 2×10^{-6}。

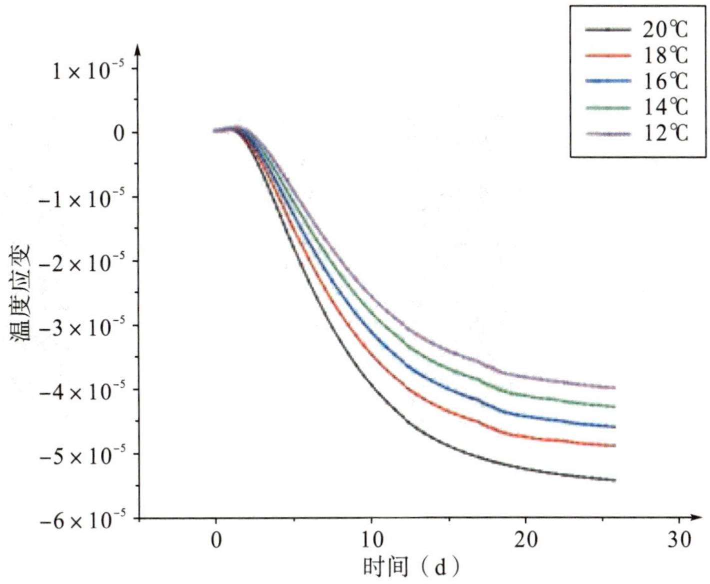

图 11－30　**各组最大裂缝点温度应变**

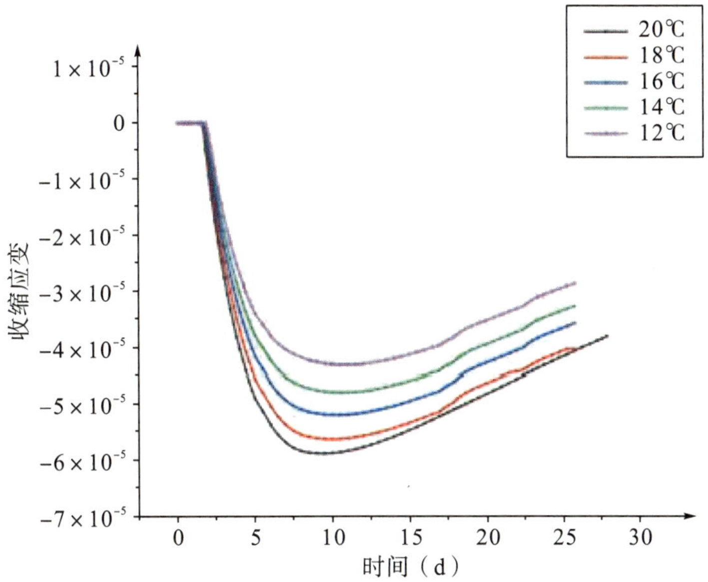

图 11－31　**各组最大裂缝点收缩应变**

在相同条件下，混凝土入仓温度越低，混凝土裂缝控制效果越好。入仓温度直接影响了混凝土浇筑前期的整体温度。当入仓温度较低时，混凝土的峰值温度以及混凝土内外最大温差值较低，能有效延缓前期温度应力的形成，也会使裂缝出现的时间延迟。

入仓温度的控制对大体积混凝土施工具有重要意义。当入仓温度为 16℃～20℃时，裂缝纵横交错地分布，而入仓温度为 14℃和 12℃时，裂缝却几乎完全消失。当入仓温度变幅不大时，裂缝结果呈现较大的差异。入仓温度为 14℃的组裂缝分布如图 11－32（a）所示。由图可知，第 28.0 天整个面板仅存在一条裂缝，且该裂缝有继续延伸发展的趋势。这种情况下数值计算应延长计算时间。因此，选取养护温度为 14℃的计算组进一步探究，将计算时间延长至 50.0 天，其裂缝分布如图 11－32（b）所示。

当入仓温度为 14℃时，混凝土裂缝大规模出现的时间晚于第 28.0 天。截至第 35.0 天，裂缝发展趋于稳定。在此背景下，对比入仓温度 20℃、18℃的计算组，可以看出入仓温度降低时，裂缝的数量呈减少的趋势，裂缝宽度也减小，但降幅均不明显。

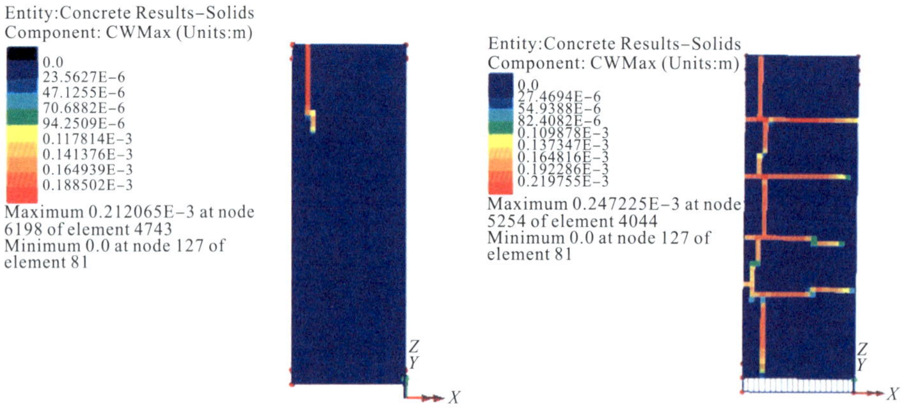

（a）第 28.0 天裂缝分布　　（b）第 35.0 天裂缝分布

图 11－32　不同时刻裂缝分布

在实际工程施工时，应该将入仓温度控制在合理范围内，不可过高也不可过低。入仓温度过高将直接导致混凝土整体温度升高，对混凝土裂缝控制不利；而当入仓温度过低时，混凝土裂缝出现的时间偏晚，该情况对混凝土裂缝控制同样不利。当混凝土养护至 28.0 天，则其抗压强度、弹性模量等力学性能达到要求。因此许多工程中混凝土养护一般持续 28.0 天或 30.0 天，忽略 28.0 天以后的继续养护，甚至开始将该混凝土结构投入使用。当混凝土入仓温度过低时，混凝土裂缝开展和应力释放的时间延缓至 30.0 天以后，这种情况下，28.0 天以后没有合理地进一步养护，裂缝问题将变得更加严重。这也解释了为什么许多工程的混凝土在浇筑后 30.0 天以后才开始出现裂缝。因此，工程中应当尽量取定合适的入仓温度，尽量确保必要的裂缝开展和应力释放发生在 28.0 天以内。

此外，入仓温度过低时，水泥的水化过程和混凝土固结速率变慢，这对混凝土抗压强度的形成不利。因此，混凝土的入仓温度必须控制在合理范围内。具体的入仓温度取值应当根据混凝土体系、养护温度、施工条件等取定。

11.1.4　养护温度

混凝土在浇筑后，需要经历较长的硬化凝固过程，这一过程中需要对混凝土进行养护，其中养护温度是养护条件的重要指标。

混凝土养护温度和初始温度的选定（入仓温度）是有关联的。为了探究不同工况下的养护温度对于混凝土面板裂缝的影响程度，将按照入仓温度的高温、中温、低温分别计算，具体见表 11－7。

表 11－7　入仓温度及养护温度对照表

入仓温度	养护温度 1 组	养护温度 2 组	养护温度 3 组	养护温度 4 组	养护温度 5 组
24℃	18℃（－6℃）	21℃（－3℃）	24℃（＋0℃）	27℃（＋3℃）	30℃（＋6℃）
18℃	12℃（－6℃）	15℃（－3℃）	18℃（＋0℃）	21℃（＋3℃）	24℃（＋6℃）
12℃	12℃（0℃）	16℃（＋4℃）	20℃（＋8℃）		

11.1.4.1　高温入仓不同养护温度混凝土裂缝情况

（1）裂缝分布。

当入仓温度为 24℃时，高温入仓不同养护温度的裂缝计算结果如图 11－33 所示。

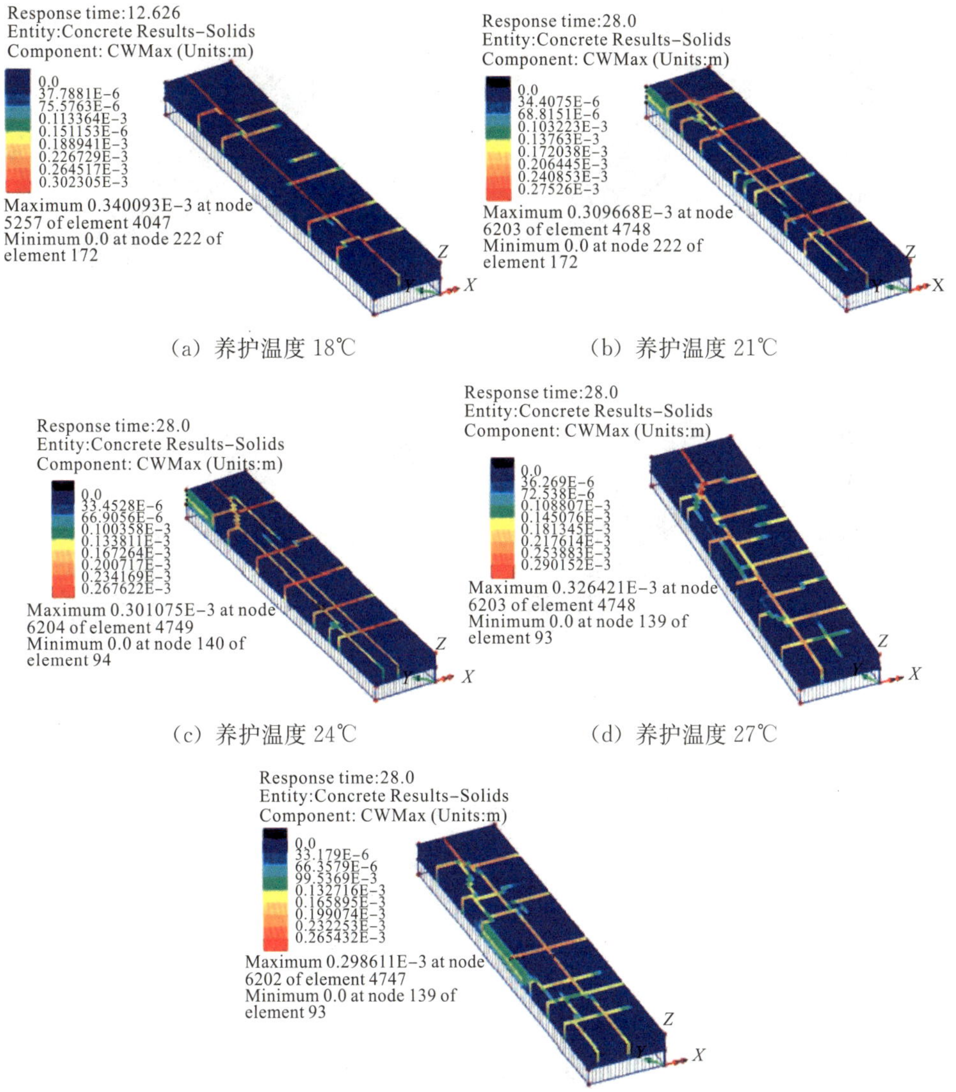

(a) 养护温度 18℃　　(b) 养护温度 21℃

(c) 养护温度 24℃　　(d) 养护温度 27℃

(e) 养护温度 30℃

图 11-33　高温入仓不同养护温度的裂缝计算结果

(2) 裂缝分析。

入仓温度为 24℃情况下，不同养护温度的各组裂缝计算结果存在较大差异。养护温度 18℃时，养护温度与入仓温度的相差-6℃，该组裂缝情况最为严重，在第 12.6 天就出现了过大的贯穿性裂缝，导致后续算法无法继续进行，计算于该时刻停止，因此养护温度 18℃组判定为裂缝情况最差组。其他 4 组均顺利计算到 28.0 天，最大裂缝宽度均在 0.3mm 左右。这 4 组的裂缝数量相差不大，均分布于整个面板上。综合裂缝宽度和裂缝数据两个方面来看，养护温度 27℃组和 30℃组的裂缝情况相对较好，具体表现在各组的最大裂缝值均为 0.3mm 左右，但养护温度 21℃和 24℃组的整体裂缝宽度为 0.27～0.31mm，而 27℃和 30℃组的整体裂缝宽度为 0.13～0.23mm。由于 21℃和 24℃组的裂缝均为横纵向完全贯穿性裂缝，而 27℃和 30℃组的裂缝大多数为局部性裂缝，因此，基本可以判定在入仓温度 24℃条件下裂缝情况的优良排序为养护温度 30℃组最优、27℃组次之、24℃组一般、21℃组较差、18℃组最差。

11.1.4.2　中温入仓不同养护温度混凝土裂缝情况

(1) 裂缝分布。

当入仓温度为 18℃时，中温入仓不同养护温度的裂缝计算结果如图 11-34 所示。

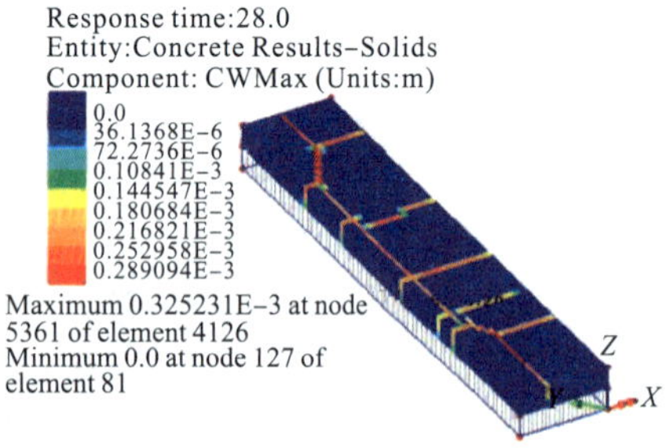

(a) 养护温度 12℃

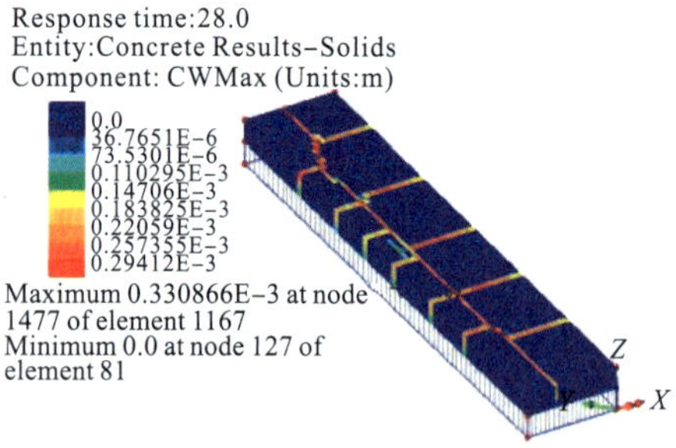

(b) 养护温度 15℃

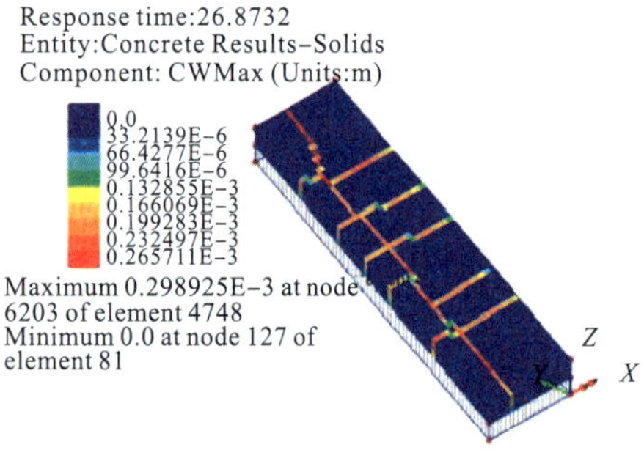

(c) 养护温度 18℃

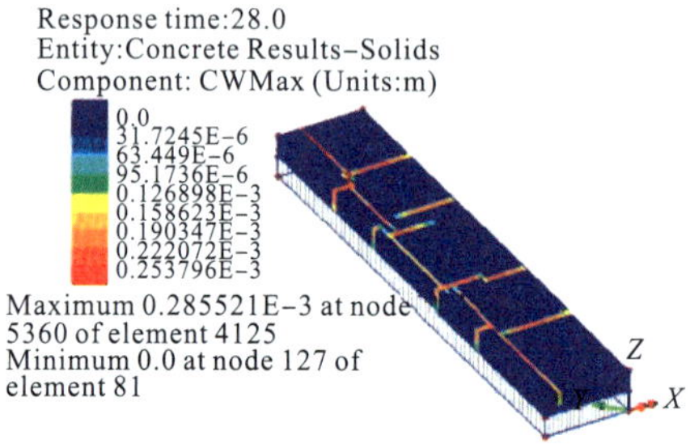

(e) 养护温度 21℃

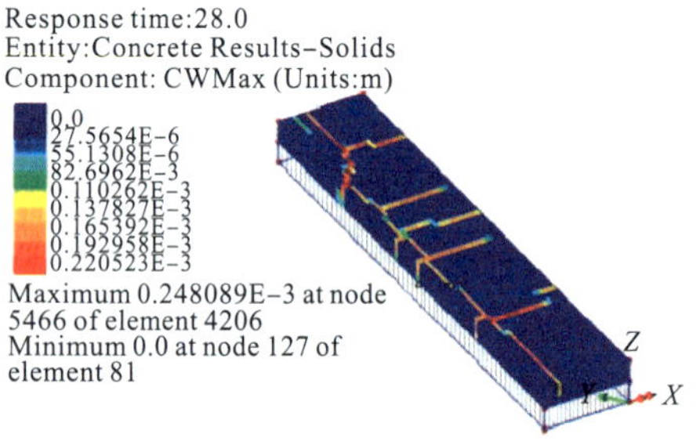

(3) 养护温度 24℃

图 11－34 中温入仓不同养护温度的裂缝计算结果

(2) 裂缝分析。

在入仓温度同为 18℃的情况下，养护温度从 12℃～24℃发生变化各组裂缝数量基本无太大差异（养护温度为 24℃的横向裂缝数量除外）。裂缝数量、裂缝贯穿程度和裂缝平均宽度的相关数据见表 11－8。在入仓温度一致时，养护温度 30℃时裂缝最大宽度和平均宽度均最小且裂缝数量最少，因此该工况效果最佳。其他各组的裂缝情况随养护温度降低而变差。

表 11－8 各组裂缝数据

变　量	养护温度 12℃	养护温度 15℃	养护温度 18℃	养护温度 21℃	养护温度 24℃
最大裂缝宽度（mm）	0.325	0.331	0.299	0.285	0.248
平均裂缝宽度（mm）	0.25～0.28	0.22～0.25	0.19～0.23	0.19～0.22	0.13～0.16
横向裂缝数量（条）	10	11	10	9	6
纵向裂缝数量（条）	1	1	1	1	1

11.1.4.3 低温入仓不同养护温度计算结果

当入仓温度为 12℃时，各组裂缝的数值计算结果如图 11－35 所示。在入仓温度相同的情况下，第 28.0 天养护温度 12℃、16℃和 20℃计算组均未出现可见裂缝，最大裂缝宽度均在 10μm 左右。

尽管三组养护温度条件下都没有较大的裂缝形成，但微米级的裂缝同样存在以下规律：随着养护温度的提高，最大裂缝宽度呈减小的趋势。

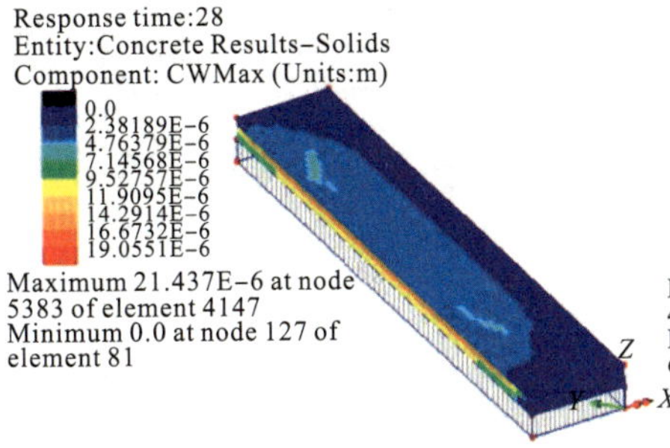

(a) 养护温度 12℃

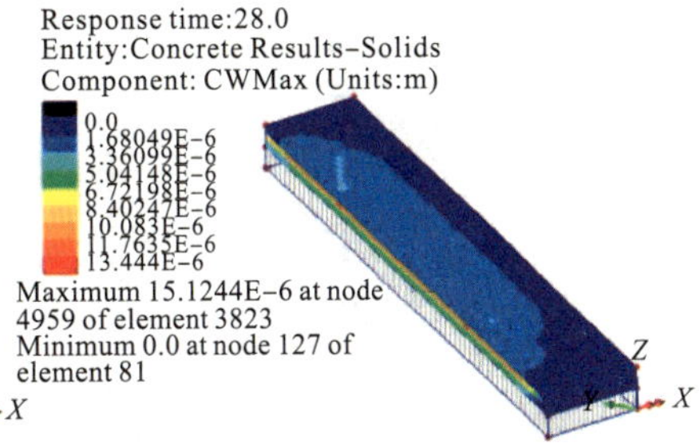

(b) 养护温度 16℃

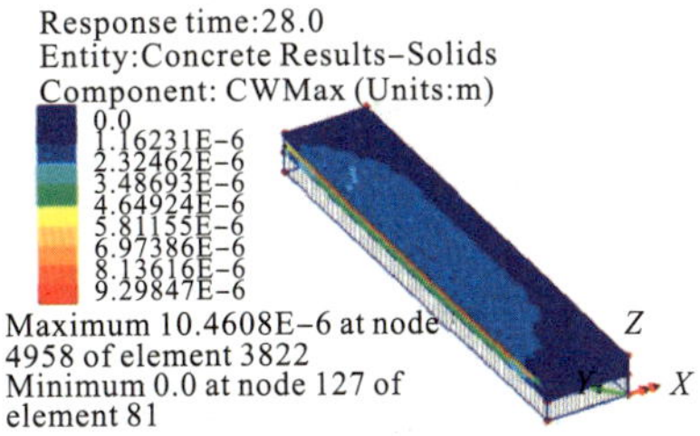

(c) 养护温度 20℃

图 11－35　低温入仓不同养护温度的裂缝计算结果

11.1.4.4　计算结果分析

从高温入仓（24℃）、中温入仓（18℃）、低温入仓（12℃）三种情况来看，养护温度变化对裂缝的影响规律是一致的，即入仓温度控制在合理范围内，养护温度越高，裂缝控制效果越好。数值分析结果也表明，当养护温度高于入仓温度 6℃左右时，裂缝控制效果较为理想。以下从内外温差和应力两个方面分析产生该现象的原因。

(1) 内外温差。

以入仓温度 24℃的计算组为例，不同的养护温度计算组中的混凝土内部温度变化如图 11－36 所示，表层温度变化如图 11－37 所示，内外温差如图 11－38 所示。混凝土内部温度和表面温度由高到低的排序依次为养护温度 30℃组、27℃组、24℃组、21℃组和 18℃组；而内外温差值排序则恰好与之相反。养护温度 18℃组的混凝土内外温差值在第 0 天～第 28.0 天始终最高，最大温差在第 2.0 天时刻达到 14.0℃；而 30℃组混凝土内外温差值在第 0～28.0 天始终最低，最大温差在第 2.0 天时刻仅为 7.5℃。内外混凝土厚度为 0.6m，各组的混凝土单位厚度温差见表 11－9 所示。

各组唯一的变量为养护温度，上述分析表明养护温度对内外温差值造成较大影响。而混凝土内部和表面的温差是混凝土裂缝分布差异的重要原因。由表 11－9 可知，当单位厚度混凝土温差超过 25℃时，混凝土裂缝情况较为严重。因此，在确定施工方案中养护温度时，可以以控制温差小于 25℃作为依据。

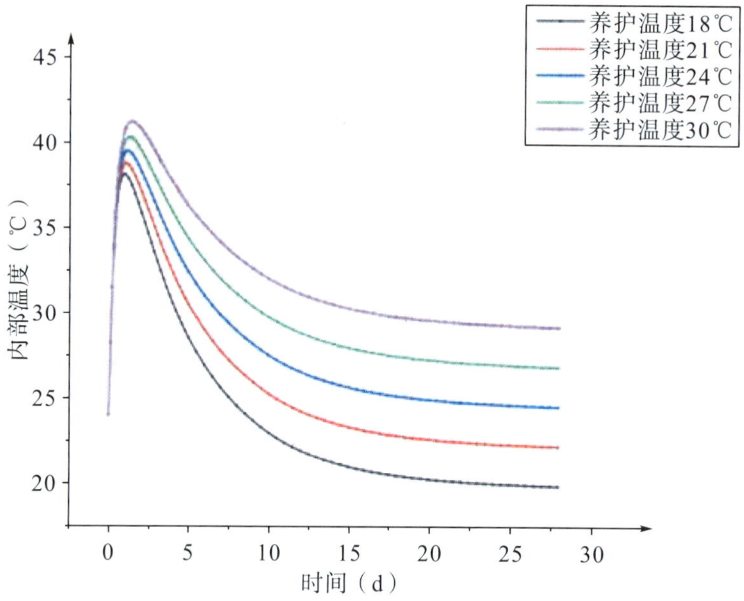

图 11－36　各组混凝土内部温度变化

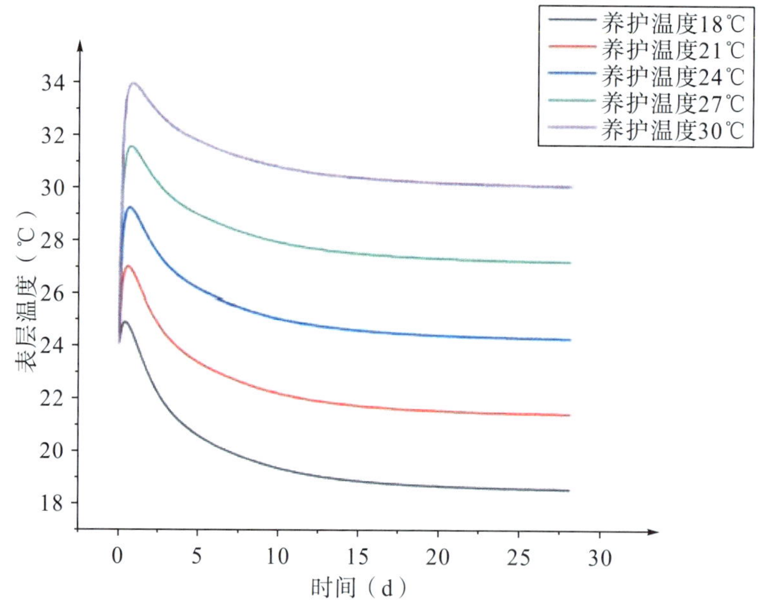

图 11－37　各组混凝土表面温度变化

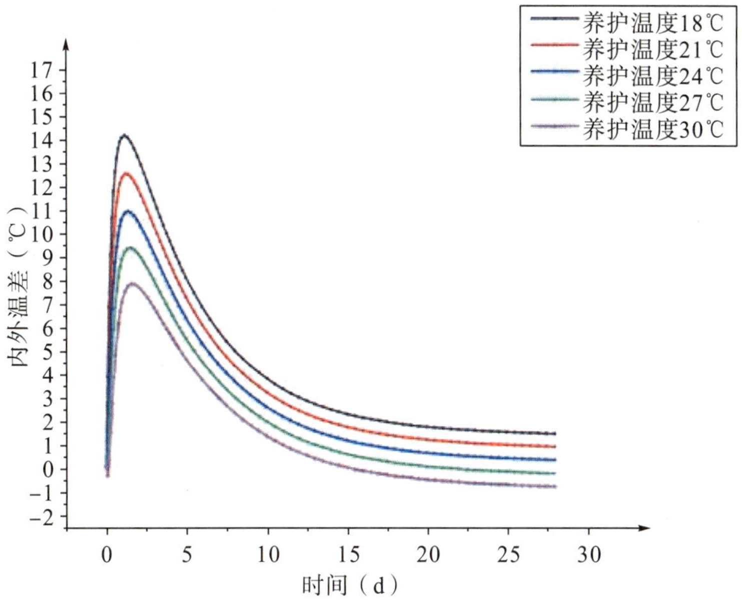

图 11-38　各组混凝土内外温差

表 11-9　各组的混凝土单位厚度温差

变量	养护温度 18℃	养护温度 21℃	养护温度 24℃	养护温度 27℃	养护温度 30℃
内外温差（℃）	14.1	12.5	10.1	9.1	7.4
内外厚度（m）	0.6	0.6	0.6	0.6	0.6
单位厚度温差（℃/m）	28.2	24.8	20.2	18.2	14.8

（2）应力分析。

以入仓温度 24℃计算的组为例，各组混凝土内部应力变化情况如图 11-39 所示，各组应力相关参数见表 11-10。当养护温度较高时，混凝土内外温差较小，抗拉应力增加速度较慢，延缓了裂缝出现的时间。另外，随着养护时间的增加，混凝土弹性模量和抗拉强度也在增加，因为养护温度较高时，出现裂缝时的应力即对应时刻的抗拉强度也相对较大。因此，当养护温度略高于入仓温度时，裂缝控制效果较好。

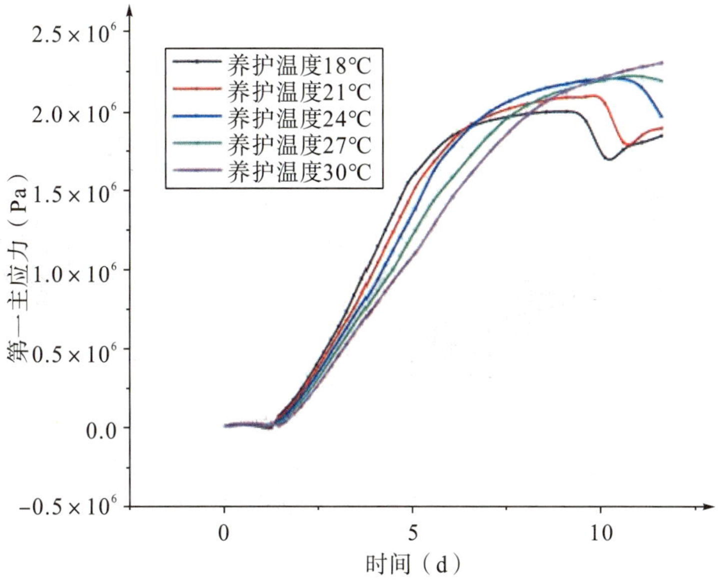

图 11-39　各组的混凝土内部应力变化情况

表 11－10　各组应力相关数据

项目	养护温度 18℃	养护温度 21℃	养护温度 24℃	养护温度 27℃	养护温度 30℃
第 5.0 天应力（MPa）	1.60	1.50	1.37	1.23	1.10
应力达到 1.6MPa 时间（d）	5.0	5.3	5.5	6.3	6.5
裂缝出现时间（d）	8.5	9.0	10.0	11.0	12.5
裂缝出现时应力（MPa）	1.98	2.08	2.19	2.21	2.32

11.1.5　养护湿度

养护湿度是养护条件的重要一环，其不仅影响着混凝土的强度、抗渗性和耐久性等，也会对混凝土裂缝产生影响。

在现有的文献资料中，当养护湿度低于 80%时，水泥水化进程将趋于停止。因此，养护湿度一般要求大于 80%。本次计算按照入仓温度 18℃、养护温度 18℃，且湿度作为单一变量按 5%为步长分 5 组进行计算，分别为 80%、85%、90%、95%、100%。其中养护湿度 100%即为流水养护。

不同养护湿度的裂缝分布如图 11－40 所示，裂缝数据见表 11－11。综合最大裂缝宽度、平均裂缝宽度、裂缝条数可知，湿度 80%和湿度 85%两组混凝土裂缝情况较为严重，湿度 90%、湿度 95%、湿度 100%三组混凝土裂缝情况相对较好。

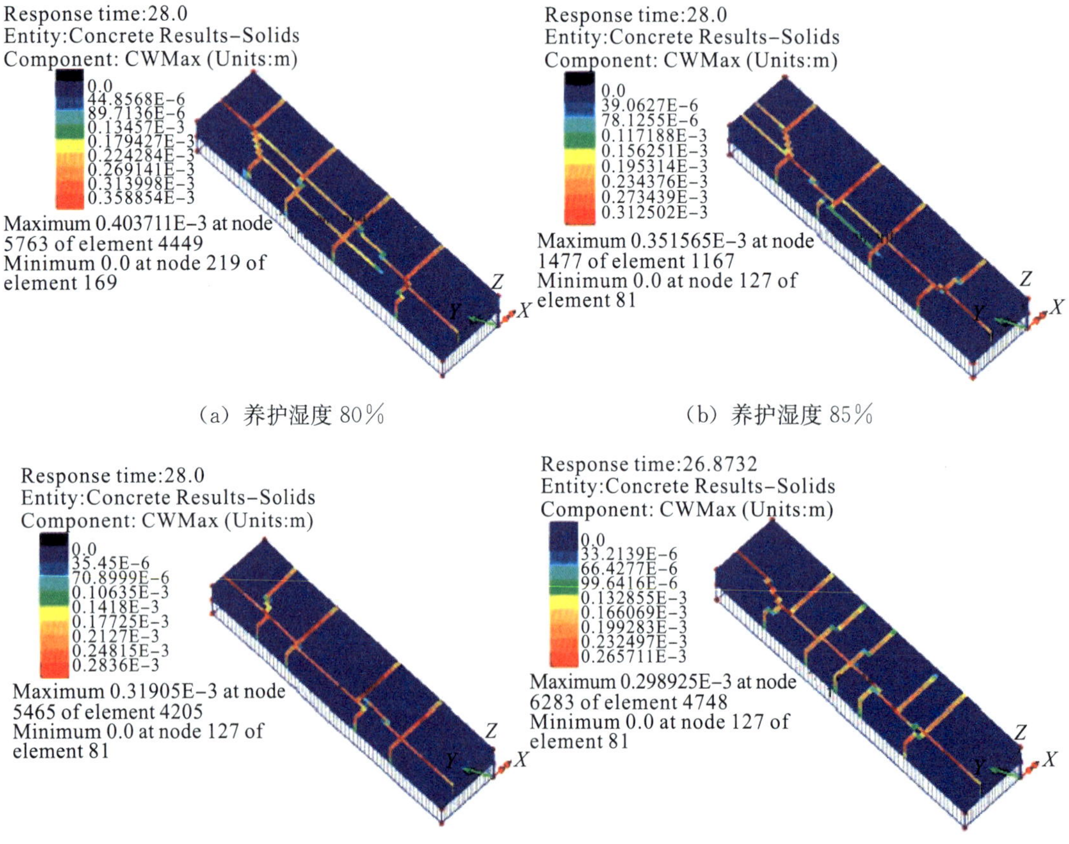

（a）养护湿度 80%　（b）养护湿度 85%

（c）养护湿度 90%　（d）养护湿度 95%

图 11－40　不同养护湿度的裂缝分布

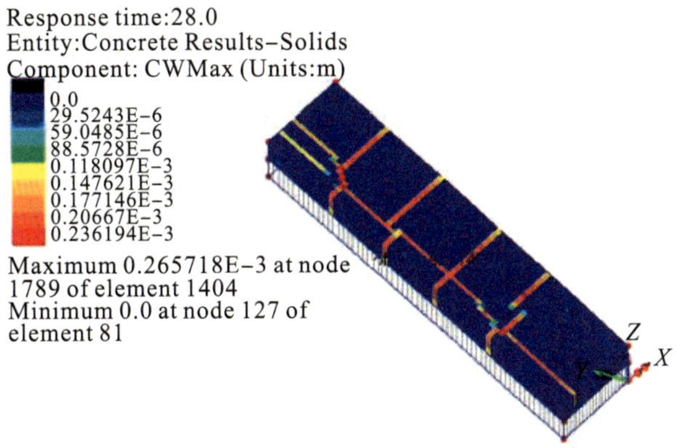

(e) 养护湿度 100%

图 11－40（续）

表 11－11　不同养护湿度的裂缝数据

组别	湿度 80%	湿度 85%	湿度 90%	湿度 95%	湿度 100%
最大裂缝宽度（mm）	0.40	0.35	0.32	0.30	0.27
平均裂缝宽度（mm）	0.36～0.40	0.31～0.35	0.28～0.32	0.19～0.23	0.20～0.23
横向裂缝数量（条）	5	5	4	5	4
纵向裂缝数量（条）	2	2	1	1	2

养护湿度对混凝土裂缝有较大影响。养护湿度越大，裂缝控制效果越好，并且湿度在 95%以上或者流水养护时，裂缝控制效果最佳。

(1) 表面温度。

在不同养护湿度条件下，混凝土内部温度无明显差距，但表面温度存在一定的差距，如图 11－41 所示。混凝土养护湿度越小，表面温度越低；养护湿度越大，表面温度越高。表明在湿度较大的情况下，散热会受到一定的抑制，但该条件对于裂缝影响较小。

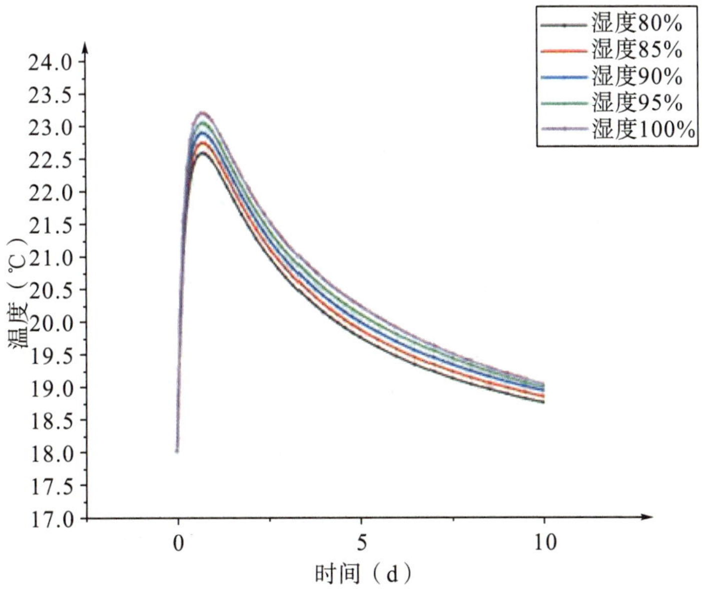

图 11－41　各组的混凝土表面温度

（2）表面湿度。

养护湿度的变化对于混凝土内部的湿度影响较小，但对表面湿度的影响非常直观。各组的表面湿度变化如图11－42所示。表面湿度在前5天变化趋势相似，第5.0天后的表面湿度在不同养护条件下呈现较大差距。

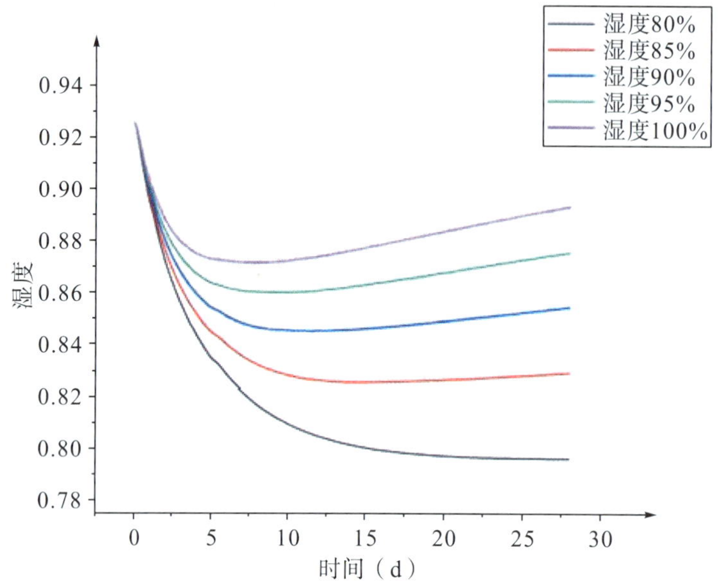

图11－42　各组的混凝土表面湿度

（3）温度应变。

在不同养护湿度条件下，各组的混凝土内部的温度应变没有明显差距，各组的混凝土表面的温度应变也没有明显差距。

（4）收缩应变。

养护湿度对于混凝土表面的收缩应变影响较大，养护湿度80%的组收缩应变在后期接近湿度100%的组6倍，如图11－43所示。当养护湿度较低时，早期的收缩应变急剧增大，混凝土表面较早地出现收缩裂缝。当养护湿度在90%以上时，收缩应变会出现回弹减小，从而混凝土裂缝情况得到明显改善。

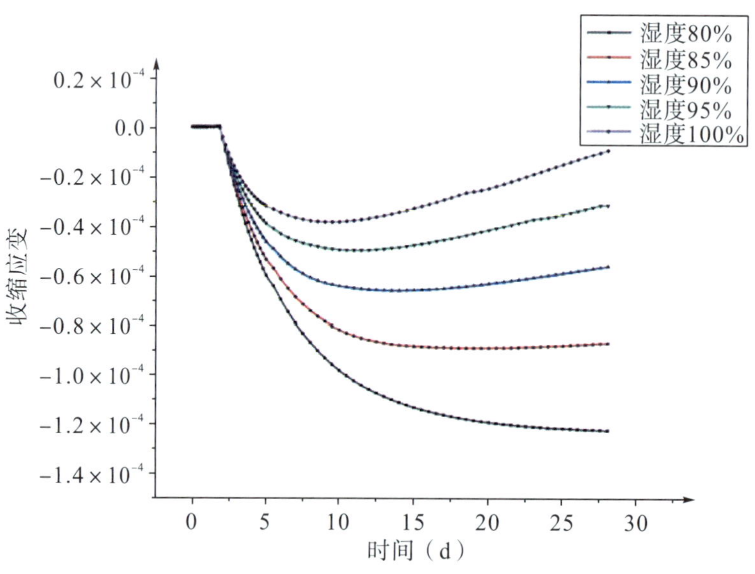

图11－43　不同湿度下的收缩应变变化规律

11.2　面板开裂成因分析

混凝土裂缝成因复杂多样，而裂缝也已成为大体积混凝土的通病。根据阿尔塔什水利枢纽工程面板裂缝统计结果，各个面板板块在分块块度、浇筑、基础、养护条件一致的情况下，部分板块施工期裂缝为0条，而部分板块裂缝接近20条，裂缝结果呈显著差异，故需分析引起该现象的原因。

11.2.1　入仓温度水利枢纽工程

在阿尔塔什水利枢纽工程面板坝工程期间，无论是Ⅰ序施工面板还是Ⅱ序施工面板，3月、4月、5月浇筑块体所呈现的裂缝结果差异较大。结合表11－12的拌合站各项温度控制数据，3月、4月、5月的上午、下午、夜间等各时段出机口温度均有较大差异，温度差值约为3℃。因此，原材料的温度和入仓温度是引起3月、4月、5月浇筑后裂缝结果差异的主要原因之一。

表11－12　面板浇筑拌合站混凝土及原材料温度控制测试数据

日期	时间段	砂仓内平均温度（℃）	小石仓内平均温度（℃）	中石仓内平均温度（℃）	拌合用水平均温度（℃）	出机口混凝土平均温度（℃）	备注
3月	8：00—12：00	6.0	8.0	11.0	14.0	17.0	
	12：00—18：00	8.0	11.0	14.0	14.0	19.0	
	20：00—00：00	8.0	9.0	11.0	14.0	18.0	
	00：00—7：00	6.0	7.0	10.0	14.0	16.0	
4月	8：00—12：00	10.0	11.0	15.0	15.0	19.0	
	12：00—18：00	12.0	14.0	19.0	16.0	22.0	
	20：00—00：00	11.0	14.0	16.0	15.0	22.0	
	00：00—7：00	10.0	11.0	14.0	14.0	20.0	
5月	8：00—12：00	14.0	15.0	17.0	16.0	24.0	
	12：00—18：00	17.0	19.0	23.0	16.0	25.0	
	20：00—00：00	16.0	19.0	22.0	16.0	23.0	
	00：00—7：00	14.0	16.0	17.0	15.0	22.0	

11.2.2　约束的影响

在相同的浇筑时间、垫层条件和养护条件下，Ⅱ序施工面板的裂缝数量明显多于Ⅰ序施工面板的。详细比较Ⅰ序施工和Ⅱ序施工各工况，发现二者的差异在于：Ⅰ序施工面板两侧支承结构为木模板和钢结构支撑架，而Ⅱ序施工面板则以已经固结硬化的Ⅰ序施工面板为侧面支承。两种侧面支撑带来的差异体现在以下两个方面：

（1）若视Ⅰ序施工已经固结硬化的混凝土面板为刚体结构，对于Ⅱ序施工而言，则相当于在其横向增加了约束，抑制了混凝土膨胀阶段的变形。

（2）Ⅱ序施工混凝土两侧在与木模板和硬化混凝土接触时，散热系数、透水性、保湿等方面均有较大差异。

在现有的研究水平下，尚难确切地说明上述因素对于混凝土面板裂缝是否具有影响，或者具有怎样的影响机理。因此，采用LUSAS软件来模拟木模板支承和硬化混凝土支承两种工况，进而分析分序施工对混凝土面板裂缝的影响。

11.2.3 计算方法

采用 LUSAS 软件来分析阿尔塔什水利枢纽工程面板一、二期工程在Ⅰ、Ⅱ序施工面板裂缝情况差异较大的原因，在仿真分析过程中根据分析侧重点和工程特性对一些工况进行了简化，Ⅰ、Ⅱ序施工计算方案见表 11－13。

表 11－13　Ⅰ、Ⅱ序施工计算方案

施工工序	入仓温度	养护温度	养护湿度	混凝土弹模	拆模时间	粉煤灰比例	支承形式
Ⅰ序	22℃	22℃	0.95	30GPa	5	20%	木模板
Ⅱ序	22℃	22℃	0.95	30GPa	5	20%	Ⅰ序施工混凝土

两种工况下第 28.0 天的混凝土裂缝分布如图 11－44 所示。Ⅰ序施工的混凝土未发现可见裂缝。Ⅱ序施工的混凝土出现 3 条横向裂缝且横向裂缝之间存在一条较短的纵向裂缝，表明Ⅱ序施工时两侧已经固结的Ⅰ序混凝土对裂缝存在一定影响。

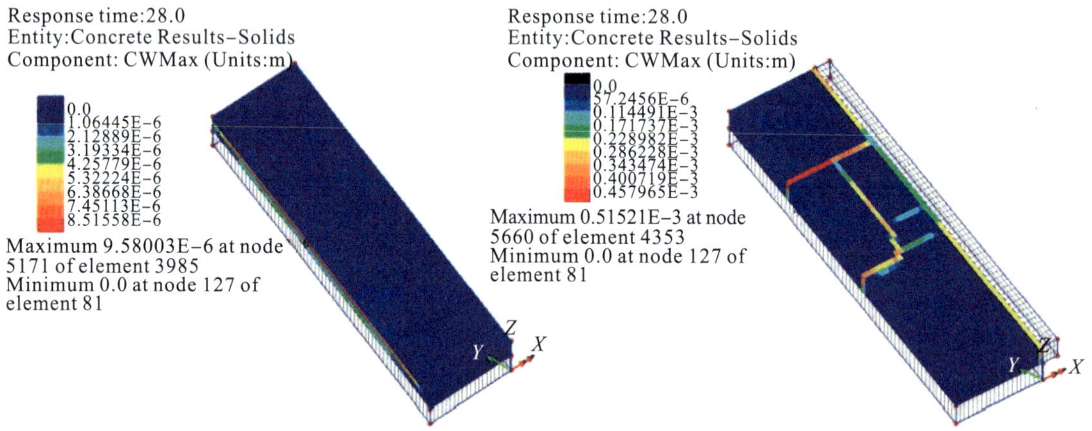

（a）Ⅰ序木模板支承　　（b）Ⅰ序施工混凝土支承

图 11－44　第 28.0 天的混凝土裂缝分布

11.2.4 计算结果分析

（1）温度及湿度。

第 5.0 天两种工况下混凝土面板表面的温度和湿度结果分别如图 11－45、图 11－46 所示。整体上，Ⅰ序施工面板混凝土表面温度约 24℃，Ⅱ序施工面板混凝土表面温度约 25.5℃，Ⅰ序施工混凝土表面温度明显低于Ⅱ序施工。湿度方面，Ⅰ序施工混凝土的表面湿度大致为 87%，Ⅱ序施工混凝土表面湿度大致为 84%，Ⅰ序施工混凝土表面湿度明显高于Ⅱ序施工的。Ⅱ序施工时，Ⅰ序施工已经固结的混凝土相比于木模板而言，散热能力有所下降，保水能力也较差，这对混凝土的养护不利。

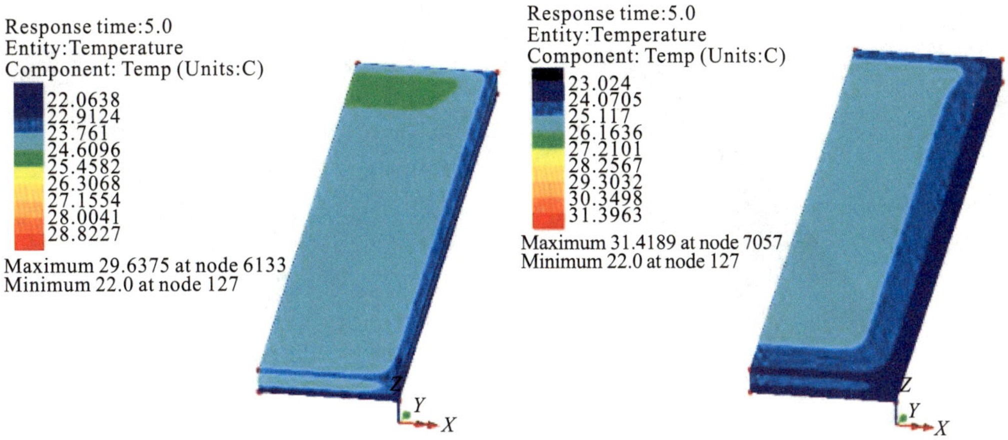

(a) Ⅰ序木模板支承　　(b) Ⅰ序施工混凝土支承

图 11－45　**第** 5.0 **天混凝土面板表面温度对比**

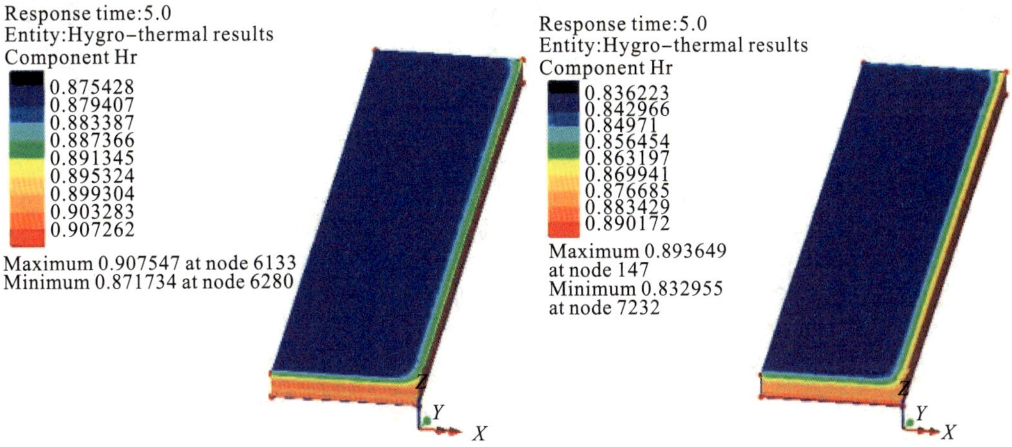

(a) Ⅰ序木模板支承　　(b) Ⅰ序施工混凝土支承

图 11－46　**第** 5.0 **天混凝土面板表面湿度对比**

(2) 约束作用。

两种工况在浇筑后第 5.0 天的 X 轴位移图如图 11－47 所示。对于Ⅱ序施工混凝土，若视已经固结的Ⅰ序施工混凝土为刚体结构，该刚体结构会阻碍Ⅱ序施工新浇筑的混凝土在 X 轴即横向变形。从位移图来看，Ⅰ序施工混凝土大面积发生 X 正方向位移；相反地，Ⅱ序施工混凝土在横向产生 X 轴负方向位移。这表明Ⅰ序施工已经硬化的混凝土约束了Ⅱ序施工新浇筑的混凝土的变形。显然这样的约束和挤压势必在前期带来更大的结构应力。两种工况第 5.0 天的最大主应力分布如图 11－48 所示。从最大主应力数值上来看，在第 5.0 天，Ⅱ序施工的最大主应力已经超过Ⅰ序施工的 2 倍。而应力和位移对于裂缝的产生有着较大的影响，因此，在后续的应力发展和变形过程中，两种工况下裂缝分布存在较大差异。

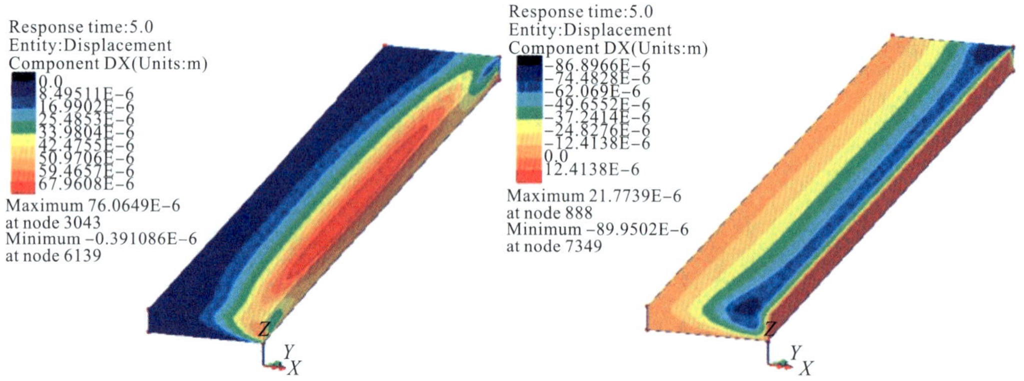

图 11－47　浇筑后第 5.0 天的 X 轴（横向）位移

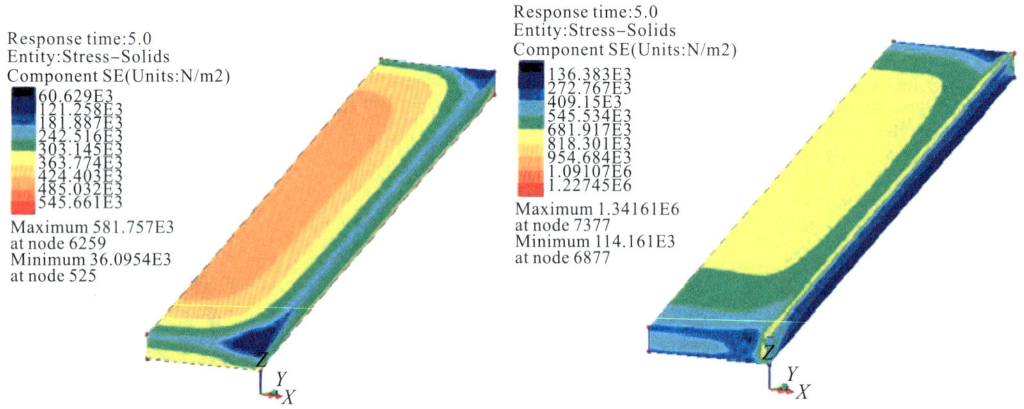

图 11－48　浇筑后第 5.0 天的最大主应力分布

11.3　面板混凝土防裂控制

根据面板应力分析、配合比设计以及现场试验等方面成果，结合类似工程的施工经验，该工程大坝有针对性地采取了挤压边墙平整度控制、混凝土浇筑控制及面板养护等方面的工程措施，以预防混凝土裂缝的发生。

11.3.1　坝体变形协调控制

开展不同分期、分区方案下的大坝应力变形仿真分析，提出合理的坝体分期填筑规划及挤压边墙预留水平变形量，确定面板浇筑时机，以满足不平衡施工条件下的面板坝变形协调控制要求，进而避免面板开裂风险。

（1）坝体填筑分期及预留沉降。

实践经验和研究成果表明，超填高度对面板脱空的影响较大。在不进行超高填筑的情况下，前期浇筑的面板在后续坝体填筑上升过程中会出现明显的面板脱空现象。但通过增加面板浇筑前后部坝体的超填高度，面板的脱空逐步减小。在分期面板开始浇筑时，除面板施工作业场地外，其后部坝体可尽量填高。一般情况下，在分期面板浇筑前，后部坝体顶部采取 10～20m 的超填措施可明显减小面板的脱空规模，而在超填高度一定的情况下，增加超高填筑体的宽度也有助于减小面板脱空，即平起填筑方案面板脱空相对较小。

此外，已有高坝的分析和沉降控制的分析和实践表明，堆石坝体在填筑后 6 个月内和第一个雨季是后期变形发展的快速阶段。因此，每期面板施工前，坝体分期填筑面超高在15m以上的应使面板浇筑前面板下部坝体的沉降速率小于5mm/月，填筑完成至面板浇筑的坝体预沉降期宜为3～6个月，150m以上高坝不宜少于6个月。

阿尔塔什水利枢纽工程采用反抬法分9期进行填筑，每期面板浇筑前预留6个月沉降期，浇筑时坝体沉降量小于5mm/月。坝体填筑分期标准剖面图如图11－49所示。其坝体填筑分期特征表、面板浇筑分期表见表11－15、表11－16。

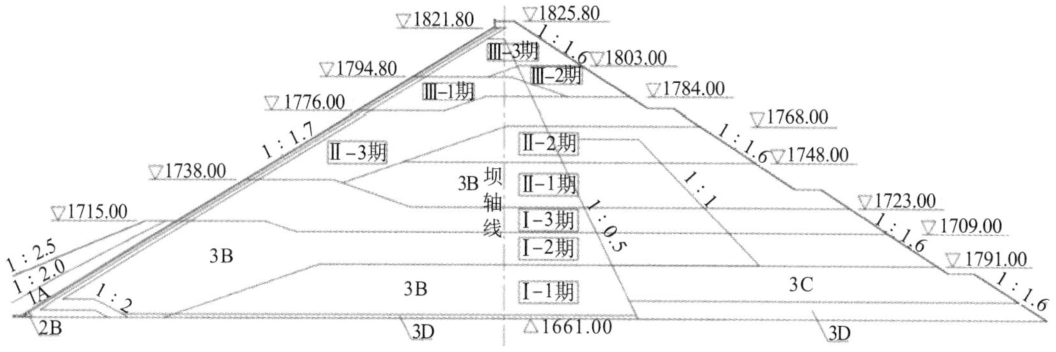

图11－49　坝体填筑分期标准剖面图

表11－14　阿尔塔什水利枢纽工程坝体填筑分期特征表

期别	填筑时间	填筑量（万立方米）	期末坝面高程（m）		平均强度（万立方米/月）	备注
			上游	下游		
1	2016.3.21—2016.12.31	510	1661.00	1791.00	53.7	
2	2017.3.1—2017.5.31	490	1715.00	1709.00	161.5	
3	2017.6.1—2017.8.31	402	1738.00	1723.00	132.5	
4	2017.9.1—2017.12.31	412	1738.00	1748.00	102.1	
5	2018.3.1—2018.5.31	184	1738.00	1768.00	60.7	Ⅰ期面板浇筑
6	2018.6.1—2018.8.31	217	1776.00	1784.00	71.5	
7	2018.9.1—2018.12.31	131	1794.80	1784.00	32.5	
8	2019.3.1—2019.8.31	45	1794.80	1803.00	14.8	Ⅱ期面板浇筑
9	2019.6.1—2019.8.31	120	1821.80	1821.80	39.6	

表11－15　阿尔塔什水利枢纽工程面板浇筑分期表

分期	施工时段	浇筑高程段（m）	面板顶部与浇筑坝面高差（m）	坝体预沉降时间
Ⅰ期	2018.3—2018.5	1715.00以下	24.0	6个月
Ⅱ期	2019.3—2019.5	1715.00～1776.00	18.8	6个月
Ⅲ期	2020.3—2020.5	1776.00～1821.80	0.0	6个月

目前，该工程坝体最大沉降量在0+475m断面的坝下0－081m位置，其总沉降量723.1mm中有369.6mm是坝基沉降，坝基沉降量占其总沉降量的51.1%，坝体实际最大沉降量353.5mm占其目前填筑坝高151.3m的0.23%；坝体主堆石区实际最大沉降量在坝0+305m断面的坝下游0－010.0m位置，减去坝基贡献沉降量后其实际沉降量为195.4mm，占其填筑坝高154.3m的

0.13%，与同等类型的工程类比，该大坝目前施工期沉降量略偏小。

（2）垫层料压实质量控制。

挤压边墙与面板间脱空也是目前面板坝中的常见施工问题，在阿尔塔什大坝坝体填筑施工中为防治挤压边墙出现脱空现象，采用了分次、分层的填筑方法进行垫层料填筑施工，解决了挤压边墙易产生破坏和挤压边墙后垫层料压实质量控制困难的难题。具体施工工艺如下：

每层（40cm）垫层料铺设采用液压反铲挖掘机分 2 次进行。第一次进行挤压边墙后 1m 范围内 20cm 垫层料铺设，摊铺完成后按确定的碾压参数进行现场加水，加水采用轮式可移动自动加水系统进行，之后使用 3.5t 小型振动碾对挤压边墙后 1 个碾宽范围内垫层料进行压实，碾压完成后采用小型电动平板夯对挤压边墙后 40cm 范围内垫层料进行补夯。

第一次试验检测（灌砂法）合格后进行第二次上层 20cm 及挤压边墙后 2m 范围内 40cm 垫层料摊铺，上层 20cm 垫层料碾压方法同下层。挤压边墙后 2m 范围内垫层料碾压采用 SSR260 型振动碾压实并试验检测（灌水法）。通过以上分区、分层填筑，并分别采用不同碾压参数进行压实的施工方法，有效保障了垫层料填筑压实质量和挤压边墙成型外观。垫层料填筑碾压参数见表 11－18。垫层料填筑现场压实如图 11－50 所示。

表 11－16　垫层料填筑碾压参数

序号	坝料	碾压机械	施工范围	铺料厚度（cm）	行车速度（km/h）	碾压次数	加水量（%）
1	垫层料	电动平板夯（30kN）	挤压边墙后 40cm 以内	20	人工复碾 8 次		6～8
2	垫层料	3.5t 自行式振动碾	挤压边墙后 1m 以内	20	2	16	6～8
3	垫层料	26t 自行式振动碾	挤压边墙后 1～3m	40	2	8	6～8

图 11－50　垫层料填筑现场压实

挤压边墙施工完成后采用 SIR－4000 地质雷达进行了脱空检测，未发现有 1 处挤压边墙脱空。

大坝面板无论是否采用分期施工，堆积体大坝下沉会导致混凝土面板发生不同程度的裂缝，通过调整施工程序，合理提高面板施工平台与分期面板顶部高程，适当增加停歇期，可减少大坝混凝土裂缝和面板脱空现象。

11.3.2　混凝土浇筑工艺

11.3.2.1　混凝土拌合质量控制。

混凝土拌制采用 180s、150s 和 120s 三种搅拌时间，并根据环境温度监测情况，对混凝土拌合用水进行了加热。根据现场经验及数据统计，汇总环境温度与混凝土拌制时间见表 11－17。

表 11－17　环境温度与混凝土拌制时间

环境温度范围（℃）	混凝土拌合时间（s）	拌合水温（℃）
20～34	120	16
15～20	150	15
4～15	180	14

施工期间在拌合站出料口、坝顶入仓口及滑模浇筑处三个部位分别对混凝土塌落度、温度及含气量等指标进行了检测，检测数据见表 11－18。

表 11－18　混凝土指标检测数据

浇筑时段	平均环境温度（℃）	混凝土温度（℃）	拌合站		出机口	入仓口
			坍落度（cm）	含气量（%）	坍落度（cm）	坍落度（cm）
3 月 20 日—4 月 4 日	20.4/6.4	15.4	9	4.8	8.2	6.5
4 月 5 日— 4 月 28 日	23.9/10.4	19.4	10.2	5.0	8.8	6.2
4 月 29 日—5 月 29 日	27.7/13.7	20.6	10.4	5.5	8.7	6.4

面板混凝土规范要求入仓坍落度 5～7cm，坍落度损失受气候、外加剂质量、混凝土特性等多方面因素影响，在面板正式浇筑前应进行模拟性试验，以具体确定混凝土出机口、入仓口坍落度等参数。按工程施工经验（拌合站固定在坝后，运输距离约 3 km），混凝土出机口坍落度控制在 9～10cm，入仓坍落度 8～9cm，溜槽溜送（溜送距离 100m）坍落度损失 1.7～2.6cm，仓面坍落度控制在 6.5cm 左右较为适宜。

11.3.2.2　溜送及布料改进措施

混凝土入仓溜送过程中为防止太阳暴晒下水分、坍落度损失，溜槽采用透气遮阳布进行覆盖处理。

传统施工中，采用在溜槽下垫钢管＋人工摆动的方式进行混凝土布料，布料过程中难以保障浇筑层面混凝土的均匀性，混凝土在浇筑面有离析现象，易造成混凝土面板产生裂缝。此外，在施工现场常遇到由于混凝土坍落度损失大，混凝土在溜槽内流动困难，以及在搅拌车加水和在溜槽内加水的现象，会对混凝土质量产生较大的不利影响。

为改善此类问题，研制了一种电动式的混凝土水平布料机。施工时将混凝土输送溜槽搭接在布料机末端接口，然后采用电驱动替代人工进行溜槽摆动，实现混凝土水平分料。混凝土水平布料机如图 11－51 所示，施工时采用卷扬机钢丝绳牵引，布置于溜槽与滑模间，布料机后端与溜槽搭接，前端出料口采用电动驱动实现混凝土左右水平分料。布料机采用遥控操作，在四个支腿上分别装有电动丝杆升降机，在施工过程中可随面板高度的降低而调整布料机高度。在混凝土分料过程中应根据滑模与布料机间距离确定是否搭设增加节进行布料距离调整，并随滑模提升而进行分料机提升及溜槽拆卸。

图 11－51　混凝土水平布料机

采用布料机后克服了人工布料不均匀、骨料堆积、混凝土堆积等问题，提高了仓内混凝土均匀性，降低了混凝土振捣难度，有效提高了混凝土振捣施工质量。

11.3.2.3　浇筑及抹面质量控制

（1）滑膜提升速度。

现场施工中分别采取 2.0m/h、2.5m/h 两种滑模提升速度，在浇筑完成后对混凝土面板裂缝进行了统计，得出以下结论：①当滑模上升速度 2.0m/h 时，混凝土面板裂缝数量明显少于滑模上升速度 2.5m/h 时施工的混凝土面板裂缝数量；②当滑模上升速度 2.0m/h 时，混凝土面板裂缝的规模，即混凝土面板裂缝的宽度长度，明显小于滑模上升速度 2.5m/h 时施工的混凝上面板裂缝规模。

通过上述试验结果表明，面板混凝土浇筑时控制滑模上升速度在 2.0m/h 以内，可有效减少混凝土早期裂缝的发生。

此外，由于下部混凝土面板较厚，滑模滑升速度小，当中午温度较高时，混凝土面易出现“假凝”或由于停置时间较长，混凝土接近半初凝状态，混凝土面与滑模间的摩擦系数较大，采用卷扬机牵引滑模滑升后易在混凝土表面形成裂纹。

为克服此类问题，以穿心式千斤顶作为滑模提升系统的应用，单套滑模采用 2 台 MCTSD30－200 穿心式千斤顶，如图 11－52 所示。采用单根长度 150m、直径 21.6mm 的钢绞线作为导绳，上端采用固定锚具固定，下端从面板顶部沿浇筑施工平台沿斜坡面自然下放。面板浇筑过程中单次滑模滑升的穿心式千斤顶油缸活塞往复运动 2～3 次，滑升距离 30～40cm。滑升后混凝土表面平整，无采用卷扬机提升时刹车产生的钢丝绳惯性松弛而导致的混凝土错台现象发生，达到了预期的使用效果，与同期采用卷扬机提升滑模的仓位对比，混凝土表面平整度得到了大幅度提升。

图 11－52　采用穿心式千斤顶改造后滑膜

（2）混凝土抹面。

由于混凝土的凝结是随气温、气候和早晚时间而变化的，因此，为了消除混凝土早期出现的干缩裂缝，在常规收面工作后增加了一次收面工序。二次收面工作台采用方钢骨架+木脚手板，与滑模之间用钢丝绳连接，用电动葫芦来调节上下距离，在第一次收面与第二次收面之间，用滑模拖塑料布临时覆盖以减少水分散失，防止干缩缝的出现。在二次收面后约 1m 位置开始采用土工布覆盖，覆盖后用水管喷洒，以确保混凝土面保持湿润。滑模提升后混凝土面如图 11－53 所示。

图 11－53　滑膜提升后混凝土面

11.3.2.4　侧模平整度控制

（1）侧模镶贴铁皮。

侧模采用干松木加工制作，在制作完成的侧模上缘安装 50mm×70mm 槽钢作为滑模与侧模间的保护，侧模下缘内侧加工成 120mm×15mm（高×宽）槽口，作为侧模与面板垂直缝铜止水之间安装槽口。侧模加工时应按混凝土面板厚度渐变情况进行编号，以便于后续模板安装。侧模支撑三角架加工材料为∠50×50×5 角钢，角钢拼接部位满焊，采用ϕ 22 锚筋作为三角架支撑点。侧模安装时 2m 范围内平整度偏差不大于 5mm，型体尺寸偏差不大于 3mm，模板与铜止水的对中偏差不大于 5mm。侧模结构示意如图 11－54 所示。

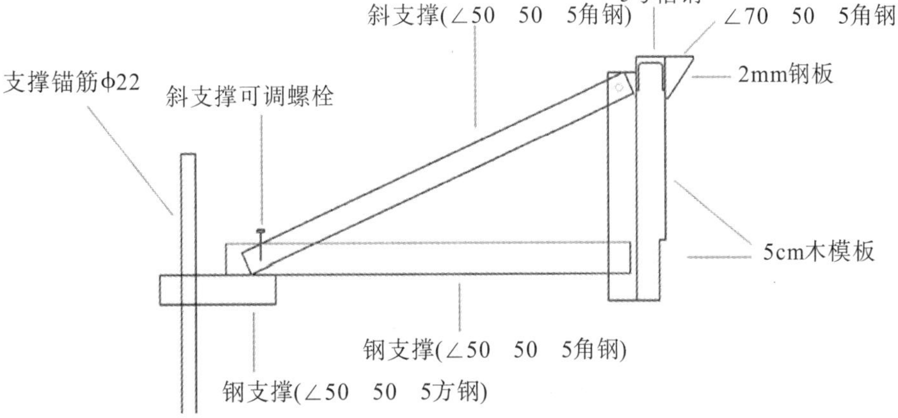

图 11－54　侧模结构示意

由于面板侧模采用木板拼接，因此拼接后木板在滑模重压、混凝土浸泡以及周转使用下接缝部位易产生错台，从而造成面板侧面错台。为克服上述问题，采取侧模镶贴铁皮、定型模板等措施对面板侧模平整度进行控制，并在浇筑完成后采用 2m 靠尺进行检查，平整度不合格部位采用角磨机打磨处理。

面板板间缝位置常常需要进行表止水“V”或“⊔”型槽预留。在工程施工中，“V”型槽预留常采用侧模上缘槽钢内侧点焊角钢（角钢开口位置采用钢板密封防止混凝土进入）的方法进行；“⊔”型槽通过在面板钢筋上二次搭设架立筋，再在架立筋上铺木板的方式进行槽口预留，架立筋搭设时应注意与表止水扁钢螺栓孔位置错开，避免表止水施工时膨胀螺栓造孔困难。

（2）滑模机械改造。

滑模就位一般采用2台10t卷扬机牵引，12m仓位采用14m滑模，6m仓位采用9m滑模。在工程前期施工中滑模支腿、行走轮采用螺栓固定，在到达安装位置后采用垫枕木+千斤顶的方式进行支腿回收。此施工方法不仅存在极大的安全隐患，而且施工效率低、耗时长。故对滑模支腿、行走轮进行了改进，采用电动丝杆升降机进行滑模行走轮升降，能有效解决滑模支腿回收时的安全风险大、施工效率低、耗时长等难题。滑模支腿改造结构示意如图11－55所示。

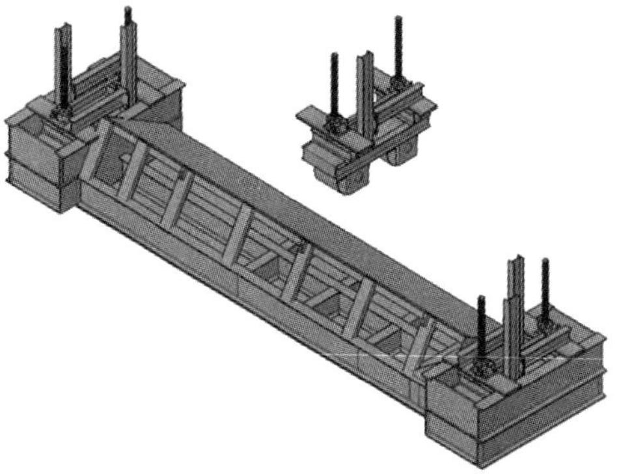

图11－55　滑膜支腿改造结构示意图

根据现场使用情况总结，用于收纳滑模行走轮的矩形框底面应比滑模底面高出10～20mm。以避免因面板混凝土表面不平整导致滑模在提升过程中两侧矩形框与面板混凝土间出现剐蹭，从而增大卷扬机负荷问题的发生。

11.3.3　混凝土养护工艺

混凝土面板厚度小、结构暴露面积大，对环境温度变化敏感。在混凝土浇筑时，水泥水化热会引起混凝土内外温差过大，并产生温度应力，一旦温度应力大于混凝土的抗拉强度，就会产生裂缝。新浇混凝土因表面干燥过快、外层水分损失导致干缩，在表面产生拉应力，形成开裂。因此，面板在浇筑完成后必须采取有效措施以控制混凝土内外温差，并做好保湿措施，以防因水化热反应水分损失导致混凝土干缩引起裂缝的产生。而面板浇筑完成后至蓄水之间存在很长的间隔时间，面板在暴晒之下表面温度大幅度上升，会产生较大的温度压应力，从而进一步加剧混凝土面板裂缝的产生。因此，养护是裂缝防治的关键措施之一。

（1）不同养护材料效果对比。

面板浇筑前进行模拟试验，对土工膜、保温棉、气泡膜等材料养护效果进行对比。通过现场试验对比发现，采用土工膜进行覆盖养护表面温度与环境温度温差为0.2℃～16.4℃，采用保温棉进行覆盖养护表面温度与环境温度温差为－0.9℃～12.5℃。采用土工膜进行混凝土养护比采用保温棉进行养护温度高－1.4℃～5.7℃（平均温差1.7℃）。这说明采用土工膜进行养护保温效果比保温棉好。

为减少大温差对面板混凝土的影响，提出采取双层气泡膜作为混凝土保温、保湿养护材料，提升混凝土早期保湿性能，减少干缩裂缝的发生。铺设双层气泡膜如图11－56所示。

图 11－56　铺设双层气泡膜

对面板混凝土用气泡膜表面保温进行试验，确定气泡膜在不同层数与状态下的混凝土表面保温情况，对混凝土试块内、外部温差、保湿情况进行对比分析。得出结论如下：

①气泡膜向内和向外对混凝土试块的保温影响基本一样。双层气泡膜的最高温度要比单层气泡膜的最高温度高 3℃～4℃，最低温度基本一致。

②通过现场试验观察，气泡膜不具备透水性，对混凝土的保湿起到了很好的效果。

（2）面板分期养护措施。

根据面板模拟试验以及不同养护材料的保温、保湿效果对比，确定的混凝土养护方案为：3 月和 4 月上旬气温较低，昼夜平均气温约 12℃，对养护水进行加热处理，使混凝土内外温差保持在 20℃以内，混凝土养护主要采取加热养护水＋土工布＋土工膜的保温、保湿方案；4 月下旬和 5 月平均气温约为 20℃，混凝土养护主要采取长流水＋土工布的保湿方案。喷雾养护转置及其现场应用如图 11－57 所示。

图 11－57　喷雾养护转置及其现场应用

第 12 章　施工质量检测与控制

施工质量的检测与控制贯穿于土石坝施工的全部环节之中，为了确保土石坝的安全，必须高度重视施工质量检测与控制。

首先是料源的质量检测与控制，土料与石料应满足现行规范的要求。对于土料场应该经常检测所取土样的土质情况、土块的大小、杂质的含量以及含水率是否满足现行规范的标准，其中最重要的是含水率检测与控制。

其次是坝面的质量检测与控制。当对坝面作业时，应该考虑铺土厚度、填土块度、含水率的多少、压实的方法、压实后的干密度是否满足现行规范的要求。

12.1　填筑检测与评价标准

12.1.1　上游铺盖区土料

上游铺盖区的料源为泄水建筑物出口开挖的低液限粉土、T8 土料场的土料。

12.1.2　垫层料

最大粒径 $d_{max} \leqslant 60mm$。粒径小于 5mm 的含量为 30%～45%，粒径小于 0.075mm 的含量少于 8%。$C_u > 20$，$C_c = 1 \sim 3$ 连续级配。采用 C3 料场全料且筛除 60mm 以上颗粒。

12.1.3　过渡料

过渡料采用 C3 料场且筛除 150mm 以上颗粒的砂砾料。填筑标准要求相对密度大于 0.90。

12.1.4　砂砾石坝壳料

料场选择 C1、C3 料场的料，水上、水下有用层合计总储量 2640 万立方米。用作坝壳填筑料，各项指标均满足技术要求。最终选定 C1、C3 砂砾料场作为坝壳砂砾料，取用料场全料。

相对密度取值 0.90。根据试验成果：砂砾料最紧平均干密度 $\gamma_{d\max} = 2.29g/cm^3$，最松平均干密度 $\gamma_{d\min} = 2.03g/cm^3$。砂砾坝壳料设计干容重 $\gamma_{ds} = 2.26g/cm^3$。

12.1.5　爆破堆石料

选择 P1、P2 石料场开采的石料，要求爆破料：最大粒径 $d_{max} \leqslant 600mm$，粒径小于 5mm 的含量少于 20%，粒径小于 0.075mm 的含量少于 5%，$C_u > 25$，连续级配。填筑标准：爆破料来自石料场开采的石料。

确定堆石料设计和填筑标准如下（施工中根据现场碾压试验最终确定）：内摩擦角 >40°，孔隙率 ≤19%，干容重 $22.0kN/m^3$。

12.1.6　排水料

排水料采用 P1 料场的爆破堆石料，除粒径小于 5mm 的含量少于 15%，粒径小于 0.1mm 的含量少于 5%外，级配要求与次堆石区基本一致，但不做严格要求。设置在主堆石区砂砾石料下部与河床砂砾石结合部位，铺设排水条带，排水条带宽 10m、厚 2m，间隔 20m 铺设；在次堆石区的下部设置厚 10m 排水条带，满河床铺设。确定堆石料设计和填筑标准为：内摩擦角>40°，孔隙率≤19%，干容重 22.0kN/m^3。

12.2　砂砾石料级配和含水率快速检测

12.2.1　砾类土含水率快速检测

针对砾类土或粒径小于 20mm 的非黏性土，基于加权法的含水率检测方法，综合使用了饱和面干含水率替代法和虚拟比重法或非黏性土含水率的微波湿度法，并对现有饱和面干含水率测定操作进行了一定的改进和优化。以阿尔塔什检测结果砂砾石料中粒径 5～60mm 的土料为研究对象，验证了当砾类土的级配在设计上包线和设计下包线之间时，级配对饱和面干含水率的影响较小，可以忽略不计。以阿尔塔什砂砾石料的砾类土为试验对象，开展含水率试验，由绝对误差、均方偏差平方和、相关系数与显著性检验分析可得，加权法检测结果的精度满足要求，且与烘干法检测结果的相关性较高，两者的检测结果较为接近。通过试验数据分析，得出了两种不同方法检测结果相关性高低和接近程度的衡量标准。加权法和烘干法的含水率相关性曲如图 12－1。

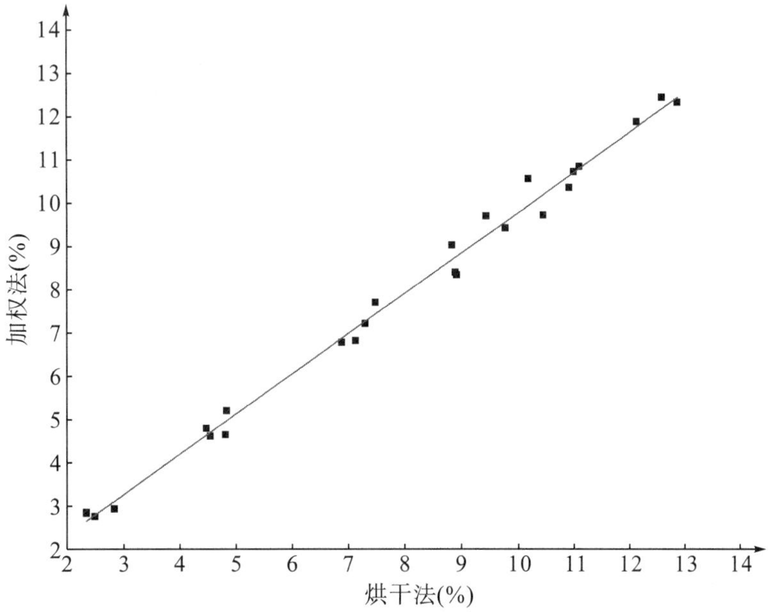

图 12－1　加权法和烘干法的含水率相关性曲线

12.2.2　砂类土含水率快速检测

针对砂类土，提出了虚拟比重法的含水率快速检测方法，其关键内容和步骤包括虚拟比重确定和含水率的测定。以 5 种常见的砂类土为例开展了验证试验，基于显著性分析理论，证明了虚拟比重具有不同于比重的意义。对虚拟比重法和烘干法检测结果进行对比分析，以及绝对误差、均方偏差平方和分析可知，虚拟比重法检测结果的精度满足要求。通过试验数据，得出非黏性土含水率均方偏差平方和衡量整体检测精度的标准，并绘制了虚拟比重法、比重法、烘干法检测结果的曲线。结果表明，虚拟比重法的精度高于比重法，前者和烘干法的结果更接近。以砂类土 3 为研究对象，基于可靠性分析理论表明，虚拟比重法的检测结果为真实结果的可信度达到了 99%。综合分析得出，虚拟比重法可以用于砂类土或粒径小于 5mm 的非黏性土的含水率检测，而且检测时间短、速度快。

12.2.3 微波湿度法

12.2.3.1 不同土料含水率检测

针对非黏性土料和黏性土料，通过大量试验研究发现，在校准和含水率测定时，需对这两种土料区别对待，用相应的检测方法分别开展含水率检测试验，并采用统计学方法对试验数据进行分析。

12.2.3.2 砂类土的含水率检测

以粒径小于 5mm 的两种砂类土进行试验，这里分别命名为砂类土 1 和砂类土 2。砂类土 1 为阿尔塔什填筑料中粒径小于 5mm 的土料，砂类土 2 为常规的粒径小于 5mm 的土料。通过微波湿度法试验总结分析砂类土 1 和砂类土 2：针对粒径小于 5mm 的非黏性土料，线性校准曲线和二次校准曲线的校准结果相近，而且检测结果的精度也相近，故两种类型的校准曲线均可使用，同时可以将此结论推广至粒径小于 20mm 的非黏性土以及黏性土的含水率检测。

12.2.3.3 砾类土的含水率检测

试验选用 3 种砾类土，粒径范围均为 0～20mm，其中砾类土 1 属于阿尔塔什砂砾石料中的一部分，砾类土 2 和砾类土 3 为常规的砾类土。3 种砾类土的区别是母岩不同。砾类土 1 的 3 种土料微波湿度法和烘干法的相关性曲线如图 12－2 所示，砾类土 2 和砾类土 3 微波湿度法和烘干法的相关性曲线如图 12－3 所示。

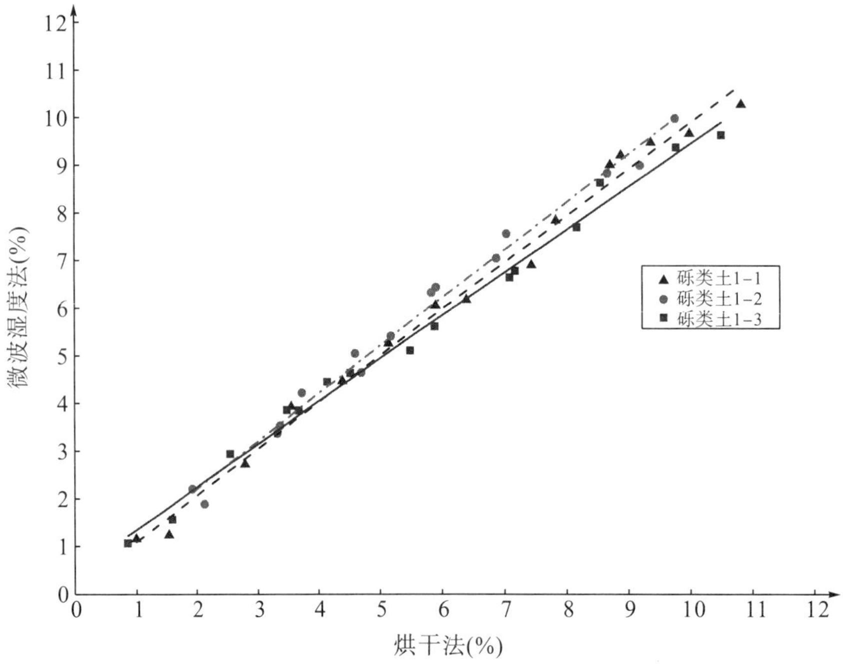

图 12－2 砾类土 1 的 3 种土料微波湿度法和烘干法的相关性曲线

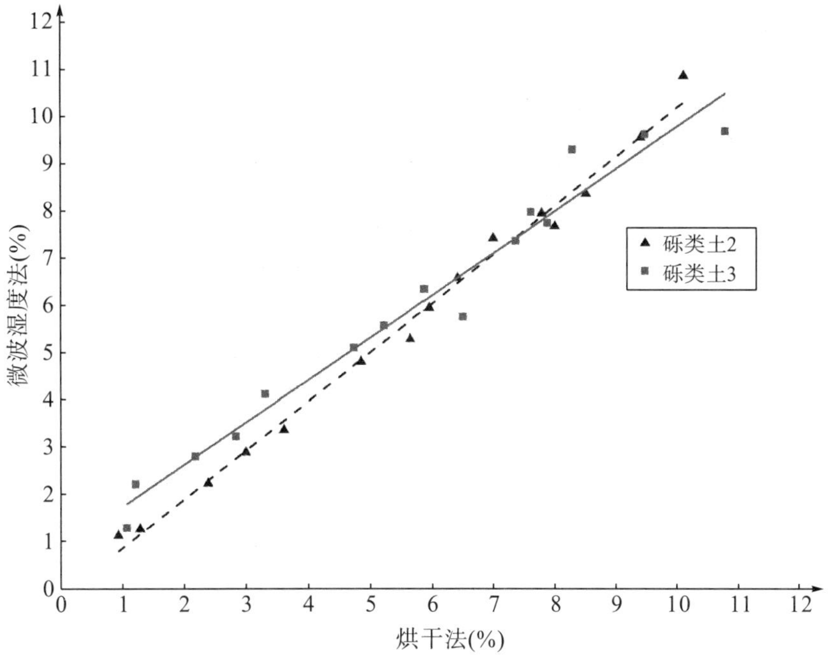

图 12－3　砾类土 2 和砾类土 3 微波湿度法和烘干法的相关性曲线

12.2.3.4　砂土的含水率检测

采用同种砂土配制 15 组不同的含水率土样进行检测试验，并和烘干法的结果对比，试验结果见表 12－1。

表 12－1　砂土微波湿度法和烘干法试验结果

土样编号	w	y	$\lvert\gamma-\omega\rvert$	土样编号	w	y	$\lvert\gamma-\omega\rvert$
1	1.29	1.26	0.03	9	8.71	8.78	0.07
2	2.32	2.03	0.29	10	9.88	9.88	0.00
3	3.40	3.24	0.16	11	11.88	11.38	0.51
4	4.35	4.29	0.07	12	11.91	12.00	0.09
5	5.09	5.17	0.08	13	12.75	12.36	0.39
6	5.85	5.88	0.02	14	14.22	14.05	0.17
7	6.80	7.0	0.29	15	15.83	15.42	0.41
8	7.80	7.93	0.13				

砂土微波湿度法和烘干法的相关性曲线如图 12－4 所示。

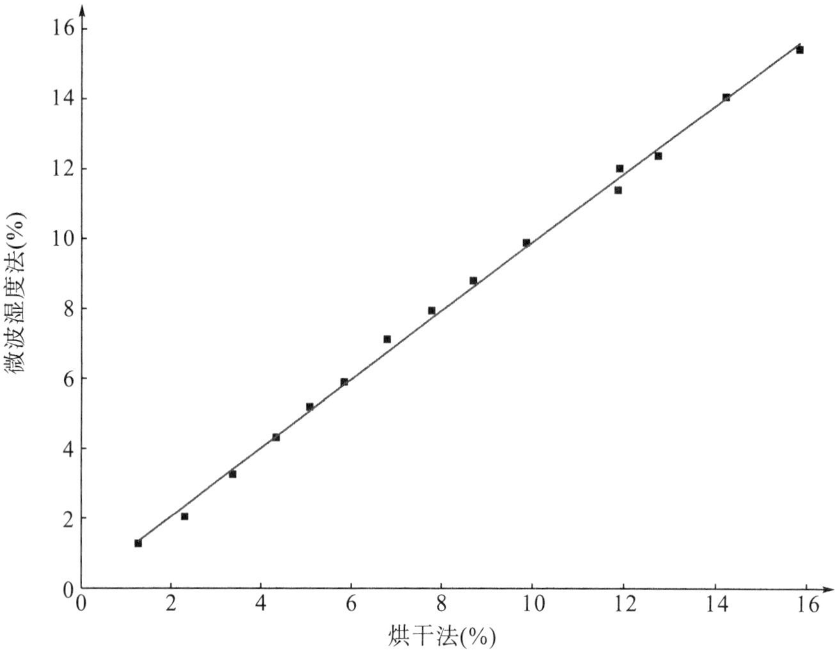

图 12—4　砂土微波湿度法和烘干法的相关性曲线

12.2.3.5　粉土的含水率检测

试验选用砂质粉土和黏质粉土，前者黏粒含量较少，后者黏粒含量较多。因为粉土的最优含水率通常小于 13%，所以在校准过程中继续遵循包含最优含水率的原则进行试验，校准数据点采用 6 个，最小含水率约 8%，最大含水率约 16%。砂质粉土微波湿度法和烘干法的相关性曲线如图 12—5 所示。

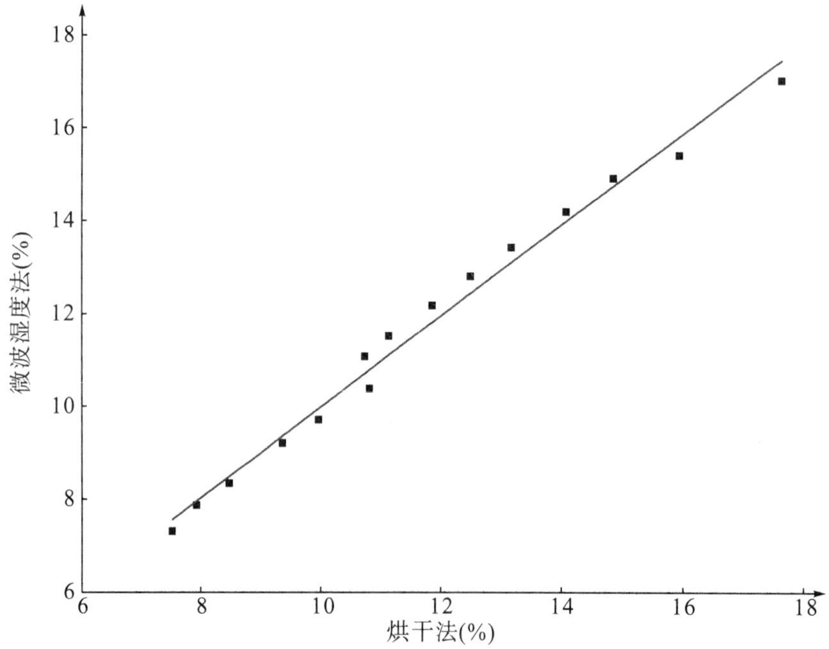

图 12—5　砂质粉土微波湿度法和烘干法的相关性曲线

12.2.3.6　黏性土的含水率检测

Hydro-Probe 系列微波湿度传感器（含Ⅳ型）并没有明确指出是否可以检测黏性土的含水率，需先进行探索性的试验，以判断其是否可以检测黏性土的含水率，对常规的黏性土进行试验，试验测得该黏性土的塑性指数 17～18，最优含水率约 17%，黏性较大。黏性土校准曲线如图 12－6 所示，黏性土微波湿度法和烘干法的相关性曲线如图 12－7 所示。

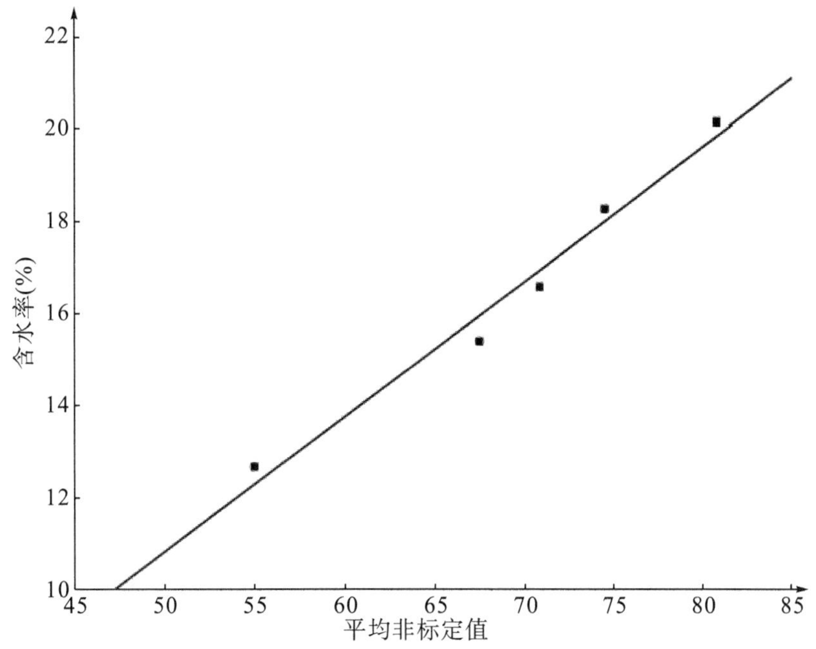

图 12－6　黏性土校准曲线

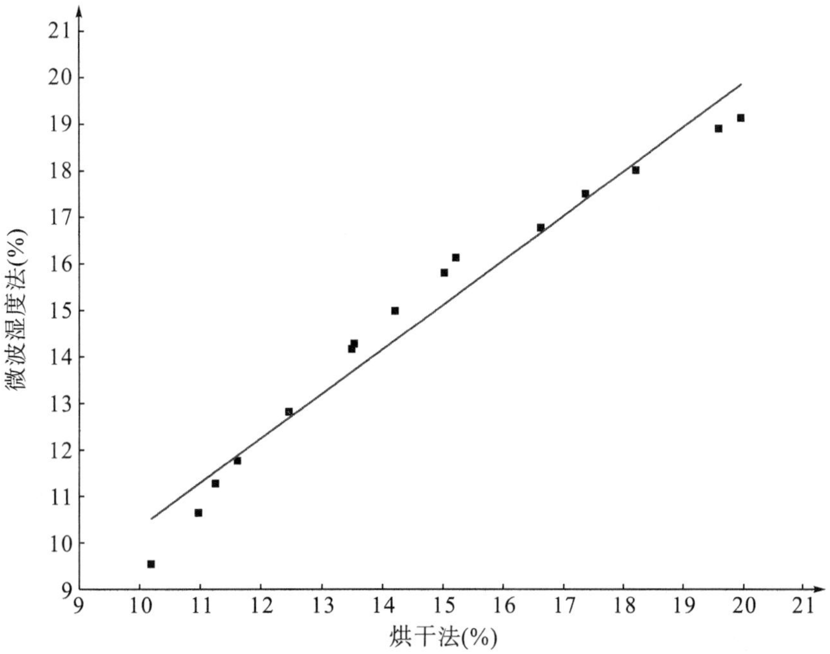

图 12－7　黏性土微波湿度法和烘干法的相关性曲线

12.2.3.7 各类土评价

由于非黏性土和黏性土之间存在显著不同，因此，基于微波湿度法分别提出了非黏性土料和黏性土料含水率的检测方法。粉土的性质介于非黏性土和黏性土之间，研究总结得出，粉土可以采用非黏性土料含水率的微波湿度法。微波湿度法的关键内容是仪器校准和含水率测定，可以采用决定系数或相关系数与均方残差平方和衡量仪器校准曲线的拟合效果。以两种不同的砂类土为研究对象，分别采用线性校准和二次校准两种校准方式，结合两种校准曲线检测结果的绝对误差、均方偏差平方和、相关性分析、显著性分析等，结果表明两种校准方式的检测精度总体相近，最终决定采用线性校准方式。

以工程实际中常见的砾类土、砂土、砂质粉土、黏质粉土、黏性土等土料为试验对象，开展含水率试验，对校准曲线进行显著性分析，以确保校准曲线的有效性。含水率测定试验中，采用了多种不同的方法对微波湿度法和烘干法的结果进行对比分析，绝对误差大小表明微波湿度法和烘干法的检测结果满足误差的规定；均方偏差平方和表明微波湿度法的检测精度整体较高；微波湿度法和烘干法结果相关性曲线的相关系数和显著性检验分析法表明两种方法的相关性高，相关性曲线的斜率表明两种方法的检测结果接近。针对每种类型的土料，配制常见含水率土样，基于可靠性分析理论中的 t 检验法，计算微波湿度法检测土料含水率的可信度达到 95%。上述试验表明，微波湿度法可以用于检测非黏性土和黏性土的含水率。

12.2.4 砂砾石料级配检测

12.2.4.1 岩石颗粒升温特性试验

(1) 卵石（河床料）。

卵石取样颗粒加热试验共进行 5 组，加热前，各组次颗粒初始温度分别为 19℃、26℃、25℃、20℃、22℃，相应地，烘箱温度分别设定为 79℃、86℃、85℃、80℃、82℃，加热时间 240s。升温特性试验得到的卵石颗粒体积与加热后升温值见表 12－2，其散点折线图如图 12－8 所示。

表 12－2 卵石颗粒体积与加热后升温值

编号	体积（cm^3）	试验 1 ΔT（℃）	试验 2 ΔT（℃）	试验 3 ΔT（℃）	试验 4 ΔT（℃）	试验 5 ΔT（℃）	均值（℃）
1	0.46	26.70	26.60	26.40	25.90	26.40	26.40
2	0.63	25.20	24.60	25.50	24.70	25.00	25.00
4	1.30	20.60	20.50	20.80	20.70	20.30	20.58
7	2.10	18.70	17.40	19.60	19.50	18.90	18.82
6	2.80	18.10	17.70	19.80	20.00	18.30	18.78
5	3.60	18.10	16.80	17.80	18.30	18.10	17.82
9	5.10	17.90	16.70	17.20	18.00	17.20	17.40
10	9.00	15.60	14.70	16.10	15.90	15.10	15.48
11	12.00	13.40	12.60	12.80	12.50	13.00	12.86
12	19.00	12.60	11.10	11.50	12.20	12.00	11.88
8	23.00	11.90	10.50	11.30	10.30	11.30	11.06
13	31.00	10.00	9.80	10.50	9.20	9.50	9.80

续表

编号	体积 (cm³)	试验 1 ΔT (℃)	试验 2 ΔT (℃)	试验 3 ΔT (℃)	试验 4 ΔT (℃)	试验 5 ΔT (℃)	均值 (℃)
14	37.00	10.00	9.30	10.40	10.00	9.70	9.88
16	45.00	9.70	8.90	9.80	9.50	9.20	9.42
15	66.00	9.00	8.20	9.20	7.90	8.70	8.60

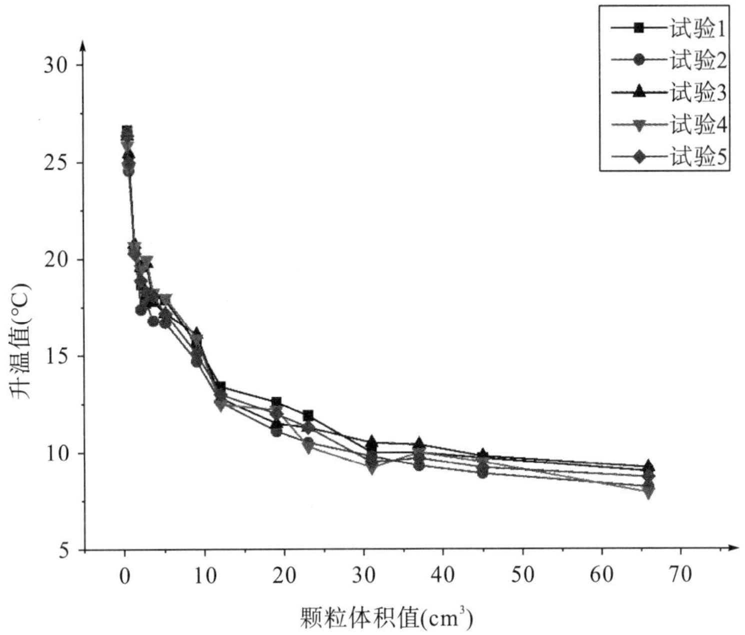

图 12－8　卵石颗粒体积与加热后升温值散点折线图

由图 12－8 可知，在试验既定的加热环境下，卵石颗粒加热后升温值随着颗粒体积的增大而不断减小，呈现出良好的负相关关系。在不同试验组次中，同一颗粒加热后升温值数据也较为稳定。

（2）砾石（爆破料）。

砾石取样颗粒加热试验共进行 5 组，加热前颗粒初始温度分别为 19℃、20℃、27℃、24℃、24℃，相应地，烘箱温度分别设定为 79℃、80℃、87℃、84℃、84℃，加热时间 240s。砾石颗粒体积与加热后升温值数据见表 12－3，其散点折线图如图 12－9 所示。

表 12－3　砾石颗粒体积与加热后升温值

编号	体积 (cm³)	试验 1 ΔT (℃)	试验 2 ΔT (℃)	试验 3 ΔT (℃)	试验 4 ΔT (℃)	试验 5 ΔT (℃)	均值 (℃)
1	0.45	27.30	27.50	28.50	27.60	28.00	27.78
4	0.90	24.30	23.90	25.10	24.60	25.20	24.62
5	1.70	22.90	21.70	24.30	22.40	24.80	23.22
8	2.50	20.50	20.10	20.70	20.50	19.70	20.30
10	3.70	19.10	18.30	19.20	19.20	19.70	19.10
12	4.60	18.30	17.70	18.90	18.80	18.40	18.42
15	6.00	16.50	16.20	17.40	17.80	17.00	16.98
17	9.50	14.60	13.80	14.90	15.00	14.70	14.60

续表

编号	体积（cm^3）	试验 1 ΔT（℃）	试验 2 ΔT（℃）	试验 3 ΔT（℃）	试验 4 ΔT（℃）	试验 5 ΔT（℃）	均值（℃）
13	13.00	14.10	13.50	14.50	14.40	14.00	14.18
19	15.50	12.60	12.80	13.80	13.00	13.10	13.06
18	18.30	12.80	11.60	14.00	11.80	13.50	12.74
21	22.50	12.70	11.40	13.60	12.30	12.90	12.58
20	31.00	11.10	11.50	12.10	11.30	11.90	11.58
22	42.50	10.40	11.50	10.90	11.70	11.40	11.18
25	51.00	9.90	10.20	10.60	9.10	10.00	9.96
23	62.00	9.30	9.70	9.70	8.60	8.80	9.22

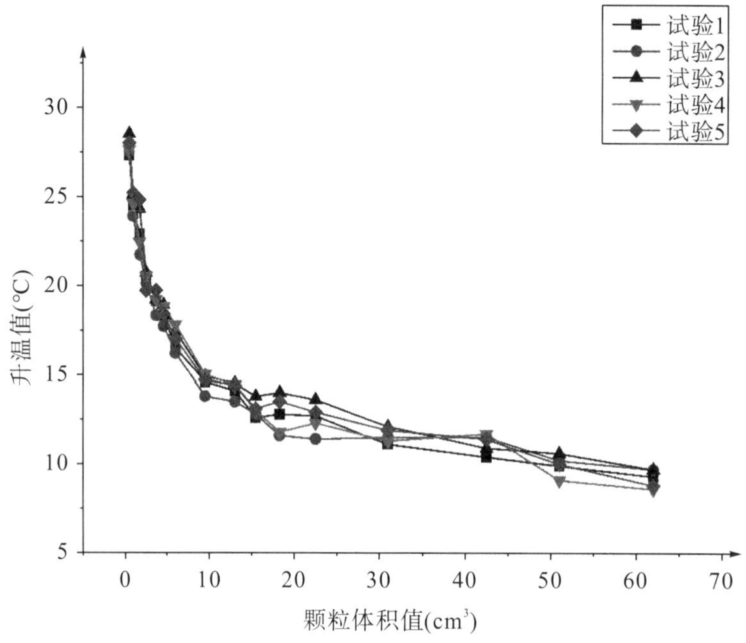

图 12－9　砾石颗粒体积与加热后升温值散点折线图

由图 12－9 可知，与河床料卵石一样，在试验既定加热环境下砾石颗粒加热后升温值随着体积的增大而不断减小，呈现出良好的负相关关系。

（3）两种岩石颗粒加热后升温特性分析对比。

岩石的密度、比热容、形态等都有可能对一定加热条件下岩石颗粒的升温值有影响。试验中的卵石颗粒（河床料）主要成分为花岗岩，表观密度 2751kg/m^3，形态特征以椭球状为主；而砾石颗粒（爆破料）主要成分为石灰岩，表观密度 2673kg/m^3，形态特征多为长扁的四面体结构。将两种岩石颗粒的试验数据进行对比，如图 12－10 所示。

当颗粒体积小于 10cm^3 时，两种颗粒料在升温关系曲线基本吻合；当颗粒体积大于 10cm^3 时，虽然曲线走势相同，但在相同加热条件下，同体积的砾石颗粒加热后升温值要明显高于卵石颗粒。由此可知，一定加热条件下岩石升温值与颗粒密度值成反比，而以花岗岩为主的卵石颗粒（河床料）密度要高于砾石颗粒（爆破料），故相同体积的卵石颗粒拥有更大的升温值，符合岩石颗粒升温理论。从两种岩石颗粒料的形态上来看，砾石颗粒多为长扁四面体形态，相比于多为椭球形态的卵石颗粒而言，砾石颗粒拥有更大的表面积。也就是说，相同体积的砾石颗粒往往拥有更大的表面积，从而能够吸收更多的热量，使砾石颗粒的加热升温值高于卵石颗粒。

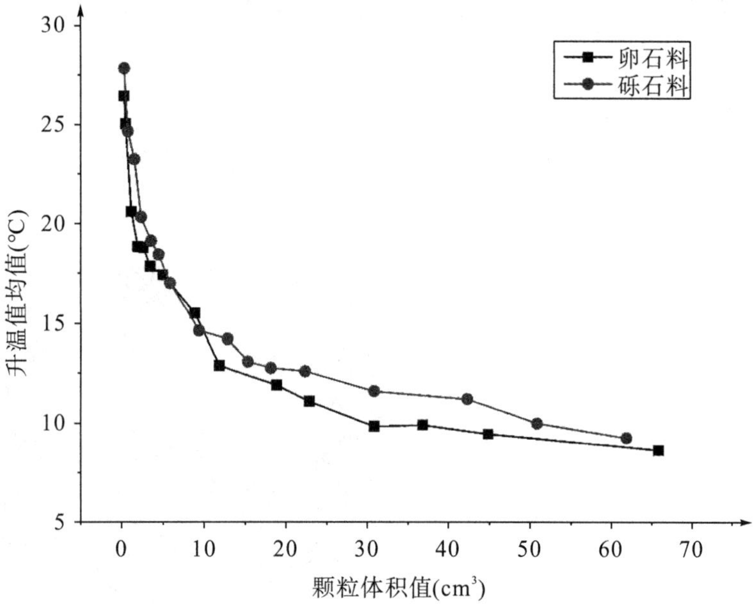

图 12－10　两种岩石颗粒加热后升温特性试验数据对比

12.2.4.2　*岩石颗粒红外灰度图像增强处理*

图像增强作为整个处理过程的第一步，是针对原始图像存在的图像噪音大、对比度低等问题，采用滤波、灰度变换等手段提高图像质量的处理技术。

采用空域增强技术对获取的原始灰度图像进行图像增强研究。在空域增强处理过程中，处理对象是包含空域坐标信息的像素点，计算公式如下：

$$g(i,j)=T[f(i,j)] \tag{12-1}$$

式中，$f(i,j)$ 是输入的数字图像矩阵；$g(i,j)$ 是对 $f(i,j)$ 经过操作 T 得到的数字图像矩阵。操作 T 定义在目标点 (i,j) 的邻域，邻域算子分为多种，在进行图像增强操作时可根据需要选取规格不同的正方形或矩形邻域子集，如图 12－11 所示。

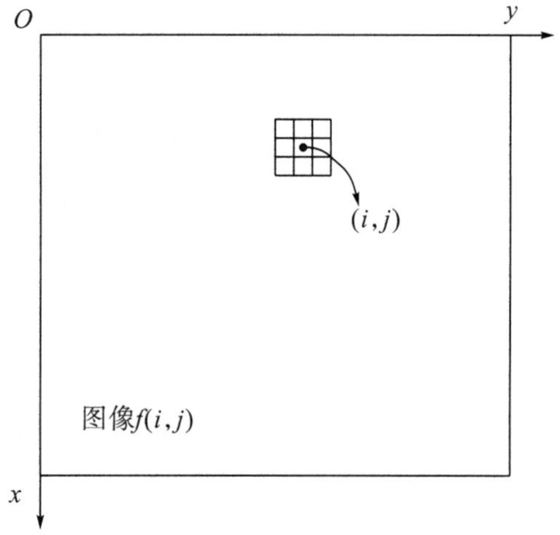

图 12－11　数字图像 (i,j) 处的 3×3 邻域

（1）灰度变换。

采用伽马变换函数作为图像灰度变换计算准则，其一般表达式如下：

$$g(i,j)=[f(i,j)+esp] \tag{12-2}$$

式中，esp 为补偿系数，用于适应图像灰度范围。

采用伽马函数对原始图像进行灰度变换操作，γ 为伽马系数，用于调整计算曲线形态。当 $\gamma=1$ 时，灰度区间拉伸情况及处理效果如图 12－12 所示。

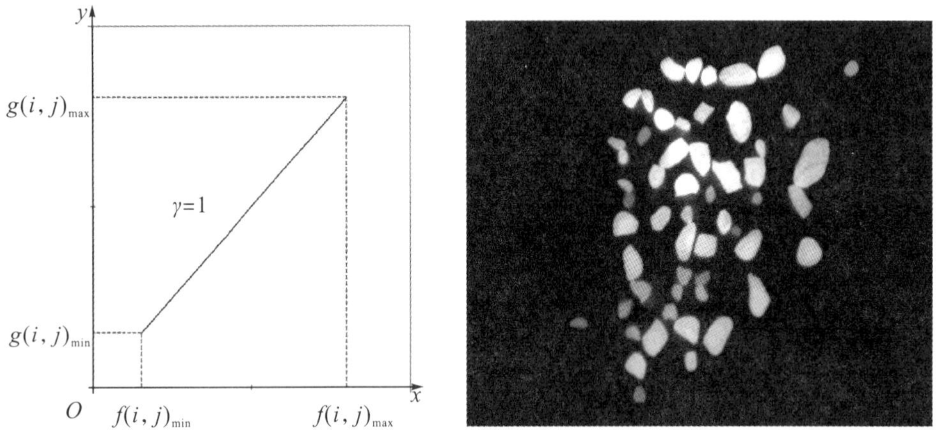

图 12－12　$\gamma=1$ 时变换曲线及其效果

当 $\gamma=0.4$ 时，灰度区间拉伸情况及处理效果如图 12－13 所示。

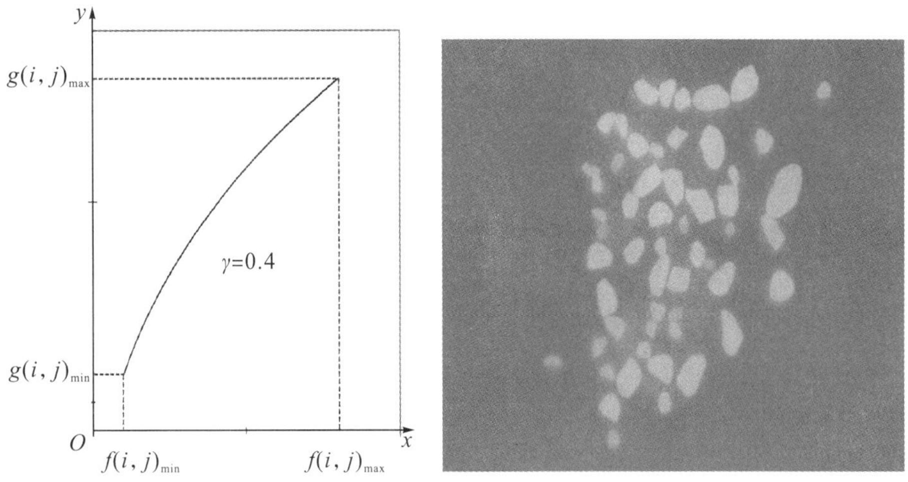

图 12－13　$\gamma=0.4$ 时变换曲线及其效果

当 $\gamma=2.5$ 时，灰度区间拉伸情况及处理效果如图 12－14 所示。

通过比较可以发现，不同伽马系数下的灰度变换均能实现图像增强，当 $\gamma=0.4$ 和 $\gamma=2.5$ 时，输出图像在增强的同时亮度分别会得到提高和抑制，但总体图像对比度增强效果不如 $\gamma=1$ 时的线性灰度拉伸。当 $\gamma=1$（退化为线性变换准则）时，所得到的输出图像质量更好，目标颗粒与背景对比度更高，所以灰度变换采用 $\gamma=1$ 更适合。

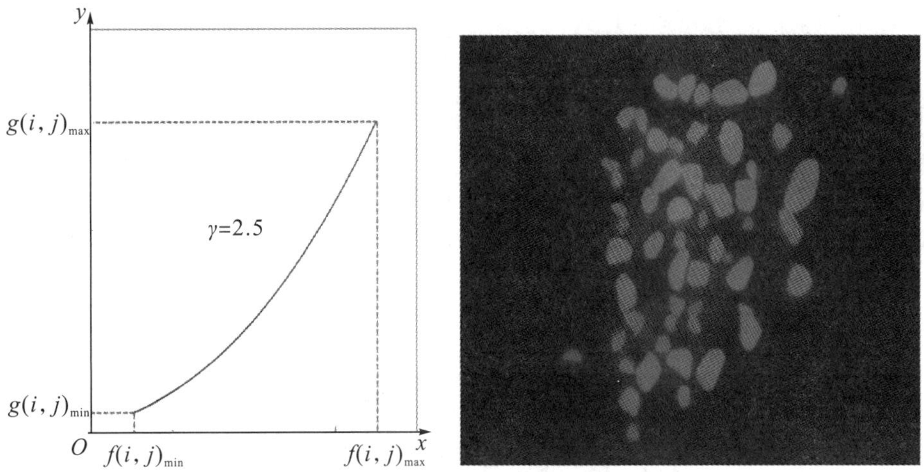

图 12－14　$\gamma=2.5$ 时变换曲线及其效果

（2）直方图增强。

对灰度图像进行直方图均衡化和直方图规定化，其处理效果图分别如图 12－15、图 12－16 所示。

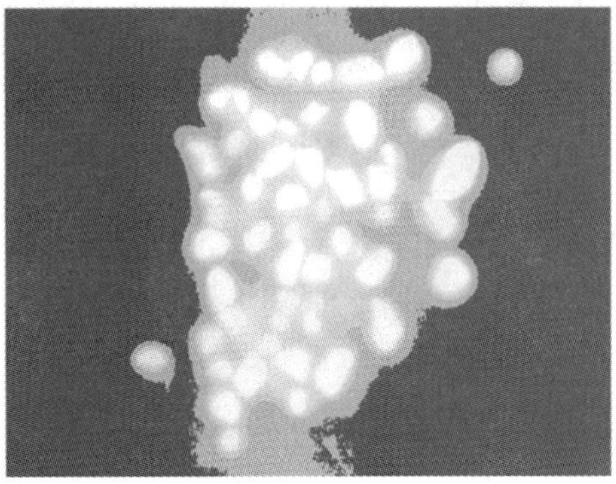

图 12－15　直方图均衡化处理效果

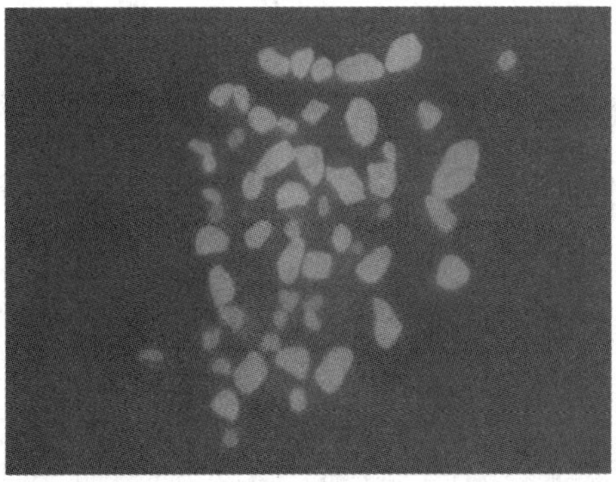

图 12－16　直方图规定化处理效果

对岩石颗粒原始灰度图像进行直方图增强处理时，直方图均衡化处理得到的输出图像中颗粒周围背景亮度过高，不利于颗粒目标的分辨。而直方图规定化处理得到的输出图像质量较好，但是该方法中控制灰度变换规则的直方图形式要人为设置，且难以找到最优的控制直方图，通用性较差。

综合考虑图像增强处理效果及算法适应性，采用以线性变换为计算准则的灰度变换方法对岩石颗粒原始灰度图像进行增强操作，输出结果将作为图像分割的基础。

12.2.4.3 红外图像背景目标及颗粒粘连分割

在对图像阈值分割原理进行详细阐述的基础上，对比平均灰度法、双峰法、迭代法、OSTU法四种最优阈值计算方法的分割效果，发现迭代法和OSTU法的分割效果最好，有效地实现了背景和目标颗粒的有效区分。但是，迭代法分割效果比较依赖于迭代误差收敛限值，精确的分割效果所要求的收敛限值也较小，这会导致迭代次数大幅增加，甚至存在陷入死循环的风险。因此，综合考虑分割效果和算法鲁棒性，最终选择OSTU法作为目标背景分割中最优阈值计算方法。OSTU法分割效果如图12－17。

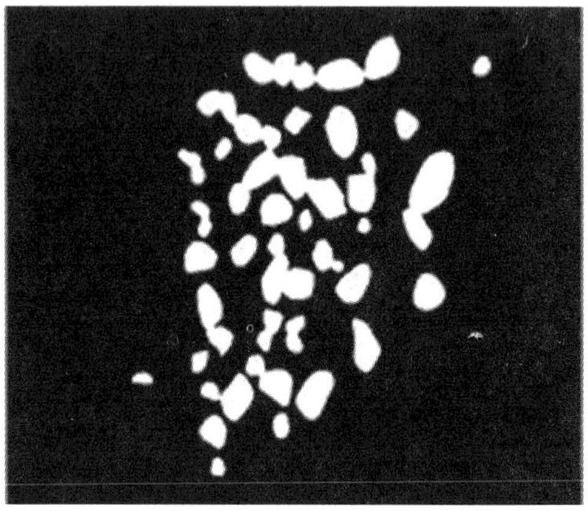

图12－17 OSTU法分割效果

对于阈值分割之后目标颗粒之间仍存在的粘连现象，需研究比较形态学分割和分水岭分割两种算法的处理效果。形态学开运算分割法算法结构简单，运行效率较高，但仅适用于目标颗粒尺度均一、粘连度低的情况，但分割该图像效果一般。改进分水岭分割法在分割效果、算法通用性和自动化程度方面都较为优秀，因此将其作为颗粒粘连分割处理算法。改进分水岭分割法分割效果如图12－18。

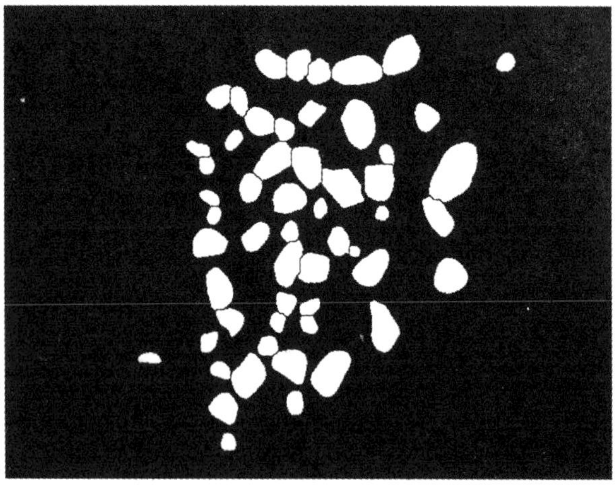

图12－18 改进分水岭分割法分割效果

12.2.4.4 岩石颗粒级配识别检测

在获取岩石颗粒升温特性曲线方程的基础上，通过对采集到的待识别料红外图像进行增强、分割、尺寸换算、质量计算后得到岩石颗粒的级配曲线。

（1）卵石颗粒（河床料）。

先通过机械筛分法对待识别的河床卵石进行级配筛分测量，测量结果作为待识别料的实际级配，然后，利用本次图像识别方法对待识别料共进行 5 次级配识别。卵石颗粒实际级配和识别级配数据见表 12－4，其实际级配曲线和识别结果如图 12－19 所示。

表 12－4　卵石颗粒实际级配和识别级配数据

粒径区间（mm）	实际级配（%）	识别级配 1（%）	识别级配 2（%）	识别级配 3（%）	识别级配 4（%）	识别级配 5（%）	变异系数
0～5	0	0	0	0	0	0	0
5～10	0.33	0.25	0.37	0.30	0.39	0.31	0.155673
10～20	8.39	7.82	9.17	9.94	10.09	9.51	0.087099
20～30	14.58	12.03	18.32	11.78	17.31	19.12	0.201240
30～40	26.59	24.62	22.71	31.92	23.38	24.85	0.129719
40～60	50.11	55.28	49.43	46.06	48.83	46.21	0.068043

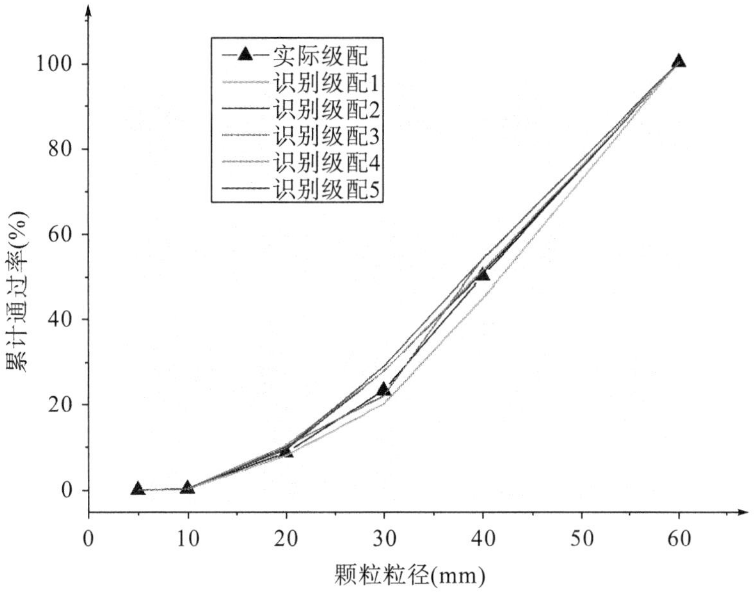

图 12－19　卵石颗粒实际级配曲线和识别级配结果

在 5 次检测中，5～10mm、10～20mm、20～30mm、30～40mm、40～60mm 区间的颗粒质量分数识别级配结果与实际级配数据相比，最大绝对误差分别为 0.08%、1.70%、4.54%、5.33%、5.17%，平均绝对误差分别为 0.046%、1.144%、3.272%、3.226%、3.016%，最大绝对误差和平均绝对误差均控制在 6%和 4%以内，各识别级配曲线与实际级配曲线具有较高的吻合度。

（2）砾石颗粒（爆破料）。

先利用机械筛分法对待识别爆破料进行筛分处理，筛分结果作为待识别料的实际级配，然后，利用本次图像识别方法对砾石颗粒进行 5 次级配识别，其实际级配和识别级配数据见表 12－5，其实际级配曲线和识别级配结果如图 12－20 所示。

表 12－5 砾石料实际级配和识别级配数据

粒径区间（mm）	实际级配（%）	识别级配 1（%）	识别级配 2（%）	识别级配 3（%）	识别级配 4（%）	识别级配 5（%）	变异系数
0～5	0	0	0	0	0	0	0
5～10	0.84	0.70	0.96	1.08	1.21	0.83	0.187889
10～20	7.64	11.54	10.83	7.85	9.07	5.52	0.240516
20～30	22.31	23.11	22.99	25.89	23.51	23.59	0.044539
30～40	16.57	17.33	14.34	19.12	19.38	20.85	0.122632
40～60	52.64	47.32	50.88	46.06	46.83	49.21	0.036440

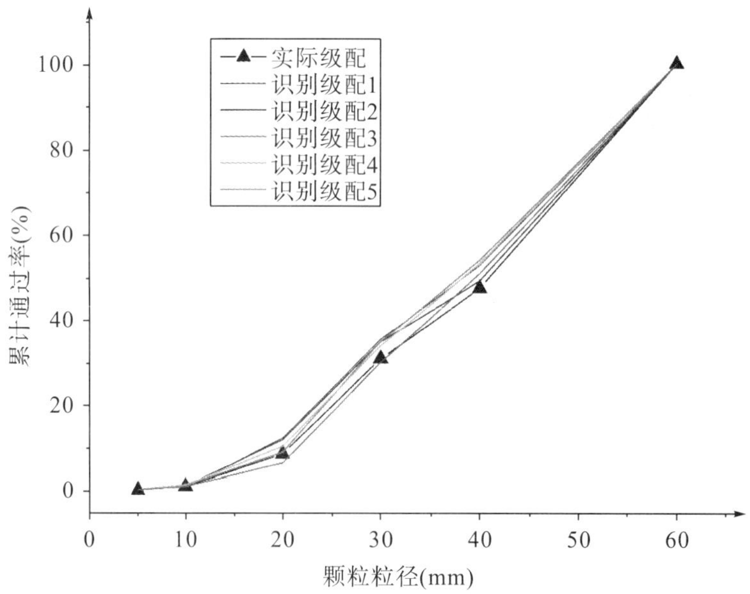

图 12－20 砾石颗粒实际级配曲线和识别级配结果

在 5 次检测中，5～10mm、10～20mm、20～30mm、30～40mm、40～60mm 的砾石颗粒质量分数识别级配结果与实际级配数据相比，最大绝对误差分别为 0.37%、3.90%、3.58%、4.28%、6.58%，平均绝对误差分别为 0.176%、2.170%、1.508%、2.526%、4.580%，最大绝对误差和平均绝对误差均控制在 7%和 5%以内，各识别级配曲线与实际级配曲线具有较高的吻合度。

由图 12－20 可知，对砾石颗粒进行各次识别级配检测得到的级配曲线普遍处于实际级配曲线的上方，40～60mm 粒径的砾石颗粒质量分数识别级配数据全部小于实际级配的，而其余粒径区间的质量分数识别级配结果大多偏高于机械筛分结果，总体识别级配结果偏细。通过分析得出，由于开采制作方式的特殊性，砾石颗粒表面多呈现平截面形态特征。

（3）级配识别误差分析。

在计算砾石颗粒级配识别的过程中，试验设备的系统误差、试验操作中的偶然误差以及计算方法中的一些简化假设，都会或多或少地对计算结果产生影响，使得到的级配曲线与实际机械筛分法得到的结果存在一些出入。级配识别过程中主要误差包括以下几个方面：

①级配识别检测中对于砾石颗粒实际体积的计算是以试验得出的升温特性曲线为依据，虽然拟合后的升温特性曲线与实际数据之间的相关系数均在 0.98 以上，但是仍然不能完全准确地计算砾石颗粒的实际体积，从而在级配识别计算时产生误差。

②在计算砾石颗粒过筛粒径时，根据颗粒由运动到静止时以最大概率处于最大稳度状态这一理

论，并假设采样时所有颗粒均处于其最大稳度状态。但是对以平截面为主要表面特征的砾石颗粒而言，颗粒在实际操作中相对来说较难实现充分翻滚，从而使得上述假设弱化，导致级配识别结果与机械筛分级配间存在误差。

③判断砾石颗粒所属粒径区间时，选取颗粒外接矩形最短边作为控制标准，其依据为其与竖直方向上短边组成的二维截面整体小于孔径的方孔。但是这样的判定相对保守，因为即使外接矩形最短边稍大于筛网的孔径，颗粒在方孔筛对角线方向仍有可能通过该筛网，从而产生误差。

④在进行级配识别检测时，各粒径区间的砾石颗粒质量计算值实际上是由体积值乘以密度得出的，这是假设待识别砾石颗粒具有均一的密度。实际情况下，即使是同一料场源，不同粒径区间内的颗粒密度也可能存在差异，这会导致级配识别结果与实际筛分试验得出的级配曲线有所出入。

12.3　施工质量检测与评价

12.3.1　主堆石区砂砾料

开展原级配现场相对密度试验，试验采用料场风干砂砾料，按级配人工配料，分别对设计平均线级配、上包线级配、下包线级配、上平均线级配、下平均线级配的 5 个不同砾石含量进行级配现场相对密度试验。试验时可增加其他不同砾石含量和料场颗粒级配变化较大的砾石进行对比试验。最后对试验确定的最优砾石含量进行校核试验。

根据设计级配选择砾石含量 75.0%、78.0%、81.0%、84.0%、87.0%作为相对密度试验级配；另外，增加砾石含量为 69.0%、71.0%两组级配进行一组试验。原级配相对密度试验不同砾石含量所对应的最大干密度、最小干密度试验结果见表 12－6。

表 12－6　不同砾石含量所对应的最小干密度、最大干密度

1.2m 密度桶	砾石含量（%）	69.0	71.0	75.0	78.0	81.0	84.0	87.0
	最大干密度（g/cm^3）	2.350	2.362	2.421	2.425	2.397	2.368	2.339
	最小干密度（g/cm^3）	1.958	1.977	2.033	2.057	2.018	1.976	1.945
1.8m 密度桶	砾石含量（%）	69.0	71.0	75.0	78.0	81.0	84.0	87.0
	最大干密度（g/cm^3）	2.353	2.383	2.424	2.433	2.403	2.374	2.343
	最小干密度（g/cm^3）	1.962	2.008	2.054	2.078	2.061	2.017	1.978

12.3.2　过渡料

最大干密度、最小干密度根据过渡料原级配现场相对密度试验进行，采用设计上包线级配、上平均线级配、平均线级配、下平均线级配、下包线级配 5 个不同砾石含量配料。根据设计级配选择砾石含量 66.0%、69.7%、73.5%、77.2%、81.0%作为相对密度试验级配。过渡料相对密度试验配料级配曲线如图 12－21 所示，其最大干密度、最小干密度见表 12－7。

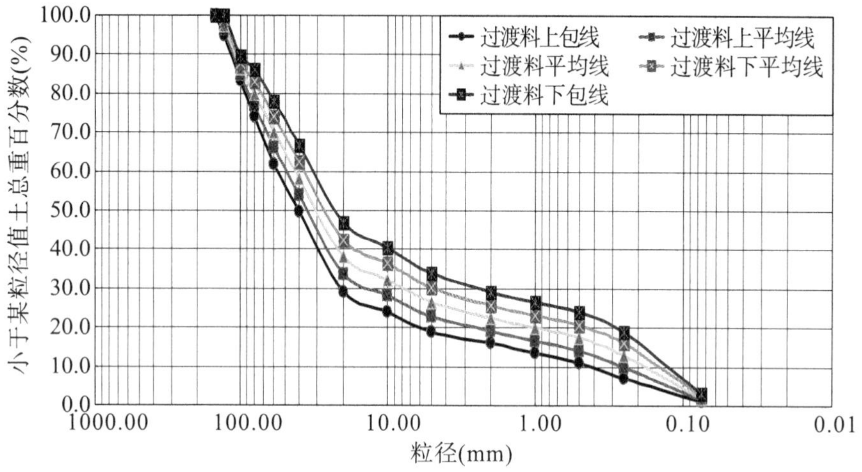

图 12—21　**过渡料相对密度试验配料级配曲线**

表 12—7　**过渡料最大干密度、最小干密度**

砾石含量（%）	66.0	69.7	73.5	77.2	81.0
最大干密度（g/cm³）	2.34	2.41	2.44	2.42	2.39
最小干密度（g/cm³）	1.93	2.04	2.07	2.05	1.99

12.3.3　垫层料

最大干密度、最小干密度根据垫层料原级配现场相对密度试验进行，采用设计上包线级配、上平均线级配、平均线级配、下平均线级配、下包线级配 5 个不同砾石含量配料。根据设计级配选择砾石含量 55.0%、58.7%、62.5%、66.2%、70.0%作为相对密度试验级配。垫层料相对密度试验配料级配曲线如图 12—22 所示，其最大干密度、最小干密度见表 12—8。

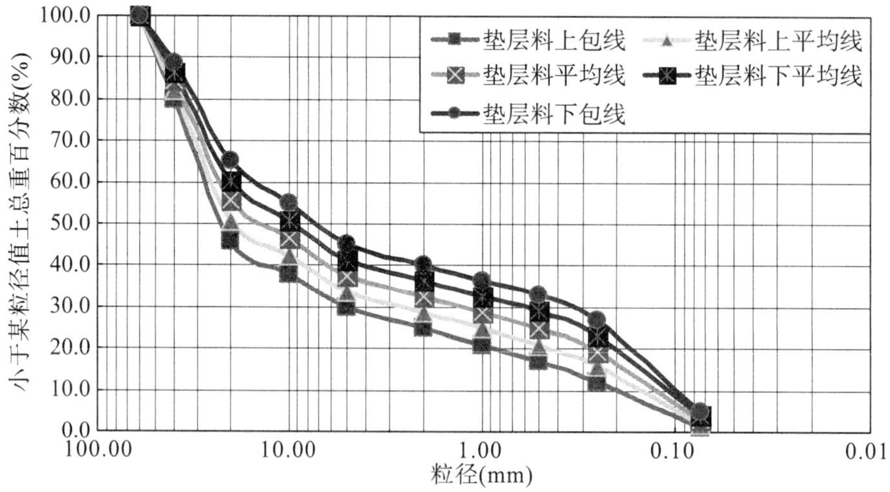

图 12—22　**垫层料相对密度试验配料级配曲线**

垫层料相对密度试验中不同砾石含量所对应的最大干密度、最小干密度试验结果见表 12—8。

表 12－8　垫层料最大干密度、最小干密度

砾石含量（%）	55.0	58.7	62.5	66.2	70.0
最大干密度（g/cm^3）	2.36	2.38	2.39	2.40	2.42
最小干密度（g/cm^3）	1.96	1.98	1.99	2.00	2.02

第 13 章　大坝安全监测

建造在两岸高山河谷狭窄的高土石坝，其应力应变十分复杂，再加上深厚覆盖层地基的软弱特性，更容易产生一些不均匀沉降。因此，土石坝的结构安全和稳定问题值得重视。结合现场监测数据，分析变形过程，以确保大坝的安全性和稳定性。

13.1　监测布置

完成埋设坝 0+305m 和坝 0+475m 两个河床监测断面的坝基渗压计 12 支、面板周边缝渗压计 12 支（编号 P8 渗压计为 2 个部位共用），坝前连接板基础渗压计 9 支，大坝左右岸绕坝渗流孔测压管内部渗压计 10 支，共计完成 44 支渗压计的埋设安装工作。

大坝安全监测仪器运行情况见表 13－1。

表 13－1　大坝安全监测仪器运行情况

工程部位	仪器名称	单位	设计量	累计完成量	完好量	备注
大坝	渗压计	支	43	43	43	
	水管式沉降仪	套	62	62	62	
	液压式沉降仪	套	19	19	19	
	引张线水平位移计	套	48	48	48	
	锚索测力计	台	30	30	30	
	单向应变计	支	14	14	8	
	双向应变计	组	18	18	18	
	无应力计	套	25	25	22	
	钢筋计	支	18	18	18	
	SAA 阵列式位移计	条	4	4	4	
	土压力计	支	3	3	3	
	三点式岩石变位计	套	11	11	11	
	三向测缝计	套	23	23	23	
	基础沉降仪	套	2	2	2	
	垂直位移及水平位移标点	套	59	59	59	
	强震仪	台	6	6	6	
	面板脱空计	套	12	12	12	
	单向测缝计	支	16	16	16	
	量水堰	套	3	3	3	

13.2　大坝变形特征

13.2.1　坝体沉降监测

13.2.1.1　坝 0+160m，高程 1711.00m、1751.00m、1791.00m 沉降监测

2024 年 2—3 月，高程 1711.00m 各测点实际沉降变化量为−0.5～0.8mm，累计沉降变化量为 168.8～247.5mm；高程 1751.00m 各测点实际沉降变化量为−1.0～−0.5mm，累计沉降变化量为 114.9～241.4mm；高程 1791.00m 各测点实际沉降变化量为−1.5～−1.0mm，累计沉降变化量为 91.4～125.4mm。监测数据月报表见表 13−2。各测点沉降量分布示意图如图 13−1 所示、过程线如图 13−2～图 13−4 所示。

表 13−2　坝 0+160m，高程 1711.00m、1751.00m、1791.00m 沉降监测月报表

仪器编号	部位	初值日期	观测日期	沉降量（mm）	本月变化量（mm）
TC5−1	坝 0+160m，坝上 0+181m、高程 1714.80m	2017/7/30	2024/2/12	168.3	0.5
			2024/3/14	168.8	
TC5−2	坝 0+160m，坝上 0+125m、高程 1714.80m	2017/7/30	2024/2/12	171.9	−0.4
			2024/3/14	171.5	
TC5−3	坝 0+160m，坝上 0+056m、高程 1714.80m	2017/7/30	2024/2/12	199.3	0.8
			2024/3/14	200.0	
TC5−4	坝 0+160m，坝下 0−010m、高程 1713.753m	2017/7/30	2024/2/12	185.0	0.7
			2024/3/14	185.7	
TC5−5	坝 0+160m，坝下 0−081m、高程 1713.434m	2017/7/30	2024/2/12	248.0	−0.5
			2024/3/14	247.5	
TC5−6	坝 0+160m，坝下 0−152m、高程 1713.46m	2017/7/30	2024/2/12	206.5	−0.3
			2024/3/14	206.2	
TC6−1	坝 0+160m，坝上游 0+125m、高程 1753.00m	2018/6/25	2024/2/12	115.9	−1.0
			2024/3/14	114.9	
TC6−2	坝 0+160m，坝上游 0+056m、高程 1753.00m	2018/6/25	2024/2/12	156.7	−0.8
			2024/3/14	155.9	
TC6−3	坝 0+160m，坝下游 0+010m、高程 1752.00m	2018/6/25	2024/2/12	242.4	−1.0
			2024/3/14	241.4	
TC6−4	坝 0+160m，坝下游 0+081m、高程 1752.00m	2018/6/25	2024/2/12	235.9	−0.5
			2024/3/14	235.4	
TC7−1	坝 0+160m，坝上游 0+056m、高程 1793.00m	2019/6/24	2024/2/12	92.4	−1.0
			2024/3/14	91.4	
TC7−2	坝 0+160，坝上游 0+010m、高程 1793.00m	2019/6/24	2024/2/12	126.9	−1.5
			2024/3/14	125.4	

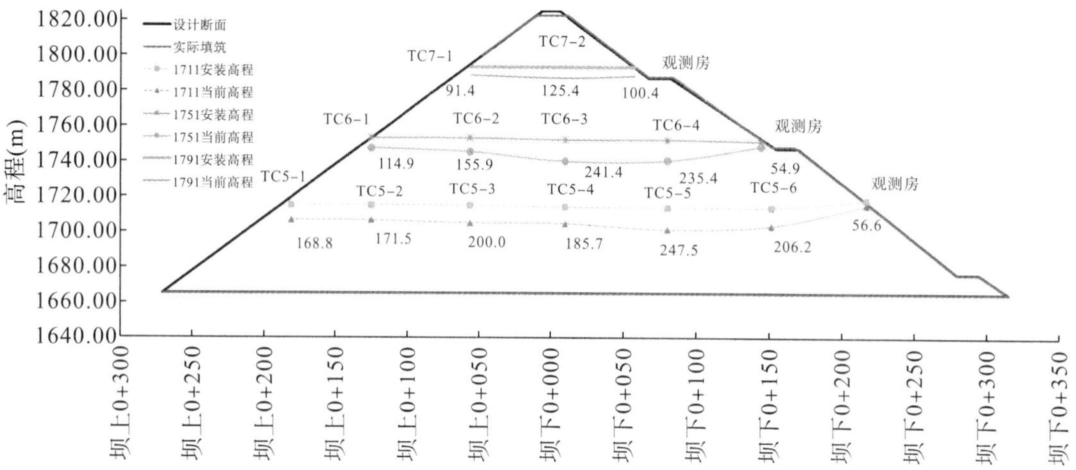

图 13-1　坝 0+160m 水管式沉降仪沉降量分布示意图

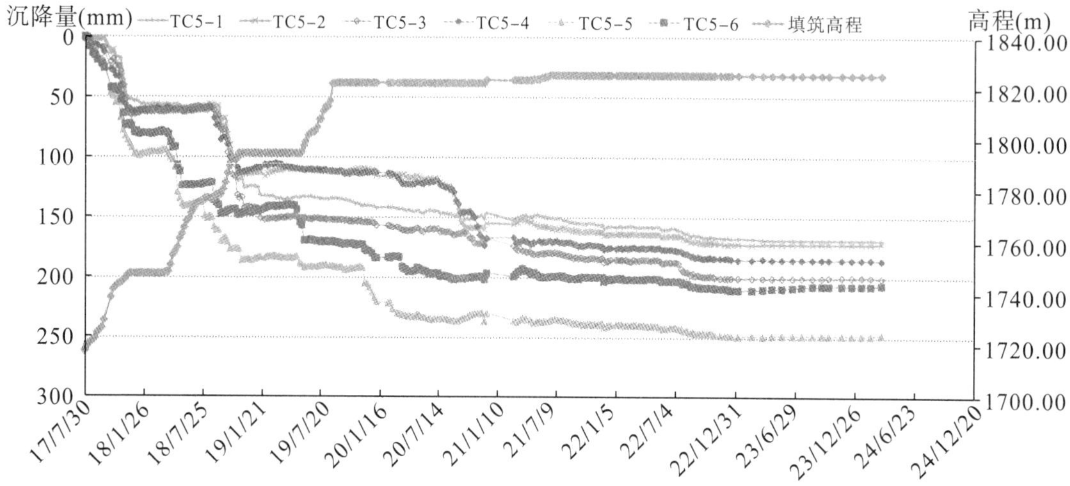

图 13-2　坝 0+160m、高程 1711.00m 水管式沉降仪沉降量变化过程线

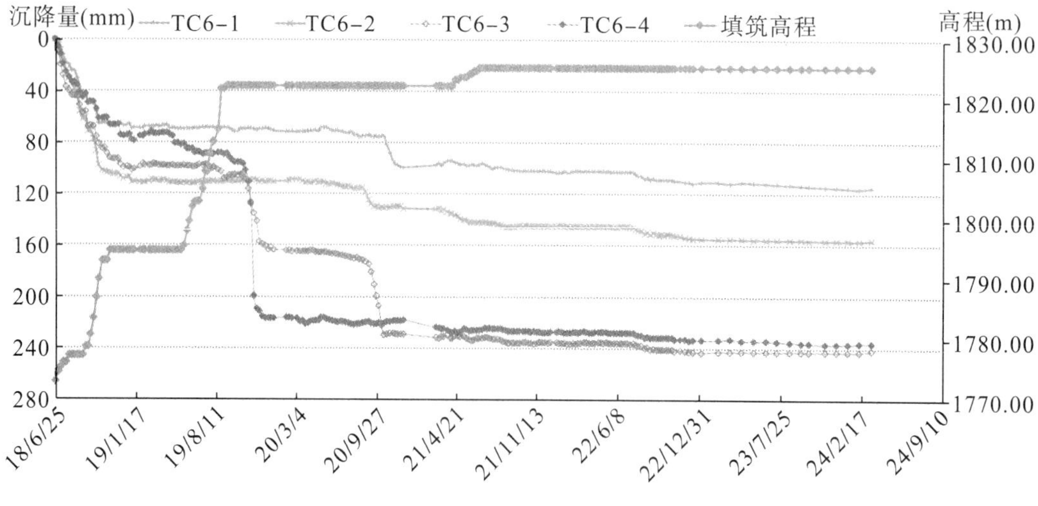

图 13-3　坝 0+160m、高程 1751.00m 水管式沉降仪沉降量变化过程线

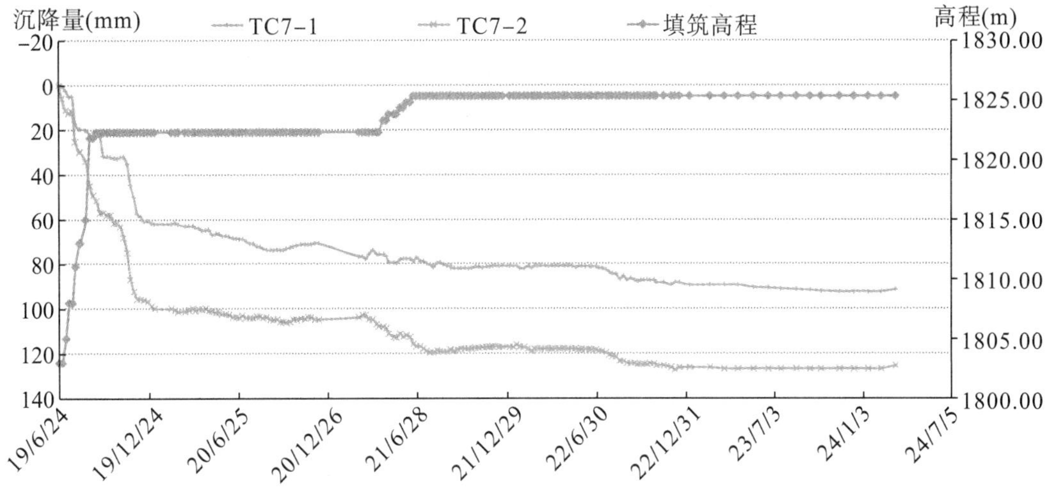

图 13－4　坝 0＋160m、高程 1791.00m 水管式沉降仪沉降量变化过程线

13.2.1.2　坝 0＋305m，高程 1671.00m、1711.00m、1751.00m、1791.00m 沉降监测

2024 年 2—3 月，高程 1671.00m 各测点实际沉降变化量为－0.5～0.5mm，累计沉降变化量为 172.5～281.8mm；高程 1711.00m 各测点实际沉降变化量为－0.5～0.0mm，累计沉降变化量为 192.1～424.6mm；高程 1751.00m 各测点实际沉降变化量为－0.7～－0.5mm，累计沉降变化量为 201.4～259.4mm；高程 1791.00m 各测点实际沉降变化量为 0.0～0.0mm，累计沉降变化量为 92.1～133.7mm。监测数据月报表见表 13－3。各测点沉降量分布示意图如图 13－5 所示、过程线如图 13－6～图 13－9 所示。

表 13－3　坝 0＋305m，高程 1671.00m、1711.00m、1751.00m、1791.00m 沉降监测月报表

仪器编号	部位	初值日期	观测日期	沉降量(mm)	本月变化量(mm)
TC11－1	坝 0＋305m，坝上 0＋260m、高程 1675.48m	2017/3/26	2024/2/12	172.8	－0.3
			2024/3/14	172.5	
TC11－2	坝 0＋305m，坝上 0＋192m、高程 1675.37m	2017/3/22	2024/2/12	204.4	0.5
			2024/3/14	204.9	
TC11－3	坝 0＋305m，坝上 0＋125m、高程 1674.98m	2016/7/14	2024/2/12	281.3	0.5
			2024/3/14	281.8	
TC11－4	坝 0＋305m，坝上 0＋056m、高程 1674.61m	2016/7/14	2024/2/12	254.8	－0.5
			2024/3/14	254.3	
TC11－5	坝 0＋305m，坝下 0－010m、高程 1674.11m	2016/7/14	2024/2/12	255.3	0.5
			2024/3/14	255.8	
TC11－6	坝 0＋305m，坝下 0－081m、高程 1673.96m	2016/7/14	2024/2/12	207.3	－0.5
			2024/3/14	206.8	

续表

仪器编号	部位	初值日期	观测日期	沉降量（mm）	本月变化量（mm）
TC11－7	坝 0＋305m，坝下 0－152m、高程 1673.93m	2016/7/14	2024/2/12	220.5	0.5
			2024/3/14	221.0	
TC12－1	坝 0＋305m，坝上 0＋181m、高程 1714.85m	2017/7/23	2024/2/12	192.6	－0.5
			2024/3/14	192.1	
TC12－2	坝 0＋305m，坝上 0＋125m、高程 1714.85m	2017/7/23	2024/2/12	246.3	－0.5
			2024/3/14	245.8	
TC12－3	坝 0＋305m，坝上 0＋056m、高程 1714.85m	2017/7/23	2024/2/12	292.3	－0.3
			2024/3/14	292.0	
TC12－4	坝 0＋305m，坝下 0－010m、高程 1713.75m	2017/7/23	2024/2/12	392.6	－0.4
			2024/3/14	392.2	
TC12－5	坝 0＋305m，坝下 0－081m、高程 1713.75m	2017/7/23	2024/2/12	425.1	－0.5
			2024/3/14	424.6	
TC12－6	坝 0＋305m，坝下 0－152m、高程 1713.75m	2017/7/23	2024/2/12	259.8	0.0
			2024/3/14	259.8	
TC13－1	坝 0＋305m，坝上游 0＋125m、高程 1753.00m	2018/6/25	2024/2/12	202.1	－0.7
			2024/3/14	201.4	
TC13－2	坝 0＋305m，坝上游 0＋056m、高程 1753.00m	2018/6/25	2024/2/12	236.6	－0.7
			2024/3/14	235.9	
TC13－3	坝 0＋305m，坝下游 0－010m、高程 1752.00m	2018/6/25	2024/2/12	236.1	－0.7
			2024/3/14	235.4	
TC13－4	坝 0＋305m，坝下游 0＋081m、高程 1752.00m	2018/6/25	2024/2/12	259.9	－0.5
			2024/3/14	259.4	
TC14－1	坝 0＋305m，坝上游 0＋056m、高程 1793.00m	2019/6/24	2024/2/12	92.1	0.0
			2024/3/14	92.1	
TC14－2	坝 0＋305m，坝上游 0＋010m、高程 1793.00m	2019/6/24	2024/2/12	133.7	0.0
			2024/3/14	133.7	

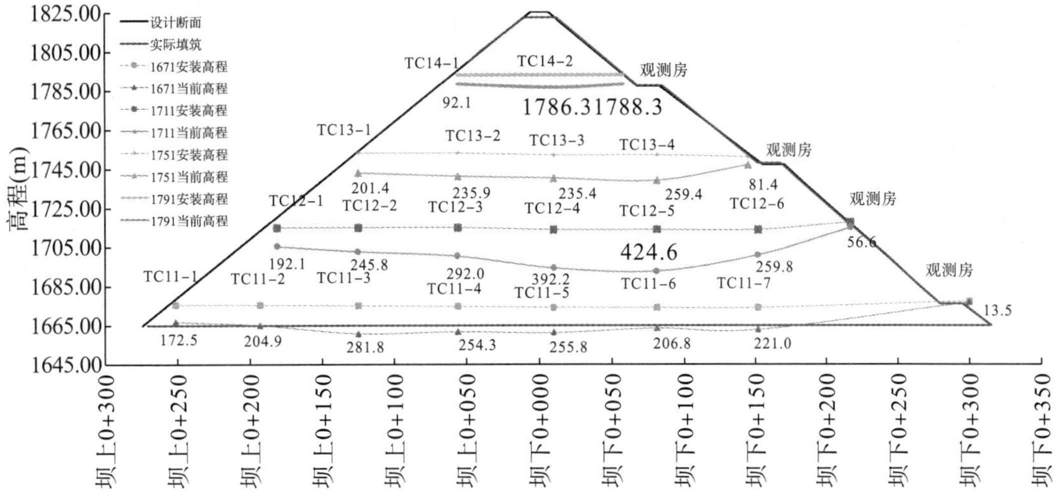

图 13-5　坝 0+305m 水管式沉降仪沉降量分布示意图

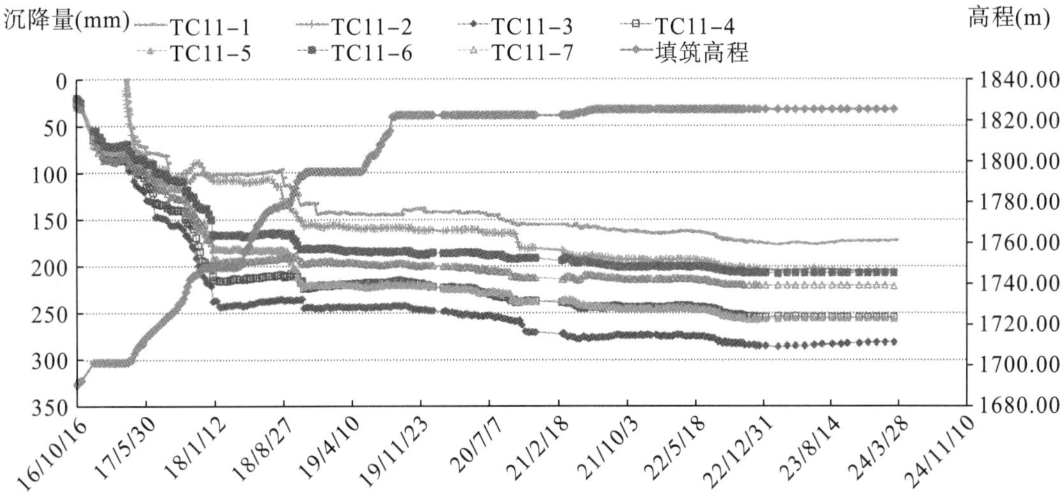

图 13-6　坝 0+305m、高程 1671.00m 水管式沉降仪沉降量变化过程线

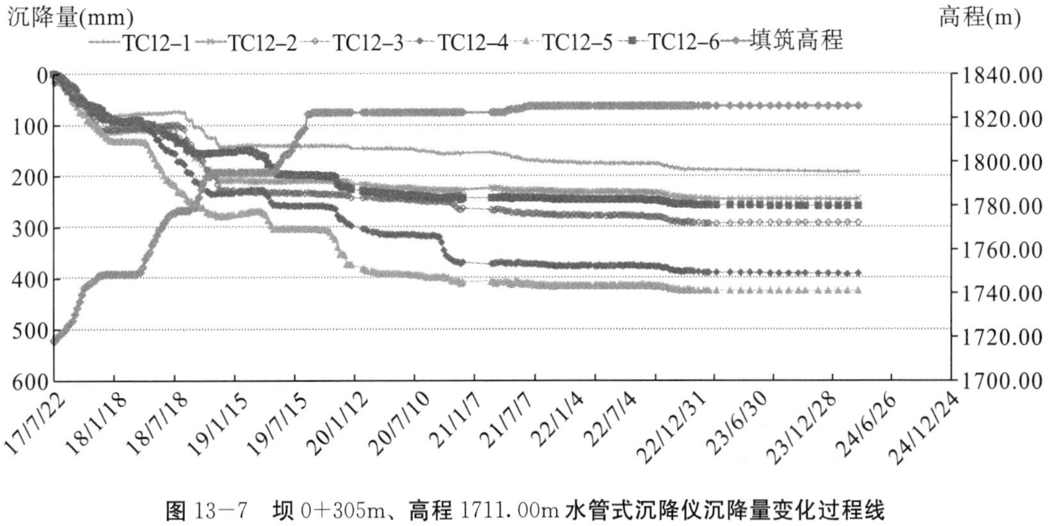

图 13-7　坝 0+305m、高程 1711.00m 水管式沉降仪沉降量变化过程线

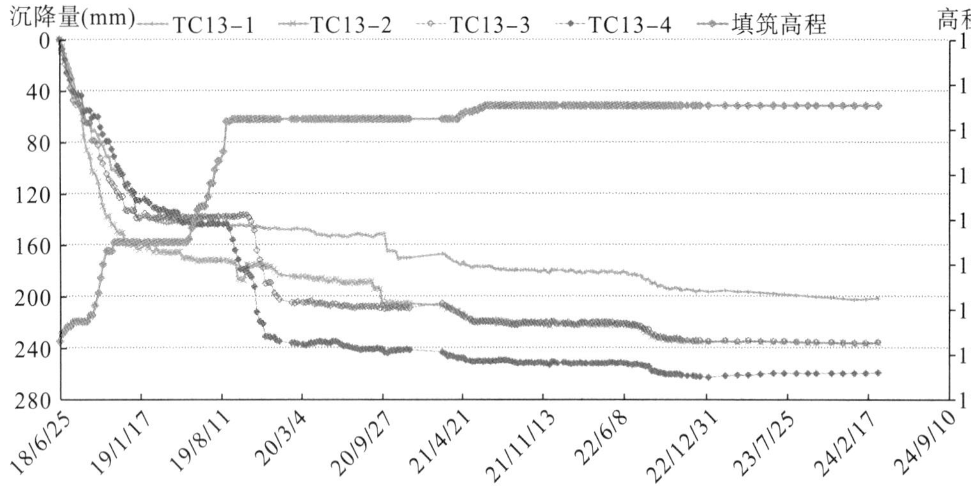

图 13-8　坝 0+305m、高程 1751.00m 水管式沉降仪沉降量变化过程线

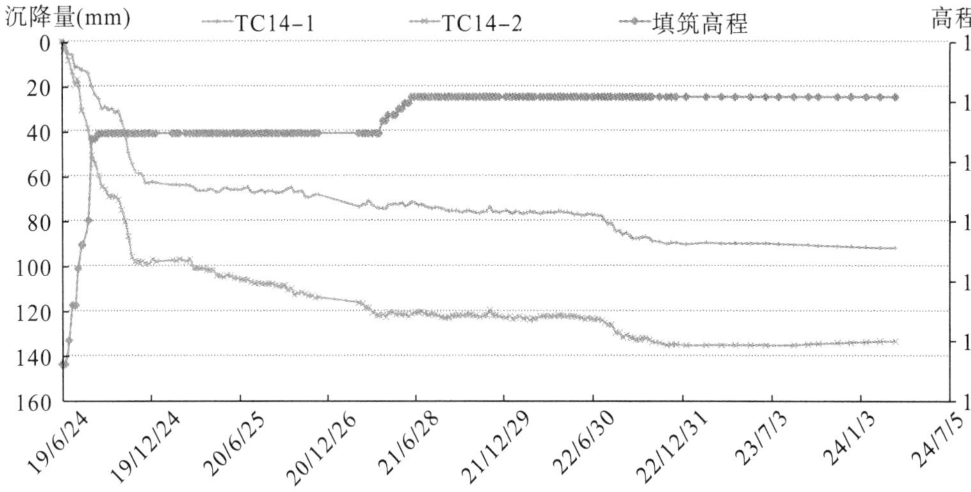

图 13-9　坝 0+305m、高程 1791.00m 水管式沉降仪沉降量变化过程线

12.2.1.3　坝 0＋475m，高程 1671.00m、1711.00m、1751.00m、1791.00m 沉降监测

2024 年 2—3 月，高程 1671.00m 各测点实际沉降变化量为－0.6～0.5mm，累计沉降变化量为 212.1～559.4mm；高程 1711.00m 各测点实际沉降变化量为－0.5～1.0mm，累计沉降变化量为 226.7～794.3mm；高程 1751.00m 各测点实际沉降变化量为－1.0～－0.5m，累计沉降变化量为 190.3～469.1mm；高程 1791.00m 各测点实际沉降变化量为－1.0～－0.7mm，累计沉降变化量为 130.5～155.3mm。监测数据月报表见表 13－4，各测点沉降量分布示意图如图 13－10 所示、过程线如图 13－11～图 13－14 所示。

表 13－4　坝 0＋475m，高程 1671.00m、1711.00m、1751.00m、1791.00m 沉降监测月报表

仪器编号	部位	初值日期	观测日期	沉降量（mm）	本月变化量（mm）
TC1－1	坝 0＋475m，坝上 0＋260m、高程 1674.91m	2017/3/26	2024/2/12	211.6	0.5
			2024/3/14	212.1	

续表

仪器编号	部位	初值日期	观测日期	沉降量（mm）	本月变化量（mm）
TC1－2	坝0＋475m，坝上0＋192m、高程1674.62m	2017/3/19	2024/2/12	228.9	0.5
			2024/3/14	229.4	
TC1－3	坝0＋475m，坝上0＋125m、高程1674.617m	2016/10/17	2024/2/12	362.6	0.5
			2024/3/14	363.1	
TC1－4	坝0＋475m，坝上0＋056m、高程1674.578m	2016/10/17	2024/2/12	456.4	－0.6
			2024/3/14	455.8	
TC1－5	坝0＋475m，坝下0－010m、高程1673.856m	2016/10/17	2024/2/12	559.4	0.0
			2024/3/14	559.4	
TC1－6	坝0＋475m，坝下0－081m、高程1673.78m	2016/10/17	2024/2/12	525.9	0.3
			2024/3/14	526.1	
TC1－7	坝0＋475m，坝下0－152m、高程1673.78m	2016/10/17	2024/2/12	387.1	－0.3
			2024/3/14	386.8	
TC2－1	坝0＋475m，坝上0＋181m、高程1714.60m	2017/7/23	2024/2/12	226.4	0.3
			2024/3/14	226.7	
TC2－2	坝0＋475m，坝上0＋125m、高程1714.60m	2017/7/23	2024/2/12	347.3	－0.5
			2024/3/14	346.8	
TC2－3	坝0＋475m，坝上0＋056m、高程1714.60m	2017/7/23	2024/2/12	471.3	0.0
			2024/3/14	471.3	
TC2－4	坝0＋475m，坝下0－010m、高程1713.28m	2017/7/23	2024/2/12	579.3	1.0
			2024/3/14	580.3	
TC2－5	坝0＋475m，坝下0－081m、高程1713.28m	2017/7/23	2024/2/12	793.3	1.0
			2024/3/14	794.3	
TC2－6	坝0＋475m，坝下0－152m、高程1713.28m	2017/7/23	2024/2/12	505.0	0.0
			2024/3/14	505.0	
TC3－1	坝0＋475m，坝上游0＋125m、高程1753.00m	2018/6/25	2024/2/12	190.8	－0.5
			2024/3/14	190.3	
TC3－2	坝0＋475m，坝上游0＋056m、高程1753.00m	2018/6/25	2024/2/12	287.3	－0.5
			2024/3/14	286.8	
TC3－3	坝0＋475m，坝下游0＋010m、高程1752.00m	2018/6/25	2024/2/12	385.3	－0.7
			2024/3/14	384.6	
TC3－4	坝0＋475m，坝下游0＋081m、高程1752.00m	2018/6/25	2024/2/12	470.1	－1.0
			2024/3/14	469.1	
TC4－1	坝0＋475m，坝上游0＋056m、高程1793.00m	2019/6/24	2024/2/12	131.5	－1.0
			2024/3/14	130.5	

续表

仪器编号	部位	初值日期	观测日期	沉降量（mm）	本月变化量（mm）
TC4－2	坝 0＋475m，坝上游 0＋010m、高程 1793.00m	2019/6/24	2024/2/12	156.0	－0.7
			2024/3/14	155.3	

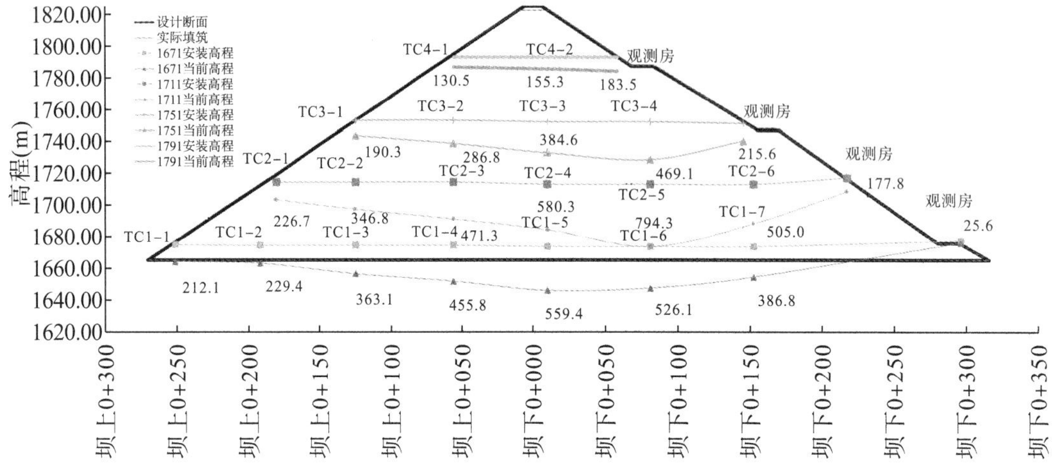

图 13－10　坝 0＋475m 水管式沉降仪沉降量分布示意图

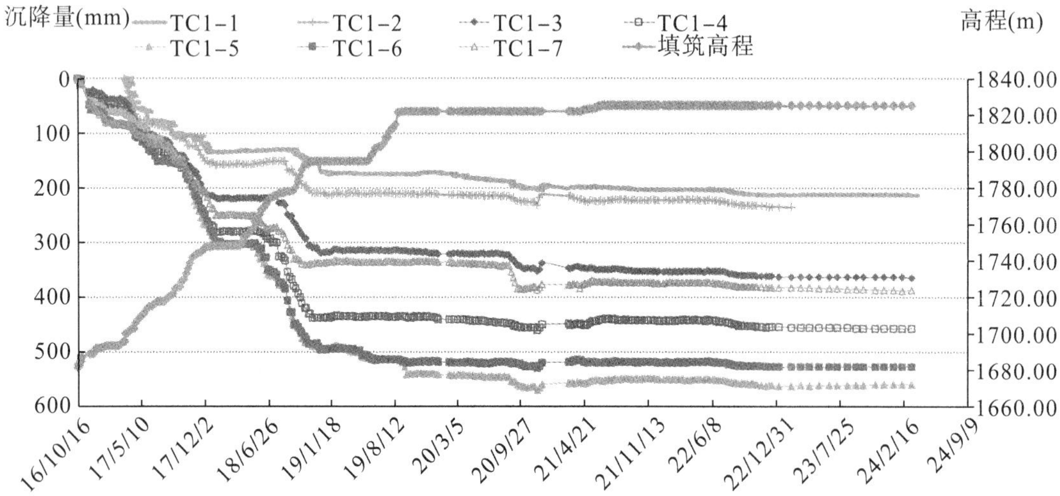

图 13－11　坝 0＋405m、高程 1671.00m 水管式沉降仪沉降量变化过程线

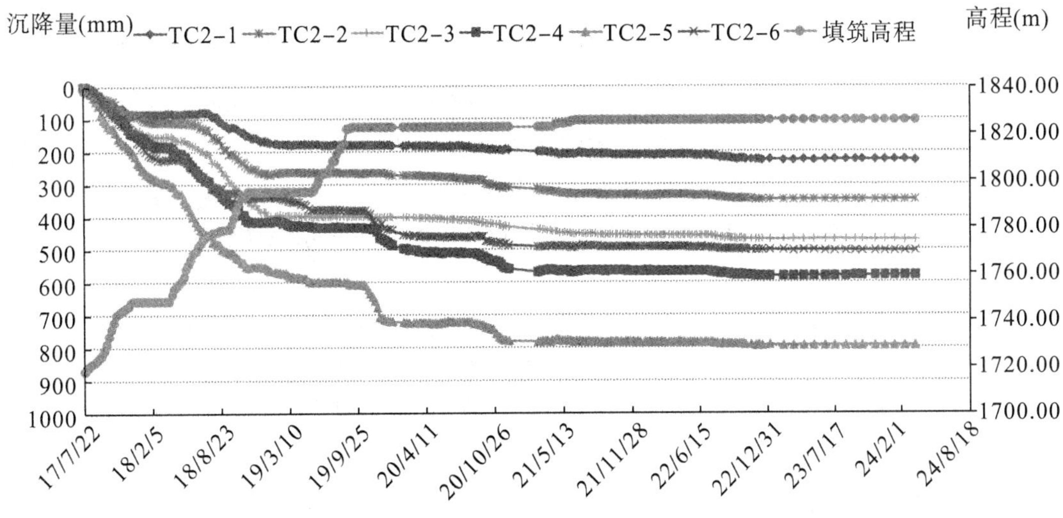

图13－12　坝0+405m、高程1711.00m水管式沉降仪沉降量变化过程线

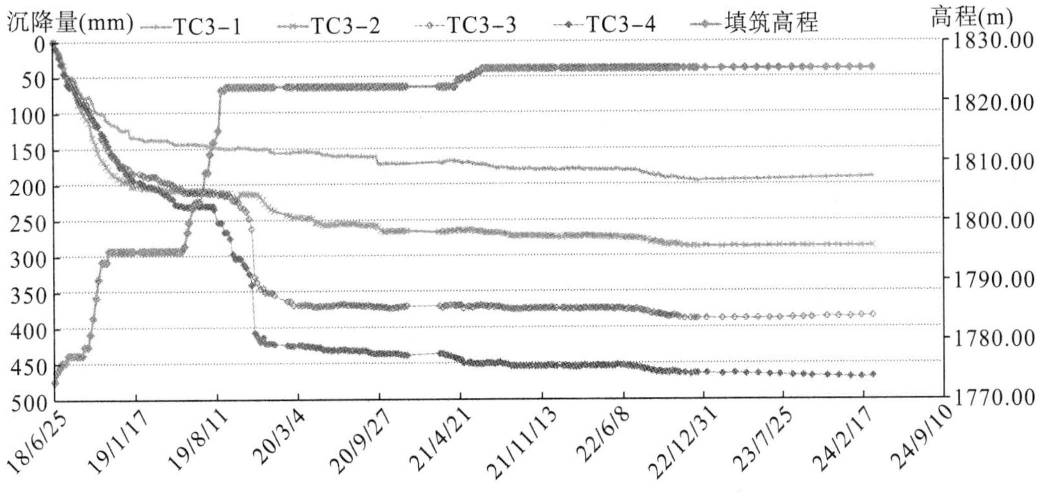

图13－13　坝0+405m、高程1751.00m水管式沉降仪沉降量变化过程线

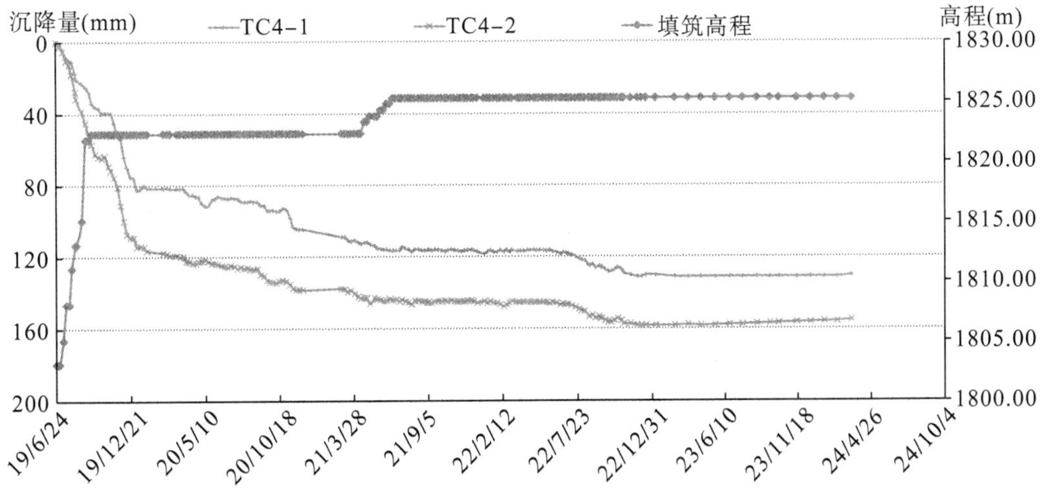

图13－14　坝0+405m、高程1791.00m水管式沉降仪沉降量变化过程线

13.2.1.4 坝0+590m，高程1711.00m、1751.00m、1791.00m沉降监测

2024年2—3月，高程1711.00m各测点实际沉降变化量为−0.5～0.7mm，累计沉降变化量为146.6～605.1mm；高程1751.00m各测点实际沉降变化量为−0.7～0.0mm，累计沉降变化量为130.6～366.0mm；高程1791.00m各测点实际沉降变化量为−0.7～−0.5mm，累计沉降变化量为107.5～146.5mm。监测数据月报表见表13−5，各测点沉降量分布示意图如图13−15所示、过程线如图13−16～图13−18所示。

表13−5 坝0+590m，高程1711.00m、1751.00m、1791.00m沉降监测月报表

仪器编号	部位	初值日期	观测日期	沉降量（mm）	本月变化量（mm）
TC8−1	坝0+590m，坝上0+181m、高程1715.56m	2017/7/23	2024/2/12	146.1	0.5
			2024/3/14	146.6	
TC8−2	坝0+590m，坝上0+125m、高程1715.56m	2017/7/23	2024/2/12	150.6	0.0
			2024/3/14	150.6	
TC8−3	坝0+590m，坝上0+056m、高程1715.56m	2017/7/23	2024/2/12	363.9	0.7
			2024/3/14	364.6	
TC8−4	坝0+590m，坝下0−010m、高程1713.56m	2017/7/23	2024/2/12	394.1	−0.5
			2024/3/14	393.6	
TC8−5	坝0+590m，坝下0−081m、高程1713.56m	2017/7/23	2024/2/12	605.4	−0.3
			2024/3/14	605.1	
TC8−6	坝0+590m，坝下0−152m、高程1713.56m	2017/7/23	2024/2/12	419.8	−0.3
			2024/3/14	419.5	
TC9−1	坝0+590m，坝上游0+125m、高程1753.00m	2018/6/25	2024/2/12	130.6	0.0
			2024/3/14	130.6	
TC9−2	坝0+590m，坝上游0+056m、高程1753.00m	2018/6/25	2024/2/12	224.8	−0.7
			2024/3/14	224.1	
TC9−3	坝0+590m，坝下游0+010m、高程1752.00m	2018/6/25	2024/2/12	289.6	−0.7
			2024/3/14	289.0	
TC9−4	坝0+590m，坝下游0+081m、高程1752.00m	2018/6/25	2024/2/12	366.6	−0.7
			2024/3/14	366.0	
TC10−1	坝0+590m，坝上游0+056m、高程1793.00m	2019/6/24	2024/2/12	108.0	−0.5
			2024/3/14	107.5	
TC10−2	坝0+590m，坝上游0+010m、高程1793.00m	2019/6/24	2024/2/12	147.2	−0.7
			2024/3/14	146.5	

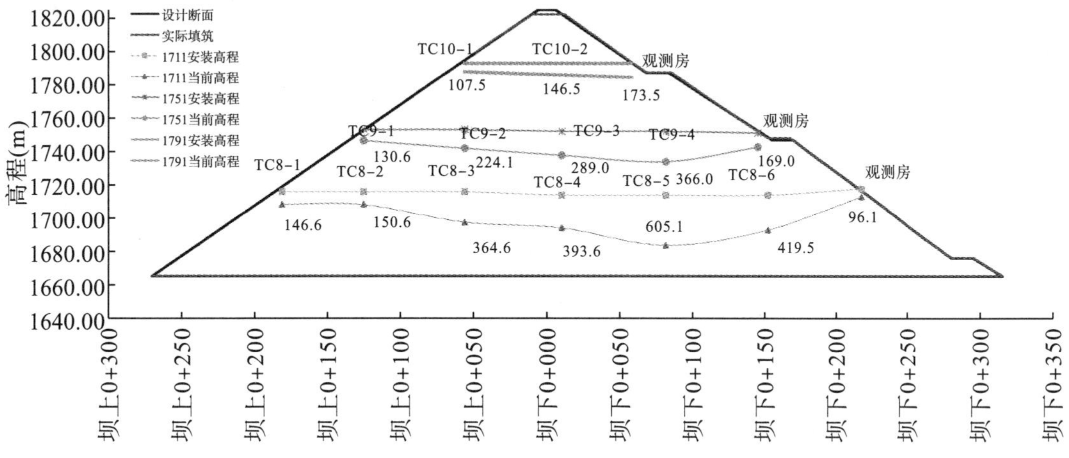

图 13－15　坝 0+590m 水管式沉降仪沉降量分布示意图

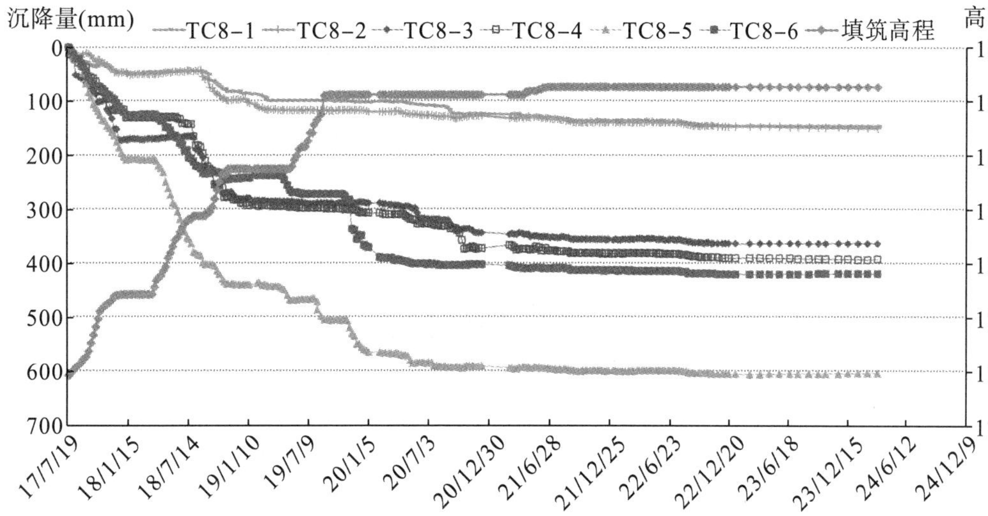

图 13－16　坝 0+590m、高程 1711.00m 水管式沉降仪沉降量变化过程线

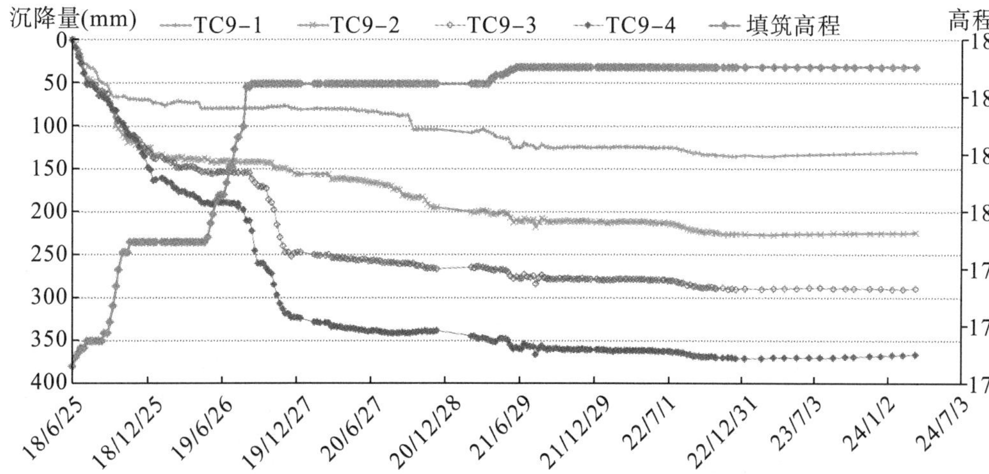

图 13－17　坝 0+590m、高程 1751.00m 水管式沉降仪沉降量变化过程线

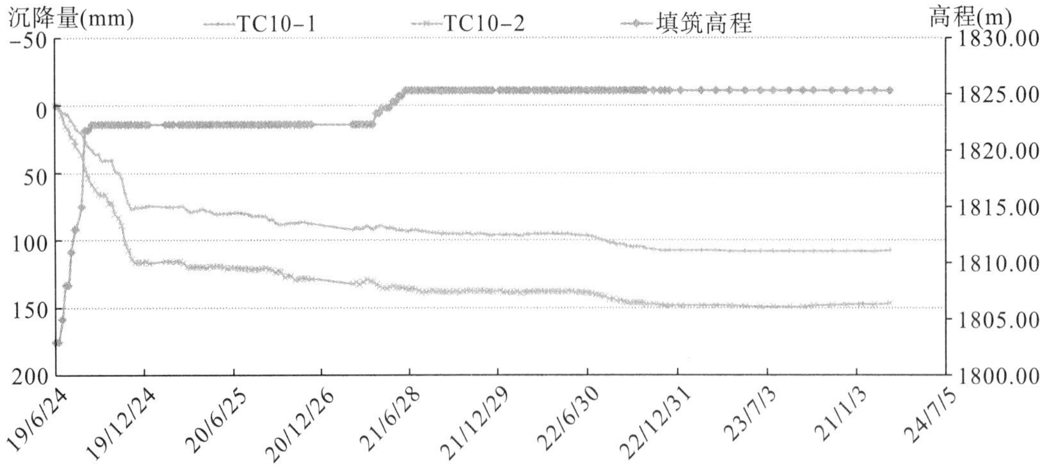

图 13-18 坝 0+590m、高程 1791.00m 水管式沉降仪沉降量变化过程线

13.2.2 坝体水平位移监测

13.2.2.1 坝 0+160m，高程 1711.00m、1751.00m、1791.00m 水平位移监测

坝 0+160m、高程 1711.00m 各测点累计水平位移量为-8.2～54.8mm，2024 年 2—3 月水平位移变化量为 -1.0～1.0mm；坝 0+160m、高程 1751.00m 各测点累计水平位移量为-0.6～11.9mm，2024 年 2—3 月水平位移变化量为 0.0～1.0mm；坝 0+160m、高程 1791.00m 各测点累计水平位移量为 2.2～26.0mm，2024 年 2—3 月水平位移变化量为-1.0～0.0mm。监测数据月报表见表 13-6，各测点水平位移量过程线如图 13-19～图 13-22 所示。

表 13-6 坝 0+160m，高程 1711.00m、1751.00m、1791.00m 水平位移监测月报表

测点编号	部位（m）	高程（m）	初值日期	观测日期	水平位移量（mm）	本月变化量（mm）
ID4-1	坝 0+160、坝上 0+181	1715.10	2017/9/29	2024/2/14	10.8	1.0
				2024/3/14	11.8	
ID4-2	坝 0+160、坝上 0+125	1714.65	2017/9/29	2024/2/14	-1.2	0.0
				2024/3/14	-1.2	
ID4-3	坝 0+160、坝上 0+056	1714.10	2017/9/29	2024/2/14	-7.2	-1.0
				2024/3/14	-8.2	
ID4-4	坝 0+160、坝下 0-010	1713.66	2017/9/29	2024/2/14	11.8	-1.0
				2024/3/14	10.8	
ID4-5	坝 0+160、坝下 0-081	1713.13	2017/9/29	2024/2/14	26.2	0.0
				2024/3/14	26.2	
ID4-6	坝 0+160、坝下 0-152	1712.31	2017/9/29	2024/2/14	54.8	0.0
				2024/3/14	54.8	
ID5-1	坝 0+160、坝上 0+125	1752.98	2019/5/2	2024/2/14	-0.6	0.0
				2024/3/14	-0.6	

续表

测点编号	部位（m）	高程（m）	初值日期	观测日期	水平位移量（mm）	本月变化量（mm）
ID5－2	坝0+160、坝上0+056	1752.49	2019/5/2	2024/2/14	11.9	0.0
				2024/3/14	11.9	
ID5－3	坝0+160、坝下0－010	1751.96	2019/5/2	2024/2/14	8.4	1.0
				2024/3/14	9.4	
ID5－4	坝0+160、坝下0－081	1751.42	2019/5/2	2024/2/14	10.3	1.0
				2024/3/14	11.3	
ID6－1	坝0+160、坝上0+056	1791.00	2019/8/17	2024/2/14	3.2	－1.0
				2024/3/14	2.2	
ID6－2	坝0+160、坝下0－010	1791.00	2019/8/17	2024/2/14	26.0	0.0
				2024/3/14	26.0	

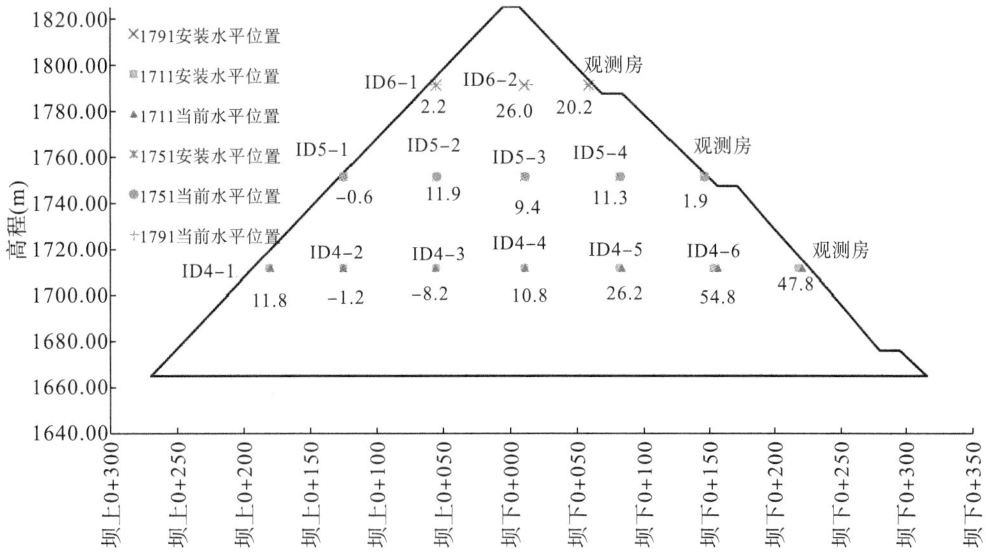

图13－19　坝0+160m引张线水平位移量分布示意图

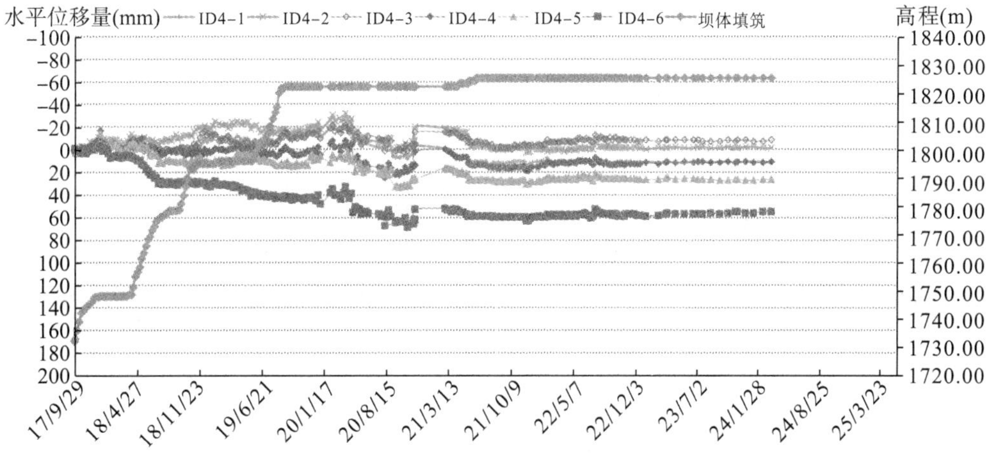

图13－20　坝0+160m、高程1711.00m引张线水平位移量变化过程线

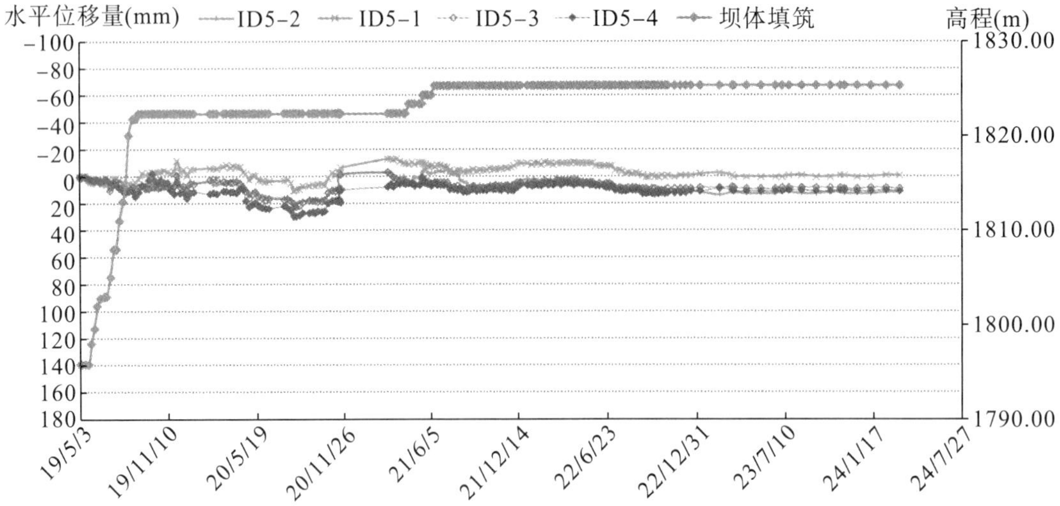

图 13—21　坝 0+160m、高程 1751.00m 引张线水平位移量变化过程线

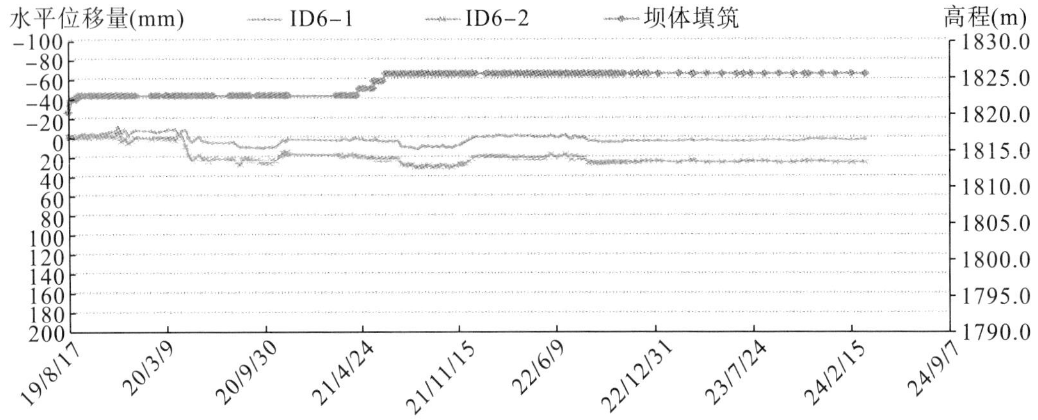

图 13—22　坝 0+160m、高程 1791.00m 引张线水平位移量变化过程线

13.2.2.2　坝 0+305m、高程 1711.00m、1751.00m、1791.00m 水平位移监测

坝 0+305m、高程 1711.00m 各测点累计水平位移量为 14.7～62.7mm，2024 年 2—3 月水平位移变化量为 0.0～1.0mm；坝 0+305m、高程 1751.00m 各测点累计水平位移量为 14.5～24.0mm，2024 年 2—3 月水平位移变化量为−1.0～0.0mm；坝 0+305m、高程 1791.00m 各测点累计水平位移量为 17.1～17.1mm，2024 年 2—3 月水平位移变化量为 0.0～0.0mm。监测数据月报表见表 13−7，各测点水平位移量过程线如图 13−23～图 13−26 所示。

表 13−7　坝 0+305m，高程 1711.00m、1751.00m、1791.00m 水平位移监测月报表

测点编号	部位（m）	高程（m）	初值日期	观测日期	水平位移量（mm）	本月变化量（mm）
ID10−1	坝 0+305、坝上 0+181	1715.10	2017/11/10	2024/2/14	37.7	1.0
				2024/3/14	38.7	
ID10−2	坝 0+305、坝上 0+125	1715.21	2017/11/10	2024/2/14	30.7	1.0
				2024/3/14	31.7	

续表

测点编号	部位（m）	高程（m）	初值日期	观测日期	水平位移量（mm）	本月变化量（mm）
ID10－3	坝 0+305、坝上 0+056	1714.52	2017/11/10	2024/2/14	23.7	0.0
				2024/3/14	23.7	
ID10－4	坝 0+305、坝下 0－010	1713.86	2017/11/10	2024/2/14	14.7	0.0
				2024/3/14	14.7	
ID10－5	坝 0+305、坝下 0－081	1713.15	2017/11/10	2024/2/14	61.7	0.0
				2024/3/14	61.7	
ID10－6	坝 0+305、坝下 0－152	1712.44	2017/11/10	2024/2/14	62.7	0.0
				2024/3/14	62.7	
ID11－1	坝 0+305、坝上 0+125	1752.98	2019/5/2	2024/2/14	21.0	0.0
				2024/3/14	21.0	
ID11－2	坝 0+305、坝上 0+056	1752.49	2019/5/2	2024/2/14	16.0	－1.0
				2024/3/14	15.0	
ID11－3	坝 0+305、坝下 0－010	1751.96	2019/5/2	2024/2/14	14.5	0.0
				2024/3/14	14.5	
ID11－4	坝 0+305、坝下 0－081	1751.42	2019/5/2	2024/2/14	24.0	0.0
				2024/3/14	24.0	
ID12－1	坝 0+305、坝上 0+056	1791.00	2019/8/17	2024/2/14	17.1	0.0
				2024/3/14	17.1	
ID12－2	坝 0+305、坝下 0－010	1791.00	2019/8/17	2024/2/14	17.1	0.0
				2024/3/14	17.1	

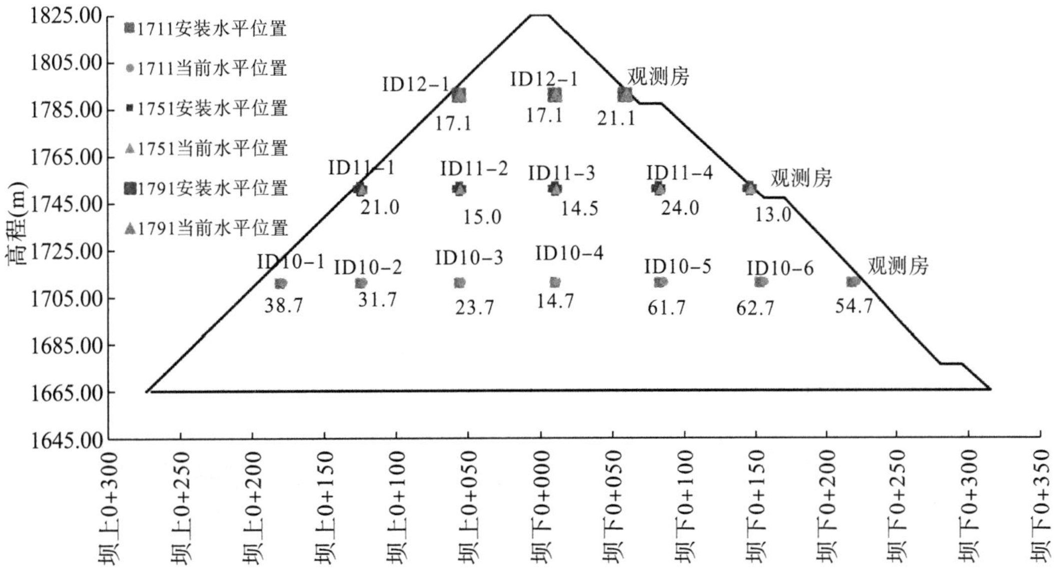

图 13－23　坝 0+305m 引张线水平位移量分布示意图

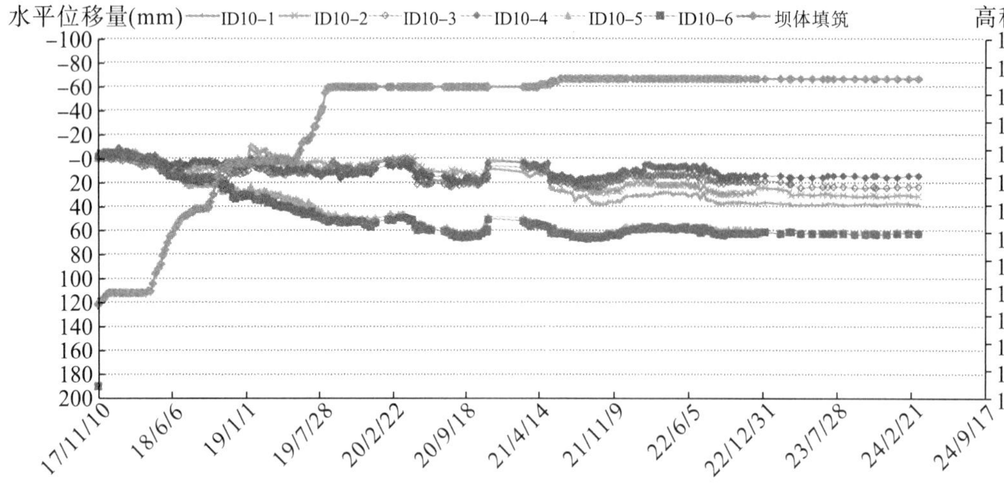

图 13-24 坝 0+305m、高程 1711.00m 引张线水平位移量变化过程线

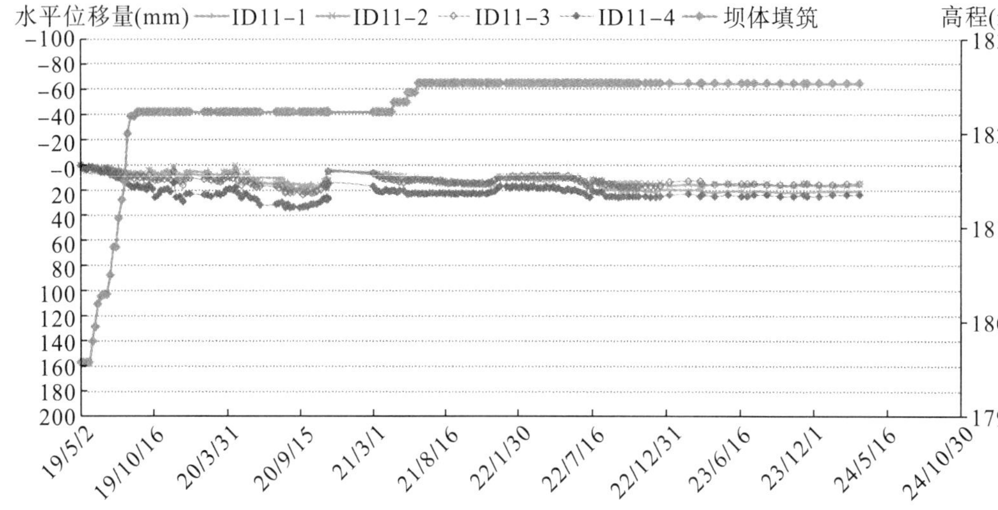

图 13-25 坝 0+305m、高程 1751.00m 引张线水平位移量变化过程线

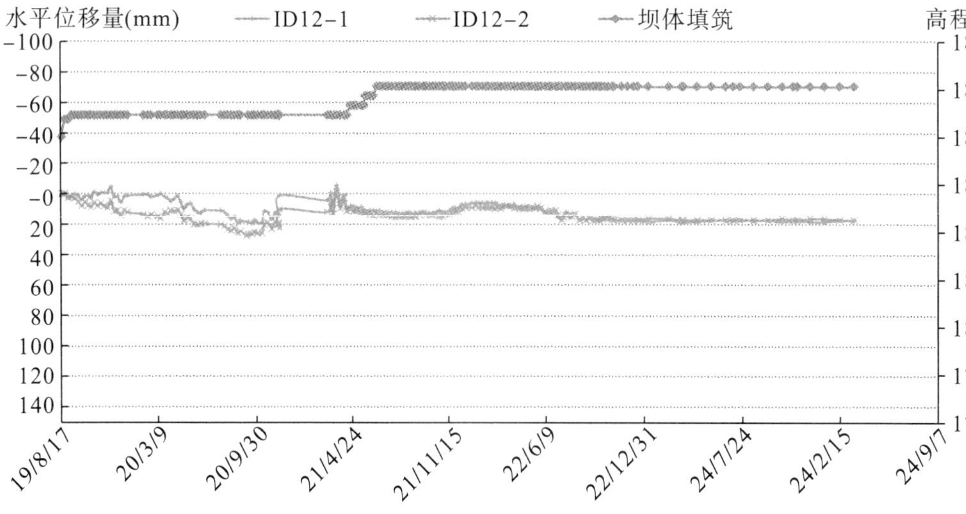

图 13-26 坝 0+305m、高程 1791.00m 引张线水平位移量变化过程线

13.2.2.3　坝 0+475m，高程 1711.00m、1751.00m、1791.00m 水平位移监测

坝 0+475m、高程 1711.00m 各测点累计水平位移量为－18.5～66.5mm，2024 年 2—3 月水平位移变化量为－1.0～1.0mm；坝 0＋475m、高程 1751.00m 各测点累计水平位移量为 10.6～39.9mm，2024 年 2—3 月水平位移变化量为 0.0～1.0mm；坝 0+475m、高程 1791.00m 各测点累计水平位移量为 17.3～19.3mm，2024 年 2—3 月水平位移变化量为 0.0～0.0mm。监测数据月报表见表 13－8，各测点水平位移量过程线如图 13－27～图 13－30 所示。

表 13－8　坝 0+475m，高程 1711.00m、1751.00m、1791.00m 水平位移监测月报表

测点编号	部位（m）	高程（m）	初值日期	观测日期	水平位移量（mm）	本月变化量（mm）
ID1－1	坝 0+475、坝上 0+181	1715.10	2017/8/18	2024/2/14	－17.5	－1.0
				2024/3/14	－18.5	
ID1－2	坝 0+475、坝上 0+125	1714.61	2017/8/18	2024/2/14	12.7	1.0
				2024/3/14	13.7	
ID1－3	坝 0+475、坝上 0+056	1713.98	2017/8/18	2024/2/14	11.5	0.0
				2024/3/14	11.5	
ID1－4	坝 0+475、坝下 0－010	1713.41	2017/8/18	2024/2/14	27.5	0.0
				2024/3/14	27.5	
ID1－5	坝 0+475、坝下 0－081	1712.79	2017/8/18	2024/2/14	66.5	0.0
				2024/3/14	66.5	
ID1－6	坝 0+475、坝下 0－152	1712.13	2017/8/18	2024/2/14	53.0	－1.0
				2024/3/14	52.0	
ID2－1	坝 0+475、坝上 0+125	1752.98	2019/5/2	2024/2/14	37.6	0.0
				2024/3/14	37.6	
ID2－2	坝 0+475、坝上 0+056	1752.49	2019/5/2	2024/2/14	19.6	0.0
				2024/3/14	19.6	
ID2－3	坝 0+475、坝下 0－010	1751.96	2019/5/2	2024/2/14	10.6	0.0
				2024/3/14	10.6	
ID2－4	坝 0+475、坝下 0－081	1751.42	2019/5/2	2024/2/14	38.9	1.0
				2024/3/14	39.9	
ID3－1	坝 0+475，坝上游 0+056	1791.00	2019/8/17	2024/2/14	19.3	0.0
				2024/3/14	19.3	
ID3－2	坝 0+475，坝下游 0+010	1791.00	2019/8/17	2024/2/14	17.3	0.0
				2024/3/14	17.3	

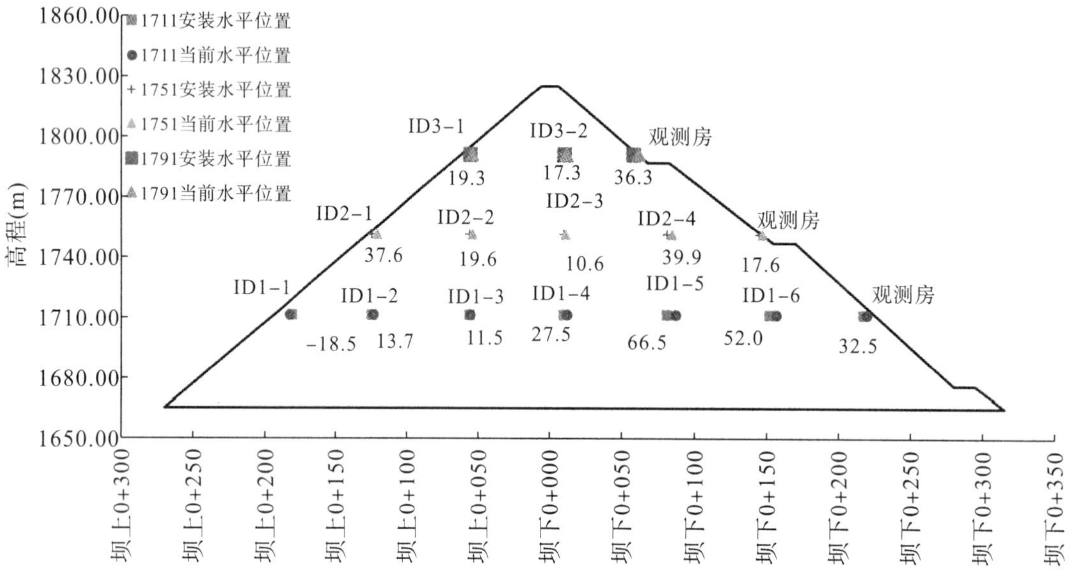

图 13－27　坝 0+475m 引张线水平位移量分布示意图

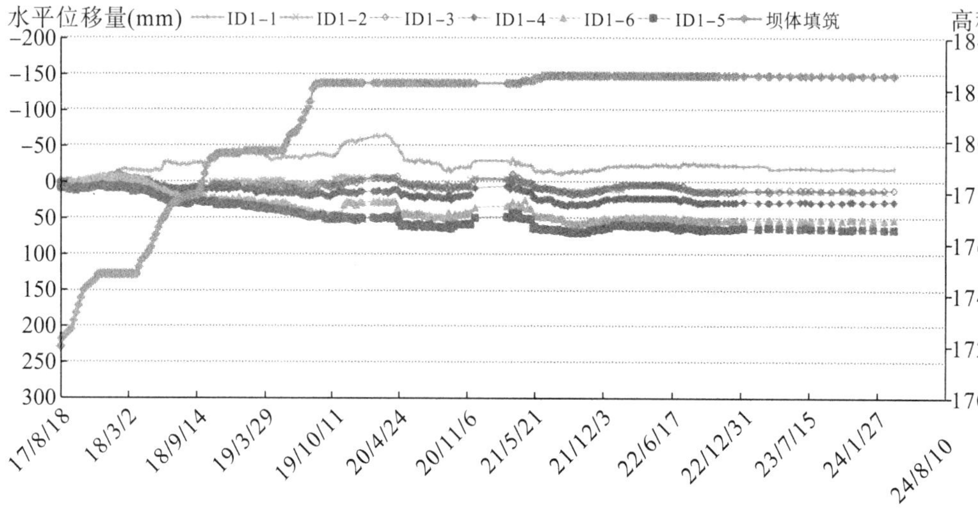

图 13－28　坝 0+475m、高程 1711.00m 引张线水平位移量变化过程线

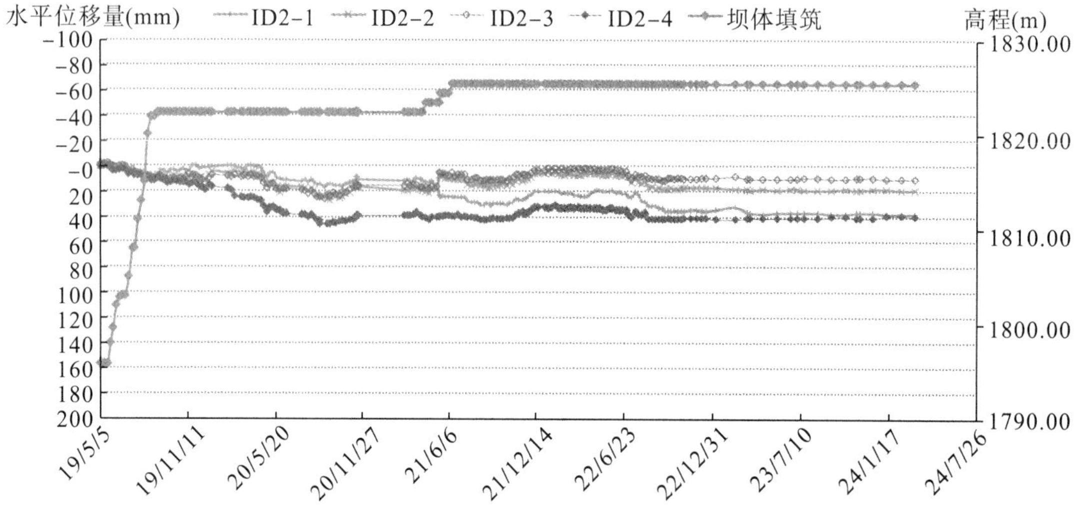

图 13－29　坝 0+475m、高程 1751.00m 引张线水平位移量变化过程线

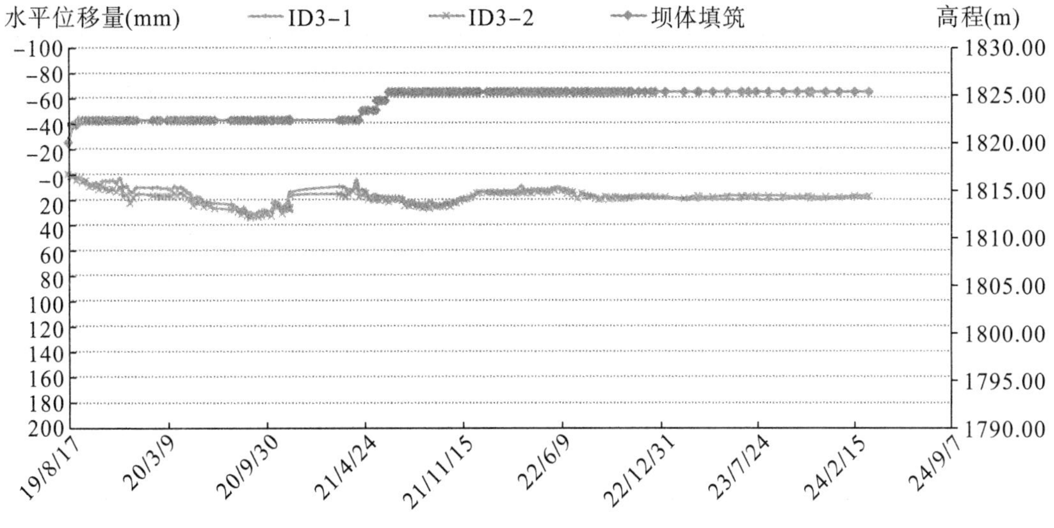

图 13－30　坝 0+475m、高程 1791.00m 引张线水平位移量变化过程线

13.2.2.4　坝 0+590m，高程 1711.00m、1751.00m、1791.00m 水平位移监测

坝 0+590m、高程 1711.00m 各测点累计水平位移量为－30.8～68.2mm，2024 年 2—3 月水平位移变化量为 0.0～1.0mm；坝 0＋590m、高程 1751.00m 各测点累计水平位移量为 24.4～39.4mm，2024 年 2—3 月水平位移变化量为 0.0～0.0mm；坝 0+590m、高程 1791.00m 各测点累计水平位移量为 40.1～43.1mm，2024 年 2—3 月水平位移变化量为 0.0～0.0mm。监测数据月报表见表 13－9，各测点水平位移量过程线如图 13－31～图 13－34 所示。

表 13－9　坝 0+590m、高程 1711m、1751m、1791m 水平位移监测月报表

测点编号	部位（m）	高程（m）	初值日期	观测日期	水平位移量（mm）	本月变化量（mm）
ID7－1	坝 0+590、坝上 0+181	1715.86	2017/8/18	2024/2/14	－8.8	0.0
				2024/3/14	－8.8	
ID7－2	坝 0+590、坝上 0+125	1715.21	2017/8/18	2024/2/14	－30.8	0.0
				2024/3/14	－30.8	
ID7－3	坝 0+590、坝上 0+056	1714.52	2017/8/18	2024/2/14	16.2	1.0
				2024/3/14	17.2	
ID7－4	坝 0+590、坝下 0－010	1713.86	2017/8/18	2024/2/14	33.2	0.0
				2024/3/14	33.2	
ID7－5	坝 0+590、坝下 0－081	1713.15	2017/8/18	2024/2/14	67.2	1.0
				2024/3/14	68.2	
ID7－6	坝 0+590、坝下 0－152	1712.44	2017/8/18	2024/2/14	65.2	0.0
				2024/3/14	65.2	
ID8－1	坝 0+590、坝上 0+125	1752.98	2020/2/23	2024/2/14	39.4	0.0
				2024/3/14	39.4	
ID8－2	坝 0+590、坝上 0+056	1752.49	2020/2/23	2024/2/14	37.4	0.0
				2024/3/14	37.4	

续表

测点编号	部位（m）	高程（m）	初值日期	观测日期	水平位移量（mm）	本月变化量（mm）
ID8－3	坝 0+590、坝下 0－010	1751.96	2020/2/23	2024/2/14	24.4	0.0
				2024/3/14	24.4	
ID8－4	坝 0+590、坝下 0－081	1751.42	2020/2/23	2024/2/14	27.4	0.0
				2024/3/14	27.4	
ID9－1	坝 0+590、坝上 0+056	1791.00	2019/8/17	2024/2/14	43.1	0.0
				2024/3/14	43.1	
ID9－2	坝 0+590、坝下 0－010	1791.00	2019/8/17	2024/2/14	40.1	0.0
				2024/3/14	40.1	

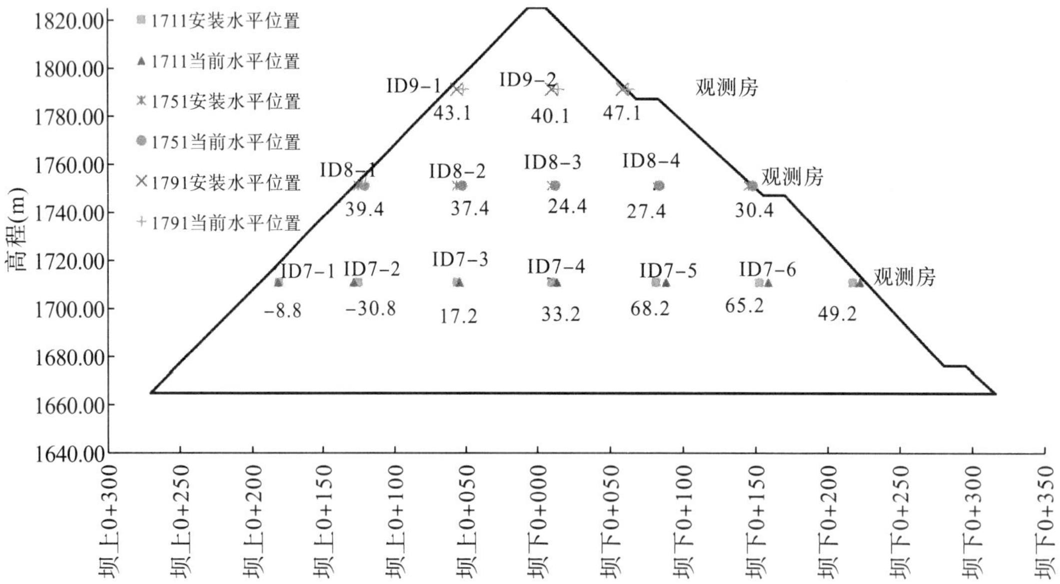

图 13－31　坝 0+590m 引张线水平位移量分布示意图

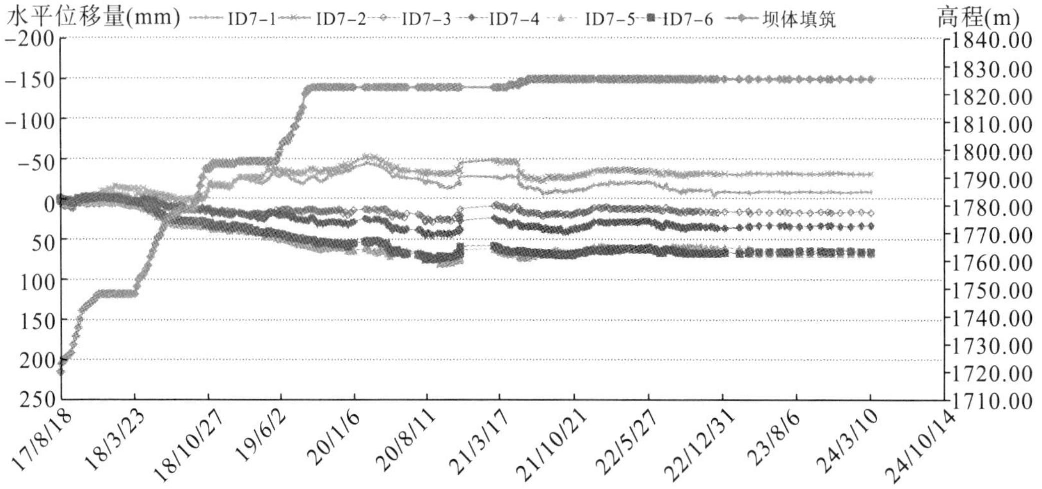

图 13－32　坝 0+590m、高程 1711.00m 引张线水平位移量变化过程线

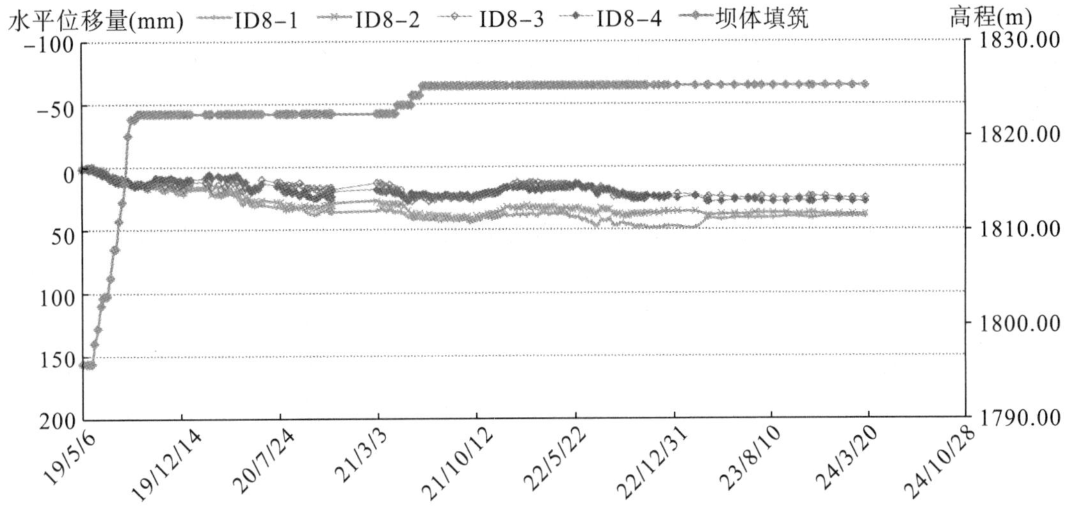

图 13－33　坝 0+590m、高程 1751.00m 引张线水平位移量变化过程线

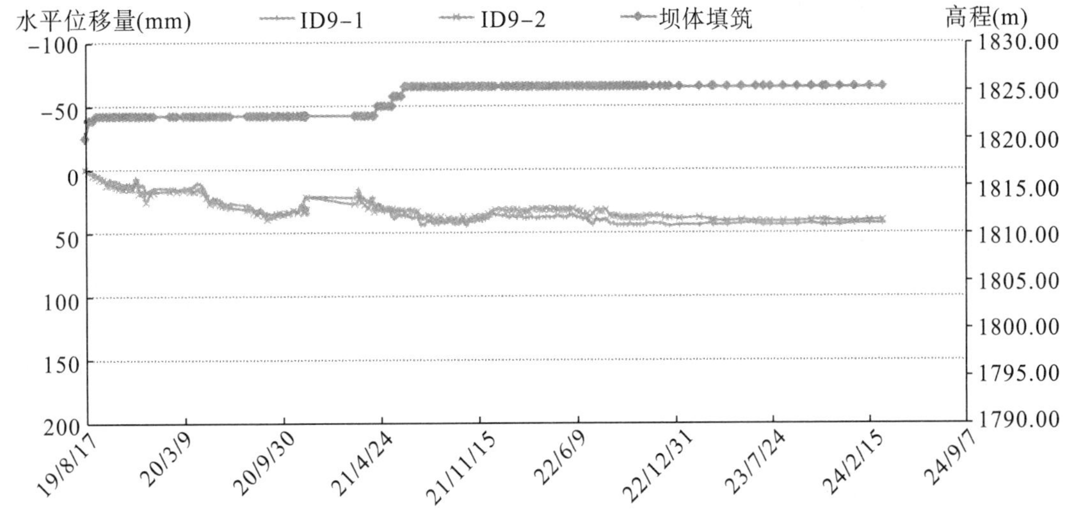

图 13－34　坝 0+590m、高程 1791.00m 引张线水平位移量变化过程线

13.2.3　坝体变形分析

13.2.3.1　坝体沉降变形

坝基最大沉降测点（TC1－5）在坝轴线位置，总沉降量为 559.4mm，沉降量占其测点下部堆石体与覆盖层总厚度（65m，其中覆盖层厚度 55m、坝体填筑厚度 10m）的 0.86％。

坝体最大沉降测点（TC2－5）在坝体主堆石区与下游堆石区分界线下游的第一个测点，总沉降量为 793.3mm，占坝体与覆盖层之和（216.3m）的 0.37％。

同一高程上（横向）比较，中部测点沉降量最大，两侧测点沉降量逐渐减小；不同高程上（纵向）比较，高程越低，沉降量越大。总体来看，坝体内部沉降连续渐变，纵、横向分布基本协调，各测点沉降量与上覆堆石体厚度有关坝基、坝体各测点沉降量分布规律性较好，符合土石坝沉降变形分布的一般规律。

坝体最大沉降量在 0+475m 断面的坝下 0－081m 位置，总沉降量为 794.3mm，其中 377.8mm 由坝基沉降贡献，坝基沉降量占总沉降量的 47.6％，坝体实际最大沉降量（416.5mm）占目前填筑坝高（151.3m）的0.27%；坝体主堆石区实际最大沉降量在0+305m断面的坝下游0－010.0m位置，减去坝基贡献沉降量后，实际沉降量为244.0mm，占目前填筑坝高（154.3m）的0.16%，与同等类型工程类比，本工程目前沉降量略偏小。

13.2.3.2 坝体水平位移

位于坝轴线上游侧的各点向上游方向变化，位于坝轴线下游侧的各点向下游方向变化，位于坝轴线两侧各点的位移值与坝轴线基本呈对称分布，相应各点的量值也较接近，基本符合堆石坝位移的一般规律。向上游位移最大的测点位于坝轴线上游125m的ID7－2测点（高程1711.00m，0+590m断面），最大值为－30.8mm；向下游位移最大的测点位于坝轴线下游152m的ID7－5测点（高程1713.00m，0+590m断面），最大值为68.2mm。由于引张线水平位移计的水平位移观测采用铟钢丝传递水平位移量，因此，各测点测出的水平位移量有一部分是因大坝沉降而产生的水平位移量。

13.3 渗透监测成果分析

13.3.1 周边缝渗压

左侧5＃、11＃面板周边缝基础渗压计P1、P2处于无水状态。左岸15＃、19＃、25＃、36＃面板周边缝基础共四支渗压计P3～P6，月变化量为－1.16～－0.45m，最高水位1700.92m（P4）。

底部42＃、45＃、50＃面板周边缝渗压计P7、P8、P9月变化量为－0.65～－0.44m，最高水位1700.05m（P9）。右侧53＃、58＃、61＃面板周边缝渗压计处于无水状态。

通过库水位升降变化与周边缝渗压水头变化对比后发现，周边缝部分测点渗压水头与库水位呈正相关关系。

13.3.2 连接板基础渗压

桩号0+305m连接板基础渗压计（P26、P29、P27）月变化量为－1.22～－0.72m，最高水位1688.89m（P27）。桩号0＋420m连接板基础渗压计（P30、P31、P32）月变化量为－0.82～－0.21m，最高水位1696.31m（P31）。桩号0+475m连接板基础渗压计（P18、P28、P19）月变化量为－1.12～－0.82m，最高水位1696.50m（P18）。

13.3.3 坝基渗压

桩号0+305m浸润线监测断面6个测点（设计编号：P20～P25），从上游至下游水位高程1688.11～1667.36m，水位呈缓降趋势，月变化量为－1.39～0.16m。坝基桩号0+475m浸润线监测断面6个测点（设计编号：P8、P13～P17），从上游至下游水位高程1695.32～1664.72m，水位呈缓降趋势，月变化量为－0.65～0.07m。坝体浸润线形态正常。

13.3.4 绕坝渗流孔测压管渗压

目前，左岸连通洞洞口测压管UP01、洞内测压管UP07孔内地下水高程分别为1704.60m、1739.62m，月变化量分别为－2.18m、－1.37m。

大坝左岸2个测压管（UP02、UP03）地下水位分别为1672.68m、1712.66m，月变化量分别为－0.95m、－1.35m；左岸坝后“之”字路2个测压管（UP08、UP09）的地下水水位高程分别为1684.69m、1689.75m，月变化量分别为−0.40m、−1.18m。

右岸测压管（UP04、UP05、UP06）地下水位分别为1713.03m、1685.50m、1685.56m，月变化量分别为−3.66m、0.25m、−0.56m。

坝坡脚积水坑水位（UP11）当前水位为1666.47m，月变化量为0.09m。

蓄水以后，左岸地下水位上升幅度大于右岸。具体检测结果如表13−10～表13−13、图13−35、图13−36所示。

表13−10 大坝周边缝渗压计监测成果

仪器编号	部位	初值日期	观测日期	渗压水头（m）	渗压水位高程（m）	本月变化量（m）
P1	坝0+031m，趾板（对应5#面板）、高程1774.37m	2019/4/26	2024/2/14	0.00	1774.37	0.00
			2024/3/15	0.00	1774.37	
P2	坝0+067m，趾板（对应11#面板）、高程1738.21m	2019/5/13	2024/2/14	0.00	1738.21	0.00
			2024/3/15	0.00	1738.21	
P3	坝0+113m，趾板（对应15#面板）、高程1694.48m	2018/4/29	2024/2/14	3.52	1698.00	−0.92
			2024/3/15	2.60	1697.08	
P4	坝0+160m，趾板（对应19#面板）、高程1674.12m	2018/4/29	2024/2/14	27.96	1702.08	−1.16
			2024/3/15	26.80	1700.92	
P5	坝0+230m，趾板（对应25#面板）、高程1666.38m	2018/3/16	2024/2/14	24.23	1690.61	−1.03
			2024/3/15	23.20	1689.58	
P6	坝0+365m，趾板（对应36#面板）、高程1666.19m	2018/4/6	2024/2/14	11.90	1678.09	−0.45
			2024/3/15	11.46	1677.65	
P7	坝0+440m，趾板（对应42#面板）、高程1662.19m	2018/4/6	2024/2/14	24.34	1686.53	−0.51
			2024/3/15	23.83	1686.02	
P8	坝0+475m，坝上0+272（对应45#面板）、高程1663.40m	2017/2/21	2024/2/14	32.57	1695.97	−0.65
			2024/3/15	31.92	1695.32	
P9	坝0+538m，趾板（对应50#面板）、高程1662.19m	2018/4/6	2024/2/14	38.30	1700.49	−0.44
			2024/3/15	37.86	1700.05	
P10	坝0+575m，趾板（对应53#面板）、高程1691.24m	2018/5/4	2024/2/14	0.00	1691.24	0.00
			2024/3/15	0.00	1691.24	
P11	坝0+620m，趾板（对应58#面板）、高程1720.00m	2019/4/25	2024/2/14	0.00	1720.00	0.00
			2024/3/15	0.00	1720.00	
P12	坝0+642m，趾板（对应61#面板）、高程1750.00m	2018/5/14	2024/2/14	0.00	1750.00	0.00
			2024/3/15	0.00	1750.00	

表13−11 大坝基础渗压计监测成果

仪器编号	部位	初值日期	观测日期	渗压水头（m）	渗压水位高程（m）	本月变化量（m）
P8	坝0+475m，坝上0+272m、高程1663.4m	2017/2/21	2024/2/14	32.57	1695.97	−0.65
			2024/3/15	31.92	1695.32	

续表

仪器编号	部位	初值日期	观测日期	渗压水头（m）	渗压水位高程（m）	本月变化量（m）
P13	坝 0＋475m，坝上 0＋170m、高程 1663.48m	2016/3/25	2024/2/14	17.92	1681.40	−0.46
			2024/3/15	17.46	1680.94	
P14	坝 0＋475m，坝上 0＋070m、高程 1663.77m	2016/3/25	2024/2/14	14.41	1678.18	−0.26
			2024/3/15	14.15	1677.92	
P15	坝 0＋475m，坝下 0−030m、高程 1663.01m	2016/5/19	2024/2/14	9.27	1672.28	−0.29
			2024/3/15	8.98	1671.99	
P16	坝 0＋475m，坝下 0−180m、高程 1663m	2016/5/20	2024/2/14	2.42	1665.42	0.07
			2024/3/15	2.49	1665.49	
P17	坝 0＋475m，坝下 0−280m、高程 1663.11m	2016/5/20	2024/2/14	1.57	1664.68	0.04
			2024/3/15	1.61	1664.72	
P20	坝 0＋305m，坝上 0＋264m、高程 1664.9m	2017/3/11	2024/2/14	24.60	1689.50	−1.39
			2024/3/15	23.21	1688.11	
P21	坝 0＋305m，坝上 0＋170m、高程 1663.40m	2016/3/25	2024/2/14	18.14	1681.54	−0.53
			2024/3/15	17.61	1681.01	
P22	坝 0＋305m，坝上 0＋070m、高程 1663.31m	2016/3/25	2024/2/14	11.56	1674.87	0.16
			2024/3/15	11.72	1675.03	
P23	坝 0＋305m，坝下 0−030m、高程 1664.25m	2016/5/16	2024/2/14	9.25	1673.50	−0.24
			2024/3/15	9.01	1673.26	
P24	坝 0＋305m，坝下 0−180m、高程 1664.10m	2016/5/17	2024/2/14	4.51	1668.61	0.01
			2024/3/15	4.52	1668.62	
P25	坝 0＋305m，坝下 0−280m、高程 1664.32m	2016/5/17	2024/2/14	2.90	1667.22	0.14
			2024/3/15	3.04	1667.36	

表 13−12　大坝连接板基础渗压计监测成果

仪器编号	部位	初值日期	观测日期	渗压水头（m）	渗压水位高程（m）	本月变化量（m）
P26	坝 0＋305m，坝上游 0＋290m、高程 1665.00m	2018/8/16	2024/2/14	11.48	1676.52	−0.72
			2024/3/15	10.76	1675.80	
P29	坝 0＋305m，坝上游 0＋287m、高程 1665.00m	2018/6/26	2024/2/14	24.29	1689.29	−1.22
			2024/3/15	23.07	1688.07	
P27	坝 0＋305m，坝上游 0＋284m、高程 1665.00m	2018/6/26	2024/2/14	24.90	1689.90	−1.01
			2024/3/15	23.89	1688.89	
P30	坝 0＋420m，坝上游 0＋290m、高程 1661.80m	2018/9/2	2024/2/14	35.09	1696.89	−0.82
			2024/3/15	34.27	1696.07	

续表

仪器编号	部位	初值日期	观测日期	渗压水头（m）	渗压水位高程（m）	本月变化量（m）
P31	坝 0＋420m，坝上游 0＋287m、高程 1661.80m	2018/6/20	2024/2/14	35.17	1696.97	−0.66
			2024/3/15	34.51	1696.31	
P32	坝 0＋420m，坝上游 0＋284m、高程 1661.80m	2018/6/20	2024/2/14	34.65	1696.45	−0.21
			2024/3/15	34.45	1696.25	
P18	坝 0＋475m，坝上游 0＋290m、高程 1661.00m	2018/9/30	2024/2/14	36.49	1697.49	−0.99
			2024/3/15	35.50	1696.50	
P28	坝 0＋475m，坝上游 0＋287m、高程 1661.00m	2018/7/12	2024/2/14	36.23	1697.23	−0.82
			2024/3/15	35.41	1696.41	
P19	坝 0＋475m，坝上游 0＋284m、高程 1661.00m	2018/7/12	2024/2/14	36.04	1697.04	−1.12
			2024/3/15	34.93	1695.93	

表 13−13　大坝绕坝渗流监测成果

仪器编号	部位	初值日期	观测日期	渗压水头（m）	水位高程（m）	本月变化量（m）
UP01	坝 0−003.804m，坝下游 0−007.352m；孔口高程 1825.40m	2020/8/20	2024/2/14	32.18	1706.78	−2.18
			2024/3/15	30.00	1704.60	
UP02	坝 0+20.17m，坝下游 50.55m；孔口高程 1798.00m	2019/8/8	2024/2/14	18.23	1673.63	−0.95
			2024/3/15	17.28	1672.68	
UP03	坝 0+30.84m，坝下游 72.07m；孔口高程 1786.80m	2019/9/5	2024/2/14	44.68	1714.01	−1.35
			2024/3/15	43.33	1712.66	
UP04	坝 0＋793.65m，坝下游 0−022.02m；孔口高程 1823.11m	2020/9/16	2024/2/14	48.99	1716.69	−3.66
			2024/3/15	45.33	1713.03	
UP05	坝 0＋784.65m，坝下游 0−045.18m；孔口高程 1811.70m	2019/10/26	2024/2/14	11.10	1685.25	0.25
			2024/3/15	11.35	1685.50	
UP06	坝 0＋768.24m，坝下游 79.11m；孔口高程 1796.00m	2019/9/28	2024/2/14	25.13	1686.12	−0.56
			2024/3/15	24.57	1685.56	
UP07	坝 0−090.74m，坝上游 0＋12.23m；孔口高程 1823.46m	2020/8/29	2024/2/14	70.44	1741.35	−1.73
			2024/3/15	68.71	1739.62	
UP08	坝 0＋156.24m，坝下游 0−101.30m；孔口高程 1774.56m	2020/6/30	2024/2/14	22.19	1685.09	−0.40
			2024/3/15	21.79	1684.69	
UP09	坝 0＋100.95m，坝下游 0−137.18m；孔口高程 1761.23m	2020/6/20	2024/2/14	29.41	1690.93	−1.18
			2024/3/15	28.23	1689.75	
UP10	大坝下游左岸坡脚、高程 1664.57m	2020/5/31	2024/2/14	1.66	1666.23	0.07
			2024/3/15	1.73	1666.30	

续表

仪器编号	部位	初值日期	观测日期	渗压水头（m）	水位高程（m）	本月变化量（m）
UP11	大坝下游坡脚积水坑	2020/7/6	2024/2/14	2.46	1666.38	0.09
			2024/3/15	2.55	1666.47	

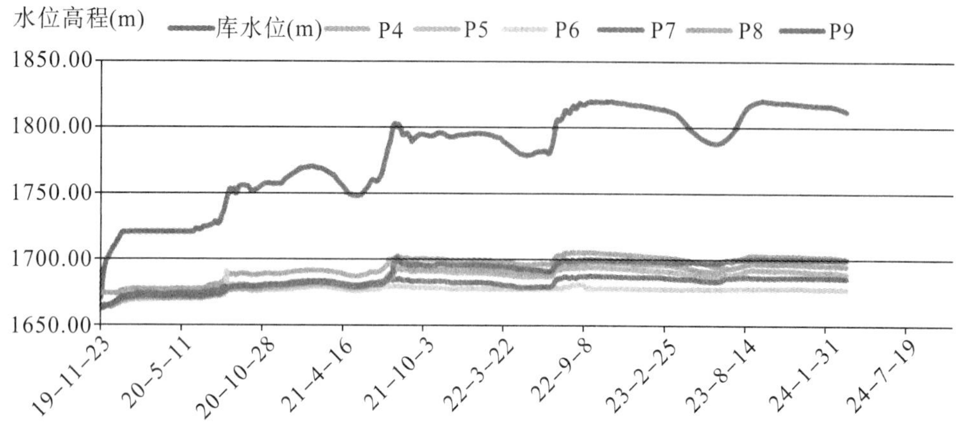

图 13-35　大坝周边缝渗压计水头高程与库水位高程时序变化过程线

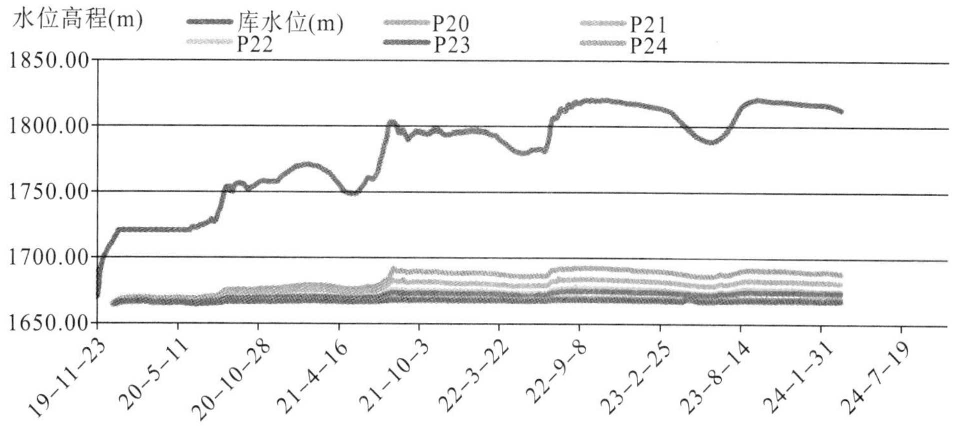

图 13-36　坝 0+305m 浸润线渗压计高程与库水位高程时序变化过程线

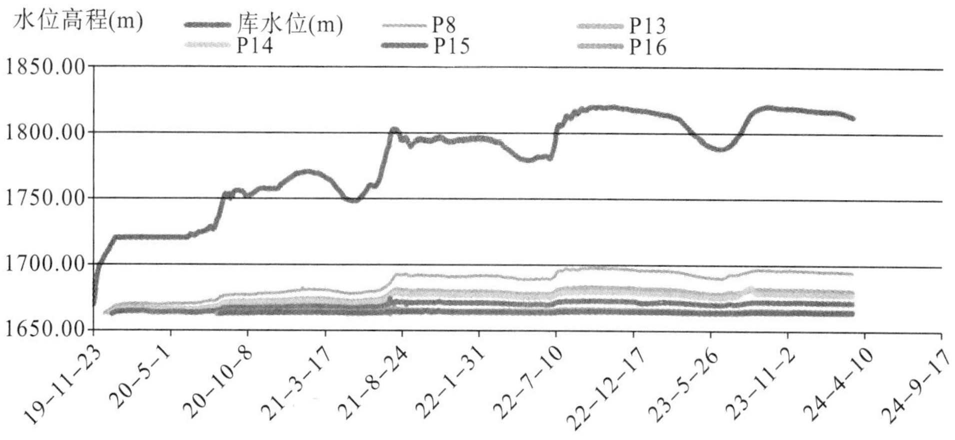

图 13-37　坝 0+475m 浸润线渗压计水头高程与库水位高程时序变化过程线

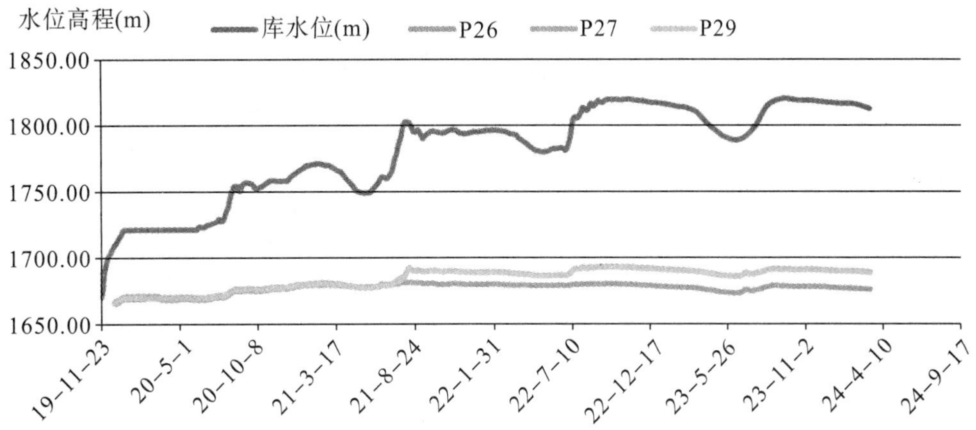

图 13－38　坝 0＋305m 连接板基础渗压计水头高程与库水位高程时序变化过程线

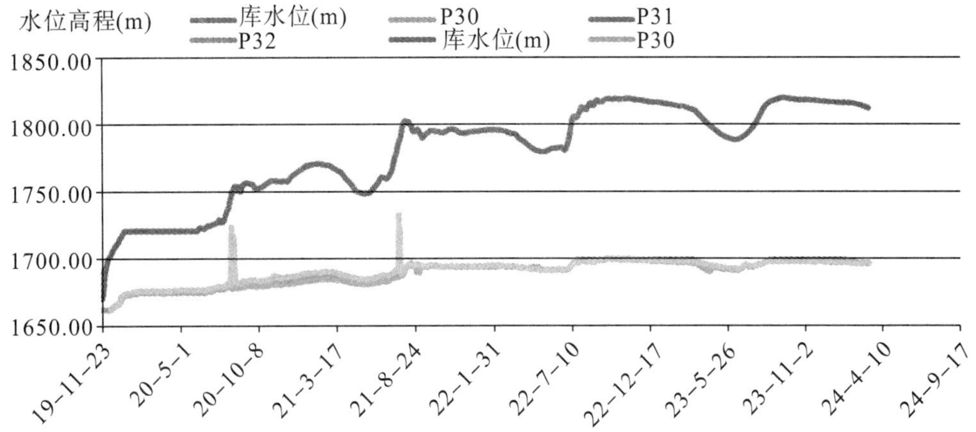

图 13－39　坝 0＋420m 连接板基础渗压计水头高程与库水位高程时序变化过程线

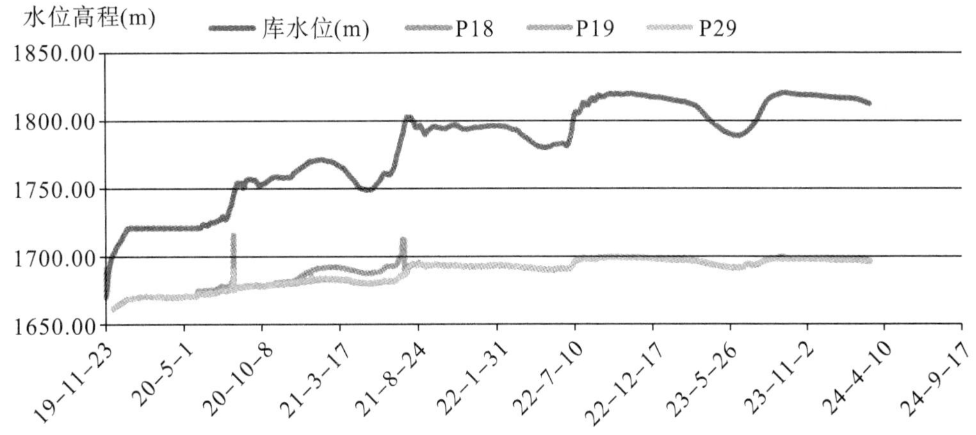

图 13－40　坝 0＋475m 连接板基础渗压计水头高程与库水位高程时序变化过程线

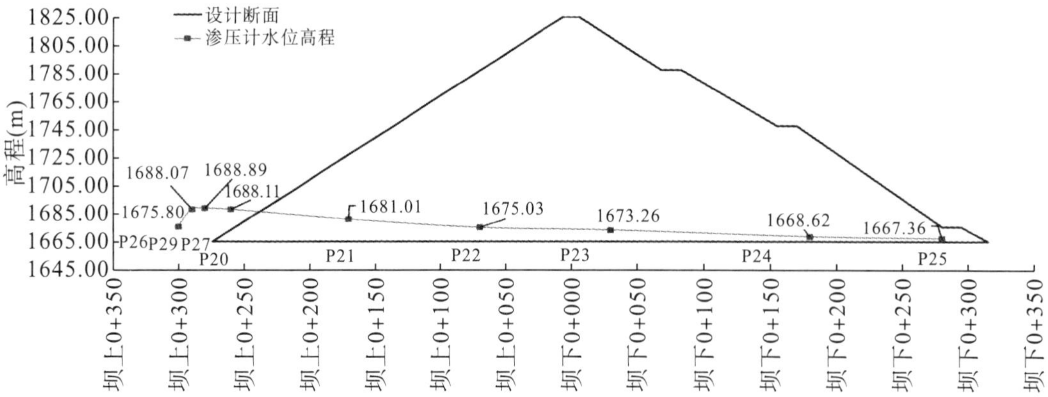

图 13-41　坝 0+305m 坝体浸润线分布示意图

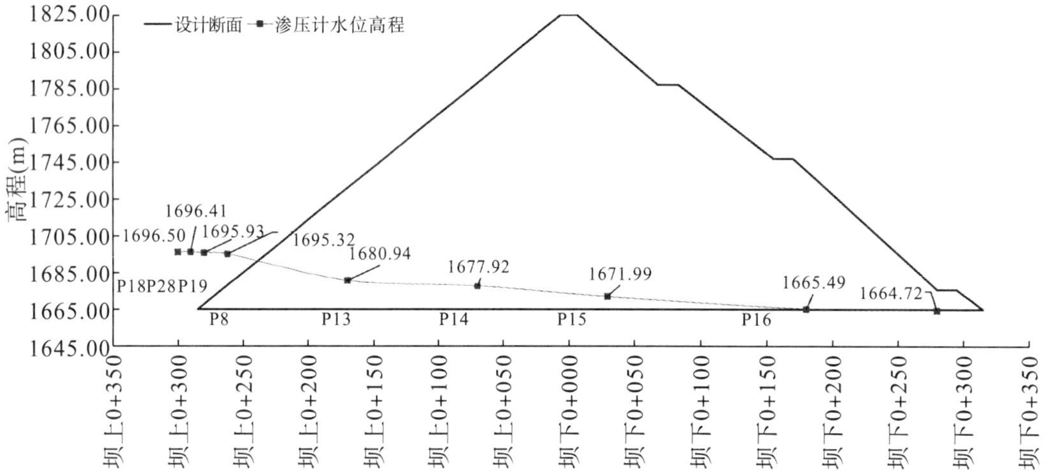

图 13-42　坝 0+475m 坝体浸润线分布示意图

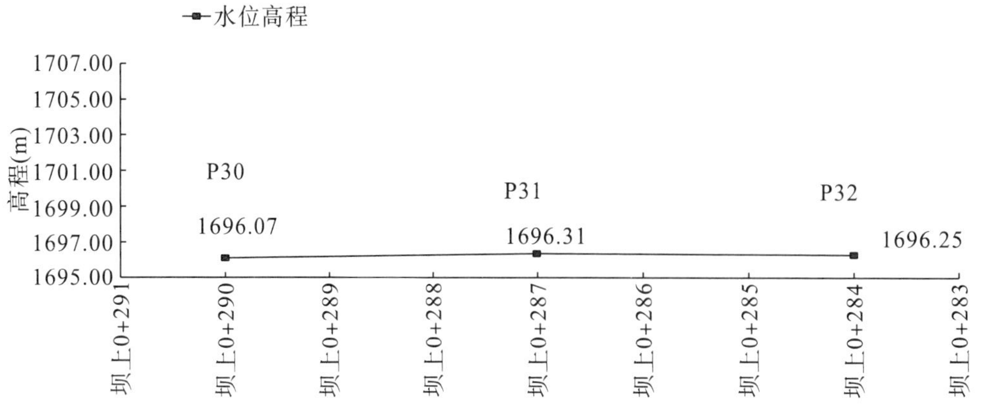

图 13-43　坝 0+420m 连接板基础渗压计水头高程分布示意图

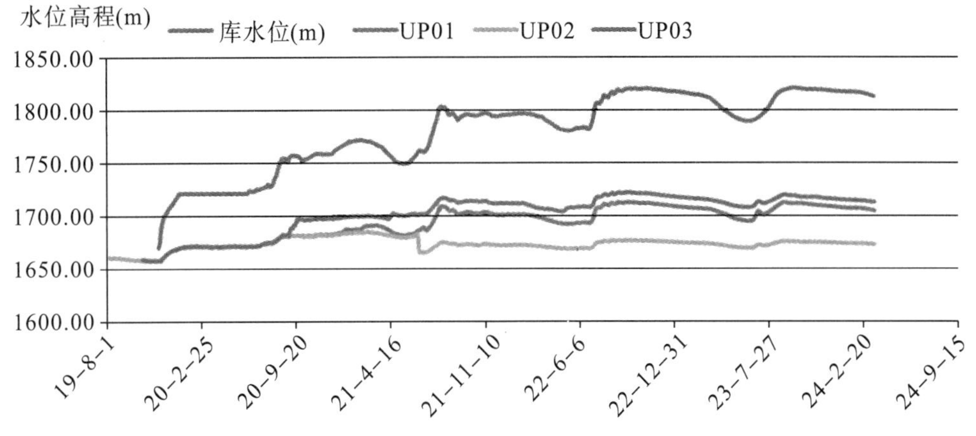

图 13－44　大坝左岸绕坝渗流孔内地下水位与库水位高程时序变化过程线

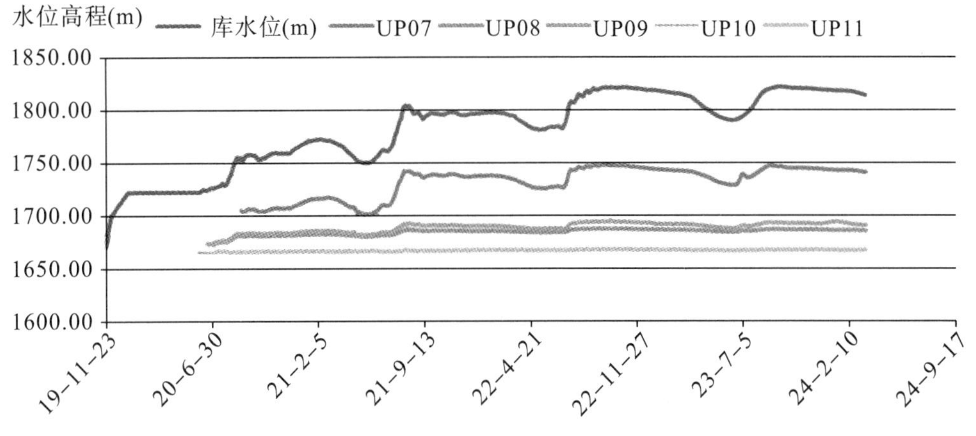

图 13－45　大坝左岸绕坝渗流孔内地下水位与库水位高程时序变化过程线

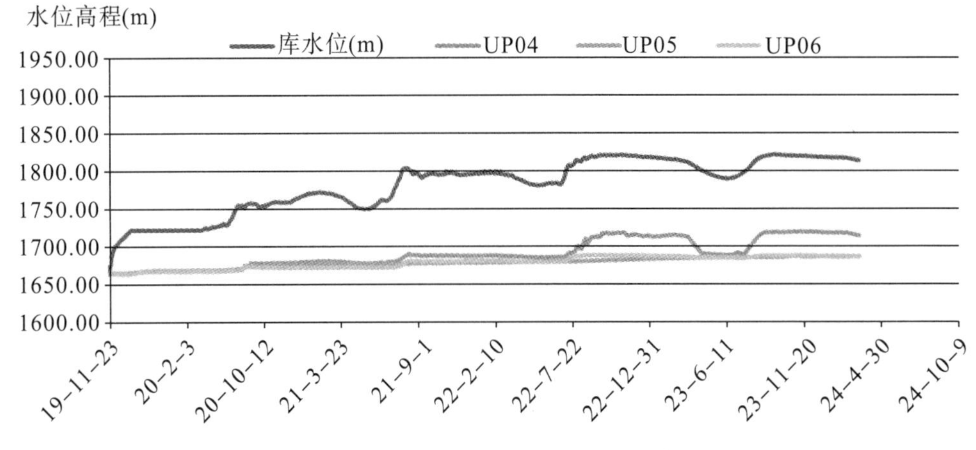

图 13－46　大坝左岸绕坝渗流孔内地下水位与库水位高程时序变化过程线